ENCYCLOPÉDIE DES TRAVAUX PUBLICS

PONTS EN MAÇONNERIE

Tous les exemplaires du second volume du Traité des *Ponts en Maçonnerie* devront être revêtus de la signature de M. E. Degrand.

ENCYCLOPÉDIE
DES
TRAVAUX PUBLICS
Fondée par **M.-C. LECHALAS**, Insp^r gén^{al} des Ponts et Chaussées

PONTS EN MAÇONNERIE
PAR
E. DEGRAND ET JEAN RÉSAL
AVEC UNE INTRODUCTION PAR M.-C. LECHALAS

TOME DEUXIÈME

CONSTRUCTION

NOTIONS HISTORIQUES — FONDATIONS
PONTS ET VIADUCS AU-DESSUS DE L'ÉTIAGE
CINTRES — PONTS DE SERVICE
STATISTIQUE

PAR

E. DEGRAND
INSPECTEUR GÉNÉRAL HON^{re} DES PONTS ET CHAUSSÉES

PARIS
LIBRAIRIE POLYTECHNIQUE
BAUDRY ET Cie, LIBRAIRES-ÉDITEURS
15, RUE DES SAINTS-PÈRES,
MÊME MAISON A LIÉGE
1888

Une table alphabétique est placée à la fin du volume.

TABLE DES MATIÈRES

---

§ IV. — Du commencement de la Renaissance à l'époque actuelle

CHAPITRE DEUXIÈME.

FONDATIONS

§ I. — Fondations sur terrains accessibles à sec.

CHAPITRE TROISIÈME

PARTIES DIVERSES ET DISPOSITIONS D'ENSEMBLE DES PONTS ET VIADUCS.

§ I. — Culées et piles.

§ II. — Voûtes.

§ III. — Tympans, couronnements et parapets; élargissement des ponts.

CHAPITRE QUATRIÈME

§ I. — **Divers types de cintres.**

§ II. — Charges portées par les cintres.

§ III. — Calcul des pièces constitutives.

§ IV. — Appareils de décintrement.

CHAPITRE CINQUIÈME.

EXÉCUTION DES TRAVAUX ET RENSEIGNEMENTS STATISTIQUES.

AVANT-PROPOS

Lorsque l'étude d'une voie quelconque, route ordinaire ou chemin de fer, canal navigable ou canal d'irrigation, a fait reconnaître la nécessité de traverser une vallée et d'y établir un ouvrage d'art de quelque importance, l'ingénieur appelé à en dresser les projets a, tout d'abord, à fixer l'emplacement de cet ouvrage et à déterminer ses dimensions en tenant compte, non seulement des conditions de hauteur résultant du profil en long de la voie projetée, mais encore des conditions d'écoulement des plus grandes crues et des exigences de la navigation, si la rivière qu'on franchit est navigable.

Il doit rechercher ensuite, d'après la nature du sol de la vallée traversée, comment les fondations pourront être établies, examiner s'il convient de multiplier les points d'appui ou bien d'en restreindre le nombre, arrêter en conséquence les formes définitives de l'ouvrage et en calculer enfin toutes les parties, de façon à lui assurer des conditions de stabilité parfaitement satisfaisantes.

M. l'Inspecteur général Lechalas, dans l'introduction placée en tête du premier volume, a exposé, avec tous les développements qu'elles comportent, les considérations générales concernant l'emplacement des ponts et leur débouché.

Après lui, M. l'Ingénieur Résal a présenté, sous une

forme souvent nouvelle, les méthodes relatives aux conditions de stabilité, non seulement des voûtes, mais en outre des culées, des piles et de tous les massifs de maçonnerie, quelle qu'en soit la destination, et dégagé de ces études les moyens de déterminer, dans chaque cas particulier, les dimensions des diverses parties des ouvrages projetés.

Nous pourrons donc, dans ce second volume, nous borner à traiter de la construction proprement dite des ponts ; c'est-à-dire qu'après avoir admis que l'emplacement et les dispositions générales de l'ouvrage sont déjà déterminées, nous rechercherons comment les solutions les plus satisfaisantes peuvent être obtenues, soit sous le rapport de l'art, en ce qui touche l'ensemble de l'élévation et ses dispositions de détail, soit sous le rapport de l'exécution des travaux, en apportant la plus grande économie dans les dépenses, sans rien sacrifier des conditions de stabilité et de durée qui sont dans tous les cas absolument nécessaires.

Nous jetterons d'abord un coup d'œil rétrospectif sur ce qui a été fait, en matière de ponts, depuis l'antiquité jusqu'à nos jours ; non pas qu'une revue de ce genre soit absolument indispensable, mais parce qu'elle présente un réel intérêt par elle-même et qu'elle comporte d'ailleurs, notamment en ce qui touche les questions d'art, des enseignements dont les constructeurs de l'époque actuelle peuvent faire leur profit.

Nous rechercherons, après cela, parmi les ponts construits à partir de l'époque romaine, les types méritant le mieux d'être proposés comme modèles et nous en examinerons successivement les différentes parties, c'est-à-dire les culées, les piles, les voûtes, les tympans, les couron-

nements, les parapets, nous efforçant de déterminer
d'après ces exemples les formes les meilleures à adopter,
en vue de donner à l'ensemble de la construction un
caractère aussi satisfaisant que possible.

Nous ne pensons pas, en effet, qu'il suffise pour
construire un pont d'élever une sorte de polyèdre maçonné à surfaces planes ou courbes, disposé de façon à
livrer passage sans encombre aux plus grandes eaux
d'inondation de la vallée en travers de laquelle il est
établi, et offrant pour la voie qu'il supporte une solidité
à toute épreuve.

Ces dernières conditions sont assurément les plus
nécessaires, celles dont on ne doit jamais rien sacrifier
sous aucun prétexte ; mais elles ne sont pas aussi incom-
patibles que quelques ingénieurs semblent portés à le
penser, avec une certaine élégance de l'ensemble et un
peu de recherche dans les détails.

En d'autres termes, il ne suffit pas d'être ingénieur
pour construire un pont ; il faut encore être architecte
et savoir donner à l'ouvrage le caractère d'art qui lui est
propre, caractère très variable du reste, comme nous
aurons lieu de l'expliquer, suivant que le pont projeté
doit se trouver à l'intérieur ou dans le voisinage d'une
grande ville, ou bien en rase campagne, dans un site
riant ou dans un site sévère, au milieu de plaines culti-
vées, ou bien dans les gorges d'un pays de montagnes.

Ce soin des formes extérieures, auquel nous voudrions
voir attacher plus d'importance qu'on ne le fait bien
souvent, n'est pas d'ailleurs pour donner lieu à d'inutiles
augmentations de dépense et peut très bien se concilier
avec les exigences de la plus stricte économie.

Presque toujours en effet, à largeur égale entre parapets, c'est en disposant ces derniers en encorbellement, et par suite en réduisant l'épaisseur de la maçonnerie entre les têtes, qu'on ménage au couronnement d'un pont la saillie nécessaire pour en obtenir un effet décoratif satisfaisant, et faire entrer dans sa composition s'il y a lieu des modillons ou des consoles, genre de décoration presque indispensable lorsqu'il s'agit d'un pont situé à l'intérieur d'une grande ville.

Nous ne faisons du reste qu'indiquer ces questions, auxquelles l'un de nos chapitres sera spécialement consacré, et nous n'avons pas à nous y arrêter plus longuement à cette place.

Les procédés généraux de construction devant faire l'objet de l'un des ouvrages de l'Encyclopédie, nous pourrons abréger ce que nous avons à dire nous-mêmes de l'exécution des travaux ; mais nous nous occuperons toutefois, avec le détail nécessaire, de l'application de ces procédés au cas particulier de la construction des ponts. Nous traiterons notamment, à ce point de vue, des divers modes de fondation, de l'établissement des ponts provisoires, de l'exécution et du montage des cintres, des précautions particulières à observer pour l'exécution des voûtes, du décintrement, en un mot de tout ce qui est spécial à la construction d'un pont ou d'un viaduc.

Des ouvrages très complets, remarquables notamment par les belles collections de planches qui les accompagnent, ont été déjà publiés sur ces matières par des ingénieurs joignant à l'expérience, acquise dans l'exécution de travaux d'une importance exceptionnelle, l'autorité qui s'attache au titre de professeur à l'École des Ponts et Chaussées.

Il va sans dire que nous avons dû leur faire des em-

prunts, de même qu'à divers mémoires insérés dans les
Annales des Ponts et Chaussées, et aux collections de
l'Ecole. Nous ne pouvions, en effet, avoir la prétention de
faire une œuvre originale, ou de combler une lacune qui
n'existe pas. Notre but est simplement de concentrer
dans un volume du format adopté pour l'Encyclopédie
des Travaux Publics, et conformément au programme que
nous venons d'esquisser, la plus grande somme possible
de faits pratiques utiles à connaître, concernant en particulier la construction des Ponts en maçonnerie, et notre
ambition sera amplement satisfaite si nous y sommes
parvenu, quelque modeste d'ailleurs que puisse être le
rang assigné à notre livre auprès de ceux qui l'ont
précédé.

CHAPITRE PREMIER

NOTIONS HISTORIQUES

SUR LA CONSTRUCTION DES PONTS DEPUIS L'ANTI-QUITÉ LA PLUS RECULÉE JUSQU'A NOS JOURS.

§ 1er.

ORIGINES DE LA VOUTE ET CONSTRUCTION DES PONTS ANTÉRIEUREMENT A L'ÉPOQUE ROMAINE.

Le premier pont. — Ponts primitifs en charpente. — Ponts antiques de la Gaule. — Légende du pont construit par Hercule en Italie. — Pont de Sémiramis à Babylone. — Notions relatives à l'invention des voûtes. — Les plus anciennes voûtes connues. — Le trésor des Atrides. — Application qu'on aurait pu faire à la construction des ponts de voûtes construites par assises à retraites successives. — Ponts antiques en Chine. — Diverses voûtes antiques des monuments de l'Egypte. —Probabilité de l'existence des ponts en maçonnerie antérieurement à l'époque romaine. — Conclusions.

L'art de construire les ponts remonte à l'antiquité la plus reculée.

Selon toute apparence, le premier pont a été simplement un arbre renversé par le vent ou entraîné de toute autre façon et resté fixé en travers d'un cours d'eau. A mesure que l'homme est parvenu à se créer des outils et des engins de plus en plus perfectionnés, il a dû tout naturellement imiter ce pont primitif, abattre des arbres pour les placer en travers des rivières, après les avoir convenablement façonnés, établir des points d'appui intermédiaires lorsque la largeur du lit l'exigeait et aboutir ainsi, par degrés, à la construction de véritables ponts en charpente tels qu'ils ont été pratiqués par toutes les nations, dans tous les temps et jusqu'à nos jours.

Dans ses commentaires, César mentionne des ponts qu'il a rencontrés dans les Gaules, présentant dès cette époque toutes les apparences de constructions antiques, et dont les culées et les piles se composaient de troncs d'arbres disposés par assises régulières et se croisant à angle droit ; les vides étaient remplis à l'aide de blocs de rocher fortement tassés, et les assises qui formaient saillie les unes par rapport aux autres, se rejoignaient ou à peu près vers la partie supérieure, suivant une sorte de profil ogival, pour supporter le tablier composé lui-même d'arbres entiers posés longitudinalement et d'une assise de pièces de moindres dimensions posées en travers.

Les premiers ponts de ce genre remontent à une antiquité à laquelle il est impossible d'assigner une date précise, et cependant, de nos jours encore, des constructions exactement semblables se rencontrent dans quelques contrées montagneuses de la Haute-Savoie.

A Rome, une antique légende attribuait la construction du premier pont à Hercule qui, poussant devant lui à travers l'Italie les troupeaux conquis sur Géryon, l'aurait établi, pour traverser le Tibre au point où fut construit plus tard, par Ancus Martius, quatrième roi de Rome, le pont Sublicius ou pont sacré, celui-là même dont Horatius Coclès, en l'an 507 avant notre ère, aurait seul défendu le passage contre l'armée de Porsenna.

En se maintenant dans les limites des temps historiques, les ponts les plus anciens dont il soit fait mention sont ceux construits, l'un sur le Nil par Menès, premier roi des Egyptiens, vers l'an 2560 avant notre ère, le second sur l'Euphrate par Sémiramis, cinq siècles environ plus tard.

On connaît peu de chose du premier de ces ouvrages, mais à l'égard du second voici en quels termes, d'après la traduction d'Amyot,[1] en parle Diodore de Sicile, à propos de la construction de Babylone.

« Ces belles murailles ainsi parachevées avec grande dili-
« gence et soin, en un an, la reine Sémiramis fit encore bâtir

---

1. Mathieu Guillemot, éditeur; Paris, 1585.

« un pont à l'endroit où le fleuve est le plus étroit, qui est d'un
« quart de lieue au plus, faisant jeter et asseoir des piliers au
« profond de l'eau, de 12 en 12 pieds, et joignit les pierres de
« ces colonnes, par l'entre-deux, avec de grosses barres de fer
« les liant par les jointures et liaisons de plomb fondu, et au
« devant de ces colonnes pour rompre et fendre l'impétuosité
« et le courant du fleuve, elle fit maçonner de grosses pointes
« triangulaires de pierre afin que les dits piliers fussent fer-
« mes et sûrs contre la force de l'eau, d'un côté et de l'autre ;
« et ce pont qui avait trente pieds de large, elle fit planchéier
« de grosses poutres et solives de cèdre, de cyprès, de pal-
« mier, ouvrage qui n'est certes pas inférieur à nul des autres
« qu'elle ait fait en son temps. »

Il faut assurément, dans ce récit, faire une large part à l'exagération et à la fable, mais on ne saurait mettre en doute
l'existence même du pont, ni son importance ; les dispositions des piles, telles qu'on les décrit, munies d'avant et d'arrière-becs, composées de pierres de tailles reliées entr'elles par
des crampons métalliques scellés au plomb et fondées en eau
profonde, dans un courant rapide, témoignent de l'existence
dès cette époque d'un art qui n'en était plus à ses débuts.

Ces travaux s'exécutaient d'ailleurs en présence d'architectes et d'ouvriers que Sémiramis avait fait venir de toutes les
parties du monde et dont le nombre, d'après Diodore de Sicile,
aurait atteint trois millions, de sorte que ceux-ci, en retournant chez eux, avaient pu faire connaître et répandre partout
les procédés de construction qu'ils venaient de voir appliquer.

On peut donc affirmer que, plus de vingt siècles avant notre ère, l'art de construire les ponts avait déjà réalisé d'assez
grands progrès pour permettre l'exécution de travaux relativement difficiles, et était probablement connu et pratiqué dans
toutes les contrées habitées.

Ceci ne doit s'entendre, il est vrai, que des ponts en charpente ou du moins des ponts dont les piles seules étaient maçonnées et l'on est moins certain que les premiers ponts exécutés entièrement en maçonnerie remontent à des dates aussi
reculées.

Pour les construire, en effet, il fallait d'abord que l'exécution des voûtes fût entrée dans la pratique des travaux et l'on ne possède, à cet égard, que des données extrêmement incertaines.

Un fait bien avéré cependant, c'est que, dès l'antiquité la plus reculée, on a exécuté des ouvrages en maçonnerie qui, sans être des voûtes comme nous l'entendons, composées de voussoirs à joints convergents dirigés vers un centre commun, en offraient cependant toute l'apparence extérieure.

Nous ne saurions mieux faire, à ce sujet, que de reproduire les observations intéressantes qui suivent, empruntées au *Traité d'Architecture* de M. Léonce Reynaud. [1]

« L'invention des voûtes remonte-t-elle à une haute antiquité? En trouve-t-on quelque témoignage dans les plus anciens monuments de l'Asie ou de l'Egypte, ou dans ceux de la période héroïque de la Grèce? Ces questions ont été longuement controversées, et pendant longtemps les meilleurs esprits se sont refusés à les résoudre affirmativement. Il était, en effet, assez difficile d'admettre que l'humanité ayant à sa disposition un système de construction aussi avantageux se fût assujettie, pendant une longue suite de siècles, à l'emploi presque exclusif de plafonds exécutés en matériaux de dimensions colossales et par conséquent au prix des plus grandes fatigues; que ni les Egyptiens, ni les Grecs, n'aient su poursuivre la voie qu'ils avaient entr'ouverte, et qu'ils aient laissé à des peuples moins éclairés, moins doués d'initiative, aux Étrusques et aux Romains, la gloire d'introduire dans l'architecture une disposition dont ils auraient dû apprécier les mérites, puisqu'ils y avaient eu recours en quelques circonstances.

« Mais aujourd'hui le doute n'est plus permis; les témoignages se sont produits trop nombreux, trop certains pour qu'on puisse nier l'antiquité de la voûte.

« A Abydos, dans le palais d'Osmandias, dont le règne remonte à 2.500 ans environ avant notre ère, on a trouvé une voûte en berceau formée de pierres posées en saillie les unes

1. *Traité d'Architecture* par Léonce Reynaud; 1re partie. Carilian-Gœury et Victor Dalmont, éditeurs; Paris, 1850.

sur les autres; les assises successives ne sont pas dirigées normalement à l'intrados; elles sont posées horizontalement.
Même disposition se voit encore à Thèbes, dans le temple d'Am-
mon-Ra, dont la construction ne paraît pas postérieure à l'an
1756 avant J.-C. L'une des galeries intérieures de la grande
pyramide de Ghizé est couverte par huit assises de pierres posées en encorbellement de manière à présenter l'aspect d'une
voûte ogivale. Dans le mur de construction cyclopéenne qui
entoure l'acropolis de la cité pélasgique d'Arpino[1], on voit une
porte en forme d'ogive, construite également par assises horizontales. Une disposition analogue se retrouve à Tirynthe et
elle a même origine. On pourrait citer encore quelques antiques monuments de l'Asie Mineure et ces mystérieuses constructions de la Sardaigne, qui sont connues sous le nom de
Nur-Hag et appartiennent suivant toute apparence aux Phé-
niciens ou aux Tyrrhènes. Enfin, on a découvert en Grèce un
certain nombre de monuments fort curieux, qui remontent aux
temps héroïques et qui paraissent être les *trésors* dans lesquels
les princes de cette époque renfermaient leurs richesses. Ils
sont souterrains, de forme circulaire et couverts par des voûtes exécutées dans le même système que celles dont il vient
d'être parlé. »

Parmi ces derniers monuments ou *Trésors*, dont les ruines
subsistent encore et permettent d'en reconnaître toutes les dispositions, le plus remarquable assurément est celui situé près
de l'Acropolis de Mycènes et désigné sous le nom de « Trésor
des Atrides ».

Abel Blouet, architecte attaché à l'expédition scientifique de
Morée, en a publié des dessins[2] d'après lesquels nous donnons
le plan et la coupe qui suivent.

L'antiquité de ces ruines ne peut être contestée. Pausanias,
qui les a visitées au second siècle de notre ère, en parle en
termes donnant à penser qu'elles étaient, dès cette époque,
telles qu'on les voit aujourd'hui et les mentionne comme « des

---

1. La bibliothèque Mazarine, à Paris, possède une collection du plus haut
intérêt de modèles de la plupart de ces constructions cyclopéennes.
2. *Expédition de Morée* : Firmin Didot, Paris 1833.

chambres souterraines où l'on disait qu'Atrée et ses fils cachaient leurs trésors. » [1]

La destruction de Mycènes ne remonte, il est vrai, qu'à 468 ans avant J.-C.; mais, au milieu de ses ruines, le Trésor des Atrides offre un caractère tout particulier, le distinguant des autres monuments et lui assignant une bien plus grande antiquité. C'est ce qui en avait fait attribuer par Pausanias la construction aux Cyclopes, c'est-à-dire à une époque bien antérieure à la civilisation grecque.

La figure suivante en représente le plan.

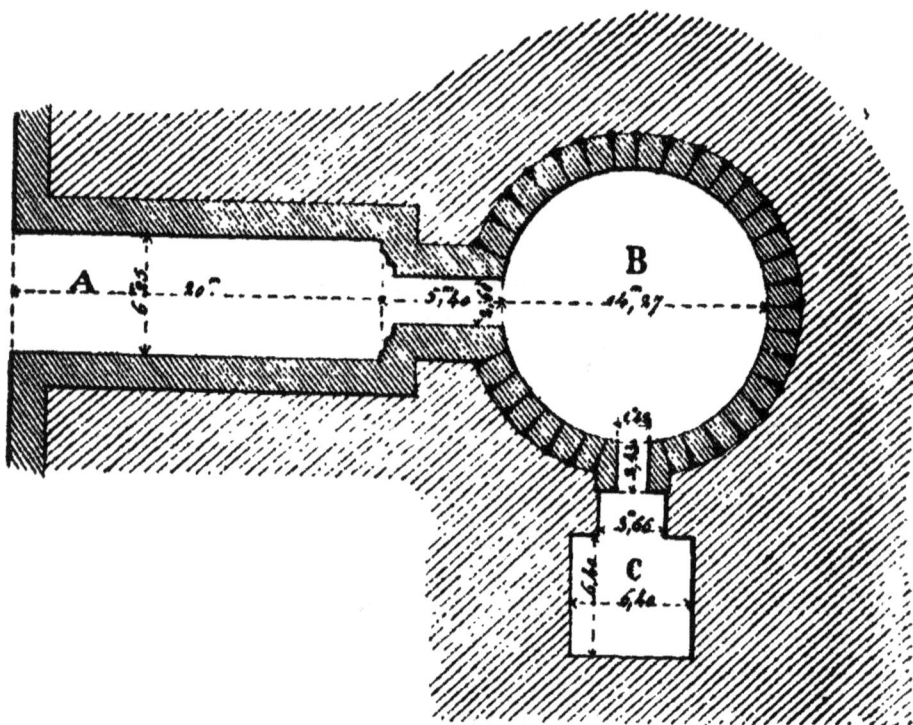

L'ensemble de la construction occupe un espace d'environ 45 mètres de long sur 33 mètres de large, et se compose d'une galerie A de 20 mètres sur 6^m,25 aboutissant à un passage plus étroit, à l'extrémité duquel se trouve la grande salle circulaire

1. Pausanias, *Béotiques*, Liv. IX, Chap. XXXVIII.

B de 14^m,27 de diamètre, considérée comme le lieu où étaient renfermés les trésors d'Atrée et de ses descendants ; sur l'un des côtés de cette salle, un couloir de 1^m,42 de largeur conduit à une salle carrée de 6^m,40 sur 6^m,40, creusée entièrement dans le roc, qui paraît avoir été un tombeau.

Les assises annulaires formant les parois de la salle principale ont cela de particulier, dit Blouet, que les joints latéraux des pierres ne tendent pas vers le centre, si ce n'est pour une partie seulement et sur une longueur de cinq à dix centimètres au plus. Pour le surplus de l'épaisseur, ces sortes de voussoirs

sont restés bruts, et l'intervalle existant entre eux est rempli par des pierres de plus petites dimensions paraissant avoir été fortement pressées, en vue d'obtenir à peu près la même solidité que si les joints avaient été taillés sur toute leur profondeur.

Ces assises, dont le diamètre intérieur diminue de l'une à l'autre, forment au-dessus de la grande salle circulaire l'espèce de voûte ogivale dont la coupe donne le profil.

Une voûte de proportions semblables dans la construction de laquelle sont entrées, sur certains points des pierres de dimensions colossales [1], et dont les restes subsistent encore presque intacts après plus de 30 siècles d'existence, est évidemment un ouvrage considérable témoignant de la possibilité, pour l'architecte et les ouvriers qui y avaient été employés, d'ériger au besoin des ponts en maçonnerie d'après le même système.

Dans de semblables voûtes, la cohésion et la résistance des mortiers seraient assurément appelés à jouer un grand rôle, mais on comprend très bien que rien ne devait empêcher d'en faire l'application à des arches de faible portée en pierres sèches, pour remplacer les tabliers en charpente des ponts les plus anciens construits avec piles en maçonnerie.

Le croquis de la page suivante montre ce qu'auraient pu devenir par exemple, dans cet ordre d'idées, les travées d'un pont construit, comme celui de Babylone, avec piles espacées seulement de 12 pieds.

Ce n'est là qu'une simple conjecture, mais elle suffit pour montrer qu'on aurait pu construire suivant des dispositions analogues des arches d'une portée bien plus grande, alors surtout que l'usage était déjà établi pour des édifices semblables de relier les pierres entr'elles à l'aide de crampons scellés au plomb.

Les contrées mentionnées plus haut ne sont pas d'ailleurs les seules où se rencontrent des vestiges de ces sortes de voûtes composées d'assises en encorbellement, et il semble que

---

1. Le linteau de l'entrée principale est formé d'une seule pierre mesurant 8m,15 de longueur, 6m,50 de largeur et 1m,22 d'épaisseur. Le volume en est par conséquent de 64mc,629.

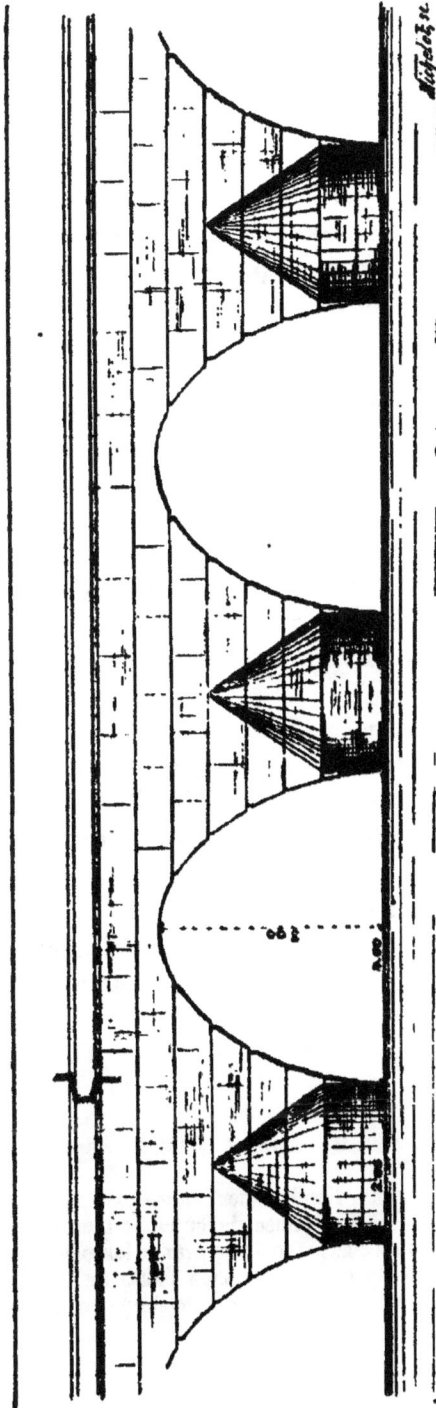

l'idée en ait été conçue même chez les peuples où l'on se serait le moins attendu à la trouver appliquée. C'est ainsi que dans ces ruines étranges, découvertes au Mexique et appartenant à une civilisation disparue à laquelle on ne peut même assigner une date si ce n'est par conjecture, on voit dans un monument qu'on suppose avoir été un temple du soleil, à Palanqué, une grande baie donnant accès au sanctuaire, et dont la partie supérieure présente un arc surbaissé formé d'assises de pierres de taille posées avec une forte saillie les unes par rapport aux autres. [1]

Mais les voûtes à assises horizontales ne sont pas les seules qu'ait pratiquées l'antiquité la plus reculée.

On cite, en effet, de nombreux spécimens de véritables voûtes, avec voussoirs à joints conver-

1. *Monuments anciens du Mexique*, par de Waldeck et Brasseur de Bourbourg. Paris, Arthur Bertrand, 1866.

Voir également « Histoire du Royaume de Quito » par Don Juan de Velasco, publiée par Ternaux-Compans ; Paris, 1840.

gents, existant dans divers monuments de l'antiquité égyp-
tienne. En Éthiopie, dans l'une des pyramides de Méroé, se
trouve une véritable voûte en plein cintre composée de voussoirs régulièrement appareillés. [1] A Djebel-el-Barkal, deux
portiques donnant accès à des pyramides sont couverts l'un
par une voûte en ogive, le second par une voûte en plein cintre, exécutées l'une et l'autre avec voussoirs à joints convergents. Une voûte en berceau de forme elliptique, exécutée en
briques avec joints normaux à la surface de l'intrados, se voit
dans le tombeau d'Aménophis Ier, et doit dater par conséquent
d'environ dix-huit siècles avant notre ère.

Peut-être y a-t-il quelque intérêt à citer encore ce fait que
les premiers missionnaires qui ont pénétré en Chine y ont
trouvé d'innombrables ponts, la plupart en charpente, il est
vrai, mais plusieurs en maçonnerie et l'un entr'autres, celui
de Cho-Gau dans la province de Chen-Si, qui présenterait une
seule arche de dimensions peut-être supérieures à celles des
plus grands ponts modernes, composée d'énormes blocs de
pierre taillés en voussoirs avec joints convergeant vers un centre commun.

Le dessin qu'on en trouve dans « La Chine illustrée », d'A-
thanase Kircher, [2] n'est pas un dessin géométrique et les dimensions indiquées en mesures chinoises sont difficiles à tra-
duire en mesures modernes connues, mais on n'en entrevoit
pas moins qu'il doit y avoir là une construction grandiose datant sans doute d'une époque fort reculée. [3]

Gauthey mentionne bien, en outre, plusieurs ponts chinois
dont l'un notamment, celui qu'il désigne sous le nom de pont
de Fo-Cheu sur le Min serait composé de cent arches en plein
cintre de 39 mètres de diamètre séparées par des piles d'une

1. Hoskins, *Voyage en Éthiopie.*
2. *La Chine Illustrée* d'Athanase Kircher, traduction de Dalquié. Amsterdam, 1570.
3. Indépendamment du pont de Cho-Gan, Kircher mentionne l'existence,
dans la même province, d'un pont composé de chaînes de fer supportant, en
travers d'une vallée profonde, un tablier en charpente d'une grande longueur,
c'est-à-dire un véritable pont suspendu, ayant précédé sans doute de plusieurs siècles les ponts du même genre construits à l'époque moderne en Europe et aux États-Unis.

épaisseur égale à l'ouverture des voûtes et d'une hauteur de
39ᵐ avec largeur de 19ᵐ,50 entre les têtes et une longueur totale de 7.935ᵐ.

Mais, même en admettant qu'il n'y ait pas une exagération
flagrante dans les documents d'où cette description est tirée,
les dispositions générales de l'ouvrage, d'après le dessin qu'en
donne Gauthey, ont une telle ressemblance avec celles des
ponts de l'époque romaine qu'on ne saurait lui assigner une
plus haute antiquité qu'à ces derniers.

Nous terminerons ces observations relatives aux plus anciennes voûtes en empruntant encore la citation suivante au Traité
d'Architecture de M. Léonce Reynaud :

« Quant à la Grèce, nous n'y connaissons jusqu'à présent
« aucun monument antérieur à la domination romaine qui
« présente une voûte appareillée en voussoirs, de sorte qu'il
« est permis de penser que les dômes dont il est question dans
« le voyage de Pausanias étaient construits d'après le même
« système que le Trésor d'Atrée. Cependant, Aristote parle des
« *clefs de voûte qui soutiennent la construction par la résistance*
« *qu'elles opposent de toutes parts.*

« Quoi qu'il en soit, que les Grecs aient construit ou non
« de véritables voûtes, les monuments de l'Égypte établissent
« la haute antiquité de ce mode de construction, et c'est sans
« doute à un respect exagéré pour les formes consacrées qu'il
« faut attribuer le peu d'influence qu'il a exercé sur l'archi-
« tecture des deux peuples. »

De tout ce qui précède, on peut sans invraisemblance conclure que les ponts en maçonnerie ont peut-être existé à des
dates très reculées, bien qu'il n'en reste plus de vestiges, les
ouvrages de ce genre ne pouvant avoir une très longue durée
qu'à condition d'être l'objet d'un entretien constant et de restaurations successives plus ou moins importantes.

Les ponts les plus anciens parvenus jusqu'à nous sont les
ponts de Rome, mais aucun d'eux n'est resté absolument intact ; s'il est permis d'en reconstituer toutes les dispositions
primitives, c'est parce qu'on y a exécuté à diverses dates des
travaux de restauration et de consolidation, grâce auxquels de

2

notables parties en sont restées debout jusqu'à l'époque actuelle.

§ 2.

LES PONTS EN MAÇONNERIE PENDANT LA PÉRIODE ROMAINE.

Premiers édifices voûtés construits à Rome. — La Cloaca-Maxima. — Le pont Salaro. — Aqueduc de l'eau Marcia. — Pont du Palatin ou pont Sénatorial, ou Ponte-Rotto. — Les ponts antiques de Rome tels qu'ils existaient au XVIe siècle d'après Palladio. — Pont Œlius. — Pont Fabricius, ou pont dei Quatro-Capi. — Pont Cestius. — Pont Sublicius. — Pont Triomphal. — Pont Janiculensis. — Pont Milvius. — Pont de Rimini. — Pont Saint-Ange; détails relatifs à ses fondations et à son ornementation. — Pont de Narni sur la Néra. — Pont de Viccace sur le Bachiglione. — Pont de Saintes. — Divers ponts construits dans la Gaule par les Romains. — Ponts construits en Espagne; pont de Salamanque, Pont d'Alcantara sur le Tage. — Pont du Danube. — Aqueducs de Rome. — Aqueduc Claudia. — Château d'eau de la porte Majeure. — Aqueduc de Metz. — Aqueducs de Ségovie, de Tarragone, de Mérida. — Pont du Gard. — La construction des ponts dans l'empire d'Orient. — Aqueducs de Bourgas. — Pont de Justinien sur le Sangarius. — Résumé.

C'est de l'Étrurie que paraissent être venus à Rome les premiers architectes connaissant la construction des voûtes, et par eux que les premiers égoûts et aqueducs voûtés et les premiers ponts en maçonnerie ont été édifiés.

On suppose que le plus ancien de ces ouvrages est l'égoût désigné sous le nom de Cloaca-Maxima, exécuté sous le règne de Tarquin l'ancien, 600 ans environ avant J.-C.

Selon quelques auteurs, Tarquin était d'origine étrusque: il avait, dans tous les cas, employé plusieurs années à soumettre l'Étrurie à la domination romaine, et il est permis de supposer qu'au retour de cette conquête il ramena avec lui, pour les charger des grands travaux qu'il méditait, les architectes et les ouvriers dont Rome était dépourvue.

La Cloaca-Maxima, eu égard à la date à laquelle remonte sa construction, était un ouvrage de grande importance et avait donné lieu à l'exécution, sur une assez grande longueur, d'une voûte en berceau, en plein cintre, de 6m de diamètre.

Il se terminait, en outre, à sa jonction avec le Tibre, par une tête également voûtée et composée de trois rouleaux concentriques apparents formant archivolte.

Vers la même époque, d'après Gauthey, Tarquin l'ancien aurait également fait construire, sur le Tévérone, affluent du Tibre, le pont Salaro qui serait ainsi le plus ancien de tous ceux attribués aux Romains. A ce titre, il eût été extrêmement intéressant d'en connaître les dispositions ; mais il a été détruit à diverses époques puis reconstruit, sans qu'on ait la certitude que ses dispositions aient été exactement respectées et ce n'est sans doute que par à peu près que Gauthey[1], et M. Croizette-Desnoyers[2] après lui, en ont donné un dessin représentant un pont d'environ 100^m de longueur, composé de trois arches en plein cintre, l'une de 21^m au milieu, les deux autres de 16^m,90 d'ouverture.

De quelque façon que fût disposé le pont primitif, c'était assurément un ouvrage d'art très important, donnant la preuve que la construction des grandes voûtes était définitivement entrée dans la pratique des travaux.

Il est à présumer, toutefois, que ce n'était pas par des arches d'une telle ouverture que les constructeurs romains avaient débuté et qu'ils s'en étaient d'abord tenus à des dimensions plus restreintes.

On en trouve la preuve dans ce fait que pour les aqueducs les plus anciens, ceux qui datent à peu près de la même époque que la Cloaca-Maxima, et sur le parcours desquels des ponts avaient dû être construits à la rencontre des cours d'eau, les arches n'ont pas plus de 6 à 8 mètres d'ouverture.

C'est surtout à l'occasion de l'établissement des grands aqueducs que l'exécution des voûtes est devenue, en quelque sorte, un travail courant et ces ouvrages offrent, sous ce rapport, un intérêt tout particulier.

Le premier en date est celui qui amenait à Rome l'eau Mar-

1. Gauthey, *Traité de la construction des Ponts*, Firmin Didot, Paris, 1832.
2. Croizette-Desnoyers, *Cours de construction des Ponts*, Vve Charles Dunod, Paris, 1885.

Gauthey place le pont Salaro sur le Tévérone, tandis que M. Croizette, qui cite cependant Gauthey, désigne ce même pont comme construit sur l'Anio.

cia. Il avait son origine dans l'Apennin à une distance d'environ 92 kilomètres de Rome et à une altitude de 317ᵐ, et aboutissait au Palatin à une hauteur de 263ᵐ en contrebas de son point de départ. [1]

A la rencontre des ravins situés sur les flancs de l'Apennin

Aqueduc Marcia (145 ans
av. J.-C).

et plus loin dans la traversée de la plaine, le canal qui contenait les eaux dérivées avait dû être soutenu par des ponts et des arcades, et celles-ci, dont les restes encore debout comptent parmi les plus magnifiques ruines de la campagne Romaine, offraient ensemble un développement de plus de 10 kilomètres.

Les dispositions en étaient d'ailleurs des plus simples, comme le modeste croquis que nous en donnons suffit pour le montrer. Les voûtes en plein cintre avaient 8ᵐ d'ouverture et reposaient sur des piliers rectangulaires de 4ᵐ d'épaisseur, de hauteur variable suivant les inégalités du terrain. L'aqueduc lui-même était recouvert, près des sources, par une voûte de 1ᵐ,70 de diamètre sur 2ᵐ,30 de hauteur à la clef.

Le tout était exécuté en pierre de taille appareillée avec le plus grand soin.

Les ponts, notamment ceux qui existent encore et qu'on désigne actuellement sous les noms de Pont Saint-Pierre et de Pont Saint-Antoine, présentaient à peu près les mêmes dispositions que les arcades : ils ne s'en distinguaient que par des contreforts, entre lesquels leurs voûtes étaient encadrées.

Indépendamment de ces ponts, les aqueducs à leur arrivée à Rome aboutissaient soit à des portes monumentales, soit à des châteaux d'eau dans la construction desquels les voûtes occupaient toujours la plus grande place.

Ces indications suffisent pour donner la preuve que, dès ce moment, les architectes qui avaient entrepris et mené à bonne fin de pareilles œuvres étaient certainement à même de faire

1. Belgrand : *Les travaux souterrains de Paris* : Première partie, Introduction : *Les aqueducs Romains*, Paris, Dunod, 1875.

exécuter tous les travaux auxquels la construction des ponts en maçonnerie devait donner lieu.

On n'est pas d'accord, il est vrai, sur la date précise à laquelle remonte le premier établissement de l'aqueduc Marcia ; tandis que Pline l'attribue à Ancus Marcius prédécesseur de Tarquin l'Ancien, Strabon et surtout Frontin qui, après avoir été trois fois consul vers la fin du Ier siècle de notre ère a écrit un livre sur les aqueducs de Rome,[1] supposent que le nom d'eau Marcia venait de ce que, vers l'an 145 avant J.-C., Marcius Rex, alors préteur, aurait fait restaurer d'anciens aqueducs dont la construction primitive ne remonterait pas au-delà de l'an 272.

Sans nous arrêter à ces questions d'intérêt purement archéologique, nous nous bornons à constater que c'est trois siècles environ avant notre ère que les Romains ont dû commencer à abandonner les ponts en charpente, trop souvent emportés par les eaux et exigeant des réparations trop fréquentes, pour leur substituer des ponts en maçonnerie.

Leurs progrès dans cette nouvelle sorte de travaux furent d'ailleurs extrêmement rapides, si l'on en juge par les ponts les plus anciens dont la construction leur est attribuée.

Le premier en date de ces ouvrages est le pont du Palatin ou pont Sénatorial, ainsi désigné parce qu'il était voisin du Palatin et du Sénat, et dont on fait remonter la construction primitive à l'an 181 avant J.-C.

Il existait encore à peu près complet en 1575, époque à laquelle Grégoire XIII le fit entièrement restaurer ; mais quelques années plus tard, en 1598, une crue extraordinaire du Tibre le détruisit en partie, d'où lui est venu le nom de Ponte-Rotto ou pont rompu qu'il a conservé depuis.

Le dessin suivant suffira pour donner une idée assez exacte de ses dispositions générales.

Il était composé d'arches de 24^m,40 d'ouverture, en plein cintre avec larges archivoltes à saillie fortement accusée, reposant sur des piles d'environ 8^m d'épaisseur munies d'avant-becs

---

1. Sextus Julius Frontinus, *De aqueductibus urbis Romæ*, Padoue, 1722.

et d'arrière-becs angulaires, au-dessus desquels étaient disposées des niches comprises entre deux colonnes avec chapiteaux s'élevant jusqu'au couronnement des tympans, et encadrant

Pont du Palatin ou Ponte-Rotto (181 ans av. J.-C.).

ces derniers de la façon la plus heureuse. Les parapets étaient pleins avec dés saillants de distance en distance. La largeur entre les têtes atteignait 13 mètres.

Nous aurons à revenir dans un autre chapitre sur cet ensemble de décoration du pont du Palatin pour l'étudier en détail, ce qui nous permet de ne pas nous y arrêter plus longuement à cette place ; mais il est bon toutefois de constater dès maintenant ce fait que, près de deux cents ans avant notre ère, l'habilité des architectes Étrusques ou Romains appelés à construire les ponts de l'ancienne Rome atteignait assurément, sous le rapport de l'harmonie des formes extérieures, de l'élégance et du goût, celle des meilleurs constructeurs de l'époque moderne.

La seule critique que comporte ce remarquable ouvrage concerne l'exagération de l'épaisseur des piles ; celles-ci, en effet, sont de véritables culées, suffisantes pour que les arches se maintiennent isolément sans le concours de la poussée des arches voisines et elles devaient opposer une gêne grave au libre écoulement des eaux. Il est à présumer que cette disposition était due, soit à la préoccupation constante des constructeurs romains d'éviter la dépense de cintres multiples et compliqués, soit à l'insuffisance des procédés de fondation pratiqués à cette époque.

Nous verrons cette disposition défectueuse se reproduire, non-seulement pendant toute la durée de la domination ro-

maine, mais encore au moyen-âge, alors que l'ogive se substitue
à l'arc de cercle et que les anciennes traditions de l'art romain
sont remplacées par les procédés de l'art gothique, et même
après la Renaissance, c'est-à-dire après que les architectes
italiens et en particulier Palladio eurent remis en grand honneur les ponts de l'ancienne Rome.

Ce n'est que vers la fin du XVIIe siècle, et surtout au XVIIIe
siècle, lorsque les ingénieurs sont venus remplacer les archi-
tectes pour l'exécution des grands travaux publics, qu'une plus
large part a été faite à la théorie scientifique dans l'étude des
ouvrages d'art et que les différentes parties de ces derniers
ont été plus attentivement calculées, de façon à retrancher de
leurs dimensions tout ce qui n'était pas nécessaire, sans diminuer d'ailleurs en rien les conditions générales de stabilité.

A l'égard des ponts de la Rome antique, voici en quels termes, dans son traité d'Architecture,[1] en parle Palladio, qui
avait été à même de les voir tels qu'ils existaient avant les restaurations modernes dont la plupart d'entre eux ont été l'objet.

« Un grand nombre de ponts furent construits par les anciens en divers lieux. Mais en Italie, particulièrement sur le
Tibre, ils en établirent plusieurs dont quelques-uns subsistent
encore en entier, tandis qu'il ne reste que des vestiges des
autres.

« Ceux qu'on peut voir encore intacts sur le Tibre sont :

« Le pont du château Saint-Ange, anciennement appelé le
Pont Œlius, du nom de l'empereur Œlius Adrianus, qui le fit
édifier pour conduire à son propre mausolée ;

« Le pont Fabricius, construit par Fabricius et appelé maintenant le pont *Quatro-Capi*, à cause des quatre têtes de Janus
ou de Terminus placées à son entrée du côté de la rive gauche.
Par le moyen de ce pont, l'île du Tibre est réunie à la cité ;

« Le pont Cestius maintenant appelé le pont *San-Bartolo-
méo* qui, de l'autre côté de l'île, aboutit au *Transtevere* ;

« Le pont *Senatorius* ou *Palatinus* exécuté en maçonnerie
ordinaire et qu'on nomme actuellement pont *Santa-Maria* ;

1. Palladio. *Traité d'Architecture*, imprimé à Venise en 1570. Traduction
anglaise publiée à Londres par Isaac Ware. Vol. II, pag. 60.

« Quant aux ponts dont on ne voit plus seulement que quelques vestiges dans le Tibre, ce sont les suivants :

« Le *Sublicius*, construit d'abord en charpente et appelé plus tard Lepidus du nom d'Emilius Lepidus qui le fit reconstruire en pierres ;

« Le pont *Triomphal*, dont les piliers se voient sur la rive opposée à l'église du Saint-Esprit ;

« Le *Janiculensis*, ainsi nommé à cause de son voisinage du Janicule et qui ayant été reconstruit par le pape Sixte IV est maintenant appelé le *ponte Sisto ;*

« Enfin le *Milvius*, appelé maintenant le *ponte Molle*, situé sur la voie Flaminia, à une distance d'un peu moins de deux milles de Rome. »

Le Milvius, était le second en date des ponts de l'ancienne Rome, puisque la construction primitive en est attribuée au préteur Emilius Scaurus, 109 ans environ avant J.-C., et l'on voit, par la citation que nous venons de faire de Palladio, que vers le milieu du XVIe siècle il n'en restait plus que les vestiges, c'est-à-dire sans doute quelques parties des fondations des culées et des piles.

Le pont actuel, tel qu'il est représenté par le dessin qu'en donne M. Croizette-Desnoyers. est donc un ouvrage moderne, d'ailleurs sans caractère et d'une extrême médiocrité, que nous n'avons à mentionner en quelque sorte que pour mémoire à propos des ponts de l'ancienne Rome.

Les successeurs des architectes qui avaient construit le pont du Palatin n'auraient certainement pas adopté, pour le pont Milvius primitif, des dispositions aussi peu en rapport avec les progrès de l'art à leur époque.

On en a la preuve dans le pont Fabricius ou de Quatro-Capi, datant de l'an 62 avant J.-C. et dans lequel on retrouve, avec un peu moins d'élégance toutefois, une composition analogue à celle du pont du Palatin.

Il présente, comme ce dernier, des arches de 24^m,25 et 24^m,50 d'ouverture, séparées par une pile-culée dans le haut de laquelle est ménagée une arche complémentaire de 6^m de largeur.

Deux arches analogues, de 3^m,50 seulement d'ouverture, existaient anciennement dans les culées ; mais elles ont disparu dans les maisons voisines qui ont envahi par degrés les deux rives du Tibre.

M. Léonce Reynaud, dans son traité d'architecture, donne un excellent dessin de ce pont permettant de se bien rendre compte de ses belles dispositions.

Il présente cette particularité que c'est le premier pont dans lequel les têtes des voûtes ne forment pas des demi-circonférences complètes ; l'intrados est un arc de cercle de 25ᵐ de rayon et de 20ᵐ de flèche.

Deux autres types très distincts du précédent se rencontrent parmi les ponts de l'époque romaine ; ce sont ceux dont le pont d'Auguste à Rimini (20 ans avant J.-C.), et le pont Œlius ou

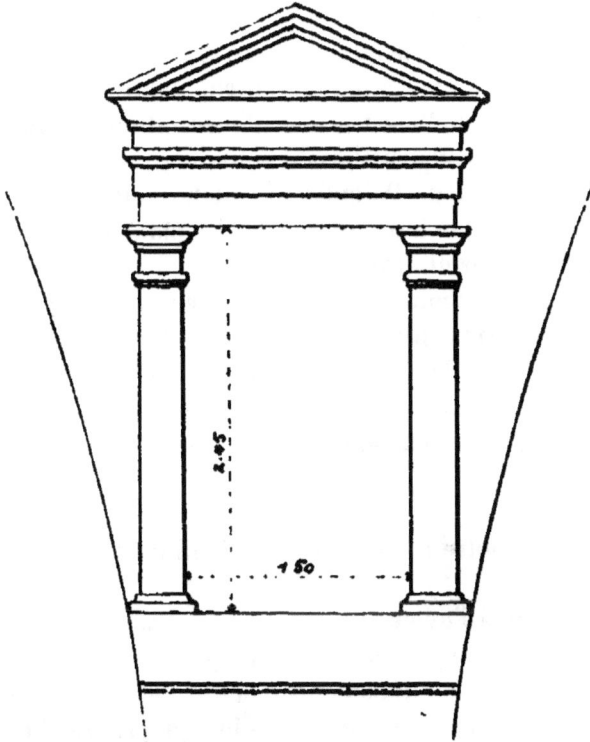

Pont de Rimini (Niches des tympans).

pont Saint-Ange, à Rome (an 138 de notre ère), présentent les plus beaux spécimens.

On trouve les dessins du premier dans Palladio, qui en admirait tout particulièrement les dispositions et les a souvent reproduites, ainsi que dans le traité d'architecture de M. Reynaud et les principaux ouvrages concernant la construction des ponts.

Il se compose de cinq arches variant de $8^m,01$ à $10^m,56$ d'ouverture, les plus petites vers les rives, la plus grande au milieu, avec voûtes en plein cintre ayant leurs naissances placées à 5^m environ au-dessus des basses eaux. Les piles ont, comme d'habitude, une épaisseur égale à peu près à la moitié des ouvertures des arches adjacentes et se terminent, en plan, par de vigoureux avant-becs présentant au courant un angle de 90°.

La disposition caractéristique, c'est que les tympans sont coupés au droit des piles, comme au pont du Palatin, par des niches dont nous donnons le croquis, s'élevant jusqu'au beau couronnement à consoles qui supporte le parapet.

Ce dernier offre au-dessus de l'arche centrale une partie plus élevée, sur laquelle est gravée l'inscription commémorative concernant la construction de l'ouvrage.

D'après le dessin de Palladio, les niches étaient occupées par des statues qui ne figurent pas sur les planches de M. Reynaud et de M. Croizette-Desnoyers.

Si l'élévation est moins élégante et moins ornée que celle du pont du Palatin, par contre l'ouvrage offre, dans son ensemble, un grand caractère de force et d'harmonie et méritait certainement d'être imité, comme il l'a été en effet pendant plusieurs siècles et jusqu'à l'époque moderne, notamment à Londres et à Paris.

Le dessin ci-contre représente une demi-élévation du pont Saint-Ange.

Ainsi que nous l'avons dit plus haut, d'après Palladio, le pont construit en l'an 138 de notre ère par l'Empereur Ælius Adrien existait presque intact encore au milieu du XVI° siècle, et l'on n'en doit être nullement surpris lorsqu'on se rend compte du soin exceptionnel avec lequel ses fondations ont été établies.

Piranesi[1], dans sa magnifique collection de dessins des anti-
quités romaines, consacre trois
de ses planches in-folio tant
au pont lui-même qu'à ses fondations, et met très bien en évidence les remarquables dispositions de celles-ci.

Tout l'ouvrage repose sur un
radier général compris, à l'a-
mont et à l'aval, entre deux files
de forts pieux jointifs, exécuté
certainement à sec à l'aide de
batardeaux. Il est entièrement
composé de fortes pierres de
taille soigneusement appareillées, reliées entre elles dans
tous les sens à l'aide de clefs
en pierre et de crampons comme le montre le croquis suivant, reproduisant un dessin
de Piranesi, sur lequel les
parties hachées représentent les
trous de scellement disposés à
l'avance pour recevoir les
crampons et les clefs.

Il est indubitable qu'un massif de maçonnerie composé de
tels éléments forme, dans son
ensemble, un bloc unique
presque indestructible, ainsi
que l'évènement l'a d'ailleurs
démontré.

Il est extrêmement intéressant, au point de vue historique,
de constater l'existence de telles dispositions dans un ou-

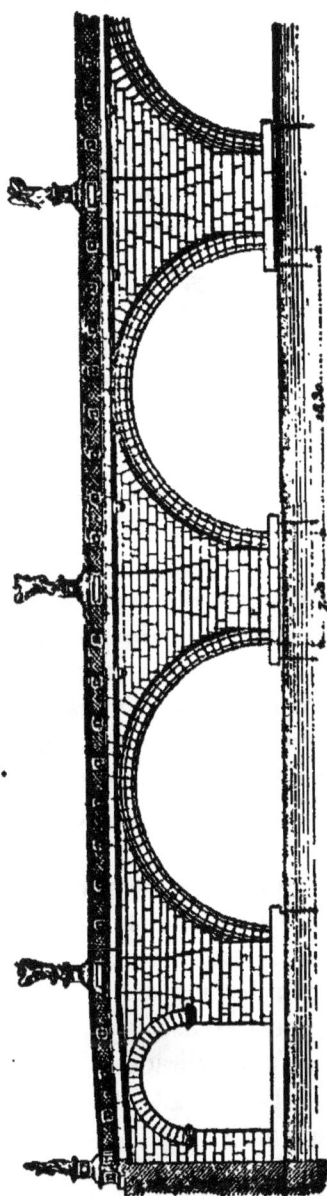

Pont (Ælius ou Pont Saint-Ange à Rome (an 138).

1. *Antichita Romänæ del Cavaliere Giambatista Piranesi*. Firmin-Didot ;
Paris, 1835.

vrage exécuté il y a seize siècles ; mais il va sans dire qu'on ne saurait conseiller de les imiter à l'époque actuelle, à cause de la difficulté qu'on aurait à justifier et à faire admettre l'énorme dépense qu'elles occasionneraient.

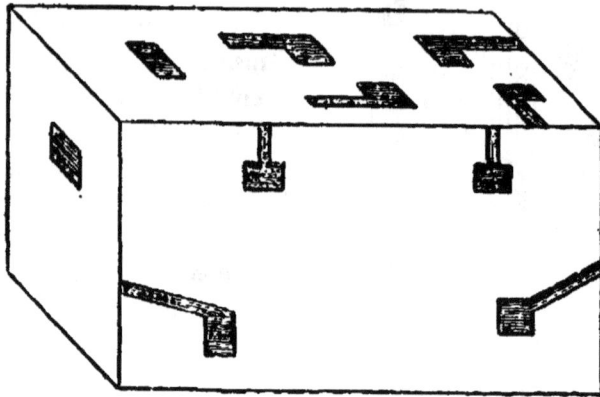

Le pont Saint-Ange n'est pas moins remarquable sous le rapport de la décoration extérieure, mais il a subi d'assez nombreuses modifications depuis son origine. Ainsi, le parapet est moderne ; les statues de saint Pierre et de saint Paul qui en ornent l'entrée du côté de la ville ont été élevées par le pape Clément VII, et c'est au Bernin qu'on doit l'exécution par les ordres de Clément IX, vers 1668, de la balustrade actuelle en fer et en pierre et des dix statues d'anges qui la surmontent.

Quant aux parties anciennes restées intactes, ce qui les caractérise, c'est l'excellent profil des archivoltes et la continuation des piles, en hauteur, jusqu'au couronnement, sous forme de contreforts à base évasée qui coupent les tympans et produisent un bel effet par leur saillie fortement accusée.

Nous donnons à la page suivante, d'après Piranesi, le profil des archivoltes, sans garantir toutefois l'exactitude absolument rigoureuse des cotes que nous indiquons.

Les ponts construits par les Romains, soit à Rome même soit dans les diverses contrées où leur domination s'est successivement étendue, ont été fort nombreux ; mais on y retrouve à peu près pour tous l'un ou l'autre des trois types que nous venons de décrire, ceux du pont du Palatin, du pont de Rimini ou du pont Saint-Ange.

Il ne semble y avoir d'exception que pour les grands ouvrages où la masse imposante de la construction devait produire par elle-même un grand effet, de telle sorte qu'il a suffi de sim-

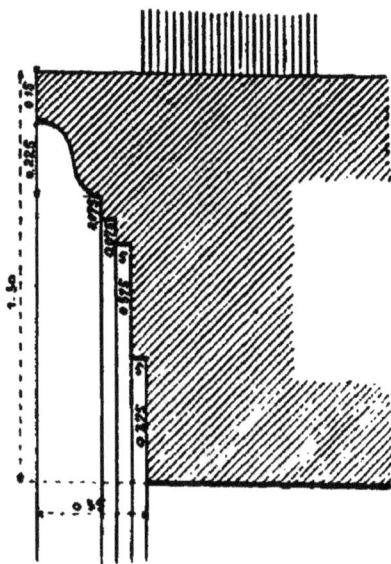

ples arches en plein cintre, sans aucune ornementation, reposant sur de larges piliers bien proportionnés pour constituer des œuvres des plus remarquables, ainsi que le montre l'aqueduc du Gardon ou pont du Gard dont nous parlerons tout à l'heure.

Les Romains toutefois n'ont pas construit que des chefs d'œuvre et il est arrivé, de leur temps comme à toute autre époque, soit à cause de la hâte avec laquelle certains travaux étaient exécutés, soit par manque d'argent, soit à cause de l'insuffisance des architectes, que quelques ponts ont été des œuvres d'art fort médiocres dépourvues de tout intérêt.

Les principaux ouvrages méritant, à des titres divers, d'être cités, sont les suivants :

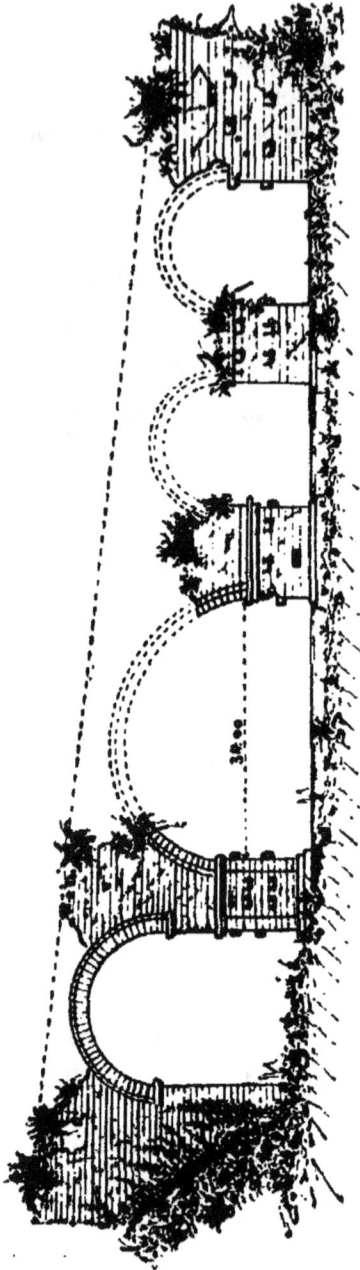

PONT DE NARNI

D'après le dessin de M. Choisy.

En première ligne le pont de Narni, construit par Auguste
sur la Néva, à une distance d'environ 100 kilomètres de Rome.

Il se composait de 4 arches de dimensions inégales tant en
hauteur qu'en largeur, à cause de la forte déclivité de la route
pour le passage de laquelle il avait été construit.

Dans l'état actuel il n'en reste plus que des ruines de dimensions imposantes, très admirées des voyageurs parcourant le
chemin d'Ancône à Rome qui passe sous l'une de ses arches
restaurées ; ce qui le rend surtout remarquable, c'est qu'il
avait donné lieu à la construction de l'arche la plus grande datant de l'époque romaine.

Cette arche, en effet, a 34^m de diamètre et on n'en connaît
aucune autre de pareille dimension, du moins parmi celles qui
se sont maintenues jusqu'à l'époque actuelle.

M. Choisy,[1] dans son ouvrage sur *l'art de bâtir chez les Romains*, en a donné un dessin très complet, avec reconstitution
très vraisemblable des voûtes détruites, et c'est d'après lui que
nous produisons le croquis de la page précédente.

La différence de niveau existant entre les retombées de la
courbe d'intrados de l'arche principale prouve que cette courbe
ne devait pas être composée d'un seul arc de cercle, mais bien
de deux arcs au moins avec centres différents.

C'était là assurément un ouvrage de grande importance et
offrant un extrême intérêt à cause de ses dimensions exceptionnelles, mais y a-t-il lieu de le classer, comme on le fait,
parmi les plus beaux spécimens de travaux de la meilleure
époque de Rome ? Nous avons peine à le penser. Les ruines
en sont sans doute fort belles et on constate en examinant la
maçonnerie que les pierres en étaient taillées et appareillées
avec un soin tout particulier; mais la lourdeur des piles, les
inégalités d'épaisseur qu'elles présentent et que rien ne justifie, la hauteur différente des impostes recevant la retombée des
arcs et l'absence de toute ornementation permettent de supposer que la construction, à son origine, devait être d'aspect assez
médiocre.

Si les parties qui en restent debout produisent un effet gran-

1. Choisy : *Art de bâtir chez les Romains ;* Paris, 1874.

diose, elles le doivent certainement, non pas à leur propre mérite comme œuvre d'art, mais à leur grande hauteur qui dépasse 32^m au droit de l'une des piles de la grande arche, à la façon pittoresque dont les contours en sont découpés et surtout à l'aspect général du site au milieu duquel elles s'élèvent.

On retrouve mieux les bonnes traditions de l'art romain dans le pont de Vicence sur le Bachiglione, composé de trois arches,

Pont de Vicence (sur le Bachiglione).

l'une de 21^m au milieu, les deux autres de 16^m,90 sur chaque rive et dont les dispositions générales, comme l'indique notre croquis, reproduisent exactement celles du pont de Rimini.

C'est d'après ce même type qu'avait été construit le pont de Saintes, dont une partie subsistait encore il y a peu d'années, et qui datait sans doute du Ier siècle de notre ère, puisque sur l'une des culées un arc de triomphe avait été élevé à Germanicus.

Des ponts construits également par les Romains existent en France, sur la Vidourle à Sommières, dans le département du Gard; sur le Coulon, près d'Apt, dans le département de Vaucluse; sur la Touloubre, à Saint-Chamas dans les Bouches-du-Rhône. Leurs dispositions n'offrent d'ailleurs rien de bien particulier, si ce n'est, pour le dernier, l'existence sur l'une et l'autre extrémité du pont d'arcs de triomphe encore en parfait état de conservation.

En Espagne, les ponts datant de l'occupation romaine semblent avoir été plus nombreux que dans aucune autre province de l'Empire, mais cela tient peut-être à ce que les ravages des barbares se sont rarement étendus jusque-là et que les conditions climatériques y sont d'ailleurs plus favorables à la longue durée des constructions.

D'après Gauthey, le pont dont les ruines se voient à Salamanque, sur le Tormès, aurait été composé de 26 arches de 23^m,40 d'ouverture et de 34^m de hauteur, reposant sur des piles de 8^m. La construction en remonterait au règne de Trajan, c'est-à-dire au commencement du second siècle de notre ère.

D'après M Croizette-Desnoyers, au contraire, les arches au nombre de 27 auraient eu seulement 10^m d'ouverture.

A peu près à la même époque et par les ordres également de Trajan, en l'an 98, fut construit sur le Tage le pont d'Alcantara, le plus important de tous ceux existant dans la péninsule ibérique ; les 6 arches en plein cintre dont il se compose ont de 28^m à 30^m de diamètre et reposent sur des piles d'environ 9^m d'épaisseur de forme carrée dont quelques-unes, celles placées en rivière, atteignent une hauteur de près de 40^m au-dessus du niveau des fondations.

Ces piles présentent, par rapport à la retombée des archivoltes et au parement des tympans, des saillies qui ont dû être utilisées pour la pose des cintres, mais ceux-ci, eu égard à la grande hauteur de la construction et à l'ouverture des arches n'en ont pas moins dû être l'occasion de sérieuses difficultés à surmonter.

Les voûtes, comme cela était pratiqué souvent à cette époque, sont formées de voussoirs posés sans mortier ; tout l'ouvrage est exécuté d'ailleurs en pierres de larges dimensions, taillées et appareillées avec le plus grand soin.

Comme décoration, l'élévation est des plus simples ; elle comprend seulement des archivoltes saillantes, sans aucun imposte pour en recevoir la retombée, et des contreforts carrés à forte saillie s'élevant depuis le sommet des piles jusqu'au couronnement composé d'un simple cordon saillant, sans moulures, au-dessus duquel règne un parapet plein.

Cet ouvrage est du reste de ceux dont la beauté résulte surtout, comme nous l'avons dit, de leurs dimensions imposantes, de la simplicité de leurs formes et de leur grand air de solidité.

Gauthey attribuait encore à Trajan un pont construit sur le Danube et dépassant celui d'Alcantara par ses proportions, puisqu'il aurait été composé de 28 arches en plein cintre ayant une ouverture tout à fait invraisemblable de 55^m ; mais d'après des documents plus récents, confirmant d'ailleurs les indications qu'on pouvait tirer des bas-reliefs même de la colonne Trajane, il est certain que les piles seules étaient en maçonnerie, et qu'au lieu de voûtes elles supportaient des travées en charpente d'une portée de 36^m.

Ces piles, il est vrai, dont l'épaisseur était de 18 et la hauteur fort grande, avaient dû donner lieu, à cause de la profondeur et de la rapidité des eaux du Danube en ce point, à des difficultés exceptionnelles de fondation et l'architecte chargé des travaux, Appollodore de Damas, avait eu grand mérite à les établir avec un plein succès.

Le pont construit par Trajan, pour faciliter le passage du fleuve aux troupes qu'il conduisait contre les barbares de la rive opposée, fut détruit quelques années plus tard par son successeur Adrien, pour empêcher les barbares d'envahir à leur tour les provinces romaines et il ne reste plus de nos jours que des vestiges d'un petit nombre de piles ; tout le reste a disparu.

Bien des ponts seraient à mentionner encore, datant comme les précédents de la belle époque romaine, mais nous pensons qu'il n'y aurait aucun intérêt bien sérieux à multiplier ces descriptions, desquelles ne se dégagerait aucune notion nouvelle à ajouter à celles que nous possédons déjà sur l'art de la construction des ponts pendant cette période. Ce que nous en avons dit nous semble suffire et nous le résumons en constatant que sous le rapport de leur importance, de leur excellente exécution, de la beauté de leurs formes, de l'élégance de leurs dispositions, les ponts construits par les Romains ont approché de bien près la perfection. Nous aurons beaucoup de renseignements utiles à en retirer pour les chapitres suivants de cet ouvrage.

En même temps que les ponts, les Romains avaient développé avec une merveilleuse activité les aqueducs, à l'aide desquels était assurée à la ville de Rome l'une des plus larges distributions d'eau qui aient jamais existé.

Nous avons déjà parlé de l'aqueduc de l'eau Marcia, le premier en date de ces ouvrages, remontant selon Pline à 600 ans et selon Frontin à 272 ans avant J.-C.

Sous le règne de Trajan, c'est-à-dire vers la fin du 1er siècle de notre ère et alors que Frontin était curateur des eaux de la ville, le nombre des aqueducs était de neuf, avec un développement total d'environ 425 kilomètres dont 54 à 55, d'après M. Belgrand, étaient supportés par des arcades.

Pendant plusieurs siècles les dispositions adoptées pour ces sortes d'ouvrages ont peu varié et se rapprochaient beaucoup de celles de l'aqueduc Marcia, si ce n'est que lorsque la hauteur à atteindre dépassait certaines limites on superposait deux ou trois rangées de voûtes, et qu'au lieu de construire celles-ci entièrement en pierre de taille on y employa le plus souvent de petits matériaux.

Les deux dessins suivants représentent les arcades de l'aqueduc Claudia : le premier, celles établies à l'origine ; le second celles exécutées plus tard, sur une certaine longueur, sous le règne de Néron, d'où leur est venu le nom d'Arcs néroniens.

Le rapprochement en est intéressant en ce qu'il montre pour des ouvrages exécutés à 20 ans seulement d'intervalle, et ayant

Aqueduc Claudia (50 ans après J.-C.).

la même destination, d'une part des arcades au caractère romain nettement accusé par l'épaisseur de leurs piles, leur apparence de force sans lourdeur et leur exécution en pierre de taille, de l'autre une construction beaucoup plus légère avec voûtes plus grandes, piliers beaucoup moins épais et emploi de petits matériaux.

Elles ont eu d'ailleurs la même durée et malgré leur simplicité, ou plutôt à cause même de cette simplicité, l'aspect en est des plus satisfaisants, ainsi qu'en témoignent les magnifiques ruines qui en existent encore dans la campagne romaine.

Arcs Néroniens (70 ans après (J.-C.).

A l'approche de Rome, les mêmes ouvrages d'art supportaient plusieurs aqueducs et vers la porte Labicane, par exemple (porte Majeure), à l'aqueduc Marcia qui était venu le premier y aboutir, on avait successivement superposé les eaux Tapula, Julia, Claudia et Anio Vetus en augmentant ainsi de plus en plus la hauteur à laquelle les distributions étaient pratiquées.

On sait d'ailleurs qu'à mesure qu'ils occupaient de nouvelles provinces, les Romains s'empressaient d'y assurer de larges approvisionnements d'eau devenus pour eux, soit pour leurs bains, soit pour d'autres usages, un objet de nécessité absolue ; c'est ainsi que de grands aqueducs avaient été construits sur tous les points de l'Empire.

Parmi ceux qui n'ont pas été entièrement détruits par les barbares ou par le temps, plusieurs offrent à divers titres un réel intérêt.

L'aqueduc dont les ruines se voient aux environs de Metz date des dernières années qui ont précédé notre ère ; les arches avaient l'ouverture habituelle d'environ 5ᵐ, mais les piliers, au lieu d'une épaisseur constante, présentaient, depuis leur base jusqu'à l'imposte recevant la retombée des archivoltes, un certain nombre de retraites successives comme le montre notre croquis; de telle sorte qu'au niveau du sol la largeur des pleins dépassait celle des vides, disposition justifiée sans doute par la nature du sol sur lequel reposaient les fondations.

Aqueduc de Metz.

A Ségovie, un aqueduc, également de construction romaine et postérieur d'un siècle environ au précédent, présente pour une hauteur de 34^m deux rangs d'arcades superposées et l'on retrouve dans les piliers de la rangée inférieure cette même disposition avec retraites successives de l'aqueduc de Metz.

D'autres ouvrages semblables, de très grande importance, avaient été établis encore sur divers points de l'Espagne, notamment à Tarragone (Catalogne) et à Mérida (Estramadure). Ce dernier, composé de trois rangées superposées d'arcades de 5^m d'ouverture, atteignant ensemble une hauteur de 25^m, avec piliers consolidés de part et d'autre par des contreforts transversaux s'élevant jusqu'à la retombée des voûtes, était exécuté en pierres taillées en bossage avec une régularité parfaite et formant des assises séparées par des filets de briques.

Soixante-six de ces arcades sont encore debout et forment, aux abords de la ville moderne, un monument cité parmi les plus remarquables de l'époque romaine.

Mais, au-dessus de tous les ouvrages dont nous venons de parler, une place à part doit être faite à l'aqueduc désigné sous le nom de pont du Gard, construit un peu avant le commencement de notre ère pour amener à Nîmes les eaux dérivées des fontaines d'Eure et d'Airan.

Le dessin de la page suivante en donne une idée assez exacte.

Les arcades dont il se compose, au lieu d'avoir les mêmes dimensions à toutes les hauteurs, ont de 20 à 24^m, 50 de diamètre dans les deux rangées inférieures, dimension extrêmement rare dans les ouvrages de ce genre, et ce n'est qu'à la partie supérieure qu'on retrouve les dispositions habituelles des aqueducs romains, c'est-à-dire des arcades d'environ 6^m d'ouverture séparées par des piliers dont l'épaisseur est égale à la moitié à peu près des vides adjacents.

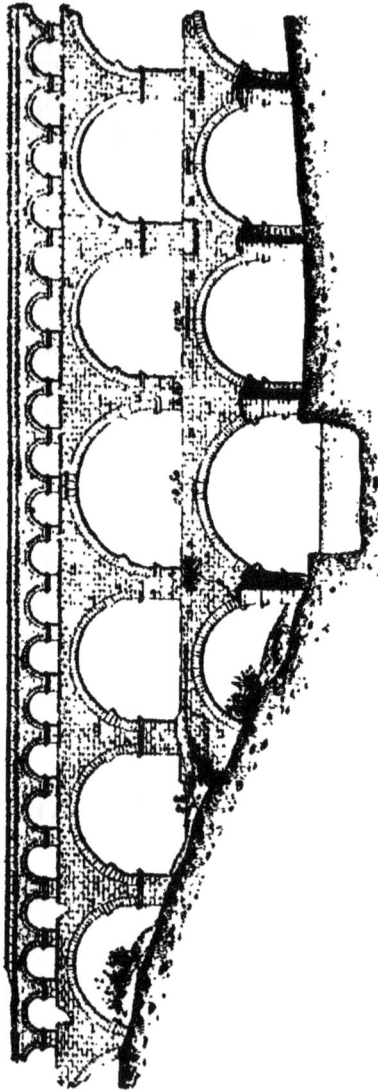

PONT DU GARD

Construit quelques années avant J.-C.

Le nombre de ces arcades est de 6 pour le premier rang, de
11 pour le second, de 35 pour le plus élevé, et la hauteur totale
à laquelle le canal qu'elles supportent traverse la vallée est de
47ᵐ, 40 au-dessus du niveau des eaux de la rivière.

Suivant un procédé assez souvent appliqué à cette époque,
toute la construction est exécutée en pierres de taille appareillées avec le plus grand soin et posées sans mortier. Les
grandes voûtes sont composées en outre de grands arcs juxtaposés sans aucune liaison entr'eux. La cuvette seule de l'aqueduc est maçonnée en petits matériaux, sa paroi intérieure est
revêtue d'un enduit en ciment d'environ cinq centimètres d'é-
paisseur.

Au commencement du Vᵉ siècle, 400 ans environ après son
exécution, l'aqueduc fonction-
nait encore lorsqu'il fut rompu
à ses deux extrémités par les
barbares qui, ayant entrepris le
siège de la ville de Nîmes, la
privèrent ainsi des eaux qui
l'alimentaient. A dater de ce
moment, l'ouvrage ne fut plus
l'objet d'aucun entretien et
c'est seulement au milieu du
siècle dernier qu'on y exécuta
quelques travaux de consolidation, pendant qu'on prolon-
gea les piles et les voûtes de
la rangée inférieure pour y établir un pont.

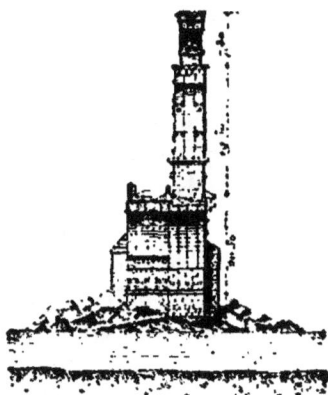

Cette disposition est figurée sur la coupe, où sont indiquées
également les hauteurs des diverses parties du monument.

Lorsqu'on se trouve pour la première fois en présence du
pont du Gard on ne peut se défendre d'un vif sentiment d'ad-
miration, ce qui prouve mieux que tout ce qu'on en pourrait
dire que c'est là réellement une œuvre fort belle, comptant
parmi les plus remarquables de l'époque romaine ; cependant,
quand on y regarde de plus près, les inégalités d'ouverture des
arches inférieures, le manque de hauteur des piliers de la première rangée, l'absence de toute préoccupation de raccorde-

ment pour la retombée des arcs dont les centres sont à des hauteurs différentes, la vaste surface nue des tympans dans lesquels on n'a cherché à introduire aucune ornementation, les nombreux corbeaux qui y sont restées avec leurs saillies irrégulières, enfin le défaut même d'un simple ravalement, tout cela, ce semble, devrait donner matière à quelque critique, mais la pensée n'en vient pas : on se contente d'admirer.

Là encore, le caractère de beauté que les constructeurs ont réussi à donner à leur œuvre tient surtout aux grandes proportions du monument, à sa hauteur exceptionnelle, à la rudesse même de ses formes, en parfaite harmonie avec les pentes abruptes et dénudées de la vallée qu'il franchit ; et dans l'état actuel, il faut bien le dire, l'effet produit résulte aussi des contours pittoresques qu'offrent les ruines de l'ouvrage, à la superbe et chaude couleur dont le soleil du midi et le temps en ont revêtu tous les matériaux, et enfin au beau ciel lumineux, sur lequel ses grandes lignes se profilent.

Pour compléter cet aperçu historique de la construction des ponts à l'époque romaine, il nous faudrait examiner ce que devinrent les traditions de l'art à la suite de la fondation de l'Empire d'Orient, et rechercher si les œuvres des architectes de Constantinople ont continué celles des architectes de Rome.

Mais déjà, à partir de la fin du IIᵉ siècle, sous l'influence de l'anarchie militaire et des invasions des barbares, l'art avait constamment décliné et, sauf quelques temps d'arrêt, était en pleine décadence lorsque, deux cents ans plus tard, en 395, survint le partage de l'Empire. Il n'est donc pas surprenant que les Romains d'Orient n'aient laissé après eux qu'un petit nombre d'ouvrages du genre de ceux dont nous nous occupons, et que ceux qui sont parvenus jusqu'à nous offrent un caractère manifeste d'infériorité.

Ainsi, dans la vallée de Bourgas, à 14 kilomètres environ de Constantinople, existent trois aqueducs construit au VIᵉ siècle, dont le plus important a 240ᵐ de longueur à la partie supérieure et atteint au-dessus du fond de la vallée une hauteur de 35 mètres ; c'est donc là assurément un ouvrage considérable, mais les formes en sont à tel point bizarres, comme notre des-

sin suffit pour le montrer, qu'on a peine à comprendre quelle
a bien pu être la pensée de l'architecte.

Aqueduc de Bourgas près Constantinople (VIe siècle).

Au lieu des belles voûtes en arc de cercle et surtout en plein
cintre caractérisant l'époque romaine, on y voit apparaître
pour la première fois l'ogive; mais, tandis que les grandes arches de 43 à 17m d'ouverture présentent cette nouvelle forme,
les piliers, d'une lourdeur démesurée, épais de 43m,12 dans la
rangée inférieure et de près de 17m dans la rangée située au-
dessus, sont évidés à l'aide de petites voûtes en plein cintre
avec archivoltes, impostes et pilastres du plus pur caractère
romain.

Peut-être le monument produit-il malgré tout quelque effet
par sa grande masse, mais il est assurément des plus étranges.

Dans un pont, au contraire, construit vers la même époque
par les ordres de Justinien sur le Sangarius et composé de 7
arches de 23m d'ouverture, on retrouve les voûtes en arc de
cercle et les piles avec avant-becs angulaires et arrière-becs
arrondis comme dans les ponts romains; mais, sauf les archivoltes des voûtes, il n'y existe aucune moulure, les tympans
ne sont surmontés d'aucun bandeau ou couronnement quelconque les distinguant des parapets, et les avant et arrière-becs,
continués sans aucune modification de forme avec toute leur
lourdeur jusqu'à la partie supérieure du pont, produisent le plus
mauvais effet.

Si de tels ouvrages sont les meilleurs de ceux qu'on peut

citer appartenant à l'Empire d'Orient, on comprend ce que
doivent être les autres, et l'on admettra sans peine qu'il n'y a
aucun motif de chercher à en connaître un plus grand nombre.

En résumé, la période romaine, en ce qui touche la construction des ponts, prend réellement fin avec l'empire d'Occident
et même dès le milieu du IV⁰ siècle. Son origine remontait à
300 ans environ avant J. C., et à ses débuts les constructeurs
avaient fait de si rapides progrès que dès le second siècle ils
produisaient des œuvres à un tel point voisines de la perfection
qu'on pourrait les imiter encore de nos jours, presque sans
aucun changement ; cette supériorité s'est maintenue jusqu'à
la fin du second siècle de notre ère, puis elle a commencé à
décroître, la décadence s'est produite s'accentuant de plus en
plus et avant la fin du IV⁰ siècle l'art romain avait en quelque
sorte cessé d'exister.

L'Empire d'Orient, malgré les magnificences de sa capitale et
les éléments de grandeur qu'il avait emportés de Rome, n'a jamais produit en fait de ponts que de pâles imitations des œuvres de la mère patrie et n'a créé, à ce point de vue tout spécial, rien qui lui soit propre. Il appartient d'ailleurs en réalité
au moyen-âge et non à la période romaine ; ce n'est que
lorsque le style ogival, originaire de la Perse, eût succédé au
style romain que des monuments d'une réelle valeur s'élevè-
rent soit à Constantinople, soit sur divers points de l'Empire
grec.

Ce n'est donc qu'à Rome même ou dans ses provinces que
nous chercherons, parmi les œuvres datant des deux derniers
siècles avant notre ère et des trois siècles suivants, celles qui
caractérisent le mieux l'art romain et peuvent être considérées,
même à l'époque actuelle, comme d'excellents modèles bons
à imiter, et desquels se dégagent toujours les enseignements
les plus utiles.

§ 3.

LES PONTS PENDANT LE MOYEN-AGE

Conséquences de la barbarie substituée à la civilisation romaine. — Mesures prises par Charlemagne et Charles-le-Débonnaire pour la conservation ou la reconstruction des anciens ponts. — Causes tendant à empêcher la construction des ponts au moyen-âge. — Corporations de bateliers. — Congrégations hospitalières des frères du Pont ou frères Pontifes. — Le pont d'Avignon ; ouvrages de défense élevés à ses extrémités ; destruction de plusieurs arches à diverses dates ; débâcle de 1670. — Perception des droits de péage. — Sécurité des voyageurs ; responsabilité des seigneurs. — Pont de Valentré ; sa description d'après Viollet-le-Duc. — Pont de Carcassonne. — Pont du Saint-Esprit. — Pont de Béziers. — Pont de la Guillotière à Lyon. — Pont de Céret. — Pont de Villeneuve-d'Agen. — Ancien Pont de Vieille-Brioude. — Origines de l'ogive ; ses premières applications en France. — Ponts d'Espalion et d'Albi. — Pont d'Orthez. — Ponts de Limoges. — Pont de Montauban. — Dispositions spéciales de quelques ponts du moyen-âge. — Pont de Justinien sur le Sangarius. — Pont d'Alcantara. — Pont de Lucques sur le Serchio. — Pont de Ratisbonne sur le Danube. — Pont de Vérone. — Pont de l'Arno à Florence. — Pont de Trezzo sur l'Adda ; reconstitution par M. de Dartein. — Pont de Palerme sur l'Oreto ou Pont de l'Amiral. — Pont canal de Ficarazi. — Pont d'Orense sur le Migno. — Ponts Persans : le pont Rouge, procédé particulier d'exécution ; Pont de la Jeune fille. — Pont de Martorel sur la Noya (Espagne) ou pont du Diable. — Pont de Tolède sur le Tage. — Le vieux pont de Londres. — Résumé concernant les ponts du moyen-âge : deux groupes distincts : ouvrages procédant de la tradition romaine, ouvrages de style ogival. — Hardiesse de certaines constructions du moyen-âge. — Exemple d'énergie et de persévérance dans les entreprises. Conclusions.

Nous venons de dire que l'Empire d'Orient, bien qu'il soit resté pendant la plus grande partie de son existence l'État le plus puissant et relativement le plus civilisé du moyen-âge, n'avait laissé après lui, en fait de ponts et de travaux analogues, que des ouvrages peu nombreux et de peu de valeur.

On ne peut donc être surpris qu'il en ait été de même dans toutes les autres contrées.

Du moment où la barbarie eût pris la place de la civilisation romaine, il semble que tous les peuples, saisis d'un insatiable besoin de guerre, n'aient plus eu d'autre préoccupation, pendant plusieurs siècles, que de combattre et de détruire, et n'aient touché, en particulier, aux œuvres d'art que pour anéantir celles que les Romains avaient érigées si nombreuses dans tous les pays soumis à leur domination.

Cette destruction ne fût pas immédiate et générale et certains pays furent relativement épargnés ; sur quelques points des temps d'arrêt, parfois même des essais de réaction, se produisirent, mais en somme, au milieu des luttes incessantes qui agitaient toutes les nations, les nécessités de la guerre achevaient de faire disparaître ce que le temps avait épargné.

Quelques ponts cependant existaient encore malgré tout, et l'on en trouve la preuve, d'une part, dans les instructions adressées par Charlemagne à ses Missi-Dominici, leur enjoignant de se concerter dans chaque ville avec l'Evêque et le Comte pour assurer l'entretien des chemins publics et des ponts ; d'autre part, dans divers capitulaires de Louis-le-Débonnaire dont l'un, de l'an 823, fixait un délai pour la réparation de tous les ponts et un second, de l'an 830, ordonnait la construction de 12 ponts sur la Seine [1].

Mais les tentatives faites par Charlemagne, pour introduire dans l'Empire qu'il avait voulu fonder des institutions analogues à celles de l'Empire Romain, restèrent à peu près sans effet ; après sa mort, les divisions, les guerres intestines, le partage à l'infini de tous les territoires devinrent en quelque sorte la loi générale, et dans un tel état social rien d'utile et de grand ne pouvait plus être fait.

Pour les ponts en particulier, non seulement on ne mettait aucun empressement à en entreprendre de nouveaux, mais on éprouvait une extrême répugnance à rétablir ceux qui avaient anciennement existé, même sur les points où ils devaient être le plus nécessaires.

Ni les architectes habiles, ni les ouvriers capables de les seconder ne faisaient défaut, cependant, comme en témoignent les splendides monuments qui, sous la direction du clergé ou des communautés religieuses, s'élevaient de toutes parts à mesure que le christianisme étendait ses progrès.

Les modèles ne manquaient pas non plus, car ce qui restait des travaux des Romains pouvait en fournir d'excellents ; les

---

1. *Esquisse rétrospective du service et des travaux des Ponts et Chaussées* par M. de Boisvillette, ingénieur en chef des Ponts et Chaussées, *Annales* ; 1847, nº 173.

difficultés à surmonter sur tel ou tel point, par suite de la profondeur ou de la rapidité des eaux et de la mauvaise nature du sol sur lequel les fondations auraient dû être établies, n'étaient pas des motifs déterminants de l'abstention dans laquelle on a persisté pendant plusieurs siècles.

La véritable raison en était dans l'état social résultant de l'établissement de la Féodalité.

Tout fleuve, en effet, toute rivière de quelque importance, souvent même de simples ruisseaux servaient de limites séparatives aux nombreuses seigneuries, ou petits États occupant leurs deux rives. On tenait, de part et d'autre, au maintien de ce genre de frontière formant une défense naturelle et on n'était nullement pressé de compromettre celle-ci par l'établissement d'ouvrages destinés à en faciliter le passage.

On guerroyait, en outre, tout au moins on disputait presque toujours d'une rive à l'autre, et la situation financière de ces minuscules états ne comportait pas d'ailleurs d'aussi lourdes entreprises que celles de la construction de grands ponts.

Cependant, à mesure que les relations de contrée à contrée se développèrent, que les transactions devinrent plus importantes, les voyages plus nécessaires et plus fréquents, la situation générale des voies de communication apparût à tel point défectueuse que de l'excès même du mal devait naître la pensée d'y remédier.

Des bacs s'étaient bien établis pour assurer le passage de quelques rivières, des corporations de bateliers s'étaient même organisées dans ce but ; mais au dire de quelques auteurs elles s'étaient souvent transformées en véritables associations de bandits, rançonnant toujours, dévalisant et assassinant même parfois les voyageurs isolés.

Certain passage de la Durance, notamment, avait donné lieu à de si fréquents accidents de voyage de ce genre qu'on l'avait surnommé le mauvais pas.

Il fallut l'intervention de l'idée religieuse pour assurer, avec le temps, l'organisation de réunions d'hommes dévoués qui, sous la désignation de congrégations des Frères du Pont ou Frères Pontifes, entreprirent de mettre d'accord les divers pouvoirs dont il fallait obtenir l'assentiment pour établir des bacs

ou construire des ponts, puis de réunir les ressources nécessaires pour entreprendre de tels ouvrages et en mener à bien
les travaux.

En même temps que les ponts, ces corporations élevaient sur
le bord des rivières des hospices destinés à héberger et soigner
les voyageurs pauvres ou malades, et de là le nom de congrégations hospitalières qui leur fût donné.

Ce n'est toutefois que vers la fin du XII siècle que ces corporations parvinrent à leur but, de sorte que près de sept siècles s'étaient écoulés depuis la fin de la période romaine, sans
que rien en quelque sorte eût été ajouté à ce qui restait des
ouvrages exécutés par les Romains eux-mêmes.

D'après Viollet-le-Duc, une légende existait au moyen-âge
racontant qu'un jeune berger du nom de Petit-Benoit, né en
1163 dans le Vivarais, vint à Avignon, inspiré d'En-Haut, et fût,
en 1178 l'instigateur et l'architecte du pont qui traversait le
Rhône à la hauteur du rocher des Doms [1].

Il s'agissait, pour la construction de ce pont, de franchir un
fleuve de près de 800^m de largeur, roulant des eaux profondes
et rapides, sujet à des crues si violentes qu'il semblait que rien
ne pourrait leur résister et les moyens dont on disposait à cette
époque pour établir des fondations en rivière, élever des maçonneries, placer des cintres, exécuter des voûtes, étaient à
tel point limités que les difficultés à vaincre paraissaient insurmontables. On s'explique donc très bien qu'une telle entreprise
ait frappé l'imagination des populations méridionales qui en
étaient les témoins et les ait portées à y voir un fait miracu-
leux.

Ce petit Benoit n'était autre du reste que l'homme, assurément de valeur exceptionnelle, canonisé plus tard sous le nom
de saint Bénézet [2] en reconnaissance des services qu'il avait
rendus, et qui, après avoir construit en 1164, au diocèse de

---

1. Viollet-le-Duc : *Dictionnaire raisonné de l'architecture française du VIe
au XVIe siècle*. Morel ; Paris, 1864.

2. Dans la plupart des dialectes de la langue d'Oc, Bénézet signifie « petit
Benoit ». De là sans doute la légende du petit pâtre.

Cavaillon, le pont du Maupas sur la Durance, vint à Avignon, à la tête de la corporation hospitalière qu'il dirigeait, entreprendre la construction d'un pont sur le Rhône.

Les travaux commencés en 1178 furent menés à bonne fin, malgré tous les obstacles, après une durée de 10 ans.

Le pont se composait de 21 arches dont l'ouverture, un peu inégale, dépassait 33 mètres pour les plus grandes.

Le dessin en marge en présente une partie, et montre que les constructeurs s'étaient inspirés des dispositions des ponts de l'époque romaine.

Les arches étaient, en effet, en arcs de cercle très peu surbaissés et séparées par des piles massives d'une épaisseur égale à peu près au quart des vides adjacents, avec avant-becs angulaires à tel point saillants que, sur l'un d'eux, il avait suffi d'un empiètement sur la largeur de la chaussée pour y trouver l'emplacement d'une chapelle.

Des arrière-becs existaient également à l'aval avec le même profil en plan, de telle sorte que la longueur totale des piles, dans le sens du courant, était de 30ᵐ, tandis que la largeur du pont atteignait à peine 4ᵐ,90 en y comprenant même l'épaisseur des deux parapets.

Pont d'Avignon sur le Rhône (1177).

Le Rhône, en face d'Avignon, se divise en deux bras séparés par une île. On construisit séparément deux ponts, l'un de

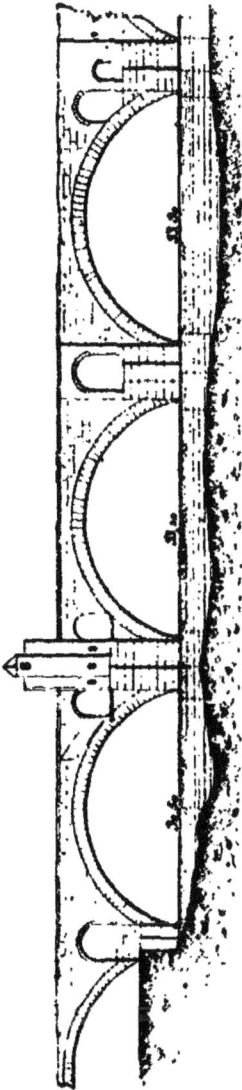

huit arches, l'autre de cinq, disposés à la traversée des deux bras à peu près normalement au courant ; puis, dans la largeur de l'île, huit arches furent encore établies pour raccorder les deux tronçons précédemment exécutés. La longueur totale de l'ouvrage atteignit ainsi 900ᵐ.

En plan, l'ensemble présentait un angle prononcé opposé au courant des grandes crues, ce qui ne pouvait qu'ajouter du reste à ses bonnes conditions de résistance.

L'appareil des voûtes extradossé parallèlement était apparent et les têtes formaient archivoltes ; au-dessus des piles étaient ménagés des évidements avec voûtes en plein cintre, et les tympans étaient prolongés en hauteur par des parapets, sans en être séparés par aucun couronnement ou saillie quelconque. En outre, les voûtes, comme celles du pont du Gard, étaient formées de quatre arcs doubleaux juxtaposés sans aucune liaison entr'eux.

L'analogie est frappante entre de telles dispositions et celles du pont du Sangarius, par exemple, dont nous avons parlé au paragraphe précédent, de sorte que la filiation se trouve ainsi rétablie après une lacune d'environ 600 ans entre les derniers ponts de l'époque Romaine et ceux que le moyen-âge commence à ériger.

Nous avons dit que la largeur du pont était de 4ᵐ,90 seulement, entre les têtes, mais au droit de la chapelle la chaussée n'avait plus que 2ᵐ, parapet compris, ce qui donne à penser que le pont n'avait jamais livré passage à aucune voiture et servait seulement pour les piétons et les bêtes de somme.

Saint Bénézet mourut en 1183, cinq ans environ avant l'entier achèvement de son œuvre ; mais les travaux furent continués après lui et fort bien exécutés sans doute, puisque le pont existait encore intact en 1385, c'est-à-dire après deux siècles, lorsque le pape Boniface IX qui résidait à Avignon en fit démolir quelques arches pour se mettre à l'abri des attaques des habitants de la rive opposée.

Au moment de la construction du pont, la juridiction de la ville s'étendait aux deux rives du Rhône, et les choses durèrent ainsi jusqu'en 1307, date à laquelle Philippe-le-Bel, ayant cédé au Pape ses droits de suzeraineté sur Avignon, contesta leur validité en ce qui touchait la rive droite et, pour affirmer ses prétentions, fit jeter les fondations de défenses formidables de ce côté, notamment de la tour de Villeneuve, qui commandait complètement le pont.

Les papes, de leur côté, s'empressèrent d'élever un châtelet sur la rive gauche et c'est ainsi que l'ouvrage fut complété tel qu'on le comprenait au moyen-âge, c'est-à-dire pourvu de tout ce qui était nécessaire pour en interdire le passage.

Nous avons dit tout-à-l'heure qu'en 1385 le pape Boniface IX avait coupé le pont pour se mettre à l'abri des incursions des troupes occupant la tour de Villeneuve. Clément VI avait fait reconstruire les arches démolies lorsqu'en 1395, pendant qu'ils assiégeaient le palais des Papes, les Aragonais et les Catalans coupèrent le pont à leur tour et c'est en 1418 seulement que les Avignonnais le rétablirent. Mais soit que cette restauration eût été mal faite, soit que le pont fut mal entretenu, une arche s'affaissa en 1602 et en entraîna trois autres dans sa chute, puis deux arches s'écroulèrent encore en 1633 et enfin pendant l'hiver de 1670 une débâcle exceptionnelle emporta ce qui restait, sauf les 4 arches qu'on voit encore debout et d'après lesquelles a été reconstitué le dessin du pont entier tel que l'ont donné Gauthey d'abord, puis Viollet-le-Duc et d'autres auteurs après eux.

Si nous sommes entrés dans ces détails à propos du pont d'Avignon, c'est qu'en les reproduisant nous avons fait d'un seul coup, à peu d'exceptions près, l'historique de la construction de tous les ponts exécutés en France au moyen-âge.

Les congrégations hospitalières des frères pontifes avaient bien pu triompher des résistances que soulevait l'établissement des ponts, et obtenir même des chartes leur conférant certains privilèges, comme le droit de s'opposer à tout ouvrage de fortification ou autre sur les ponts ou à leurs abords et le droit de percevoir des péages; mais malgré ces concessions, qu'elles n'étaient nullement en mesure de maintenir par la force, à peine les ponts étaient-ils construits que chacun des riverains s'empressait de se mettre en défense contre son voisin. Des tours, des châtelets, de véritables forteresses s'élevaient de part et d'autre et devenaient, même en temps de paix, la terreur des voyageurs obligés de les traverser.   4

Dans le principe, les seigneurs qui s'étaient substitués aux congrégations hospitalières pour percevoir des droits de péage à leur profit étaient obligés, non-seulement d'entretenir les ponts, mais de garantir en outre aux voyageurs la sûreté de leurs personnes et de leurs bagages, et en cas de vol ou de meurtre d'indemniser la victime ou ses ayants droit. Des arrêts furent rendus dans ce sens contre le sire de Crèvecœur en 1254, le seigneur de Vicilon en 1269 et même contre le roi de France en 1295 ; mais en fait, le plus souvent, les corps de garde installés aux abords des ponts ne procuraient que vexations et exactions de toute sorte aux voyageurs, les péages continuaient à être perçus même lorsque les ponts étaient détruits et les difficultés pour obtenir justice étaient telles que le plus sage encore était d'y renoncer.

Afin d'achever de bien faire comprendre cette situation caractéristique des ponts au moyen-âge, nous ne saurions mieux faire que d'emprunter à Viollet-le-Duc la description du pont de la Calendre, à Cahors, que représente le dessin suivant :

Pont de Valentré ou de la Calendre, à Cahors (1251).

Après avoir exprimé les regrets qu'on doit éprouver de la suppression de certains ponts du moyen-âge, Viollet-le-Duc ajoute[1] :

« La ville de Cahors n'a heureusement pas encore détruit
« son merveilleux pont de la Calendre, l'un des plus beaux et
« des plus complets que nous ait légués le XIII° siècle. La
« construction du pont de la Calendre remonte à 1251 et mérite

---

1. Dictionnaire déjà cité. Article Pont. page 233.

« une étude spéciale. Ce pont se reliait aux murailles de la
« ville, commandait le cours du Lot et battait les collines de
« la rive opposée. La ville de Cahors possédait trois ponts bâtis
« à peu près sur le même modèle ; le pont de la Calendre est
« celui des trois qui est le mieux conservé. Il se compose de
« six arches principales en tiers point fort élevées au dessus
« de l'étiage : sur la pile centrale et les deux piles extrêmes
« s'élèvent trois tours, celle du centre carrée et les deux extrê-
« mes sur plan barlong. Du tablier du pont, des escaliers cré-
« nelés permettent de monter au 1er étage de ces tours. Sur la
« rive opposée à la ville se dressent abruptes des collines cal-
« caires assez hautes. On arrivait au pont latéralement soit en
« amont, soit en aval ; il fallait alors franchir une porte défen-
« due par un châtelet qui commandait la route et les escarpe-
« ments inférieurs de la colline. Cette porte double donnait
« entrée à angle droit sur le tablier (M. Viollet-le-Duc veut dire
« sur la chaussée) du pont en avant de la première tour. Les
« parapets de cette première travée étaient crénelés et elle
« communiquait, d'un côté, par un escalier également crénelé,
« avec les défenses supérieures du châtelet. Il fallait alors
« franchir la première tour bien défendue dans sa partie supé-
« rieure par des machicoulis et par une porte avec machicou-
« lis intérieur. Cette porte franchie, on entrait sur la première
« moitié du pont commandée par la tour centrale à laquelle on
« montait par un escalier contenu dans un ouvrage construit
« sur l'un des avant-becs. Cette tour centrale était de même
« fermée par une porte. Celle-ci franchie, on entrait sur la se-
« conde moitié du tablier, commandée par la troisième tour
« munie à son sommet de machicoulis. Du côté de la ville une
« dernière porte défendait les approches de cette troisième tour
« à laquelle on montait par un escalier crénelé posé sur un arc-
« boutant. Les avant-becs étaient crénelés de manière à flan-
« quer le pont et à battre la rivière. »

Nous voici évidemment en plein traité de fortifications et
non plus dans un traité de construction de ponts, mais c'est
justement à ce titre que cette citation (nous devrions dire cette
digression) nous a paru utile pour bien faire comprendre avec
quelles préoccupations il fallait compter lorsqu'on entreprenait

de construire un pont au moyen-âge, et com ent tout progrès est resté à peu près impossible pendant cette ériode.

Tous les ponts étaient d'ailleurs disposés à peu près d'après un même type, ce qui nous permettra de rest eindre beaucoup le nombre de ceux dont nous donnerons la description.

En même temps que la corporation hospitalière de St-Bénézet construisait le pont d'Avignon, la ville de Carcassonne faisait entreprendre, à la traversée de l'Aude, la construction d'un pont en maçonnerie destiné à mettre en communication la cité ou ville fortifiée de la rive droite avec les faubourgs de la rive gauche.

Le dessin suivant représente l'une de ses arches.

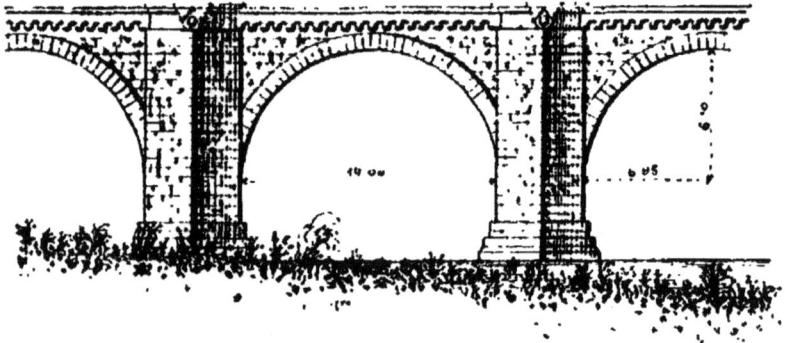

Pont de Carcassonne sur l'Aude (XIIe siècle).

Le pont se compose de 11 arches semblables de 11^m à 14^m d'ouverture en arc de cercle, surbaissées de $\frac{1}{15}$ à peine et comprises entre des piles dont l'épaisseur égale le tiers environ des vides adjacents.

Ces piles sont accompagnées d'avant et d'arrière-becs angulaires de 3^m de saillie, s'élevant jusqu'au niveau de la chaussée pour former des garages d'autant plus utiles aux piétons que la largeur du pont entre les têtes est seulement de 5^m et que la chaussée est comprise, sans trottoirs, entre des bornes posées contre les parapets. Les voûtes sont extradossées parallèlement avec appareil apparent dans les têtes : au-dessus des tympans

t disposées des consoles, supportant les parapets posés en
corbellement. Toute la partie centrale du pont, sur la longueur de cinq arches, étant horizontale, l'évacuation des eaux
pluviales est assurée à l'aide de fortes gargouilles occupant
l'angle saillant des garages au-dessus des piles. Des ouvrages
de défense avaient d'ailleurs été établis, suivant l'usage, à
chaque extrémité du pont et reliés, ceux de la rive droite avec
les ouvrages avancés et la première enceinte de la citadelle,
ceux de la rive gauche avec les remparts des faubourgs.

Tout cet ensemble constitue un ouvrage offrant un réel intérêt, parce que c'est là sans contredit, parmi les ponts construits
au moyen-âge, l'un de ceux où se voit le mieux maintenue la
tradition romaine pour l'exécution des voûtes, tandis que
les formes un peu rudes de ses dispositions générales répondent
parfaitement au caractère particulier de l'époque à laquelle il
appartient. Comme monument, en outre, il a une beauté qui
lui est propre et ne peut lui être contestée, lui venant surtout
de ce qu'il est en parfaite harmonie avec tout ce qui l'entoure.

Le pont de Carcassonne présente, bien caractérisé, l'un des
types d'après lesquels ont été exécutés la plupart des ponts au
moyen-âge. Pour le pont d'Avignon, nous avons vu que des
éléments étaient pratiqués dans les tympans au-dessus des
piles afin d'augmenter ainsi, pendant les fortes crues, le débouché des eaux. Au pont de Carcassonne, au contraire, les
avant et arrière-becs s'élèvent jusqu'au niveau de la chaussée
formant des garages pour les piétons et même, au besoin,
pour les voitures.

Nous retrouverons toujours reproduites l'une ou l'autre de
ces dispositions, sauf pour quelques ponts où les avant-becs se
terminent en forme de pyramides triangulaires à une certaine
hauteur au-dessus de la naissance des arches.

Sur le Rhône, le pont du Saint Esprit appartient au premier
des types, mais avec des arcs plus surbaissés et de bien plus
larges empattements pour la fondation des piles. La construction fût commencée en 1265 et les travaux durèrent trente-
six années. Le nombre de ses arches est de 25, dont 19 de 24
ᵐ d'ouverture, et sa longueur totale atteint 1.000 mètres. Le
moire sur lequel le pont fut construit, au pays de Saint-

Savourin-du-Port, appartenait à l'abbaye de Cluny et c'est par Jean de Tessanges, abbé de cet ordre, que les travaux furent entrepris.

Le pont de Béziers avec voûtes en arc de cercle, et antérieur du reste au précédent, a ses tympans évidés par des arches supplémentaires.

Le pont de la Guillotière à Lyon, commencé en 1245, et celui de Romans construit sur l'Isère au XV° siècle, ont au contraire leurs avant et arrière-becs surmontés de couronnements pyramidaux rappelant encore plus que les précédents les types romains.

Enfin, pour terminer ce qui se rapporte à la continuité de l'emploi du plein cintre ou de l'arc de cercle pour les ponts, pendant toute la durée du moyen-âge, alors même que l'ogive était de plus en plus appliquée pour les églises et autres monuments, il convient de mentionner le pont de Céret, construit en 1336 sur le Tech avec un plein cintre de 45^m d'ouverture; le pont de Villeneuve-d'Agen du XV° siècle, avec un plein cintre de 35^m,40; et en dernier lieu le pont de Vieille-Brioude construit en 1454, c'est-à-dire à la limite chronologique assignée d'habitude au moyen-âge, dont nous donnons le croquis bien que le pont ait cessé d'exister depuis une trentaine d'années. L'arche unique, en arc de cercle surbaissé, dont il se composait et qui avait 54^m,20 d'ouverture, est la plus grande qui ait été exécutée en France, non-seulement au moyen-âge mais jusque vers l'époque actuelle.

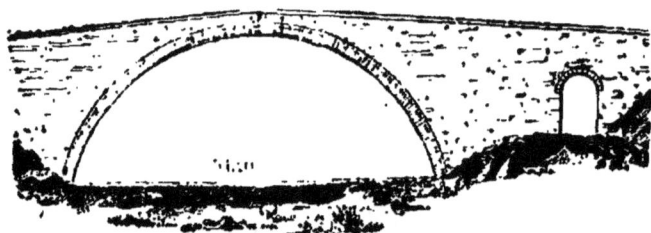

Ancien pont de Vieille-Brioude (1454).

C'est à ce titre seul, du reste, que ce pont mérite d'être mentionné; les autres dispositions de l'ouvrage étaient des plus rudimentaires et les matériaux employés à sa construction de si médiocre qualité et taillés avec si peu de soin, paraît-il, qu'il est vraiment merveilleux qu'une arche aussi hardie exécutée dans de semblables conditions se soit maintenue pendant quatre siècles.

Nous verrons plus loin qu'en Italie une arche de beaucoup plus grande ouverture, également en arc de cercle, a été construite au XIVe siècle et s'était fort bien maintenue jusqu'en 1446, date à laquelle elle fut détruite à l'occasion d'une guerre locale.

A partir de la Renaissance, non-seulement le plein-cintre et l'arc de cercle ont continué à être employés pour les ponts, mais ce genre de voûte et ses dérivés sont restés définitivement appliqués, à l'exclusion de l'ogive qui n'a joué qu'un rôle momentané dans ces sortes d'ouvrages.

On a discuté avec quelque passion à une certaine époque la question de savoir à quelle date remonte, en France, la première application de l'ogive à la construction des ponts : c'est à propos du pont d'Espalion, sur le Lot, que cette controverse avait pris naissance.

D'après des documents dont l'authenticité est certaine, c'est par Charlemagne que l'exécution du pont fut ordonnée vers la fin du VIIIe siècle. Or il est composé de 4 arches, dont les trois principales, constituant le pont proprement dit, ont 12m,50 et 12m,75 d'ouverture vers les rives et celle du milieu 15m,10, et ces arches sont en ogives.

Cette forme est si peu accusée, il est vrai, que, pour l'une des arches, l'intrados pourrait passer pour un arc de cercle mal tracé ; mais l'intention d'exécuter des voûtes de forme ogivale ne paraît pas cependant contestable.

A l'argument tiré des documents mentionnés tout à l'heure on a répondu que rien ne prouvait, soit que les ordres donnés par l'empereur Charlemagne eussent été immédiatement exécutés, soit qu'après un commencement d'exécution les travaux n'aient pas été abandonnés, soit enfin qu'un premier pont construit du temps de Charlemagne n'ait pas disparu dans les siècles suivants et n'ait pas été remplacé par le pont actuel, tel qu'il est parvenu jusqu'à nous.

Les mêmes observations peuvent s'appliquer au pont d'Albi, composé de sept arches en ogive dont la plus grande a 16ᵐ à peu près d'ouverture. Il est certain que la construction en fut décidée et probablement commencée en 1035 ou les années suivantes, à la suite d'une assemblée composée du seigneur, de dignitaires ecclésiastiques et du peuple ; mais on n'a aucune preuve qu'il ait réellement existé avant 1178, date à laquelle un document mentionne le passage d'un corps de troupe sur ce pont pour traverser le Tarn.

Sans insister à cet égard, la question étant d'ordre purement archéologique et n'ayant en somme pour nous qu'un intérêt secondaire, nous nous bornons à observer qu'on ne comprendrait vraiment pas comment à une époque où le plein cintre et l'arc de cercle étaient exclusivement appliqués pour la construction des ponts, l'ogive se serait introduite, soit à Espalion soit à Albi, deux cents ans pour cette dernière localité, quatre cents ans pour la première, avant d'être connue partout ailleurs.

Les auteurs les plus compétents en cette matière, notamment Viollet-le-Duc, admettent comme avéré que ce n'est qu'au XIIᵉ siècle que l'ogive a commencé à être adoptée en France.

La première croisade, en effet, avait pris fin en 1100. A ce moment, les croisés qui rentrèrent en France après avoir séjourné en Orient, notamment à Antioche où les monuments d'origine persane devaient être nombreux, rapportèrent sans doute avec eux les notions nécessaires pour introduire l'ogive dans l'architecture nationale, et l'on comprend très bien ainsi cette date du XIIᵉ siècle assignée aux premières constructions de style ogival.

Nous supposons donc que les ponts d'Espalion et d'Albi, tels qu'ils existent actuellement, n'ont pas l'antiquité qu'on leur a supposée et qu'ils ont dû être reconstruits postérieurement aux époques auxquelles remonte leur première construction.

Ils n'ont d'ailleurs, ni l'une ni l'autre, aucune valeur comme monuments. Ainsi pour le pont d'Albi, par exemple, l'ouverture des sept arches qui le composent varie de 9ᵐ,75 à 16ᵐ sans aucune régularité ; les piles dont l'épaisseur également variable atteint 6ᵐ,50 pour quelques-unes, c'est-à-dire les 2/3

des vides adjacents, sont mal alignées et les tympans appartiennent presque tous à des plans différents. Les avant-becs
ont une saillie exagérée et présentent au courant des angles
qui n'atteignent même pas 45°, tandis que les arrière-becs sont
rectangulaires et presque sans saillie. Enfin aucune ornementation n'atténue la nudité des tympans et ne les distingue des
parapets.

C'est là, en fait, une œuvre barbare n'offrant absolument
aucun intérêt, en dehors de la discussion qu'elle a motivée relativement à l'ancienneté de l'application de l'ogive à la construction des ponts.

A partir du XII° siècle, un certain nombre de ponts ont été
construits avec des voûtes ogivales sur divers points de la
France, et parmi eux les principaux à citer sont les suivants :

En premier lieu le pont de Valentré ou de la Calendre à
Cahors, représenté par notre dessin de la page 58 et dont nous
avons donné la description d'après Viollet-le-Duc.

C'est assurément l'un des spécimens les plus intéressants et
les plus curieux du moyen-âge, mais son principal mérite lui
vient des tours crénelées et autres ouvrages de défense dont il
est pourvu, tendant bien plus à en interdire qu'à en faciliter le
passage, et à notre point de vue spécial nous n'avons rien à en
retenir dont nous puissions tirer profit, pour un traité de
construction de ponts en maçonnerie à l'époque actuelle.

Le pont d'Orthez, sur le Gave de Pau, à peu près contem-
porain du précédent, est comme lui un monument extrêmement pittoresque, ce qu'il doit surtout au site qui l'entoure et
à la tour polygonale et fort élevée qui en occupe le centre ; mais
sauf son arche principale de 15ᵐ d'ouverture, qui composait
seule tout le pont à l'origine et dont les proportions sont assez
heureuses, tout le reste est d'une complète irrégularité et d'un
caractère absolument barbare comme construction.

Cette dernière appréciation s'applique également à plusieurs
ponts construits sur la Vienne, et dont deux, le pont Saint-
Martial et le pont Saint-Étienne, se voient presque intacts encore de nos jours à Limoges.

Un pont dont il y a lieu de parler avec un peu plus de détail
est celui de Montauban, parce qu'on y trouve un exemple cer-

tain de ce fait que nous avons seulement présumé à propos
des ponts d'Espalion et d'Albi, relativement aux délais séculai-
res qui pouvaient s'écouler entre le moment où la construction
d'un pont était décidée et celui où les travaux étaient définitivement terminés.

On trouve aux archives de Montauban la charte originale
aux termes de laquelle, en 1144, Alphonse Jourdain, comte
de Toulouse, autorisait les bourgeois de Montauriol à fonder
la ville de Montauban sur les bords du Tarn, et on y lit, à l'art.
24, la clause suivante : « Les habitants du dit lieu construiront
« un pont sur la rivière du Tarn et, quand le pont sera bâti,
« le seigneur comte s'entendra avec six prudhommes des meil-
« leurs conseillers, habitants du dit lieu, sur les droits qu'ils
« devront y établir afin que le dit pont puisse être entretenu et
« réparé. »

Ceci se passait, nous venons de le dire, en 1144. Mais une
ville qui n'existait pas encore, et dont les premières maisons
commençaient à peine à s'élever, ne pouvait évidemment pas
disposer des ressources nécessaires pour se risquer dans une
aussi dispendieuse entreprise que la construction d'un pont sur
une rivière large de près de 200ᵐ. Les travaux furent donc
ajournés. Puis survinrent les guerres des Albigeois avec toutes leurs déplorables conséquences pour le pays, si bien qu'en
1264, après un délai de 120 ans, rien n'était encore fait lorsque
les consuls de Montauban prirent des mesures financières en
vue d'entreprendre enfin le pont.

Mais 17 ans plus tard, en 1291, on en était simplement à
acheter l'île des Castillons, sur laquelle plusieurs piles devaient
être établies, et 13 années s'écoulèrent encore après cela sans
que rien fût sérieusement commencé. Il fallut le passage de
Philippe-le-Bel à Montauban en 1304 pour aboutir enfin à des
résultats pratiques. Le Roi chargea de la construction du pont
Etienne de Ferrières, châtelain royal de la ville, et Mathieu de
Verdun, bourgeois, en accordant une subvention aux consuls
et soumettant tous les étrangers de passage à Montauban à
une taxe spéciale dont le produit devait être exclusivement consacré aux travaux. Ceux-ci furent alors commencés en effet,
mais à diverses reprises les taxes destinées à en assurer la con-

tinuation furent détournées par les consuls, et 31 années s'écoulèrent avant l'achèvement du pont qui ne fut terminé qu'en 1335, environ deux siècles après la charte qui en avait proscrit la construction.

Le pont se compose de sept arches ogivales en tiers-point, d'ouverture assez régulière, comprise entre 22 et 23 mètres, reposant sur des piles de 8^m,55 d'épaisseur munies d'avant et d'arrière-becs angulaires, au-dessus desquels sont ménagées des voûtes de décharge également en ogives. Tout l'ouvrage est en briques, n'ayant pour toute ornementation que de très insignifiantes gargouilles placées de distance en distance dans les tympans. A l'origine, il est vrai, il y avait sur le pont « trois « bonnes et fortes tours » dont Philippe-le-Bel avait ordonné la construction, s'en réservant « la propriété et la garde » ; mais si ces ouvrages, de même qu'une chapelle disposée dans le bas de la tour centrale, ajoutaient beaucoup lorsqu'ils existaient à l'aspect pittoresque du monument, celui-ci, en tant que pont, n'offre en réalité rien qu'on puisse conseiller d'imiter ailleurs.

Il en est de même de tous les ponts construits à cette époque ; pour terminer ce qui s'y rapporte, nous mentionnerons seulement quelques dispositions de nature toute spéciale offrant un certain intérêt.

M. Félix de Verneilh, auteur de mémoires de grande valeur insérés dans les Annales archéologiques, a cité divers ponts du Limousin dont les piles, très épaisses et prolongées par des avant et arrière-becs à profil ogival en plan, sont formées d'une paroi de granit à l'intérieur de laquelle était simplement pilonnée de la terre. Il y a quelque analogie entre cette disposition et celle consistant, pour les constructions romaines, à exécuter les massifs de maçonnerie en béton, ou en petits matériaux mélangés de mortier, étendus et pilonnés par couches d'une certaine épaisseur en arrière de parements en pierre de taille.

La longueur en apparence exagérée des piles avait sa raison d'être, comme moyen d'établir en dehors des voûtes des ponts de service, soit pour les travaux même de construction ou de réparation, soit pour assurer le passage pendant la durée toujours fort longue des travaux. Ces ponts de service, qu'on peuvait rapidement rétablir, permettaient de continuer la perception des droits de péage lorsque les ouvrages principaux étaient détruits.

Nous avons vu que plusieurs ponts du moyen-âge, suivant une disposition imitée de divers ponts romains, avaient leurs arches composées de plusieurs arcs doubleaux juxtaposés sans liaison entr'eux. Dans le Poitou, quelques voûtes présentaient cette particularité que les arcs doubleaux étaient séparés par un certain intervalle. Au dessous de la chaussée, de fortes dalles, reposant de leurs deux bouts sur les arcs voisins, remplissaient les vides.

Il y avait là une idée qui aurait mérité, selon nous, d'être suivie, car elle est susceptible d'applications fort utiles pour réduire les dépenses de construction des ponts de très grande largeur.

Qu'on suppose par exemple, au lieu d'une voûte pleine continue, l'exécution de trois voûtes parallèles de 3 à 4ᵐ de largeur entre les têtes, laissant entr'elles des vides de 4 à 5ᵐ ; et dont les tympans convenablement évidés seraient arasés horizontalement à la même hauteur. En posant en travers, sur ces trois voûtes, des poutrelles métalliques dont les dimensions et l'espacement seraient aisés à calculer, et exécutant ensuite des voûtes en briques de l'une à l'autre de ces poutrelles, comme on le fait pour les ponts métalliques, on comprend qu'avec le prix de la maçonnerie correspondant à une voûte pleine de 9 à 12ᵐ entre les têtes, on pourrait établir un passage de 25ᵐ de largeur comprenant une chaussée de 15ᵐ et deux trottoirs de 5ᵐ disposés en partie en encorbellement, le tout d'une solidité parfaite si l'on avait convenablement étudié les dispositions et les dimensions des fondations et des voûtes maçonnées.

Nous aurons, du reste, occasion de revenir sur cette question dans l'un des chapitres suivants

Jusqu'à présent, depuis que nous nous occupons du moyen-âge, nous n'avons parlé que de ponts construits en France. Un grand nombre d'ouvrages analogues ont été édifiés dans d'autres contrées pendant la même période, et il nous reste à mentionner les plus importants.

Parmi ces ouvrages, de même qu'en France, les uns présentent des voûtes en plein cintre ou en arc de cercle, les autres des voûtes en ogive.

Au nombre des premiers se trouve d'abord le pont de Justinien, sur le Sangarius, dont nous avons déjà parlé, mais qui, datant du VI⁰ siècle, appartient plutôt au moyen-âge qu'à la période romaine.

Puis vient le pont d'Alcantara, à Tolède, construit en 997 et présentant une arche principale de 28ᵐ,30 d'ouverture et une seconde arche de 16ᵐ seulement, séparées par une pile de 8ᵐ d'épaisseur avec avant-bec angulaire, surmonté à partir d'une certaine hauteur d'un pan-coupé, disposé de manière à former au niveau de la chaussée un garage à contour polygonal.

A peu près exactement à la même date, vers l'an 1000, était construit sur le Serchio, près de Lucques, un pont remarquable par son arche principale de 36ᵐ,80 d'ouverture présentant un cintre complet, de telle sorte qu'au-dessus de la clef le parapet atteint une hauteur de 20ᵐ,75. La construction est d'ailleurs des plus rudimentaires comme dispositions générales ; mais la maçonnerie est exécutée avec soin et l'on y a employé un mortier à l'excellente qualité duquel est attribuée la longue durée de l'ouvrage, le seul qui soit parvenu jusqu'à nous de tous ceux établis anciennement sur la même rivière.

Au XII⁰ siècle, nous trouvons le pont de Ratisbonne, sur le Danube, composé d'arches en plein cintre de 10 à 11ᵐ d'ouverture, séparées par des piles ayant, les unes 8ᵐ, les autres 10ᵐ d'épaisseur, surmontées de couronnements en forme de pyramide triangulaire. Les têtes des voûtes appareillées parallèlement forment archivoltes, et au-dessus des tympans règne un bandeau saillant supportant le parapet. Une galerie couverte occupe toute la longueur du pont.

Au siècle suivant, c'est le pont de Pavie sur le Tessin, qui offre encore des voûtes en plein cintre ou en arc de cercle, avec des ouvertures très inégales d'ailleurs, variant de 12ᵐ,50 à 23ᵐ,50 et surmontées comme au pont précédent d'une galerie couverte.

Enfin au XIV⁰ siècle les ponts à citer seraient en assez grand nombre et deux d'entr'eux méritent notamment une mention

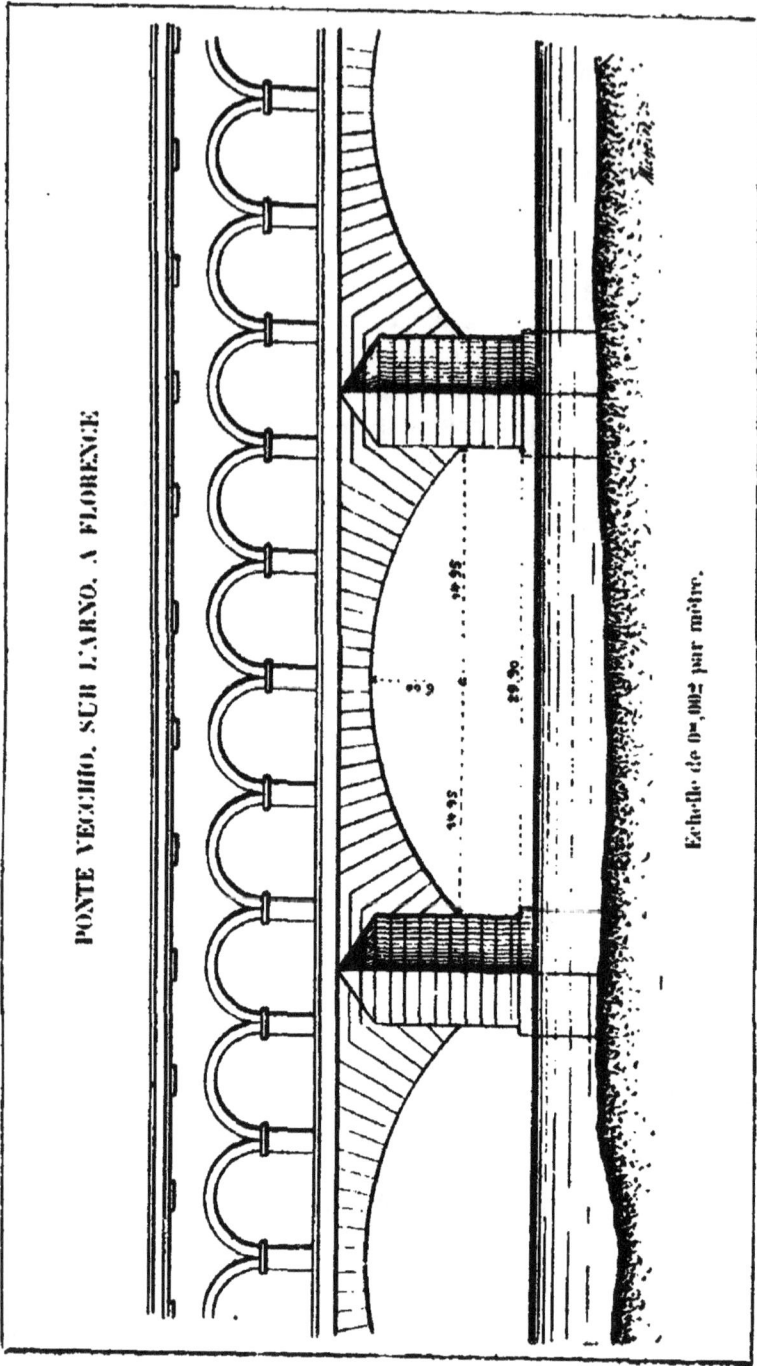

PONTE VECCHIO, SUR L'ARNO, A FLORENCE

Échelle de 0^m,002 par mètre.

toute spéciale, à cause de la forme donnée pour la première fois aux arches dont ils se composent.

Ces ponts sont ceux de Vérone sur l'Adige, et de Florence sur l'Arno.

Le premier, construit en 1354, faisait partie d'ouvrages fortifiés commandant l'une des entrées de la ville; il offre le premier exemple connu de voûte en anse de panier.

Cette voûte, représentée sur le croquis suivant, a 48^m,70 d'ouverture avec montée de 16^m environ.

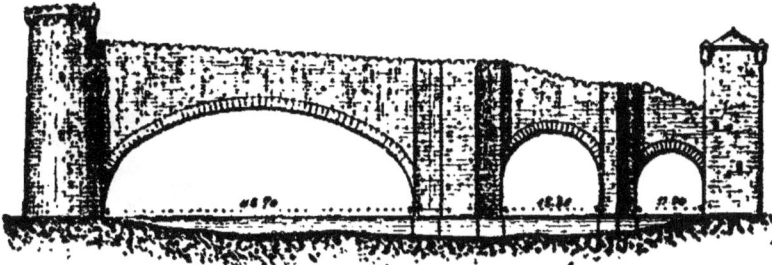

Pont de Vérone sur l'Adige (1354).

C'est d'ailleurs à ce point de vue seulement que le pont est remarquable, ses autres dispositions étant celles d'un ouvrage de fortification plutôt que d'un pont proprement dit.

Au pont de l'Arno à Florence (Ponte Vecchio) nous retrouvons l'arc de cercle surbaissé dont une première application avait déjà été faite, au VIe siècle, au pont de Justinien sur le Sangarius; mais ici, comme le montre le dessin ci-contre, la flèche est réduite à $\frac{1}{5}$ à peine de l'ouverture, ce qui donne aux arches, dont la largeur atteint près de 30^m, exactement le même aspect qu'à celles des ponts en arc de cercle que l'on construit à l'époque actuelle.

Enfin un pont méritant une mention à part, bien qu'il n'en reste que quelques ruines mal conservées et de très peu d'étendue, est celui de Trezzo sur l'Adda.

M. l'Ingénieur en chef de Dartein a relevé avec le plus grand soin ces ruines et a cherché à reconstituer le pont lui-même tel qu'il a dû exister. Les données d'après lesquelles cette re-

constitution a été effectuée sont à tel point insuffisantes que,
tout en paraissant très vraisemblable, le dessin de M. de
Dartein ne saurait faire foi, mais il n'en est pas moins inté-

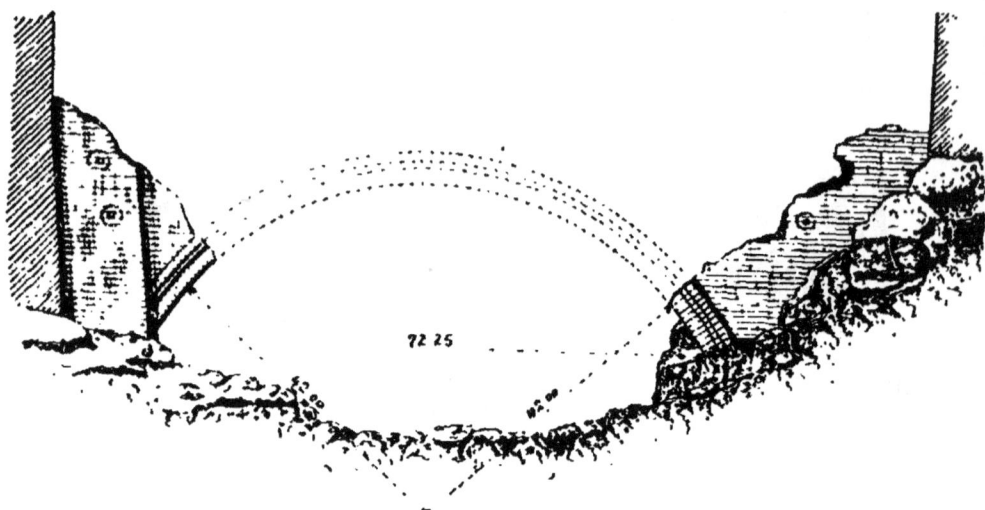

Pont de Trezzo sur l'Adda.

ressant à cause de l'ouverture tout à fait exceptionnelle, dont
il indique d'une façon certaine les dimensions et qui dépasse
de beaucoup tout ce qui a été exécuté de semblable partout
ailleurs.

Le croquis suivant indique seulement, d'après le dessin de
M. de Dartein, la forme en arc de cercle de cette voûte, ressemblant à celles qu'on appelle voûtes à culées perdues.

C'est par l'un des Visconti, seigneur de Milan, que ce pont
fut construit, en même temps que des ouvrages de fortification défendant les approches du château de Trezzo. Les éléments relevés sur les fragments d'archivoltes qui subsistent
encore des deux côtés, aux naissances de la voûte, ont permis à
M. de Dartein d'évaluer à 42^m le rayon de l'intrados. Dans tous
les cas, l'ouverture de l'arche était certainement de 72^m,25, tandis que la plus grande arche construite dans les temps modernes, celle de l'aqueduc de Cabin John, aux États-Unis, n'a que
67^{m}10.

Les exemples que nous venons de citer montrent qu'au moyen-âge ce n'est pas en France seulement, mais dans tous les pays, que le plein-cintre et l'arc de cercle n'ont jamais cessé d'être employés pour la construction des ponts.

Quant à l'ogive, sauf l'aqueduc de Bourgas dont nous avons déjà parlé (page 49), ouvrage qui date du VIe siècle, nous n'en retrouvons nulle part ailleurs d'application certaine faite antérieurement au XIIe siècle pour la construction des ponts, même dans son pays d'origine, c'est-à-dire en Perse; bien que la construction des voûtes paraisse y avoir été pratiquée plus de cinq siècles avant notre ère, [1] les ponts les plus anciens avec voûtes ogivales datent seulement du XIe siècle.

Nous ne citerons qu'un petit nombre de ces ouvrages pour ne pas répéter trop souvent les mêmes observations, relativement au caractère d'œuvres barbares qu'ils présentent presque tous.

En Sicile, le pont construit en 1113 près de Palerme, sur l'Oreto, et désigné sous le nom de pont de l'Amiral, passe pour l'un des plus dignes d'intérêt, à cause du soin avec lequel il a été exécuté. Il se compose de cinq arches principales en ogive dont les ouvertures varient de 5m,60 à 9m,30, séparées par de petites arches de 1m,25 à 2m,20 ménagées dans les piles.

Le dessus du pont est disposé en dos d'âne avec de fortes déclivités et, sauf les archivoltes très saillantes ornant les têtes des voûtes, les tympans et les parapets sont absolument plats, sans aucune ornementation.

Nous avouons ne pas bien saisir en quoi un semblable ouvrage a pu mériter de passer pour élégant, alors que l'inégalité de ses ouvertures, les déclivités de la chaussée que rien ne justifie et la rudesse générale de ses formes devraient, pensons-nous, justifier une appréciation toute différente.

---

1. M. Dieulafoy, dans un mémoire inséré aux *Annales des Ponts et Chaussées* (1883, no 38), s'exprime ainsi : « .... sous le règne de Darius ou des princes Achéménides, ses successeurs, les Iraniens, *j'en rapporte les preuves*, élevaient des coupoles sur pendentifs, ayant près de 15m de diamètre et 30m de hauteur, connaissaient la voûte en berceau et construisaient des édifices voûtés ayant la plus grande analogie avec les nefs gothiques du XIIe siècle. Ces édifices étaient barbares d'aspect, mais contenaient le principe de tous les tracés de voûtes utilisés par les constructeurs byzantins et musulmans. » Le commencement du règne de Darius remonte à l'an 521 avant J.-C.

5

KRAST-NEMOUST ou PONT-ROUGE (Perse).

Coupe en travers

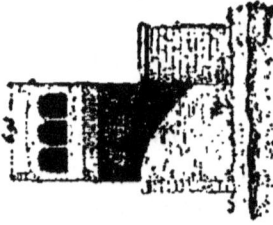

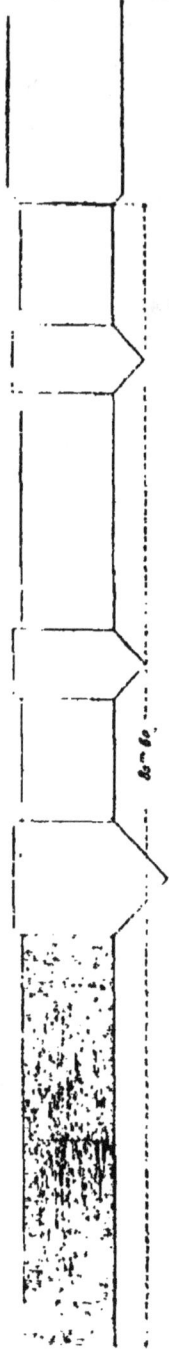

Élevation

Plan

0ᵐ60

Un monument situé également en Sicile et susceptible de produire un meilleur effet est le pont de Ficarazi, construit pour le passage d'un canal d'irrigation par dessus le torrent du même nom. Il est composé de petites arches inégales et de petites dimensions, dont 15 sont en ogive et 2 en plein cintre, avec ouvertures variant de 5 à 8ᵐ environ; ces arches reposent sur des pilastres d'épaisseur modérée, terminés par des impostes recevant la retombée de voûtes ornées d'archivoltes. Un cordon règne à la partie supérieure; enfin la hauteur au-dessus du fond de la vallée atteint près de 22ᵐ. C'est à la fin du XIVᵉ siècle que l'ouvrage paraît avoir été construit.

En Espagne, à Orense sur le Migno, existe un pont de 7 arches en ogive dont l'une atteint une ouverture de 39ᵐ, mais qui ne présente du reste absolument rien méritant d'être signalé.

En Perse, d'après le mémoire de M. Dieulafoy que nous avons déjà cité, les ponts avec arches en ogives sont naturellement plus nombreux qu'ailleurs ; mais sauf certains détails de construction tout particuliers qu'il y a intérêt à constater, on y retrouve, sous le rapport des dispositions générales et de l'ornementation, presque la même infériorité que dans ceux des autres contrées.

Le dessin ci-contre représente une partie de l'élévation, le plan et la coupe en travers du pont désigné sous le nom de Krast-Nemoust ou Pont-Rouge.

Personne ne saurait assurément songer à tirer parti des dispositions que ce dessin indique, pour les reproduire dans un projet de pont à construire à l'époque actuelle ; si nous le donnons, c'est uniquement pour rappeler le procédé tout spécial de construction qu'on y remarque.

La coupe de l'arche principale, qu'on trouve à la page 216 du tome I, permet de se bien rendre compte de ce procédé.

Nous avons déjà mentionné, d'après l'ouvrage de M. Choisy sur l'art de bâtir chez les Romains, la répugnance que ceux-ci éprouvaient à faire des dépenses considérables pour l'établissement des cintres, même dans les pays où les bois de grandes dimensions ne leur auraient pas manqué.

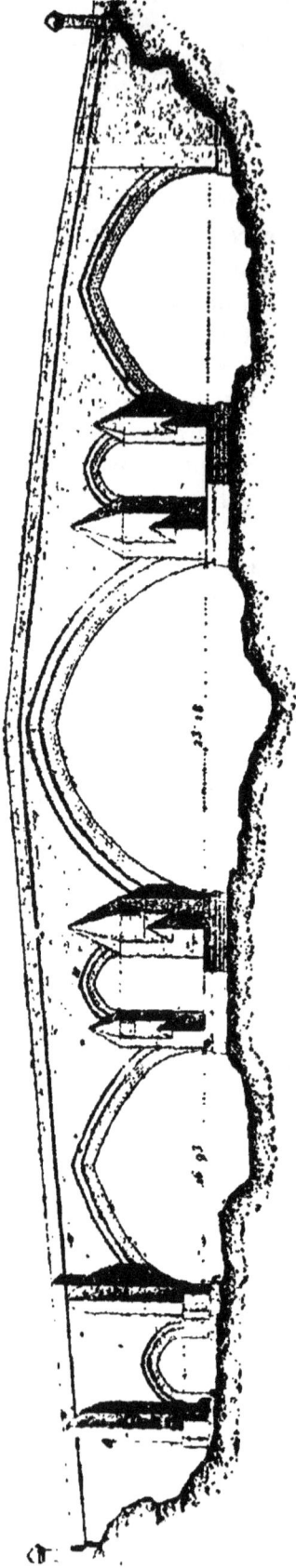

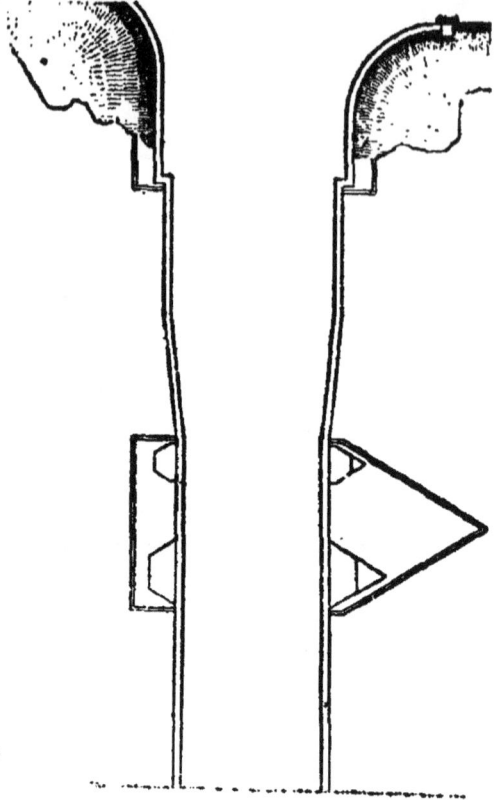

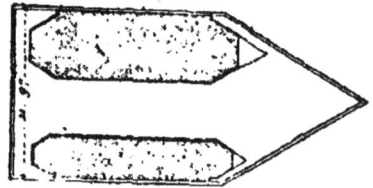

PONT DE LA
JEUNE FILLE.
Perse.

Élévation et Plan.

En Perse, cette suppression presque complète des cintres a été encore beaucoup plus pratiquée par les constructeurs de voûtes ; mais, là, elle était justifiée par l'absence à peu près complète du bois, et elle devenait une nécessité.

Les briques étant généralement les seuls matériaux employés, on commençait par construire la partie inférieure des voûtes jusque vers la hauteur des joints de rupture en briques posées à plat, dont les assises se prolongeaient dans l'intérieur du massif de maçonnerie des culées ; puis, pour la partie où le cintre était indispensable, on avait recours à tous les moyens d'en diminuer la charge, et à cet effet on composait les premiers rouleaux de briques posées à plat et l'on employait d'habitude des enfants pour les maçonner. Ce n'est qu'après avoir constitué ainsi une certaine épaisseur de voûte, susceptible de supporter par elle-même la charge supérieure, qu'on maçonnait les derniers rouleaux en briques posées de champ, mais en faisant converger les joints vers des points autres que les centres des arcs formant l'ogive de l'intrados.

Enfin la maçonnerie au-dessus des voûtes était élégie à l'aide de voûtes longitudinales généralement en plein cintre.

Bien qu'ils ne soient l'objet à peu près d'aucun entretien, plusieurs ponts persans construits de cette façon depuis sept ou huit siècles se sont parfaitement maintenus jusqu'à nos jours ; ils démontrent jusqu'à l'évidence que le système consistant à exécuter les voûtes par rouleaux, en vue de diminuer le cube du bois des cintres, est un très bon procédé de construction et que c'est à juste raison qu'il est de plus en plus mis en pratique, de notre temps, par la plupart des Ingénieurs ayant de grands ponts à construire.

Ce procédé était d'ailleurs habituel aux constructeurs romains, aussi bien qu'aux Persans ; ce qui est seulement particulier à ces derniers, c'est la disposition consistant à ne faire commencer l'appareil des voûtes qu'au-dessus du joint de rupture, en exécutant jusqu'à cette hauteur la maçonnerie avec des joints qui, sans être horizontaux, se poursuivaient dans tout le massif des culées ou des piles.

C'est là un point à retenir en ce qui touche les ponts persans, mais c'est le seul ; car, pour tout ce qui a rapport à l'architecture, aucune de leurs dispositions ne serait tolérable pour des ponts modernes à construire ailleurs qu'en Orient.

M. Dieulafoy a donné cependant le dessin complet d'un pont dont les proportions, étudiées avec beaucoup de soin, offrent un caractère incontestable d'harmonie et donnent, paraît-il, à l'ouvrage un aspect des plus satisfaisants malgré la bizarrerie des détails. Ce pont est celui de la Jeune-Fille, représenté page 76.

« L'arche centrale, dit M. Dieulafoy, est ornée sur la tête
« amont d'une inscription haute de 0ᵐ,52, tracée en lettres
« d'or se détachant en relief sur des faïences de couleur bleu
« foncé. Cette brillante décoration s'harmonise merveilleuse-
« ment avec la teinte des vieilles briques du pont, et donne à
« tout l'ouvrage un caractère de grandeur que vient encore
« rehausser le fond de montagnes sauvages sur lequel il se
« détache. Ce pont est à tous les points de vue une œuvre su-
« perbe. »

Nous admettons bien volontiers cette dernière appréciation de M. Dieulafoy, non pas que nous songions à proposer de co-pier à l'époque actuelle, en Europe par exemple, les disposi-tions du pont de la Jeune-Fille ; mais parce que nous y trou-vons la confirmation de ce principe fondamental de la décora-tion des ponts, dont nous nous occuperons plus tard, que c'est de l'harmonie d'un monument avec le site qui l'entoure que résulte l'un des éléments de beauté que l'œil saisit le plus aisé-ment, et dont il est le plus favorablement impressionné.

En Espagne, où l'architecture mauresque est représentée par de nombreux et très beaux monuments, un certain nombre d'anciens ponts ont des voûtes en ogive. L'un d'eux, celui de Martorell, sur la Noya, qu'on appelle aussi le pont du Diable, offre une arche très hardie de 38ᵐ d'ouverture à laquelle on attribue une très grande ancienneté ; mais cela paraît être d'ail-leurs son seul mérite.

Plusieurs autres ponts, dans le même pays, sont également remarquables par leurs grandes dimensions. Ainsi, au pont Saint-Martin, construit sur le Tage à Tolède, en 1203, l'arche centrale, en ogive, à 40ᵐ,25 d'ouverture ; des autres arches qui le composent, les unes sont ogivales, les autres en plein cintre, et toutes fort irrégulières, de sorte que, malgré ses grandes proportions et l'effet qui en résulte, le pont est en réalité des plus médiocres.

Au pont d'Orense, sur le Migno, que nous avons déjà cité, l'arche la plus grande a 39ᵐ d'ouverture, mais le pont est du reste aussi peu correct que le précédent dans toutes ses autres dispositions.

Nous ne voudrions pas donner trop d'étendue à cette énumération des ponts construits avec arches en ogives, convaincu que des descriptions plus nombreuses n'ajouteraient rien à ce que nous ont appris les précédentes ; mais il nous faut cependant mentionner encore, à cause de son importance particulière, le vieux pont de Londres, construit sur la Tamise en 1176 et dont la durée s'est prolongée jusqu'en 1824, pendant 650 ans environ.

La description et le dessin qu'on en trouve dans Gauthey diffèrent beaucoup de ceux donnés par des ouvrages plus récents, de sorte que nous ne saurions préciser quel était le nombre de ses arches et quelles ouvertures avaient celles-ci ; mais ce qu'on doit admettre, c'est que le pont de Londres était un ouvrage exceptionnel pour l'époque à laquelle il avait été entrepris, et eu égard aux difficultés qu'on avait dû rencontrer pour en établir les fondations. Ces dernières du reste, d'après le dessin de Gauthey, présentaient de tels empattements qu'elles se rejoignaient presque d'une pile à l'autre et qu'elles devaient opposer un grand obstacle au passage des eaux. Les arches les plus larges ne dépassaient pas 20ᵐ d'ouverture et étaient séparées par des contreforts de formes bizarres, élevés au-dessus des avant et arrière-becs.

Le pont étant édifié au centre d'une ville qui avait déjà une grande importance, on en avait étudié la décoration avec beaucoup de soin ; mais, malgré les archivoltes de ses voûtes, malgré son couronnement avec consoles et ses parapets à jour coupés de distance en distance par des dés pleins, l'ensemble du monument devait offrir un aspect particulièrement disgracieux et lourd.

Nous ne le mentionnons donc qu'à cause du spécimen à peu

près unique qu'il nous offre d'un pont ogival construit au moyen-âge, dont on avait eu l'intention de mettre la décoration en rapport avec l'emplacement qu'il occupait, à l'intérieur de la capitale d'une nation relativement puissante.

Cet exemple ne saurait à coup sûr nous faire revenir sur nos appréciations à l'égard des ponts du moyen-âge.

Ces ponts se distinguent en deux groupes nettement caractérisés, l'un composé des ouvrages procédant de la tradition romaine plus ou moins bien comprise, et reproduisant les anciens types avec les altérations résultant forcément de la décadence de l'art et de l'insuffisance des procédés d'exécution ; le second, comprenant les ponts dont les dispositions sont plus spéciales au moyen-âge, à cause soit de la forme ogivale de leurs arches, soit de la rudesse particulière de leur architecture et de leur exécution.

Du premier groupe nous n'avons rien à retenir qui puisse ajouter quoi que ce soit aux enseignements découlant de l'étude des ponts de l'époque romaine ; les ouvrages sont moins bien exécutés, leurs décorations presque nulles, et sauf un peu plus de hardiesse dans la conception, sous le rapport de l'augmentation de l'ouverture des arches et de la moindre épaisseur relative des voûtes à la clef, tout le reste est d'une infériorité manifeste.

Dans le second groupe, les ouvrages pittoresques abondent, mais ils offrent beaucoup plus d'intérêt au point de vue de l'étude des fortifications au moyen-âge qu'au point de vue de la construction des ponts, et nous n'en voyons pas un seul qu'on puisse conseiller de reproduire de nos jours. Le goût moderne, un peu froid peut-être, mais aussi éclairé et aussi sûr qu'à aucune autre époque, exige des constructions plus régulières, mieux conçues et dont les dispositions dans leur ensemble respirent une sorte de simplicité, à la fois rationnelle et élégante, produisant pour le spectateur cette sensation que rien d'inutile n'existe dans l'ouvrage, que toutes les parties en ont été scrupuleusement étudiées et que l'ornementation elle-même, lorsqu'on lui donne une certaine importance, a surtout pour objet de rendre apparentes à l'extérieur les dispositions intérieures des maçonneries et d'aider ainsi à la compréhension de l'œuvre dans ses moindres détails.

Ce n'est évidemment pas d'après ces règles que se sont guidés les architectes du moyen-âge, et ils n'ont sous ce rapport rien d'utile à nous apprendre.

Mais on doit leur savoir gré d'avoir montré mieux qu'à toute autre époque ce qu'on peut faire avec de la hardiesse et de la constance dans l'énergie.

Lorsqu'on entreprenait au XII⁰ siècle des œuvres comme le pont d'Avignon par exemple, le pont Saint-Esprit ou d'autres ouvrages analogues, alors que tout était matière à difficultés, que les pouvoirs dont l'appui aurait été le plus nécessaire se montraient plus disposés à créer des entraves qu'à accorder leur protection, que l'argent manquait, que les ouvriers troublés ou décimés par des guerres incessantes faisaient défaut ou n'avaient pas les aptitudes voulues, enfin que les engins dont on disposait étaient insuffisants et défectueux, ne pas se laisser décourager par de tels obstacles, commencer les travaux et les continuer ensuite avec une inébranlable persistance, ne jamais douter du succès et atteindre enfin le but après avoir lutté sans repos pendant 10 ans pour tel ouvrage, pendant 30 ans pour tel autre, c'est là de ces exemples que les Ingénieurs ne sauraient trop méditer pour y puiser, à l'occasion, les plus féconds encouragements.

L'étude des ponts construits au moyen-âge a donc, à ce point de vue particulier, une incontestable utilité ; elle fournit d'ailleurs, à l'égard des dimensions que les voûtes en maçonnerie peuvent atteindre, des enseignements qui ont certainement influé sur les progrès réalisés pendant les siècles suivants et jusqu'à nos jours.

§ 4

DU COMMENCEMENT DE LA RENAISSANCE
A L'ÉPOQUE ACTUELLE.

Situation au début de la Renaissance. — Ponte-Corvo sur la Melza en Italie ; détails concernant sa construction. — Projet de Palladio pour le pont du Rialto, à Venise, projet exécuté de da Ponte. — Pont de la Trinité à Florence, pont Notre-Dame, à Paris. — Pont de Toulouse. — Pont de Capoderso. — Pont de Chenonceaux. — Pont de Châtellerault. — Pont de Tournon. —

Nous faisons commencer cette troisième et dernière période de l'histoire de la construction des ponts en maçonnerie avec la seconde moitié du XVᵉ siècle, c'est-à-dire au moment où grâce à l'impulsion qu'avaient su leur imprimer le pape Sixte-Quint à Rome, Laurent de Médicis à Florence, les arts progressaient d'un pas si rapide qu'ils allaient bientôt atteindre les sommets les plus élevés de la fermeté grandiose et de la noblesse avec Michel Ange, de la pureté et de la grâce idéale avec Raphaël.

Ceux-ci, maîtres hors de pair en toutes choses, en matière de beaux arts, étaient aussi bons architectes que peintres ou sculpteurs, de sorte qu'après eux il ne pouvait plus rester, en Italie du moins, aucune trace de ce goût barbare qui pendant près de dix siècles avait fait méconnaître et dédaigner les plus merveilleux chefs-d'œuvre de l'architecture grecque et de l'architecture romaine. Dès qu'on pût se rendre compte de l'erreur profonde dans laquelle on avait persisté si longtemps, la sensation éprouvée dût être celle d'une vie nouvelle à laquelle on était appelé ; et de là cette désignation de Renaissance, applicable avec une égale justesse aux arts eux-mêmes et à l'époque où le fait s'est produit.

Les ponts méritent à bien des titres de compter parmi les plus belles et les plus importantes œuvres de l'architecture ;

ils devaient donc tout naturellement participer à cette rénovation et nous allons voir, en effet, qu'il y eût à leur égard, comme pour tout le reste, une véritable renaissance du goût dès la seconde moitié du XVᵉ siècle et surtout à partir des premières années du XVIᵉ siècle.

En 1502, on entreprit en Italie, sur le torrent de la Melza près d'Aquino, la construction d'un pont qui devait donner lieu à d'assez sérieuses difficultés d'exécution. Le cours d'eau, presque à sec en été, était sujet à des crues subites et violentes ; le lit formé de galets roulés était essentiellement affouillable, et des précautions spéciales étaient à prendre pour assurer la stabilité des fondations.

L'architecte par qui les travaux furent commencés, Stefano del Piombino, supposa que ces fondations auraient plus de résistance si elles étaient courbes avec convexité opposée à l'effort du courant ; il les disposa en conséquence de cette façon, et l'axe du pont fut également tracé en courbe, suivant un arc de cercle d'environ 176ᵐ de rayon.

On a fait converger vers le centre de ce cercle les axes de toutes les piles, de sorte que, celles-ci étant rectangulaires en plan, il en est résulté que l'ouverture des voûtes diffère sensiblement de l'amont à l'aval, ce qui a entraîné pour l'exécution de la douelle de réelles difficultés d'appareil et de taille.

Malgré ces diverses circonstances, le pont, qui eût en son temps une certaine célébrité et qui est connu sous le nom de *Ponte-Corvo* (pont courbe), fut terminé en 1505 avec un plein succès et s'est maintenu parfaitement intact depuis près de quatre siècles, sans avoir jamais exigé, dit-on, aucune réparation importante.

Il se compose de sept arches dont les ouvertures, allant en augmentant des rives au centre, varient de 22ᵐ,70 à 28ᵐ,60. Les piles, au contraire, ont un peu moins de 4ᵐ d'épaisseur, c'est-à-dire qu'elles diffèrent entièrement, par leur légèreté relative, de celles de tous les ponts exécutés jusqu'à cette époque.

Les arches sont tracées en plein cintre et ont les naissances à une certaine hauteur au-dessus de la base des piles. L'appareil des têtes se raccorde avec les assises des tympans sans archivolte ni saillie quelconque, les avant et arrière-becs de

PROJET DE PONT. XVIᵉ SIÈCLE

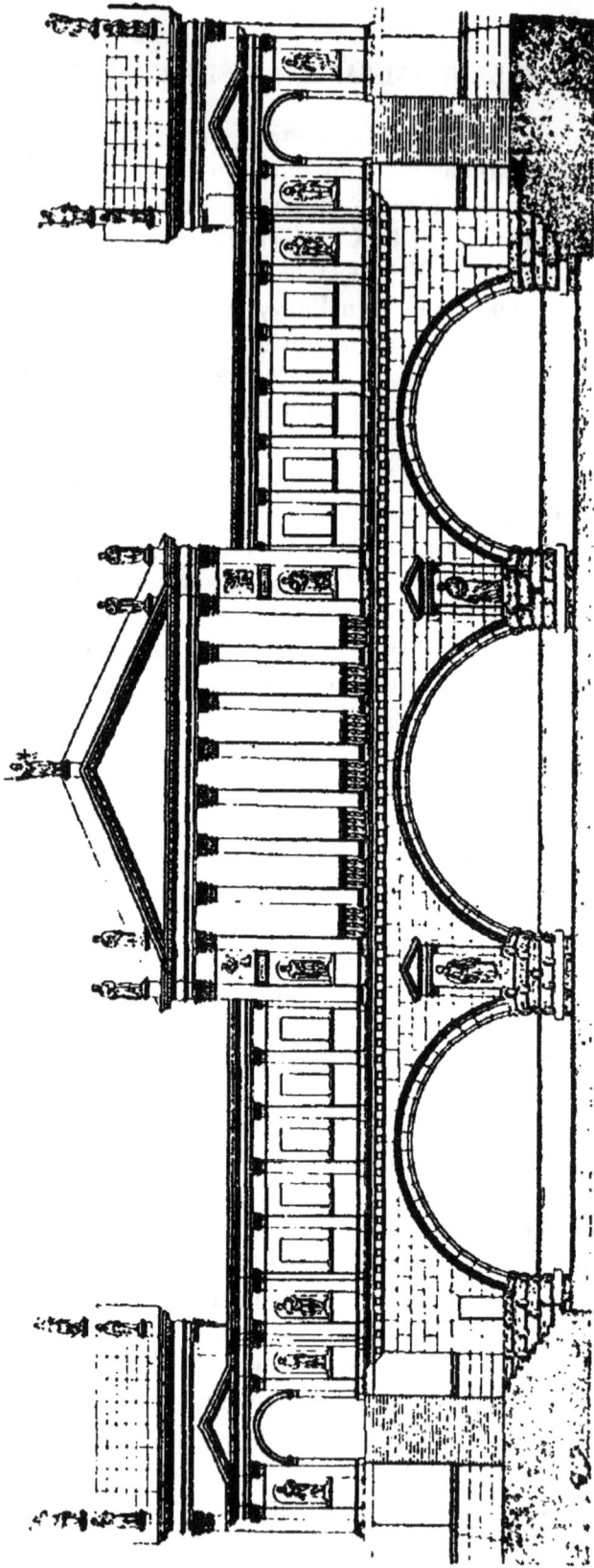

Projet de Palladio pour le pont du Rialto.

forme angulaire se terminent, un peu au-dessus de la naissance des voûtes, par des chaperons en pyramide triangulaire peu élevés ; au-dessus des tympans, dépourvus de toute ornementation, règne seulement un cordon saillant supportant un parapet plein.

Tout cela est extrêmement simple comme architecture, mais l'effet obtenu est des plus satisfaisants ; en examinant l'ensemble de la construction, on comprend parfaitement que la tradition romaine est rétablie, et que l'ère des constructions barbares est bien décidément passée.

L'architecte qui avait conçu le projet du pont et en avait entrepris l'exécution mourut avant l'achèvement des travaux, et ceux-ci furent terminés par le frère Joconde, à qui le succès en fut attribué en très grande partie, ce qui lui valut l'honneur, très peu de temps après, d'être appelé en France par le roi Louis XII, pour diriger la construction du plus ancien pont de pierre de Paris, le pont Notre-Dame dont nous parlerons tout-à-l'heure.

Le Ponte Corvo est le vrai point de départ de la renaissance de l'art de construire les ponts en maçonnerie, et comme œuvre de début le mérite n'en peut être contesté ; mais quelques années s'étaient à peine écoulées après son achèvement que ce même art parvenait, avec une promptitude et une sûreté merveilleuses, au point le plus élevé qu'il ait jamais atteint sous le rapport de l'harmonie des diverses parties des édifices et du goût dans leur ornementation.

Palladio était né en 1518 et c'est vers le milieu du XVIᵉ siècle qu'il avait atteint l'apogée de son talent, nous dirions volontiers de son génie particulier, pour l'appropriation des meilleures données de l'architecture antique aux convenances et aux mœurs de son époque.

Il avait déjà construit, en Italie, divers ponts auxquels il avait appliqué presque sans changement les dispositions des anciens ponts romains, surtout du pont de Rimini qu'il plaçait au-dessus de tous les autres, lorsque l'occasion s'offrit à lui de faire l'étude d'un pont monumental que la ville de Venise projetait d'ériger sur le grand canal.

Bien que ce projet n'ait pas été exécuté, il offre un extrème
intérêt, à titre d'expression de la pensée de l'un des architectes
les plus éminents du XIVe siècle, et nous en donnons l'élévation.

Il s'agissait là sans doute d'un palais tout autant, sinon
plus, que d'un pont ; mais ce dernier, même en le supposant
débarrassé de la colonnade qui le surmonte, n'en reste pas
moins un chef-d'œuvre d'élégance et de goût.

Les pierres taillées en bossages vigoureusement accusés des
assises des piles, auxquelles se relient les premiers voussoirs
des voûtes, ce qui rappelle, soit dit en passant, la disposition
typique des voûtes persanes, les belles moulures des archivoltes, les niches avec statues ornant les tympans, enfin la riche
corniche qui supporte les parapets, tout cela constitue un ensemble d'une harmonie parfaite, bien en rapport avec l'aspect
général de la voie bordée de palais sur laquelle le pont devait
être édifié.

Il ne faudrait pas voir d'ailleurs dans cette étude une simple
manifestation de l'imagination d'un grand artiste. Un pont a
été réellement construit sur ce même emplacement quelques
années plus tard, après concours ouvert par la ville de Venise,
et le projet adopté, celui de da Ponte, dont le dessin suivant
reproduit l'élévation, égale assurément en élégance celui de
Palladio.

Au lieu de trois arches, le pont n'en a qu'une seule, en arc
de cercle de 28m,50 d'ouverture et 7m ou un quart environ de
flèche. Les têtes des voûtes sont ornées d'archivoltes d'un excellent profil, et l'appareil des tympans présente des joints
convergeant vers le centre de l'arc ; des inscriptions et des
bas reliefs décorent ces tympans, au-dessus desquels règne
une riche corniche supportant un parapet à balustres.

L'ensemble est moins monumental, peut-être, que celui du
projet non exécuté ; mais il n'en reste pas moins digne d'une
ville qui était à cette époque, comme le dit Palladio : « l'une
« des plus grandes et des plus nobles de l'Italie, et souveraine
« d'un grand nombre d'autres cités. »

Pour comprendre les dispositions de la partie supérieure,
il est nécessaire d'en avoir le plan sous les yeux. La largeur
totale, entre les parapets, est d'environ 22m, comprenant un

PONT DU RIALTO, A VENISE

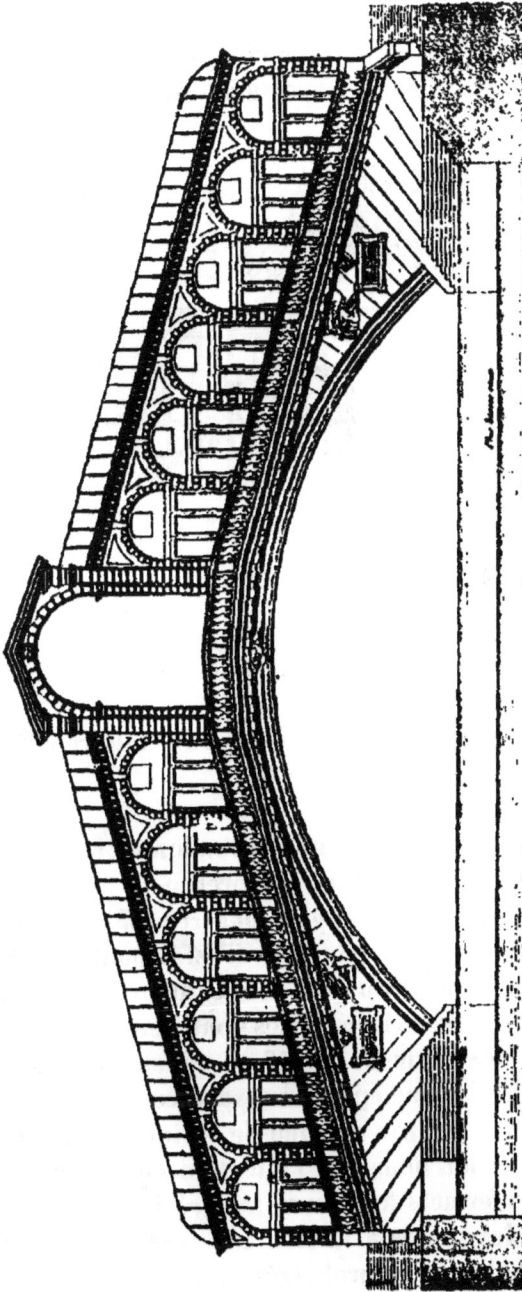

Exécuté en 1590.

passage central P de 7ᵐ, bordé de boutiques B, B en dehors
desquelles existe, de chaque côté, un passage C, C avec arcades, large de 3ᵐ,50. Un passage transversal A, A est disposé

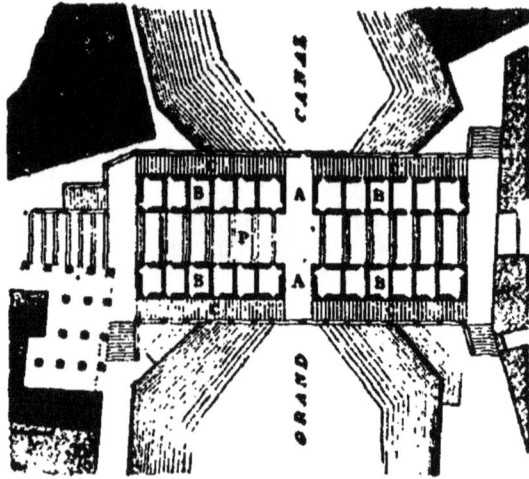

Pont du Rialto — Plan.

suivant l'axe de la construction, et une toiture générale recouvre le pont sur toute sa longueur.

Trente ans environ avant l'exécution de ce remarquable ouvrage, on avait construit à Florence un pont d'une extrême
élégance qui, avec des dispositions très différentes, est lui-même
un modèle du goût le plus pur. C'est le pont de la Trinité, dont
une élévation partielle a été donnée au premier volume, p. 199.

Il est composé de trois arches dont deux de 26ᵐ,13 et 26ᵐ,75
vers les rives et une de 29ᵐ,19 au milieu. Les piles ont près de
8ᵐ, c'est-à-dire une épaisseur exagérée au point de vue technique et qu'on n'a pas manqué de critiquer, mais qui se justifie
très bien, selon nous, par l'intention de donner un grand caractère de fermeté à l'œuvre malgré l'extrême réduction d'é-
paisseur des voûtes à la clef. Les avant et les arrière-becs à
profil angulaire sont prolongés en hauteur jusqu'au couronnement des tympans, et contribuent d'une façon très heureuse à
l'ornementation du pont.

Quant à la courbe adoptée pour l'intrados des voûtes, elle est tout à fait particulière et assez difficile à définir géométriquement. M. Léonce Reynaud, après avoir dit que les arches sont admirées à juste titre pour leur hardiesse et leur élégance, ajoute que leur forme est celle d'une ogive très surbaissée. Or une ogive est d'habitude une courbe à plusieurs centres, et nous croyons qu'il serait difficile de déterminer les centres des courbes du pont de la Trinité dont une partie est presque droite.

Ce qui est probable, c'est que l'éminent auteur du projet, Ammanati, a tracé la co.   des arches comme on trace, en architecture, un profil de moulure en se préoccupant beaucoup plus de son élégance que de ses formes géométriques, et que c'est ainsi qu'aux arches en arc de cercle très surbaissé, d'apparence ordinairement si sèche et si disgracieuse, il a substitué des voûtes avec contours arrondis aux naissances qui sans plus de montée ont une élégance exceptionnelle.

Tout est d'ailleurs étudié avec le plus grand soin en ce qui touche l'ornementation, et comme les deux branches des courbes d'intrados forment à leur rencontre, au sommet, un angle ou jarret qui aurait pu choquer l'œil, l'architecte a disposé en ce point des cartouches d'un excellent dessin que le croquis ci-dessus représente, produisant l'effet le plus heureux.

En outre, des statues ornent les extrémités des parapets et leurs proportions sont en parfaite harmonie avec l'ensemble de l'œuvre, ce qui est d'habitude fort difficile à réaliser pour un pont.

Ainsi, pour résumer les pages qui précèdent, tandis qu'au moyen-âge près de dix siècles s'écoulent sans que rien semble devoir arrêter le courant de décadence dans lequel se perdent toutes les belles traditions de l'art de la Grèce et de Rome, on voit, dès le début de la Renaissance, des ponts s'élever, tel que le Ponte-Corvo, qui reproduisent déjà, même avec quelque amélioration, les meilleurs types des vieux ponts romains ; un siècle ne s'est pas encore écoulé, après cela, que de vrais chefs-d'œuvre sont édifiés comme le pont de la Trinité à Florence, le pont du Rialto à Venise et beaucoup d'autres dont nous aurons à parler, dépassant tout ce que l'antiquité avait produit de plus beau dans ce genre.

C'était là un fait tout particulièrement intéressant, qui méritait d'être mis en évidence.

Nous ne saurions songer du reste à décrire, pas même à mentionner simplement, tous les ponts, les viaducs et autres grands ouvrages analogues, la plupart remarquables à divers titres, dont le nombre va maintenant aller en augmentant rapidement, surtout à dater du moment où le développement des chemins de fer viendra donner lieu, sur tous les points du globe, à d'immenses travaux dont les ponts ne sont pas un des moindres éléments.

Un livre comme celui de Gauthey n'est plus possible de notre temps et il est nécessaire de se borner à choisir, parmi les ouvrages exécutés, ceux qui se distinguent par quelque particularité utile à constater ou bien par une importance exceptionnelle. Tout en ayant désormais des formes plus correctes, les dispositions de détail des ponts varient à l'infini : on ne peut plus, comme à l'époque romaine, dégager de tout ce qui a été fait des types caractérisés, d'après lesquels les ouvrages seraient classés par groupes plus ou moins nombreux, et il faut s'en tenir à l'ordre chronologique pour les mentions à faire.

En reprenant cette énumération à partir du commencement du XVI° siècle, le premier ouvrage à citer est le pont Notre-Dame, à Paris, pour la construction duquel fut appelé en

France, comme nous l'avons vu, le frère Joconde, sur la réputation que lui avait value l'achèvement du Ponte-Corvo.

La première pierre du pont Notre-Dame fut posée le 28 mars 1500, mais c'est en 1507 seulement que les travaux furent terminés. Les fondations en avaient été exécutées avec un soin tout spécial en y employant, en très grand nombre, de forts pilotis protégés par des enrochements ; elles se sont parfaitement maintenues et c'est sur ces mêmes fondations qu'est établi le pont actuel, construit en 1853.

L'ancien pont se composait de six arches en plein cintre dont les ouvertures variaient de 15ᵐ,65 à 17ᵐ,25. Les piles de 5ᵐ environ d'épaisseur étaient munies d'avant-becs et d'arrière-becs, de profil ogival en plan, se terminant au-dessus des naissances par un pan coupé en sifflet. L'appareil des voûtes était apparent dans les têtes, mais sans saillie, et au-dessus des tympans régnait un couronnement à modillons supportant un parapet plein. Ce pont est le premier où se rencontrait la disposition consistant à exécuter les têtes des voûtes en arc de cercle d'un rayon un peu plus grand que le reste de la voûte, de façon à donner à la douelle à ses deux extrémités un certain évasement destiné à faciliter l'écoulement des eaux.

C'était là, comme le Ponte-Corvo, un pont de type romain avec ornementation très sobre et de nature à produire un très bon effet. Malheureusement dans sa largeur entre les têtes, qui était de 23ᵐ,30 (12 toises), on avait disposé deux rangées de maisons ne laissant entr'elles qu'une rue de 6ᵐ,50, et de ses cinq arches trois étaient complètement obstruées, de sorte que l'aspect général était fort médiocre et que la chute de la Seine de l'amont à l'aval atteignait près de quarante centimètres.

La dépense de construction avait été de 250.380 liv. 14 s. 4 d., c'est-à-dire environ 1.370.000 fr. de notre monnaie [1].

Le pont de Toulouse, sur la Garonne, pourrait être contesté comme pont du XVIᵉ siècle, puisque c'est en 1632 seulement qu'on en a terminé les travaux ; mais ceux-ci ayant été

1. Féline Romany : *Les Ponts de Paris* ; *Annales* de 1864, 2ᵉ semestre, nᵒ 84.

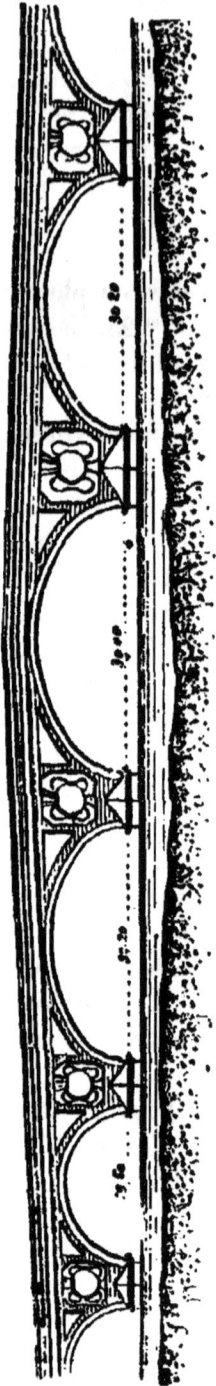

commencés en 1542, c'est sans doute
à cette dernière date que le projet en
avait été dressé et c'est à cette place
que nous pensons devoir le mentionner.

Le dessin en représente les arches
principales.

Construit sur une rivière large de
220^m, sujette à des crues fréquentes
et presque subites, ce pont a donné
lieu à des difficultés d'exécution très
sérieuses : pour l'époque où il a été
construit, c'est un ouvrage de grande
importance. Ce qui le caractérise en
particulier, c'est qu'il parait être le
premier pont moderne où l'anse de
panier, déjà employée par exception
au pont de Vérone au XIVe siècle,
a été franchement adoptée pour le
tracé des voûtes et appliquée dans
d'excellentes proportions. Ses arches
au nombre de sept, dont quatre en
anse de panier et trois en plein cintre, sont malheureusement d'inégale
ouverture et les piles elles-mêmes
d'inégale épaisseur, comme cela arrivait trop souvent à cette époque, par
suite sans doute d'erreurs commises
pendant l'exécution des fondations ;
mais malgré ces incorrections et une
certaine lourdeur dans l'ensemble
l'ouvrage n'en produit pas moins un
assez grand effet.

Le pont est exécuté en briques et
pierres de taille. Les piles, les bandeaux des voûtes, les couronnements
des tympans et les encadrements des

évidements disposés au-dessus des piles sont en pierre, ainsi que les parapets ; tout le reste est en maçonnerie de briques.

Deux de ses piles, vers la rive droite, ayant 10ᵐ d'épaisseur, le pont dans les grandes crues donne lieu à une assez forte retenue à l'amont, et à la suite de la crue exceptionnelle de 1875 la question de sa démolition a été agitée, mais il n'y a pas été donné suite.

Le pont de Capodorso construit en Sicile en 1553, sous le règne de Charles-Quint, sur une rivière torrentielle, se composait d'une seule arche de 29ᵐ d'ouverture en plein cintre, comprise entre deux culées avec contreforts au-dessus desquels étaient disposés des encadrements en forme de niches, dans l'une desquelles était gravée une croix et dans l'autre les armes impériales. On l'a récemment modifié par l'addition d'une arche de 13ᵐ environ sur chaque rive, pour adoucir les trop fortes déclivités de l'ancienne chaussée en dos d'âne.

A la même époque, en 1556, on construisit en France, d'après les dessins de Philibert Delorme, le pont de Chenonceaux qui, en dehors de la galerie à trois étages dont Marie de Médicis le fit recouvrir peu de temps après son achèvement, ne présente rien de particulièrement remarquable.

Le pont de Chatellerault, commencé presque en même temps (1560), mais terminé seulement en 1607, offre un assez bon spécimen des ponts de la Renaissance, avec de nombreuses particularités à signaler. Ses arches au nombre de 9, et toutes de 9ᵐ,80 d'ouverture, sont en plein cintre au milieu et se transforment ensuite graduellement en anses de panier, à mesure qu'on se rapproche des rives, par suite de la diminution de la montée. Les douelles sont d'ailleurs fortement évasées vers les têtes à l'aide de cornes de vache, dont les piles suivent le profil en plan, de façon à atténuer l'aspect fort lourd que donne à ces dernières une épaisseur très exagérée. La disposition consistant à faire varier la montée des voûtes a pour objet d'établir la chaussée en dos d'âne sur le pont, avec de faibles déclivités d'ailleurs, tandis que les trottoirs et les parapets sont posés horizontalement. Des contre-forts à profil triangulaire coupent les tympans au-dessus des piles, et un couronnement avec cou-

soles très élevées supporte le parapet. C'est dans la hauteur de
ce couronnement qu'ont pu être prises les pentes de la chaussée, et les différences de niveau entre celle-ci et les trottoirs
horizontaux sont rachetées à l'aide de quelques marches. Tout
cela offre de l'intérêt et l'ensemble de l'élévation ne manque
pas d'élégance, mais il y a un peu trop de complication dans
les détails et ce n'est pas là un modèle à imiter.

Après le pont de Châtellerault fut construit en 1570, à Florence, le pont de la Trinité que nous avons déjà décrit.

Le pont de Tournon terminé en 1583 appartient, comme les
précédents, au XVI° siècle, mais les travaux en avaient été commencés plus de deux siècles auparavant, en 1376, et c'est là en
fait un pont du moyen-âge, composé d'une seule arche en arc
de cercle de 49ᵐ,20 d'ouverture et 17ᵐ,73 de flèche, avec chaussée en dos d'âne dont les déclivités atteignaient 0ᵐ,15 par mètre. La construction en est d'ailleurs des plus médiocres et il
ne s'est maintenu qu'à l'aide de fréquents travaux de consolidation.

Peu après, en 1590, on terminait à Venise le pont du Rialto,
qui est certainement, comme nous l'avons dit, avec le pont de
la Trinité à Florence, l'une des plus belles œuvres de la
Renaissance.

Le pont des Boucheries à Nuremberg, terminé en 1599, est
composé comme le pont du Rialto d'une seule arche en arc
de cercle très surbaissé, de 29ᵐ,60 d'ouverture. L'ouvrage est
bien exécuté, mais à peu près sans aucune ornementation ;
il n'offre rien de remarquable.

Au XVI° siècle encore appartient le pont d'Almaraz, en Espagne, construit sur le Tage, d'un genre tout différent des
précédents. Il se compose de deux arches en plein cintre, l'une
de 33ᵐ, l'autre de 38ᵐ d'ouverture, séparées par une pile massive de 18ᵐ d'épaisseur avec avant-bec et arrière bec à profil
angulaire très saillant, supportant des tours demi-rondes qui
s'élèvent jusqu'à la hauteur de la chaussée, pour y former de
chaque côté des garages demi-circulaires. La hauteur totale
de l'ouvrage est de 34ᵐ, ce qui, joint à la grande ouverture de

ses arches, lui donne un caractère assez remarquable malgré
les nombreuses défectuosités de son élévation.

Le Pont-Neuf, à Paris, appartient à la fois au XVIᵉ et au
XVIIᵉ siècle. C'est le 16 mars 1578 que, suivant lettres patentes
délivrées par le roi Henri III, le projet dressé par Androuet du
Cerceau, architecte, fut approuvé. Peu après, le 31 mai, le
Roi, accompagné de la Reine-mère Catherine de Médicis et de
la Reine Louise de Lorraine, procéda solennellement à la pose
de la première pierre et les travaux paraissaient devoir être
activement exécutés. Mais c'était précisément le moment où la
Ligue, définitivement constituée, ouvrait la longue série des
troubles et des guerres qui devaient pendant bien des années
rendre toute œuvre utile à peu près impossible en France ; de
sorte que la construction du Pont-Neuf, d'abord suspendue
après exécution seulement des culées et des piles du petit bras,
fut définitivement abandonnée jusque vers la fin du siècle. C'est
par ordre d'Henri IV que les travaux furent repris et enfin terminés en 1604, ce qui explique la légende populaire qui lui a
attribué tout le mérite de la construction, bien que celle-ci eut
été décidée et entreprise par son prédécesseur.

L'exécution du Pont-Neuf comportait de très sérieuses difficultés de détail qu'Androuet du Cerceau a très heureusement
résolues ; c'est là son principal mérite, indépendamment du
soin avec lequel ont été étudiées toutes les parties de l'ornementation de l'ouvrage. Le pont se compose de deux parties,
l'une de 148ᵐ,32 avec 7 arches sur le grand bras, la seconde de
84ᵐ,56 avec 5 arches sur le petit bras de la Seine, séparées par
le terre-plein correspondant à la pointe aval de l'île de la cité.
Ces deux parties n'ont pas le même axe et atteignent les rives
sous des angles obliques. Les quais de la rive droite et de la
rive gauche, comme ceux de l'île, sont d'ailleurs à des niveaux
différents et il fallait les raccorder tout en ayant des lignes
droites pour le couronnement du pont. Enfin les arches sont
biaises et leur largeur présente de légères différences entre l'a-
mont et l'aval : ainsi les arches principales ont 19ᵐ,53 à l'amont
et 19ᵐ,41 à l'aval pour le grand bras, 15ᵐ,16 en amont et
15ᵐ,94 en aval pour le petit bras. Si l'on ajoute à cela une dis-

position consistant à poser les parapets suivant un alignement différent de celui du plan des têtes, on se rend aisément compte de l'infinité de détails d'appareillage qu'il a fallu étudier pour maintenir une parfaite harmonie dans l'ensemble de l'élévation.

Tout le monde connaît du reste la décoration spéciale du Pont-Neuf, le beau profil de son couronnement et de ses parapets, les exèdres circulaires disposés au-dessus des avant-becs et des arrière-becs, enfin ses grandes consoles, avec têtes attribuées à Germain Pillon. Nous n'avons donc pas à les décrire et nous nous bornerons à faire remarquer que c'est au moment même où Androuet du Cerceau dressait son projet en France pour le Pont-Neuf que Palladio, Ammanoti, Da Ponte étudiaient ou faisaient exécuter en Italie leurs projets pour les ponts du Rialto et de la Trinité. L'habileté et la science de l'architecte français ne le cèdent assurément en rien à celles des architectes italiens, mais la comparaison des œuvres met bien en évidence la différence marquée existant à cette époque entre le style et le goût des deux pays.

Peu après l'achèvement du Pont-Neuf, en 1611, fut construit sur le Drac, à Claix, dans le voisinage de Grenoble, un pont d'une seule arche en arc de cercle de 45^m,65 d'ouverture. Bien que le pont primitif ait disparu pour faire place à un pont nouvellement élevé sur le même emplacement, il est intéressant à citer, pour montrer le maintien de la tradition établie dès le moyen-âge de ne pas reculer devant la construction de très grandes arches lorsque les circonstances le comportaient.

L'aqueduc d'Arcueil, exécuté en 1624 par l'ordre de Marie de Médicis, rappelle les constructions romaines du même genre mais avec plus d'élégance. Les arches en plein cintre de 7^m,80 d'ouverture reposent sur des piles de 3^m,90 d'épaisseur, accompagnées de contreforts s'élevant jusqu'à l'entablement. Celui-ci est coupé par de petits pilastres carrés disposés au-dessus des contreforts ; des cordons à moulures ainsi qu'une corniche avec modillons complètent la décoration. La hauteur totale atteint 21^m et, sauf un peu de lourdeur, l'effet obtenu est très satisfaisant.

En 1614, au moment où prenaient fin les troubles du commencement du règne de Louis XIII, fut décidée la construction, à Paris, du pont Marie, auquel est resté le nom du premier concessionnaire Christophe Marie qui s'était engagé à le construire à ses frais, en échange de terrains non bâtis dont il lui fut fait abandon dans l'île Saint-Louis.

La pose de la première pierre, cérémonie définitivement passée dans les usages dès cette époque, eût lieu le 11 décembre 1614 en présence du Roi et de la Reine-mère Marie de Médicis ; mais le pont ne fût terminé que 21 ans après, en 1635.

Le dessin suivant représente l'une de ses arches (17^m,65 d'ouverture), dont les dispositions sont d'autant plus intéressantes à étudier qu'on y retrouve exactement reproduites, à une distance de plus de 16 siècles, celles du pont du Bachiglione, près de Vicence, mentionné à la page 40.

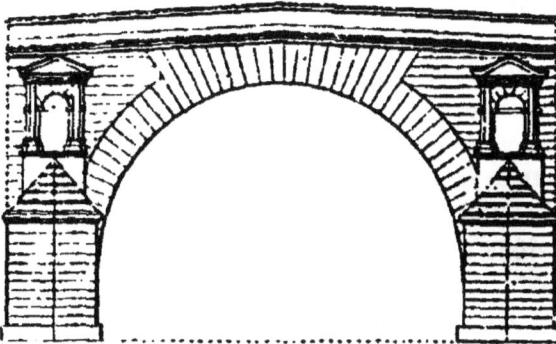

Pont Marie à Paris (1614-1635).

La similitude est complète, si ce n'est qu'on a supprimé les modillons du couronnement ; mais du reste l'ouverture des arches, l'épaisseur et la force des piles, avec leurs avant et arrière-becs à angle saillant terminés en pyramide triangulaire à la partie supérieure et surmontés de niches avec colonnes et frontons, sont à peu près identiquement les mêmes pour les deux ouvrages.

Le pont Marie est composé de 5 arches semblables dont les ouvertures varient de 13^m,16 à 17^m,65. Sa longueur totale est de 92^m,27 entre les culées et sa largeur entre les têtes de 23^m,60.

De même qu'au pont Notre-Dame, une grande partie de cette largeur était occupée par deux rangées de maisons, ne laissant entre elles qu'un passage de 5 à 6ᵐ.

La plupart des anciens ponts de Paris, construits précédemment en bois, furent reconstruits en pierre comme le pont Marie pendant la première moitié du XVIIᵉ siècle, notamment le pont Saint-Michel dont la première pierre fut posée le 24 septembre 1617, le pont au Double exécuté de 1625 à 1634, l'ancien pont Saint-Charles construit en 1606 et supprimé seulement en 1852, l'ancien pont au Change construit de 1639 à 1647 et remplacé en 1859 par le nouveau pont établi pour le passage du Boulevard de Sébastopol ; enfin le pont de la Tournelle, reconstruit en 1651, exactement d'après le même type que le pont Marie et tel qu'on le voit encore aujourd'hui, sauf quelques modifications concernant l'amélioration de la viabilité et l'addition d'arcs en fer sur les têtes pour en élargir les trottoirs.

Nous mentionnons plus loin d'autres ponts de Paris exécutés seulement vers la fin de ce même siècle.

À l'étranger, les principaux ponts à citer sont les suivants :

D'abord le pont de Prague, construit sur la Moldau et terminé vers 1660 après avoir été commencé en 1638. Il se compose de 16 arches dont 15 en plein cintre et une en anse de panier ayant, les premières de 21ᵐ à 23ᵐ,40 d'ouverture, et la dernière 19ᵐ,50.

Les piles ont 8ᵐ environ d'épaisseur à la hauteur des naissances des voûtes, mais elles reposent sur des socles à fortes saillies dont l'épaisseur totale atteint près de 11ᵐ. Les avant-becs sont angulaires, terminés en pyramides et surmontés de pilastres carrés en saillie sur les tympans, au-dessus desquels sont placées des statues colossales ; les têtes des voûtes sont ornées d'archivoltes, mais les tympans ne se distinguent des parapets par aucun cordon saillant ou autre ornementation. La longueur totale de l'ouvrage est de 520ᵐ.

L'ensemble, paraît-il, produit un assez grand effet et c'est là d'ailleurs le pont le plus important exécuté en Allemagne avant le XIXᵉ siècle ; mais l'architecture en est extrêmement lourde,

ce qui, joint à cette circonstance que des tours crénelées existent aux deux extrémités, donne à penser que l'ouvrage est de
date beaucoup plus ancienne qu'on ne l'a supposé.

Le ponte di Mezzo, à Pise, construit à la même date que celle
attribuée au précédent, en 1660, est un ouvrage exécuté avec
luxe, puisqu'on y a employé du marbre blanc pour toutes les
assises portant des moulures. Les trois arches dont il se compose sont en arc de cercle très surbaissé, c'est-à-dire avec flèche
de $\frac{1}{6}$ de l'ouverture ou environ; les ouvertures sont d'ailleurs
de 20^m,70 pour les arches de rives et de 23^m,80 pour celle du
milieu.

Les piles ont 6^m,00 d'épaisseur avec avant et arrière-becs angulaires, coupés dans leur hauteur par une imposte recevant la
retombée des archivoltes des voûtes, et terminés par un bandeau mouluré surmonté d'une pyramide triangulaire très aplatie dont le sommet atteint le dessous du bandeau des tympans.
Malgré le mélange du marbre blanc, de la pierre de taille ordinaire et de la brique entrant dans la composition des maçonneries, on n'a pas réussi à éviter pour l'ensemble de l'œuvre un
certain caractère de sécheresse et de lourdeur, qui place ce
pont bien au-dessous de celui de la Trinité à Florence qu'on
avait peut-être eu la pensée d'imiter.

En Espagne un ouvrage du XVIIe siècle méritant une mention particulière, à cause de son originalité, est le viaduc construit aux environs de Ronda (Andalousie), à la traversée d'un
ravin de 140^m de profondeur. Le dessin en a été relevé par M.
Dieulafoy, ingénieur des Ponts et Chaussées, d'après qui nous
le reproduisons.

A l'époque actuelle, au lieu d'une construction semblable à
celle que ce dessin représente, qui est assurément fort monumentale, il est à présumer qu'on disposerait soit une poutre métallique en travers de la partie supérieure du ravin, soit un premier arc en maçonnerie à culée perdue à mi-hauteur et par-
dessus des arches de moindres dimensions, le tout en forme de
viaduc à deux étages, de façon à réduire dans une très forte
proportion le cube de la maçonnerie et le montant de la dé-

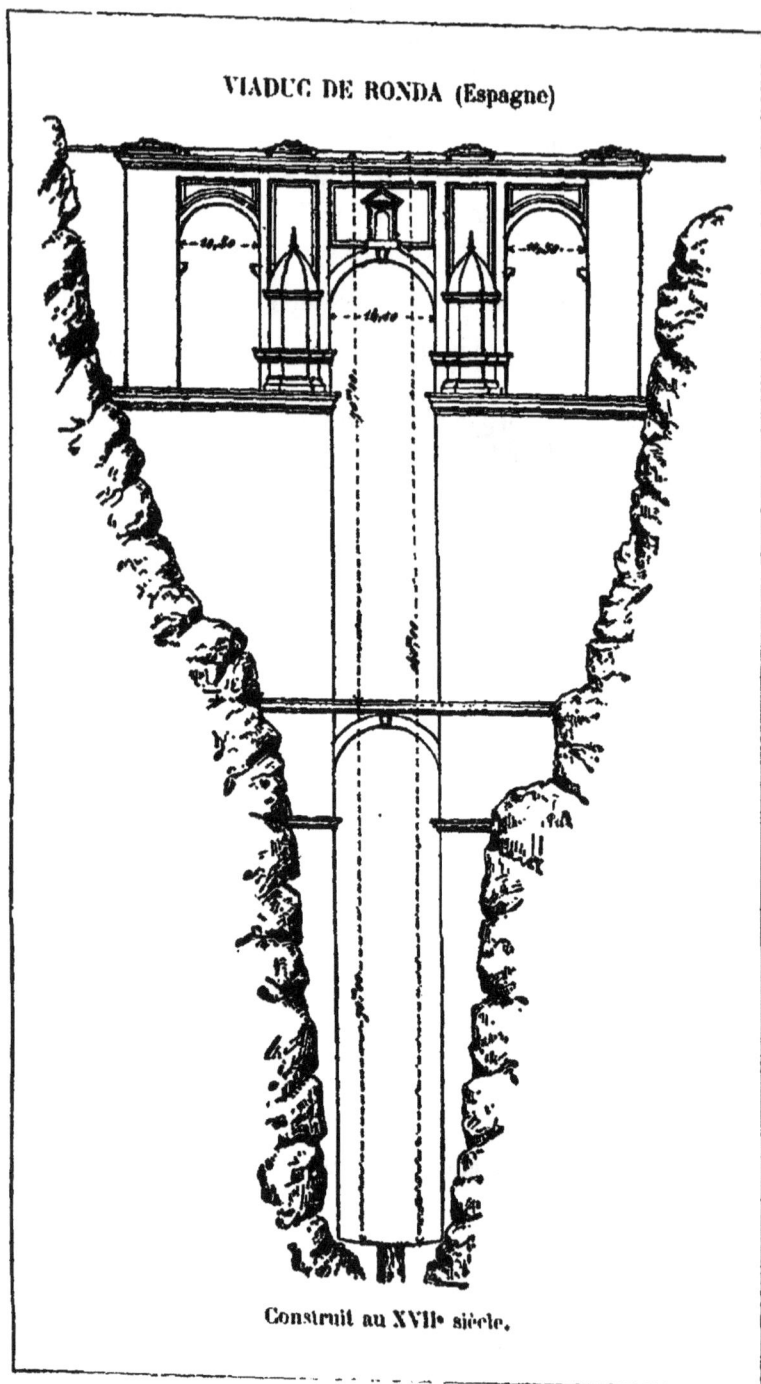

VIADUC DE RONDA (Espagne)

Construit au XVIIe siècle.

pense ; mais l'œuvre, telle qu'elle est avec son ornementation dans le goût espagnol du XVIIe siècle, n'en a pas moins une incontestable valeur et méritait d'être citée.

Les cotes inscrites sur le dessin rendent inutile une description plus détaillée.

En approchant de la fin du siècle, vers 1683, nous trouvons à mentionner encore un pont construit sur la Meuse, en Hollande, à Maëstricht, composé de 8 arches de 12^m à $13^m,50$ d'ouverture en plein cintre, reposant sur des piles où se rencontre cette particularité que les avant-becs sont à angle saillant, suivant la forme la plus usitée à cette époque, tandis que les arrière-becs sont disposés en prisme à base demi-octogonale. Les têtes des voûtes sont ornées d'archivoltes, mais les tympans sont d'ailleurs unis et se confondent avec les parapets. Du côté de la ville une travée de 20^m environ d'ouverture était disposée avec tablier en charpente, pour faciliter la défense en temps de guerre sans avoir à détruire le pont lui-même.

On suppose que c'est au XVIIe siècle également qu'a été construit le pont de Zwettau près de Torgau (Saxe). Il présente toutefois l'aspect d'un pont du moyen-âge, plutôt que de l'époque dont nous nous occupons. La partie supérieure en effet est disposée avec de très fortes déclivités de part et d'autre, et les piles, dont l'épaisseur égale près de la moitié des vides adjacents, ne sont munies d'avant-becs que de deux en deux, les intermédiaires restant plates. Les arches au nombre de douze sont en plein cintre et leur ouverture varie symétriquement de $10^m,70$ à 15^m, c'est-à-dire que les deux du milieu ont 15^m, les suivantes 14^m et ainsi de suite. Les piles se prolongent en hauteur sous forme de contreforts faisant saillie sur les tympans, et des dés coupent les parapets de distance en distance. Cet ensemble est susceptible de produire un certain effet, surtout à cause de la hauteur du pont qui est de 25^m ; mais ce sont là des dispositions qu'on ne saurait songer à imiter ailleurs.

Nous terminons la série des ponts du XVIIe siècle par la mention du Pont-Royal ou pont des Tuileries, construit en

1685 sur la Seine à Paris. Un pont de bois avait d'abord été établi en 1632 dans le prolongement de la rue de Beaune ; mais il fut détruit en 1656 par un incendie, puis reconstruit également en bois pour être emporté en 1684 par une débâcle de glace. Louis XIV en décida alors la reconstruction en pierre à ses frais, en fit établir, paraît-il, le devis par Jules Hardouin Mansard, son principal architecte, et confia la direction des travaux à un religieux de l'ordre de Saint-Dominique, le frère Romain, architecte originaire de Gand, sur la réputation que lui avait value l'exécution avec succès de la première arche du pont de Maëstricht. Le frère Romain eut pour collaborateur Gabriel, autre architecte du Roi, destiné comme lui à devenir plus tard l'un des premiers ingénieurs du corps des ponts et chaussées.

D'après le mémoire déjà cité de M. Féline Romany, à qui nous empruntons ces détails, l'ouverture des cinq arches en plein cintre dont le pont se compose varie de 20^m,50 à 23^m,50. Les piles, de 4^m,50 environ d'épaisseur, sont accompagnées d'avant et d'arrière-becs à angle saillant surmontés de chaperons en pyramide triangulaire, et les tympans unis se terminent par un fort bandeau sans moulures supportant un parapet plein. Le tout est exécuté en pierre de taille et présente un grand caractère de simplicité et de force, mais sans beaucoup d'élégance. Le pont a 17^m de largeur entre les têtes et, pour en raccorder la chaussée avec les quais des deux rives, de larges trompes partant du milieu des arches extrêmes supportent des pans-coupés d'un excellent effet au point de vue de leur utilité.

L'intérêt principal qu'offre le Pont-Royal, c'est qu'on y trouve le type primitif, fort rapproché d'ailleurs de l'un des types des ponts de Rome, dont les architectes que nous venons de nommer, appelés à concourir à la première organisation du corps des ponts et chaussées, devaient au siècle suivant multiplier les applications.

Cette organisation d'un corps d'ingénieurs des Ponts et Chaussées eut lieu en vertu d'un arrêt du conseil du Roi du 1er février 1716 ; elle eut pour première conséquence d'imprimer à la direction des travaux, dès le début du XVIIIe siècle, une sorte d'uniformité qui, sans nuire absolument à l'originalité

des conceptions individuelles, écartait du moins des ouvrages
à exécuter les dispositions défectueuses ou mal justifiées.

En 1720, Gabriel, devenu principal architecte du Roi et
nommé par lui premier ingénieur des Ponts et Chaussées, dressa
le projet et fit exécuter les travaux de construction du pont de
Blois, sur la Loire, où l'on retrouve exactement reproduites les
dispositions du Pont-Royal, si ce n'est que les arches sont en
anse de panier avec ouvertures variant de 16ᵐ.70 à 26ᵐ,20 depuis les rives jusqu'à l'arche centrale. Pour tout le reste, forme
des piles, chaperons, couronnements, parapets, l'identité est
complète, avec addition seulement pour le pont de Blois, au
dessus de la clef de l'arche centrale, d'un écusson avec supports
aux armes de France, surmonté d'une aiguille de pierre d'un
assez bon profil.

Après le pont de Blois, les mêmes ingénieurs ou leurs élèves firent construire, toujours d'après le même type, le pont
d'Orléans sur la Loire, de 1751 à 1761 ; le pont de Mantes sur
la Seine, de 1757 à 1763 ; le pont de Moulins sur l'Allier, de
1756 à 1764 ; le pont de Saumur sur la Loire, de 1756 à 1764 ;
le pont de Tours également sur la Loire, de 1751 à 1781, et divers autres.

En décrivant le pont Royal à Paris, nous avons décrit du
même coup toute la série des ponts exécutés à cette époque ;
pour la faire connaître, il suffira du croquis suivant représentant l'arche centrale de l'ancien pont de Mantes, détruit en
1870.

Pont de Mantes sur la Seine (1752-1763).

Suivant les circonstances locales, d'après lesquelles ont été
déterminés dans chaque cas particulier la hauteur à donner
aux ponts, le nombre de leurs piles et leur espacement, les
courbes d'intrados ont nécessairement varié; mais pour tout le

reste ces ponts se ressemblent exactement, ou ne diffèrent que par des détails sans importance.

Ce n'est qu'à dater du moment où un éminent ingénieur, Perronet, intervient avec sa puissante personnalité, que des dispositions nouvelles sont introduites dans les ponts et qu'on voit en particulier adopter pour ceux à édifier à Paris, ou dans son voisinage, une ornementation dont la richesse et l'élégance sont mieux en rapport avec l'emplacement de ces ouvrages.

C'est au pont de Mantes que Perronet avait débuté, la mission lui ayant été confiée d'en terminer les travaux commencés par Hupeau. Il fut appelé après cela à construire sur la Marne le pont de Nogent, composé d'une seule arche de 29ᵐ,24 en anse de panier, et fit à cette occasion des observations nombreuses et du plus haut intérêt sur les mouvements des cintres pendant l'exécution des voûtes, le tassement des maçonneries, l'abaissement à la clef au moment du décintrement et divers autres sujets. La construction des ponts, qui avait été jusque-là un art, devenait avec Perronet une science et malgré les grands progrès réalisés depuis dans les procédés d'exécution des travaux, malgré la substitution des mortiers à prise rapide aux mortiers à prise lente exclusivement employés autrefois, il y a grand profit à tirer de nos jours encore des enseignements qu'on doit au fondateur de l'École des Ponts et Chaussées.

Perronet eut à construire treize grands ponts, ce qui paraîtrait peut-être peu de chose à ceux des ingénieurs de nos jours qui ont concouru à l'exécution de grandes lignes de chemins de fer, mais était tout à fait exceptionnel pour l'époque à laquelle Perronet vivait.

L'un des principaux progrès qui lui sont dus, c'est l'établissement de ponts avec couronnement horizontal, contrairement à ce qui se faisait d'habitude avant lui, et c'est au pont de Neuilly, considéré comme son chef-d'œuvre, qu'il en fit l'une des premières applications.

Le pont de Neuilly, quoique le dessin en soit d'une extrême simplicité, produit un grand effet à cause de l'harmonie de ses proportions et de son exécution à peu près parfaite. Au lieu de ces lourdes piles des ponts des siècles précédents, dont l'épais-

seur atteignait 1/4, 1/3 et quelquefois même la moitié et plus
de l'ouverture des voûtes, Perronet a donné à celles du pont
de Neuilly $\frac{1}{9}$ seulement des vides adjacents ; c'est-à-dire 4^m,35
environ pour des arches de 39^m. Celles-ci, en anse de panier de
9^m de montée, sont au nombre de 5 d'égale grandeur ; leurs têtes sont exécutées en arc de cercle de grand rayon se confon-
dant au sommet avec l'anse de panier, et les raccordements entre les deux courbes d'intrados sont appareillées en cornes de
vaches, comme nous l'avons déjà vu dans quelques ponts
précédents. Les avant et arrière-becs sont demi-circulaires et
ornés de bandeaux recevant la retombée des arcs des têtes ; ils
se terminent par un chaperon demi-conique très aplati. Les
tympans sont sans aucune ornementation et surmontés seulement d'un couronnement mouluré supportant un parapet plein.
Le pont est fondé sur pilotis et entièrement exécuté en pierre
de taille. Au décintrement, paraît il, l'abaissement des voûtes
à la clef atteignit pour quelques-unes 0^m,45, ce dont Perronet
ne se préoccupait du reste en aucune façon et l'évènement lui
a donné raison, puisque le pont terminé ,en 1773, s'est maintenu absolument intact jusqu'à ce jour.

Après le pont de Neuilly c'est, parmi les autres œuvres de
Perronet, le pont de la Concorde qui est le plus souvent cité.
Déjà au pont de Sainte-Maxence, sur l'Oise, il avait fait exé-
cuter des voûtes en arc de cercle surbaissées au dixième, ce

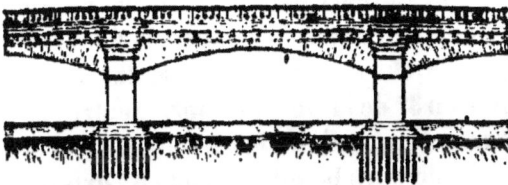

Pont de la Concorde à Paris (1787-1792).

qu'aucun ingénieur ou architecte n'avait osé tenter avant lui
pour des voûtes de grande portée. Au pont de la Concorde,
toujours dans le but de réduire le plus possible la hauteur des
ponts sans nuire à leur débouché, c'est également en arc de

7

cercle que Perronet en a disposé les voûtes, mais avec surbaissement seulement au huitième. Le pont, commencé en 1787
et terminé en 1792, se compose de cinq arches dont la largeur
varie de 25^m,54 à 31^m,18, tandis que les piles ont à peine 3^m
d'épaisseur. Le croquis ci-dessus représente l'une de ces
arches et montre que les piles, telles qu'elles sont disposées
avec leur profil demi-circulaire aux extrémités, deviennent de
véritables colonnes avec chapiteaux doriques supportant un riche entablement et un parapet à balustres. L'ensemble de l'ouvrage se ressent de la sécheresse d'aspect particulière à l'arc
de cercle surbaissé; mais ce n'en est pas moins un monument
remarquable, indiquant bien le point élevé qu'avait atteint,
dès cette époque, la science des ingénieurs des Ponts et
Chaussées.

Indépendamment des ponts dont il a dirigé les travaux, Perronet était l'auteur du projet du pont de Nemours, exécuté
seulement vers 1805, pour lequel il a poussé le surbaissement
jusqu'au quinzième de l'ouverture, limite qui jusqu'à ce jour
n'a pas été dépassée.

On sait du reste qu'à la prudence d'un constructeur con-
sommé Perronet joignait la plus grande hardiesse, et qu'il avait
dressé le projet d'une arche de 150^m d'ouverture.

Tous les ponts construits en France au XVIIIe siècle ne procèdent pas exclusivement, toutefois, du type du pont de Mantes
ou bien de celui de la Concorde. Ainsi au pont des Têtes exécuté en 1732 sur la Durance par un ingénieur militaire, pour la
route de Briançon aux Têtes à la traversée d'un ravin profond,
on a disposé une arche en plein cintre de 38^m d'ouverture avec
bandeau d'environ 3^m de largeur, comprise entre des culées formant contreforts et un cordon à la partie supérieure, supportant
un parapet plein dont les bahuts forment à l'extérieur une saillie au-dessous de laquelle sont logés des modillons, genre
d'ornementation qui n'existe à notre connaissance dans aucun
ouvrage de même genre.

Dans le Languedoc où Riquet dirigeait, à l'époque à laquelle
nous sommes parvenus, les grands travaux de construction du
canal des Deux-Mers, plusieurs ingénieurs de très haut mérite

faisaient exécuter des ponts remarquables par les grandes dimensions de leurs arches, notamment ceux de Lavaur et de Gignac.

On avait eu l'intention, pour le premier de ces ponts exécuté de 1774 à 1780, d'en faire un ouvrage particulièrement monumental, et tous les détails en avaient été étudiés en conséquence. Il est composé d'une seule arche de 48^m,70 d'ouverture en anse de panier de 20^m environ de montée, avec archivolte moulurée de 3^m de largeur et clef saillante ; les culées, formant saillie sur les plans des têtes, sont arrondies en forme de tours et s'élèvent jusqu'au sommet du pont. Un riche entablement règne au-dessus de l'archivolte et supporte des parapets chargés eux-mêmes de moulures. C'est assurément là une fort belle construction, mais où le but qu'on se proposait a été un peu manqué, en ce sens que les dispositions par trop lourdes qu'on a adoptées nuisent beaucoup au caractère de grandeur qu'on espérait en obtenir.

Le pont de Gignac, construit en même temps, de 1777 à 1793, est assurément très supérieur. Son arche principale, avec une ouverture de 47^m,26 presque égale à celle du pont précédent et tracée de même en anse de panier, n'a que 15^m de montée et ses archivoltes ont à peine 2^m de largeur. Les moulures de celles-ci et de l'entablement, plus sobrement étudiées qu'au pont de Lavaur, produisent un bien meilleur effet et l'ensemble de la construction est des plus remarquables. Ce qui ajoute d'ailleurs à son grand aspect, c'est que l'arche principale est accompagnée, de chaque côté, d'une arche en plein cintre surhaussée, de 21^m,80 d'ouverture, dont les têtes au lieu d'archivoltes présentent un large chanfrein rentrant. Le plan des têtes de ces voûtes accessoires est d'ailleurs en saillie sur le plan des têtes de la grande voûte, qui se trouve ainsi encadrée comme entre deux culées. C'est à très juste titre que ce pont est cité parmi les plus élégants du XVIIIe siècle.

Les ingénieurs des États du Languedoc suivaient d'ailleurs hardiment Perronet dans la voie qu'il avait ouverte pour l'exécution des ponts en arc de cercle très surbaissés, et c'est ainsi qu'au pont des Hems sur l'Aude des voûtes en arc de cercle de 21^m,40 d'ouverture, surbaissées au septième, sont élégies par des trompes ou cornes de vache terminées dans les plans des têtes par des arc surbaissés au dixième.

Avant de clore cette liste des principaux ouvrages exécutés par les ingénieurs français du XVIII⁰ siècle, il convient de citer encore le pont de Navilly construit en 1780 par Gauthey sur le Doubs. La forme de ses arches en anse de panier de 23ᵐ,40 d'ouverture rappelle beaucoup celle de l'arche principale du pont de Gignac, avec une ornementation également très soignée et une préoccupation poussée si loin à l'égard de l'atténuation des remous, auxquels les piles donnent toujours lieu, que le profil en plan de celles-ci est elliptique. C'est assurément là une disposition de nature à favoriser en effet l'écoulement de l'eau, mais les complications d'appareil qui en résultent pour le raccordement du parement des piles avec la douelle des voûtes sont telles qu'on ne saurait conseiller de l'imiter, tout en rendant pleine justice aux intentions de Gauthey et à l'habileté avec laquelle il les avait réalisées.

Depuis que nous sommes parvenus au XVIII⁰ siècle, nous n'avons parlé que de ponts construits en France; mais quantité d'ouvrages du même genre étaient également exécutés à la même époque dans divers pays étrangers, et il nous reste à mentionner ceux dont les dispositions offrent quelque particularité intéressante.

De ce nombre est le pont terminé en 1731 en Allemagne sur l'Elbe, à Dresde. D'après Gauthey il est composé de dix-huit arches en plein cintre, d'ouverture très variable, séparées par des piles massives avec avant et arrière-becs à profil ogival en plan, s'élevant jusqu'au sommet du pont pour y former des garages de chaque côté de la chaussée. L'arche la plus grande a 19ᵐ de largeur, la plus petite 12ᵐ, et quelques piles ont jusqu'à 11ᵐ environ d'épaisseur. Ce qui explique sans les justifier de semblables dispositions, c'est qu'on a cherché à utiliser le mieux possible ce qui restait des fondations d'un ancien pont du moyen-âge et qu'on s'est ainsi laissé entraîner à maintenir dans le nouveau pont les plus fâcheuses défectuosités de l'ouvrage précédent, surtout en ce qui touche la lourdeur excessive des pleins par rapport aux vides. Le pont est surmonté d'ailleurs d'un couronnement à consoles supportant un garde corps métallique dans lequel sont intercalés des dés de pierre, avec vases ornementaux de distance en distance, et le tout produit un assez grand effet à cause de la masse de l'ouvrage et de sa longueur qui est de 441ᵐ. Ce n'en est pas moins un pont dont rien n'est à imiter à l'époque actuelle, et qui semble appartenir plutôt au moyen-âge qu'au siècle où il a été construit.

Des dispositions presque semblables se retrouvent au pont construit vers la même époque sur le Mançanarès à Madrid et représenté par le dessin ci-contre.

Ce qui le caractérise surtout, c'est la forme de ses piles, dont les avant-becs et les arrière-becs figurent de véritables tours s'élevant jusqu'à la hauteur des parapets. C'est assurément des types romains que l'élévation procède, mais avec exagération des défauts des constructions antiques, sous le rapport de l'épaisseur des pleins qui égale les 2/3 au moins des vides adjacents.

De même que le pont de Dresde, ce n'est pas là un modèle à imiter ; mais il a son intérêt à cause des ouvrages exactement semblables élevés ailleurs, et dont il peut être considéré comme le type.

En Angleterre, c'est le plein cintre qui a été le plus fréquemment appliqué au XVIIIᵉ siècle, en particulier au pont de Westminster, sur la Tamise à Londres; au pont de Kew, sur la Tamise également; au pont d'Essex, à Dublin, etc.

Ce qui caractérise surtout ces ponts anglais, c'est la disposition consistant à prolonger les avant-becs en hauteur sous forme de contreforts polygonaux, jusqu'au niveau des parapets, et à les surmonter d'une sorte de coupole avec boule au sommet, dont l'aspect rappelle un peu trop les couvercles de certains services d'ar-

genterie. C'est d'un goût éminemment anglais, qu'on appré-
cierait difficilement ailleurs.

Le pont de Westminster cependant, dont la longueur atteignait environ 350ᵐ, avec arches de 22 à 23ᵐ d'ouverture, était
un ouvrage d'assez grande importance pour l'époque à laquelle
il avait été construit (1750). Il est actuellement remplacé par
un pont métallique.

Le pont de Kew présente des dispositions beaucoup plus satisfaisantes. Les piles ont un peu moins de 3ᵐ d'épaisseur pour
des arches de 16 à 18ᵐ d'ouverture, et les avant et arrière-becs
s'élèvent en forme de colonnes jusqu'à la hauteur du parapet ;
un couronnement bien étudié avec modillons termine les tympans et supporte un parapet plein coupé, de distance en distance, par des dés formant saillie. L'ensemble a un caractère
de légèreté et d'élégance qu'on rencontre rarement en Angleterre, et le mérite en est incontestable.

Pour ne pas multiplier ces citations, qui perdent beaucoup de
leur intérêt lorsqu'elles ne sont pas accompagnées d'un dessin,
nous en terminerons la série par la mention des aqueducs de
Cazerte (Italie) et d'Alcantara (Portugal), construits de 1731 à
1753.

Aqueduc de Cazerte (XVIIIᵉ s.)

Le dessin en marge représente
l'une des travées de l'aqueduc de
Cazerte.

L'ouvrage, à la hauteur de la
galerie supérieure, a 500ᵐ de
longueur et sa plus grande hauteur atteint 55ᵐ,54. Il se compose
de trois rangées superposées d'arcades de 6ᵐ,24 d'ouverture, la
même partout, séparées par des
piles d'une épaisseur un peu exagérée et consolidées, en outre, de
deux en deux par des contreforts
très saillants. A l'étage supérieur,
les piles intermédiaires sont aug-
mentées également d'un contrefort
ou pilastre saillant. Malgré l'épais-

seur exagérée des pleins par rapport à l'ouverture des arches, l'ouvrage par sa grande longueur et sa hauteur produit un grand effet et est un excellent modèle.

L'aqueduc d'Alcantara a également une grande importance. Sa hauteur au-dessus du point le plus bas de la vallée qu'il traverse est de 70ᵐ et il n'est composé cependant que d'une rangée unique d'arcades. C'est le seul exemple existant de voûtes de pareille hauteur. Il est fort incorrect d'ailleurs et présente cette bizarrerie que des 35 arcades dont il se compose, 21 sont en plein cintre et 14 en ogive, les premières ont de 5ᵐ à 13ᵐ d'ouverture, les autres de 12 à 18ᵐ, sauf l'arcade principale au-dessus du cours d'eau qui a près de 30ᵐ. L'ouvrage, nous le répétons, est important et susceptible de produire beaucoup d'effet par sa grande masse et la hauteur inusitée de ses arcades, mais peu en rapport, comme goût, avec l'époque de laquelle date sa construction.

L'aqueduc construit en France à peu près exactement au même moment, à Montpellier, par Pitot, ingénieur en chef du Languedoc, montre en effet qu'au XVIIIᵉ siècle, en ce qui concerne particulièrement ce genre d'ouvrage, les constructions modernes pouvaient atteindre sinon dépasser par leurs belles proportions, et l'élégance de certaines de leurs parties, les constructions les plus renommées de l'époque romaine.

Les remarquables progrès réalisés pendant le XVIIIᵉ siècle pour la construction des grands ponts en maçonnerie, surtout en France, semblaient laisser peu à faire sous ce rapport aux constructeurs du XIXᵉ siècle ; nous aurons occasion de voir cependant que les ingénieurs de l'époque actuelle s'ils n'ont eu qu'à imiter, à certains égards, les beaux modèles qui leur étaient légués par leurs devanciers, ont su faire progresser encore dans une très large mesure l'art et la science des constructions, en poussant plus loin que par le passé le soin avec lequel sont calculées les divers parties des ouvrages, en appliquant à ces calculs des méthodes de plus en plus rationnelles, en réalisant les perfectionnements les plus heureux et les plus remarquables dans la fabrication des chaux, des ciments et des mortiers, en imaginant des procédés entièrement nouveaux d'exécution des travaux et surtout des fondations, et en parvenant ainsi dans la plupart des circonstances à rendre beaucoup moins dispendieuse qu'au siècle précédent la construction des plus grands ouvrages.

Pendant les premières années de ce siècle les guerres continuelles qui désolèrent l'Europe entière avaient laissé peu de place, soit comme temps, soit comme argent pour l'exécution de grands travaux publics ; mais, en France du moins, l'administration recevait une organisation de plus en plus forte, le pouvoir central définitivement constitué était à même d'imprimer à un moment donné une vive impulsion à l'exécution de ce que les ressources disponibles permettraient de faire et c'est là, en effet, ce qui s'est produit à partir de la fin de l'Empire et sous les gouvernements suivants.

Les anciennes routes royales ou impériales étaient devenues tout-à-fait insuffisantes soit comme développement, soit comme tracé, soit comme limite des déclivités que présentaient les chaussées ; les routes départementales n'existaient pas ; les rivières classées sur le papier comme navigables étaient restées dans leur état naturel, ou bien les travaux d'amélioration dont elles avaient fait l'objet étaient perdus faute d'entretien ; la plupart des ports de mer étaient à créer, enfin la navigation intérieure réclamait l'exécution de nombreux canaux. Il y avait donc là matière à de très grands travaux, et jusque vers 1840 c'est à cela surtout que dût être appliquée l'activité des ingénieurs des Ponts et Chaussées.

Dès les premiers ouvrages entrepris, l'occasion se présenta d'ailleurs de manifester l'heureuse tendance des ingénieurs de l'époque actuelle à ne pas reculer devant les plus grandes difficultés de fondation, et à imaginer des procédés nouveaux ou des dispositions nouvelles pour les surmonter.

Le premier en date des grands ponts en maçonnerie construits en France au siècle présent est le pont d'Iéna à Paris, mais il n'est que la continuation des ouvrages dont Perronet avait préparé les projets en laissant pour cela des modèles qu'on n'avait qu'à reproduire. Le pont se compose d'arches en arc de cercle de 28^m d'ouverture et de 3^{m}50 de flèche, c'est-à-dire surbaissées au $\frac{1}{8}$, avec piles d'environ 3^m d'épaisseur, tympans ornés de couronnes de lauriers au-dessus des chaperons des piles et entablement avec modillons supportant un parapet plein. Il y a 30 ans environ des groupes de grandes dimensions, hommes et chevaux, ont été placés sur les quatre dés de pierre qui terminent les parapets. Le tout constitue un ouvrage des plus remarquables sous le rapport de la solidité et de l'élégance de l'ornementation, unie à un grand caractère de force. L'exécution en est d'ailleurs parfaite.

Le pont de Bordeaux, terminé en 1822, fut surtout remarqué à cause des difficultés de fondation qu'il comportait et devant lesquelles on avait reculé jusqu'à ce moment. Dans l'emplacement sur lequel le pont est construit, la Garonne présente un fond de sable vaseux au-dessous duquel on ne trouve un sol résistant qu'à 14ᵐ en moyenne en contrebas des plus basses mers, l'amplitude d'oscillation des marées étant de 6ᵐ20 environ. L'ingénieur chargé de dresser le projet et d'exécuter les travaux de construction du pont, M. Deschamps, se préoccupa surtout de réduire le plus possible le poids de l'ouvrage et d'en répartir la charge avec la plus grande régularité sur les fondations. Pour les piles, dont l'épaisseur est de 4ᵐ 20 aux naissances, la largeur des fondations a été portée à 12ᵐ, et l'on a employé pour chacune d'elles 220 pieux de 8 à 10 mètres de longueur, recépés à la scie circulaire à 3ᵐ 76 au-dessous de l'étiage. Sur ces pieux ont été descendus des caissons foncés de 23ᵐ de longueur sur 7ᵐ 10 de largeur et 7ᵐ de hauteur. Divers moyens que nous n'avons pas à décrire à cette place furent employés pour relier entr'eux et rendre parfaitement solidaires tous les pieux d'une même fondation ; des évidements intérieurs pratiqués ensuite dans toutes les maçonneries, exécutées surtout en briques, produisent au-dessus de chaque pile un allégement d'à peu près 1.000ᵐᶜ; les pieux portent environ 22.000 kilogrammes chacun, et l'on a eu soin de les employer avec le gros bout en bas en les armant, pour la première fois, de sabots de fonte munis au centre d'une tige de fer barbelée.

Le pont est composé de 17 arches en arc de cercle surbaissées au tiers, avec têtes élégies à l'aide de cornes de vache. Les ouvertures varient de 20ᵐ84 à 26ᵐ49 et l'épaisseur à la

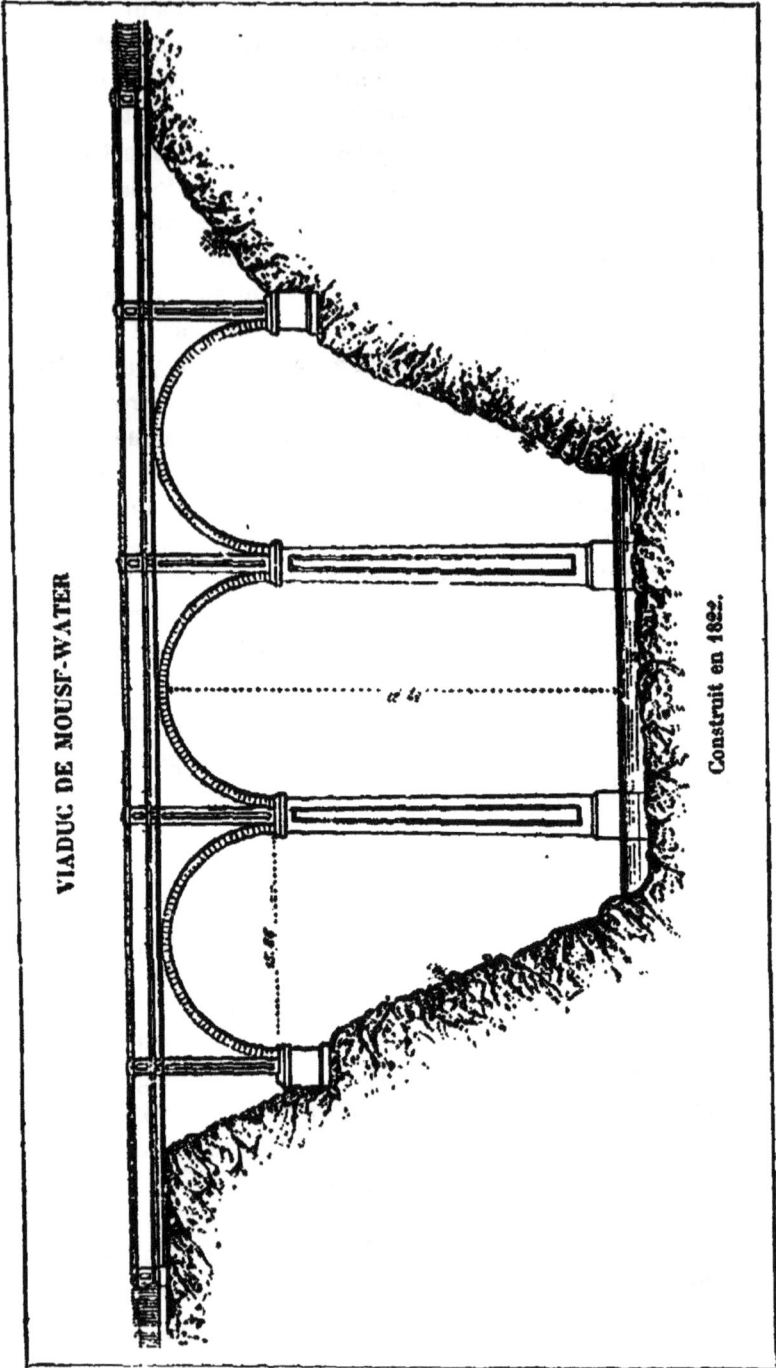

VIADUC DE MOUSF-WATER

Construit en 1822.

clef est de $1^m 20$; la longueur totale est de $486^m 68$; la largeur entre les têtes de 15^m.

Le pont de Bordeaux est assurément l'ouvrage le plus important de ce genre construit en France au commencement du siècle, et c'est ce qui nous justifie d'être entré à son égard dans les détails qui précèdent.

A peu près à la même époque, en 1817, on terminait à Londres le Waterloo-bridge, composé de 9 arches en anse de panier de $36^m 60$ d'ouverture et 9^m de montée, avec piles accompagnées d'avant et d'arrière-becs angulaires, au-dessus desquels s'élèvent des colonnes couplées avec entablement montant jusqu'au niveau des parapets. Ceux-ci sont pleins et coupés de distance en distance par des dés saillants. Le pont est entièrement exécuté en granit et produit un fort bel effet.

Il en est de même du nouveau pont de Londres (London-bridge) terminé en 1831, dont l'ornementation quoique plus simple que celle du précédent est cependant très satisfaisante. Ses arches en anse de panier et au nombre de 5 atteignent, pour la plus grande, une ouverture de $46^m 30$ avec montée de 9^m à peine, c'est-à-dire moins de $\frac{1}{5}$; les colonnes couplées des piles sont remplacées par des pilastres coupant les tympans, avec chapiteaux formant saillie sur le couronnement à modillons qui règne sur la longueur totale de l'ouvrage. La largeur entre les têtes est de 33^m.

Quelques années après, en 1834, on terminait également en Angleterre le pont de Chester sur la Dee, composé d'une seule arche en arc de cercle de 61^m d'ouverture et $12^m 50$ de flèche, la plus grande qui ait été exécutée jusqu'à présent en Europe et dont la décoration a été étudiée en vue d'en faire une œuvre monumentale. Malheureusement la partie saillante du massif des culées est ornée de niches, surmontées de frontons avec triglyphes et autres accessoires d'un goût moins sûr, dont l'effet nuit beaucoup à l'ensemble.

D'autres ouvrages beaucoup plus remarquables par leur élégance ont été construits en Angleterre et en Ecosse par Telford, notamment le viaduc de Mouse-Water et celui d'Edimbourg, le premier en 1822, le second en 1831. Le dessin ci-contre

représente le viaduc de Mouse-Water, qui nous paraît de beaucoup supérieur, comme architecture, au viaduc d'Edimbourg.

La grande hauteur de la construction, la légèreté des supports, la façon heureuse dont leurs lignes se raccordent avec
celles des tympans, de l'entablement et des parapets en font,
selon nous, un modèle d'un goût excellent.

A Edimbourg, la disposition typique a consisté à établir les
trottoirs sur des voûtes en arc de cercle entièrement distinctes de celles qui supportent la chaussée, et sans raccordement
avec celles-ci ; de telle sorte que l'aspect est celui d'un pont
trop étroit qu'on aurait élargi après coup ; les formes d'ailleurs
des piles, des bandeaux, du couronnement sont d'une extrême
raideur, avec des angles, des jarrets et des coudes qui cho-
quent l'œil et qu'on n'a cherché à dissimuler d'aucune façon.
A cause de sa grande hauteur qui est de 32ᵐ et de l'emplacement qu'il occupe dans la traversée de cette gorge dont l'un
des flancs est couronné par le vieux château d'Edimbourg,
d'un aspect si grandiose et si pittoresque, l'ouvrage produit
certainement de l'effet ; mais, pour notre part, tout en le tenant
pour fort remarquable, nous n'avons pas réussi à comprendre
la réputation de chef-d'œuvre qui lui a été faite.

A l'époque à laquelle nous sommes parvenus, les travaux
de construction des chemins de fer prenaient déjà de l'activité
en Angleterre et donnaient lieu de construire de nombreux
viaducs, notamment celui de Berwick sur la Tweed, dont la
longueur est de 662ᵐ avec une hauteur de 38ᵐ au point le plus
élevé ; celui de Linlithgow, en Ecosse, de 459ᵐ de longueur et
27ᵐ de hauteur maxima ; celui du chemin de fer de Chester à
Schverrsburg sur la Dee, de 460ᵐ de longueur et dont la hauteur atteint 44ᵐ ; celui de Lockwood dans le Yorkshire, de 436ᵐ
de longueur et 38ᵐ de hauteur et quantité d'autres, sans compter les viaducs du chemin de fer de Londres à Greenwich avec
855 arches sur 5.633ᵐ de longueur ; ceux du chemin de fer du
South-Western dans Londres, de 263 arches sur 3.000ᵐ de
longueur, et nombre d'autres.

Ainsi que nous aurons occasion de le voir dans l'un des
chapitres suivants, il en est peu parmi ces grands ouvrages

qui offrent des dispositions dont il y ait grand profit à tirer,
malgré leur importance ; pour quelques-uns on a fait preuve
de beaucoup de hardiesse, pour d'autres la lourdeur est exagérée et l'on a généralement fort peu ménagé la dépense ; c'est
donc parmi les ouvrages du même genre exécutés en France
que nous chercherons de préférence des modèles qu'on puisse
conseiller d'imiter.

En Italie, pendant la première moitié du XIXᵉ siècle, le seul
ouvrage important à citer est le pont construit en 1834 à Turin,
sur la Dora, par un ingénieur, M. Mosca, qui avait fait ses études, sous le premier empire, à l'école des ponts et chaussées, à
Paris, et a adopté pour cet ouvrage des dispositions analogues
à celles de plusieurs ponts exécutés en France à la même
époque.

Il se compose d'une seule arche de 44ᵐ80 d'ouverture en
arc de cercle surbaissé au $\frac{1}{8}$ avec cornes de vache dans les têtes,

comprise entre des culées avec saillies en forme de tours
demi-rondes s'élevant jusqu'au sommet du pont. Un couronnement avec modillons supporte le parapet qui est plein et
coupé seulement par des dés à ses extrémités. C'est un fort bel
ouvrage, recommandable surtout par la simplicité élégante du
dessin de son élévation.

Dans les autres pays, antérieurement aux grands travaux de
construction de chemins de fer, nous ne voyons guère à citer
que le pont de la Nydeck, construit en 1844 sur l'Aar à Berne,
et composé d'une seule arche à peu près semblable à celle du
pont précédent, c'est-à-dire en arc de cercle de 45ᵐ d'ouverture
sur 25ᵐ de hauteur au-dessus du niveau moyen des eaux de la
rivière. Un couronnement avec consoles, supportant un parapet
plein, en constitue toute l'ornementation qui est fort sobre ;
tout le mérite de l'ouvrage consiste dans les belles proportions
de la voûte.

Ainsi que nous l'avons dit, du jour où les travaux de chemins de fer commencent à prendre de l'extension, les ouvrages d'art dont ils nécessitent la construction, notamment les
ponts et les viaducs, deviennent innombrables ; ce n'est que
dans des recueils spéciaux qu'on peut songer à en trouver les

dessins et ce serait tenter l'impossible que de vouloir soit les mentionner tous, soit chercher à les classer par types définis. Les grandes compagnies, en se constituant, ont dû organiser, pour leur service, un nombreux personnel d'ingénieurs indépendants les uns des autres et appelés dans la plupart des cas à développer presque sans contrôle leur initiative personnelle, ce qui a fourni à beaucoup d'entr'eux l'occasion de donner toute la mesure de leur valeur et d'exécuter quantité de grands ouvrages dont un seul, en d'autres temps, aurait suffi pour faire une réputation.

Pour se rendre compte du reste de ce que doit être le nombre de ces ouvrages, il suffit de considérer qu'au moment actuel la longueur totale des chemins de fer, en Europe seulement, atteint environ 190.000 kilomètres et que pour le monde entier elle dépasse 470.000 kilomètres, c'est-à-dire plus de onze fois et demi le tour de la terre.

Même en ne voulant citer que les ponts ou les viaducs les plus remarquables, un choix serait difficile à faire et les omissions impossibles à éviter. Nous arrêterons donc cet exposé historique à la fin de la première moitié du XIXe siècle, réservant les meilleurs ouvrages d'art exécutés de nos jours pour les mentionner seulement dans les chapitres qui vont suivre, à mesure que nous aurons des emprunts à leur faire ou des enseignements à en retirer sous le rapport de leurs dispositions générales ou des procédés de construction qu'on y a appliqués, de l'ornementation de leurs diverses parties ou de tout autre détail offrant quelque intérêt particulier.

Si nous jetons maintenant, pour terminer, un coup d'œil d'ensemble sur les faits exposés dans ce premier chapitre, nous voyons que l'existence des ponts est probablement de date aussi ancienne que celle de l'humanité elle-même et que, dans tous les cas, plus de deux mille ans avant notre ère des ponts en bois ou bien en maçonnerie et charpente et parfois de très grandes dimensions avaient déjà été exécutés. Les ponts entièrement en pierre sont d'origine plus récente ; mais dès l'antiquité la plus reculée, toutefois, la construction des voûtes disposées soit par assises horizontales avec retraites

successives, soit avec voussoirs convergents était certainement connue et pratiquée, de sorte que s'il ne reste plus aucun
pont de date antérieure à l'époque romaine, cela peut très
bien tenir à ce que faute d'entretien, ou pour toute autre
cause, ces ouvrages ne sont pas parvenus jusqu'à nous.

A Rome même, les ponts les plus anciens ne remontent pas
au-delà de la fin du II° siècle avant notre ère ; mais ceux d'entr'eux qui existent encore et dont on a pu reconstituer toutes
les dispositions primitives, malgré les restaurations successives
dont ils ont été l'objet, sont à tel point remarquables sous le
rapport de l'harmonie de leurs formes générales et de l'élégance de leur décoration qu'on doit supposer que ce n'étaient
pas là des œuvres de début, et que bien auparavant des ouvrages de moindre importance dont on ne retrouve plus aucune
trace avaient probablement été exécutés.

Dans les civilisations antiques, du reste, on était porté à
adopter pour chaque sorte de construction des types presque
invariables, auxquels les architectes devaient se conformer, se
bornant à faire varier, suivant les cas, les proportions des monuments et leur ornementation. C'est ainsi qu'on explique
qu'en Grèce où les voûtes étaient connues, puisque c'est là
qu'on retrouve ces monuments particuliers désignés sous le
nom de Trésors, notamment le trésor des Atrides dont l'origine remonte à l'antiquité la plus reculée, aucune application
n'a été faite de ce mode de construction soit aux édifices publics, soit aux édifices particuliers, la tradition ayant fixé d'autres types procédant surtout de la ligne droite, dans lesquels
la voûte n'avait pas trouvé place. Il est à présumer, dans le
même ordre d'idées, qu'à Rome les premiers constructeurs
amenés de l'Étrurie par Tarquin l'ancien, pour les grands travaux exécutés sous son règne, avaient adopté dès le début,
pour les ponts, des dispositions particulières auxquelles tous
les architectes se sont conformés après eux, et que le type
en quelque sorte parfait du pont romain a dû être assez rapidement constitué, tel que le pont du Palatin par exemple, construit 127 ans avant J.-C., en offre un specimen des plus remarquables.

Ce qui caractérise surtout ce type, c'est l'adoption à peu près exclusive du plein cintre pour les arches, ou tout au moins d'arcs de cercle différant très peu de la demi-circonférence, avec archivoltes accusant nettement la forme et l'épaisseur des voûtes et piles massives de dimensions suffisantes pour former culées, en cas de destruction partielle des arches adjacentes. Les tympans sont généralement occupés par des niches ou des arches de décharge et, à bien peu d'exceptions près, l'ouvrage se complète par une corniche à profil soigneusement étudié au-dessus de laquelle règne un parapet plein, orné lui-même de moulures et coupé de distance en distance par des dés saillants.

Les avant-becs et les arrière-becs sont angulaires et disposés presque toujours avec parements faisant un angle de 45° de chaque côté du plan diamétral de la pile.

Pour les aqueducs dont l'importance, dans l'ancienne Rome, dépassait celle des ponts, le plein cintre était généralement adopté d'une façon exclusive, avec superposition de plusieurs étages de voûtes lorsque la hauteur de l'ouvrage l'exigeait et adoption d'une ouverture limitée à 6 ou 8^m pour les arcades de la rangée supérieure, sur lesquelles reposait directement la conduite d'eau proprement dite.

Dans les ruines magnifiques qui existent encore de toutes ces grandes œuvres d'art, ces caractères particuliers du type romain sont à tel point accentués qu'il est impossible de les méconnaître, et depuis plus de deux mille ans d'ailleurs la beauté en est restée toujours incontestée.

Après la chute de l'empire romain, plusieurs siècles s'écoulent pendant lesquels l'art de la construction des ponts en maçonnerie semble tombé entièrement en oubli ; mais dès que le moyen-âge se met à l'œuvre pour entreprendre de grands ouvrages, comme le pont du Maupas sur la Durance, les ponts d'Avignon et du Saint-Esprit sur le Rhône, c'est d'après les modèles que leur fournissent les ruines de l'époque Romaine que se guident les nouveaux constructeurs, notamment les congrégations de frères Pontifes, pour en arrêter les dispositions.

Au XIIe siècle cependant un nouveau type est appliqué à la construction des ponts, celui de la voûte ogivale, tel que le pont de Valentré ou de la Calendre, à Cahors, en offre un modèle des plus complets. Mais même à cette époque la tradition romaine n'était pas entièrement délaissée et des ponts en plein cintre, ou en arc de cercle, étaient construits sur divers points. Trois siècles, du reste, s'étaient à peine écoulés depuis les premières applications de l'ogive que celle-ci était abandonnée.

C'est surtout à partir de la Renaissance que le retour aux meilleurs types de l'antiquité s'est définitivement effectué et que des ouvrages d'une importance et d'une beauté exceptionnelles, tels que le Ponte-Corvo, le pont du Rialto, les anciens ponts de Paris et grand nombre d'autres ont été construits en Italie, en France et ailleurs.

En même temps que la tradition romaine se trouvait ainsi rétablie, de notables progrès étaient faits sous divers rapports dès le moyen-âge et se poursuivaient pendant les siècles suivants. Des arches de bien plus grandes dimensions et bien plus hardies étaient exécutées, tandis qu'on réduisait de plus en plus l'épaisseur relative des piles ; les études théoriques poussées plus loin permettaient de mieux calculer les dimensions des diverses parties des ouvrages ; enfin l'amélioration des procédés de fondation, et les perfectionnements de l'outillage mis à la disposition des constructeurs, donnaient lieu d'entreprendre des ponts dont on avait précédemment considéré l'exécution comme impraticable.

C'est ainsi que tandis qu'on ne connaît parmi les ouvrages datant des Romains qu'un seul pont, celui de Narni, dont l'ouverture ait atteint 34^m, cette même dimension devenait en quelque sorte courante pour les grands ponts construits dès le XIIe et le XIIIe siècle, comme le pont d'Avignon et le pont du St-Esprit, et dans le siècle suivant on exécutait à Céret, en 1336, une arche de 45^m, puis à Trezzo en 1377 une arche de 72^m25, la plus grande qui ait jamais été édifiée, même de nos jours.

D'un autre côté, à partir du XVIe siècle, l'ellipse ou l'anse de panier, employée pour la première fois au pont de Toulouse, recevait des applications nombreuses, et l'arc de cercle dont la flèche était de plus en plus réduite constituait encore au XVIIIe siècle, surtout après les grands travaux de Perronet, un troisième type de pont distinct des précédents.

L'ogive étant restée abandonnée, tous les ponts exécutés à l'époque actuelle procèdent de l'un de ces trois types, le plein cintre, l'anse de panier, l'arc de cercle, et l'industrie moderne mettant à la disposition des ingénieurs pour les épuisements, le battage des pieux, la fabrication des chaux, des ciments et des mortiers, le coulage du béton, le travail sous l'eau, l'emploi de l'air comprimé, des appareils de plus en plus perfectionnés, des machines de plus en plus puissantes, il semble que sauf les questions de dépenses, aucune impossibilité ne puisse plus être alléguée désormais pour l'exécution d'un ouvrage d'art sur quelque point que ce soit, et dans quelques conditions que ce soit de hauteur, de largeur et d'ouverture.

Cette dernière appréciation toutefois serait inexacte si les voûtes en maçonnerie devaient seules être employées pour la construction des grands ponts ; mais à partir de la limite au delà de laquelle la pierre ne pourrait plus être utilisée sans imprudence, les poutres et les arcs métalliques permettent de porter bien plus loin l'amplitude des ouvertures ; après cela encore, les ponts suspendus, tels qu'on en a exécuté dans ces derniers temps en Amérique, ont démontré la possibilité d'établir une voie alors que la distance entre les points d'appui doit atteindre près d'un demi-kilomètre.

On est donc autorisé à dire que l'art de construire les ponts a dépassé à l'époque actuelle tout ce qui avait été fait dans les siècles précédents. Ainsi que l'explique très bien M. l'ingénieur Résal, dans l'introduction de son *Traité des ponts métalliques*,[1] l'expérience a fait justice des objections qu'avait d'abord rencontrées l'emploi de la fonte et du fer pour la construction des grands ponts. La rouille ne produit que des détériorations insignifiantes, le remplacement des rivets relâchés ou défectueux est une opération d'entretien courant des plus faciles, enfin l'altération moléculaire du métal sous l'influence des vibrations n'a pas été bien nettement constatée.

Le pont du Carrousel, par exemple, construit à Paris en 1833, ne laisse paraître encore, après plus d'un demi-siècle d'existence et malgré l'énorme circulation à laquelle il donne

---

1. *Encyclopédie des travaux publics : Ponts métalliques*, par J. Résal.

passage, aucune trace de fatigue ; de même les ponts en charpente métallique, exécutés en grand nombre depuis plus de
quarante ans, se maintiennent partout parfaitement intacts.

Aucun ingénieur ne saurait donc plus hésiter à recourir soit
à la fonte, soit au fer ou à l'acier, quand l'emploi de la pierre
comporterait des difficultés ou des dépenses excessives, ce qui
donne lieu de présumer qu'on n'aura pas à exécuter de grands
ouvrages d'art en maçonnerie dépassant, sous le rapport de
l'importance ou de la hardiesse, ceux que le siècle présent a
vu édifier[1].

Il y aura toujours lieu cependant d'exécuter des ponts de ce
genre, dont la construction peut souvent se faire avec beaucoup d'économie, et nous croyons que l'étude pratique que
nous avons entreprise peut n'être pas sans utilité. Le moment
est d'ailleurs favorable pour chercher à fixer les règles de l'é-
tablissement des ponts et viaducs en maçonnerie, car l'importance de beaucoup d'ouvrages, leurs belles proportions et l'habileté avec laquelle ils ont été exécutés, fournissent à profu-
sion, même en ne s'occupant que des plus remarquables, tous
les éléments d'un enseignement sur cette matière, plus complet peut-être que pour toute autre partie de l'art de l'ingénieur.

1. Il ne faudrait point, toutefois, donner à cette appréciation un caractère
absolu ; des circonstances spéciales, les prix comparatifs de la maçonnerie
et des métaux, dans certaines localités, pourraient justifier quelques entreprises d'arches en maçonnerie à ouvertures inusitées (voir le Chapitre III du
premier volume).

CHAPITRE DEUXIÈME

FONDATIONS

§ 1er

FONDATIONS SUR TERRAINS ACCESSIBLES A SEC

Observations préliminaires ; divisions du chapitre. — Définitions. — Principaux terrains pouvant supporter des fondations. — Roches dures, dispositions les concernant ; surfaces par gradins ; inconvénients, moyens d'y remédier. — Terrains autres que les roches dures pouvant supporter des fondations ; nécessité d'en vérifier la résistance par des expériences directes. — Indications à tirer des ouvrages d'art existants. — Fouilles pour fondations ; étaiement ou blindage des fouilles. Exécution des premières couches de fondation ; emploi du béton par gradins ou par couches horizontales ; comparaison avec la maçonnerie ordinaire. — Circonstances où l'emploi de pilotis peut devenir nécessaire ; durée insuffisante du bois. — Terrains indéfiniment compressibles ; consolidation artificielle du sol ; précautions à prendre pour vérifier le degré de solidité obtenu — Superficie à donner aux fondations ; limite de charge. — Résumé.

L'emplacement d'un ouvrage d'art étant déterminé, une question s'impose tout d'abord à l'attention de l'ingénieur, c'est celle des fondations.

Il n'en est pas, en effet, qui ait plus d'importance ; elle exige les études les plus minutieuses, ne comporte aucune omission ou négligence, et c'est de la façon dont elle sera résolue que dépendra le succès de l'entreprise et tout l'avenir de l'ouvrage exécuté.

Tout en nous dispensant d'entrer dans le détail des procédés généraux de construction, qui doivent faire l'objet d'un ouvrage spécial dans l'Encyclopédie, nous consacrerons ce chapitre à l'exposé des divers modes de fondation auxquels il peut y avoir lieu de recourir pour l'exécution des ponts en maçonnerie ; et afin de les mieux faire comprendre nous choisirons pour chacun d'eux, lorsque cela nous paraîtra nécessaire, l'exemple d'ouvrages d'art auxquels l'application en a été faite avec succès.

Les mémoires insérés dans les Annales des Ponts et chaussées nous fourniront, à cet égard, des documents aussi nombreux qu'on puisse le désirer et parmi lesquels nous n'aurons qu'un choix à faire.

Les circonstances en présence desquelles on peut se trouver placé, en ce qui concerne les fondations, varient à tel point qu'une classification complète en serait fort difficile. D'ordinaire, c'est d'après la nature des terrains qu'on a établi des distinctions, en se basant sur les conditions plus ou moins favorables que ces terrains présentent pour supporter des ouvrages d'art de quelque importance : mais il peut très bien arriver que ces conditions ne soient pas nettement définies et que la situation comporte, pour l'exécution des fondations, des solutions différentes avec d'égales chances de succès. Il nous paraît donc que le mieux est d'exposer les divers procédés applicables aux travaux de cette nature, en laissant aux ingénieurs le soin de discerner, dans chaque cas particulier, quel est, de ces procédés, celui dont on doit, à dépense égale, attendre les meilleurs résultats.

En ce qui touche les terrains, il est d'usage de les grouper en trois classes distinctes, suivant qu'ils sont :

      Incompressibles et inaffouillables ;
      Incompressibles mais affouillables ;
      Compressibles et affouillables.

Ces qualifications se comprennent par elles-mêmes sans que nous ayons à les définir.

En outre, à quelque groupe qu'il appartienne, un terrain peut être *étanche* ou *perméable*, c'est-à-dire comporter des fouilles qui restent à sec, ou bien laisser pénétrer par infiltration, dans ces fouilles, des eaux plus ou moins abondantes.

Il est certain que ces diverses désignations comprennent bien tous les terrains auxquels on peut avoir affaire dans la pratique ; mais, au point de vue de l'exécution même des travaux, il y a tout d'abord une première distinction très nette à faire, suivant que c'est à sec ou bien sous une couche d'eau plus ou moins profonde que les premières assises de maçonnerie doivent être établies.

Nous nous occuperons, dans ce premier paragraphe, des fondations sur terrains accessibles à sec, et nous examinerons après cela successivement les divers procédés à l'aide desquels on est parvenu à fonder, en quelque sorte à toute profondeur et malgré des difficultés qui pouvaient sembler insurmontables, des ouvrages d'art d'une parfaite solidité.

Par terrains inaccessibles à sec nous n'entendons pas seulement la surface naturelle du sol sur lequel l'ouvrage projeté doit s'élever, mais bien la couche de ces terrains dont la solidité et la résistance sont nécessaires pour supporter, sans déformation sensible, la charge à laquelle donnera lieu le poids de cet ouvrage augmenté de toutes les surcharges accidentelles à prévoir.

Cette couche de terrain peut affleurer le sol, parfois même en émerger comme lorsqu'il s'agit de rocher, d'autres fois elle est située à des profondeurs plus ou moins grandes ; de là des dispositions différentes à adopter pour l'exécution des fondations.

Les terrains susceptibles de porter sans tassement le poids d'un ouvrage d'art sont, en première ligne, les roches dures de toute nature sauf celles exposées à une décomposition plus ou moins rapide par l'action de l'air et de l'humidité.

Puis viennent les schistes, les marnes dures, les argiles compactes, les bancs de gravier, les bancs de sable même, lorsqu'ils sont parfaitement maintenus, et divers autres terrains analogues.

Comme nous supposons, pour le moment, qu'on est entièrement à l'abri de l'eau, tous ces terrains peuvent fournir un excellent sol de fondation, mais des précautions spéciales sont cependant toujours nécessaires pour se préserver de tout mécompte.

S'il s'agit de roches dures affleurant le sol ou en émergeant, il faut tout d'abord s'assurer par l'examen de leur surface actuelle que le temps n'y produit aucune usure ou déformation marquée, et que leur durée peut être considérée comme illimitée.

Si cette condition est remplie, la seule disposition à prendre consiste à déraser la surface de la roche suivant un plan horizontal sur une étendue suffisante pour dépasser en tous sens le contour inférieur des fondations, puis à asseoir celles-ci directement sur la roche même.

Si la dureté de la roche n'est pas très grande, on fera toujours bien d'en refouiller la surface jusqu'à une certaine profondeur, afin d'y encastrer la maçonnerie.

Cette dernière disposition devient absolument nécessaire toutes les fois que la roche est gélive, exposée à se déliter ou bien à être altérée de quelque façon que ce soit par l'effet du temps, et dans ce cas la profondeur de la fouille doit être telle qu'on n'ait aucune crainte de voir jamais les fondations mises à nu.

Lorsqu'on se trouve en pays de montagnes, il arrive le plus souvent que les bases de rocher sur lesquels les culées ou les piles d'un ouvrage d'art doivent être établies offrent une surface plus ou moins inclinée et l'on est porté, dans ce cas, à établir par gradins l'aire à préparer pour recevoir les fondations, afin de diminuer d'autant le cube du déblai de rocher à faire.

Il y a dans cette pratique un inconvénient qui peut être fort grave, celui de donner lieu à l'exécution de massifs de maçonnerie qui, ayant à supporter une charge uniformément répartie à leur sommet, se trouvent composés de parties d'inégale épaisseur. Il n'est pas nécessaire que ces inégalités soient bien grandes pour qu'il en résulte des différences de tassement d'une partie à l'autre de ces massifs et par suite des fissures qui, sans offrir toujours un grand danger, ne manquent jamais de produire le plus fâcheux effet et de causer, à juste titre, aux constructeurs, de très vives inquiétudes.

Il ne faut donc pas hésiter, malgré l'augmentation de la dépense, à faire dresser autant qu'on le peut la surface du rocher suivant un plan horizontal unique, ou tout au moins à n'y laisser subsister que des gradins de hauteur insignifiante. Si cette disposition est impossible à réaliser, il ne reste qu'un parti à prendre, c'est d'exécuter la partie inférieure des fondations jusqu'au niveau du gradin le plus élevé en pierres de taille de même dureté que le rocher lui-même, appareillées avec le plus grand soin et posées presque sans mortier avec joints réduits au minimum, de façon à former ainsi sur toute la superficie des fondations un sol artificiel, arasé horizontalement et offrant partout une incompressibilité sensiblement égale.

Il va sans dire que s'il existe dans la roche des plans de clivage ou des fissures, donnant lieu de craindre qu'il s'y produise des éboulements, toutes les parties susceptibles de manquer ainsi de solidité doivent d'abord être enlevées, avant de préparer l'aire horizontale sur laquelle on se propose d'établir les maçonneries.

Ce sont là d'ailleurs, en matière de fondations, les conditions les plus faciles qui se puissent présenter ; il est toujours aisé, lorsqu'elles se rencontrent, de discerner ce qu'on doit faire pour assurer aux fondations toute la solidité nécessaire et les relier à la roche d'une façon indestructible. Il serait donc sans intérêt d'insister à ce sujet.

Si le terrain n'est pas une roche dure et surtout s'il est facile à entamer comme les marnes, les argiles, les graviers, les sables, il faut toujours, nous le répétons, s'y encastrer profondément.

Il ne suffit pas d'ailleurs, pour juger un terrain, d'en connaître seulement la surface, il faut, en outre, savoir quelle est son épaisseur, vérifier si les couches situées au-dessous offrent elles-mêmes une solidité suffisante, s'assurer enfin qu'aucune cause probable ne viendra compromettre, avec le temps, la résistance sur laquelle on peut compter au moment actuel.

Le seul moyen d'être fixé à cet égard, c'est d'effectuer des sondages très minutieux et d'y procéder de telle sorte qu'aucune erreur ne soit à craindre.

Les sondages ordinaires, c'est-à-dire les simples trous de sonde pratiqués à l'aide de la barre à mine ou autrement, peuvent suffire pour une première étude ; mais, avant d'en venir à l'exécution même des travaux on doit, à moins d'impossibilité, faire un déblai ou creuser des puits de dimensions suffisantes pour permettre un examen complet de la composition du sol.

S'il résultait de ces sondages qu'on se trouve en présence d'un terrain d'une incompressibilité douteuse, il faudrait de toute nécessité recourir à des expériences directes, pour vérifier exactement le degré de résistance sur lequel on pourrait compter.

On arase pour cela le terrain sur une certaine superficie, et l'on y dispose soit un massif de maçonnerie de petites dimensions, de 0ᵐ,60 à 1ᵐ.00 par exemple de côté, soit un fort panneau de bois ou de tôle, qu'on charge à l'aide de saumons de fonte, de rails ou de toute autre sorte de matériaux lourds, pour arriver à produire sur le sol une pression supérieure à celle à provenir de l'ouvrage d'art projeté. On examine comment le terrain se comporte, après avoir laissé séjourner la charge un certain temps, et l'on en conclut s'il pourra ou non supporter les fondations.

Afin de réduire le volume des matériaux lourds à manipuler, on peut recourir à un appareil en charpente disposé en forme de table et composé d'un pied vertical, ou forte pièce de bois, équarri, de 0ᵐ,50 sur 0ᵐ.50 par exemple, sur lequel on fixe un panneau carré de deux mètres de côté, consolidé en dessous par des aisseliers ou de fortes équerres en fer fixées sur les quatre faces de la pièce inférieure.

La superficie du panneau horizontal étant 16 fois plus grande que celle de la section de la pièce de bois appuyée sur le sol, il suffira de le charger de 20 tonnes de matériaux pour produire à la partie inférieure une pression de 8 kilogrammes par centimètre carré, supérieure à celle admise d'ordinaire pour des fondations.

L'essentiel est de disposer la charge avec une régularité parfaite, de façon que la pression produite soit elle-même exactement égale partout à la base de l'appareil.

En fait, l'incompressibilité absolue n'existe pas et il y a lieu parfois de compter sur un certain tassement ; mais il est indispensable que ce tassement, minime d'ailleurs, s'annonce comme devant être absolument régulier sur toute l'étendue des fondations, et c'est à le vérifier par avance que doivent tendre les essais dont nous venons de parler.

A l'époque présente les ouvrages d'art se sont à tel point multipliés qu'il est fort rare que, dans le voisinage plus ou moins proche de ceux dont on étudie les projets, il n'en existe pas d'autres déjà construits, susceptibles de fournir de très utiles indications pour tout ce qui touche aux fondations. On ne doit pas manquer d'en tirer profit, mais sans négliger pour cela aucune des précautions que nous venons d'indiquer, à l'emplacement même sur lequel on veut s'établir.

Nous avons dit que, pour les terrains autres que les roches dures, la surface de fondation doit être descendue à une certaine profondeur au-dessous du sol, de sorte qu'il en résulte toujours des fouilles à faire.

Si les terrains dans lesquels ces fouilles sont ouvertes sont très consistants, on en peut dresser les parois verticalement sans avoir aucune précaution particulière à prendre, tant qu'on ne descend pas au delà de 1ᵐ.50 ou 2ᵐ. Mais après cette limite, afin d'écarter toute chance d'accident, la prudence commande d'étayer le terrain, c'est-à-dire de poser contre les parois des madriers ou autres pièces de bois d'équarrissage plus ou moins fort selon la profondeur, et de les arc-bouter d'un côté à l'autre de la fouille à l'aide d'autres pièces de bois horizontales dites étrésillons, buttant des deux bouts contre les précédentes.

Au lieu de ces étrésillons, on peut, si l'on y trouve avantage, employer des cadres en charpente, ou même en fer, qu'on pose entre les étais à mesure de l'avancement du déblai.

Dans les terrains sans consistance, le mieux, lorsqu'il s'agit de faibles profondeurs, est de faire dresser les parois de la fouille suivant l'inclinaison qu'on a reconnue nécessaire ; mais s'il faut descendre à plusieurs mètres en contre-bas du sol le parti à prendre pour éviter de trop forts déblais est de battre d'abord, autour de l'emplacement des fondations, des pieux jointifs auxquels on donne une fiche au moins égale à la profondeur qu'on veut atteindre. On déblaie ensuite à l'intérieur de cette enceinte, en ayant soin d'étayer les pieux pour les maintenir verticaux, à mesure de l'avancement de la fouille.

Dans les sables fins et secs, ou autres terrains fluents, on peut se trouver obligé de disposer en arrière des pieux des madriers horizontaux plus ou moins espacés, suivant les cas, et même jointifs si la nécessité en est reconnue, pour empêcher tout éboulement. Parfois ce dernier résultat n'est assuré qu'en plaçant, en arrière des madriers, des fascines ou des bottes de paille et en bourrant même les joints avec de la mousse ou des étoupes.

Aucune de ces opérations n'offre d'ailleurs de difficulté bien sérieuse à moins qu'il ne s'agisse de profondeurs exceptionnelles, et tout chef de chantier un peu expérimenté est généralement en état d'y pourvoir.

La fouille étant terminée et étayée, il reste à examiner comment seront exécutées les premières assises des fondations.

Dans ces derniers temps, beaucoup d'ingénieurs et le Conseil Général des Ponts et Chaussées lui-même, se sont montrés disposés à préférer la maçonnerie ordinaire au béton pour les fondations, toutes les fois que celles-ci peuvent être établies à sec et en dehors de toute action ultérieure des eaux.

Ce qui importe surtout, pour ces premières assises, c'est que le contact soit complet entre le terrain et la maçonnerie, et que celle-ci soit composée de telle sorte que les pressions se trouvent réparties sur le sol avec une égalité parfaite.

Or les gros moellons ou libages servant d'habitude à l'exécution des fondations sont plus ou moins irréguliers ; même en les posant sur bain de mortier, fluant de toutes parts, il arrive que les parties saillantes pressent plus fortement le sol que les parties en creux remplies de mortier, et l'on comprend qu'il en puisse résulter des tassements inégaux.

Une couche de béton, au contraire, se comporte, tant que la prise n'est pas complète, à la manière d'une masse pâteuse transmettant en tous sens des pressions égales, et il semble que de cette façon la charge supportée par les fondations doit être plus uniformément répartie sur le sol. Le contact complet avec le fond et les parois de la fouille est d'ailleurs plus aisé à obtenir.

Peut-être le béton devrait-il donc être préféré pour ces motifs, d'autant plus que lorsqu'il s'agit de massifs de fondation d'une grande épaisseur les inégalités de tassement y sont moins

à craindre qu'avec l'emploi de la maçonnerie ordinaire : mais
la vérité est que l'un ou l'autre système peut donner d'excellents résultats, pourvu que l'on apporte dans la main-d'œuvre
tout le soin nécessaire. Le mieux, en conséquence, est d'adopter, dans chaque cas particulier, celui des deux procédés qui
doit être le plus économique ou le plus commode suivant les
matériaux qu'on a à sa portée.

Nous n'avons pas à dire comment il convient de procéder
pour l'exécution de la maçonnerie ordinaire.

Quant au béton, le plus souvent, lorsqu'il s'agit d'un massif
de fondation à disposer dans une fouille à parois verticales, on
l'emploie par couches de 0^m,20 à 0^m,30 d'épaisseur soigneusement étendues et damées, de façon à bien remplir tous les vides
et à presser fortement à la fois sur le fond et contre toutes les
parois du terrain.

Quelques ingénieurs, toutefois, au lieu de procéder par couches occupant la superficie entière des fondations, préfèrent
régler l'avancement par gradins, comme le montre le croquis
suivant. Cela revient à composer le massif, en quelque sorte,
de couches inclinées comme l'indiquent sur le croquis les hachures plus serrées, et si l'opération est menée vivement on en
obtient d'excellents résultats, sous le rapport de l'homogénéité
de la masse.

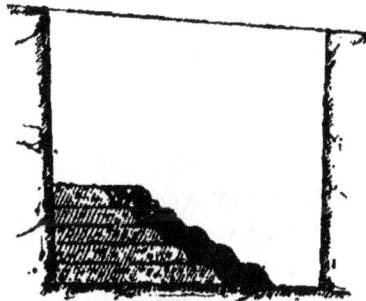

Nous estimons, pour les travaux à sec dont il est question
en ce moment, qu'on peut faire tout aussi bien en procédant
par couches horizontales entières. L'essentiel, avec l'un ou l'autre procédé, est d'avoir sur le chantier les engins et les ouvriers

nécessaires pour fabriquer promptement le mortier et le béton et exécuter le massif complet de fondation dans le moins de temps possible. On sera toujours assuré ainsi d'obtenir une liaison parfaite de toutes les parties, de façon à constituer, après la prise du mortier, un véritable monolithe de composition aussi homogène que possible, remplissant tous les vides et pressant partout sur le sol avec une complète régularité.

Nous avons supposé, dans tout ce qui précède, que le terrain solide était situé à une profondeur modérée en contre-bas du sol. S'il en était autrement, il conviendrait d'examiner s'il ne faudrait pas recourir à l'emploi de pilotis.

Le but qu'on se propose, en fondant un ouvrage d'art, c'est d'en faire porter la charge sur un point d'appui d'une complète solidité. Or les pilotis, lorsque leur extrémité inférieure repose sur un banc de roche par exemple, ou autre fond analogue, et qu'ils traversent un terrain de consistance suffisante pour les bien maintenir latéralement, offrent d'excellentes garanties de résistance.

Pour se rendre compte de l'opportunité de leur emploi, il faudrait après avoir exactement relevé, à l'aide de sondages, la composition du sol jusqu'au terrain solide, faire une étude comparative dont les éléments seraient : d'une part, les dépenses à prévoir pour établir des fouilles blindées jusqu'à la profondeur nécessaire et remplir ensuite le vide avec du béton ou de la maçonnerie sur toute la hauteur; d'autre part, la dépense relative à l'emploi de pilotis, avec une profondeur réduite de fouille et un moindre cube de maçonnerie de fondation.

Nous supposons qu'on s'est préalablement rendu compte du nombre de pieux à employer, ce qui dépend du poids des constructions à leur faire supporter et des circonstances particulières en présence desquelles on se trouve. Nous renvoyons d'ailleurs, pour l'examen de ces points accessoires, à celui des paragraphes suivants où nous traitons en détail toute cette question des fondations sur pilotis.

En ce qui touche les terrains à l'abri de l'eau, un point très important, en cas d'emploi de pilotis, serait de s'assurer de la durée probable du bois dans le terrain de fondation. Si cette durée peut être considérée comme illimitée pour des pieux battus dans l'eau ou dans des terrains constamment imbibés, il n'en est pas de même pour un sol ordinairement sec subissant par l'effet des pluies des alternatives d'humidité. Dans ces dernières conditions les bois s'altèrent rapidement et perdent toute résistance, de sorte que l'emploi n'en serait pas praticable ; mais on pourrait recourir dans ce cas à des pieux métalliques à vis, du genre de ceux dont nous nous occuperons plus loin.

Il arrive parfois que le terrain sur lequel on se trouve obligé de fonder un ouvrage d'art est en quelque sorte indéfiniment compressible, et qu'on ne saurait compter ni à l'aide de fouilles blindées ni à l'aide de pilotis atteindre un sol résistant.

Dans cette situation, l'emploi des pieux est encore pratiqué, non plus pour faire supporter au terrain inférieur le poids de la construction, mais pour créer artificiellement un sol plus consistant que le terrain naturel. On comprend, en effet, qu'à mesure que des pieux sont battus, surtout si on les emploie en grand nombre, les compressions qui en résultent latéralement, en tous sens, doivent produire un tassement du terrain de nature à en augmenter notablement la résistance. C'est à cela que tend le procédé employé.

Afin d'éviter l'inconvénient que nous signalions tout-à-l'heure de la courte durée des bois qui ne sont pas constamment immergés, il convient, lorsqu'on veut consolider artificiellement un terrain, de recourir au moyen suivant.

Après avoir battu un pieu dans le terrain compressible, on l'arrache et dans le vide qu'il laisse après lui on introduit immédiatement soit du sable qu'on tasse en le mouillant et qu'on pilonne, soit, mieux encore, du béton de ciment à prise rapide qu'on comprime fortement. Les pieux employés doivent être coniques et n'avoir guère que 3m de longueur. En bourrant les vides avec du béton de ciment on peut très bien, lorsque la prise est complète, faire un battage sur chacune de ces sortes d'aiguilles solides ainsi obtenues, pour ajouter à la compression du sol.

Lorsqu'on est dans la nécessité de recourir à ces moyens tout spéciaux, dont le succès n'est jamais complètement assuré, il convient de multiplier les précautions pour se mettre à l'abri de tout mécompte ultérieur.

C'est ainsi qu'il est prudent de laisser écouler un certain temps entre le moment où l'on a procédé à la consolidation du sol et le commencement de l'exécution des fondations. Il peut arriver, en effet, que par une sorte de travail moléculaire plus ou moins lent, un nouvel état d'équilibre s'établisse à l'intérieur du terrain, tendant à diminuer beaucoup la consistance qu'on avait pensé obtenir. Si tel était le cas, il faudrait augmenter encore le nombre des pieux jusqu'au point où leur refus indiquerait que la consistance nécessaire est de nouveau réalisée

En tout état, d'ailleurs, il faudrait donner à la surface consolidée une étendue au moins double de celle des fondations et la recouvrir d'une couche de béton d'une forte épaisseur formant empattement, afin de reporter sur toute l'aire inférieure le poids des constructions à élever. Il serait bon enfin, suivant les cas, de limiter la charge du terrain à 2 ou 3 kilogrammes au plus par centimètre carré.

En résumé, les difficultés à vaincre sont généralement de peu d'importance pour les fondations sur terrains accessibles à sec, et, en général, les observations qui précèdent suffiront pour indiquer quelles sont les dispositions utiles à prendre dans les diverses circonstances.

S'il n'en était pas ainsi, on trouverait certainement dans la description des procédés applicables aux fondations sous l'eau toutes les indications complémentaires nécessaires pour déterminer, dans les cas exceptionnellement difficiles, les procédés auxquels on devrait recourir pour l'exécution de fondations sur les terrains dont nous nous sommes occupés dans ce premier paragraphe.

§ 2

FONDATIONS SUR TERRAINS ACCESSIBLES A L'AIDE D'ÉPUISEMENTS.

Fouilles envahies par les eaux : Dispositions à prendre, épuisements. — Sol de fondation situé à une faible profondeur sous l'eau. — Batardeaux, matières a employer pour leur exécution, épaisseur à leur donner.   Ouvrages en bois à simple ou à double paroi pour consolider les batardeaux d'une certaine hauteur. — Épaisseur des batardeaux compris entre deux parois boisées, nécessité d'étayer les parois, enrochements. — Dimensions des bois à employer. Ponts de Muret et de Cazères, sur la Garonne. — Formule de M. Lentérès. — Batardeaux du viaduc d'Hennebont. — Caissons sans fond, en charpente, à parois calfatées. — Pont de Port de Piles, sur la Creuse. — Caissons à employer sur un sol incliné et inégal. — Viaduc de Lorient : Contre-batardeaux intérieurs. — Viaduc de Quimperlé. — Viaduc de Port-Launay ; Mise en place des caissons sans fond. — Caissons en tôle : Fondations du viaduc de Nogent-sur-Marne. — Résumé.

Nous avons supposé, dans le paragraphe précédent, que quelle que fût la profondeur à laquelle se trouvait le terrain solide susceptible de supporter des fondations, on pouvait l'atteindre sans être gêné par la présence de l'eau dans les fouilles.

Mais fort souvent ce n'est pas ainsi que les choses se passent, et il arrive que les fouilles sont envahies par des eaux d'infiltration ou de source sur une hauteur plus ou moins grande.

Si les sondages préalables ont été faits avec le soin que nous avons recommandé, la présence de l'eau ne doit avoir rien d'imprévu ; on savait par avance à quelle cote on la rencontrerait et on a dû prendre toutes ses dispositions en conséquence.

On procède, cela va sans dire, à l'exécution des fouilles comme dans les cas déjà examinés tant que le déblai peut être fait à sec, et c'est seulement lorsque le niveau de la nappe d'eau souterraine est atteint qu'il y a lieu d'adopter telle ou telle mesure particulière suivant les circonstances.

Après avoir d'abord descendu la fouille, à l'aide d'un dragage à la main, jusqu'à une petite profondeur, trente ou qua-

9

rante centimètres par exemple en contre bas du niveau que l'eau tend à prendre, on peut se rendre compte de l'abondance plus ou moins grande avec laquelle celle-ci affluera et décider en conséquence à quels procédés il conviendra de recourir.

Si l'eau arrive en petite quantité il pourra suffire d'écoper et d'assécher la fouille à l'aide de simples sceaux montés et vidés à la main, mais le mieux encore sera de faire usage d'une pompe d'épuisement d'un débit en rapport avec la quantité d'eau à évacuer.

L'industrie produit de nombreuses pompes de ce genre, la plupart d'un excellent usage, parmi lesquelles on n'a qu'à choisir, en se guidant d'après les circonstances locales de nature à en rendre le transport sur place et l'installation plus ou moins commodes.

Ce choix fait et les appareils d'épuisement mis en train, on n'a plus qu'à continuer la fouille comme si l'on travaillait à sec, en apportant toutefois un peu plus d'attention sur tous les détails du blindage à cause des éventualités bien plus grandes d'éboulement contre lesquelles il faut toujours se tenir en garde.

Pour faciliter d'ailleurs l'enlèvement complet de l'eau on a soin de maintenir, dans le fond de la fouille, une légère pente vers un point bas où doit être disposée une excavation un peu plus profonde, pour recevoir l'extrémité inférieure ou crépine du tuyau d'aspiration des pompes.

Les épuisements deviennent généralement fort dispendieux dès qu'on a affaire à des eaux arrivant en grande abondance et le mieux, dans bien des cas, est de ne pas s'y obstiner et d'adopter telle autre solution que les circonstances comportent permettant d'établir les fondations sous une couche d'eau plus ou moins profonde.

La situation devient alors à peu de chose près la même que s'il s'agissait de fonder un ouvrage en rivière ou dans des eaux stagnantes, et les divers procédés auxquels on peut avoir recours sont les mêmes dans l'une et l'autre circonstance.

Le cas le plus simple qui se puisse rencontrer est celui de fondations à établir sous une faible hauteur d'eau sur un terrain parfaitement incompressible et imperméable, comme par exemple sur un banc de rocher formant le lit d'une rivière peu profonde.

Après avoir soigneusement débarrassé le fond des galets, graviers, sable ou dépôts de vase qui pourraient s'y trouver, on entoure l'emplacement des fondations d'une digue en terre formant une enceinte fermée, puis à l'aide de pompes on vide l'intérieur de cette enceinte de façon à en mettre le sol à découvert et à y travailler comme sur un terrain accessible à sec.

Si l'ouvrage en terre a été bien exécuté, l'eau extérieure ne devra plus pénétrer à l'intérieur qu'en quantité insignifiante, et l'on s'en débarrassera sans aucune difficulté.

Il faut, pour cela, que la terre ou argile employée soit bien homogène et soigneusement débarrassée des racines, pierres ou autres corps étrangers qu'elle pourrait contenir ; après ce nettoyage, on la pétrit en pâte ferme pour en former des boules ou grosses mottes qu'on immerge en les pressant, à mesure, très fortement les unes contre les autres, pour arriver à former le corps de la digue d'une masse bien compacte, sans fissure ni solution de continuité d'aucune sorte.

A défaut de terre de qualité satisfaisante, on peut très bien employer des mottes de gazon qui se prêtent d'ailleurs mieux au pilonnage ; les sables vaseux, la vase même, pourvu qu'elle ait naturellement une certaine consistance, donnent pour le même objet de très bons résultats. Nous avons eu, pour notre part, à faire faire des épuisements dans des enceintes formées par des sables verts dont l'étanchéité s'est trouvée parfaite.

De quelques matières qu'elles soient composées, ces sortes de digues se nomment des batardeaux ; si la hauteur d'eau ne dépasse pas 1^m à 1^m,50 au plus, on peut les établir sans avoir aucune précaution bien particulière à prendre, autre que celles que nous venons d'indiquer.

Toutefois lorsque le batardeau est établi dans une eau courante il faut, à l'aide d'enrochements, en protéger le talus extérieur contre les érosions qui pourraient s'y produire.

L'épaisseur à donner varie avec la hauteur de la digue, la qualité des matières employées, l'inclinaison sous laquelle les talus peuvent se maintenir, la force du courant auquel les parties transversales de l'enceinte sont exposées, etc.

Il ne peut donc pas y avoir de règle fixe à cet égard, et le mieux est de pécher par excès plutôt que par insuffisance de solidité. Comme minimum, nous admettrons que l'épaisseur moyenne ne doit pas être inférieure à la hauteur d'eau à supporter.

Au-delà de 1^m à $1^m,50$, un batardeau construit exclusivement en terre serait difficilement praticable, et d'autres dispositions sont à adopter.

Si le fond sur lequel on veut s'établir comporte le battage de pieux ou piquets avec une fiche suffisante pour leur donner la solidité nécessaire, on dispose, de deux en deux mètres par exemple, sur tout le pourtour de l'enceinte à enclore, des piquets de 0,10 à 0,15 d'équarrissage sur lesquels on fixe des panneaux pleins, composés de planches entières réunies à l'aide de traverses ou dosses de même bois, clouées sur l'une des faces ; puis on construit la digue en terre, à l'intérieur de l'enceinte, en l'appuyant et la pressant fortement contre les panneaux.

Si le battage des pieux n'était pas possible, ce qui arrive par exemple lorsque les fondations doivent reposer directement sur le rocher, il faudrait forer des trous dans le sol pour y sceller la partie inférieure soit de piquets de bois, comme dans le cas précédent, soit de fortes tiges de fer destinées à les remplacer.

On peut ainsi établir jusqu'à 2^m ou $2^m,50$ de hauteur des batardeaux susceptibles de se comporter de façon très satisfaisante.

La hauteur augmentant encore, une seule paroi en charpente ne serait plus suffisante, il faudrait en établir une seconde à $1^m,20$ ou $1^m,50$ de la première et loger la terre entre les deux.

Les croquis suivants représentent des batardeaux disposés soit de l'une soit de l'autre façon.

Pour établir des batardeaux comme ces croquis l'indiquent, il est indispensable que le fond sur lequel repose la terre pilonnée soit parfaitement imperméable ; dans le cas contraire, il faudrait effectuer un dragage jusqu'à la profondeur nécessaire pour n'avoir pas à craindre, au moment des épuisements, de voir l'eau arriver à travers la couche de terrain située au-dessous du batardeau.

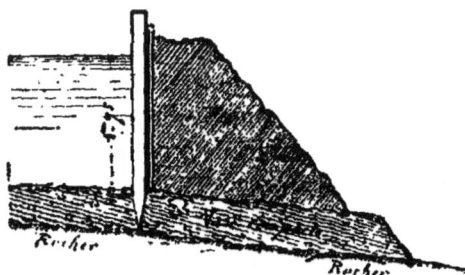

Lorsque des ouvrages de ce genre sont construits dans une eau stagnante ou dans une rivière à courant très faible, aucune précaution particulière n'est à prendre pour protéger la paroi

extérieure boisée ; dès qu'on se trouve, au contraire, en présence d'un courant plus ou moins rapide, surtout si le lit est affouillable, il faut protéger les piquets et la base du batardeau à l'aide d'enrochements comme le montre le second croquis.

Avec des hauteurs dépassant 3^m ou des circonstances particulièrement difficiles, sous le rapport de la nature du sol, de la vitesse du courant, des crues à craindre, etc., les piquets destinés à maintenir les panneaux en planches doivent être remplacés par de véritables pieux plus ou moins rapprochés, et parfois même on va jusqu'à employer des pieux jointifs pour l'une et l'autre paroi.

Il y a dans tout cela une très large part laissée à l'appréciation personnelle de l'ingénieur chargé des travaux. Dans tous les cas, du moment où l'on dispose une double enceinte en charpente, les piquets ou pieux doivent être reliés transversalement par des moises fixées à leur partie supérieure, pour maintenir exactement l'écartement d'une paroi à l'autre.

Lorsqu'ils sont ainsi compris entre deux parois boisées, il n'est pas nécessaire de donner aux batardeaux une grande épaisseur. A Lorient, par exemple, pour la fondation du viaduc de la rive droite du Scorf, l'enceinte en charpente a été composée de poteaux carrés de 0^m,25 de côté, espacés de mètre en mètre et reliés par un certain nombre de cours de moises ; les panneaux en planche étaient fixés sur ces poteaux et sur ces moises, ne laissant entr'eux d'une paroi à l'autre qu'un vide de vingt-cinq centimètres, et c'est dans ce vide qu'on a coulé et comprimé la matière destinée à former le bâtardeau.

Cette matière était simplement de la vase un peu compacte et malgré sa très faible épaisseur le résultat obtenu a été des plus satisfaisants, mais il est bon de dire que les panneaux avaient été soigneusement calfatés avant leur mise en place.

Généralement on adopte de plus fortes épaisseurs, mais il n'y a utilité dans aucun cas à dépasser 1^m,20 à 1^m,50, quelle que soit la hauteur. Ce qui motive d'ailleurs cette dernière dimension, c'est qu'en cas d'avaries à la charpente on peut faire descendre un ouvrier entre les deux enceintes pour exécuter les réparations devenues nécessaires.

Afin d'écarter le plus possible les éventualités d'accidents ou d'épuisements par trop dispendieux, il est indispensable, dans tous les cas, d'étayer tout le périmètre des batardeaux avec le soin le plus minutieux. A l'intérieur, les étais ou étrésillons soit inclinés, soit horizontaux, doivent être multipliés autant qu'on peut le faire sans s'exposer à gêner le travail des ouvriers ; à l'extérieur, des étais inclinés doivent également être placés sur les faces normales au courant, tant à l'amont qu'à l'aval, et le pourtour entier de l'enceinte doit être protégé par des enrochements.

Quant aux dimensions des bois, notamment pour les planches formant le revêtement des parois intérieures, il ne faut pas perdre de vue que la moindre fissure dans le batardeau suffit pour que la pression de l'eau extérieure se transmette tout entière sur ces parois, qu'en outre la matière pâteuse dont le batardeau est composé agit elle-même à la façon d'un liquide plus lourd que l'eau, de sorte que la charge devient réellement très forte dès que les épuisements atteignent 3 ou 4ᵐ de profondeur.

Pour des batardeaux du genre de ceux dont nous nous occupons, établis dans le lit de la Garonne pour la restauration des ponts de Muret et de Cazères, dont plusieurs piles avaient été emportées par la crue exceptionnelle de 1875, les panneaux étaient composés de palplanches jointives de 0ᵐ,10 d'épaisseur; la différence de niveau entre l'eau extérieure et le sol de fondation était de 4ᵐ seulement, et cependant quelques-unes de ces palplanches, en très petit nombre d'ailleurs, ont cédé et se se sont rompues, ce qui prouve qu'on avait atteint la limite de résistance des bois employés.

A la suite des observations qu'il avait été à même de faire dans cette circonstance, l'ingénieur en chef chargé de la direction des travaux, M. Lenteirès, a proposé pour la détermination de l'épaisseur à donner à des bois employés dans des conditions analogues la formule:

$$e = 0.04 + 0,02\, h$$

h étant la hauteur d'épuisement et e l'épaisseur à calculer.

Des batardeaux disposés comme ceux que nous venons de décrire ont été employés pour les fondations des culées et des piles du viaduc d'Hennbont, bien que la profondeur à atteindre fût de 9ᵐ. On avait commencé, il est vrai, par établir des enceintes blindées constituant un excellent point d'appui pour les batardeaux; mais les charges à supporter n'en étaient pas moins considérables, aussi les avaries ont-elles été fréquentes et le succès eût été difficilement assuré même au prix de très fortes dépenses de temps et d'argent, sans l'habileté et l'énergie exceptionnelles dont ont fait preuve les ingénieurs chargés des travaux.

Il semble donc que lorsqu'il faut pousser au-delà de 4 ou 5ᵐ la profondeur des épuisements nécessaires, pour atteindre le terrain solide sur lequel on a projeté de s'établir, le mieux est de renoncer aux batardeaux ordinaires pour leur substituer des enceintes exclusivement en charpente, ou caissons sans fond à parois calfatées et bien étanches, qui ne font du reste que continuer sous une autre forme l'application du même procédé de fondation.

C'est au pont de Port-de-Piles, sur la Creuse, et par M. l'ingénieur Baudemoulin, que la première application de ce système paraît avoir été faite.

Un dragage préalable avait permis de dresser des plateformes presque exactement horizontales sur les emplacements où les caissons devaient être amenés et ceux-ci se terminaient, dans le bas, par de fortes semelles sur lesquelles tous les montants de la charpente étaient assemblés ; deux cours de moises et des traverses disposées à la partie supérieure reliaient en outre ces montants, dont la hauteur était de 5m75, et l'ensemble formait une pyramide rectangulaire tronquée dont la base inférieure avait en tous sens 3m80 de largeur de plus que la base supérieure.

Malgré le soin avec lequel on avait dressé le fond de la fouille, les semelles inférieures ne pouvant pas s'appliquer exactement partout sur le sol, on avait disposé à l'extérieur sur tout le pourtour des caissons, des bourrelets en forte toile remplis d'argile corroyée, puis immergé par dessus ces bourrelets un mélange d'argile et de fumier, et consolidé enfin le tout à l'aide d'enrochements.

Grâce à ces dispositions les épuisements, à l'intérieur des caissons, ont pu s'effectuer dans les conditions les plus satisfaisantes de temps et de dépense.

Lorsque le fond sur lequel un caisson doit être descendu se trouve plus ou moins incliné ou irrégulier, l'emploi des semelles inférieures horizontales n'est plus praticable. Pour le pont que nous avons déjà cité, construit sur le Scorf, à Lorient, après avoir exactement déterminé les hauteurs inégales à donner aux poteaux d'angle, ceux-ci ont été reliés par quatre cours de moises horizontales, le cours inférieur étant disposé de façon à se trouver le plus près possible du fond. Des palplanches ont été logées entre les moises sans y être fixées; un bordage calfaté recouvrait, en outre, toute la paroi extérieure depuis le bord supérieur jusqu'aux moises inférieures.

Les caissons étant amenés en place, un battage facile permettait de faire glisser les palplanches entre les moises pour les faire porter partout sur le fond ; on avait d'ailleurs, comme dans le cas précédent, garni le bas des caissons de forts bourrelets en toile remplis d'argile corroyée, mais lorsqu'on a voulu commencer les épuisements on a reconnu que, malgré ces bourrelets, l'eau passait en telle abondance à travers les joints des palplanches qu'il était matériellement impossible de mettre à découvert le fond des enceintes. En outre, par l'effet des marées, les bourrelets déjà insuffisants pour étancher la partie inférieure des caissons se trouvaient emportés, de sorte qu'on ne pouvait songer, même en leur donnant plus d'importance, à atteindre par leur emploi seul le résultat qu'on se proposait : Après divers essais, il a fallu en venir à disposer, à l'intérieur même des caissons, des batardeaux en ciment dont la hauteur dépassait le cours inférieur des moises de façon à garnir ainsi complètement toute la partie de la paroi, de hauteur irrégulière, formée par le bas des palplanches. Ces batardeaux sont restés compris dans les massifs de fondation qu'on est enfin parvenu à exécuter, mais les épuisements ont toujours été difficiles et dispendieux.

Peut-être aurait-on pu obtenir de meilleurs résultats de l'emploi des bourrele de toile remplis d'argile corroyée, pour étancher la partie inférieure des batardeaux, si au lieu de les fixer seulement à l'extérieur, on avait disposé la toile à cheval au-dessous du cours de moises le plus rapproché du sol, comme notre croquis le fera comprendre.

Le caisson étant amené en place, les palplanches, en glissant entre les moises, lorsqu'on en aurait effectué le battage, seraient venues presser fortement l'argile et la toile contre le sol et l'étanchéité eût sans doute été moins incomplète. Mais nous n'avons pas eu l'occasion d'expérimenter cette disposition et nous ne pouvons la mentionner que sous toutes réserves.

Le parti pris en dernier lieu, pour compléter les

batardeaux du viaduc de Lorient, celui consistant à disposer des contre-batardeaux à l'intérieur des caissons en charpente, a été franchement adopté dans d'autres circonstances, notamment pour la construction du viaduc de Quimperlé, en donnant, à cet effet, aux caissons des dimensions notablement plus grandes que celles des fondations à établir ; une sorte de caisson intérieur en planches de 2m,50 de hauteur était placé de façon à laisser partout une distance de 1m,25 environ entre ses parois et celles du caisson principal, puis cet intervalle était rempli avec de l'argile corroyée employée comme nous l'avons dit pour la confection des batardeaux ordinaires ; le résultat obtenu a été très satisfaisant.

Ce système a l'inconvénient d'exiger l'emploi de caissons de très grandes dimensions, mais par contre ceux-ci, après l'exécution des maçonneries, peuvent être plus aisément démontés pour servir de nouveau.

L'une des applications les plus importantes du procédé de fondation par épuisement, avec caissons sans fond à parois calfatées jusqu'aux moises inférieures et palplanches jointives en dessous, est celle faite pour la construction du viaduc de Port-Launay. Le succès a été complet et les dispositions spéciales auxquelles on doit l'attribuer méritent d'être mentionnées.

Le viaduc de Port-Launay est établi sur la rivière de l'Aulne, en un point où les marées atteignent une hauteur de 5m,20 au-dessus de leur niveau moyen ; le fond du lit est à 2m,30 en contre-bas de ce dernier niveau, mais un barrage situé à l'aval maintient ordinairement les eaux à une hauteur de 5m,50.

La faculté qu'on avait de faire baisser ou remonter le plan d'eau à volonté à l'aide de ce barrage, au droit de l'emplacement des fondations, a été utilisée de la façon la plus heureuse par l'ingénieur chargé des travaux, pour faciliter la manœuvre et la mise en place des caissons. Ceux-ci avaient, à la base, 22m,75 de longueur sur 10m,60 de largeur, et devaient ainsi enclore une superficie de 2 ares 40. Leur poids atteignait 75.000 kilogrammes.

Pour amener un caisson en place après qu'il avait d'abord été préparé et monté une première fois sur la rive, puis dé-

FONDATIONS DU VIADUC DE PORT-LAUNAY. — MISE EN PLACE D'UN CAISSON

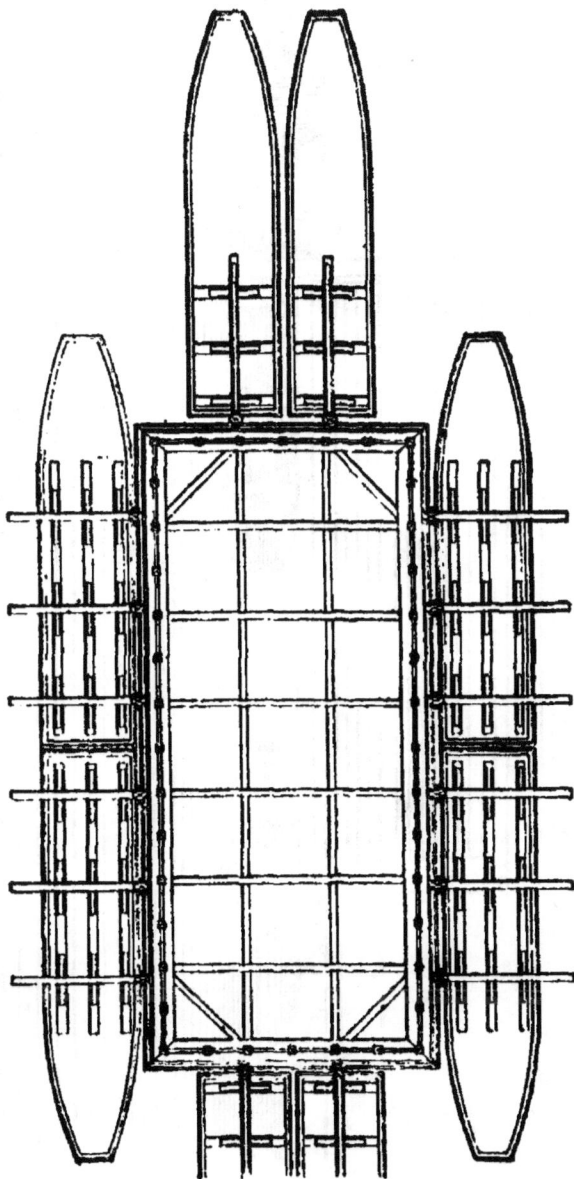

Plan du caisson flottant.

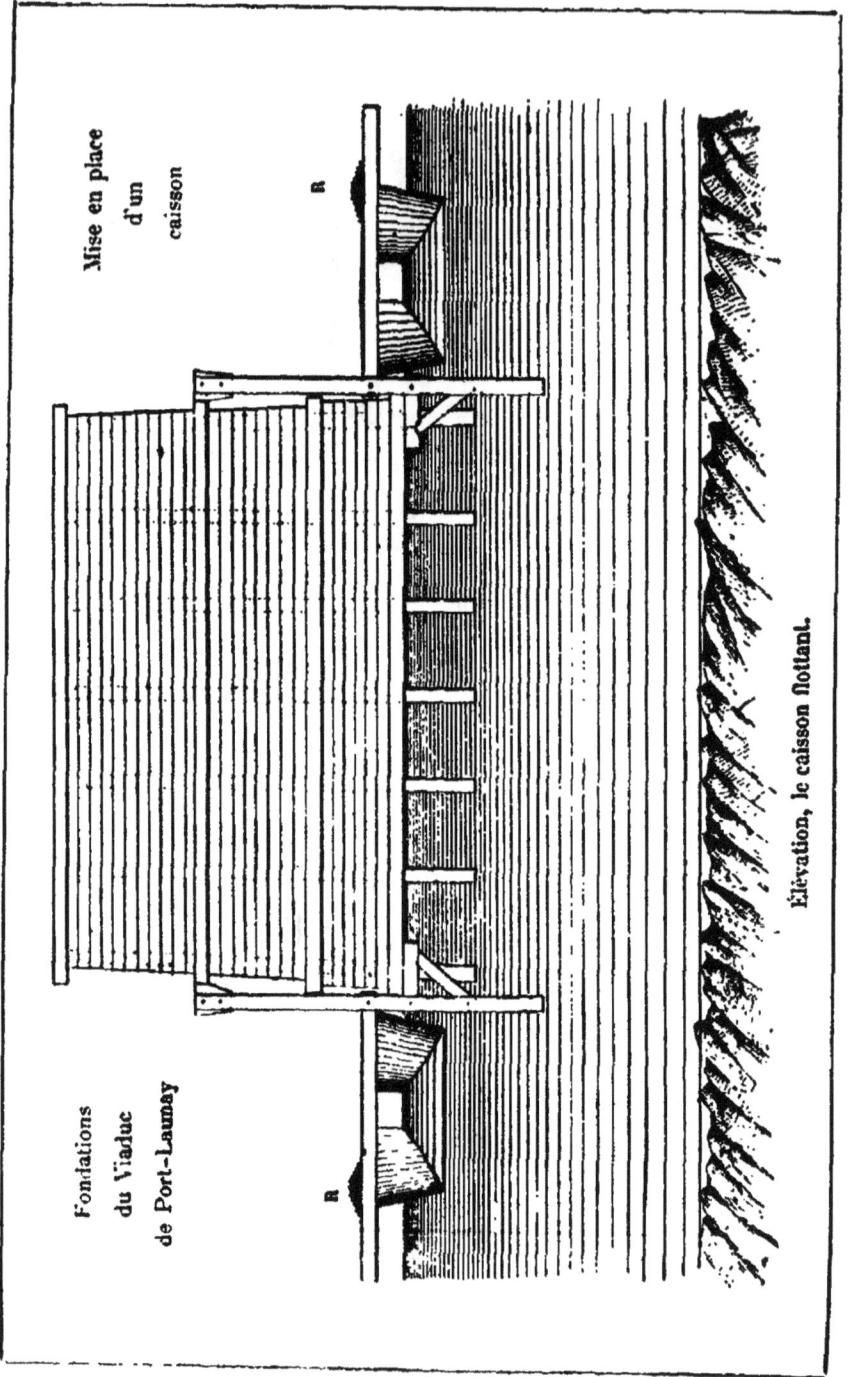

Mise en place
d'un
caisson

Fondations
du Viaduc
de Port-Launay

Élévation, le caisson flottant.

monté, on a employé huit bateaux couplés deux par deux, comme le montre le plan ci-dessus, et sur lesquels le montage du caisson a de nouveau été effectué en faisant porter ce dernier seulement sur des béquilles saillantes, figurées sur l'élévation, page 148. Des rails étaient placés en R,R pour former contre-poids et empêcher le déversement des bateaux.

Dans la situation que l'élévation représente, le caisson est à flot et la partie inférieure des béquilles se trouve à une certaine hauteur au-dessus du fond de la rivière.

Le montage étant terminé et le caisson amené bien exactement au droit de l'emplacement qu'il devait occuper, on manœuvrait le barrage d'aval, à mer basse, et l'on faisait baisser le niveau de l'eau de la quantité nécessaire pour que les béquilles vinssent porter sur le fond de façon à permettre de dégager les bateaux.

L'élévation de la page suivante représente le caisson dans cette seconde situation.

Afin de pouvoir dégager à leur tour les béquilles et laisser le caisson descendre jusque sur le fond, on fermait le barrage, le niveau de l'eau s'élevait, le caisson construit entièrement en bois était soulevé et on en profitait pour enlever les béquilles qu'on fixait toutefois sur le troisième cours de moises. On ouvrait après cela le barrage encore une fois et la position du caisson étant bien exactement rectifiée on le laissait descendre jusque sur le fond à mesure que l'eau baissait, puis on le chargeait pour le maintenir définitivement en place et on posait les palplanches destinées à compléter la partie inférieure des parois.

C'est à l'aide d'argile coulée et comprimée, tout autour du caisson, qu'on a obtenu l'étanchéité des palplanches; mais pour atteindre plus sûrement ce résultat on avait d'abord disposé sur le cours des moises inférieures une forte toile destinée, en se déroulant, à venir recouvrir complètement le bourrelet d'argile.

Grâce à cette amélioration, consistant à remplacer le bourrelet d'argile contenu dans une toile, comme on l'employait précédemment, par de l'argile coulée et pressée contre les parois en palplanches et contre le fond, puis recouverte par une

FONDATIONS DU VIADUC DE PORT-LAUNAY — MISE EN PLACE D'UN CAISSON

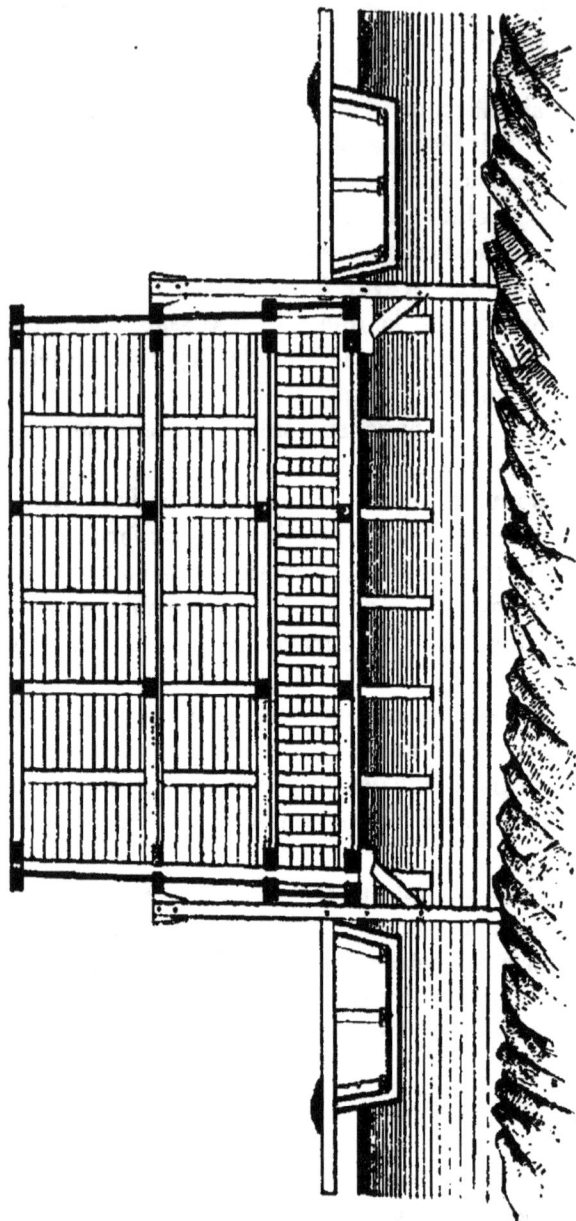

Élévation, le caisson échoué sur ses béquilles.

toile pour la soustraire à l'action de l'eau, l'étanchéité obtenue a été telle que, même sous une charge d'eau qui atteignait parfois sept mètres, il suffisait d'une seule pompe fonctionnant à peine deux ou trois heures par jour pour maintenir l'enceinte complètement à sec.

On a pu en conséquence dresser exactement la surface de la roche schisteuse sur laquelle devaient être posées les premières assises de maçonnerie, et celles-ci ont été exécutées dans les meilleures conditions.

Pour terminer ce qui se rapporte au procédé de fondation par épuisement avec emploi de caissons sans fond, il convient de mentionner l'essai fait de caissons en fer pour l'exécution des fondations du viaduc de Nogent-sur-Marne.

Il s'agissait là de caissons à employer par une profondeur d'eau de 7^m au-dessous de l'étiage, avec éventualité de crues de 2^m, de sorte qu'on dût leur donner 9^m de hauteur. Leur longueur était de 23^m, leur largeur de 11^{m}20 et leur poids de 70 tonnes.

Pour les mettre en place, un échafaudage était disposé sur deux grands bateaux amarrés au droit de l'emplacement de la pile à fonder. Le montage s'effectuait par zônes horizontales et, à l'aide de treuils disposés à cet effet, on descendait à mesure le caisson dans l'eau ; dès qu'il avait atteint le fond préalablement dragué, au lieu d'étancher la partie inférieure à l'aide soit d'un bourrelet d'argile disposé à l'extérieur, soit d'un contre-batardeau intérieur, comme dans les cas précédents, on immergeait du béton sur toute la superficie de la fondation pour en former une couche de 3^m d'épaisseur soigneusement damée et pressée contre les parois du caisson, et après prise complète on procédait aux épuisements.

Ceux-ci sont malheureusement restés toujours fort laborieux, l'eau arrivant en très grande abondance sur tout le pourtour entre la paroi de tôle et le béton, ce qui, joint au prix extrêmement élevé des caissons, a rendu ce mode de fondation fort dispendieux. En y apportant quelques modifications, on parviendrait peut-être à le rendre plus pratique, mais il est douteux toutefois qu'il puisse jamais, sous le rapport de la dépense, soutenir la comparaison avec les caissons en bois. [1]

Il est bon de remarquer, d'ailleurs, que le procédé appliqué à Nogent-sur-Marne tient autant du procédé de fondations sur béton immergé, dont nous allons nous occuper tout à l'heure, que du procédé par épuisements avec batardeaux proprement dits.

En résumé, toutes les fois que leur emploi est praticable, les batardeaux rendent les meilleurs services ; leur très grand mérite est de permettre d'asseoir directement les maçonneries sur le terrain même de fondation et de les exécuter à sec avec tout le soin nécessaire ; mais les applications en sont forcément limitées, sous le rapport de la profondeur qu'on peut atteindre par ce moyen ; dès qu'il s'agit d'effectuer des épuisements sous des charges d'eau de 6 à 8 mètres, par exemple, on a le plus souvent avantage à recourir à l'un des autres procédés dont nous allons nous occuper dans les paragraphes suivants.

§ 3

FONDATIONS SUR ENROCHEMENTS ; SUR PILOTIS ; SUR BÉTON IMMERGÉ ; SUR RADIERS GÉNÉRAUX.

Enrochements pour fondations, en quoi ils consistent. — Pont de Trajan sur le Danube. — Pont du St-Esprit sur le Rhône ; le Ponte-Corvo, en Italie. — Fondations sur pilotis : Bois à employer, forme des pieux, frettes, sabots. Calcul du nombre de pieux nécessaires pour une fondation, leur équarrissage, charge à leur faire porter, espacement. — Charges exceptionnelles. — Reconstruction du pont de la Belle-Croix, sur la Loire, à Nantes ; détails sur l'exécution des nouvelles fondations sur pilotis. — Pont de Pirmil. — Détermination de la limite jusqu'à laquelle des pieux doivent être battus. — Refus : variable suivant les terrains ; formule des ingénieurs hollandais. — Battage des pieux dans le sable ; injection d'eau sous une certaine pression : application aux travaux du port de Calais. — Pieux à vis : formes différentes des tiges et des vis suivant les terrains. — Applications en Angleterre, en France et en Italie. — Recépage des pieux en bois, grillages ; scies à recéper ; scies circulaires et scies oscillantes ; applications faites en France et en Hollande ; fondations du pont de Hollandsch-Diep. — Fondations du pont de Bordeaux ; caissons foncés. — Le pont d'Iéna, à Paris ; le pont de Rouen ; le pont de

1. *Annales des Ponts et Chaussées*, 1857, no 182 : Observations sur les innovations appliquées à l'exécution du viaduc de Nogent sur-Marne, par M. Baudemoulin, ingénieur en chef des ponts et chaussées.

L'emploi des batardeaux et des épuisements ne permettant pas toujours, comme nous l'avons dit, de mettre à découvert le sol de fondation, il faut, dans ce cas, parvenir à relever artificiellement le niveau auquel seront établies les premières assises de maçonnerie, tout en les faisant reposer sur des points d'appui d'une solidité parfaite.

Divers procédés peuvent être adoptés pour cela, suivant les données spéciales de la situation en présence de laquelle on se trouve.

Le plus ancien en date est probablement celui consistant à fonder sur des enrochements, c'est-à-dire à immerger, sur l'emplacement des fondations projetées, des blocs de pierre en quantité assez grande pour en former une sorte de monticule dont le sommet vient affleurer, ou à peu près, la surface de l'eau, en offrant une étendue suffisante pour permettre d'y asseoir les fondations. Les talus doivent être disposés pour donner, en tous sens, un large empattement à la construction et en répartir le poids sur une très grande surface. Après l'immersion des enrochements, on laisse écouler un certain délai pour donner le temps aux matériaux employés d'arriver à un état stable d'enchevêtrement et diminuer ainsi les éventualités de tassements ultérieurs ; puis on établit la fondation soit sur des plateformes en charpente occupant toute la surface supérieure des enrochements, dressée à cet effet, soit sur des bateaux ou caissons foncés qu'on échoue sur ces mêmes enrochements.

C'est ainsi que paraissent avoir été fondés certains ponts de l'antiquité et de l'époque romaine, entr'autres le pont de Trajan sur le Danube ; mais en y employant, au lieu de simples blocs naturels de pierre, des bateaux remplis de moëllons échoués sur l'emplacement du pont, d'une rive à l'autre, pour y former une sorte de radier général sur lequel les piles étaient ensuite élevées.

Au moyen-âge, le pont du Saint-Esprit, sur le Rhône, passe pour avoir été fondé de même sur des enrochements ; mais en les maintenant à l'aide d'enceintes de pieux entourant la base de chaque pile, pour empêcher les blocs de pierre d'être entraînés par le courant.

De même le *Ponte-Corvo*, construit en Italie, sur la Melza, au commencement du XVI⁰ siècle, est élevé sur des enrochements disposés en radier général, d'une rive à l'autre, et retenus à l'amont et à l'aval entre des files de pieux jointifs.

A l'époque actuelle, les enrochements sont encore employés de la façon la plus utile pour certains ouvrages spéciaux à la mer ; mais, en ce qui touche la construction des ponts, l'outillage dont les ingénieurs disposent doit toujours leur permettre d'appliquer des procédés de fondation comportant de meilleures garanties de stabilité et de résistance, et de n'employer les enrochements qu'à titre complémentaire : soit pour augmenter, par exemple, la solidité de fondations établies sur des pieux dont la tête présente une forte saillie sur le fond de la rivière, soit pour consolider des fondations exécutées de toute autre manière en accroissant la masse des points d'appui, soit pour mettre ces fondations à l'abri des affouillements et en protéger la base contre le choc des bateaux, des glaces et autres corps flottants de toute nature.

Nous aurons donc à en parler de nouveau à propos des moyens de défense des fondations et, sans nous y arrêter plus longuement à cette place, nous passons à l'exposé du procédé de fondation sur pieux ou pilotis.

Les premières applications en remontent, comme pour le procédé précédent, à la plus haute antiquité, et bien qu'à l'époque actuelle l'emploi en soit moins fréquent que par le passé, d'assez nombreuses occasions se présentent encore d'en retirer les plus utiles services.

Tout le monde sait ce que c'est que les *pieux*, *pilotis* ou *pilots* servant pour les travaux de fondation, et nous n'avons pas à les décrire. On admet, pour leur confection, des bois de différentes essences, notamment le chêne, le hêtre, l'orme, le sapin ; s'ils doivent être placés à une certaine distance les uns des autres, comme c'est le cas le plus général, on y emploie des arbres entiers débarrassés de leurs branches et simplement dégrossis à la cognée, puis coupés à la longueur voulue, en disposant l'une des extrémités en pointe et dressant l'autre extrémité, ou tête, suivant un plan normal à la longueur.

Ce n'est que lorsqu'ils doivent être *jointifs* qu'on équarrit les pieux sur deux faces au moins, pour leur permettre de s'appliquer plus exactement les uns contre les autres.

Dans quelques cas exceptionnels, on les a même disposés avec rainures et languettes, pour obtenir ainsi une paroi plus aisée à étancher après le battage.

Le plus souvent on garnit la pointe des pieux d'un *sabot*, c'est-à-dire d'une armature en tôle, ou en fer forgé, ou en fonte et fer destinée à permettre au bois de traverser sans s'écraser des terrains durs ou mélangés de pierres. De même pour que la tête puisse supporter sans éclater les chocs à l'aide desquels on enfoncera le pieu dans le sol, on la garnit d'un cercle en fer désigné sous le nom de *frette*.

Nous supposons, du reste, ces détails connus d'avance, de même que tout ce qui est relatif aux installations spéciales usitées pour un battage de pieux, soit en terre ferme soit dans l'eau, et aux appareils employés pour ce battage, c'est-à-dire aux sonnettes à tiraudes, ou à déclic, manœuvrées à bras ou actionnées par des machines à vapeur, et aux moutons à vapeur installés sur les pieux mêmes. Tout cela est du domaine des procédés généraux d'exécution des travaux et nous n'avons pas à nous y arrêter.

Les circonstances dans lesquelles il peut y avoir lieu de fonder un ouvrage d'art sur pilotis ne sauraient être exactement précisées ; avec la faculté qu'on a maintenant d'employer le béton immergé ou les appareils à air comprimé, c'est le plus souvent d'après des considérations d'économie ou de commodité d'exécution qu'on se guidera pour préférer tel procédé à tel autre.

Lorsque le sol de fondation est situé à une profondeur dépassant, par exemple, 8 ou 10 mètres et se trouve recouvert d'une couche de terrain perméable et compressible assez consistant pour que des pieux y prennent une fiche solide, l'emploi de ces derniers est naturellement indiqué.

Il en est de même lorsqu'on veut s'établir sur un sol indéfiniment compressible, ou bien sur des couches de gravier, de sable, de vase, de tourbe d'épaisseur presque illimitée.

Quelque soit le motif pour lequel on a décidé d'employer des pieux, la première chose à faire est d'en déterminer le nombre et l'espacement.

Il suffit pour cela de calculer le poids total de la construction projetée, y compris toutes les surcharges accidentelles qu'elle pourra avoir à supporter, et d'en déduire la part afférente à chaque pile en particulier.

Cela fait, on évalue, d'après l'équarissage des bois dont on dispose, la charge qu'on peut faire porter à chaque pieu, en évitant autant que possible de lui faire dépasser un maximum de 30 à 32 kilogrammes par centimètre carré de section.

On sait que la résistance à l'écrasement diffère peu, pour les bois, d'une essence à l'autre, et cette limite peut leur être appliquée sans distinction.

La charge totale que doit supporter la surface de fondation d'une pile, par exemple, étant connue, ainsi que le poids que peut porter en particulier chacun des pieux qu'on se propose d'employer, le nombre de ces derniers s'en déduit tout naturellement.

On détermine ensuite la forme et le périmètre des fondations, en ménageant entre les pieux un espacement de 0^m,80 au moins en tous sens afin de ne pas s'exposer à gêner le battage, et l'on en reporte le dessin sur un carnet spécial en donnant un numéro à chaque pieu, pour tenir note ultérieurement de tous les faits particuliers constatés pendant l'enfoncement.

Nous empruntons à M. Morandière le tableau suivant, donnant pour un certain nombre d'équarrissages déterminés les poids dont les pieux peuvent être chargés dans la pratique.

Diamètre ou côté des pièces	PIEUX RONDS		PIEUX CARRÉS	
	Section en centimètres carrés	Poids dont on peut charger chaque pièce	Section en centimètres carrés	Poids dont on peut charger chaque pièce
m	cq	k.	cq	k.
0,35	962	29.000	1.225	37.000
0,32	804	24.000	1.024	30.000
0,30	706	21.000	900	27.000
0,25	490	15.000	625	19.800
0,20	314	9.000	400	12.000

Ces indications se rapportent à des pieux dont la pointe s'appuie sur le rocher ou sur un sol très résistant et qui sont maintenus, sur toute leur hauteur, par un terrain offrant assez de consistance pour s'opposer à tout mouvement latéral.

Lorsque ces conditions tout à fait favorables se trouvent réunies, on peut, s'il y a nécessité, augmenter encore la charge des pieux. Ainsi, dans un cas semblable, au pont de Neuilly, par exemple, Perronet n'a pas craint de porter cette charge à 52 kilogrammes environ par centimètre carré. Par contre, lorsque des pieux ont été employés dans un fond de vase ou de tourbe donnant lieu de craindre leur déversement, la charge a été réduite à 15 ou 20 kilogrammes seulement par centimètre.

Il n'y a donc rien d'absolu dans tout ce qui précède et il appartient à l'ingénieur, après s'être bien rendu compte des conditions plus ou moins satisfaisantes dans lesquelles les pieux se trouveront placés, et avoir procédé au besoin à des essais, de déterminer le poids qu'il leur fera porter, en ne perdant jamais de vue que pour des fondations de ce genre il faut, autant que possible, exagérer les garanties de résistance.

Les circonstances dans lesquelles on peut avoir à employer des pieux sont d'ailleurs très diverses, sous le rapport tant des profondeurs à atteindre que des difficultés spéciales résultant soit de la composition des terrains à traverser, soit de la profondeur d'eau, de la vitesse des courants, des exigences de la navigation qu'il ne faut pas entraver, soit des crues plus ou moins fortes, plus ou moins subites, contre lesquelles il faut toujours se tenir en garde.

Au pont de la Belle-Croix, sur la Loire, à Nantes, reconstruit en 1861 par M. Lechalas, alors ingénieur ordinaire, le terrain dans lequel les pieux devaient être battus se composait, d'abord, d'une couche épaisse d'anciens enrochements dont l'enlèvement eût été fort dispendieux et qu'on a préféré laisser en place, puis du terrain naturel formé de couches alternatives d'argile et de sable sans grande consistance à l'état ordinaire mais rendu singulièrement résistant, sur ce point, par la présence de débris de maçonnerie, de nombreux pieux restant des précédentes fondations, enfin par le tassement que la charge séculaire des anciennes piles avait produit.

En outre, le rocher qu'il fallait atteindre était à plus de 19ᵐ40 au-dessous de l'étiage, et les pieux à employer devaient en conséquence avoir au moins 20 mètres de longueur.

Il y avait donc là un ensemble de conditions particulièrement difficiles.

Les dispositions adoptées pour le battage des pieux ont été les suivantes :

Comme on n'aurait pas manié commodément des pièces de bois de 20ᵐ de longueur et qu'on ne pouvait pas songer à se servir de sonnettes d'une assez grande hauteur pour en effectuer le battage, on a composé chaque pieu de deux parties égales, entées l'une sur l'autre, comme le représente le croquis ci-contre, extrait des *Annales des Ponts et Chaussées*,[1] à l'aide d'un manchon de 0ᵐ70 de hauteur formé de quatre plaques de tôle réunies par des cornières extérieures : des trous ménagés dans ces plaques permettaient de les fixer avec des clous en-

---

1. Note sur la reconstruction de deux ponts sur la Loire, à Nantes, par M. Lechalas, ingénieur des ponts et chaussées. *Annales*, 1865 (n° 92).

foncés dans le bois. Les bouts posant l'un sur l'autre étaient coupés carrément et frettés ; l'un des deux était en outre garni d'une plaque de tôle recouvrant toute la surface de la section et un fort goujon de 0^{m}30 de longueur, fixé au centre, pénétrait de 0^{m}15 dans chaque pièce.

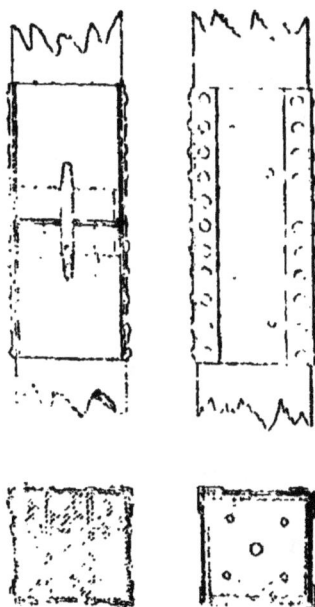

La sonnette à déclic employée avait 14 mètres de hauteur et était mue par une locomobile de 3 à 4 chevaux, pouvant battre environ 150 coups par heure. Les moutons dont on s'est servi pesaient, l'un 700 kilogrammes, l'autre 1,000 kilogrammes et les hauteurs de chute étaient réglées, pour le premier à 3 mètres, pour le second à 2^{m}20 seulement. Bien que le poids des sabots, du système Camuzat, eût été porté à 18 kilogrammes, on s'en était tenu à ces hauteurs de chute modérées, parce que les terrains difficiles qui ne se laissent pénétrer que d'une petite quantité, à chaque coup, donnent lieu, comme le fait observer M. Lechalas dans son mémoire, à une réaction d'autant plus violente que l'enfoncement a été moindre et qu'on briserait certainement les pieux en essayant de leur faire supporter des chocs par trop énergiques.

On a fait usage de sonnettes ordinaires battant 60 coups par heure, en même temps que de sonnettes à vapeur, et des attachements tenus avec soin ont montré que la dépense, par mètre courant de fiche, était dans le rapport de 1,55 à 1 en faveur des secondes. Tous les pieux ont d'ailleurs été foncés sans incident particulier jusqu'à la rencontre du rocher, dont la présence était indiquée par la netteté des refus.

Le pont de la Belle-Croix auquel ce procédé de fondation a été appliqué se compose de 5 arches en arc de cercle de 11m30 à 15m40 d'ouverture, avec flèches variant de 1m82 à 2m40, et présente dans son ensemble des dispositions étudiées avec le plus grand soin et d'une réelle élégance.

Les mêmes moyens d'exécution ont été appliqués avec un égal succès au pont de Pirmil, à Nantes, dont une partie a été reconstruite à la même époque. Cette partie est composée de 3 arches en anses de panier, de 18 à 22 mètres d'ouverture.

Dans le cas que nous venons de citer, les pieux atteignaient le rocher et y trouvaient un point d'appui parfaitement fixe ; mais fort souvent il n'en est pas ainsi et il est d'une extrême importance de bien déterminer jusqu'à quelle limite d'enfoncement, c'est-à-dire jusqu'à quel *refus*, on continuera le battage.

Lorsque la pointe des pieux doit porter, comme au pont de la Belle-Croix, sur un banc de rocher dont on a relevé la profondeur par avance, il faut, dès que cette profondeur est atteinte, arrêter l'action des sonnettes pour ne pas s'exposer à voir les pieux, par l'effet des vibrations qui leur seraient inutilement imprimées, perdre une bonne partie de leur adhérence au sol, et par suite de leur solidité, en supposant même qu'on n'en déterminât pas la rupture.

Il n'y a d'exception que pour certains calcaires ou bancs schisteux très tendres, dans lesquels les pointes des sabots peuvent plus ou moins pénétrer, et dans ce cas il y a tout avantage à y encastrer, en quelque sorte, les pieux : mais il faut user de beaucoup de prudence, et ne pas chercher à prendre dans le rocher une longueur de fiche dépassant ce qui est réellement utile.

Lorsqu'on ne peut pas battre les pieux jusqu'à un refus absolu comme dans le cas précédent, la limite à laquelle on s'arrêtera ne peut pas être déterminée d'après des règles fixes ; c'est suivant les circonstances locales, la nature du sol traversé et du terrain que la pointe des pieux doit atteindre, les oscillations plus ou moins fortes auxquelles les fondations seront éventuellement exposées, les affouillements à prévoir, etc., que les ingénieurs décident d'adopter tel ou tel refus relatif.

L'expérience a prouvé, d'ailleurs, que même avec d'assez fortes différences admises sur divers chantiers, les résultats obtenus ont été satisfaisants. Ainsi pour le pont de Neuilly dont les pieux, comme nous l'avons dit, sont chargés à 52 kilogrammes par centimètre carré, Perronet s'en est tenu à un refus de 0^m0045 par volée de 25 coups d'une sonnette à tirandes avec mouton de 600 kilogrammes. Au pont de Bordeaux, où les pieux sont d'ailleurs beaucoup moins chargés, le refus adopté a été de 5 millimètres par coup d'un mouton de 550 kilogrammes tombant de 4 à 5 mètres de hauteur. Au pont d'Ivry, M. Emmery, bien qu'il eût prévu l'éventualité de la construction de voûtes en maçonnerie en remplacement des travées en charpente, a fait cesser le battage lorsque l'enfoncement n'était plus que de 0^m0275 sous une volée de 10 coups de mouton de 500 kilogrammes tombant de 3 mètres de hauteur. A Rouen, au contraire, on a voulu un refus de 0^m01 pour une volée de 10 coups d'un mouton de 600 k. tombant d'une hauteur de 3^m50.

Ces diverses quantités ne sont pas comparables, et l'on n'en peut déduire aucune indication précise. D'après M. Morandière, un pieu doit être considéré comme parvenu à un refus complet lorsqu'il ne s'enfonce plus que de 3 à 5 millimètres sous une volée de 30 coups d'une sonnette à tirandes, ou sous un coup de sonnette à déclic avec un mouton de 600 kilogrammes tombant de 4 mètres de hauteur.

Mais il est des terrains presque indéfiniment pénétrables, notamment les terrains vaseux ou tourbeux, dans lesquels on ne peut pas songer à enfoncer des pieux jusqu'à un véritable refus. En pareille circonstance la résistance des pieux provient uniquement du frottement de leur surface contre le terrain ambiant ; elle augmente à mesure que la longueur de fiche est plus grande, et l'on arrête le battage lorsque l'enfoncement constaté sous l'action des derniers coups de mouton est en rapport avec le poids dont on veut les charger.

Les ingénieurs hollandais, qui ont souvent occasion de faire battre des pieux dans les conditions que nous venons d'indiquer, ont adopté une formule que M. Desnoyers a reproduite dans son cours de construction des ponts et dont l'objet est d'établir une relation entre la charge qu'on peut faire porter à un pieu et la quantité dont il s'est enfoncé sous l'action du dernier coup d'un mouton de 800 kilogrammes, tombant de 4^m de hauteur.

Cette formule est la suivante :

$$R = \frac{BH}{6\,E} \times \frac{B}{B+P}$$

R étant la charge à déterminer, B le poids du mouton, H la hauteur de chute de ce dernier, P le poids du pieu déduction faite de la perte de poids pour la partie immergée, enfin E l'enfoncement produit par le dernier coup de mouton.

Par application de cette formule, à l'occasion de la construction des écluses du Zuiderzée, on a admis qu'avec un enfoncement moyen de 0,011 par coup de mouton, pendant les dix derniers, on pouvait charger les pieux de 34.000 kilogrammes, tandis qu'un enfoncement de 0,077, dans les mêmes conditions, devait faire limiter la charge à 5.000 kilogrammes seulement.

Lorsqu'au lieu d'un terrain vaseux, il faut faire pénétrer les pieux dans des sables fins et humides, tels qu'on en rencontre souvent dans le voisinage de la mer, les difficultés du battage deviennent parfois insurmontable ; de là est née l'idée d'employer des *pieux à vis*, c'est-à-dire des pieux munis à leur partie inférieure d'une armature métallique avec filet de vis, pour obtenir l'enfoncement à l'aide d'un mouvement de rotation et sans battage, à la façon d'une vis ordinaire.

Mais en Angleterre, où les pieux de cette sorte ont été employés pour la première fois, un ingénieur, M. Brunless, avait antérieurement réussi à enfoncer dans le sable un assez grand nombre de colonnes creuses de fonte, en faisant passer dans leur intérieur, sous une certaine pression, un courant d'eau qui en remontant à l'extérieur, tout autour de la paroi métallique, désagrégeait le sable et rendait l'enfoncement de la colonne très aisé.

En France, MM. les ingénieurs Stœklin et Vétillard, ayant à faire battre un certain nombre de pieux et de palplanches dans un terrain analogue pour les travaux du port de Calais, ont appliqué avec un plein succès cette même idée de la façon la plus simple et la plus ingénieuse.

Les pieux, à section carrée de 0,22 de côté, devaient prendre 3ᵐ de fiche ; les palplanches, une fiche de 2ᵐ 50.

A l'aide de simples bouts de tuyaux du commerce, de ceux employés pour les conduites de gaz, de 0ᵐ 027 de diamètre et coupés de 2ᵐ 50 à 3ᵐ de longueur, on a disposé, comme notre croquis le représente, deux lances dont la pointe entrait dans le sol de chaque côté du pieu à foncer ; à leur extrémité supérieure aboutissaient des tubes de caoutchouc, en communication avec de petites pompes foulantes des plus ordinaires. Par le fait seul du passage du jet d'eau, chaque lance pénétrait avec la plus grande facilité dans le sol et l'on pouvait, à la main, en tenir toujours la pointe de 0ᵐ 20 à 0ᵐ 30 en contrebas de l'extrémité inférieure du pieu pendant que la sonnette agissait sur ce dernier. Parfois même le mouton simplement posé sur le pieu suffirait, par son poids, pour le faire descendre et le résultat obtenu a dépassé toute attente.

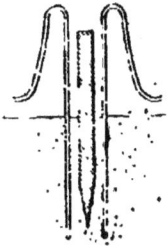

Avec le battage ordinaire, il fallait 15 coups de mouton pour foncer un pieu, 900 coups pour foncer un panneau ; la mise en fiche et le battage duraient 8 h. 36′.

Avec injection d'eau, au contraire, on a pu quelquefois ne pas donner un seul coup de sonnette par panneau ; les pieux et les palplanches, sur lesquels on faisait porter le mouton, descendaient à mesure que les lances désagrégeaient le sable en avant de leur pointe ; il n'a jamais fallu plus de 50 coups de mouton au lieu de 900 pour le fonçage d'un panneau et le même travail, qui primitivement exigeait 8 heures 36 minutes, n'a jamais duré plus de 1 heure 45 minutes et a même été exécuté parfois en 14 minutes.

On comprend quelle a été, dans ces conditions, l'économie de temps et d'argent réalisée [1].

Mais ce moyen, excellent quand on travaille à sec, devient impraticable pour des bancs de sable recouverts d'une haute couche d'eau avec complication de marées ou de courants, et c'est ainsi qu'on a été amené à imaginer les *pieux à vis* dont nous parlions tout à l'heure.

L'invention en est due à un ingénieur de Belfast, M. Alexandre Mitchell ; elle remonte à 1838, c'est-à-dire à près d'un demi-siècle, et on ne peut se défendre d'un peu de surprise en constatant combien les applications en ont été peu fréquentes, malgré tous les services que ce système était susceptible de rendre. Dès 1855, une notice insérée dans les *Annales des Ponts et Chaussées* par M. Chevalier, alors ingénieur en chef, avait signalé les travaux pour lesquels les pieux à vis avaient été employés, et nous-même, l'année suivante, à notre retour d'une mission en Angleterre et en Écosse qui nous avait procuré l'occasion de visiter, dans le plus grand détail, les usines où ces pieux étaient fabriqués, nous avons publié, également dans les *Annales des Ponts et Chaussées* [2], un mémoire dans lequel cette question est traitée avec quelque développement.

Ce n'est cependant qu'à titre exceptionnel jusqu'à présent que ce procédé de fondation semble avoir été appliqué en France.

Suivant les circonstances, les pieux sont exécutés pleins en fer ou en acier, ou bien creux soit en fonte soit en fer forgé. On peut aussi faire usage de pieux de bois auxquels est

---

1. Note sur un nouveau système de fonçage des pieux par injection d'eau, par MM. Stœcklin, ingénieur en chef, et Vetillard, ingénieur ordinaire des Ponts et Chaussées. *Annales*, 1878 (n° 3).

2. Mémoire sur l'Éclairage des côtes de l'Angleterre et de l'Écosse. *Annales*, 1856 (n° 111).

adapté, en guise de sabot, une pièce en fonte ou en acier
avec pointe de tarière et ailes de vis au-dessus.

Les croquis suivants représentent diverses formes de vis
exécutées et employées en Angleterre, selon la nature des
terrains dans lesquels les pieux devaient pénétrer.

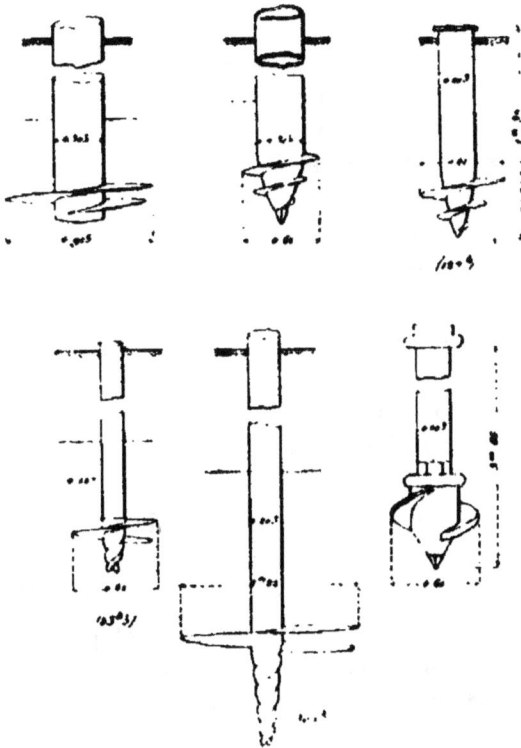

Lorsque la tige est pleine, le fer employé a généralement
de $0^m 12$ à $0^m 20$ de diamètre. Pour les tiges creuses, nous
avons vu fabriquer et employer des cylindres de fer de $0^m 40$
de diamètre extérieur, sur $0^m 06$ d'épaisseur, composés de
trois enveloppes concentriques, forgées et ajustées ensemble
avec la plus grande précision, le tout formant des pieux de
$12^m 50$ environ de longueur, dont le poids dépassait 7.000 kilogrammes.

La partie inférieure de la vis comprend deux parties distinctes, l'une, la pointe de tarière, ayant pour objet de pénétrer dans le sol et d'ouvrir un passage pour y engager les ailes héliçoïdales disposées au-dessus, tandis que celles-ci sont surtout destinées à former patin pour répartir la charge sur une superficie plus ou moins étendue du terrain ambiant.

De là les différentes formes adoptées pour les tarières et pour les ailes, suivant que le sol a plus ou moins de consistance.

Pour foncer ces sortes de pieux, si le sol se compose, par exemple, de sable vaseux peu consistant, il suffit de disposer à la partie supérieure de la tige, des leviers de longueur réglée suivant l'effort à produire, formant comme les rayons d'une roue horizontale sur la jante de laquelle agissent les hommes pour imprimer au système le mouvement de rotation lente nécessaire pour que la vis s'engage dans le sol, et y pénètre jusqu'à la profondeur voulue.

Dans un terrain plus résistant, au lieu de simples leviers, on pourrait fixer, sur la tête du pieu, une poulie horizontale sur la gorge de laquelle agirait une courroie de transmission actionnée elle-même par une machine à vapeur; mais les leviers dont l'effet est plus aisé à régler nous paraissent préférables.

Le but qu'on se propose est, d'ailleurs, de faire pénétrer la pointe des pieux jusqu'à un niveau inférieur à celui que les affouillements peuvent atteindre et d'avoir là, par l'effet des grandes ailes de la vis auxquelles on a donné parfois jusqu'à 1^{m}22 de diamètre, de larges points d'appui répartissant le poids de la construction sur une superficie suffisante pour que tout tassement soit évité.

De semblables pieux employés en grand nombre en Angleterre et même en France, à Dunkerque, pour supporter des phares, ou autres ouvrages à la mer exposés à des chocs répétés et violents, se sont parfaitement maintenus et ont actuellement une existence assez ancienne pour garantir l'excellence du système et en justifier de nouvelles applications.

En 1873, en Italie, sur la Stura, près de Turin, un pont composé de 6 travées de 16^m,50 d'ouverture a été fondé ainsi, avec un succès complet, sur des pieux à vis, bien que le lit de la rivière fut composé de sable et de gravier mélangés de blocs capables de donner lieu aux difficultés les plus sérieuses.

En Calabre, sur le chemin de fer de Tarente à Reggio, à la traversée du Néto, se trouve également un pont biais dont les travées au nombre de sept, et de 24ᵐ de portée, reposent sur des palées composées chacune de 8 pieux à vis, à tige pleine, de 0ᵐ,15 de diamètre, avec ailes d'hélice de 0ᵐ,40 de rayon.

D'autres ponts sont construits ou vont l'être d'après le même système sur divers chemins de fer italiens, et il n'est pas sans intérêt de constater qu'après toutes les applications faites, en particulier dans ce pays, c'est aux vis telles qu'Alexandre Mitchell les avait disposées dès 1838 qu'on a définitivement donné la préférence, avec ce perfectionnement toutefois que les ailes de l'hélice sont maintenant exécutés en acier.

Que les pieux dont on fait usage soient de simples pieux ordinaires en bois ou bien des pieux métalliques à vis, comme ceux que nous venons de décrire, on parvient d'habitude sans trop de peine à en effectuer la mise en place, et c'est seulement quand il s'agit d'établir solidement des fondations pardessus que les difficultés sérieuses commencent.

S'il s'agit de pieux de bois, il faut, le battage terminé, les *recéper*, c'est-à-dire les scier à la partie supérieure de façon que toutes les têtes se trouvent, autant que possible, dans un même plan horizontal. On relève ensuite très exactement la position de chacune de ces têtes et on les reporte sur le plan de battage, pour servir à établir les lignes de compensation suivant lesquelles sont posées les pièces de charpente destinées à relier ensemble tous les pieux d'une même file.

C'est là une main-d'œuvre aisée à exécuter lorsque les têtes des pieux peuvent être mises à sec, mais qui devient souvent fort délicate et difficile lorsqu'il faut y procéder sous une couche d'eau plus ou moins profonde.

Toutes les fois que la nature du terrain dans lequel les pieux sont battus est telle qu'à l'aide de batardeaux, ou de caissons sans fond à parois étanches entourant complètement la fondation, on puisse pratiquer des épuisements sans trop de dépense, on ne doit pas hésiter à prendre ce parti. Les pieux étant mis à découvert, on effectue le recépage à la scie ordinaire, puis on répand sur le sol de la fondation une forte couche de béton dans laquelle toute la partie des pieux en saillie sur le fond doit se trouver entièrement noyée et, cela fait, on pose les chapeaux en les assemblant et les fixant le plus solidement possible sur la tête des pieux. On relie également les files extrêmes à l'aide de fortes moises posées à angle droit par rapport aux chapeaux, et on comble, encore avec du béton, tous les vides existant jusqu'à leur face supérieure entre les pièces de charpente posées en dernier lieu. Enfin on établit sur le tout un solide plancher composé de forts madriers jointifs sur lequel sera posée la première assise de maçonnerie.

Anciennement, l'emploi de ces plates-formes en charpente était regardé, en quelque sorte, comme obligatoire. On donnait le nom de *chapeaux*, comme nous l'avons dit, ou de traversines, aux pièces reposant directement sur la tête des pieux, et celui de *racinaux* ou *longrines* aux pièces qui les croisaient à angles à peu près droits.

L'ensemble de cette charpente à claire-voie, composée de pièces croisées, porte le nom de grillage. Pour certains ponts où le déversement des pieux n'était pas à craindre, les chapeaux ont été simplement posés sur les têtes des pieux sans aucun assemblage ni cheville ; ailleurs, au contraire, des tenons ont été disposés sur la tête des pieux et engagés dans des mortaises préparées dans les chapeaux, puis chevillés ou boulonnés.

Nous venons de supposer que les têtes des pieux pouvaient être mises à découvert pour le recépage ; mais fort souvent c'est à une plus ou moins grande profondeur au-dessous de la surface de l'eau que cette opération doit être effectuée.

On emploie pour cela des scies montées sur des armatures plus ou moins compliquées, suivant le degré de perfection qu'on veut atteindre. Le premier ingénieur qui ait fait usage d'un appareil de ce genre, M. de Cessart, s'était proposé de dresser la tête de chaque pieu suivant une coupe exactement plane et horizontale, de sorte que l'armature de la scie présentait nécessairement une assez grande complication ; elle exigeait par suite un temps fort long pour être montée puis déplacée, pour chaque pieu, et, bien qu'elle ait été très longtemps employée, elle ne faisait en réalité par jour que fort peu de besogne utile.

Au pont de Bordeaux, on obtint de meilleurs résultats de l'emploi d'une scie circulaire montée sur un arbre vertical, et c'est par ce moyen qu'à l'époque actuelle, en Hollande, on effectue, à de très grandes profondeurs, des récépages très régulièrement et très rapidement exécutés.

L'appareil le plus simple et le plus souvent employé est la *scie oscillante* telle qu'elle a été disposée pour la première fois par M. Baudemoulin, vers 1840, pour des travaux de restauration du pont de Tours. Elle consiste en une scie ordinaire de 1ᵐ environ de longueur, montée sur deux pièces courbes en chêne ou perches partant de ses extrémités pour venir se joindre à une hauteur de 2ᵐ,75 au dessus et s'assembler sur une tige verticale percée d'un certain nombre de trous. Une simple cheville passée dans l'un de ces trous, et engagée sur une pièce fixe, sert d'axe de rotation au système et permet d'imprimer à la scie un mouvement de va-et-vient. La pièce fixe est posée sur la tête même du pieu qu'on veut récéper et, à l'aide des trous qu'elle porte elle-même et de la cheville mobile dont on peut faire varier la position, on règle la profondeur à laquelle la scie agira. Cela fait, deux ouvriers, placés l'un d'un côté, l'autre de l'autre, font mouvoir la scie à l'aide de tiges rigides fixées à ses deux bouts et parviennent ainsi assez rapidement, avec un peu de pratique, à récéper les pieux à la hauteur voulue. La coupe qu'on obtient est sans doute cylindrique et non plane, mais avec un rayon d'oscillation de 3ᵐ par exemple et des pieux carrés de 0ᵐ,30 de côté, la flèche due à la surface cylindrique de la tête est à peine de 4 millimètres ; elle se réduit à 2 millimètres pour des pieux de 0ᵐ,22 de côté et il n'en peut résulter aucun inconvénient sérieux dans la pratique.

D'après M. Baudemoulin [1], avec un semblable appareil,

---

1. *Annales des ponts et chaussées*, 1841 (n° 5), 1ᵉʳ semestre, page 224. Voir aussi le 1ᵉʳ semestre de 1846, page 328.

deux ouvriers, dont un charpentier et un aide, ont pu exécuter à la tâche, dans d'excellentes conditions, le récépage d'un grand nombre de pieux à raison de 29 environ par journée de 10 heures de travail.

Toutefois, la profondeur de récépage qu'on peut atteindre de cette façon est assez limitée, et sous ce rapport la scie circulaire montée sur axe vertical et actionnée soit à bras, soit par une machine à vapeur, doit être préférée. Ce dernier appareil devient même le seul applicable lorsqu'il s'agit de récéper des enceintes de pieux jointifs.

En Hollande, pour le pont de Hollandsch-Diep, près de Moerdyck, composé de 14 travées métalliques de 100 mètres de portée reposant sur des piles en maçonnerie, celles-ci sont fondées sur des pieux récépés à l'aide de la scie circulaire, mue à la vapeur, à une profondeur de 6^m,25 au-dessous du niveau moyen des marées, et atteignant jusqu'à 9 mètres au moment des hautes mers.

A Amsterdam, des récépages analogues ont été exécutés avec un plein succès à une profondeur de 7^m en y employant une simple scie circulaire manœuvrée à bras.

De quelque façon que le récépage soit effectué, l'important est d'établir une liaison aussi parfaite que possible entre tous les pieux et de préparer, par dessus, un plan de fondation offrant les meilleures garanties de solidité.

Diverses dispositions peuvent être adoptées pour cela. La plus usitée autrefois consistait, comme nous l'avons dit, dans l'exécution d'un grillage et d'une plateforme en charpente ; mais actuellement elle est peu appliquée et l'on préfère relier la tête des pieux à l'aide de massifs de béton, d'épaisseur plus ou moins forte, dans lesquels toutes les têtes des pieux se trouvent noyées. Il faut pour cela récéper d'abord les pieux à une certaine profondeur au-dessous des plus basses eaux, puis entourer toute la fondation soit d'une enceinte de pieux et palplanches jointifs, soit d'un caisson sans fond, et procéder ensuite au coulage du béton, comme nous le dirons plus loin, en ayant soin de bien remplir tous les vides existant entre les pieux, depuis le fond jusqu'à la hauteur du plan de récépage, et de constituer un massif d'une homogénéité parfaite sur toute son épaisseur, jusqu'au plan de fondation.

C'est de cette façon qu'on a procédé pour le pont de Hollandsch-Diep déjà cité. Ainsi que le montre notre croquis, les pieux battus dans la vase émergeaient de 0ᵐ.75 seulement au-dessus du fond. Une enceinte de pieux débités à la scie et

assemblés à languettes entourait la fondation de chaque pile et l'on a donné au massif de béton une épaisseur de 3ᵐ.50, avec une largeur excédant de deux mètres, en tous sens, celle de la première assise de maçonnerie. Celle-ci, à l'aide d'épuisements, a été établie à 1ᵐ,50 au-dessous du niveau moyen des marées.

Avant que l'emploi du béton fût aussi général qu'il l'est devenu depuis les progrès réalisés dans la fabrication des chaux hydrauliques et des ciments, on a souvent fait usage, pour les fondations sur pilotis, de bateaux ou caissons foncés, descendus sur les têtes des pieux préalablement recépées suivant un même plan et reliées entre elles soit à l'aide de grillages en charpente, soit autrement.

C'est ainsi, par exemple, qu'a été fondé le pont de Bordeaux, terminé en 1822 par M. Deschamps.

Il s'agissait là de s'établir sur un fond de sable vaseux extrêmement affouillable, situé à une profondeur de 6 à 10 mètres au-dessous des basses mers, et recouvrant un terrain un peu plus consistant, situé lui-même à une profondeur variant de 12 à 16 mètres. Les courants de la Garonne atteignent fréquemment, en ce point, une vitesse de 3 mètres par seconde, tant au flot qu'au jusant, et les plus fortes marées s'élèvent jusqu'à 6^m,20 au-dessus des basses mers.

Nous rappelons d'ailleurs que le pont se compose de 17 arches en arc de cercle, dont l'ouverture varie de 20^m,84 vers les rives à 26^m,49 au milieu, et que sa longueur totale est de 486^m,68.

Chaque pile est fondée sur 220 pieux en bois de pin, battus avec le gros bout en bas et munis de sabots en fonte, fixés au moyen d'une tige centrale en fer barbelé. Afin d'éviter pendant le battage les déversements que le peu de consistance du fond vaseux donnait lieu de craindre, on avait descendu à une certaine profondeur sous l'eau, sur l'emplacement de chaque fondation, des grillages en charpente dans les cases desquels les pieux étaient engagés au moment de la mise en fiche, de façon à se trouver ainsi maintenus. Après le battage, on a rempli très exactement, avec des enrochements, tous les vides existant entre les pieux, et les grillages y sont restés engagés, contribuant de la sorte à établir une complète solidarité entre toutes les parties de la fondation. La vase particulièrement agglutinante de la Garonne a rapidement rempli les intervalles des moellons composant les enrochements, et ceux-ci ont formé une masse compacte sur laquelle les courants n'ont produit aucun affouillement. Les pieux ayant été récépés à 3^m,75 en contre-bas des basses mers, à l'aide de la scie circulaire employée là pour la première fois, et les enrochements bien arasés à cette même hauteur, c'est sur la base ainsi obtenue qu'on a fait descendre les caissons foncés contenant les maçonneries de fondation.

Le dessin suivant représente la coupe longitudinale de l'un de ces caissons.

La partie inférieure, sur 4^m,75 de hauteur, avait la forme d'une pyramide tronquée de 23 mètres de longueur sur 8^m,20 de largeur, à la base inférieure, et 22^m,20 sur 7^m,40 à la base supérieure, puis la paroi était verticale sur 6^m,15 de hau-

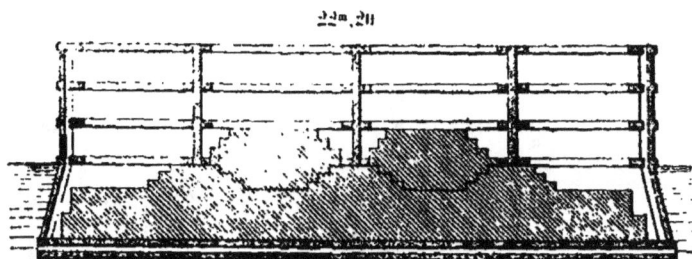

Caissons foncés du pont de Bordeaux.

teur ; le tout était composé de fortes pièces de charpente, avec double plancher à la base inférieure et parois calfatées sur tout le pourtour. Afin d'en maintenir les côtés longitudinaux, des cloisons transversales divisaient les caissons dans le sens de la longueur en quatre compartiments séparés, comme le montre la coupe ci-dessus. C'est dans ces compartiments que l'on commençait les maçonneries pendant que les caissons étaient à flot ; lorsque leur poids devenait suffisant pour amener le fond à porter sur les pilotis, on avait soin, à l'aide de vannes et de clapets disposés à cet effet, de prévenir les soulèvements que les variations incessantes du niveau de l'eau à l'extérieur, à cause des marées, auraient pu occasionner.

Les fondations ainsi exécutées ont eu un plein succès, et le pont s'est constamment maintenu d'une façon parfaite. Pour prévenir les affouillements, les enrochements immergés entre les pilotis ont été continués, dans l'intervalle des piles, formant ainsi une sorte de radier général qui a rapidement pris une grande consistance et est resté inattaquable.

Au pont d'Iéna construit à Paris par M. Lamandé, 10 ans environ avant le précédent, c'est également à l'aide de caissons foncés échoués sur la tête des pieux que les fondations ont été établies ; mais comme la charge est de 52.000 kilogrammes pour chaque pieu et que la tête de ceux-ci est en saillie de 5 mètres par rapport au fond de la rivière, on n'a pas jugé de simples enrochements suffisants pour en remplir les intervalles et l'on y a employé du béton, ce qui est probablement l'application la plus ancienne qui ait été faite de béton immergé pour fondation.

PONT D'IENA A PARIS

Coupe transversale de la fondation d'une pile.   Plan

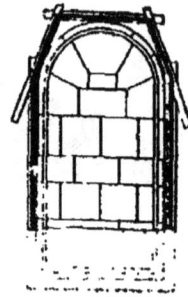

Pour rompre le courant et faciliter l'immersion du béton on avait d'abord battu tout autour de l'emplacement de chaque fondation, comme le montre le croquis ci-dessus, deux enceintes continues dans l'intervalle desquelles étaient immergées des fascines, maintenues par de forts blocs de pierres.

La période des travaux à laquelle le dessin se rapporte est celle où le caisson encore flottant est amené au-dessus des pilotis.

Après exécution des premières assises de maçonnerie et lorsque les caissons ont été échoués sur les têtes des pieux, on a enlevé les enceintes de palplanches et complété les enrochements.

Les caissons employés dans cette circonstance n'avaient, à la partie inférieure, que les dimensions strictement nécessaires pour contenir les maçonneries, comme le montre le plan ; c'est une disposition de nature à rendre fort incommode l'exécution des premières assises, et généralement on donne aux caissons des dimensions plus grandes.

Au pont de Rouen, construit comme le précédent par

PONT DE ROUEN — FONDATION

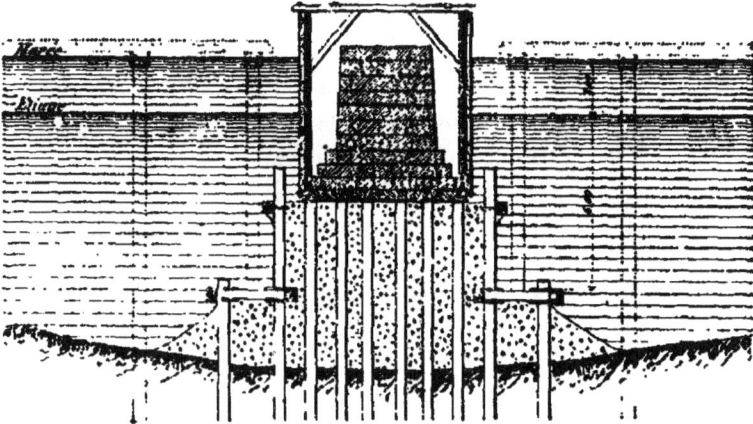

Coupe transversale sur une pile.

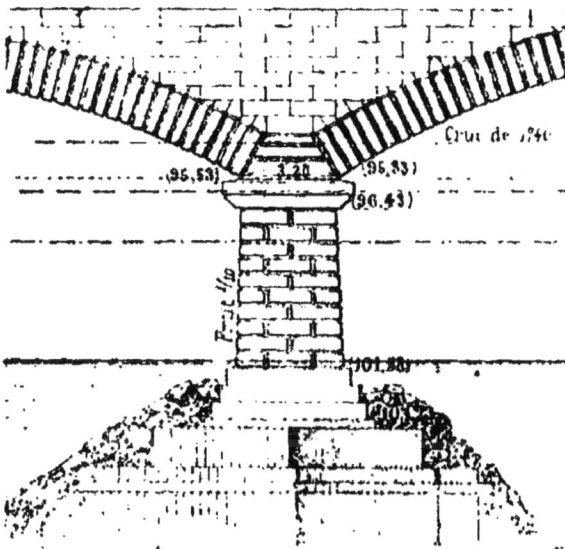

Élévation d'une pile terminée.

M. Lamandé, dont les fondations établies d'une manière analogue comportaient de bien plus grandes difficultés, les dispositions spéciales adoptées ont été les suivantes :

Bien que le plan de récépage eût été descendu à 3 mètres
en contre-bas du niveau moyen des marées et à 5 mètres au-
dessous des hautes mers, les têtes des pieux étaient encore en
saillie de 5m 70 sur le fond du lit. De même qu'au point d'Iéna,
au lieu d'enrochements on a immergé du béton dans les intervalles et, pour donner plus de solidité au massif ainsi obtenu,
la double enceinte de palplanches jointives entourant la fondation de chaque pile a été disposée en crèche basse destinée à
rester en place après l'achèvement des travaux, et remplie elle-
même de béton. Enfin du béton a été immergé encore en
dehors de la crèche et sur tout son pourtour avec talus dressé
à peu près à 45 degrés.

Les dessins qui précèdent feront comprendre l'ensemble de
ces dispositions.

Le premier est la coupe transversale d'une pile après
échouage du caisson foncé et pendant l'exécution des travaux.

Le second représente cette même pile terminée avec enro-
lements ajoutés tout autour et par-dessus les crèches basses.

Les caissons foncés échoués sur pilotis ont été souvent
employés pour des ponts de construction plus récente.

Les dessins suivants représentent ceux qu'on a adoptés
pour les fondations du pont de Bouchemaine, sur la Maine.

Ces sortes de caissons, exécutés avec parois soigneusement
calfatées, sont de véritables bateaux qu'on amène, comme
nous l'avons dit, au-dessus des pilotis d'abord récépés aussi
bas qu'on l'a jugé utile. Lorsque, par l'effet du poids des maçonneries commencées sur leur fond, on en a déterminé l'é-
chouage sur les têtes des pieux, les maçonneries sont conti-
nuées à sec ; jusqu'à ce que leur hauteur dépasse le niveau le
plus élevé que les eaux puissent atteindre à l'extérieur, on
exécute de suite les rejointements et les ravalements ; cela fait
on enlève tout le pourtour du caisson, qui doit être disposé
pour rendre cette opération aussi aisée que possible. Le fond,
formant plate-forme au-dessous de la première assise, reste
seul engagé dans les fondations.

PONT DE BOUCHEMAINE, SUR LA MAINE

FONDATIONS, CAISSONS FONCÉS

Élévation et coupe longitudinale.

Élévation et coupe transversale.

PONT DE BOUCHEMAINE, SUR LA MAINE

FONDATIONS

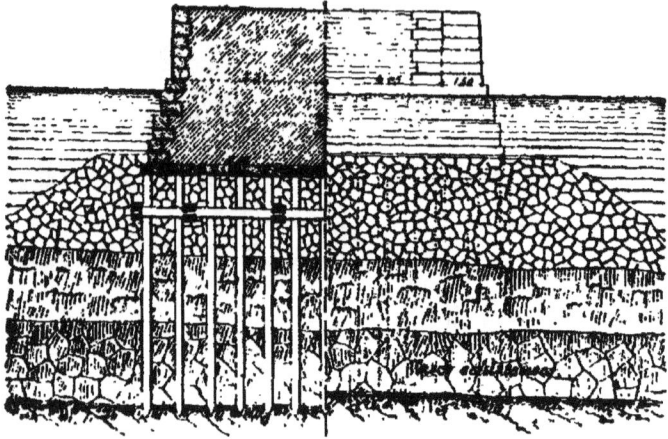

Coupe longitudinale.   Élévation.

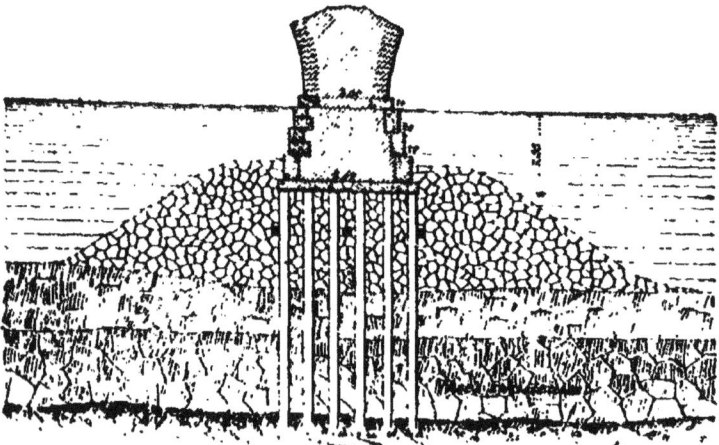

Coupe transversale.

Les dessins ci-contre représentent en élévation, en coupe longitudinale et transversale, l'une des piles pour lesquelles ces caissons ont été employés.

On remarquera qu'au lieu de relier les pieux à l'aide de chapeaux et de longrines fixés à la partie supérieure, on a employé de fortes pièces de charpente descendues entre les lignes de pieux jusqu'à 1^m 58 environ au-dessous du plan de récépage, et reliées entre elles par six cours de moises transversales. Une semblable disposition, lorsqu'elle est praticable sans trop de difficulté et de dépense, est excellente à cause des conditions beaucoup plus favorables qui en résultent pour prévenir les mouvements de flexion ou de déversement, toujours très à craindre lorsque la partie des pieux en saillie sur le fond a une certaine longueur.

Il y avait d'autant plus de raison pour l'appliquer au pont de Bouchemaine que les pieux sont battus dans une couche de vase très peu consistante, et par laquelle ils étaient fort mal maintenus malgré une fiche de 5 mètres. C'est ce qui explique le volume tout à fait exceptionnel donné aux enrochements représentés sur les dessins ; du reste, malgré toutes ces précautions, des mouvements de déversement des pieux se sont produits et n'ont pu être arrêtés qu'avec d'extrêmes difficultés.

Cet exemple, comme ceux qui précèdent, montre combien il importe de rechercher avec le plus grand soin tous les moyens d'assurer à des fondations établies sur pilotis les meilleures conditions possibles de résistance et de stabilité.

C'est qu'en effet les accidents éventuels que comporte ce procédé de fondation sont nombreux et toujours à craindre, avec quelque soin et quelque prudence qu'on procède pour les éviter.

Bien souvent des ponts qu'on croyait d'une solidité parfaite se sont effondrés, pendant des crus exceptionnelles, par suite d'affouillements qui mettaient les pieux à découvert et en déterminaient le renversement ou la rupture. D'autres fois des tassements considérables se sont produits soit brusquement, soit par degrés, plus ou moins longtemps après l'achèvement des travaux, sans que la cause en ait été bien reconnue, et peut-être par suite de modifications dans l'état d'équilibre moléculaire du terrain ambiant par l'effet des mouvements vibratoires auxquels les forts courants donnent toujours lieu, de telle sorte que des pieux, d'abord battus jusqu'à un refus suffisant au moment de la construction, se trouvent ne plus pouvoir porter leur charge.

Dans d'autres circonstances il est arrivé, pour des culées très solidement établies d'ailleurs, que les remblais faisant suite au pont ont déterminé le déversement des pieux de fondation, soit dans le haut lorsque les pointes s'en trouvaient engagées dans le rocher ou dans quelque autre terrain très résistant, soit dans le bas lorsque la masse entière du terrain, comme cela arrive pour les bancs de vase ou de tourbe, était susceptible de fluer vers le vide de l'arche adjacente. De semblables mouvements peuvent entraîner les conséquences les plus désastreuses, pour peu qu'on ait négligé de prendre toutes les précautions nécessaires pour les rendre impossibles.

Il appartient, dans chaque cas particulier, à l'ingénieur chargé des travaux, de se bien rendre compte des dangers le plus à redouter pour des fondations établies sur pilotis, et d'aviser aux moyens d'y parer.

S'il s'agit d'affouillements, au lieu de s'en tenir à la reproduction de ce qui a été fait ailleurs dans des cas analogues, il devra prévoir, d'après le régime du cours d'eau en présence duquel il se trouve, d'après la nature et la composition du fond sur lequel il faut s'établir, si les moyens de protection déjà employés seront suffisants; dans le cas contraire, il faudra imaginer des dispositions nouvelles, comportant de plus grandes garanties de sécurité.

En ce qui touche les tassements verticaux, ils ne seront guère à redouter si l'on a procédé aux sondages et aux essais préalables avec l'attention minutieuse que nous avons recommandée, et si l'on a réglé la charge des pieux avec modération.

Enfin, à l'égard des poussées dangereuses pouvant résulter du voisinage de grands remblais, le mieux sera de les supprimer, en quelque sorte, en éloignant ces remblais le plus possible, soit qu'on donne une longueur exceptionnelle aux murs en retour des culées avec voûtes longitudinales disposées entre ces murs, pour n'avoir pas à en remblayer l'intervalle, soit qu'on prolonge l'ouvrage d'art principal, sur l'une et l'autre rive, à l'aide de viaducs plus ou moins importants.

A défaut de ces grands moyens on peut encore, dans ce dernier cas, disposer dans le fond du lit du cours d'eau un radier général voûté, arc-boutant les poussées soit d'une culée à l'autre, soit entre les culées et les piles s'il y a plusieurs arches ou travées.

Nous citerons plus loin des exemples d'ouvrages de consolidation de ce genre, lorsque nous nous occuperons d'une manière générale des moyens de protection des fondations, de quelque façon que celles-ci aient été établies.

En résumé, les pieux employés avec tout le soin et les précautions nécessaires peuvent rendre les meilleurs services; ils comportent dans ces conditions d'excellentes garanties de solidité et de durée, comme le prouvent les nombreux et très importants ouvrages d'art fondés de cette façon et dont la conservation est parfaite même après une existence plusieurs fois séculaire; mais ils ont cependant donné lieu parfois à de graves mécomptes et les ingénieurs, lorsqu'il n'y a pas impossibilité absolue, préfèrent asseoir les maçonneries directement sur le sol résistant lui-même.

Anciennement on ne pouvait avoir recours pour cela qu'aux batardeaux et aux épuisements, et nous avons vu que ces moyens sont assez limités, quant à la profondeur jusqu'à laquelle on peut les appliquer.

A l'époque actuelle, deux procédés relativement nouveaux permettent plus souvent qu'autrefois de se passer de pilotis : c'est, d'une part, l'emploi du béton immergé dans des enceintes fermées ou dans des caissons sans fond; d'autre part, l'emploi des appareils à air comprimé.

Nous allons nous occuper du premier de ces procédés, réservant le second, à cause de son importance, pour en faire l'objet spécial de l'un des paragraphes de ce chapitre.

Les applications les plus anciennes du béton immergé sont celles que nous avons déjà mentionnées, faites par Lamandé au pont d'Iéna, à Paris, et au pont de pierre à Rouen.

Mais il ne s'agissait là que de remplissages destinés à consolider des pilotis, et non de fondations proprement dites ; ce n'est que quelques années plus tard, après les travaux de Vicat sur les chaux hydrauliques et les ciments et sur la fabrication des mortiers, que l'exécution des massifs de béton sous une couche d'eau plus ou moins profonde est réellement entrée dans la pratique. C'est d'ailleurs par Vicat lui-même que la première application en a été faite, aux fondations du pont de Souillac, sur la Dordogne.

Peu après, M. Baudemoulin l'appliquait aux fondations de l'écluse de Huningue, et publiait en 1829 un mémoire contenant d'excellentes indications sur les précautions à prendre pour la bonne confection et l'immersion du béton, l'enlèvement des laitances, les épuisements, etc. Mais ce n'est que vers 1840, à l'occasion de l'exécution de diverses grandes lignes de chemins de fer, que les applications de ce procédé de

FONDATION SUR MASSIF DE BÉTON IMMERGÉ DANS UNE ENCEINTE
DE PIEUX ET PALPLANCHES

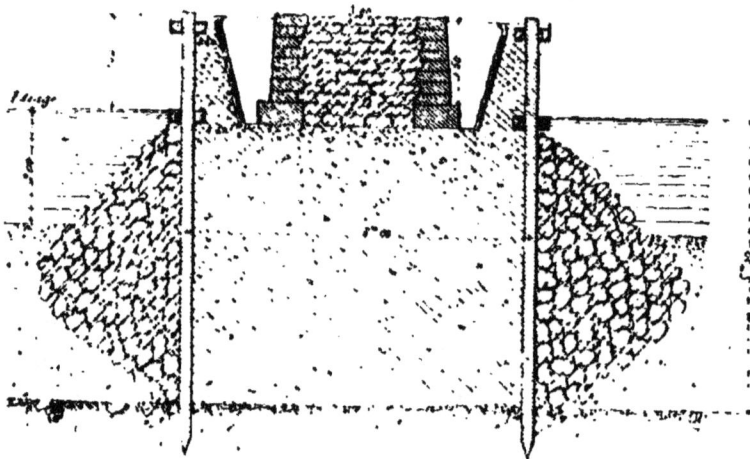

Coupe verticale.

fondation se sont multipliées. Plusieurs des ponts reconstruits à Paris, depuis une trentaine d'années, ont été fondés également sur massifs de béton immergé, et c'est ce même

procédé qu'on a appliqué pour la fondation de la plupart des
piles en rivière du grand viaduc du Point du Jour à Auteuil.

Les dispositions et
l'emploi du béton im-
mergé varient, suivant
qu'on peut ou non bat-
tre des pieux dans le
terrain de fondation.

Dans le premier cas,
c'est-à-dire si le bat-
tage est possible, on
commence par draguer
toute la partie du ter-
rain affouillable et com-
pressible recouvrant la
couche choisie pour y
asseoir les fondations :
cela fait, on établit
autour de l'emplace-
ment de la culée ou de
la pile à fonder une
enceinte continue de
pieux et de palplan-
ches, à l'intérieur de
laquelle le béton est
immergé.

Les dessins ci-contre
représentent en coupe
et en plan une fonda-
tion exécutée dans ces
conditions : les équa-
rissages des pieux et
l'épaisseur des pal-
planches sont forts.

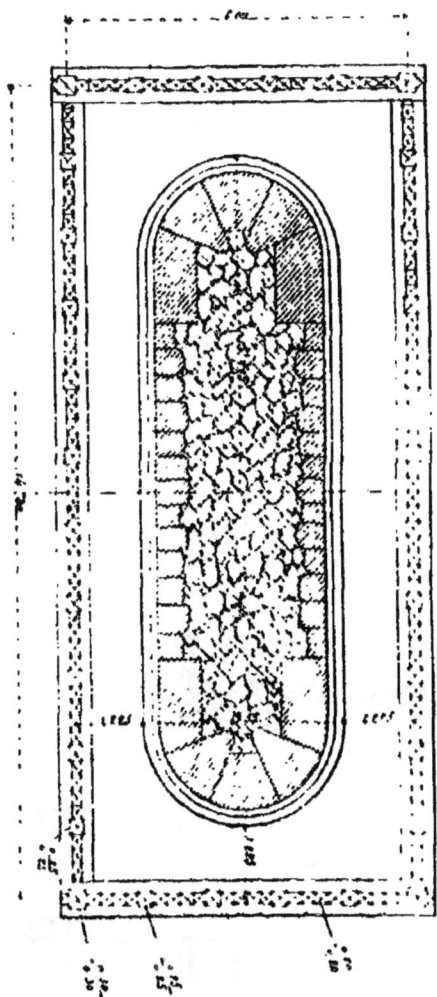

Coupe horizontale au niveau des naissances
et plan.

On commence par battre les pieux, et l'on pose ensuite les
deux cours de moises, celle de dessous le plus bas possible :
puis on continue le battage en introduisant les palplanches

CAISSON SANS FOND POUR FONDATION

sur béton immergé.

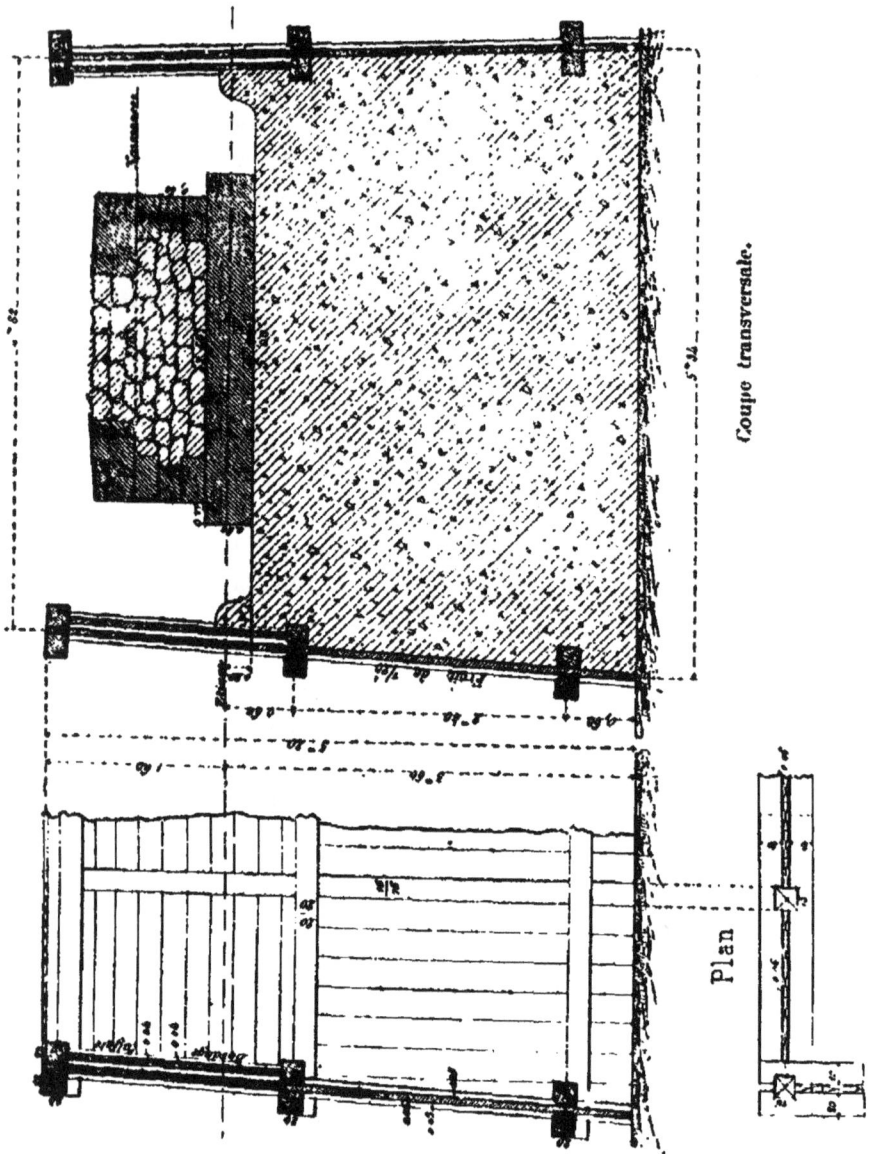

Coupe transversale.

Plan

entre les moises, de façon qu'elles se trouvent ainsi guidées pour former une enceinte aussi régulière que possible.[1]

Une certaine quantité de gravier, de sable ou de vase ayant pu, pendant le battage, se trouver entraînée par le courant et se déposer sur le fond de l'emplacement dragué, il faut, en y employant au besoin des plongeurs, faire nettoyer avec soin toute la surface de fondation et s'assurer qu'elle est bien débarrassée de toutes matières étrangères, aussi exactement dressée que possible et prête à recevoir le béton.

Si le terrain sur lequel on veut fonder ne comporte pas le battage de pieux, s'il s'agit par exemple d'un banc de roche dure, au lieu d'une enceinte de pieux et de palplanches, on a recours à des caissons sans fond, qu'on fait descendre sur le sol de fondation préalablement bien dragué. C'est à l'intérieur de ces caissons que le béton est immergé.

Le dessin ci-contre représente en coupe et en plan un caisson de ce genre indiquant les conditions normales, en quelque sorte, qu'on observe d'habitude en ce qui touche la largeur relative du massif de béton par rapport au socle des maçonneries qu'il doit supporter, les dispositions des parois, leur inclinaison, etc.

Le caisson est composé de poteaux à section carrée de 0m 16 de côté, espacés d'environ 1m 75 d'axe en axe, et reliés par trois cours de moises de 0m 20 sur 0m 20 de section[1]. Dans l'intervalle des poteaux, des madriers jointifs sont engagés entre les moises pour former une paroi pleine et dans la partie supérieure on ajoute, du côté intérieur, un second bordage en planches posées horizontalement et calfatées, pour servir aux épuisements pendant l'exécution des premières assises du

---

1. On peut employer les formules suivantes pour déterminer l'équarrissage des pieux et l'épaisseur des palplanches. Pour les pieux, $e = 0,40 + 0,025 \times h$ et pour les palplanches, $e = 0,05 + 0,015 \times h$. Dans ces formules, h est la hauteur et e le côté ou l'épaisseur à calculer. Pour $h = 2m$, l'équarrissage des pieux serait de 0,15 sur 0,15 et l'épaisseur des palplanches de 0,08. Pour $h = 3m$, 0,225 sur 0,225 et 0,125.

Nous n'attachons d'ailleurs qu'une importance secondaire à ces formules, auxquelles on ne peut demander qu'une première indication, les équarrissages des pieux et les épaisseurs des palplanches n'étant pas fonction de la hauteur seule.

socle qu'on doit toujours poser un peu au-dessous de l'étiage.

L'ensemble forme une pyramide tronquée, la grande base en bas, dont les parois sont plus ou moins inclinées suivant l'empattement qu'on veut donner aux fondations.

Pour les premières applications faites du béton immergé on avait peut-être exagéré cet empattement et par suite l'inclinaison des parois, comme le montrent les dessins suivants du caisson employé pour les fondations d'un pont sur le Cher, construit par M. Morandière en 1845-1846.

La rivière, sur ce point, coule sur un fond de gravier et de sable recouvrant un banc calcaire situé de 1m 80 à 2m 16 au-dessous de l'étiage.

On était donc placé dans des conditions de nature à pouvoir fonder à l'aide de batardeaux et d'épuisements, et si l'ingénieur en chef qui dirigeait les travaux (Baudemoulin) a préféré employer les caissons sans fond et le béton immergé, c'était dans l'espoir parfaitement réalisé, d'ailleurs, d'obtenir ainsi une très grande promptitude d'exécution et de sérieuses économies.

Un mémoire inséré dans les *Annales des Ponts et Chaussées* [1] donne à cet égard les renseignements les plus complets et justifie, de tous points, les dispositions adoptées.

Quelles que soient les dimensions des caissons, les moyens appliqués pour en effectuer le montage et la mise en place sont toujours les mêmes et nous ne saurions mieux faire pour les décrire que d'emprunter à un mémoire de MM. Bassompierre, ingénieur en chef, et de Villiers du Terrage, ingénieur ordinaire des ponts et chaussées, sur les travaux de construction du viaduc du Point du Jour, les dessins et les explications qui suivent [2].

Les caissons étaient formés de poteaux en chêne de 0m 15 d'équarrissage reliés par quatre cours de moises. L'enceinte était complétée par des palplanches en sapin destinées à main-

---

1. Notice sur divers procédés employés pour fonder des piles de ponts au moyen de caissons en charpente sans fond, etc., par Croizette-Desnoyers, ingénieur des ponts et chaussées, 1840, 2e semestre, n° 219.

2. Mémoire sur le viaduc du Point du Jour ; *Annales* de 1870, n° 244.

CAISSON SANS FOND DU PONT DU CHER

(Ligne de Tours à Bordeaux)

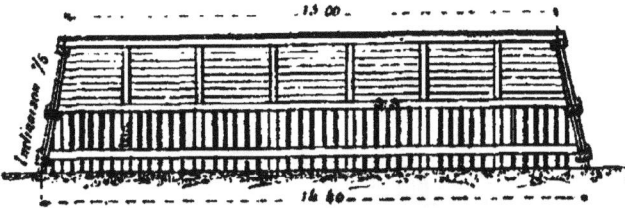

Élévation.

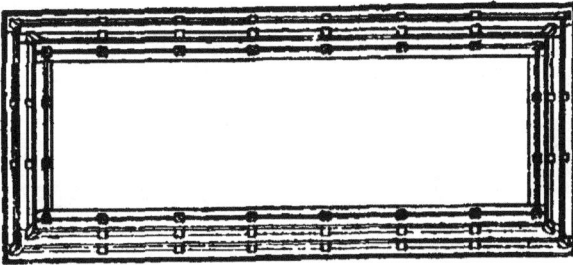

Plan.

Coupe longitudinale.

Coupe transversale.

tenir le béton. Enfin un bordage horizontal en planches jointives fixées au moyen de tire-fonds à la partie supérieure des
poteaux formait batardeau, pour permettre la construction à
sec des premières assises des piles.

VIADUC DU POINT DU JOUR. — Fondation des piles en rivière.

Caisson avant l'immersion.

Pour le levage et l'échouage des caissons, quatre bateaux,
de ceux désignés sous le nom de *margotats*, avaient été amenés et amarrés au-dessus de l'emplacement de la fondation et
portaient un plancher de dimensions en rapport avec celles des
caissons qui avaient 34^{m}94 de longueur, 8^{m}95 de largeur et
8^m de hauteur. Par-dessus le plancher s'élevait un échafaudage composé de chevalets d'environ 9^{m}50 de hauteur convenablement reliés entre eux, et portant des treuils destinés à
soulever les caissons et à les soutenir pendant l'immersion.
Quatre chèvres fixées aux extrémités servaient également pour
cette dernière opération.

On a commencé par assembler et lever sur le radeau l'ossature des grands côtés, puis on les maintenait avec l'inclinaison
de un vingtième qu'ils devaient présenter ; après avoir procédé de même pour les petits côtés, on les a réunis aux

VIADUC DU POINT DU JOUR — Fondation des piles en rivière.

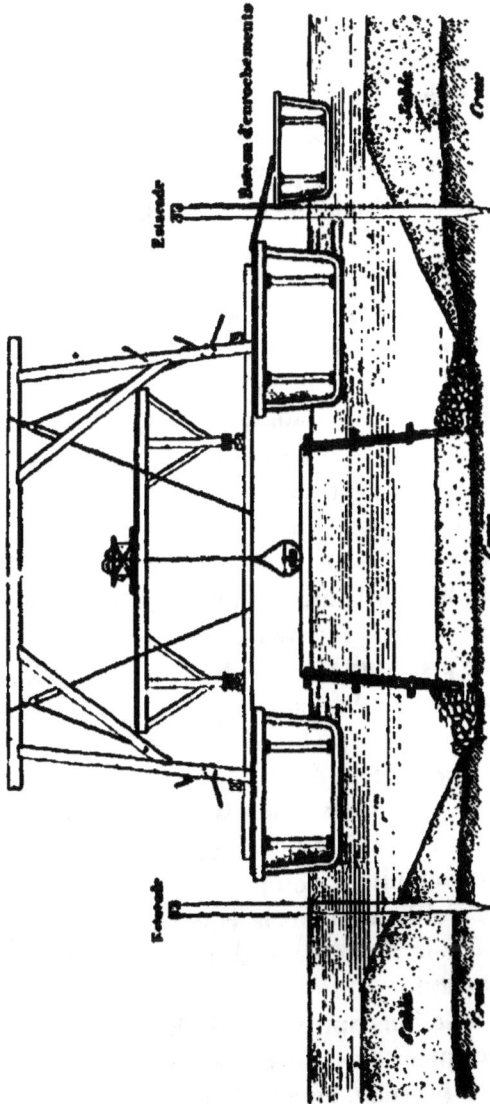

Caisson immergé. Coulage du béton.

premiers, puis on a fixé le bordage supérieur et mis en place les palplanches des angles, celles qui à cause de la forme trapézoïdale des parois devaient avoir elles-mêmes plus de largeur à la base qu'au sommet.

Le caisson était alors prêt à immerger et l'opération a pu s'effectuer très régulièrement, en quelques heures, à l'aide des treuils, des chevalets et des chèvres disposées, en outre, aux quatre angles. La descente terminée, on faisait descendre entres les moises, par les moyens ordinaires, les palplanches réunies à l'avance en panneaux, et l'on avait soin, d'ailleurs, de lester convenablement le caisson pour l'empêcher de flotter.

L'ensemble de l'échafaudage et du radeau qui le supportait offrait une extrême rigidité, et cette circonstance a été fort heureusement utilisée pour transporter d'une pile à une autre, à la suite d'une crue de la Seine, un caisson qu'on ne pouvait pas immerger sur l'emplacement au-dessus duquel on en avait effectué le montage, parce que la fouille ayant été ensablée un nouveau dragage était devenu nécessaire.

Après l'échouage du caisson, une grue roulante, figurée sur le second dessin ci-dessus, et pouvant se mouvoir sur rails d'un bout à l'autre du plancher, était disposée sur ce dernier pour servir à l'immersion du béton.

Afin de protéger l'ensemble de l'installation contre le choc des bateaux circulant sur la Seine, des estacades en pieux, reliés entr'eux par quelques bordages, entouraient complètement l'emplacement de la pile sur laquelle on travaillait.

Lorsque toutes ces dispositions préliminaires étaient prises et qu'on en venait au coulage du béton, l'opération a toujours été conduite à peu près de la même manière et il n'en est pas, d'ailleurs, dans la construction d'un pont, qui exige, de la part de l'ingénieur, une surveillance plus attentive et plus constante.

Les fondations sur massif de béton immergé ont été si souvent pratiquées avec succès qu'on ne saurait contester la valeur de ce procédé, eu égard surtout aux avantages qu'il comporte sous le rapport de l'économie de temps et d'argent, mais il ne faut jamais perdre de vue que la moindre faute, la négligence en apparence la plus excusable, peut entraîner les conséquences les plus graves.

Pour un travail de ce genre, l'ingénieur doit être constamment présent sur le chantier, et s'il ne le peut pas, il faut qu'il y soit remplacé par un conducteur ou chef de chantier méritant toute sa confiance et assisté de surveillants avec le concours desquels on ne puisse avoir aucun doute sur les dosages de la chaux, du sable et du caillou, la fabrication du mortier et du béton et la rigoureuse observation de toutes les dispositions spéciales prescrites pour éviter la moindre malfaçon.

Il va sans dire qu'aucune chaux ne doit être employée sans avoir au préalable fait l'objet des essais les plus attentifs, renouvelés pour chaque livraison en particulier.

Ces dispositions prises, on doit s'organiser de façon que la fabrication et le coulage du béton soient menés le plus rapidement possible.

Au viaduc du Point du Jour, le coulage s'effectuait à l'aide de 6 caisses avançant parallèlement sur trois lignes, et le travail était conduit de façon à assurer l'accumulation des laitances vers l'aval, où une pompe Letestu était disposée pour les enlever. L'emploi des enrochements avait lieu d'ailleurs en même temps que le coulage du béton, comme il est toujours nécessaire de le faire pour empêcher toute déformation des parois du caisson, sous l'action des poussées intérieures.

A cause de la rapidité avec laquelle on pouvait marcher, le béton paraît avoir été coulé en un seul massif pour chaque fondation, mais d'ordinaire ce n'est pas ainsi qu'on procède et l'on règle l'avancement par gradins, comme le montre le croquis de la page 133. Pour le béton immergé, cette façon d'effectuer le coulage est d'autant mieux indiquée qu'elle favorise tout particulièrement l'écoulement des laitances vers un même point et en facilite l'enlèvement. Afin de mieux assurer encore cette concentration des laitances, on peut y employer un balai, mais en ayant soin qu'il soit très souple et ne puisse pas désagréger le béton.

On peut admettre pour cela les balais de bouleau, pourvu

que les brins en soient très déliés et flexibles. Quelques ingénieurs préfèrent les balais composés de paille serrée entre deux planchettes boulonnées l'une sur l'autre. On pourrait également se servir de bandes minces de caoutchouc souple de 8 à 10 centimètres de largeur, serrées, comme dans le cas précédent, entre deux bouts de bois.

Divers appareils sont employés pour couler le béton sous l'eau. Dans le principe, on s'était servi de trémies en planches dont la partie inférieure s'appuyait sur la surface où l'on voulait étendre le béton, ou bien encore de tuyaux en forte toile. Quelques fondations ont été exécutées avec succès de cette façon ; mais les trémies sont actuellement abandonnées et remplacées par les caisses qu'on descend dans l'eau après les avoir remplies de béton, et dont le fond s'ouvre à l'aide d'un mécanisme spécial, lorsqu'on a atteint la profondeur à laquelle l'emploi doit être fait.

De très importantes fondations ont été exécutées avec un plein succès en y employant des caisses carrées en bois contenant seulement $\frac{1}{10}$ de mètre cube de béton. Maintenant, au contraire, on préfère les caisses de grand volume et on les fait demi-cylindriques, à convexité tournée en bas, avec portes à deux vantaux pour assurer d'un seul bloc la sortie de tout le béton qu'elles contiennent. La capacité de celles employées au viaduc du Point du Jour était de un quart de mètre cube.

Les caisses, en se vidant, forment une série de petits monticules qu'il faut parvenir à égaliser en tâchant, en même temps, de comprimer la surface du béton. On doit, pour cette opération, qui demande comme les précédentes une extrême prudence, s'abstenir de toute percussion, et n'y employer que des dames composées de bouts de planches emmanchées et chargées de poids, qu'on pose sur le béton en le comprimant doucement et le serrant le mieux possible contre les parois du caisson. Quelques ingénieurs ont essayé de rouleaux en bois, dont le poids était réglé à l'aide de pièces de fonte ou de fer fixées à l'intérieur, mais l'usage en était gênant pour la marche régulière du coulage du béton et l'emploi ne s'en est pas généralisé.

On arrête le coulage du béton lorsque la surface du massif, bien exactement régularisée suivant un plan horizontal, n'est plus qu'à une faible distance en contrebas du niveau de l'étiage, et l'on suspend alors tout travail pendant le temps jugé nécessaire pour que le béton fasse une bonne prise.

Il n'y a pas de règle précise à l'égard du délai à observer pour cela ; l'hydraulicité de la chaux employée en est le meilleur élément d'appréciation. Mais, quelque favorables que soient les conditions dans lesquelles on se trouve, plus on attendra pour commencer les épuisements par dessus un massif de béton, et mieux cela vaudra. Le désir de hâter l'exécution des travaux, d'atteindre tel ou tel résultat avant la fin d'une campagne, portent souvent les ingénieurs à abréger le délai dont il s'agit ; mais ils doivent ne jamais perdre de vue que pour s'avancer peut-être de quelques jours, ils s'exposeraient aux accidents les plus graves si, à grand renfort de pompes et de locomobiles, ils venaient pratiquer des épuisements par dessus des massifs de fondation hors d'état de les supporter.

Quelquefois, pour que le béton ordinaire soit moins exposé, on termine le massif, dans le haut, par une couche d'un mètre environ d'épaisseur en béton avec mortier de ciment ; dans tous les cas, avant de commencer à épuiser, il est bon de garnir d'un bourrelet de ciment tout le périmètre du massif pour établir un raccordement étanche avec le bordage calfaté de la partie supérieure. Cette dernière disposition est figurée sur la coupe donnée ci-dessus à la page 184.

Pour les enceintes de pieux, le calfatage de la partie supérieure étant plus difficile à obtenir, on élève d'habitude contre les parois, tout autour de la fondation, comme le montre la figure de la page 182, un batardeau en béton de ciment, bien relié avec la surface du béton ordinaire et de force suffisante pour résister aux pressions éventuelles en cas de crues.

Au viaduc du Point du Jour, les épuisements ayant été fort laborieux pour quelques piles, malgré toutes les précautions prises, on a eu recours à des caissons-batardeaux posés à la surface du massif de béton et à l'intérieur desquels on a exécuté les premières assises de maçonnerie.

Ce qui rend en général ces sortes d'épuisements difficiles, c'est que l'adhérence parfaite du béton, pendant le coulage,

VIADUC DU POINT DU JOUR — Fondations.

Caisson batardeau employé pour les épuisements.

Coupe de la pile n° 3.

avec les parois de bois du caisson est impossible à obtenir, surtout à cause de la saillie des moises ; si l'eau arrivait par là en trop grande abondance, il faudrait suspendre les épuisements et disposer par dessus le massif de béton une sorte de cuve en ciment, à bords relevés contre les parois du caisson, et à l'intérieur de laquelle on exécuterait les maçonneries après l'avoir vidée. — Pour peu d'ailleurs que quelques solutions de continuité existent dans la masse du béton, l'eau y pénètre et remonte jusqu'à la surface, en donnant lieu à des sources de nature à entraîner le mortier dont la prise est encore incomplète et à causer les plus graves désordres. Si néanmoins le béton ne manque pas de solidité, on pourrait recourir à un caisson foncé parfaitement calfaté, dont le fond resterait engagé sous la première assise de maçonnerie.

Rien ne prouve mieux le danger en présence duquel on se trouve, pendant cette phase de l'exécution de fondations sur béton immergé, que les faits rapportés par M. Croizette-Desnoyers, dans son *Traité de la construction des ponts*, à propos des ouvrages en assez grand nombre détruits par les crues exceptionnelles de 1875.

Au pont de Madame, sur l'Aude, chemin de fer de Carcas-

sonne à Quillan, une pile avait éprouvé des tassements inégaux, variant de 0ᵐ,40 à 0ᵐ,43, et la reconstruction en fût
jugée nécessaire. Or, en enlevant l'ancien massif de béton, on
constata que ce dernier, divisé par blocs, séparés par de larges fissures remplies de gravier, de sable ou de vase, était de
consistance très inégale et que, au bout de quatre années depuis l'emploi, la prise n'en était pas partout complète.

De même au pont d'Empalot, sur la Garonne, dont la reconstruction a eu lieu dans des circonstances analogues, on a
constaté, pendant la démolition des anciens massifs de béton,
que certaines parties n'étaient plus composées que de gravier, tout le mortier en ayant été délayé, et que d'autres contenaient encore des laitances à l'état pâteux.

Plusieurs observations du même genre ont pu être faites
lors de la reconstruction des nombreux ponts détruits, en 1870
et 1871, par suite des désastres que l'on sait. Dans les anciennes fondations en béton immergé sur lesquelles reposaient quelques-uns de ces ouvrages, qui s'étaient fort bien
maintenues d'ailleurs jusque-là, on a souvent trouvé des amas
de caillou délavé, soit que la chaux eût disparu par suite d'é-
puisements prématurés, soit que la prise n'en eût jamais été
complète par suite d'un enlèvement insuffisant de la lai-
tance.

Nous estimons donc qu'on ne saurait trop multiplier les
précautions prises, tant au moment du coulage du béton que
pendant les épuisements ultérieurs, pour atténuer le plus possible les chances de délavage du mortier.

Les toiles, par exemple, dont on a obtenu de si bons effets
pour certains batardeaux, pourraient sans doute être également appliquées avec grand profit aux fondations sur béton
immergé, soit avec enceintes de pieux, soit avec caissons sans
fond. L'augmentation de dépense ne serait pas excessive et
les avantages réalisés la justifieraient pleinement. Au lieu de
garnir la partie supérieure du caisson d'un bordage calfaté
dont l'effet répond rarement à ce qu'on en attendait, nous pré-
férerions voir disposer un bordage intérieur sur toute la hauteur du caisson en planches entières qui n'auraient même pas
besoin d'être exactement jointives, de façon à former une

paroi unie supprimant les saillies des moises. C'est sur ces dernières que les planches seraient fixées, en ayant soin de les soutenir par derrière à l'aide d'un certain nombre de cours de tasseaux horizontaux, pour ne pas être obligé de leur donner une forte épaisseur et n'avoir pas à craindre cependant de les voir fléchir sous la poussée du béton. Par dessus ces parois unies serait clouée une toile garnissant complètement tout l'intérieur du caisson, avec coutures très soignées. Sur chacun des quatre côtés, la toile aurait dans le bas un excédant de deux ou trois mètres de longueur préparé pour être déroulé plus tard et étalé sur le fond de la fouille. Le caisson étant ainsi disposé et descendu sur l'emplacement qu'il doit occuper, des scaphandriers dérouleraient les bouts de toile enroulés au bas des quatre côtés du caisson et étendraient ensuite par dessus, en le déroulant également sous l'eau à la façon d'un tapis, un cinquième panneau de toile ayant exactement les dimensions de la base inférieure du caisson. Le tout serait maintenu de distance en distance à l'aide de quelques blocs de pierre convenablement placés.

On procéderait alors à l'immersion du béton à la façon ordinaire et le massif tout entier se trouverait ainsi enfermé dans une sorte d'enveloppe continue en toile imperméable, de nature à atténuer dans une forte mesure sinon à supprimer complètement tout passage d'eau à travers le béton pendant les épuisements. Pour compléter l'installation, des pompes seraient disposées tant à l'aval qu'à l'amont, les premières pour aspirer au fond les laitances et les rejeter au dehors du caisson d'une façon permanente, les secondes pour puiser au dehors et introduire dans le caisson une même quantité d'eau claire, afin de maintenir l'égalité des niveaux, en évitant, cela va sans dire, tout tourbillonnement pouvant devenir nuisible.

Sur les rivières torrentielles, charriant à la moindre crue des eaux chargées de limon, mieux vaudrait suspendre l'opération que de laisser pénétrer dans le caisson des eaux bourbeuses dont l'effet serait d'ajouter au béton une proportion d'argile délayée suffisante pour en compromettre la prise, et offrant dans tous les cas le très grave danger de donner lieu, pendant les moments de repos, à la formation de légères couches de limon divisant la masse du béton en blocs irréguliers sans liaison entr'eux.

Un autre moyen de succès plus efficace encore que l'emploi de la toile serait d'exécuter le béton soit entièrement avec mortier de ciment à prise lente, soit tout au moins avec mortier de chaux hydraulique additionnée d'une certaine proportion de ciment.

Des considérations d'économie s'opposent malheureusement presque toujours à l'emploi du ciment seul, mais une addition à la chaux de 10 ou 15 0/0 de ciment, par exemple, n'occasionne pas une bien grande augmentation de dépense et détermine toujours une prise bien plus prompte et plus complète du béton. Quelques ingénieurs, il est vrai, désapprouvent ces sortes de mélanges, mais nous nous en sommes toujours fort bien trouvé quand nous les avons pratiqués, et nous ne connaissons aucun exemple d'insuccès dû à cette cause. Le point essentiel est d'opérer avec le plus grand soin le mélange de la chaux et du ciment en poudre, avant de les employer à la fabrication du mortier.

Pour terminer ce qui se rapporte à cette question des fondations sur massif de béton immergé, nous ne saurions mieux faire que de transcrire textuellement les conclusions de M. Croizette-Desnoyers, dont nous partageons de tous points l'opinion sur ce sujet :

« En résumé, ce mode de fondation qu'il serait très regret« table de prohiber d'une manière générale, attendu que dans « un très grand nombre d'exemples il a donné d'excellents « résultats, ne doit être appliqué, à notre avis, qu'avec un « fond de roche très compact, pouvant être mis à nu facile« ment, ou de gravier incompressible, avec des enceintes des« cendues très bas et dans des eaux claires. Il faut l'écarter « quand la dureté du sol inférieur est variable, quand ce sol « est affouillable au-dessous des pieux, et enfin lorsque le « cours d'eau est rapide, torrentiel et que ses eaux apportent « de la vase ou de l'argile à la moindre crue. »

En d'autres termes, le procédé de fondation sur massif de béton immergé peut assurément être appliqué dans bien des cas avec grand avantage, mais il exige des conditions toutes spéciales pour réussir à coup sûr, et lorsque ces conditions ne se trouvent pas réunies il y aurait imprudence à fonder de cette façon un ouvrage de quelque importance.

Quelques applications du béton immergé pour fondations ont été faites en Hollande et aux États-Unis suivant des dispositions très différentes de celles adoptées d'habitude en France ; il y a intérêt, sous ce rapport, à en dire quelques mots.

Pour un pont à construire sur le canal du Nordzée, on avait à établir les fondations sur un terrain situé à une grande profondeur sous une couche de vase fluente ; on ne pouvait donc pas songer à tenter un dragage à la façon ordinaire au-dessus de l'emplacement de chaque pile, puisque la fouille aurait été immédiatement comblée. Au lieu d'une enceinte de pieux ou d'un caisson sans fond en charpente, on a eu recours à des caissons en fonte composés de plaques quadrangulaires portant des nervures sur leurs quatre côtés, pour servir à les boulonner ensemble et en former d'abord des zones horizontales ou anneaux qu'on superposait ensuite, et obtenir ainsi le caisson complet.

Le bord inférieur du premier anneau, dans le bas, était disposé en taillant. Un plancher établi à l'aide de pieux, au-dessus de l'emplacement de chaque fondation, servait à effectuer le montage ; lorsqu'une certaine hauteur de caisson était assemblée, on la laissait descendre dans l'eau, en ajoutant de nouvelles zones jusqu'au moment où le bord inférieur venait poser sur la vase. On disposait alors sur le plancher supérieur une drague à godets agissant au centre même du caisson, et celui-ci, par l'effet seul de son poids, s'enfonçait dans la vase à mesure du progrès de la fouille, en étant guidé d'ailleurs dans son mouvement de descente par des glissières fixées sur les pieux de l'échafaudage. On a pu atteindre ainsi le terrain solide à des profondeurs variant de 10 à 12 mètres sous l'eau ; cela fait, on immergeait du béton dans les cylindres de fonte sur 6 mètres environ de hauteur, puis on épuisait en ayant soin d'étançonner les parois à l'intérieur, et on exécutait les maçonneries à sec par dessus le béton. Sauf quelques accidents occasionnés par des ruptures de la paroi de fonte, toutes les fondations exécutées de cette façon ont parfaitement réussi.

Aux États-Unis, il s'agissait d'un travail bien autrement important et difficile. Le sol de fondation était situé, en effet, à 30 et 38 mètres au-dessous du niveau des plus basses mers et pour l'atteindre il fallait, sous une profondeur d'eau de 15 à 18 mètres, à marée basse, traverser des couches de vase, d'argile bleue et de sable ayant ensemble une épaisseur d'environ 20 mètres. Le pont à construire, celui de Poughkeepsie, à la traversée de l'Hudson, était d'ailleurs composé de 5 travées de 160 mètres de portée chacune, franchissant la rivière à une hauteur de 62^m.

L'ouvrage en charpente employé pour les fondations peut bien être considéré comme un caisson, mais présentait des dispositions tout à fait spéciales. Pour une pile, ce caisson avait 30^m,72 de longueur sur 18^m,48 de largeur, et l'on a employé pour sa confection 5.900 mètres cubes de bois de pin et 350 tonnes de fer.

Le bois avait été préparé en pièces d'échantillon régulier ayant toutes 0^m,30 sur 0^m,30 d'équarrissage, et dans son ensemble le caisson se composait d'une enveloppe rectangulaire à l'intérieur de laquelle se croisaient à angle droit 4 cloisons longitudinales et 7 cloisons transversales, divisant ainsi, en plan, la surface du caisson en 40 cases de dimensions inégales comme le croquis ci-après le fera comprendre.

Cette énorme charpente étant destinée à descendre dans la vase à mesure de l'avancement d'un dragage à faire à l'intérieur, le bord inférieur des parois et des cloisons en était disposé en forme de biseau tranchant et recouvert d'une armature en tôle comme nous l'indiquons sur l'un des dessins suivants :

Les compartiments formés par les cloisons se coupant à angle droit étaient de dimensions inégales et avaient, ceux situés contre les parois longitudinales, environ 1^m,20 de largeur, ceux longeant les parois transversales, ou petits côtés du rectangle, 0^m,90 ; les uns et les autres étaient remplis de béton à mesure de l'avancement et de la descente du caisson, for-

mant ainsi avec les parois de bois adjacents de véritables murailles ayant en tout 2ᵐ,70 d'épaisseur pour les grands côtés et
2ᵐ,40 dans l'autre sens.

Les compartiments de la rangée occupant le centre, dans le
sens de la longueur, étaient également remplis de béton et
formaient une muraille intermédiaire de 4ᵐ,20 d'épaisseur,
dont 3 mètres de béton et 0ᵐ.60 de revêtements en bois sur
chaque face.

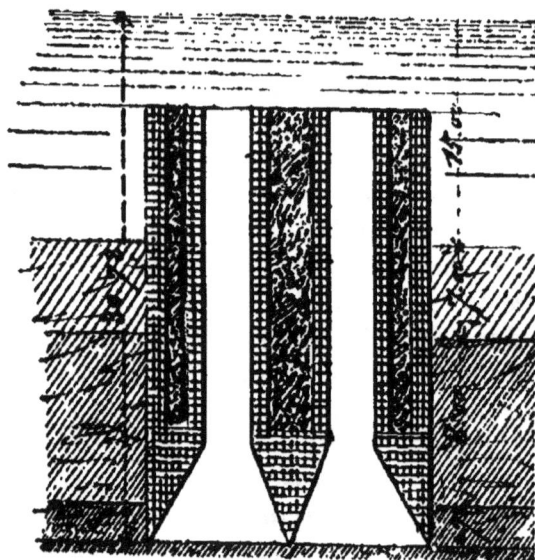

Sur les deux rangées de cases restées vides étaient disposées des dragues enlevant, à mesure, le terrain à déblayer et

leur fonctionnement était réglé de façon à obtenir une descente exactement verticale. Au besoin, des scaphandriers descendaient dans ces compartiments, soit pour enlever les obstacles gênant les mouvements du caisson, soit pour dresser le sol de fondation quand on l'avait atteint. Parvenus à ce point, les travaux étaient continués comme avec les caissons ordinaires sans fond et le succès a d'ailleurs été complet.

Il y a eu là, sans contredit, une application des plus remarquables du béton immergé. Le procédé ne saurait convenir que pour des circonstances tout à fait exceptionnelles ; mais, celles-ci se rencontrant, il offre le très grand avantage de permettre d'atteindre le sol de fondation à une profondeur plus grande que par tout autre moyen, même qu'avec l'emploi de l'air comprimé. On ne pourrait plus sans doute, au-delà de 30 à 35 mètres, faire descendre des scaphandriers au fond de la fouille pour la dresser, mais par le fait seul de l'action des dragues, la continuation du travail resterait praticable bien au-delà de cette limite, pourvu que le terrain à traverser ne contînt ni blocs de rocher, ni autres obstacles à une descente régulière.

Lorsque le lit d'une rivière est composé soit de gravier, soit de sable à peu près incompressible, mais éminemment affouillable, jusqu'à d'assez grandes profondeurs, on a pensé pouvoir fonder des ponts dans des conditions satisfaisantes en les établissant sur des radiers généraux.

Nous avons vu (page 35) qu'à Rome le pont Œlius avait été fondé de cette manière, dans des conditions particulièrement remarquables de solidité.

Le radier, en effet, se composait de voûtes renversées et entrecroisées, ayant pour objet non seulement de protéger le pont contre les affouillements, mais encore d'en faire porter le poids sur une très grande surface.

Toutes les pierres en étaient appareillées avec le plus grand soin et reliées entr'elles, sur toutes leurs faces de joints, par une multitude de crampons et de clefs, de sorte que pour exécuter un semblable travail on avait dû sans doute détourner la rivière, au moins par moitié alternativement, établir des batardeaux et pratiquer des épuisements permettant de maçonner à sec. Le succès avait été complet et ces fondations exécutées dans la première moitié du nº siècle existent encore, mais le procédé doit être à tel point dispendieux qu'il ne paraît avoir jamais eu d'autre application, si ce n'est pour des aqueducs ou ponceaux de faible ouverture, dont les radiers concaves sont également des voûtes renversées, établies d'ailleurs dans les conditions les plus modestes et les plus économiques.

Au moyen-âge et même dans des temps plus modernes, on a fondé des ponts sur des radiers généraux d'enrochements contenus entre des files de pieux jointifs, mais il est peu probable qu'on ait occasion, à l'époque actuelle, d'établir de nouveaux ouvrages dans des conditions semblables.

Au milieu du siècle dernier, un pont construit à Moulins sur l'Allier, avec un plein succès, et fondé sur radier général en maçonnerie, avait mis ce procédé en faveur; plusieurs applications en ont été faites jusqu'à ces derniers temps, soit sur l'Allier même, soit sur d'autres rivières.

Le lit de l'Allier, aux abords de Moulins, se compose d'une couche de sable de 10 à 12 mètres d'épaisseur, extrêmement affouillable, mais incompressible d'ailleurs, et c'est sur le sable même que l'ingénieur chargé des travaux, M. de Régemortes, avait projeté de s'établir. Un dragage fut effectué à cet effet jusqu'à une profondeur de $2^m,80$ au-dessous de l'étiage, et après avoir dressé le fond de la fouille on étendit par dessus une couche d'argile dont l'épaisseur assez faible fût tenue, autant que possible, rigoureusement égale partout, de façon à éviter plus tard des inégalités de tassement. Cette couche d'argile fût recouverte d'un plancher jointif, puis, à l'aide de batardeaux, on pût maçonner à sec, avec mortier, le radier général destiné à porter les piles.

Ce radier se compose d'une couche de maçonnerie de $1^m,60$ d'épaisseur, arasée à $4^m,60$ en contrebas du niveau de l'étiage ; pour le protéger contre les affouillements, cinq files de palplanches jointives, dont deux à l'amont et trois à l'aval, ont été battues d'un bord à l'autre de la rivière, laissant entr'elles d'abord une largeur de 20 mètres pour le radier proprement dit, puis des largeurs additionnelles de 5^m à l'amont, de 5ᵐ et 3ᵐ à l'aval, pour des risbermes de défense. La fondation avait ainsi plus de 33 mètres de largeur et les palplanches destinées à la préserver des affouillements étaient battues avec une fiche de 7 mètres au-dessous de l'étiage.

Grâce à cet ensemble de dispositions et à la bonne exécution des travaux, le pont élevé sur ce radier s'est parfaitement maintenu, mais assurément la dépense a dû dépasser de beaucoup celle qu'aurait occasionnée la construction de fondations distinctes pour chaque pile, descendues assez bas pour n'avoir rien à craindre des affouillements.

Le succès obtenu dans cette circonstance, alors que d'autres ponts précédemment construits sur l'Allier n'avaient eu qu'une très courte existence, avait fait juger que c'était exclusivement sur radiers généraux, pour cette rivière, que tous les ponts devaient être fondés.

C'est ce qui explique les dispositions adoptées en 1829 par M. Jullien pour la construction du pont-canal du Guétin.

Elles sont représentées sur les dessins suivants :

Comme au pont de Moulins, il s'agissait d'établir des fondations sur un banc de sable. Deux files de pieux espacés de 3 en 3 mètres, avec palplanches jointives dans l'intervalle et moises à la partie supérieure pour les relier, ont été battues tant à l'amont qu'à l'aval, et arasées à 0ᵐ 60 environ au-dessous de l'étiage. Elles laissaient entr'elles un intervalle de deux mètres, et la distance ménagée pour l'établissement du radier entre les deux files d'amont et les deux files d'aval était de 18 mètres.

Le fond du lit a été dragué jusqu'à 2ᵐ 20 au-dessous de l'étiage sur l'emplacement du radier, et jusqu'à 4ᵐ 10 entre les files de pieux et palplanches ; puis on a immergé du béton dans le tout et maçonné seulement le parement supérieur du radier établi à 0ᵐ 60 au-dessous de l'étiage. A l'amont et à l'aval on a complété, avec des enrochements, le remblai de la fouille faite à la drague.

On a obtenu ainsi à bien moins de frais qu'au pont de Moulins une fondation qui s'est parfaitement maintenue.

La fiche donnée aux pieux est de 6ᵐ 50 et celle des palplanches de 4ᵐ 50.

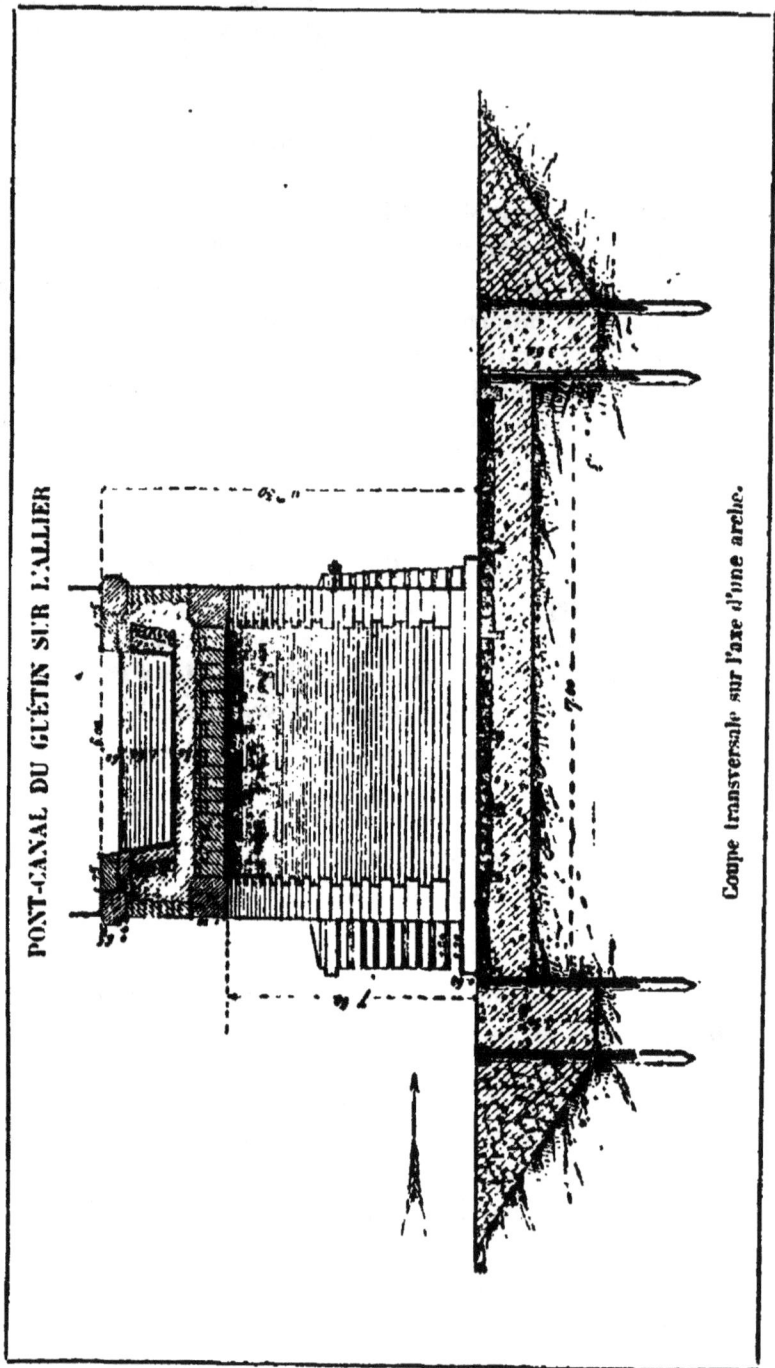

PONT-CANAL DU GUÉTIN SUR L'ALLIER

Coupe transversale sur l'axe d'une arche.

La largeur totale du radier, y compris les murs de garde d'amont et d'aval, est de 22ᵐ et sa longueur, d'une rive à l'autre, d'environ 500 mètres.

PONT-CANAL DU GUÉTIN

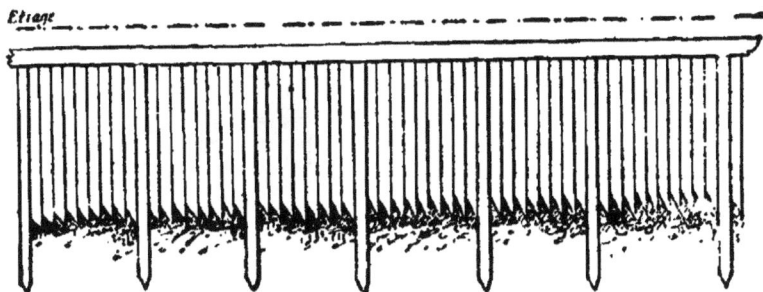

Elévation partielle du radier avant les enrochements.

Un autre ouvrage important a été également construit sur l'Allier dans des conditions analogues, c'est le pont du chemin de fer du Centre composé de 14 arches en arc de cercle de 20ᵐ d'ouverture et 7ᵐ de flèche, avec piles de 4ᵐ d'épaisseur.

Le dessin de la page suivante en représente une coupe transversale et montre qu'il n'a été battu qu'une seule file de pieux à l'amont et à l'aval avec fiche d'environ 7 mètres. C'est également avec béton immergé que le radier a été établi ; on s'est borné à en maçonner le parement supérieur. Les détails de la construction sont suffisamment indiqués par le dessin pour que nous n'ayons pas à y insister.

Enfin d'autres fondations sur radier général, mais d'un type différent des précédentes, sont celles des piles centrales du viaduc de Beaugency, exécutées à sec sur une longueur d'environ 130 mètres.

On avait là à traverser sur 6ᵐ 20 d'épaisseur, comme le montre le dessin de la page 207, des couches successives de terre végétale, d'argile, de marnes mélangées de sable et de sable vaseux, pour atteindre un banc d'argile compact sur lequel on voulait s'établir. La fouille, ouverte d'abord avec talus à 45° jusqu'à 3ᵐ 80 de profondeur, a été continuée ensuite avec parois verticales qu'on a maintenues de part et d'autre à l'aide

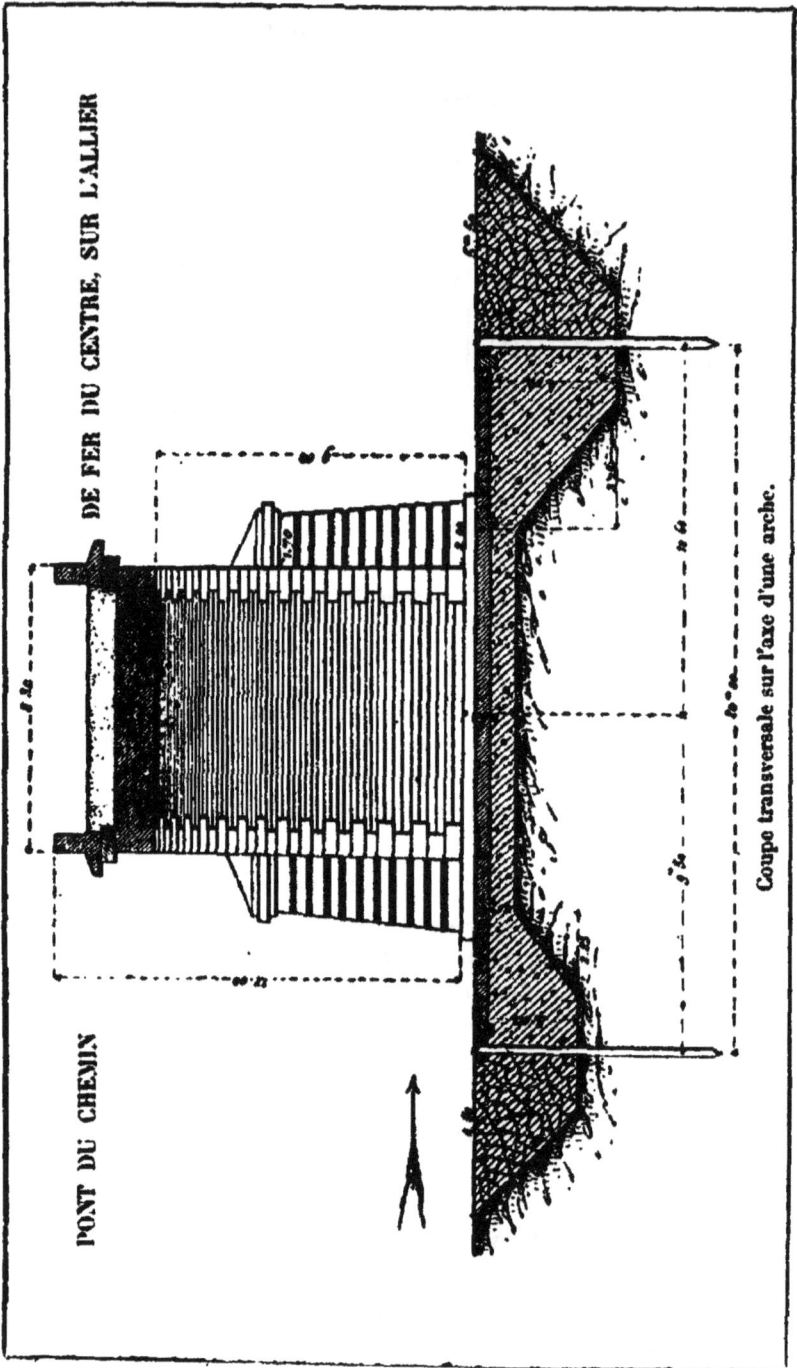

PONT DU CHEMIN DE FER DU CENTRE, SUR L'ALLIER

Coupe transversale sur l'axe d'une arche.

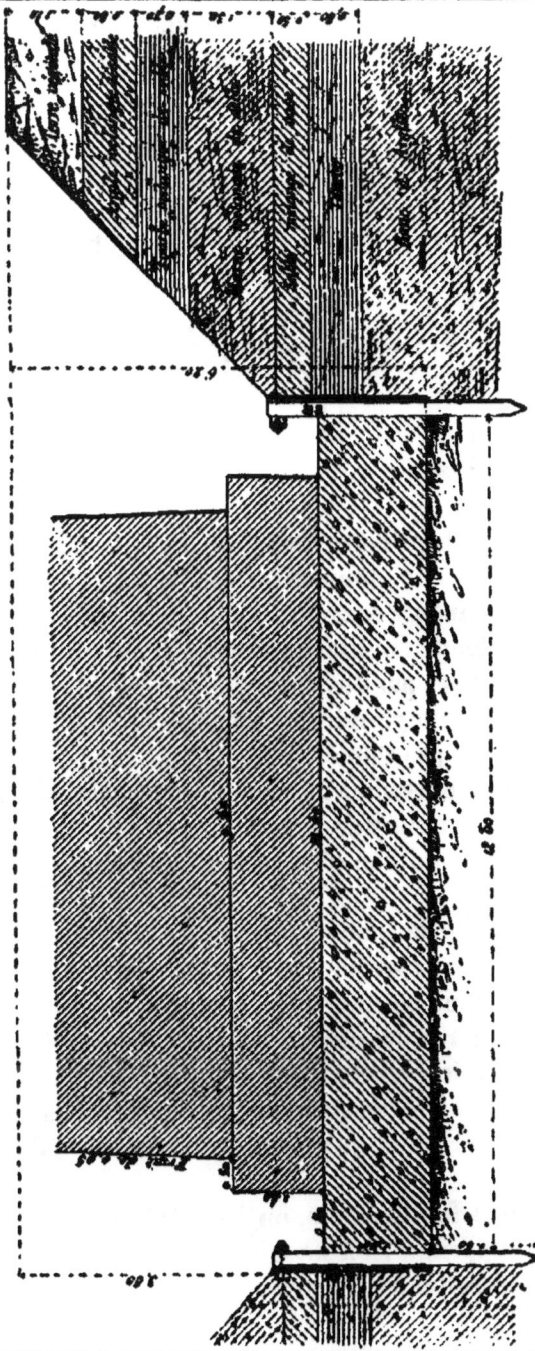

VIADUC DE BEAUGENCY — Fondations.

Coupe transversale du radier sur l'axe d'une pile.

d'un coffrage longitudinal dont le croquis ci-dessous montre
la composition. Puis, le fond de la fouille étant bien dressé,
on y a disposé une couche de béton d'un mètre d'épaisseur,
sur laquelle les maçonneries ont été élevées.

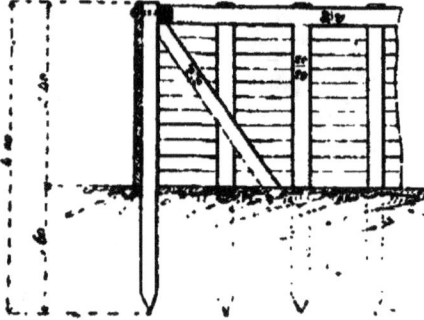

Le béton employé pour fondation dans de semblables conditions ne peut que donner les meilleurs résultats, mais il
n'en est pas de même des radiers généraux exécutés en travers
des rivières à fond affouillable, ainsi que l'ont prouvé de graves
accidents éprouvés par des ouvrages fondés de cette manière.

Il est aisé de comprendre en effet quels sont les côtés très
défectueux de ce procédé de fondation.

En exécutant un radier général on se propose de répartir le
poids de l'ouvrage sur une grande étendue du terrain de fondation, et en second lieu d'empêcher l'affouillement de ce terrain.

Or une couche de maçonnerie de 1 à 2 mètres d'épaisseur,
sur 20 mètres par exemple de largeur, chargée de 20 mètres
en 20 mètres, plus ou moins, de piles supportant la retombée
de voûtes en pierre, ne peut, à cause de son élasticité limitée,
répartir la pression résultant de cette charge que jusqu'à une
distance assez faible au-delà du périmètre de la base de la
pile. Le premier objet qu'on avait en vue n'est donc nullement atteint.

Quant aux affouillements, on les déplace peut-être, mais,
loin de les supprimer, on ne fait qu'en aggraver les causes et
souvent en accroître les dangers.

On sait en effet que, pendant les grandes crues des rivières à fond affouillable, les eaux se creusent une sorte de lit temporaire offrant une section en rapport avec leur volume. A la rencontre d'un pont, des approfondissements momentanés, parfois très considérables, se produisent sous les arches et c'est pour les éviter qu'on a eu recours aux radiers généraux; mais ceux-ci, dans ces circonstances, se transforment en véritables barrages, donnant lieu à de fortes retenues à l'amont, avec chute à l'aval et remous violents de nature à bouleverser les enceintes de pieux entre lesquelles le radier est compris, et à déterminer l'effondrement partiel ou total de ce dernier.

Lorsqu'il y a une différence de niveau très accusée de l'amont à l'aval, l'eau tend à se créer un passage par dessous le radier et y produit à la longue des excavations qui en compromettent la solidité.

Ces observations justifient pleinement les dispositions adoptées à Rome pour le Pont-Œlius, dont le radier est le seul qui ait jamais présenté un profil complètement rationnel; elles justifient également l'extrême largeur et l'importance des risbermes de défense du radier du pont de Moulins; mais comme ces conditions de sécurité ne peuvent être réalisées qu'au prix d'une dépense exorbitante, mieux vaut encore exécuter, pour les piles, des fondations isolées descendues jusqu'à la profondeur nécessaire pour que les affouillements ne puissent pas en atteindre la base; pour les ponts de l'Allier, en particulier, on serait certainement parvenu de cette façon à les fonder à bien moins de frais, tout en leur assurant de meilleures garanties de solidité et de durée.

§ 4.

FONDATIONS SUR TERRAINS ACCESSIBLES PAR L'EMPLOI DE L'AIR COMPRIMÉ

Anciens appareils employés pour travaux sous l'eau : Cloche à plongeur; perfectionnements proposés par Denis Papin, Halley, le D' Payerne, Hallett et Williamson. — Bateau à air de Coulomb; bateau à air de la Gournerie.— Puits creusés, en 1810, à l'aide de l'air comprimé, par M. Triger, ingénieur

On ne connaissait autrefois qu'un seul appareil permettant à un ouvrier de descendre au besoin sous l'eau et d'y séjourner un peu de temps, c'est la cloche à plongeur. L'origine en est fort ancienne puisqu'elle paraît avoir été déjà en usage du temps d'Aristote, près de quatre siècles avant notre ère ; mais, jusqu'au siècle dernier, les dispositions en étaient restées des plus défectueuses, même dans les pays où elle était le plus employée, comme en Hollande et en Angleterre. L'air contenu sous la cloche ne se renouvelait pas, il cessait rapidement d'être respirable et la durée de chaque immersion, toujours très courte, ne pouvait, dans aucun cas, dépasser une demi-heure au plus. En outre, lorsque la profondeur était considérable, l'air comprimé sous la cloche diminuait de volume en proportion et l'eau remontait parfois jusqu'aux épaules du plongeur.

Une semblable machine pouvait bien rendre quelques services dans certaines circonstances spéciales, mais elle ne comportait que des applications très restreintes et n'aurait probablement jamais pu être utilisée pour l'exécution de travaux de quelque importance.

Cependant, dès 1690 [1], Denis Papin, l'inventeur de la machine à vapeur, avait proposé d'y apporter un perfectionnement considérable tendant à assurer le renouvellement constant de l'air et à maintenir la cloche entièrement vide d'eau. Papin comptait, il est vrai, faire usage pour cela de tuyaux et de *forts soufflets de cuir munis de soupapes* dont l'emploi eût peut-être été peu pratique ; mais, ce qui montre bien qu'il avait entrevu le parti qu'on pourrait tirer de l'air comprimé, c'est qu'après avoir décrit son appareil il ajoutait : « Les ouvriers pourront y séjourner aussi longtemps qu'ils voudront, avoir du feu et de la chandelle..... La cloche demeurant toujours vide et la faisant appuyer tout à fait à terre, le fond de l'eau, en cet endroit, demeurerait presque à sec et on pourrait y travailler de même que hors de l'eau et *je ne doute pas que cela ne pût épargner beaucoup de dépense quand on veut bâtir sous l'eau.* »

Cependant cette idée paraît être passée inaperçue, puisque 26 ans plus tard, en 1716, on considéra comme une invention nouvelle l'emploi fait par Halley en Angleterre de barils pleins d'air qu'on chargeait d'un lest suffisant pour les maintenir au fond de l'eau, près de la cloche, et à l'aide desquels le plongeur pouvait renouveler en partie l'air contenu sous celle-ci, de façon à prolonger la durée de son travail. Des tuyaux de cuir munis de robinets mettaient les barils en communication avec l'intérieur de la cloche, et celle-ci, à l'aide d'une soupape disposée à la partie supérieure, pouvait être vidée d'une partie de l'air déjà vicié qu'elle contenait avant d'y laisser arriver l'air frais fourni par les barils. Tout cela devait être en somme d'un fonctionnement assez incommode.

C'est seulement en 1788, près d'un siècle après Papin, que Smeaton substitua des pompes foulantes aux barils pour le

---

1. Rapport de la commission chargée d'examiner un mémoire de M. Triger, etc. *Annales des ponts et chaussées*, 1867, 2º semestre (nº 159).

renouvellement de l'air, et que la cloche à plongeur pût devenir enfin réellement pratique.

Elle est toujours restée toutefois, au point de vue des travaux de fondation, un engin trop accessoire et trop peu employé, surtout depuis l'invention du scaphandre, pour que nous nous arrêtions à la décrire, non plus que certains appareils basés sur le même principe, comme la *cloche du docteur Payerne* en Angleterre (1842), et le *Nautilus* des Américains Hallett et Williamson (1856).

En fait, après Denis Papin, c'est par Coulomb que l'idée d'utiliser l'air comprimé pour l'exécution de travaux sous-marins paraît avoir été émise pour la première fois. On en trouve la preuve dans l'un de ses mémoires, approuvé par l'Académie des sciences en 1779, contenant la description d'un appareil qu'il désignait sous le nom de *bateau à air* et dont, à titre d'ingénieur chargé du service de la navigation de la Basse-Seine, il proposait l'emploi pour l'extraction de rochers dans le chenal de la rivière, à l'aval de Quilleheuf.

C'était un véritable bateau, mais disposé avec un compartiment central, en forme de cloche ouverte par le bas et pouvant, à l'aide d'un lest variable à volonté, être échoué sur l'emplacement où l'on se proposait de travailler. L'appareil étant dans cette situation, on envoyait de l'air comprimé dans le compartiment central, pour en chasser l'eau qu'il contenait, puis on y introduisait les ouvriers et ceux-ci se trouvaient ainsi à même d'exécuter à sec le travail projeté.

Tel qu'il est décrit dans le mémoire de 1779, l'appareil de Coulomb, qui ne paraît du reste avoir jamais été construit, n'aurait peut-être pas été très pratique; mais cette même idée, reprise en 1844 d'après un programme à peu près identique par M. de la Gournerie, alors ingénieur ordinaire des ponts et chaussées, à l'occasion de l'extraction de roches sous-marines à l'entrée du port du Croisic, a donné lieu à la construction d'un nouveau bateau à air dont l'emploi a parfaitement répondu à ce qu'on en attendait.

Le prix du mètre cube de déblais de rocher, exécuté sous l'eau, qui s'élevait précédemment à 206 francs, a pu en effet, par l'emploi de ce nouvel engin, descendre à 29 francs, soit une réduction dans le rapport de 9 à 1.

En 1846, pendant que l'entretien du port du Croisic était dans nos attributions, nous nous souvenons d'avoir assisté aux premiers essais de ce *bateau à air*, et constaté par nous-même les excellentes conditions dans lesquelles les ouvriers se trouvaient placés pour travailler à sec, par des profondeurs d'eau qui ne dépassaient pas il est vrai 2 à 3 mètres au-dessous des basses-mers.

Un mémoire inséré dans les *Annales des ponts et chaussées* contient la description complète de l'appareil et le détail de tous les calculs relatifs à son établissement[1]. Il ne paraît pas avoir eu d'autre application[2], et cependant il semble que dans certaines circonstances, comme par exemple pour la fondation d'une pile de pont sur un fond de rocher ou autre terrain incompressible, par des profondeurs d'eau ne dépassant pas 4 à 5 mètres, on aurait pu tirer un très utile parti du *bateau à air* pour déraser le sol, préparer l'emplacement de la pile, établir les deux ou trois premières assises de celle-ci et tout disposer, en y travaillant à sec, pour faciliter la construction du batardeau nécessaire pour l'exécution des assises suivantes.

Mais du reste, antérieurement à 1846, la véritable invention des appareils à air comprimé permettant d'exécuter des travaux de fondation sous de grandes hauteurs d'eau avait déjà pris naissance, à l'occasion de l'établissement d'un puits à travers des terrains aquifères de la vallée de la Loire pour l'exploitation des mines de Chalonnes.

M. Triger, ingénieur civil des mines, chargé de ce travail, conçut l'idée d'y employer un tube de tôle, de 1m,08 de diamètre, destiné à s'enfoncer dans le terrain à mesure qu'on

---

1. *Annales* de 1848, 1er semestre (no 105).
2. Il existe encore actuellement, à Brest, pour le service d'entretien du port, un appareil qu'on désigne sous le nom de cloche à plongeur; mais qui, par ses dispositions et par ses dimensions (8m de largeur sur 10m de longueur et 7m de hauteur), se rapproche beaucoup plus du *bateau à air* que de la *cloche à plongeur* proprement dite. On l'emploie au dérasement de roches sous-marines.

déblayerait par le bas ; pour pouvoir continuer le déblai à la
rencontre d'une couche de sables aquifères de 20ᵐ d'épaisseur,
qu'il fallait traverser avant d'atteindre le rocher, il eût recours à l'air comprimé au moyen duquel il chassait à l'extérieur l'eau tendant à s'introduire dans le tube. Celui-ci était
à cet effet fermé à la partie supérieure et muni d'une véritable écluse ou sas à air servant soit au passage des ouvriers,
soit à l'enlèvement du déblai.

Le puits fût descendu de cette façon avec un plein succès
jusqu'au rocher situé au-dessous de la couche de sable, puis
continué jusqu'à 300 mètres de profondeur.

Un peu plus tard, en 1845, un second puits fût exécuté de
la même manière et avec le même succès par M. Triger, également pour les mines de Chalonnes, en y employant un tube
de 1ᵐ,80 de diamètre.

Il y avait, dans ces deux premières applications de l'air
comprimé, tous les éléments de celles faites depuis, si nombreuses, aux travaux de fondation d'ouvrages qu'on aurait
peut-être été fort en peine d'exécuter de toute autre manière,
et cette invention est assurément
l'une des plus importantes et des plus
fécondes qui se soient produites,
dans le courant de ce siècle, en matière de construction des grands
ouvrages d'art.

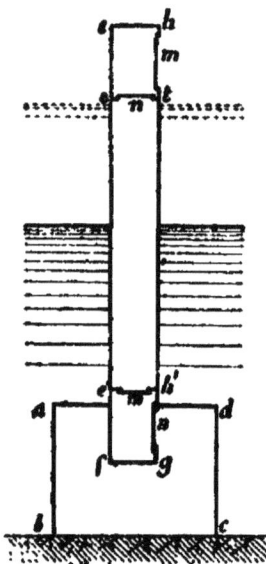

Théoriquement, un appareil à air
comprimé, disposé pour travaux de
fondation sous l'eau, doit comprendre
les diverses parties indiquées sur
notre croquis linéaire en marge :

a b c d est une chambre construite,
comme toutes les autres parties de
l'appareil, de façon à être parfaitement étanche. Elle est fermée par le
haut, ouverte par le bas, et ses
dimensions sont suffisantes pour que
des ouvriers puissent s'y tenir et y
travailler.

On la nomme *chambre de travail*.

efgh est un tube ou cheminée généralement en tôle, fixé sur le plafond de la chambre de travail et dont l'orifice supérieur doit toujours émerger au-dessus de la surface de l'eau à l'extérieur, au niveau des échafaudages servant à la manœuvre de l'appareil. Celui-ci étant descendu sur le fond, comme le croquis le représente, l'eau envahit naturellement la chambre de travail et la cheminée, jusqu'au niveau extérieur s'il y a une communication entre le tube et l'atmosphère. Il s'agit de l'en chasser pour mettre le fond à découvert.

A cet effet, l'extrémité supérieure *eh* de la cheminée est hermétiquement fermée, et à l'aide de machines et de pompes soufflantes on envoie dans l'appareil de l'air comprimé, à tension suffisante pour dépasser la pression exercée par l'eau au niveau de la base inférieure *bc*.

L'eau est refoulée tout autour de cet orifice inférieur, et l'appareil entièrement vidé ne contient plus que de l'air.

Il s'agit alors d'y introduire des ouvriers sans que l'air comprimé puisse s'échapper. Pour cela on dispose sur un point du tube vertical, soit dans le haut, soit dans le bas, un compartiment ou sas, *esth* ou *e'fgh'* entièrement fermé et muni de deux portes, *m* et *n*, permettant : l'une, *m*, d'y accéder de l'extérieur ; la seconde, *n*, de passer de ce compartiment dans l'autre partie du tube.

Les deux portes étant exactement closes et les ouvriers enfermés dans le compartiment *esth*, qu'on désigne sous le nom de chambre d'équilibre ou de sas à air, on introduit dans celui-ci de l'air comprimé dont la tension doit égaler celle de l'air contenu dans le reste de l'appareil ; dès que l'équilibre est atteint la porte *n* est ouverte et les ouvriers, à l'aide d'une échelle ou d'une benne, peuvent descendre sur le fond et y commencer le déblai.

Les matériaux provenant de ce travail sont remontés dans le sas à air et évacués à l'extérieur par une série de manœuvres inverses de celle décrite pour l'introduction des ouvriers. A mesure que le déblai avance, tout l'appareil descend graduellement jusqu'à ce qu'on parvienne à la couche inférieure de terrain sur laquelle on doit asseoir les fondations.

Mais lorsqu'on introduit l'air comprimé dans la chambre de travail, il en résulte une pression agissant de bas en haut sur le plafond, équivalente à celle d'une colonne d'eau ayant pour base la section de l'appareil en *bc* et une hauteur égale à celle comprise depuis cette base jusqu'au niveau de l'eau à l'extérieur.

Cette force, généralement fort grande, tend à soulever tout l'appareil; pour en prévenir l'effet et faire que la chambre, par un excédant de poids, puisse descendre à mesure de l'avancement du déblai, il faut la charger de poids additionnels suffisants.

D'un autre côté, il arrive parfois que dans les couches de terrain à déblayer, pour atteindre le sol de fondation, il s'en trouve d'assez compactes et d'assez imperméables pour ne pas se laisser traverser par l'eau chassée de l'intérieur à l'extérieur de l'appareil, et il faut alors trouver le moyen d'assurer autrement l'évacuation de cette eau et celle de l'air que les pompes doivent renouveler.

De là, dans la pratique, des dispositions assez diverses pour les appareils adoptés, suivant la nature spéciale des terrains à traverser, les matériaux dont on dispose, les profondeurs à atteindre et les préoccupations plus ou moins obligées d'économie d'après lesquelles se sont guidés les ingénieurs.

Le mieux, pour bien faire connaître ces différentes solutions du même problème, est d'exposer ce qui a été fait à l'occasion de la construction des principaux ouvrages d'art auxquels elles ont été appliquées.

Dans le principe on a simplement imité le procédé de M. Triger pour la construction de ses puits de mines, et c'est à l'aide de tubes en fonte ou en tôle descendus jusqu'à la profondeur nécessaire qu'on a exécuté les fondations d'un certain nombre de ponts.

C'est ainsi qu'en Angleterre par exemple, pour le pont de Rochester [1], construit en 1851, chaque pile repose sur 14 tubes en fonte de 2ᵐ 10 de diamètre, dont la distance, d'axe en

---

[1]. Collection des dessins distribués aux élèves des Ponts et Chaussées; 3ᵉ série, section D, planche 2 (page 138 du texte).

axe, varie de 2^m 75 à 3^m 05. Le sas à air était disposé à la partie supérieure des tubes et n'avait que 1^m 90 de hauteur sur 0,78 de diamètre, soit une capacité de 890 décimètres cubes seulement, ce qui était par trop faible. Comme surcharge destinée à assurer la descente des tubes, à mesure de l'avancement du déblai, on avait employé des poutres armées fixées au sommet de chaque tube, portant à leurs extrémités des contrepoids qui se mouvaient dans des tubes latéraux et dont l'action était réglée à l'aide de vérins.

Les tubes étaient composés d'anneaux de 2^m 745 de hauteur, boulonnés les uns sur les autres à l'aide de brides intérieures. Une plaque de tôle fixée sur le dernier anneau fermait la partie supérieure et portait l'appareil pneumatique, c'est-à-dire l'écluse ou sas à air.

Lorsqu'ils étaient parvenus à la profondeur qu'on voulait atteindre, les tubes devenaient de véritables cloches à plongeur permettant aux ouvriers d'exécuter à sec, en maçonnerie, le remplissage intérieur.

Dès que la hauteur de ce remplissage était suffisante pour qu'on n'eût plus à craindre l'introduction de l'eau par le bas, on enlevait les fermetures supérieures et le travail était continué à l'air libre.

De même pour le pont de Saltasth construit également en Angleterre, de 1854 à 1858, par Brunel, sur le Tamar à 6 kilomètres environ à l'amont de Plymouth, les dispositions adoptées ont eu pour but d'exécuter les maçonneries de fondation à sec, à l'intérieur d'un tube ou plutôt d'un caisson métallique utilisé à la façon d'un batardeau, si ce n'est que les épuisements étaient faits à l'aide de l'air comprimé. [1]

Les difficultés à vaincre étaient d'ailleurs considérables, puisqu'il s'agissait de fonder en rivière une pile sur laquelle devaient s'appuyer des travées métalliques de 138^m 77 de portée, établies à 30^m 50 de hauteur au-dessus des hautes mers, tandis que le banc de rocher choisi pour sol de fondation se trouvait à 25 mètres en contre-bas de ce même niveau et était recouvert d'une couche de vase de 5^m 20 d'épaisseur.

1. Collection des dessins distribués aux élèves des Ponts et Chaussées, 4e série, section C, page 205 du texte et planches 8 et 9.

Ce que se proposait Brunel, c'était d'établir, en y employant l'air comprimé, un batardeau en maçonnerie à l'intérieur d'un caisson en tôle, et de construire ensuite la pile à l'air libre, à l'abri de ce batardeau.

Le caisson se composait de deux cylindres superposés, ayant : le premier, dans le bas, 10m 67 de diamètre sur 9m de hauteur, le second, pardessus, 11m 29 de diamètre et 17m de hauteur ; soit une hauteur totale de 26 mètres et une capacité d'environ 2.500 mètres cubes.

Pour n'avoir pas à comprimer l'air dans un aussi vaste espace, la partie inférieure était à double paroi, avec intervalle de 1m 22 de l'une à l'autre, et la chambre annulaire ainsi formée était divisée en 21 compartiments égaux par des cloisons convergeant vers le centre.

Une coupole, également en tôle, fermait ces compartiments par le haut, et on avait ainsi 21 chambres distinctes d'environ 1m 60 sur 1m 22 en plan, sur 7m de hauteur, qu'on pouvait mettre successivement et séparément en communication avec les réservoirs d'air comprimé.

Au-dessous de la coupole, et solidement fixés sur celle-ci, s'élevaient deux tubes verticaux contenus l'un dans l'autre, ayant, le plus grand 3m 048, l'autre 1m 805 de diamètre, et destinés au passage des ouvriers et des matériaux. Des sas à air étaient disposés, à cet effet, à leur partie supérieure et des portes en nombre nécessaire permettaient l'accès de chacun des compartiments de la circonférence du caisson.

Le dessin suivant achèvera de faire comprendre cette description sommaire.

Le rocher sur lequel le caisson devait être descendu étant assez fortement incliné, on avait eu soin, d'après les cotes données par les sondages, de découper le bord inférieur de la tôle de façon qu'il pût venir s'appliquer exactement sur le sol de fondation, opération fort délicate et difficile dont le succès complet était à peu près impossible, comme l'évènement l'a démontré.

Après avoir amené cette énorme machine, à l'aide de plusieurs pontons, sur l'emplacement qu'elle devait occuper, l'avoir laissée descendre sur le fond et s'engager dans la vase,

PONT DE SALTASH SUR LE TAMAR, près de Plymouth (Angleterre)

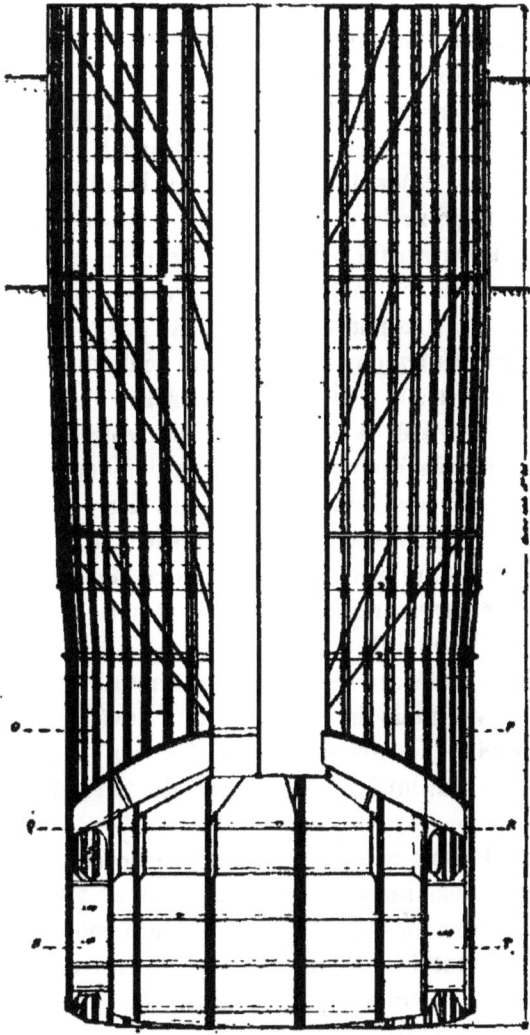

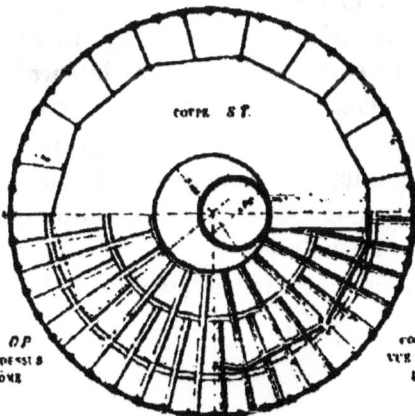

Coupe verticale et plan

on procéda au déblai à l'aide de l'air comprimé, dans tous les compartiments de la circonférence, et le rocher fut atteint ; mais à ce moment, malgré la précaution prise d'en découper le bord inférieur, le caisson présentait un surplomb de 4ᵐ,25 sur l'un de ses côtés et il fallût déraser le sol rocheux pour rétablir à grand'peine la verticalité de la colonne.

Ce dernier résultat obtenu, on procéda au remplissage des compartiments, en maçonnerie de granit et mortier de ciment, pour constituer la paroi du batardeau projeté ; puis on déblaya la chambre centrale et on y exécuta également un remplissage en maçonnerie sur 5 mètres d'épaisseur.

On avait pensé, à ce moment, pouvoir suspendre l'emploi de l'air comprimé pour continuer la construction de la pile à l'air libre, avec épuisement s'il y avait lieu : mais le batardeau, maçonné comme nous venons de le dire, se trouva insuffisant, tout fût disloqué et il fallut reprendre le travail à l'air comprimé pour parvenir, à grands frais et avec des peines infinies, à terminer la fondation.

La pile a été du reste définitivement établie comme on l'avait prévu, mais les travaux ont duré quatre années, de 1854 à 1858, et les dépenses, dont les ingénieurs anglais n'ont jamais communiqué le détail, ont dû atteindre un total fort élevé.

Le fait le plus intéressant à retenir de ce qui précède, c'est qu'un batardeau maçonné avec paroi de 1ᵐ,22, soutenu par une forte armature en tôle et un radier de 5 mètres d'épaisseur, a été hors d'état de résister à une pression d'eau d'environ 24 mètres de hauteur agissant de l'extérieur vers l'intérieur.

Des deux grands tubes superposés, celui de la partie supérieure, sur 17 mètres de hauteur, permettait, à cause de son diamètre augmenté, de dresser le parement de la maçonnerie de granit à une certaine distance de la paroi métallique, et, la pile terminée, l'enveloppe en tôle a pu être enlevée. L'assemblage des deux tubes l'un sur l'autre avait été disposé pour faciliter ce démontage. L'enveloppe inférieure est restée au contraire en place, engagée dans la fondation et faisant nécessairement partie de celle-ci.

Pendant qu'on exécutait le pont de Saltash en Angleterre,

PONT DE SZEGEDIN
sur la Theiss (Hongrie)

—

Exécution des fondations.

M. Cézanne, ingénieur des Ponts et Chaussées, construisait en Hongrie, sur la Theiss, pour le service des chemins de fer autrichiens, le pont de Szegedin, en y appliquant l'air comprimé, dans des conditions beaucoup plus économiques qu'on ne l'avait fait avant lui.

Le dessin ci-contre, emprunté aux *Annales des Ponts et Chaussées*, [1] permettra de se rendre compte des dispositions particulières de cette application.

Sur le point où le pont a été construit, la rivière a 225 mètres de largeur et coule sur un lit de sable mélangé d'argile dont la profondeur est presque illimitée. Bien qu'il soit extrêmement affouillable, ce fond offre une consistance suffisante pour y asseoir des fondations, pourvu que celles-ci soient parfaitement protégées. La hauteur moyenne des eaux est de 5^m,449 au-dessus de l'étiage et de 8^m,50 au-dessus des points les plus bas du profil en travers du lit.

C'est encore le système tubulaire qui a été adopté pour l'exécution des fondations. Les tubes, cylindriques, sont en fonte, leur diamètre est de 3 mètres, et on les a composés d'anneaux

Coupe verticale d'un tube.

1. Annales des Ponts et Chaussées de 1859, 1er semestre (no 211).

ou tambours superposés au nombre de 11, de 1ᵐ,815 de hauteur chacun, formant ainsi une colonne de 20 mètres de hauteur totale. La fonte a trente-cinq millimètres d'épaisseur, les joints ont été dressés sur le tour et l'assemblage est fait à l'aide de brides et de boulons.

PONT DE SZEGEDIN

—

Fondations.

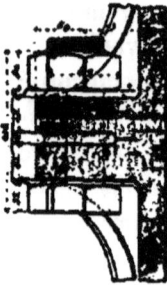

Détail du joint des panneaux des tubes en fonte.

Le dessin en marge montre les dispositions et le profil de ces joints.

Chaque pile repose sur deux tubes semblables, et les dimensions indiquées ci-dessus sont calculées de façon que la pression ne dépasse pas sous la charge d'épreuve 7 kil. 32 par centimètre carré sur le sol de fondation.

On avait pensé pouvoir étancher exactement les joints à l'aide d'un mastic composé de limaille de fonte mélangée d'une petite quantité de sel ammoniac et de fleur de soufre, mais le résultat a laissé à désirer et il eût été préférable d'employer, comme on le fait maintenant dans les cas analogues, des tubes de caoutchouc de petit diamètre logés et serrés entre les deux bords de fonte, dans une rainure circulaire préparée dans ce but au moment de l'ajustage.

La mise en place des colonnes s'effectuait à l'aide d'un échafaudage que le dessin de la page suivante représente, avec assez de détail pour en bien faire comprendre les dispositions.

Cinq fermes semblables à celle figurée sur ce dessin, espacées de 4 mètres et reliées par des moises et des parties de plancher formaient, dans leur ensemble, 4 compartiments de 4 mètres sur 5 mètres dont deux pour le passage des tubes et les deux autres, avec plancher, servant de dépôt.

La circulation était assurée à l'aide de planchers disposés au bas des étais inclinés.

Après avoir amené, sur les planchers de l'échafaudage, les anneaux inférieurs d'une colonne, on les assemblait verticalement, les uns au-dessus des autres, puis on les amenait au-dessus des vides par où ils devaient descendre et on les suspendait, à l'aide du croisillon en tôle C à trois branches per-

PONT DE SZEGEDIN. — Fondations.

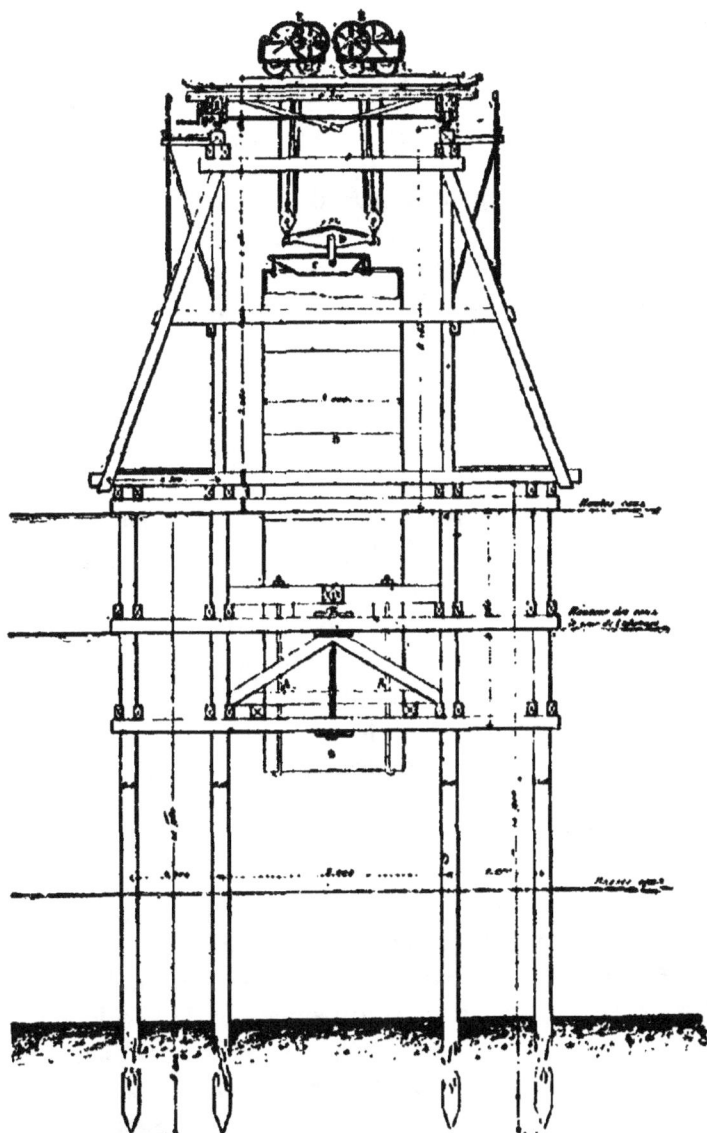

Mise en place des tubes en fonte.

mettant de saisir la bride supérieure par six trous de boulons, au fléau D et aux treuils E, E.

On continuait le montage, toujours hors de l'eau, et, la colonne terminée, on la laissait couler avec précaution jusque sur le fond de la rivière.

Le bord inférieur du premier anneau était profilé en biseau, et par l'effet seul de leur poids, qui était de 30 tonnes, les colonnes s'enfoncèrent dans le sable vaseux de quantités variables, atteignant en moyenne un mètre environ.

A la hauteur du joint séparant l'avant-dernier anneau de l'anneau supérieur, un plancher était disposé pour y déposer à l'avance la plus grande partie des outils dont on devait avoir besoin pour le travail à l'air comprimé, puis le sas à air était ajusté et fixé au sommet de la colonne.

Il consistait en un cylindre de tôle de même diamètre que les anneaux de fonte, fermé dans le haut par un fond également en tôle, et portant dans le bas une cornière circulaire avec trous correspondant à ceux du rebord supérieur du dernier anneau, pour servir à le fixer sur celui-ci. Une bande de caoutchouc, placée entre la fonte et la tôle, assurait l'étanchéité du joint ainsi obtenu.

L'anneau ou tambour supérieur de la colonne de fonte, complété par l'espèce de cloche en tôle placée par dessus, constituait de cette façon une chambre circulaire de 3^m de diamètre sur 2^m,90 de hauteur totale.

Le plafond de cette chambre était traversé par deux cylindres M, en fonte, qu'on voit représentés sur le dessin de la page 224, engagés des deux tiers de leur hauteur dans la cloche de tôle et faisant saillie d'un tiers par dessus, en dehors ; ils étaient indépendants l'un de l'autre et portaient chacun, dans le haut, un clapet ou trou d'homme à charnière horizontale ouvrant de l'extérieur vers l'intérieur, et dans le bas, sur la partie engagée sous le toit supérieur de la colonne, une seconde porte ouvrant de l'intérieur vers l'extérieur. Tous les joints ainsi que le pourtour des clapets ou portes étaient exactement garnis de caoutchouc ; enfin ces mêmes cylindres de fonte, qui constituaient deux sas à air, étaient munis de

tuyaux et de robinets D permettant de mettre leur intérieur
en communication soit avec l'air extérieur, soit avec l'intérieur de la grande colonne ou tube de fondation, et disposés
de façon à pouvoir être manœuvrés par des ouvriers placés
soit à l'extérieur, soit à l'intérieur. Une soupape de sûreté, un
manomètre Bourdon et deux valves spécialement destinées à
permettre de produire au besoin des détentes brusques de
pression, complétaient l'aménagement des deux sas.

Les tuyaux ou conduites d'air étaient en fer, avec assemblages ou raccords à collets et à vis et bouts de caoutchouc intercalés, partout où cela avait été jugé nécessaire pour se prêter aux mouvements des bateaux et aux oscillations des échafaudages.

De fortes surcharges étaient indispensables pour assurer
l'enfoncement des tubes, à mesure de l'exécution du déblai ;
elles consistaient en segments de fonte L, coulés exprès pour
cette destination avec les formes voulues pour s'appliquer
exactement contre la paroi extérieure des tubes vers le haut ;
des consoles I fixées contre cette paroi servaient de supports
pour ces poids additionnels.

L'air comprimé était fourni par deux machines à détente
variable et à échappement libre, de la force de 10 à 12 chevaux et pesant 2.200 kilogrammes environ, auxquelles la vapeur était fournie par deux vieilles locomotives embarquées
sur deux pontons couplés dont l'un portait les machines elles-
mêmes et l'autre la provision de charbon et une guérite.

Ce que nous avons dit, en termes généraux, du fonctionnement des appareils à air comprimé doit suffire, avec les explications qui précèdent, pour bien faire comprendre comment
le travail était conduit à Szegedin.

Le sable vaseux qui constituait le fond de la rivière étant
peu perméable, l'évacuation de l'eau contenue à l'intérieur des
tubes était assurée au moyen d'un syphon H, qu'on voit figuré
sur le dessin de la page 221. C'était simplement un tube en
fer de soixante millimètres de diamètre, dont l'extrémité
inférieure descendait jusqu'au bas du premier tambour et
dont la partie supérieure débouchait à l'extérieur. Le débit
en était suffisant pour vider en une heure environ les 20
mètres cubes d'eau contenus à l'intérieur des colonnes.

Pour diminuer la pression qu'exigeait le fonctionnement de ces syphons, une disposition toute particulière, trouvée un peu par hasard, consistait à laisser un joint à raccord mal serré, dans le bas, de façon à donner passage par là à une petite quantité d'air comprimé qui venait se mélanger à l'eau. Soit que par suite de ce mélange la densité moyenne de l'eau contenue dans le syphon fût diminuée, soit plutôt que la vitesse d'écoulement fût accélérée par le mouvement ascensionnel des bulles de gaz, la pression nécessaire pour chasser l'eau à l'extérieur était réellement inférieure à celle que la théorie indiquait.

Lorsque les tubes étaient complètement vidés, les ouvriers pénétraient à l'intérieur à l'aide des sas à air, et le travail commençait.

L'atelier se composait, pour chaque tube, de 9 hommes ; un chef d'équipe tant pour l'intérieur que pour l'extérieur, deux mineurs au bas de la colonne, quatre manœuvres installés sur le plancher intérieur pour descendre et enlever les seaux à l'aide d'un treuil, enfin deux manœuvres à l'extérieur pour retirer des sas les seaux pleins à mesure qu'ils y étaient déposés par les ouvriers de l'intérieur, et les renvoyer par la même voie après les avoir vidés.

Les machines exigeaient, en outre, l'emploi d'un mécanicien et d'un aide, sans compter un gardien spécial préposé à la surveillance des manomètres.

Les hommes travaillaient 6 heures et se reposaient pendant six heures. Nous verrons plus loin qu'actuellement la plus longue durée des reprises de travail à l'air comprimé est de 4 heures avec intervalles de repos de 8 heures, même dans les conditions les plus favorables, c'est-à-dire quand la pression ne dépasse pas 1 atmosphère à 1 1/2, et qu'à des profondeurs plus grandes cette durée est de plus en plus abrégée, pour se réduire même à moins d'une heure en cas de pression dépassant trois atmosphères.

A Szegedin, on sortait des tubes, par heure, 15 seaux de déblai de sable et d'argile d'une capacité, chacun, de 70 litres, soit en tout 6mc,300 par période de travail de 6 heures.

Pour les fondations tubulaires, un point d'une extrême importance est d'éviter le déversement des tubes métalliques dans leur mouvement de descente, à mesure de l'exécution du déblai. On avait disposé pour cela à Szegedin, sur les pieux des échafaudages, des glissières entre lesquelles les tubes étaient fortement assujettis et dont on a obtenu de très bons effets.

La nature particulière du sol a permis d'ailleurs d'appliquer avec succès la manœuvre suivante pour accélérer le fonçage.

Lorsque le déblai atteignait le biseau inférieur du premier anneau de fonte, les ouvriers relevaient, après l'avoir fermée, la partie inférieure du syphon, remontaient leurs outils sur le plancher intérieur et sortaient de l'appareil. On ouvrait alors les valves d'échappement de l'air comprimé et la pression extérieure ne se trouvant plus équilibrée, l'eau rentrait avec violence à l'intérieur du tube, entraînant avec elle le sable et la vase, de sorte qu'un affouillement plus ou moins profond se produisant ainsi au-dessous de la colonne de fonte, celle-ci s'enfonçait brusquement d'une quantité correspondante.

Au premier essai qui fût fait à Szegedin de ce procédé, l'effet fût tel que la colonne entraînant violemment ses glissières sembla devoir s'engloutir en entier dans le fond et ne s'arrêta qu'après être descendue, en quelques instants, de 4m,30. Mais le plus souvent l'enfoncement a été beaucoup moindre et s'est maintenu entre 1 et 2 mètres.

Cette façon de procéder accélère donc fortement le travail, mais elle présente le danger de donner lieu à des déviations des tubes dans le sens vertical.

Pour corriger ces déviations lorsqu'elles se produisent, divers moyens peuvent être employés suivant l'outillage dont on dispose et les facilités que comportent les échafaudages sur lesquels on s'est installé. Le plus simple consiste à fixer, du côté où la colonne penche, des étais inclinés s'arcboutant dans le haut contre la colonne, et posant dans le bas sur les pieux ou les traverses les plus proches de l'échafaudage ; en continuant le mouvement de descente, la résistance que les étais opposent d'un côté force la colonne à se redresser et le plus souvent il en résulte une déviation en sens contraire ; on recommence plusieurs fois et, après ces oscillations autour de la verticale, on parvient d'ordinaire à placer la colonne dans sa situation exactement normale.

On favorise les manœuvres de ce genre tantôt en augmentant la surcharge d'un côté et la diminuant du côté opposé, tantôt en disposant, sur tel ou tel point de la circonférence, au-dessous du biseau, des coins en bois tendant à rendre la descente plus difficile, ou bien encore en creusant le terrain plus profondément d'un côté que de l'autre, etc.

Les résultats obtenus sont d'ailleurs fort variables suivant la nature du terrain. Les déviations sont moins fréquentes dans l'argile que dans le sable, mais bien plus difficiles à corriger ; le terrain le plus favorable est le gravier, pourvu qu'il ne soit pas mélangé de blocs susceptibles de coincer les colonnes et d'en arrêter la descente en s'arcboutant contre les parois extérieures.

Le foissonnement, c'est-à-dire la différence entre la capacité réelle des colonnes et le cube du déblai extrait, varie également avec la nature du terrain ; à Szegedin cette différence a été environ du triple.

Les colonnes étant descendues à la profondeur projetée, comme on se trouvait là sur un sol dont l'incompressibilité n'était pas parfaite, il fût décidé qu'on battrait, à l'intérieur même de chaque colonne, un certain nombre de pieux destinés, d'une part, à comprimer le terrain au-dessous des fondations, d'autre part, à accroître les garanties de stabilité, en ajoutant aux éléments naturels de résistance, sur lesquels on pouvait compter, ceux provenant du frottement de la surface des pieux contre le terrain ambiant.

A cet effet, après avoir laissé l'eau rentrer à l'intérieur des tubes, on enlevait les appareils pneumatiques et on installait à leur place des sonnettes spécialement construites pour cet objet. Les pieux, au nombre de 12 pour chaque tube étaient foncés jusqu'à 6ᵐ environ en contre-bas du bord inférieur. Le battage terminé, on remettait en place la cloche supérieure et les sas à air, on vidait les colonnes et on reprenait le

travail à l'air comprimé pour procéder au remplissage en
béton.

Cette dernière opération s'effectuait de la manière suivante :

Une épaisseur de terrain d'environ un mètre était ménagée
dans le fond des tubes, en contre-haut du bord inférieur, pour
former une sorte de bouchon destiné à atténuer les variations
de niveau que les inégalités de pression de l'air comprimé
pouvaient occasionner dans la couche d'eau tendant à remonter par infiltration à travers le béton ; puis, on disposait sur ce
bouchon une première couche de remplissage en mortier de
ciment sur 0m70 à 1m d'épaisseur, en ayant soin de ménager
au centre un trou circulaire de 0,20 à 0,30 de diamètre pour
assurer au besoin un passage à l'eau tendant à remonter de
bas en haut, en cas de faute quelconque commise dans les
mains d'œuvre ultérieures.

Ce trou n'était bouché qu'après prise complète du ciment
et au moment où le bétonnage allait commencer.

Cette dernière opération s'effectuait en laissant tomber d'a-
bord au fond des tubes quelques brouettées de béton pour former matelas, après quoi le béton était introduit, en quelque
sorte, par éclusées, c'est-à-dire qu'après avoir rempli de
béton l'un des deux sas, les ouvriers de l'intérieur ouvraient
la porte inférieure et le béton tombait au fond de la colonne ;
le sas était ensuite nettoyé, puis fermé par le bas et on re-
commençait à le remplir pour le vider de la même manière et
ainsi de suite.

On avait soin d'ailleurs, chaque fois que le béton atteignait
la hauteur des nervures horizontales de deux anneaux superposés, de le bourrer exactement contre les parois de fonte
pour ne laisser subsister aucun vide ; enfin, lorsque le béton à
l'intérieur des tubes atteignait la moitié environ de la hauteur
de l'eau à l'extérieur, on admettait que l'équilibre était établi ;
on cessait le travail à l'air comprimé, et le remplissage était
terminé à l'air libre.

Il ne restait plus, après cela, qu'à exécuter la maçonnerie
superposée au béton pour former le couronnement de la pile
et à procéder à la pose du tablier métallique.

Le pont entier, malgré des interruptions de travail causées

par la rigueur exceptionnelle de l'hiver 1857-1858, a été terminé en deux ans.

Des chiffres contenus dans le mémoire de M. Cézanne, relativement aux dépenses, il y a intérêt à retenir ceux qui suivent.

L'outillage d'une équipe a coûté 34.000 fr., comprenant :

Une machine pneumatique avec ses accessoires, tels que tuyaux, garnitures en caoutchouc, raccords, le tout du poids de 7.000 kilogrammes à 2 fr. l'un, ... 14.000 fr.

Une pompe à air pesant 1.200 kilogrammes à 4 fr. l'un, ... 4.800

Surcharge en fonte brute pesant 40.000 kilogrammes à 0 fr. 10 . . . . 4.000

Pontons et machines à vapeur 11.200

Total pareil . . . 34.000 fr.

Cette somme est naturellement à répartir sur la totalité de la *fiche pneumatique* effectuée par équipe avec l'emploi de ce matériel.

Le transport de celui-ci d'une pile à une autre coûtait 300 f., et 175 f. seulement pour passer du premier au second tube d'une même pile.

La main d'œuvre nécessaire pour le fonctionnement des appareils a coûté, par heure, 10 fr. 62 se décomposant de la manière suivante :

8 manœuvres à 0 fr. 35 l'un [1] . . . . 2 fr. 80

1 mineur, 0,50 0   50

1 aide-chauffeur, 0,25 0   25

1 gardien, 0,25 0   25

Dépenses accessoires 0   30

Total . . . . 4 fr. 10

Frais généraux $\frac{1}{3}$ de la main-d'œuvre 1   37

Primes aux ouvriers pour le déblai 0   40

Combustibles et fournitures diverses 4   75

Total. . . . 10 fr. 62

---

1. La composition de l'atelier, d'après ce détail, n'est pas tout à fait la même que celle indiquée, également d'après M. Cézanne, à la page 226.

Les colonnes, au nombre de 12, employées pour les 6 piles du pont ont pris ensemble une *fiche pneumatique* de 97 mètres linéaires ; ce travail a exigé :

10 bardages des appareils à 300 fr.,. . . .   3.000 fr. »
21 déplacements des appareils à 175 fr . . .   3.675   »
3.451 heures de main-d'œuvre à 10 fr. 60 .   36.580   60

                      Total. . . .   43.265 fr. 60

Soit par *mètre courant* de fiche par colonne, au moyen de l'air comprimé, un prix moyen de 446 francs.

Pour obtenir le montant exact de la dépense totale, il faudrait ajouter à ce dernier chiffre une part proportionnelle de la fourniture, du transport sur le chantier et de l'entretien des appareils, de la façon des joints, de l'échouage des colonnes, des journées de charpentier employées pour la mise en place de ces dernières, en diriger la descente, les redresser, etc.

Le cube du béton de remplissage a été de 902 mètres et son introduction dans les colonnes, à travers les sas à air, a exigé 252 heures de travail à 10 fr. 62, ce qui correspond à un prix moyen de 2 fr. 97 par mètre cube, non compris toutefois le bardage du béton, depuis le chantier de fabrication jusqu'au lieu d'emploi.

Il sera toujours aisé d'évaluer à l'avance, d'après ces chiffres, la dépense probable à faire pour l'exécution de fondations sur un point quelconque suivant le même procédé, et dans tous les cas on y voit la preuve que pour le pont de Szegedin ces dépenses ont été infiniment moins élevées que celles faites précédemment en Angleterre, dans des circonstances analogues.

En France, à partir de 1859, les applications de l'air comprimé aux travaux de fondation se sont rapidement multipliées, et l'on a pu y introduire dès le début les plus remarquables perfectionnements.

Nous allons sommairement exposer les dispositions adoptées, pour les ouvrages dont l'exécution a offert le plus d'intérêt.

L'établissement de la section de chemin de fer destinée à former le prolongement de la ligne de Paris à Strasbourg, pour la raccorder avec les lignes du duché de Bade, ayant nécessité la construction d'un pont sur le Rhin aux environs de Kehl, l'emplacement en fût fixé en un point où la rivière, large d'environ 250 mètres, coule sur un lit de graviers et de galets d'épaisseur presque illimitée, dans lequel, par les plus grandes crues, peuvent se produire des affouillements de 15 à 17 mètres de profondeur.

Après conférence avec les ingénieurs Badois, il fut convenu que le pont se composerait de trois travées centrales de 56 mètres d'ouverture, comprises entre deux travées mobiles de 32 mètres de volée, une sur chaque rive, et que les fondations en seraient descendues jusqu'à une profondeur de 20 mètres au-dessous de l'étiage.

L'exécution de ces fondations fut d'ailleurs réservée aux ingénieurs français.

Il s'agissait de fonder en rivière deux piles-culées de 23^m,35 de longueur sur 7 mètres de largeur, et deux piles intermédiaires de même largeur mais de 17^m,50 seulement de longueur.

Après s'être décidé pour l'emploi de l'air comprimé, qui seul pouvait permettre d'atteindre la profondeur voulue, M. Fleur-St-Denis, ingénieur des Ponts et Chaussées, auteur du projet, proposa de substituer aux cylindres de tôle ou de fonte, employés jusqu'alors, des caissons de forme carrée en plan, ouverts par le bas et solidement fermés par le haut pour servir de chambres de travail.

Ces caissons ont 7^m,50 de longueur sur 5^m,80 de largeur et 3^m,40 de hauteur ; ils ont été exécutés en tôle et pèsent chacun environ 30 tonnes.

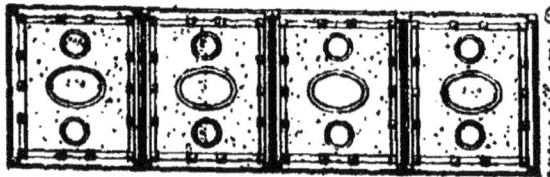

Quatre caissons semblables juxta-posés ont été employés pour chaque pile-culée, comme le montre la figure, et trois seulement pour les piles intermédiaires.

Sur le plafond de chaque caisson avaient été fixées trois cheminées cylindriques, l'une au milieu, à base elliptique de
$2^m,20$ sur $1^m,49$, les deux autres à base circulaire de $0^m,50$ de
rayon.

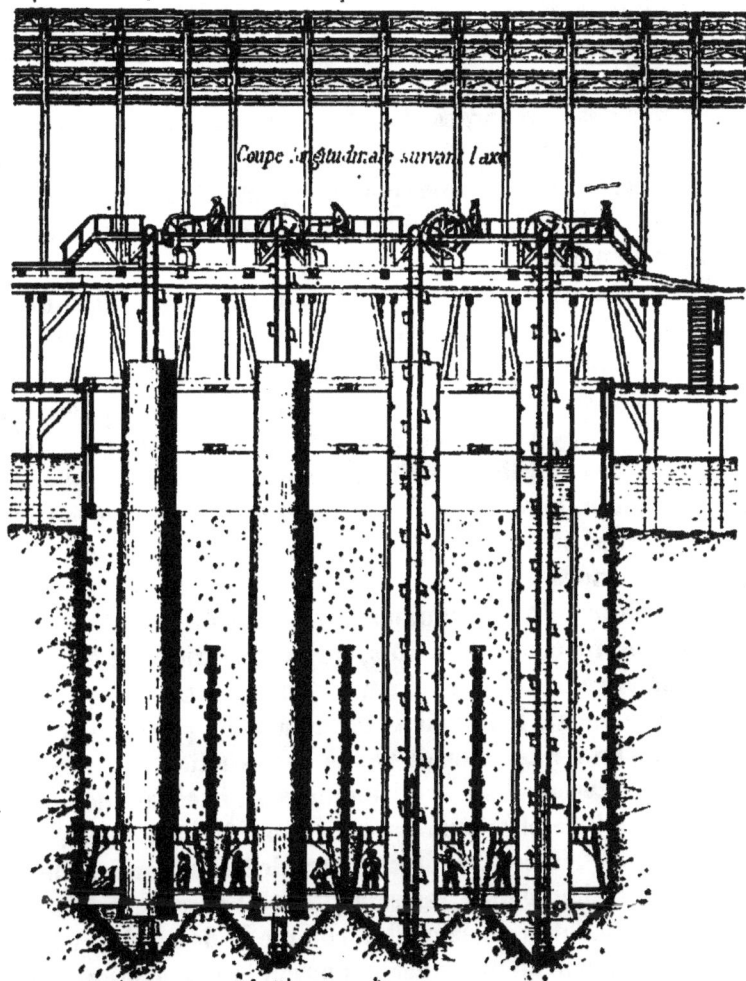

Coupe longitudinale suivant l'axe

Le dessin représente une coupe verticale en long des quatre
caissons d'une pile-culée, avec indication de l'ensemble des
échafaudages et de l'aspect du chantier pendant le travail à
l'air comprimé. Les cheminées latérales de 1^m de diamètre n'y

figurent pas, mais on y voit, descendant jusqu'à un niveau inférieur à la base du caisson, les grandes cheminées centrales dont nous allons expliquer la destination.

Mais d'abord il avait fallu assurer l'immersion des caissons et leur descente à travers la couche de gravier à mesure de l'exécution du déblai, et c'est en cela que les dispositions adoptées à Kehl ont constitué une innovation de la plus grande importance.

Au lieu des surcharges dont nous avons parlé pour les ouvrages précédents, M. Fleur-St-Denis eût l'idée d'employer la maçonnerie même des piles pour en ajouter le poids à celui des caissons et équilibrer ainsi les sous-pressions dues à l'action de l'air comprimé.

Pour cela, après avoir effectué le montage des caissons sur l'échafaudage entourant la fondation, et les avoir suspendus au moyen de forts vérins, au nombre de 8 par caisson, au-dessus de l'emplacement où chacun d'eux devait être immergé, on construisait les premières assises de maçonnerie sur le caisson même, à l'air libre, en les revêtant, à mesure qu'elles s'élevaient, d'un bordage en bois solidement fixé, dans le bas, à la paroi supérieure de la chambre de travail. On laissait d'ailleurs descendre graduellement tout l'ensemble au moyen des vérins, en maintenant toujours au-dessus de l'eau le bord supérieur du revêtement en bois, et l'on arrivait ainsi à faire reposer la chambre de travail sur le fond de gravier.

A ce moment, le travail à l'air comprimé pouvait commencer, mais on n'interrompait pas la construction des maçonneries supérieures, afin d'avoir toujours un excédant de charge.

La cheminée elliptique centrale, dont le bord inférieur dépassait de 0m,60 celui de la chambre de travail, arrivait la première à toucher le fond, mais elle donnait passage à une noria à godets, à l'aide de laquelle, comme le dessin précédent le montre, on pouvait pratiquer une première excavation dans laquelle le bout inférieur de la cheminée venait se loger sans avoir à porter le poids du caisson et des maçonneries superposées, qui restaient suspendus aux vérins.

Ce premier résultat obtenu, on pouvait chasser l'eau de la chambre de travail pour y introduire les ouvriers et commencer le déblai.

Les sas à air étaient disposés au sommet des cheminées latérales et avaient 2 mètres de diamètre sur 3 mètres de hauteur. Ils étaient spécialement affectés à l'entrée et à la sortie des ouvriers.

Dès que la chambre de travail était vidée, les ouvriers y descendaient et le déblai commençait. On y procédait en poussant le gravier dans l'excavation existant au-dessous de la cheminée centrale, d'où il était enlevé à mesure par les godets de la noria et l'on conduisait le travail de façon à assurer la descente régulière du caisson sur tout son pourtour.

Nous avons dit qu'on avait employé 4 caissons juxtaposés pour les piles-culées et 3 pour les piles ordinaires. M. Fleur-St-Denis, en effet, tout en abandonnant le système des fondations tubulaires, n'avait pas osé, du premier coup, exagérer les dimensions des caissons ; mais la régularité de la marche du travail fût telle, dès l'exécution des fondations des premières piles, qu'on acquit la conviction que rien ne devait empêcher de faire usage d'un caisson unique pour chaque fondation. On ne prit pas précisément ce parti, mais au lieu de laisser les caissons d'une même pile indépendants les uns des autres, comme on l'avait fait pour la première fondation, on les relia, dès la seconde, très fortement entr'eux pour rendre leurs mouvements solidaires ; c'est là, certainement, l'origine des caissons de dimensions de plus en plus grandes dont on a fait usage depuis.

Au pont de Kehl, la régularité parfaite de la descente a permis, à partir d'une certaine hauteur, de supprimer les parois transversales des revêtements en bois juxtaposés, pour ne laisser que les parois extérieures formant le pourtour de la pile, comme le montre le dessin, et la maçonnerie de remplissage a été exécutée en même temps sur toute la section, en plan, de chaque pile.

Dans la partie supérieure, sur 5 mètres de hauteur, l'enveloppe en bois a été soigneusement calfatée, tant pour exécuter les premières assises des socles des piles, avec épuisements comme on le fait à l'intérieur d'un batardeau, que pour se mettre à l'abri de crues subites.

Lorsque les caissons avaient atteint la profondeur voulue,

on bouchait la cheminée centrale à la hauteur du plafond de la chambre de travail, on en démontait la partie inférieure et l'on procédait au remplissage en béton de la chambre, en prenant les précautions usitées en pareil cas pour ne laisser subsister aucun vide ; on remplissait également en béton les cheminées en y travaillant d'abord à l'air comprimé jusqu'à une certaine hauteur, puis, dès que l'arrivée de l'eau de bas en haut n'était plus à craindre, on continuait à l'air libre et la fondation se trouvait terminée.

Le fonctionnement des appareils à air comprimé a exigé l'emploi de cinq machines soufflantes actionnées par un égal nombre de machines à vapeur d'une force normale, ensemble, de 77 chevaux, ce qui était peut-être un peu exagéré.

Le fonçage a été en moyenne de $0^m,33$ par journée de travail, celle-ci ayant une durée effective de 16 heures.

Les travaux ayant été commencés, comme nous l'avons dit, le 22 mars 1859, la dernière fondation était terminée le 24 décembre de la même année et le pont livré à la circulation le 11 mai 1861.

Les dépenses se sont élevées à 7.120.000 francs, comprenant :

Organisation des chantiers	197.500	fr.
Ponts de service et vannages d'enceintes..............	800.000	»
Piles-culées } Rive gauche...........................	760.000	»
Rive droite............................	630.000	»
Les deux piles intermédiaires, ensemble	1.000.000	»
Culées .... } Rive gauche	775.000	»
Rive droite...........................	775.000	»
Partie métallique et dépenses accessoires de la superstructure....................................	1.750.000	»
Dépenses accessoires de l'ensemble de l'entreprise........	150.000	»
Frais généraux...........................	282.500	»
Total général.................	7.120.000	fr.

Ce sont là des chiffres bien élevés, qu'explique sans doute l'importance de l'ouvrage exécuté ; mais qui ont dû se ressentir de l'inexpérience où l'on était, à ce moment, des fondations à l'air comprimé. Si le même travail était à recommencer, à l'époque actuelle, on doit présumer que la dépense serait sensiblement moindre.

L'exécution du pont de Kehl a d'ailleurs été des plus remarquables, et les ingénieurs ont trouvé dans l'entrepreneur chargé des travaux, M. Castor, un collaborateur d'une valeur et d'une habileté hors ligne, auquel il est juste d'attribuer une part du succès des diverses innovations que nous avons mentionnées.

Le prix moyen du mètre cube de déblai sous les caissons a été de 27 francs, et le cube déblayé n'a pas dépassé $1^m,63$ pour un mètre de vide effectif. Les grands caissons ont été exécutés à raison de 0 fr. 82 le kilogramme, les sas à air au prix de 1 fr. 05.

MM. Fleur-Saint-Denis et Castor ont, du reste, publié en collaboration sur la construction du pont de Kehl un mémoire très complet, accompagné de nombreuses planches, dans lequel on trouvera toutes les indications de détail nécessaires pour exécuter, au besoin, des appareils analogues à ceux qu'ils ont employés.

Pendant qu'on terminait le pont de Kehl sur le Rhin, M. Jullien, directeur de la Compagnie des chemins de fer de l'Ouest, faisait entreprendre sur la Seine, à Argenteuil, un grand pont métallique de 180 mètres de longueur totale, en cinq travées, dont les piles ont également été fondées à l'air comprimé en y employant encore le système tubulaire, mais avec d'importantes modifications, constituant un progrès marqué par rapport à ce qui avait été fait précédemment.

Les tubes, d'un diamètre de $3^m,60$, sont composés d'anneaux de fonte superposés, d'un mètre de hauteur. L'épaisseur de la fonte est de 55 millimètres pour le premier anneau, de $50^m/^m$ pour le second et de $38^m/^m$ pour tous les autres.

Une disposition caractéristique est à signaler, c'est l'addition dans la partie inférieure de chaque tube d'une charpente en fer, à l'aide de laquelle on a pu constituer une enveloppe conique de maçonnerie de pierre de taille et ciment, complétée par un remplissage en béton.

Le dessin suivant fera comprendre aisément cette disposition.

Par dessus le dôme maçonné, un chapeau en fonte également conique servait de base à un cuvelage en bois formant, au centre de la colonne, un puits cylindrique vertical de 1^m,10 de diamètre, destiné à rester toujours libre pour le passage des ouvriers et des matériaux, et muni d'une échelle fixée sur sa paroi intérieure.

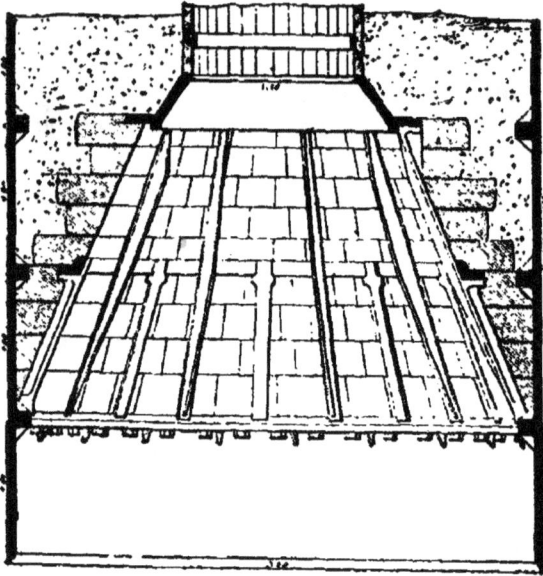

Le remplissage en béton continué au-dessus de la chambre de travail formait ainsi un massif annulaire, dont le poids forçait la colonne à descendre ; celle-ci était d'ailleurs supportée par quatre forts vérins à l'aide desquels on réglait les mouvements, pour la maintenir toujours exactement verticale.

Les fondations devaient être descendues jusqu'à des profondeurs variant de 13^m,50 à 18^m,50 au-dessous de l'étiage, à travers des couches superposées de sable et de gravier, d'argile et de marne.

L'appareil pneumatique était disposé au sommet de la colonne, au-dessus du dernier anneau de fonte ; il était en tôle de sept millimètres d'épaisseur et composé de deux cylindres concentriques fermés l'un et l'autre par le haut et ayant : le

plus grand, 3ᵐ,10 de diamètre sur 2ᵐ de hauteur ; le second, une hauteur de 2ᵐ,30 et un diamètre de 1ᵐ,40 seulement.

Le dessin suivant en donne la coupe verticale.

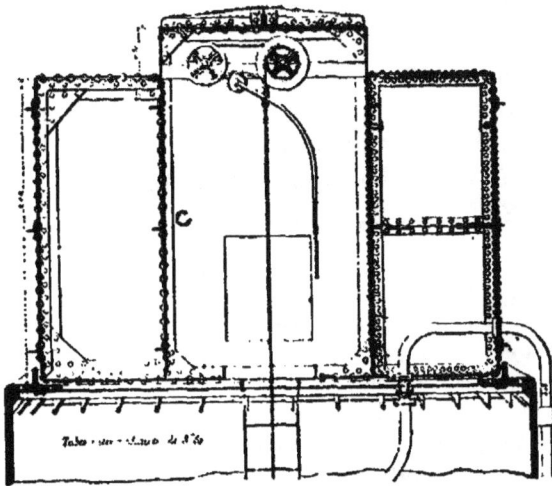

L'espace annulaire compris entre les deux cylindres était
divisé en deux compartiments par des cloisons verticales convergeant vers le centre ; des hublots disposés sur le fond supérieur, et garnis de disques de verre fondu, laissaient pénétrer
la lumière à l'intérieur. Un manomètre et une soupape de
sûreté de 0,10 de diamètre étaient disposés sur ce même fond
où trouvait place, en outre, une petite locomobile de la force
d'un cheval dont l'arbre moteur, traversant une boîte à étoupes, pénétrait dans le cylindre central et servait à l'enlèvement
du déblai.

L'imperméabilité des couches à traverser avait rendu nécessaire l'installation d'un syphon ; il se composait de tuyaux en
fer de 0,08 de diamètre, dimension suffisante pour permettre,
au besoin, de vider en deux heures au plus la totalité de l'eau
contenue dans la colonne, même au moment où la hauteur en
était de 16 mètres.

Trois équipes de 5 hommes chacune étaient employées

pour le travail à l'air comprimé à l'intérieur des tubes ; les ouvriers travaillaient 4 heures et se reposaient pendant 8 heures.

Malgré une interruption de deux mois occasionnée pendant l'hiver par les glaces, les travaux commencés en août 1861 ont été terminés en mai 1862, après neuf mois seulement.

L'enfoncement des tubes a varié de $0^m,27$ à $1^m,40$ par jour, et a été en moyenne de $0^m,75$. Le cube du déblai enlevé n'a pas dépassé une fois et demie le volume du vide réel.

On a employé deux tubes pour chaque pile et la dépense s'est élevée à **22.851** francs, comprenant :

Echafaudages....	8.190 fr.
Montage et mise en place des tubes................	638 »
Installation et fonctionnement des vérins............	1 000 »
Déplacement des sas à air......................	408 »
Location de la machine soufflante, à 40 fr. par jour...	1.760 »
Fonctionnement de la machine soufflante...........	2.967 »
Entretien et amortissement du sas à air.............	1.000 »
Extraction du déblai à l'air comprimé..............	3.907 »
Frais généraux, 15 0/0........................	2.981 »
Total pareil..........	22.851 fr.

Cette dépense se rapportant au fonçage des deux tubes d'une pile, descendus l'un et l'autre à 16^m de profondeur, il en résulte pour le mètre courant d'enfoncement un prix moyen de 713 fr.

Mais ce n'est là que le prix de la main d'œuvre ; il ne comprend ni la fourniture des tubes en fonte, ni les maçonneries, ni le béton employé.

Pour effectuer le remplissage de la chambre de travail et de la cheminée centrale, on a d'abord posé sur le sol un premier massif ou bouchon d'un mètre d'épaisseur, composé de couches alternatives de béton avec mortier de ciment de $0^m,25$ d'épaisseur et de mortier de ciment pur de $0^m,10$, en ayant soin de bien bourrer chaque couche contre toutes les saillies et concavités de la paroi métallique intérieure et d'en disposer la surface en forme de cuvette ou de voûte renversée ; quelques bouts de tubes de fer étaient, en outre, noyés dans ce

premier massif pour permettre à l'air contenu dans le béton et
le mortier de ciment de s'échapper sans désagréger la masse,
en cas de diminution accidentelle de tension de l'air comprimé.

Après prise complète du ciment, les tubes de fer ont été
remplis en mortier de même composition et toute la chambre
de travail a été remplie elle-même de béton de ciment de Portland qu'on a laissé durcir pendant 24 heures. Ce délai passé,
on cessait le travail à l'air comprimé, les appareils pneumatiques étaient enlevés, on démontait le cuvelage en bois de la
cheminée centrale et celle-ci était remplie jusqu'au haut en
béton de ciment employé à l'air libre.

Le mortier se composait de 600 kilogrammes de Portland
pour $0^{mc},80$ de sable, à l'intérieur de la chambre de travail, et
de 490 kilogrammes de ciment pour $0^{mc},90$ de sable dans les
autres parties.

Vers la même époque que le pont d'Argenteuil, la compagnie de l'Ouest a fait également construire sur la Seine le pont
d'Orival, en y appliquant pour les fondations des procédés à
peu près identiques.

Nous avons vu tout à l'heure que des faits observés pendant
l'exécution du pont de Kelh on avait été amené à conclure
qu'au lieu de plusieurs caissons juxtaposés on aurait très
bien pu n'employer, pour chaque pile ou culée, qu'un caisson
unique, sans compromettre en rien la régularité du fonçage.

L'application de cette disposition nouvelle, constituant un
important progrès, a été faite avec un plein succès, en 1860, à la
construction du pont de la Voulte, sur le Rhône.

Il s'agissait là de fonder en rivière, dans un banc de gravier
et à une profondeur d'environ 10 mètres au-dessous de l'étiage,
des piles de 4^m de largeur sur 11^m de longueur. On a donné aux
caissons 5 mètres sur 12 avec section en plan semblable à celle
de la pile, c'est-à-dire composée de côtés rectilignes, dans le
sens de la longueur, reliés aux deux extrémités par des parties
demi-circulaires. La hauteur des parois verticales était telle
d'ailleurs que, la profondeur de dix mètres se trouvant atteinte,
le bord supérieur pût encore émerger d'une quantité suffisante

pour mettre l'intérieur du caisson à l'abri des crues accidentelles. En outre une hausse mobile étanche de $2^m,50$ de hauteur prolongeait ces parois, pour former batardeau et permettre l'exécution à sec, à l'air libre, des socles et des premières assises des piles.

Le poids de ces caissons n'a pas dépassé 39.000 kilogrammes pour les piles et 49.000 kilogrammes pour les culées ; mais il s'est trouvé un peu faible et quelques parties de la paroi de tôle ont légèrement cédé sous l'action des pressions extérieures.

Les chambres de travail, disposées dans le bas de ces caissons, avaient $2^m,05$ de hauteur et étaient recouvertes de planches également en tôle, dont les poutres étaient calculées de façon à pouvoir porter sans déformation tout le poids des maçonneries à élever par dessus.

Du centre de ce plafond s'élevait une cheminée verticale cylindrique en tôle, de 2^m de diamètre, destinée, comme à Kehl, à donner passage à la chaîne et aux godets d'une noria servant à l'enlèvement du déblai ; la partie inférieure en était prolongée dans la chambre de travail et descendait en contre-bas du bord taillant du caisson, pour pouvoir former fermeture hydraulique pendant le travail à l'air comprimé. Indépendamment de cette cheminée centrale, deux tubes cylindriques de $1^m,00$ de diamètre étaient fixés sur le plafond de la chambre et se terminaient dans le haut par des sas à air.

Pour maintenir la verticalité des caissons pendant le fonçage, on a fait usage de forts vérins comme nous l'avons expliqué précédemment pour d'autres ouvrages.

Sauf l'emploi d'un caisson unique pour chaque fondation, ces dispositions ne sont que la reproduction de celles appliquées à Kehl, avec cette différence toutefois que les maçonneries en élévation, destinées par leur poids à assurer la descente du caisson, à mesure de leur exécution, se trouvaient enfermées dans une enveloppe métallique au lieu de l'être dans un coffrage en charpente.

Le travail à l'air comprimé a été conduit exactement de la même manière dans les deux cas.

Cependant une disposition spéciale, qui a été appliquée à La

Voulte, mérite d'être retenue. Elle a consisté à exécuter à l'air libre, avant l'immersion du caisson, dans l'intervalle des poutres du plafond de la chambre de travail un remplissage très soigné en maçonnerie de briques et ciment, de façon à obtenir ainsi une surface pleine et continue substituée à la paroi composée de parties rentrantes et de parties en saillie de la charpente métallique. Par ce moyen on est bien plus certain de parvenir, après fonçage du caisson, à faire bourrer exactement le béton de remplissage de la chambre de travail jusqu'à la paroi supérieure.

Les ouvriers, en effet, employés pour le travail à l'air comprimé sont, d'ordinaire, de simples manœuvres jeunes, peu expérimentés et sans aptitudes suffisantes pour faire de la maçonnerie ; les maçons de profession se refusent à s'exposer, pour quelques heures d'emploi, aux dangers que ce genre de travail comporte et leur concours fait généralement défaut ; en outre la surveillance des conducteurs et des ingénieurs est fort difficile, de sorte que toute disposition tendant à atténuer les causes de malfaçons a une importance extrème et que, sous ce rapport, le procédé appliqué à la Voulte, pour assurer le complet remplissage de la chambre de travail, constitue un incontestable perfectionnement.

L'enfoncement des caissons a marché à raison de 0m,60 en moyenne, sans jamais dépasser un mètre par journée de travail, et malgré les pertes de temps occasionnées par les crues fréquentes du Rhône, le pont, commencé en mars 1860, était terminé au mois d'octobre de l'année suivante, après un délai de 19 mois environ. Les travaux de fondation avaient été entrepris à forfait par la société des usines Cail et Cⁱᵉ, à raison de 60.000 francs par pile et de 62.500 francs par culée ; les dépenses totales de construction, superstructure comprise, se sont élevées à 1.054.856 fr. 22, comprenant :

Fondations	424.454,43
Maçonneries des culées, des piles et du tablier....	445.590,79
Arches en fonte et garde-corps.................	459.053 »
Peintures, trottoirs et dépenses accessoires diverses.	25.761 »
Total.............	1.054.856,22

Ces chiffres mettent en évidence tout le progrès réalisé par rapport au pont de Kehl, où les mêmes procédés avaient été appliqués pour la première fois.

Le Rhône a beaucoup d'analogie avec le Rhin ; à la Voulte il coule, comme ce dernier, sur un lit de gravier et de galets extrêmement affouillable ; la seule différence, c'est qu'une profondeur de fondation de 10 mètres a été jugée suffisante pour ce dernier pont tandis qu'à Kehl on est descendu à 20 mètres ; en outre, les caissons juxtaposés de Kehl avaient ensemble, pour une pile, 17m,50 de longueur sur 7m,50 de largeur, tandis que ceux de la Voulte n'avaient que 12 mètres sur 5, c'est-à-dire une section moitié moindre. Mais malgré toutes ces différences la comparaison des dépenses est toute à l'avantage de ce dernier pont, puisque la fondation d'une pile n'y a coûté que 60.000 fr. contre 500.000 fr. dépensés à Kehl pour le même objet.

Une seconde application des dispositions adoptées à La Voulte a été faite à Lorient sur le Scorf, pour le passage du chemin de fer de Nantes à Brest. Le pont est composé d'un tablier métallique de 173 mètres de longueur, reposant, entre les culées, sur 3 piles d'une hauteur d'environ 30 mètres, fondées en rivière à des profondeurs de 12 à 18 mètres en contre-bas du niveau moyen des marées, sur un banc de rocher recouvert d'une épaisse couche de vase molle.

On y a employé des caissons en tôle de 3m,50 de largeur sur 12m,10 de longueur et les travaux ont d'ailleurs été conduits à peu près exactement comme à La Voulte.

Les fondations, exécutées à forfait par MM. Ernest Gouin et Cⁱᵉ, ont coûté 200.000 fr. pour les trois piles, soit une dépense moyenne, par pile, de 66.666 fr. 65, chiffre qui diffère peu de celui relatif à l'ouvrage précédent.

Les exemples que nous venons de citer contiennent tous les éléments essentiels des diverses applications faites en assez grand nombre en France, jusqu'à ces derniers temps, de l'air comprimé aux travaux de fondation ; quelques détails ont pu varier dans l'organisation des chantiers et l'exécution des appareils et engins employés, mais, dans leur ensemble, les dispositions appliquées, notamment au pont de Bordeaux sur la Garonne, aux ponts de Nantes et de Chalonnes sur la Loire, aux ponts de Mâcon sur la Saône et de Moulins sur l'Allier, pour ne mentionner que les plus importants, ont procédé, comme dans les cas précédents, soit du système tubulaire, soit du système avec caissons, c'est-à-dire qu'on y a employé des enveloppes métalliques entourant les maçonneries et restant définitivement engagées dans les fondations.

Cependant, vers 1866, quelques dispositions nouvelles comportant de sérieuses économies avaient été imaginées dans divers pays étrangers, particulièrement en Allemagne.

Nous avons vu qu'au pont d'Argenteuil la chambre de travail, tout en offrant à l'extérieur une paroi métallique continue, était formée à l'intérieur par une sorte de voûte conique en maçonnerie, au-dessus de laquelle s'élevait la cheminée de service surmontée des appareils pneumatiques.

C'est assurément là le point de départ de l'invention allemande, consistant à construire des chambres de travail entièrement en maçonnerie et à n'employer le métal, fonte ou tôle, que pour l'exécution du taillant inférieur.

Des applications de ce système ont été faites, en 1866 et 1867, aux deux ponts de Stettin sur l'Oder et sur le Parnitz, et en 1868 au pont de Dusseldorf sur le Rhin ; mais c'est surtout au pont construit en 1876 sur l'Elbe, à l'aval de Hornsdorf, pour l'établissement du chemin de fer de l'État de Hanovre, que les dispositions adoptées ont offert le plus d'intérêt.

Nous empruntons à ce sujet les renseignements qui vont suivre à un excellent mémoire de M. Séjourné, ingénieur des Ponts et Chaussées, dont nous aurons d'ailleurs à parler longuement tout à l'heure à propos de la construction du pont de Marmande, sur la Garonne. [1]

Au point où le pont de Hornsdorf est construit, l'Elbe coule sur un lit de sable et de gravier d'une très grande pro-

---

1. Fondations à l'air comprimé d'un pont sur la Garonne à Marmande, par M. Séjourné, ingénieur des Ponts et Chaussées. *Annales des Ponts et Chaussées* de 1883, 1er semestre (nº 10).

fondeur, avec mélange, par intervalles, de légères couches de tourbe et d'argile.

Les fondations devaient pénétrer de 8 à 10 mètres dans ce banc et descendre à 12 ou 14 mètres environ au-dessous de l'étiage.

Le pont se compose de 3 travées principales de 100 mètres, d'une travée tournante de 14 mètres et de 3 travées de décharge de 40 mètres, soit un débouché linéaire total de 448 mètres avec neuf fondations, dont 2 culées, la pile du pont tournant, 4 piles en rivière et les 2 piles du viaduc de décharge.

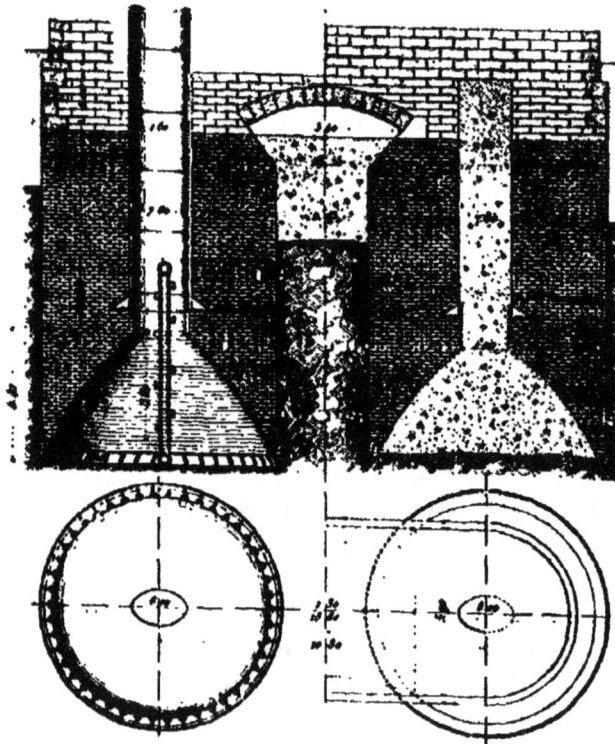

PONT DE HORNSDORF (Allemagne)

FONDATIONS

Coupe verticale et plan d'une pile.

Suivant l'usage déjà établi à cette époque en Allemagne,

on se proposait de construire et on a construit, en effet, pour chaque pile, deux colonnes voisines destinées à être reliées dans le haut par une voûte transversale, afin d'élever ensuite les maçonneries supérieures sur une base unique, comme le montre le dessin qui précède.

Pour exécuter ces sortes de colonnes creuses ou puits dont le diamètre est de 8^m pour les piles en rivière, on a disposé des rouets circulaires composés d'une partie verticale cylindrique en tôle de 26 millimètres d'épaisseur et de 0^{m}40 de hauteur, supportant un disque horizontal de 8 mètres de diamètre extérieur et de 0^{m}29 de largeur, en tôle de dix millimètres d'épaisseur ; une cornière de $\frac{79 \times 79}{10}$ et des contrefiches verticales, à âme pleine, espacées de 0^{m}59 de milieu en milieu, réunissent les deux pièces l'une à l'autre.

Par dessus ce rouet, dont la partie cylindrique verticale est destinée à former taillant ou couteau, sont posés et fortement boulonnés trois cours de madriers de hêtre de 0^{m}08 d'épaisseur, avec joints soigneusement calfatés, disposés de manière à présenter vers l'intérieur des saillies successives de 0^{m}08, tandis qu'ils offrent à l'extérieur une paroi cylindrique continue exactement verticale.

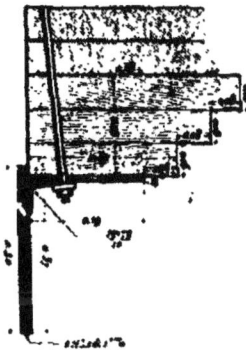

La coupe ci-contre donne, du reste, le détail de ces dispositions et les fera aisément comprendre.

Sur la couronne en charpente du rouet s'élève la maçonnerie de la chambre de travail exécutée en briques hollandaises de 0,11 d'épaisseur, posées à plat avec saillies successives à l'intérieur, d'assise en assise, pour former l'espèce de voûte représentée sur le premier dessin ci-dessus.

Le profil de l'intrados se compose de trois lignes brisées présentant, à partir du bas :

Sur 1^{m}05, une inclinaison de 1 de base pour 2 de hauteur.
Sur 1^{m}05,   —   —   pour 1 1/2   —
Sur 1^{m}70,   —   —   pour 1   —

Il reste ainsi au sommet un vide central de 1m 00 de diamètre, au-dessus duquel s'élève la cheminée aboutissant aux appareils pneumatiques.

C'est cette voûte qui forme l'enveloppe maçonnée de la chambre de travail ; celle-ci a d'ailleurs un diamètre intérieur de 6m 86 à la base, avec une hauteur de 3m 80 à partir du dessus du rouet, soit en tout 4m 41 depuis l'arête inférieure du taillant.

A l'extérieur, le parement de la maçonnerie est dressé suivant une surface cylindrique verticale, avec rejointoiement soigné en mortier de ciment ; il n'est protégé par aucune enveloppe métallique ou autre, et c'est ce parement même qui frotte contre le terrain ambiant pendant la descente de la fondation.

Des ancres en fer rond de 0,02 de diamètre et au nombre de 19, également espacées sur le pourtour du rouet, relient fortement ce dernier à la maçonnerie.

Au sommet de la voûte une plaque de tôle avec amorce cylindrique, également en tôle, supporte la base de la cheminée.

Le poids des fers, eu égard à la superficie de la fondation, est de 83 kilogrammes seulement par mètre carré.

Ce poids varie avec le périmètre, mais l'amorce de la cheminée reste toujours la même, de sorte qu'on peut évaluer d'avance le poids de fers d'une fondation d'un périmètre P, à l'aide de la formule suivante :

$$\pi = A + BP$$

dans laquelle A est le poids constant de l'amorce de la cheminée, B le poids par mètre courant du rouet métallique et π le poids à déterminer.

Pour le pont de Hornsdorf cette formule devenait :

$$\pi = 560 + 143\, P \quad [1]$$

Les chambres de travail disposées comme celle que nous venons de décrire ont été employées pour une culée et 3 piles ; mais de sérieuses difficultés s'étant produites pour l'exécution

---

1. Mémoire déjà cité de M. Séjourné.

des voûtes transversales destinées à relier, dans le haut, les
deux massifs voisins d'une même fondation, on prit le parti
de n'avoir qu'un massif unique et les autres piles, ainsi que
la seconde culée, ont été fondées sur des rouets ayant la
forme que le dessin suivant représente :

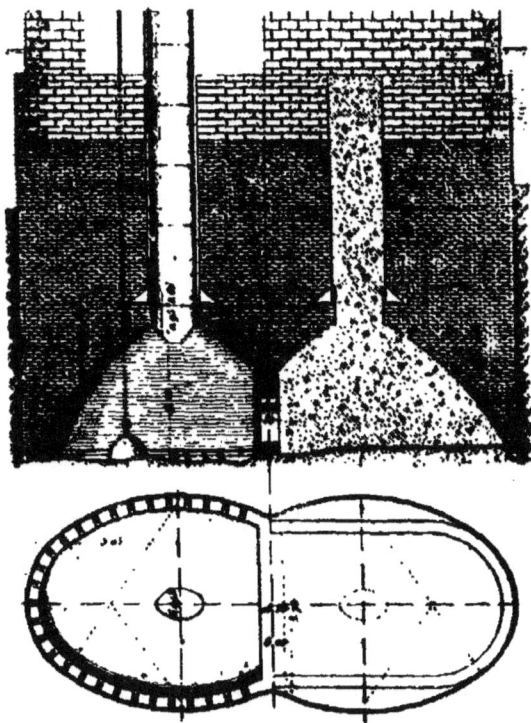

En plan, le profil de la base est formé de deux ellipses se
pénétrant de 2ᵐ 05 suivant leur grand axe qui est de 10ᵐ 10,
de sorte que la longueur totale, au lieu de 20ᵐ 20, est réduite
à 16ᵐ 10.

Le petit axe est de 6ᵐ 95 et la largeur du massif au milieu,
par suite de la pénétration des deux ellipses, se réduit à 5ᵐ 70.
Le périmètre de la section est de 39ᵐ¹ 60 et la superficie de
de 94ᵐᵖ 31.

D'après M. Séjourné, la forme un peu bizarre de cette section doit provenir de la crainte éprouvée sans doute par les

ingénieurs allemands de voir des surfaces planes moins bien résister que des surfaces courbes soit à la poussée du sol, soit à la pression de l'air comprimé.

Au droit du rétrécissement existant à l'intersection des deux ellipses, les deux parois opposées sont reliées par une entretoise transversale, formant sabot et taillant, disposée comme le montre le premier des deux croquis suivants. Le second représente la coupe du rouet, dont les dispositions ne sont pas tout à fait les mêmes que celles des précédents.

Avec ces dispositions modifiés, la formule donnant le poids du métal à employer, pour une fondation d'un périmètre P, devient :

$$\pi = 1742 + 142\,P$$

Tout en réunissant pour une même fondation les deux massifs en un seul, on a conservé, à l'aide d'une cloison élevée sur l'entretoise transversale, deux chambres de travail distinctes avec communication seulement dans le bas, et ayant chacune sa cheminée de service et ses appareils pneumatiques.

Le terme constant de la formule ci-dessus comprend donc le poids des deux amorces de cheminée et le sabot du mur transversal, ce qui explique l'augmentation notable qu'il offre par rapport au cas précédent ; mais du reste par rapport à la superficie de la fondation le poids moyen, par mètre carré, n'est plus que de 78 kilogrammes au lieu de 83.

Nous ne nous arrêtons pas à décrire le fonctionnement des appareils à air comprimé qui n'a présenté, en réalité, rien de particulier; il suffit de retenir qu'avec cette nouvelle forme des rouets, les fondations des deux dernières piles en rivière ont été exécutées sans aucun incident et avec un plein succès, en 20 jours pour l'une d'elles, avec encastrement de $10^m 49$ dans le sol et profondeur totale de $13^m 19$ au-dessous des eaux moyennes; en 22 jours pour la seconde, avec encastrement de $11^m 25$ et profondeur totale de $13^m 24$.

Il est demeuré ainsi bien démontré :

1° Que des voûtes en maçonnerie de briques soigneusement rejointoyée, dont l'épaisseur aux naissances se réduisait à $0^m 57$, ne se laissaient pas traverser par l'air comprimé, sous une pression, il est vrai, qui n'a pas dépassé 14 mètres;

2° Que des massifs de maçonnerie de $94^{mq} 31$ de section à leur base, avec chambre de travail à l'intérieur, reposant sur de simples rouets métalliques du poids de 130 kilogrammes au mètre courant, ont pu traverser sans dislocation ni autre accident une épaisseur de plus de 11 mètres de sable mélangé de gravier.

Le grand avantage de ce nouveau système comparé à celui des chambres de travail à parois métalliques a été de réduire de 280 à 80 environ, c'est-à-dire dans le rapport de sept à deux, le poids du fer employé par mètre superficiel de fondation, et cela sans compromettre en rien la solidité des chambres de travail, ainsi que le prouve ce fait que dans l'une d'elles on a pu faire partir jusqu'à 68 coups de mine sans produire aucune avarie.

C'est en prenant ces résultats pour point de départ que M. Séjourné a appliqué à la construction du pont de Marmande, sur la Garonne, les remarquables dispositions que nous allons exposer.

Le pont de Marmande se compose de 5 grandes arches de 36 mètres d'ouverture à la traversée du lit mineur, dont la largeur est de 195 mètres, et de 20 arches de décharge de 26 mètres d'ouverture, dont 4 pour la rive droite et 16 pour la rive gauche.

Au point où le pont est construit, la Garonne coule sur un lit de gravier, de galets et de sable d'épaisseur très variable, recouvrant un banc de marne jaune sableuse désignée habituellement sous le nom de tuf.

Ce dernier terrain est à peu près incompressible, étanche à l'eau et à l'air comprimé, mais gélif et légèrement affouillable, de sorte que tout en admettant la possibilité d'y asseoir des fondations, il y avait nécessité de s'imposer pour celles-ci un encastrement de 2 à 3 mètres. On avait, dans ces conditions, à prévoir une profondeur totale de fondation de 9 à 10 mètres au-dessous des eaux moyennes de la rivière, et il fût décidé qu'on y emploierait l'air comprimé.

Les 26 fondations à faire devaient en conséquence, d'après le projet, exiger l'exécution de 9.853^{mc},71 de maçonnerie et donner lieu à une dépense de 763.298 fr. 40.

Eu égard aux dispositions nouvelles qu'on entendait appliquer, les ingénieurs avaient proposé de traiter de gré à gré avec un entrepreneur ; mais, sur le refus de l'Administration, une adjudication sur soumissions cachetées eût lieu, entre concurrents préalablement agréés par le ministre des Travaux publics [1], et le rabais obtenu fut de 19 0/0.

Si nous mentionnons, par exception, ces détails, c'est qu'ils offrent cet intérêt particulier de bien montrer tout le progrès déjà réalisé à cette date sous le rapport de l'économie, depuis qu'on avait commencé à appliquer l'air comprimé à l'exécution des travaux de fondations.

Sans parler des énormes dépenses faites en Angleterre aux ponts de Rochester et de Saltash ; sans même s'arrêter au pont de Kehl ni aux autres ouvrages exécutés vers la même époque en France, il était généralement admis, il y a peu d'années encore, que des fondations à l'air comprimé soigneusement établies devaient coûter au minimum de 100 à 120 francs le mètre cube.

En dressant, au contraire, le projet du pont de Marmande, les ingénieurs ne prévoyaient plus qu'un prix de 90 francs, et ce prix a été réduit à 72 francs seulement par le rabais de l'adjudication.

_____

1. Ces concurrents étaient : MM. Eiffel et Cie, la société de construction des Batignolles (Ernest Gouin et Cie), M. Hersent, M. Joret, M. Zschokke, la société de Fives-Lille et MM. Varigard et Mortier.

Il ne s'agissait là, il est vrai, que d'une profondeur d'environ 10 mètres à atteindre ; mais la diminution n'en est pas moins considérable et il y a un extrême intérêt à examiner comment ce résultat a été obtenu.

Nous entrerons donc à ce sujet dans tous les détails nécessaires pour permettre d'appliquer ailleurs les mêmes dispositions.

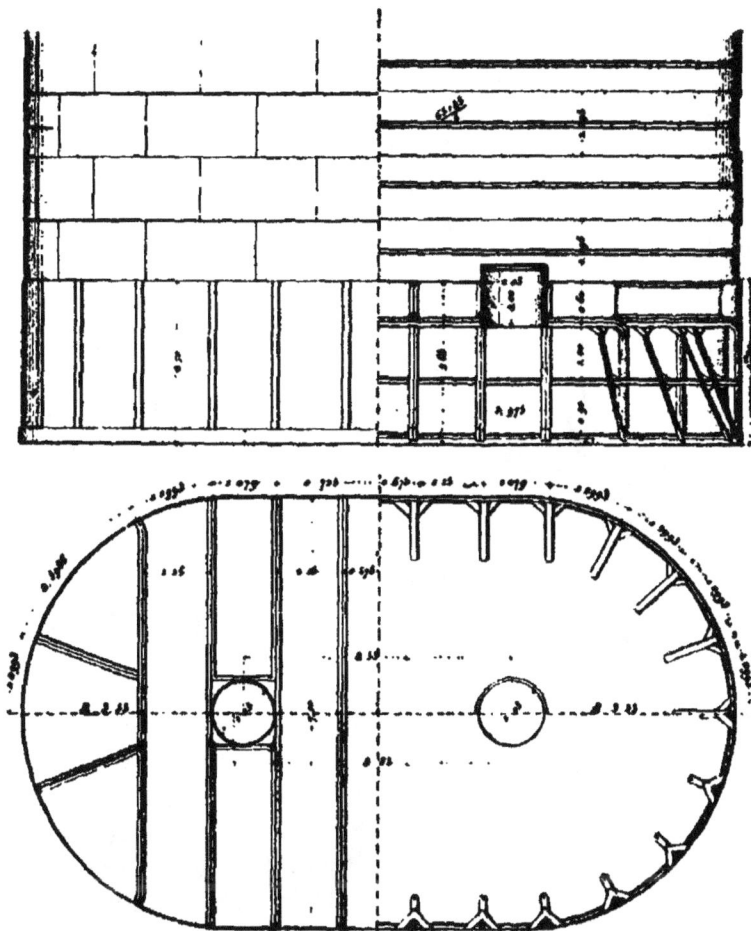

Deux types différents ont été adoptés pour les chambres de travail.

Aux piles et culées du grand pont et pour les 12 premières

piles du viaduc de la rive gauche, les caissons étaient en tôle et du système généralement usité jusque-là.

Pour les autres fondations, au contraire, on a adopté les chambres en maçonnerie sur rouet métallique du genre de celles du pont de Hornsdorff.

Les dessins qui précèdent représentent en élévation, en coupe et en plan, un caisson en tôle pour une pile du grand pont.

La paroi verticale est composée de feuilles de tôle de six millimètres, rivées sur des couvre-joints de même épaisseur et de 0,10 de largeur ; dans le bas est disposé le taillant en tôle d'acier de 0,018 d'épaisseur et de 0,22 de hauteur.

Le plafond exécuté en tôle de même épaisseur que les parois verticales est consolidé par 8 poutres transversales espacées de 1m,15, d'axe en axe, dans la partie centrale et, en outre, à chaque bout, dans la partie circulaire correspondant aux avant et arrière-becs, par deux entretoises dirigées suivant des rayons comme on le voit sur le plan ; ces poutres et entretoises, dont la hauteur est de 0m,60, sont en tôle de 8 millimètres, sauf celles qui supportent les cheminées dont l'épaisseur est portée à neuf millimètres.

La chambre de travail a 2m,70 de hauteur et les parois verticales en sont renforcées par 26 contrefiches également espacées sur le pourtour, présentant les dispositions et les dimensions indiquées sur le dessin en marge. Le poids en est de 100 kilogrammes. — Outre ces contrefiches, trois cours de cornières horizontales complètent la rigidité des

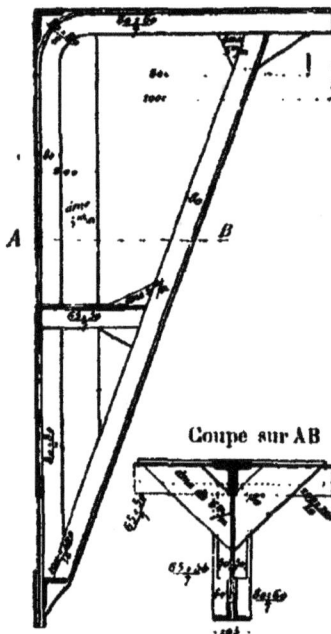

Coupe sur AB

parois ; celles du cours inférieur ont $\dfrac{100 \times 100}{10}$, celles fixées à mi-hauteur $\frac{50 \times 65}{7}$ et celles de la partie supérieure, sous le plafond, $\frac{80 \times 80}{8}$.

Le plafond est traversé par deux amorces de cheminées de forme cylindrique de 1^m,05 de diamètre intérieur et de 1^m de hauteur, faisant en dessous une saillie de 0,08. Elles sont en tôle de 10 millimètres d'épaisseur et rivées sur le plafond à l'aide d'une cornière circulaire disposée autour de la base et ayant $\frac{70 \times 70}{8}$; elles sont fixées en outre sur les deux entretoises voisines.

La superficie de la base du caisson, en plan, est de 74^{mq},027 et le périmètre de 32^m.005. Chaque caisson pèse 18.600 kilogrammes, soit en nombre rond 250 kilogrammes par mètre superficiel de fondation.

Des données qui précèdent, M. Séjourné a déduit la formule

$$\pi = 278 \, P + 130 \, S$$

donnant le poids total, π, en fonction du périmètre P et de la superficie S, pour des caissons de toutes dimensions présentant les mêmes dispositions.

Pour compléter la chambre de travail, on a d'abord exécuté à l'air libre un premier remplissage, entre les contrefiches, en appuyant, pour cela, une maçonnerie de briques et ciment de Portland sur la ceinture inférieure en cornières de $\frac{100 \times 100}{10}$ et disposant les briques en saillie, d'un rang à l'autre, de façon à obtenir une largeur d'assise de 0,30 à une hauteur de 0,70, à partir du bas.

Au-dessus de cette hauteur, le remplissage a été continué en maçonnerie ordinaire jusqu'au plafond, en ayant soin d'en bien relier toutes les parties au moyen de boutisses logées dans les vides des contrefiches, et en laissant en outre, de place en place, un certain nombre de moellons saillants sur le parement conique, pour assurer ainsi la liaison de cette maçonnerie avec le béton du remplissage définitif.

Dans la hauteur des poutres du plancher, le remplissage a été fait en béton avec chaux du Teil, formant ainsi une couche pleine de 0,60 d'épaisseur superposée à la paroi de tôle dont l'étanchéité avait d'ailleurs été préalablement vérifiée.

Enfin, au-dessus de cette première couche, les massifs de fondation ont été exécutés en maçonnerie ordinaire avec mortier de chaux du Teil.

Mais d'abord on avait prolongé, en élévation, la paroi de la chambre de travail, à mesure de l'avancement de la maçonnerie, à l'aide de hausses ou anneaux de tôle, entourant complètement celle-ci et formant batardeau.

Ces anneaux, dont la hauteur est de $1^m,095$, sont en tôle de 3 millimètres d'épaisseur, rivés à emboîtement l'un au-dessus de l'autre, et consolidés en leur milieu par une cornière de $\frac{65 \times 45}{6}$ formant ceinture, et sur laquelle sont boulonnées des cornières de contreventement de $\frac{60 \times 80}{8}$.

Le poids total des fers composant cette enveloppe est de 1,080 kilogrammes par mètre courant de hauteur.

Ces dispositions, concernant l'exécution des chambres de travail et des massifs de fondation, n'ont été appliquées, comme nous l'avons dit, qu'à une partie des culées et des piles ; pour les autres, on a adopté les chambres en maçonnerie sans enveloppe métallique extérieure, du genre de celles du pont de Hornsdorff.

Les dessins suivants représentent, en coupe et en plan, les fondations de la culée de rive droite du pont principal.

Le rouet est rectangulaire, avec coins arrondis comme la base de la culée ; sa longueur est de $11^m,35$, sa largeur de 6^m, et les grands côtés en sont maintenus par deux entretoises transversales ; il est surmonté de trois cours de madriers de chêne de 0,06 et 0,08 d'épaisseur, fortement boulonnés sur la couronne du rouet, et par dessus lesquels s'élève la voûte de la chambre, exécutée d'abord en maçonnerie de briques et ciment jusqu'à $1^m,50$ environ de hauteur, puis en maçonnerie ordinaire et enduit intérieur en mortier de ciment.

Les dessins montrent le profil particulier en ogive de l'intrados de la voûte, formé d'un arc de cercle de $8^m,95$ de rayon.

PONT DE MARMANDE

FONDATIONS AVEC CHAMBRE DE TRAVAIL SANS ENVELOPPE MÉTALLIQUE

Culée de la rive droite.

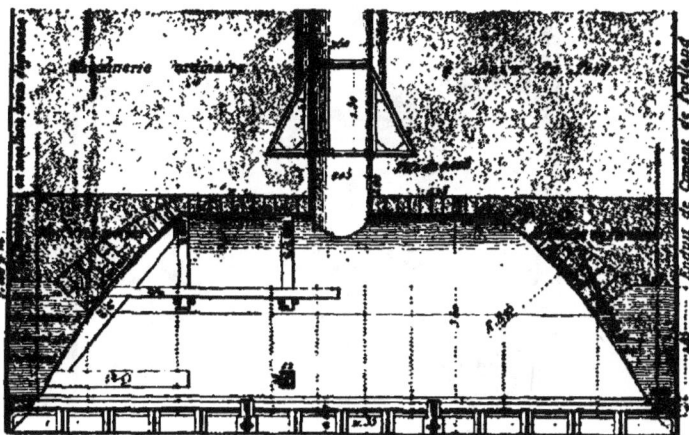

Coupe longitudinale.

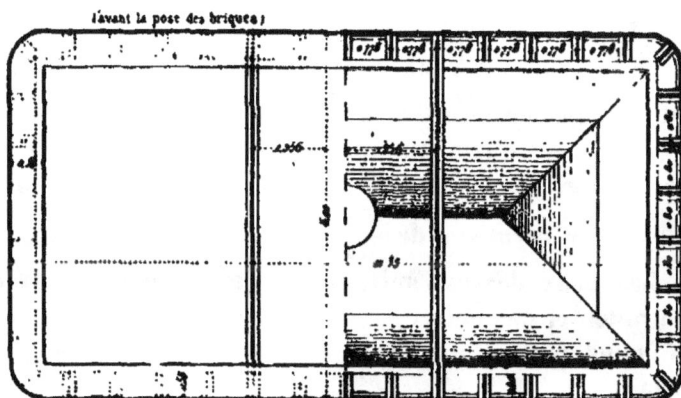

(l'avant la pose des briques)

Plan.

Le taillant du rouet se compose d'une double épaisseur de tôle de 0,024 pour les grands côtés et de 0,020 pour les petits côtés ; la hauteur est de 0m,52 et il est réuni à la couronne annulaire horizontale, située au-dessus, par une cornière de $\frac{70 \times 70}{10}$. Cette couronne, en tôle de 0m,015 d'épaisseur, porte, boulonnée sur bord intérieur et en dessus, une cornière de

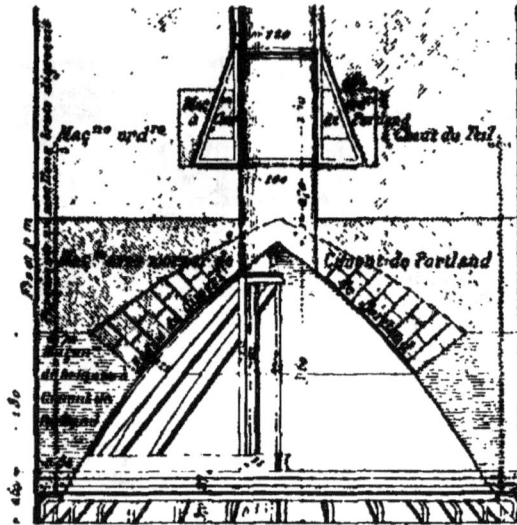

Coupe transversale.

$\frac{100 \times 100}{12}$ destinée à lui assurer la raideur nécessaire, et elle est soutenue en outre, de 0,80 en 0,80, par 2 équerres ou consoles formées d'une âme pleine en tôle de 0,012 fixées sur la paroi intérieure de la partie cylindrique verticale du rouet, au moyen de cornières de $\frac{80 \times 80}{14}$.

Les deux dessins suivants donnent, du reste, la coupe du rouet et des entretoises intermédiaires des grands côtés et nous permettent de ne pas les décrire avec plus de détail.

Le bord inférieur des entretoises, portant les 4 cornières en croix, est tenu un peu plus haut que l'arête inférieure du

taillant du rouet, pour éviter qu'elles aient accidentellement
à porter la charge des massifs de maçonnerie.

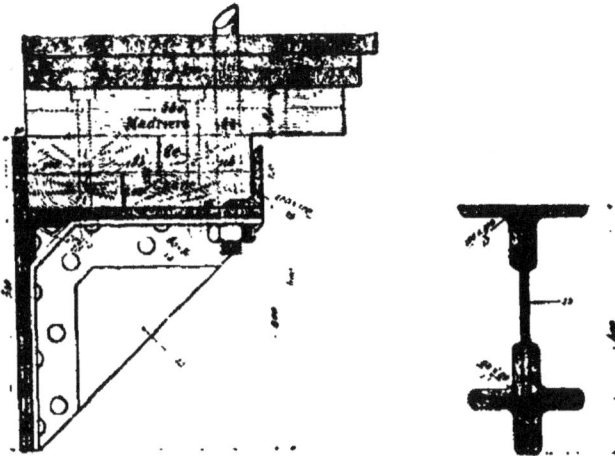

Vingt-deux ancres réparties sur le pourtour, vers le bord
intérieur de la couronne du rouet, relient celui-ci a la maçonnerie ; 14 de ces ancres sont en fer rond de 0,040 et les autres
en fer de 0,025 ; elles se terminent dans le haut par des cla-
vettes, les unes à la hauteur de la maçonnerie de briques,
les autres à la rencontre de l'extrados de la voûte. Leur objet
est d'établir une solidarité complète entre le rouet et la maçonnerie qu'il supporte, de façon à empêcher celle-ci soit
de glisser sur la couronne de madriers, par l'effet de pressions latérales, soit de se déverser de quelque façon que ce
soit.

La chambre de travail est formée, comme on le voit, par
une voûte en arc de cloître, avec arête supérieure de 5m,35 de
longueur. L'amorce de la cheminée est fixée au milieu de
cette longueur et consiste en un cylindre en tôle de 1m,05 de
diamètre et de 1m,50 de hauteur, reposant sur un plateau
également en tôle, de 0,008 d'épaisseur, noyé dans la maçonnerie à 1m au-dessus de l'intrados de la voûte, et relié à la
partie cylindrique par cinq équerres triangulaires.

Par suite des dispositions que nous venons de décrire, la
fondation de la culée de rive droite du pont principal se trou-

vait avoir un périmètre de 32ᵐ,85 et une superficie de 67 mq. 31.

Le poids total des fers de la chambre de travail est de 10.421 kilogrammes, dont 2.721 pour l'amorce de cheminée et les deux entretoises transversales et 7.700 pour le rouet et les autres pièces métalliques, d'où M. Séjourné déduit la formule :

$$\pi = 2.721 + 227\,P$$

pouvant donner approximativement le poids π des fers d'une fondation présentant des dispositions analogues, mais ayant un périmètre P différent.

Par rapport à la surface, ces poids, pour la culée du pont de Marmande, correspondent à 154 kilogrammes par mètre superficiel.

Nous avons vu tout à l'heure que, pour les caissons du système ordinaire, le poids des fers de la partie métallique était de 248ᵏ,11 par mètre ; l'économie réalisée par l'adoption des chambres en maçonnerie est donc par mètre de 94 kilogrammes, soit environ de 38 0/0.

La réduction a été plus forte encore au pont de Hornsdorff, mais cela tient surtout à la forme elliptique des fondations de cet ouvrage, et à la hauteur plus grande donnée pour le pont de Marmande aux amorces des cheminées ; il est présumable qu'en la calculant en argent la différence se réduisait à peu de chose, à cause du prix plus élevé du métal pour des pièces courbes que pour des pièces droites.

A Marmande même, l'économie en poids a atteint 64 0/0 pour les piles, où l'on a donné aux rouets une forme elliptique (une seule ellipse) de 9ᵐ,20 sur le grand axe et 6ᵐ,35 sur le petit axe.

Pour ces dernières la surface de fondation est de 45 mq. 99, le périmètre de 24ᵐ,69 et le poids total de la partie métallique de 4.265 kilogrammes seulement, dont 575 kilogrammes pour la partie constante et 3.690 pour la partie variant avec le périmètre, d'où la formule $\pi = 575 + 150\,P$, applicable à des fondations d'un périmètre différent.

Les dessins suivants représentent une coupe longitudinale, une coupe transversale, et le plan de la chambre de travail

PONT DE MARMANDE

FONDATION D'UNE PILE AVEC CHAMBRE DE TRAVAIL EN MAÇONNERIE
SANS ENVELOPPE MÉTALLIQUE

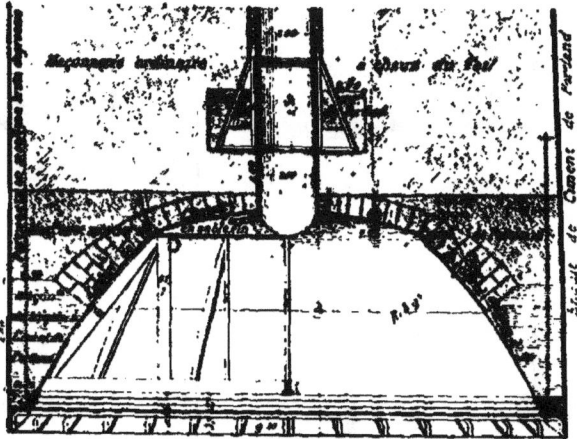

Coupe longitudinale.

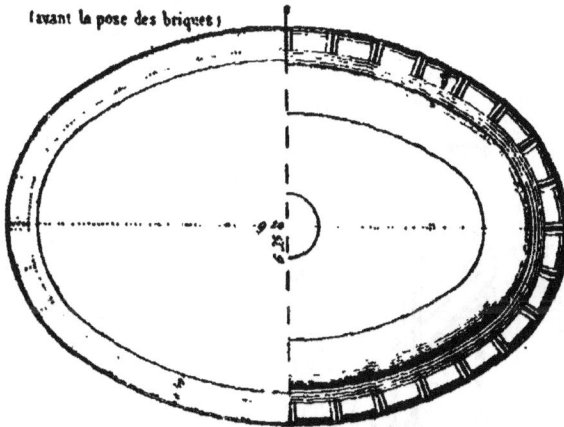

Plan.

PONT DE MARMANDE

FONDATION D'UNE PILE

(SUITE)

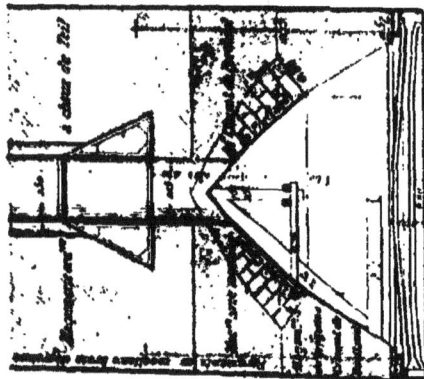

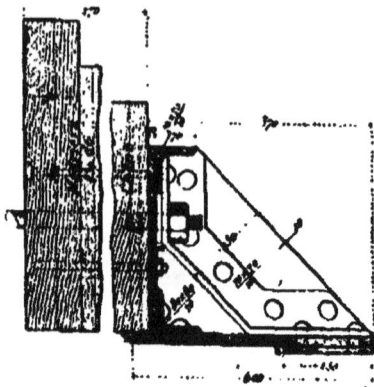

Coupe du rouet.

Coupe transversale.

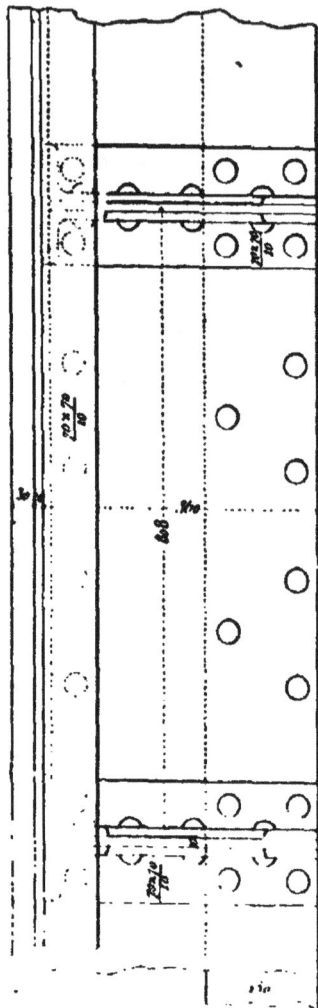

Développement en élévation du rouet.

d'une pile, ainsi que la coupe et une partie du développement en élévation du rouet, et rendent inutile une description plus détaillée.

De quelque façon que la chambre de travail soit exécutée, nous avons dit qu'elle porte à la partie supérieure l'amorce de la cheminée. Celle-ci se compose d'anneaux ou viroles de 1ᵐ et de 2ᵐ, en tôle de 8 millimètres, boulonnés l'un sur l'autre. Leur diamètre intérieur est de 1ᵐ,05 et leur poids de 275 kilo-grammes par mètre de hauteur.

Au sommet de la cheminée était disposé le sas à air, com-posé d'une chambre centrale située directement au-dessus de la cheminée même, boulonnée sur celle-ci et destinée à rester en communication permanente avec la chambre de travail, puis de deux chambres d'équilibre ayant accès tant de l'exté-rieur que du côté de la chambre centrale, à l'aide de portes de 0ᵐ,70 sur 0ᵐ,60 s'ouvrant vers la pression la plus forte. Des robinets de 0,025 de diamètre disposés sur les parois de ces chambres permettaient soit d'y introduire de l'air comprimé, soit de l'en laisser s'échapper.

La chambre centrale, de même diamètre que la cheminée, avait 2ᵐ,05 de hauteur et une capacité de 1ᵐʳ,80. Les chambres d'équilibre, de forme cylindrique et de 1ᵐ,15 de diamètre, sur 2ᵐ,10 de hauteur, cubaient 2ᵐᶜ,05 ; elles étaient, comme la chambre centrale, exécutées en tôle de 7 millimètres pour les parois verticales et de 10 millimètres pour les plafonds.

Le poids total de l'appareil, avec ses deux écluses ainsi dis-posées, était de 4.800 kilogrammes, à raison de 0 fr. 70 le kilogramme, soit pour la dépense un chiffre d'environ 3.360 fr.

Au-dessous du sas, l'air comprimé était introduit dans la cheminée par une tubulure en caoutchouc, munie d'un clapet que pouvait refermer la pression intérieure en cas de rupture ou de déplacement de la conduite d'amenée. En outre, une soupape de sûreté empêchait les élévations brusques de pres-sion dans la chambre de travail.

Pour la production et la distribution de l'air comprimé, on a fait usage de 4 machines soufflantes dont une de 25, deux de 18 à 20 et une de 10 à 12 chevaux, avec cylindre compresseur à piston hydraulique, à double effet ; mais ces sortes de machines, les mêmes que celles employées à Kehl trente ans auparavant, sont maintenant abandonnées et remplacées avec avantage par les compresseurs du système Colladon, à injection d'eau pulvérisée, avec moteur indépendant marchant normalement à 60 tours au lieu de 35, d'un poids moitié moindre et permettant, pour une même compression, de faire varier la force du moteur.

La distribution de l'air comprimé était assurée au moyen des tuyaux de fonte et des tubulures en caoutchouc dont il a été question : le diamètre en était soit de 0,08, soit de 0,10 et l'épaisseur de six millimètres pour la fonte et de dix millimètres pour le caoutchouc. Les tuyaux de 0,08 pesaient 11 kilogrammes et coûtaient 6 fr. le mètre courant ; pour ceux de 0,10 le poids était de 18 kilogrammes et le prix de 8 fr. Les tubulures en caoutchouc coûtaient soit 20 fr., soit 24 fr. le mètre.

Théoriquement il serait préférable, pour atténuer les pertes de pression dues au frottement de l'air contre les parois, d'augmenter le diamètre des conduites, mais la pratique a démontré que ces pertes sont insignifiantes et qu'il y a avantage, comme dépense, à faire usage de tuyaux d'une faible section.

Pour les fondations du pont de Marmande, le tableau suivant, que nous reproduisons d'après M. Séjourné, donne le détail des dépenses de matériel à compter dans l'estimation des frais de fonçage.

Les installations accessoires, telles que bureaux et logements pour le personnel, abris pour le matériel et pour la forge, bâtiments et magasins pour les matériaux, terrains loués pour chantiers, etc., ont donné lieu à une dépense totale de 4.482 fr. 72, soit 0 fr. 45 par mètre cube de fondation.

Les installations spéciales à chaque culée et à chaque pile, telles que ponts de service, échafaudages, bateaux, etc., ont été plus coûteuses ; mais, par rapport au mètre cube de fondation, la dépense a varié seulement de 0 fr. 51 à 0 fr. 88 pour les culées et de 1 fr. 07 au minimum pour les piles des viaducs sur les rives, à 1 fr. 17 au maximum pour les piles en rivière.

MATÉRIEL SPÉCIAL à l'air comprimé	Frais d'achat	Dépense pour intérêts, réparations et amortissement		OBSERVATIONS
		totale	par mètre cub.	
MATÉRIEL PRINCIPAL				On compte généralement pour intérêts, réparations, dépréciation et amortissement d'un matériel mécanique, pour une entreprise quelconque, le quart environ de sa valeur réelle au début des travaux.
2 machines fixes de 20 chevaux	42.000	7.800		
1 machine fixe de 8 à 10 chev.	9.000	1.700		
1 machine fixe, sur bateau, de 25 chevaux............	22 000	4.000		
4 sas à double écluse du poids de 4800 kil. l'un	13.440	2.000		
1 sas à une seule porte pesant 2000 kil............	2.340	250		
36 cheminées de 2ᵐ pesant 550 kil. l'une...........	12.870	2.500		
200ᵐ de conduite en fonte de 0ᵐ,10............	1.600	400		
22ᵐ de conduite en fonte de de 0ᵐ,08............	132	30		
45ᵐ de tubulures en caoutchouc	1.350	400		
	104.702	19.080	1.91	
MATÉRIEL ACCESSOIRE				
4 pompes dont 2 Letestu et 2 Japy, avec accessoires, treuils, broyeurs, bâches, chèvres, seaux, crics, dragues, bacs, outillage de forge, etc......	18.000	10.000	1.00	
6 vérins pour descente du caisson de l'une des piles.......	3.600	100	0.01	
Totaux..............	126.302	29.180		
Moyenne..............			2,92	

Enfin les frais généraux *de l'entreprise* pour personnel et surveillance, assurance contre les maladies et les accidents, frais d'adjudication et d'enregistrement, frais de transport et de déplacement du matériel, droits de patente, perte d'intérêts sur le cautionnement, avances de fonds, etc., se sont élevés à 67.002 fr. 90, soit 7 fr. 80 par mètre cube.

L'intérêt particulier qu'offrent ces renseignements, concernant exclusivement l'entreprise, c'est de permettre de se bien rendre compte des divers éléments du *prix de revient* des fondations à l'air comprimé.

Dans leur ensemble, les divers frais dont nous venons de parler s'élèvent d'un minimum de 11 fr. 22 pour les culées à un maximum de 19 fr. 88 pour la pile la plus éloignée en rivière ; comparativement au prix d'adjudication qui était de 72 fr. 90 le mètre cube pour le grand pont et 72 fr. 09 pour les viaducs, la proportion est d'environ 20 0/0 pour les fondations en rivière et de 15 0/0 pour les autres parties de l'ouvrage.

Le fonçage des massifs a marché en général avec la plus grande régularité, et les seuls incidents à noter ont consisté dans un léger déversement de l'une des piles et une rupture du massif de maçonnerie pour une autre.

Le déversement était de 4.2 0/0 au début ; il a ensuite varié sous l'influence de diverses causes, et l'on a pu finalement le ramener à 1.2 0/0. Une maçonnerie de briques à plat, avec mortier de ciment, engagée sous le tranchant du rouet du côté où la pile penchait, a définitivement arrêté le mouvement.

Le second incident, plus sérieux, s'est produit à l'une des piles dont le massif de maçonnerie était foncé sans enveloppe métallique.

Les moellons du parement, simplement rejointoyés en mortier de ciment, frottaient contre le terrain ambiant, composé de graviers récents très mobiles donnant lieu à une résistance considérable. On avait atteint un enfoncement de $0^m,98$ dans le tuf et la couche de gravier traversée avait une épaisseur de $7^m,48$, dont $1^m,53$ jusqu'à la hauteur du plafond de la chambre de travail et $5^m,95$ pour la partie portant contre le parement de la maçonnerie du massif.

A ce moment, le poids total de la pile était de 830.400 kilogrammes, tandis que l'effort de l'air comprimé agissant en sens inverse n'était que de 396.700 kilogrammes, d'où un excédant de charge de 433.700 kilogrammes tendant à faire descendre la fondation. La tension de l'air comprimé, qui dans ces conditions correspondait à $0^{at},85$, ayant été brusquement abaissée à $0^{at},20$, un enfoncement subit de $0^m,69$ se produisit, mais avec un double choc annonçant que quelque chose d'anormal venait de se passer, et en effet, en mesurant d'après des repères fixes la quantité dont le massif était descendu, il fût constaté qu'une différence de $0^m,04$ existait entre les cotes relevées, d'une part sur l'assise supérieure de maçonnerie, d'autre part sur le sas à air directement relié à la chambre de travail.

Il était donc manifeste qu'une rupture s'était produite en un certain point du massif, avec joint horizontal ouvert de quatre centimètres.

Malgré cet incident, le fonçage pût être continué et poussé jusqu'à la profondeur qu'on voulait atteindre, et c'est ensuite seulement qu'on a procédé à la réparation de l'avarie.

Les dispositions adoptées à cet effet ont été les suivantes.

Après avoir enlevé les deux cheminées et les sas à air, des plaques carrées en tôle de 2^m,40 de côté et de 0,015 d'épaisseur furent scellées, au ciment, au-dessus de l'ouverture des puisards. Des fers à T de $\dfrac{100 \times 60}{8}$ rivés sur ces plaques suivant les deux axes et les diagonales servaient à leur assurer la rigidité nécessaire et elles portaient, en outre, à leur centre une virole ou cylindre de deux mètres de hauteur disposée pour recevoir une écluse à air comprimé. Avant de boulonner les écluses sur ces viroles, la maçonnerie avait été continuée sur 2^m de hauteur afin de charger suffisamment les plaques.

Les choses étant ainsi préparées, et les écluses à air étant en place, l'eau fût refoulée à l'aide de l'air comprimé et des ouvriers descendant dans les puisards purent parvenir jusqu'au niveau de la rupture, qui fût reconnue exister à la hauteur du poutrage de la chambre de travail, dans le plan de jonction de la première assise de maçonnerie avec le dessus du remplissage en béton fait dans l'intervalle des poutres.

Au lieu de se borner à boucher la cassure avec du ciment, on préféra démolir l'ancienne maçonnerie sur une hauteur de 1^m,33 mesurée sur le parement du puisard et allant en diminuant à mesure qu'on pénétrait dans le massif, pour se réduire à 0^m,35 sur le parement extérieur de la pile, puis la maçonnerie fut refaite avec le plus grand soin en procédant, cela va sans dire, par reprises successives.

Le parement intérieur des puisards avait été préalablement rejointoyé en mortier de ciment; avant de faire les reprises, on étendait d'abord sur le béton de remplissage une couche de ciment de Portland de 0ᵐ,30 d'épaisseur, bourrée jusqu'au parement extérieur de la pile.

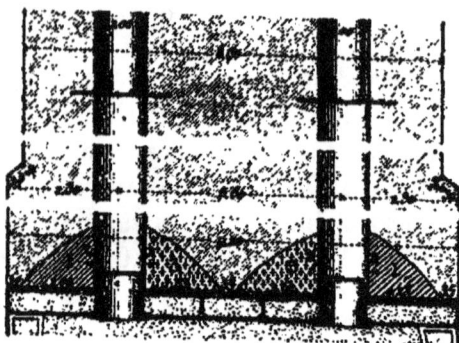

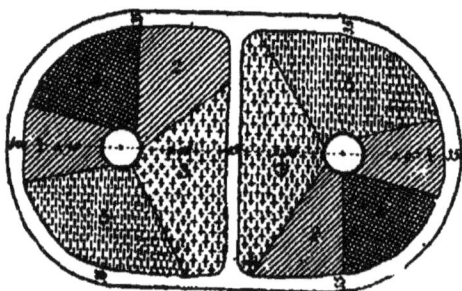

FONDATIONS

du Pont de Marmande

—

RÉPARATION

d'une avarie

—

COUPE VERTICALE

et plan

—

Les figures achèveront de bien faire comprendre ces dispositions, dont le succès a été complet.

La réparation a exigé l'emploi de 10ᵐᶜ,72 de béton et de 16ᵐᶜ,07 de maçonnerie ; elle a duré 324 heures et donné lieu à une dépense de 4.700 fr., comprenant :

Plaques de tôle : 1.454ᵏⁱⁱ à 0 fr. 75	1.178 53
Transport, pose et ajustage des sas et des conduites d'air, nettoyage des anciennes maçonneries	257 61
Enduit de ciment à l'intérieur des puisards	307 85
Maçonneries (Démolition	370 38
en reprise (Reconstruction	1.095 88
Dépense d'air comprimé à 4 fr. 25 par heure	1.377 »
Location des sas et frais divers	112 75
Total pareil	4.700 »

Les accidents de ce genre étant toujours à craindre, il y a lieu de se demander, comme le fait observer M. Séjourné, s'il est réellement avantageux de supprimer les hausses ou enveloppes métalliques au-dessus des chambres de travail.

Cette suppression ne donne lieu, pour des piles des dimensions de celles de Marmande, qu'à une économie de 425 fr. par mètre de hauteur, soit 2.550 fr. pour une pile de 6ᵐ, tandis qu'un seul accident provenant de l'absence de cette enveloppe peut occasionner une dépense de 4.700 fr.

Pour se prononcer dans tel ou tel sens, il faut surtout tenir compte de la nature du terrain à traverser et des frottements plus ou moins énergiques qu'il faudra vaincre.

Il convient d'observer aussi que des fondations sur rouet, comme celles exécutées en dernier lieu à Marmande, sont beaucoup moins exposées à des ruptures que celles établies sur chambre de travail, parce qu'il existe toujours forcément, pour ces dernières, une sorte de joint de décollement vers la hauteur du plafond de la chambre sous la première assise de maçonnerie.

Sans en revenir aux enveloppes métalliques, il est du moins prudent, dans tous les cas, après avoir soigneusement dressé le parement extérieur de la maçonnerie, de le recouvrir d'un enduit de mortier de ciment bien lissé, de manière à réduire les frottements dans une forte proportion.

Cette précaution a été prise pour les dernières piles de Marmande et a bien réussi. La dépense qu'elle a occasionnée est de 2 fr. 30 par mètre superficiel de parement, tandis que l'enveloppe métallique aurait coûté 17 fr.

On peut aussi disposer, autour des massifs, des saucissons d'osier qui, descendant avec la maçonnerie, en réduisent le frottement contre le terrain ambiant.

Enfin il est à présumer qu'on obtiendrait de bons résultats de l'emploi de bandes de tôle disposées, de distance en distance, sur le pourtour de la fondation, pour former, d'une part, des sortes de tirants verticaux servant à relier la maçonnerie sur toute sa hauteur, d'autre part, des glissières atténuant le frottement total du massif, tout en n'occupant qu'une partie réduite de la surface et coûtant ainsi moins cher qu'une enveloppe continue.

En d'autres termes, les hausses complètes doivent être considérées comme un pis-aller et il faut, dans chaque cas particulier, rechercher comment on pourrait les supprimer soit en totalité, soit en partie, sans compromettre la sécurité du fonçage des massifs.

Les fondations étant descendues à la profondeur voulue, le remplissage des chambres de travail a été l'objet, à Marmande, de soins tout particuliers.

Le béton qu'on y a employé se composait, en moyenne, de 185 kilogrammes de ciment de Portland pour 0^{mc},347 de sable et de 0^{mc},650 de gravier.

Pour les fondations sur rouet, l'opération était aisée à effectuer dans de bonnes conditions; on répandait le béton par couches de 0^{mc},30 à 0^{mc},40 d'épaisseur, puis on le bourrait sous les pieds en le pressant le plus possible contre la paroi de la voûte en maçonnerie, et c'est à peine si l'on avait à craindre qu'il restât un vide triangulaire très peu étendu vers le sommet de l'ogive, ce qui ne pouvait avoir aucun inconvénient sérieux.

Avec les chambres de travail à charpente métallique, la difficulté, comme nous l'avons déjà dit, est bien plus grande, surtout quand le remplissage touche à sa fin et qu'il faut s'en rapporter à de simples manœuvres du soin de bourrer exactement le béton jusqu'au contact du plafond. A Marmande, pour le bourrage de cette dernière couche, on a essayé l'emploi du pilons en biseau dont on a obtenu d'assez bons résultats. On avait voulu tenter de terminer le remplissage avec de la maçonnerie, mais la difficulté de trouver de bons maçons consentant à travailler dans l'air comprimé et l'impossibilité pour ceux-ci, d'ailleurs, de parvenir à presser fortement la maçonnerie contre une paroi horizontale située au-dessus, a fait renoncer à ce moyen et finalement on s'en est tenu au béton.

Pour quelques piles, une disposition de laquelle on a obtenu d'excellents effets a consisté à maintenir, à l'aide de panneaux de bois, au centre du massif de remplissage, un vide dans lequel un ouvrier pouvait se tenir debout, puis lorsque la surface du béton n'était plus qu'à 0^{m},40 environ du plafond de la chambre, on terminait le bourrage sur cette hauteur en y employant de la maçonnerie de briques. D'après M. Séjourné, cette solution serait la meilleure toutes les fois qu'on pourrait trouver de bons ouvriers pour l'appliquer.

Pour plusieurs piles le bourrage a été terminé à l'aide d'un coulis de ciment liquide. A cet effet, le béton, dans la partie centrale du massif, était maintenu à 0m,10 ou 0m,12 en contre-bas du plafond avec rigoles rayonnant tout autour. Les ouvriers étant remontés, on introduisait le ciment liquide par la cheminée, puis on forçait la pression de façon à contraindre l'air comprimé à pénétrer partout. Ce qui prouve que ce dernier but a été, en effet, atteint, c'est qu'à la fin de l'opération il n'y avait plus transmission de la pression de l'air comprimé d'un sas à l'autre. La quantité de ciment employée a varié, par pile, d'un minimum de 952 à un maximum de 1.600 kilogrammes ; elle s'est maintenue en général entre 1.100 et 1.500 kilogrammes, et le minimum a correspondu à une pile dont le remplissage avait été terminé avec maçonnerie de briques, ce qui prouve la supériorité de cette dernière disposition.

En résumé, tous les travaux de fondation du pont de Marmande ont été exécutés avec un plein succès ; ce qui en fait l'intérêt particulier, c'est qu'on y a employé soit des chambres de travail métalliques avec hausses en tôle au-dessus enveloppant la maçonnerie, soit des chambres également métalliques, mais avec suppression des hausses, soit enfin des chambres en maçonnerie montées sur rouets métalliques, et que les résultats consignés par M. Séjourné dans les tableaux très complets accompagnant son mémoire permettent de comparer le mérite relatif de ces diverses dispositions, tant au point de vue de la célérité et de la bonne exécution des travaux, que sous le rapport des dépenses faites.

Sans reproduire en détail tous ces tableaux, nous pensons devoir leur emprunter les chiffres qui suivent :

1° Fondations sur caissons métalliques avec hausses enveloppant les maçonneries (grand pont, 2 culées et 4 piles) :

Les surfaces de fondation. étaient { pour les culées, de 90mq,380
{ pour les piles, de 74 027

Les profondeurs au-dessous de l'étiage ont atteint :

Pour les culées, de 7ᵐ,92 à 8ᵐ,36
Pour les piles, de 8ᵐ,18 à 9ᵐ,04

Les dépenses se sont élevées, *par mètre cube de fondation* :

Pour les culées
- Matériel, installation et frais généraux, de 11ᶠ22 à 11ᶠ35
- Travaux, fers, maçonnerie, fonçage, etc., de 52.01 à 58.38
- Soit en tout de.......... 62.23 à 62.73

Pour les piles
- Matériel, etc. (comme ci-dessus), de...... 15.75 à 19.88
- Travaux, etc. (id.), de...... 48.87 à 53.94
- Soit, en tout, de........ 61.62 à 73.82

La durée de fonçage a été (arrêts non compris) de 76 et 82 jours pour les culées et de 49 à 67 jours pour les piles.

2° Fondations sur caissons métalliques, sans hausses par dessus (12 piles de viaduc de la rive gauche :

La surface de fondation était, par pile, de...... 45ᵐq,17
La profondeur du fonçage a varié de........... 6ᵐ,38 à 7ᵐ,32

Les dépenses par mètre cube de fondation se sont élevées à

Minimum
- Matériel.......... 11ᶠ83
- Travaux.......... 50.15
- Total...... 61.98

Maximum
- Matériel.......... 11.79
- Travaux.......... 61.21
- Total...... 73 »

3° Fondations avec chambres de travail en maçonnerie montées sur rouets métalliques (3 piles du viaduc de la rive gauche) :

La surface de fondation, par pile, était de..... 45ᵐq,90
La profondeur du fonçage a varié de........... 6ᵐ,61 à 7ᵐ

Les dépenses par mètre cube de fondation se sont élevées à

Minimum
- Matériel.......... 11ᶠ80
- Travaux.......... 49.95
- Total...... 61.75

Maximum
- Matériel.......... 11.97
- Travaux.......... 51.86
- Total...... 63.83

Il est à remarquer que la suppression des hausses métalliques n'a pas produit une aussi forte économie qu'on pouvait le supposer, puisque le prix du mètre cube des fondations exécutées de cette manière a varié de 61 fr. 98 à 73 fr., contre 64 fr. 62 à 73 fr. 82 pour le prix des fondations avec hausses.

C'est avec les chambres en maçonnerie montées sur rouets métalliques qu'on a réalisé la plus forte réduction de dépense, puisque le prix maximum ne s'est élevé qu'à 63 fr. 83.

Quant à la durée du fonçage, elle a été assez irrégulière et il ne semble pas qu'on en puisse tirer des conclusions bien fermes relativement à l'influence de tel ou tel des trois systèmes comparés. En ne considérant que les piles, on voit que cette durée a varié de 49 à 67 jours, pour le premier groupe, de 55 à 72 jours dans le second et de 60 à 75 dans le troisième.

L'étendue donné à ce compte-rendu des travaux de fondation du pont de Marmande nous permet de ne pas nous arrêter à d'autres ouvrages du même genre, exécutés en France vers la même époque. Les faits sont, en définitive, toujours à peu près les mêmes ; les dispositions des chambres de travail et des appareils à air comprimé peuvent bien présenter quelques différences d'un chantier à un autre, mais le fonctionnement en reste tout semblable et il sera toujours aisé, pour les ingénieurs, d'approprier le mieux possible à leurs travaux, dans chaque cas particulier, les meilleures solutions expérimentées ailleurs, en les complétant s'il y a lieu par telle ou telle nouvelle disposition spéciale.

Nous ne pouvons pas, toutefois, nous dispenser de dire quelques mots de fondations de dimensions tout-à-fait exceptionnelles exécutées aux États-Unis, et à l'occasion desquelles l'application de l'air comprimé semble avoir été poussée jusqu'à ses dernières limites.

Nous empruntons, sur ce sujet, les renseignements qui suivent à un mémoire inséré par M. Malézieux, en 1874, dans les Annales des Ponts et Chaussées [1], nous bornant à rapporter

---

1. Annales de 1874, 1er semestre (n° 12) : Fondations à l'air comprimé. Mémoire de M. Malézieux, ingénieur en chef des Ponts et Chaussées.

PONT DE BROOKLYN

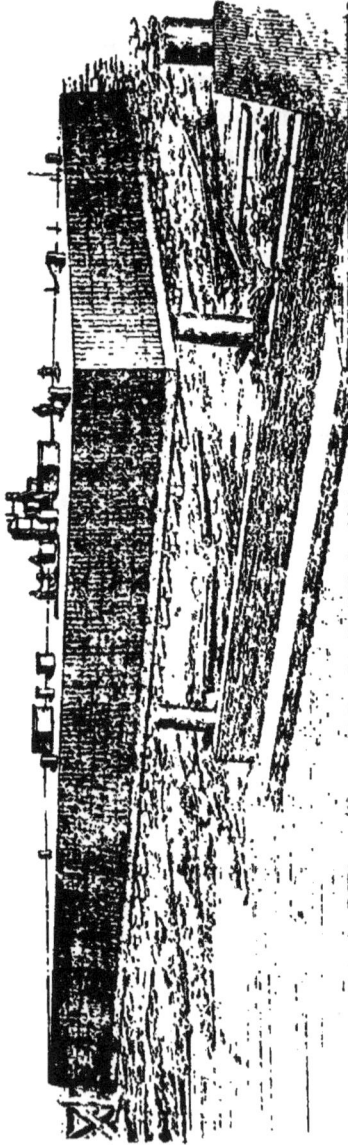

Vue d'ensemble d'un caisson en charpente sur la rive avant le lançage.

ce qui concerne le plus important des ouvrages dont il y est question, le pont de Brooklyn.

Celui-ci se compose de trois travées suspendues, dont la plus grande, celle du milieu, a près d'un demi-kilomètre de portée (486^m,47). Le tablier, dont la largeur est de 26^m, donne passage à 4 lignes de tramways et à 2 voies ferrées pour wagons remorqués à l'aide de cables ; une voie surélevée, pour piétons, en occupe le centre.

Ce tablier est établi à 42^m,70 au-dessus des basses-mers, et comme les piles supportant les cables le dépassent de 40^m, celles-ci, depuis la base de fondation jusqu'à leur sommet, ont une hauteur qui atteint du côté de New-York 107^m,97. On voulait cependant limiter la charge sur le sol à 6^k,5 par centimètre carré, et l'on a été ainsi conduit à donner aux fondations, de forme rectangulaire, une longueur de 52^m sur 31^m de largeur, soit plus de 16 ares de superficie.

De semblables dimensions devaient nécessairement exiger des dispositions tout à fait spéciales.

Sur l'emplacement du pont existe un banc de gneiss, situé à 30 mètres en contrebas des hautes-mers et recouvert d'une épaisse couche d'argile compacte mélangée de blocs de trapp, disposés par lits empâtés dans de l'argile ou du sable. On résolut de s'arrêter, pour les fondations, dans ce banc d'argile à 45 mètres environ au-dessous des hautes mers ; comme on avait à craindre quelques irrégularités de résistance du sol, on prit le parti d'asseoir les maçonneries sur un vaste plateau de charpente assez épais et assez rigide pour rendre toute inégalité de tassement impossible.

D'autre part l'ingénieur chargé des travaux, M. Rœbling, conçut l'idée de donner à cette charpente la forme d'un grand caisson fermé par le haut de façon à pouvoir l'amener plus facilement en place, pendant qu'il flotterait, et l'immerger ensuite sans avoir besoin de vérins pour le soutenir.

La vue perspective ci-contre donne une idée de ce qu'était ce caisson sur le chantier, avant le lancage.

Ce que nous avons dit (page 199) des caissons employés pour les fondations du pont de Poughkeepsie, sur béton immergé, peut s'appliquer à beaucoup d'égards aux caissons de Brooklyn.

PONT DE BROOKLYN — FONDATIONS

CAISSONS ET CHAMBRES DE TRAVAIL EN CHARPENTE

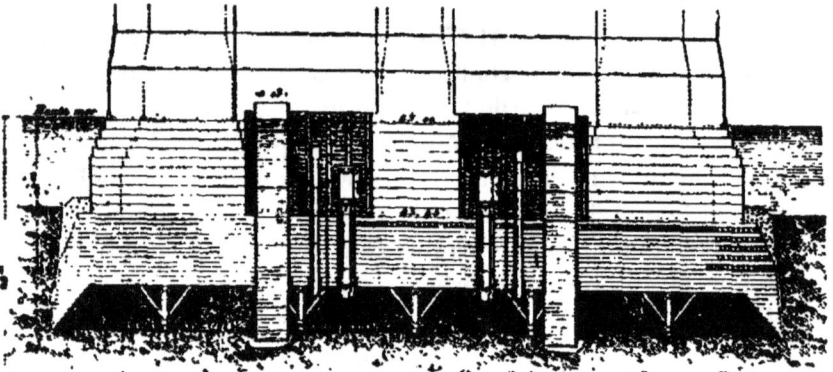

Coupe longitudinale.

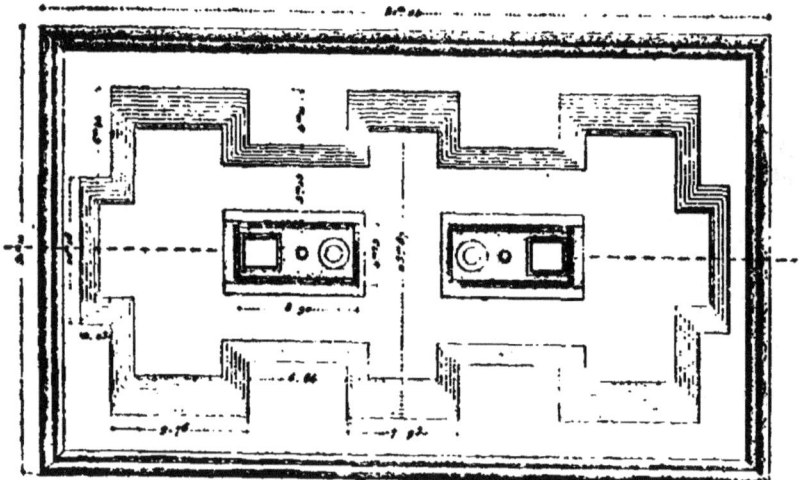

Plan.

C'est, en effet, en pièces de bois de yellow-pine (pin-jaune) d'échantillon régulier de 0ᵐ,30 sur 0ᵐ,30 d'équarrissage, à faces bien dressées, que l'ouvrage a été établi.

Le plan et la coupe ci-contre montrent, dans leur ensemble, les dispositions de ces caissons et celles des massifs de maçonnerie élevés par-dessus.

Le plafond de la chambre de travail est composé de cinq cours superposés de ces pièces de *yellow-pine*, de 0ᵐ,30 de côté, se croisant à angle droit d'un cours à l'autre, et reliées en tous sens par de forts boulons pour la pose desquels on a eu soin de tenir le diamètre des trous de tarière inférieur de trois millimètres à celui du fer, afin que l'adhérence du métal et du bois fut plus complète.

La muraille d'enceinte établie de la même façon est en forme de tranchant ou de V; le parement intérieur en est incliné à 45° tandis que le parement extérieur présente seulement un fruit de un dixième jusqu'à une certaine hauteur, au-dessus de laquelle les poutres sont disposées par retraites successives comme le montre la coupe.

La chambre de travail a 2ᵐ,70 de hauteur sous plafond, et 5 cloisons transversales la divisent dans le sens de la longueur en six compartiments séparés.

Pour assurer l'étanchéité de cette enceinte de bois à l'air comprimé, les joints en ont été d'abord enduits de goudron sur toute leur largeur, puis calfatés, à l'extérieur, sur une profondeur de 0ᵐ,10 ; de plus, entre le quatrième et le cinquième cours de poutres du plafond, on a étendu une feuille continue de ferblanc, avec joints soigneusement soudés, qui se repliant vers le bas vient recouvrir toute la paroi extérieure du caisson jusqu'à l'arête inférieure du taillant, et enferme ainsi complètement la chambre de travail. Pour protéger cette enveloppe un peu fragile contre les frottements extérieurs, ses 4 faces ont été revêtues en planches, et elle est posée entre deux feuilles également continues de papier goudronné. Enfin toutes les parois intérieures de la chambre, y compris le plafond, sont enduites de vernis.

Le bord coupant est composé d'une pièce demi-circulaire de fonte enveloppée d'une feuille de tôle remontant de part et d'autre, jusqu'à 0ᵐ,90 de hauteur et fixée sur le bois.

Le caisson monté sur le chantier, tel que le représente le dessin de la page 274, se composait de 11,000 stères de bois et 250 tonnes de fer. On devait supposer que le lançage d'une pareille masse offrirait de sérieuses difficultés, surtout en considérant qu'au lieu de se présenter par une petite face en avant, à la façon d'un navire, le caisson opposerait à la résistance de l'eau une paroi plane de 51 mètres de long sur 4^m,57 de haut. L'opération cependant s'est effectuée sans encombre et a parfaitement réussi. Des glissières, inclinées au douzième en moyenne et à profil parabolique plongeant, étaient disposées sous les côtés extrêmes et au droit des cloisons transversales, supportant une charge limitée à 2^k,7 par centimètre carré. A peine les amarres furent-elles brisées que le caisson se mit de lui-même en marche, quitta toutes les glissières en même temps et se trouva à flot dans les meilleures conditions, émergeant régulièrement d'environ 0^m,43, avec l'aide d'un flotteur logé à l'intérieur et occupant à peu près le tiers de sa longueur. Immédiatement après le lançage, une machine à vapeur avec pompe à air, installée sur la plate-forme, fut mise en mouvement, et en quelques heures tout l'intérieur du caisson se trouva exactement rempli d'air, donnant ainsi la preuve de l'imperméabilité de ses parois.

L'emplacement de la pile ayant été préalablement dragué, le caisson y fut amené à l'aide de six petits bateaux à vapeur à hélice, du genre de ceux qui sillonnent constamment, en tous sens, la rade de New-York ; des pieux de garde avaient été battus sur trois des côtés de cet emplacement, le quatrième côté restant seul ouvert pour n'être fermé qu'après l'entrée du caisson et son amarrage en place.

Avant de commencer les maçonneries, le plancher de la chambre de travail, déjà composé de 5 cours de pièces de charpente, fut encore augmenté de 10 autres cours superposés de pièces de même équarrissage, se coupant à angle droit d'un cours à l'autre comme les précédentes, mais en laissant toutefois entr'elles des vides de quelques centimètres qu'on bourrait soigneusement avec du béton, et c'est sur la plate-forme ainsi obtenue qu'on posa les premières assises. Le plan que nous avons donné plus haut montre les dispositions de la partie pleine de la pile, avec les vides ou puits ménagés pour le service de la chambre de travail et le fonctionnement de l'air comprimé.

Les sas à air étaient placés sur les deux puits circulaires les plus rapprochés du centre, et fixés sur le plafond même de la chambre de travail. Les puits extrêmes à section rectangulaire de 2^m,13 sur 1^m,98 étaient à fermeture hydraulique, et servaient à l'enlèvement du déblai exécuté à l'aide de la drague de Morris et Cummings ; celle-ci consiste en un appareil demi-cylindrique dont les deux moitiés, disposées à peu près comme celles de certaines caisses à immerger le béton mais fonctionnant à l'inverse, sont descendues vides et écartées jusqu'au contact du fond; en se refermant à la façon de deux mâchoires, elles saisissent et emmagasinent le déblai ou les blocs à enlever. Avec une semblable machine, très peu encombrante d'ailleurs, on remontait de 4 en 4 minutes un cube d'environ 1^m,10 et, malgré d'incessantes interruptions, un travail de cinq mois a suffi pour exécuter 15.000 mètres cubes de déblai.

Deux autres puits de moindre dimension étaient destinés seulement à l'introduction des matériaux pour le remplissage final de la chambre de travail. Ils pénétraient de 0^m,60 au-dessous du plafond et étaient fermés, à leurs extrémités, par des portes à charnières horizontales pour recevoir à volonté de l'air comprimé.

Le fond étant composé, comme nous l'avons dit, d'argile mélangée de blocs de gneiss irrégulièrement noyés dans la masse; il était à craindre que la présence de ces blocs, s'ils se trouvaient engag s sous telle ou telle partie du tranchant, ne donnât lieu à des déversements ou à de graves difficultés de déblai. Pour y parer, des sondages étaient faits en permanence sur tout le pourtour de la chambre de travail et au droit des cloisons transversales, pour reconnaître à l'avance l'existence et la situation des blocs et les enlever avant de les atteindre avec les bords tranchants.

L'air comprimé, fourni par des pompes à double effet installées sur la rivière, était amené dans les appareils par des conduites de fonte de quinze centimètres de diamètre, avec raccords en caoutchouc.

Le fonçage a marché régulièrement, sauf les incidents ordinaires qu'on ne peut jamais éviter dans ce genre de travaux. L'éclairage du vaste espace occupé par la chambre de travail offrait de sérieuses difficultés, qu'on n'est pas parvenu du reste à surmonter complètement ; on y a employé d'abord la lumière du gaz oxhydrique dont on a obtenu d'assez bons résultats, puis on s'est contenté du gaz ordinaire de l'éclairage distribué dans soixante becs et donnant une bonne clarté. Les chandelles et les lampes à huile brûlent trop rapidement dans l'air comprimé et produisent en abondance une fumée gênante et malsaine pour les ouvriers ; le gaz oxhydrique coûtait fort cher et le gaz de l'éclairage avait l'inconvénient de donner lieu à beaucoup de chaleur et de vicier l'air ambiant. En somme, on a dépensé, pour ces divers essais, environ 25.000 fr. sans être jamais satisfait du résultat obtenu. Dans l'état actuel de l'industrie de l'éclairage électrique, cette difficulté spéciale serait aisément surmontée.

Parmi les accidents, peu nombreux d'ailleurs, qui se sont produits, le plus grave a consisté dans un échappement brusque de l'air comprimé contenu dans la chambre de travail. Un dimanche, jour de repos absolu sur les chantiers des États-Unis, pendant que tous les ouvriers étaient absents, une sorte d'explosion se produisit et l'eau contenue dans l'un des puits à fermeture hydraulique jaillit tout à coup en colonne élevée, lançant au loin de la vase et des fragments de pierre. Le caisson s'était enfoncé de 0^m,25, mais sans déversement ni avaries sérieuses. Après avoir rétabli la pression à 2^{at},11 et être descendu dans la chambre de travail, on constata que les tasseaux, sur lesquels on faisait porter, de distance en distance, le bord tranchant du caisson et les parois transversales pendant qu'on enlevait l'argile et les blocs de gneiss, étaient littéralement broyés, que l'enveloppe en tôle du sabot de fonte se trouvait déchirée par places et que les 15 cours de poutres superposées du plafond avaient éprouvé un tassement ou réduction d'épaisseur de 0^m,05 restée définitive ; mais que du reste tout était en état de fonctionner, de sorte que l'accident n'avait fait, en somme, que donner la preuve de l'extrême solidité de la construction.

D'autres incidents, dont les conséquences auraient pu être
bien autrement graves, ont consisté en commencements d'incendie qu'on est en général parvenu à éteindre sans trop de
peine ; mais un certain jour, cependant, le feu allumé par
l'imprudence d'un ouvrier avait pénétré presque sans se manifester jusqu'à une profondeur de 1^m,20 à l'intérieur des
bois, ainsi qu'on pût le constater au moyen de trous de tarière et il fallut, pour s'en rendre maître, inonder entièrement la chambre de travail en y employant toutes les pompes
à incendie du service municipal de New-York. La chambre
fût remplie en 6 heures environ et après avoir attendu 2 jours
et demi on pût la vider de nouveau et reprendre les travaux
interrompus. Un semblable incident est encore de ceux
que l'emploi de la lumière électrique doit rendre impossibles.

Les dispositions adoptées pour le remplissage des chambres de travail ont offert un intérêt tout particulier. Lorsque
le caisson était encore à 0^m,90 au-dessus du niveau définitif
qu'il devait atteindre, on décida de construire 72 piliers de
briques, à section carrée de 2^m de côté, également distribués
sur toute la superficie de la fondation et capables de supporter seuls tout le poids de la construction si par accident l'air
comprimé venait à s'échapper brusquement comme cela était
déjà arrivé une fois, et devait arriver encore ainsi que nous
le dirons tout à l'heure. Les ouvriers spéciaux pour la maçonnerie de briques, dont la journée est payée 40 fr. à New-
York, purent être réunis en nombre suffisant malgré l'obligation de travailler dans l'air comprimé, et la construction
des piliers fût terminée en trois semaines bien qu'il y ait été
employé 250.000 briques. L'utilité de cette disposition ne devait pas tarder à être démontrée. Un jour, en effet, pendant
qu'on envoyait du béton dans la chambre de travail, par l'un
des puits circulaires de 0^m,53 de diamètre spécialement aménagés pour cet objet, une faute des ouvriers donna lieu à l'ouverture de la partie inférieure, pendant que celle du haut
n'était pas encore refermée, de sorte que l'air comprimé trouvant une issue pût s'échapper soudainement. Tous les ouvriers
étaient à ce moment à leur travail, et l'ingénieur, M. Roebling,

18

se trouvait lui-même présent sur le chantier. Par l'effet de la dilatation subite et du refroidissement de l'air, un brouillard intense envahit toutes les parties de la chambre de travail, toutes les lumières furent instantanément éteintes, le bru effroyable produit par l'air comprimé s'engouffrant dans le puits ouvert empêchait qu'aucun ordre pût être entendu, et pendant ce temps l'eau des fermetures hydrauliques retombant dans la chambre s'élevait en quelques instants jusqu'à la hauteur des genoux des ouvriers, hors d'état de savoir si ce n'était pas l'eau extérieure qui envahissait le caisson. La confusion fût donc un instant indescriptible et les craintes terribles. Heureusement l'accident, grâce à la parfaite étanchéité du caisson et du sol, n'eût aucune suite fâcheuse, et tout fût promptement remis en ordre, mais à ce moment tout le poids de la pile avait porté sur les piliers de briques et aucun de ceux-ci n'avait cédé bien que la charge eût atteint de 10 à 12 kilogrammes par centimètre carré.

Le remplissage de la chambre de travail a marché à raison de 75 mètres cubes environ par journée de 16 heures, et l'on y a employé un béton composé d'une partie de ciment de Rosendale, à prise rapide, pour deux parties de sable et trois parties de gravier fin Quant à la marche suivie, elle consistait à élever sur toute la hauteur de la chambre avec le béton, qu'on maintenait au moyen de panneaux de bois, des murs d'un mètre d'épaisseur dont on bourrait vigoureusement la couche supérieure contre la paroi du plafond à l'aide d'un instrument plat en fer. Ces murs occupaient tout le pourtour de la chambre, rétrécissant ainsi de plus en plus l'espace resté libre au-dessous de l'orifice des puits par lesquels le béton était introduit. Ces puits ont naturellement été remplis eux-mêmes en dernier lieu. Le cube total du béton employé a été de 3.000 mètres.

Cette opération terminée, la vérification de la situation définitive du caisson fit constater un déplacement de 0^m,30 dans un sens et de 0^m,22 dans l'autre; mais, à cause de la largeur de la plate-forme, il n'en est résulté aucune difficulté pour l'alignement exact des maçonneries en élévation, et celles-ci, exécutées entièrement en pierres de taille, offrent une parfaite régularité.

La pile située du côté de New-York a exigé l'emploi d'un caisson de 52^m,46 de longueur sur 31^m,11 de largeur ; comme on l'exécutait en second lieu, on a profité de l'expérience acquise à Brooklyn pour adopter quelques améliorations de détail. Ainsi la couche de vernis du plafond de la chambre de travail a été remplacée par une feuille de tôle destinée surtout à atténuer les dangers d'incendie ; cette tôle peinte en blanc a grandement favorisé l'éclairage de la chambre ; l'épaisseur pleine du plafond en bois a été augmenté de 7 cours de poutres de 0,30 sur 0,30 d'équarissage ; à la section rectangulaire des puits d'extraction, on a substitué une section circulaire de 2^m36 de diamètre ; dans le bas de chaque puits d'accès on a disposé deux sas à air, engagés de la moitié de leur hauteur sous le plafond de la chambre de travail pour les mettre ainsi mieux à la portée des ouvriers, qui pouvaient, d'ailleurs, y trouver simultanément place au nombre de 120. Enfin, pour la partie du déblai qui était à exécuter sur 5 mètres environ d'épaisseur, dans une couche de sable fin, on a employé un système analogue à celui des pompes à sable, c'est-à-dire que le déblai amené à l'orifice inférieur des tubes verticaux spécialement disposés pour cet objet, et débouchant à l'extérieur, était entraîné par un courant d'air comprimé.

A cet effet les tubes, munis d'un robinet, descendaient jusqu'à 0^m,30 environ du sol ; les ouvriers entassaient le sable en forme de cône autour de l'orifice inférieur, puis le robinet était ouvert et l'air comprimé de la chambre de travail s'échappant par cette issue entraînait le sable avec une telle force qu'on dut s'ingénier pour disposer, à la partie supérieure des tubes, des appareils spéciaux destinés à limiter la distance à laquelle le sable était projeté. Le déblai ainsi exécuté paraît avoir atteint, à un moment, 0^{mc},37 par minute, soit plus de 22 mètres cubes par heure ; mais cependant la plus grande partie de la fouille a été faite au moyen des puits d'extraction à fermeture hydraulique et de dragues, comme à la pile de Brooklyn.

En résumé, la marche du fonçage a été fort régulière et le caisson a atteint la profondeur prévue de 23 mètres. On était parvenu, à ce moment, sur un banc de gneiss à surface très inclinée et il s'agissait de savoir comment on assurerait la stabilité des fondations, en écartant toute possibilité de glissement. La dénivellation était d'environ 5 mètres d'un bord à l'autre de la chambre de travail. M. Rœbling, renonçant à déraser la roche, s'est borné à en faire sauter les pointes les plus saillantes, puis à établir de solides points d'appui, en béton de ciment, sous toutes les parties du pourtour et des cloisons transversales portant à faux ; cela fait, on a soigneusement comblé en ciment tous les vides de la roche après en avoir au préalable bien enlevé le sable. Le remplissage de la chambre de travail repose sur l'aire en ciment ainsi obtenue, et la pile n'a éprouvé aucun mouvement depuis sa construction.

Le cube du déblai extrait à l'air comprimé a été pour cette pile de 20.000 mètres, sous des pressions variant de $1^{at}16$ à $2^{at}45$, et le fonçage commencé le 12 décembre 1871 était terminé le 18 mai 1872, après 5 mois de travail.

Afin que la descente du caisson s'effectuât en eau calme, une enceinte de madriers fixés sur des pieux entourait complètement la fondation, la mettant ainsi à l'abri des courants de marée, dont la vitesse du côté de New-York peut atteindre 6 kilomètres et demi à l'heure.

Le pont de Brooklyn, depuis qu'il est ouvert à la circulation, paraît répondre exactement à ce qu'on s'était proposé en le construisant, et ses dimensions sont à tel point exceptionnelles qu'on ne saurait être surpris que la dépense faite pour les fondations seulement ait dépassé 3.300.000 francs.

Ce grand ouvrage n'est pas le seul où les ingénieurs américains aient montré tout ce qu'on peut tenter, en fait de travaux de fondation, en y employant l'air comprimé.

Au pont de St-Louis, par exemple, construit sur le Mississipi et composé de 3 travées de 153 et 158 mètres de portée, les ouvriers employés au déblai et au remplissage de la chambre de travail ont pénétré jusqu'à des profondeurs de 33^m70, au-dessous du niveau de l'eau extérieure.

Les appareils pneumatiques y présentaient d'ailleurs des dispositions spéciales qu'il avait été question d'adopter antérieurement en France ; mais qui, en réalité, ont été appliquées à

St-Louis pour la première fois, consistant à placer les sas à air dans le bas des puits d'accès et en partie engagés dans la chambre même de travail. Une large cage de 3 mètres de diamètre, occupant le centre de la construction, contenait au début un escalier remplacé plus tard par un ascenseur, permettant de descendre à l'air libre jusqu'à deux mètres *au-dessous* du niveau du plafond de la chambre de travail. Pour pénétrer dans celle-ci, on entrait d'abord par une porte verticale dans un sas à air, dont le fond inférieur était de niveau avec celui de la cage centrale de l'ascenseur ; lorsque l'équilibre des pressions était établi une seconde porte disposée en contrebas du plafond de la chambre de travail donnait passage aux ouvriers, qui n'avaient plus qu'à sauter d'une hauteur de 0^{m}90 pour se trouver sur le sol du chantier. Par ce moyen, on réduisait, dans une très forte proportion, l'espace qu'il fallait successivement remplir ou vider d'air comprimé pour le passage des ouvriers : on supprimait le parcours à faire par ceux-ci dans l'air comprimé, en dehors de la chambre de travail ; on rendait inutile l'emploi des hausses étanches en forte tôle pour garnir la paroi intérieure du puits d'accès, et toutes ces amélioratis ·· avaient d'autant plus de prix qu'il s'agissait de pressions p. ies en quelque sorte aux dernières limites qu'il soit possible d'atteindre, et avec lesquelles la durée de chaque reprise de travail ne pouvait dépasser une heure.

Les caissons étaient de forme hexagonale et exécutés soit en fer, avec cloisons intérieures seulement en bois pour la pile de la rive Est ; soit presqu'entièrement en fortes pièces de charpente, comme à Brooklyn pour la pile Ouest, la tôle ne servant plus qu'à titre d'enveloppe imperméable destinée à prévenir les fuites d'air comprimé. Pour l'ensemble du pont, les travaux de fondation seuls, commencés en 1868, n'ont été terminés qu'en 1871, après avoir duré près de trois années et donné lieu à une dépense de 5.747.000 francs.

De pareilles œuvres menées à bonne fin font le plus grand honneur à ceux qui les ont entreprises, sans s'arrêter devant les difficultés en apparence insurmontables contre lesquelles ils allaient avoir à lutter ; elles montrent bien tout ce qu'on peut attendre des ingénieurs lorsque, débarrassés d'entraves administratives trop étroites, ils se sentent libres, comme cela a lieu aux États-Unis, de donner carrière à leurs aspirations vers le progrès et de tenter tout ce que la science leur dit ne pas être impossible. Ils savent que l'opinion publique leur sera d'autant plus favorable que leurs conceptions seront plus hardies, qu'on ne leur imputera pas comme fautes des accidents partiels, qu'on ne les chicanera même pas trop sur les questions de dépenses, pourvu que le succès final réponde à ce qu'ils ont promis et ainsi soutenus, ils vont en avant, maîtres de donner chacun la mesure de sa véritable valeur.

Nous venons de voir qu'au pont de St-Louis on avait poussé le travail à l'air comprimé au delà de 33 mètres sous l'eau, prouvant ainsi la possibilité pour les ouvriers de supporter de pareilles pressions ; mais le danger qui en résulte est tel qu'on doit s'abstenir d'y exposer les hommes, à moins d'impossibilité absolue de faire autrement.

Tout ingénieur chargé de diriger des travaux exécutés au moyen de l'air comprimé doit mettre au nombre de ses devoirs les plus impérieux l'obligation de veiller à ce que toutes les précautions conseillées par l'expérience, en vue de préserver dans la plus large mesure possible la santé des ouvriers, soient rigoureusement observées.

La première de ces précautions est de soumettre tout ouvrier se présentant pour être employé dans la chambre de travail à la visite d'un médecin, chargé de vérifier s'il a les aptitudes voulues pour supporter l'action de l'air comprimé.

Cette action se manifeste tout d'abord par une réduction marquée du nombre d'inhalations par minute, réduction proportionnée à l'intensité de la pression et qui atteignait à Brooklyn jusqu'à 50 pour cent.

Les indispositions le plus fréquemment observées sont les troubles de l'ouïe avec surdité partielle ou totale durant plus ou moins longtemps, mais toujours temporaire d'ailleurs, les douleurs musculaires et articulaires, le lumbago, les syncopes, la fièvre, les bronchites.

Il ne faudrait pas toutefois exagérer la part d'influence de l'air comprimé dans tous les cas de maladie observés sur les chantiers. La température est généralement très élevée dans les chambres de travail, tandis que dans les sas à air, lorsque la *décompression* s'effectue, l'air se refroidit rapidement, donnant lieu à la production d'une buée intense et glacée qui pénètre les ouvriers et peut devenir la cause de toutes les maladies pulmonaires procédant du refroidissement, pour peu qu'on néglige les précautions prises d'ordinaire à l'air libre dans des circonstances analogues.

Beaucoup de bronchites, attribuées sur un chantier à l'influence de l'air comprimé, peuvent donc très bien n'avoir pas d'autre cause que l'imprudence des ouvriers. Pour le pont de Marmande par exemple, l'un des tableaux joints par M. Séjourné à son mémoire déjà cité, montre que pendant la durée des travaux de fondation il s'est produit, parmi les ouvriers travaillant dans l'air comprimé 38 cas de bronchites, ayant donné lieu à 660 journées de traitement ; mais que pendant le même temps la proportion pour cent des cas de la même maladie a été plus élevée pour les soldats de la garnison et pour la population civile.

Quoiqu'il en soit, indépendamment de la visite du médecin qui doit précéder l'embauchage des ouvriers, les mesures à adopter sont les suivantes :

N'employer que des hommes jeunes, ayant autant que possible moins de trente ans, bien constitués, bien portants, sains et d'une conduite régulière.

Faire cesser le travail pour tout ouvrier chez qui se manifestent les premiers symptômes d'une maladie quelconque.

Imposer aux hommes des périodes de repos de 8 heures environ, après chaque reprise de travail à l'air comprimé ; limiter la durée de ces reprises à 4 heures au plus pour des pressions ne dépassant pas 10 mètres et la réduire à mesure que la pression augmente de façon à ne plus être que de 2 heures quand la profondeur sous l'eau atteint environ 20 mètres, et 1 heure au-delà de cette dernière limite ;

Donner aux sas à air des dimensions aussi grandes que les circonstances le permettent, afin que le plus grand nombre possible d'ouvrier puissent y trouver place simultanément.

Distribuer aux hommes, à leur sortie des sas à air, des boissons chaudes et les obliger à se couvrir de vêtements de laine bien secs et chauds, en mettant pour cela à leur disposition un local spécialement aménagé dans ce but.

Enfin soutenir le mieux possible le moral de l'ouvrier, en lui enlevant à peu près tout motif de crainte et faisant le nécessaire pour le convaincre qu'il est à l'abri de tout accident grave, et qu'en cas d'indisposition il deviendra l'objet des soins les plus attentifs.

Indépendamment de ces précautions justifiées par la nature spéciale du travail à l'air comprimé, on doit avant tout exiger la plus grande prudence de la part du personnel des chantiers, et prendre toutes les précautions nécessaires pour diminuer autant que possible les chances d'accidents.

Comme nous en avons vu des exemples, des échappements brusques d'air peuvent avoir lieu, des explosions, des ruptures d'appareils, des compressions soudaines peuvent se produire, même des incendies si la chambre de travail est en charpente. Toutes les dispositions ont dû être prises pour sauvegarder avant tout, en cas de semblables accidents, la vie des ouvriers. Il faut pour cela que leur sortie de la chambre de travail puisse au besoin s'effectuer avec une extrême rapidité ; on comprend à quel point il est important d'augmenter dans ce but les dimensions des sas à air et surtout de les mettre tout à fait à la portée des ouvriers, en les disposant, comme à Brooklyn, dans la chambre même de travail. Des sas à air doivent être toujours aménagés, en outre, à la partie supérieure des puits de service, pour en faire usage au besoin si les sas inférieurs se trouvaient hors d'état de fonctionner, pour quelque cause que ce fut.

En résumé les appareils à air comprimé, employés pour les travaux de fondations à de grandes profondeurs sous l'eau, sont de merveilleux engins dont on a déjà tiré le plus utile parti et certainement appelés à rendre des services de plus en plus grands dans l'avenir.

Leur application comporte bien quelques critiques de détail, comme la difficulté du remplissage complet de la chambre de travail, le prix élevé du mètre cube de fondation, les dangers

auxquels on expose la santé des ouvriers, l'insuffisance de la
surveillance, etc. Mais en définitive le nombre des grands
ouvrages déjà exécutés de cette manière, depuis une trentaine
d'années, est plus que suffisant pour donner la preuve qu'aucun des inconvénients allégués n'a la gravité qu'on leur avait
d'abord attribuée.

Tous ces ouvrages, en effet, se sont parfaitement maintenus
à peu près sans exception, depuis leur achèvement, et il n'en
est aucun pour lequel se soient produites des avaries qu'on
puisse expressément imputer à l'intervention de l'air comprimé dans leur construction.

A mesure, d'ailleurs, que les applications se multiplient, on
parvient à perfectionner de plus en plus les appareils, l'emploi
en est mieux pratiqué et les défectuosités qu'on leur avait le
plus reprochées au début se trouvent dès maintenant à peu
près écartées.

Ainsi le prix du mètre cube de fondation s'abaisse graduellement et tend en quelque sorte à devenir inférieur à celui
qu'exigerait, à profondeur égale, l'emploi de tout autre
procédé.

Par les précautions observées, les accidents de chantier sont
devenus extrêmement rares, et les cas de maladies observés
parmi les hommes employés dans les chambres de travail à
l'air comprimé ne semblent pas dépasser ceux constatés, pendant les mêmes périodes, parmi les ouvriers travaillant à l'air
libre.

Le remplissage de la chambre de travail, tel qu'il a été pratiqué en dernier lieu pour le pont de Marmande, offre toutes
les garanties désirables d'efficacité et ne laisse réellement
subsister aucune solution de continuité dans les massifs de
maçonnerie.

Enfin, même en reconnaissant qu'il reste encore quelques
améliorations à réaliser, il ne faut pas perdre vue que l'air
comprimé permet d'exécuter des travaux dont on n'aurait pu
tenter l'entreprise par aucun autre procédé connu, et qu'à ce
titre seul sa valeur exceptionnelle est à l'abri de toute con-
testation.

Mais jusqu'à présent c'est surtout pour les grandes profondeurs et les cas les plus difficiles qu'on a eu reconrs à l'air comprimé, tandis qu'il semble qu'on en pourrait retirer les mêmes avantages pour la presque totalité des travaux de fondation à exécuter sous l'eau.

Nous avons dit que l'idée d'applications de cette nature se présentait tout naturellement à l'esprit à propos du fonctionnement du bateau à air de M. de la Gournerie. Cette idée a été réalisée, pendant ces dernières années, de la façon la plus heureuse et les appareils employés offrent, en effet, une analogie frappante avec le bateau à air.

C'est au pont du Garrit, construit à la traversée de la Dordogne, sur la ligne de Montauban à Périgueux, que la première application en a été faite. Les renseignements qui vont suivre sont empruntés presque littéralement à un mémoire de M. Liébaux, ingénieur ordinaire des ponts et chaussées [1].

L'appareil dont on a fait usage a été imaginé par M. Montagnier, entrepreneur de travaux publics, qui lui a donné le nom de *Caisson-batardeau, divisible et mobile*. Son but, en faisant construire cet appareil, a été précisément d'appliquer l'air comprimé dans des conditions économiques à l'exécution de fondations de faible profondeur.

Le caisson consiste en une vaste cloche, fermée par le haut, ayant en plan une section de même grandeur que la fondation à faire, mais avec des dimensions plus grandes en tous sens et une hauteur de 5 mètres.

Après l'avoir immergé sur l'emplacement voulu, on en chasse l'eau au moyen de l'air comprimé, on y introduit les ouvriers par un sas à air et, le fond étant mis à découvert, on travaille à sec tant pour le déblai de la couche de terrain à enlever que pour l'exécution de la maçonnerie jusqu'à un niveau dépassant celui de l'eau à l'extérieur.

Dans le principe, on avait supposé que toute la maçonnerie serait ainsi exécutée à l'air comprimé; mais, dès les premières applications faites, on n'a pas tardé à reconnaître la

---

1. *Annales*, 1881, 1er semestre (no 17). Fondation à l'air comprimé. Emploi du caisson-batardeau divisible et mobile. Note par M. Liébaux, ingénieur des ponts et chaussées.

possibilité de travailler pour partie à l'air libre, en utilisant alors la cloche simplement à la façon d'un batardeau ordinaire.

Les figures de la page suivante représentent en élévation, en coupe longitudinale, coupe transversale et plan le caisson-batardeau de M. Montagnier, tel qu'il a été employé au pont du Garrit.

La cloche est composée de segments verticaux en tôle d'environ 2 mètres de largeur, consolidés par des cornières horizontales et des fers à double T, comme le montrent les coupes. Le bord inférieur est disposé en taillant ; à la partie supérieure, des poutres de 0^m,60 de hauteur, avec consoles à leurs extrémités, supportent un plancher horizontal ou toit, formé comme la paroi verticale de feuilles ou segments de tôle assemblés au moyen de cornières et de boulons.

Des bandes de caoutchouc, de 10 millimètres d'épaisseur, sont logées dans tous les joints et ont suffi pour obtenir une étanchéité parfaite.

Deux cadres intérieurs en fer à T complètent la rigidité de tout le système et deux rangées de hublots, disposés vers le haut des parois verticales, laissent passer la lumière nécessaire pour éclairer toutes les parties de la chambre.

Enfin, sur le plancher, sont fixées trois écluses à air dont deux circulaires, d'environ 1^m,70 de rayon, et une plus grande, de forme elliptique, au milieu, celle-ci destinée au passage des plus gros matériaux.

Le fonctionnement de l'appareil se comprend aisément. Après l'avoir amené, comme nous l'avons dit, sur l'emplacement de la fondation projetée, on le laisse descendre jusqu'au fond en employant pour ces opérations préparatoires un échafaudage volant monté sur des bateaux accouplés, comme le montre la figure de la page 294.

De forts vérins fixés sur cet échafaudage permettent de modérer la descente du caisson et d'en régler exactement la position.

Si le tirant d'eau était très faible, on pourrait, pour diminuer le poids du caisson, l'amener en place sans le plancher supérieur, le laisser descendre en cet état sur l'emplacement de la fondation et procéder ensuite au montage du toit.

CAISSON BATARDEAU DIVISIBLE ET MOBILE

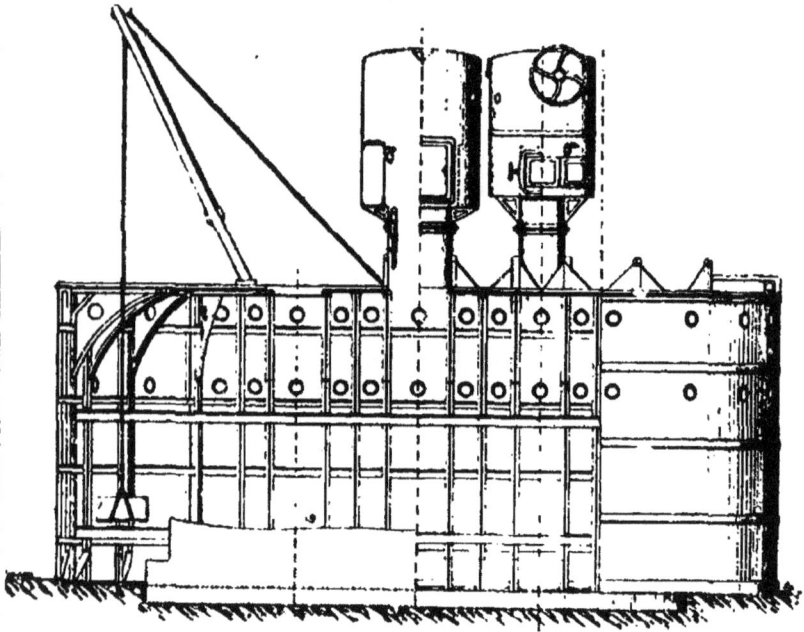

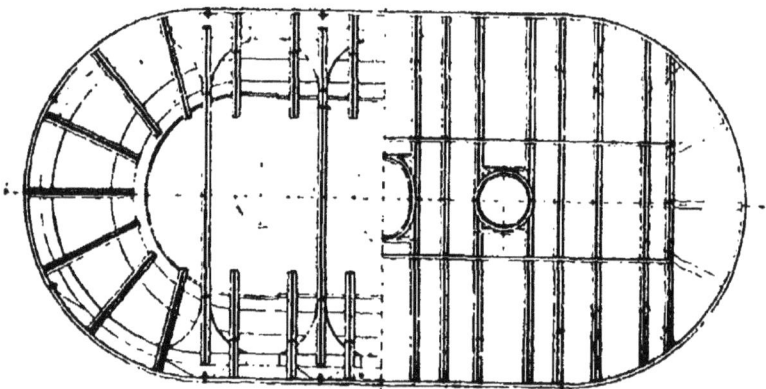

Demi-coupe longitudinale et demi-élévation.
Demi-coupe horizontale et demi-plan supérieur

On pourrait également, en supposant le caisson complètement monté à l'avance, y introduire une certaine quantité
d'air comprimé pour produire ainsi un déplacement d'eau et
une sous-pression suffisante pour maintenir à flot les bateaux
portant l'échaufaudage.

CAISSON-BATARDEAU DIVISIBLE ET MOBILE

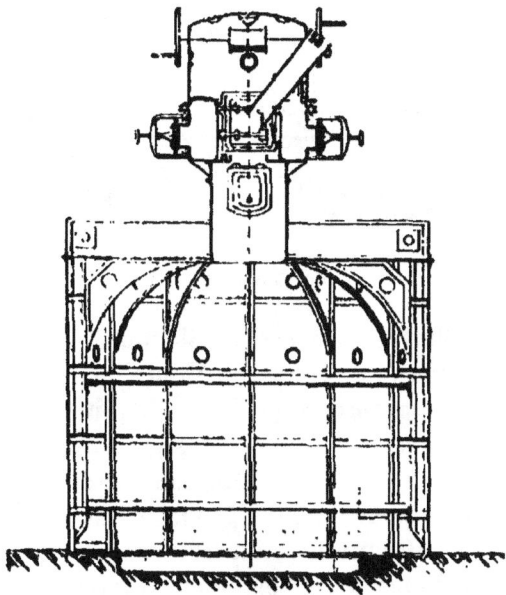

Coupe verticale en travers.

Ce sont là, du reste, des opérations de détail que les ingénieurs sauront toujours bien régler dans chaque situation particulière pour en assurer le succès sans avoir à surmonter aucune difficulté bien sérieuse.

Le caisson étant supposé amené et coulé en place, on a dû
se rendre compte, par avance, du poids additionnel dont il
faudra le charger pour en éviter le soulèvement pendant le
travail à l'air comprimé. C'est d'habitude à l'aide de gueuses
de fonte brute que cette surcharge est obtenue, et comme il
faut se tenir en garde contre les crues qui pourraient se produire pendant la durée des travaux, et contre les augmentations de vitesse du courant à en provenir, le poids total ajouté

doit dépasser de beaucoup celui strictement nécessaire pour maintenir, en temps normal, l'adhérence du caisson contre le fond.

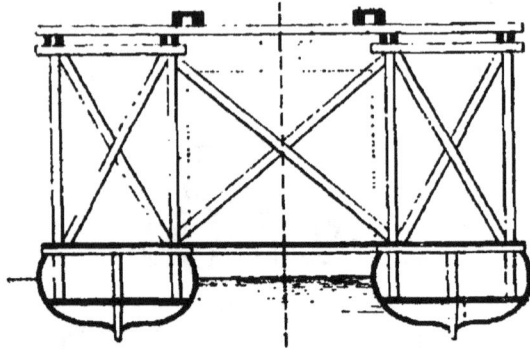

Bateaux accouplés, avec échafaudage, pour la mise en place du Caisson-batardeau.

Au pont du Garrit, par exemple, où M. Liébaut employait pour la première fois l'appareil Montagnier, la surcharge était de 130.000 kilogrammes, poids que le toit de la cloche pouvait porter sans fatigue; grâce à cette précaution, une crue de 3 mètres s'étant produite, il a suffi de laisser l'intérieur du caisson se remplir pour que, malgré la hauteur de la crue et l'extrême vitesse du courant, l'appareil se maintint parfaitement et qu'après quelques jours seulement d'interruption, dès que la baisse de l'eau a été suffisante, le travail ait pu être repris sans qu'on ait eu aucune avarie à réparer.

Au début, la marche des travaux est exactement la même que pour les fondations ordinaires à l'air comprimé; on effectue tout d'abord le déblai jusqu'à ce que le sol de fondation soit atteint, puis on pose les premières assises de maçonnerie, également à l'air comprimé, et dans ces conditions il est aisé de les exécuter avec tout le soin nécessaire et de les encastrer même dans le sol, s'il y a lieu, de la quantité qu'on juge utile.

Ainsi que nous l'avons dit, au lieu de continuer les maçonneries à l'air comprimé jusqu'à un niveau dépassant celui de l'eau extérieure, on se borne à poser de cette façon les deux ou trois premières assises, puis on continue à l'air libre en utilisant le caisson, comme un batardeau ordinaire.

Il faut pour cela que l'eau ne puisse pas rentrer par dessous le bord inférieur lorsque cesse l'action de l'air comprimé ; dans ce but, on avait d'abord pensé qu'il suffirait de loger sous le taillant des coins jointifs, en bois, qu'on supposait devoir produire une étanchéité parfaite lorsqu'ils seraient, en quelque sorte, écrasés sous le poids du caisson et de sa surcharge. Mais l'effet n'a pas été exactement celui qu'on attendait, et il a fallu chercher un autre moyen. Celui qu'on a employé consiste à garnir à l'intérieur le bas de la paroi, sur tout le pourtour, d'un bourrelet en mortier de ciment de $0^m,10$ à $0^m,15$ d'épaisseur, fortement pressé contre les coins de bois et contre la tôle.

Le croquis ci-contre suffira pour faire comprendre cette disposition, dont l'effet a été excellent.

Par mesure de précaution, lorsqu'on veut commencer le travail à l'air libre, au lieu de démonter le toit en entier on n'en enlève que les parties extrêmes, sur l'étendue seulement nécessaire pour le passage des matériaux et des ouvriers. De cette façon, si les épuisements, pour quelque cause que ce soit, venaient à offrir par la suite des difficultés exceptionnelles, il suffirait de remettre en place les panneaux démontés pour avoir ainsi, sous la main les appareils à air comprimé tout prêts à fonctionner de nouveau.

Une expérience répétée à diverses reprises, au pont du Garrit, a prouvé qu'il suffisait d'une demi-heure tant pour passer du travail comprimé au travail à l'air libre, que pour faire l'opération inverse.

Les résultats obtenus de cette première application du caisson-batardeau ont été, en résumé, les suivants :

Les épuisements effectués à l'aide de la même machine qui servait pour le fonctionnement de l'air comprimé n'ont exigé qu'un travail de 10 à 15 minutes par heure, pour maintenir l'intérieur du batardeau parfaitement à sec.

La première assise, celle qu'on tenait à encastrer à une certaine profondeur dans le sol de fondation, a été seule exécutée à l'air comprimé ; tout le surplus de la maçonnerie a été fait à l'air libre.

Deux piles établies de cette façon cubaient ensemble 131^{mc}80, et M. Montagnier s'était chargé de leur exécution à forfait moyennant un prix de 42.000 fr.

Le prix du mètre cube est donc revenu à 318 fr.

C'est assurément là un prix très élevé, mais, par contre, les travaux ont été exécutés avec une rapidité qu'aucun autre procédé de fondation n'aurait comportée, et qui dans ce cas particulier était nécessaire. On sait du reste que toute application d'appareils nouveaux, faite pour la première fois, est toujours plus dispendieuse que lorsqu'on a acquis une certaine pratique de leur emploi. En ce qui touche le caisson-batardeau de M. Montagnier, disposé de façon à servir plusieurs fois, même pour des piles de dimensions très différentes en faisant varier le nombre de ses panneaux, les frais de son premier établissement ont dû, par la suite, peser beaucoup moins sur le prix du mètre cube de fondation que cela n'a eu lieu au pont du Garrit.

Enfin, on ne doit pas perdre de vue que les délais d'exécution et la certitude de ne pas les dépasser peuvent, dans certaines circonstances, prendre une importance exceptionnelle, justifiant une augmentation de dépense, et sous ce rapport l'appareil Montagnier offre des garanties que ne comporterait aucun autre procédé de fondation.

Le caisson-batardeau que nous venons de décrire n'avait que 5 mètres de hauteur, ne pouvant ainsi être utilisé que pour des fondations de 3 à 4 mètres au plus sous l'eau ; mais rien n'empêcherait de lui donner une hauteur plus grande et les essais déjà faits dans ce sens permettent d'affirmer que son emploi resterait très pratique jusqu'à des profondeurs d'eau d'environ 6 mètres, en donnant sous le rapport de la sûreté et de la parfaite exécution des travaux de bien meilleurs résultats que les batardeaux ordinaires, les pilotis ou les caissons sans fond avec massifs de béton immergé.

Quant au prix du mètre cube de maçonnerie de fondation exécutée de cette manière, M. Liébaux estime qu'il ne dépasserait probablement pas 120 francs et que la construction d'une pile en rivière n'exigerait pas plus de 20 à 30 jours, c'est-à-dire moitié moins de temps qu'avec l'un quelconque des autres procédés susceptibles d'être adoptés dans les mêmes conditions.

L'inventeur, M. Montagnier, a, du reste, eu occasion de faire usage de son appareil pour diverses entreprises autres que celle dont il vient d'être question, notamment pour la construction du pont de Mareuil, sur la Dordogne, ligne de Montauban à Brive.

Pour ce dernier ouvrage, le rocher sur lequel les fondations devaient être établies était de consistance très inégale, tantôt très compacte, tantôt fissuré, et on avait reconnu la nécessité de porter pour quelques piles la profondeur de l'encastrement jusqu'à 2^{m}50. Ces piles étaient au nombre de six, et les fondations, en y comprenant celles des culées, ont été établies à des cotes variant de 3^{m}50 à 6^m au-dessous de l'étiage.

Une amélioration très heureuse apportée à cette occasion au caisson batardeau a consisté à disposer le plafond à 2^{m}50 seulement au-dessus du bord tranchant, pour réduire ainsi dans une très forte proportion le volume de l'air comprimé à dépenser. Au-dessous du plafond, l'enveloppe du caisson formait une chambre ouverte par le haut dans laquelle on a pu placer du sable pour servir de surcharge.

Le fonctionnement a été d'une parfaite régularité et n'a donné lieu à aucun mécompte.

Dans une brochure qu'il a publiée en 1882 à ce sujet, M. Montagnier, après avoir rendu compte des travaux pour lesquels son appareil a été utilisé, croit pouvoir affirmer que pour des profondeurs de fondations variant de 1 à 7 mètres, alors que l'emploi de l'air comprimé à la façon ordinaire donnerait lieu à une dépense de 122 à 143 francs par mètre cube, son procédé permettait d'exécuter les mêmes travaux aux prix de 91 et 111 francs le mètre cube, soit avec une économie de 25 à 22 0/0.

Nous n'avons pas besoin de faire remarquer que l'un des principaux avantages du système est de comporter le démontage et l'enlèvement complet des appareils, de façon à n'avoir pas la moindre parcelle de métal perdue dans les fondations. Sous ce rapport, comme sous beaucoup d'autres, le *caisson-*

batardeau divisible et mobile se recommande donc à l'attention des ingénieurs et l'on ne peut que souhaiter d'en voir multiplier les applications.

§ 5.

FONDATIONS DANS LES TERRAINS VASEUX, A L'AIDE DE PUITS BLINDÉS OU DE MASSIFS ISOLÉS.

Circonstances dans lesquelles il y a lieu de fonder des ouvrages au moyen de puits blindés; dispositions ordinairement adoptées. — Pont de Redon, sur la Vilaine : situation et conditions particulières d'établissement des fondations; détail d'exécution des puits blindés; résultats obtenus. — Fondations de ponts à flanc de montagne, dans les Pyrénées, au moyen de puits blindés et de galeries souterraines. — Fondations sur massifs isolés; en quoi consiste le procédé. — Moyens à employer pour empêcher la dislocation des maçonneries pendant la descente des massifs. — Fondations d'un bassin de radoub à Rochefort. — Fondations du bassin à flot du même port. — Dispositions particulières à prendre lorsque la surface du rocher sur lequel on doit établir les fondations se trouve fortement inclinée. — Fondations du bassin de Penhouet à St-Nazaire; dimensions des massifs; dispositions adoptées à la rencontre du rocher : résultats obtenus. — Conclusions.

Pour compléter l'exposé qui précède des divers procédés de fondation auxquels la construction des ponts peut donner lieu de recourir, il reste encore à mentionner les fondations exécutées à de grandes profondeurs, dans les terrains vaseux, au moyen de puits blindés ou de massifs isolés.

Il a été déjà question de travaux de ce genre dans un paragraphe précédent, à propos de l'emploi des caissons sans fond, notamment dans la description des caissons en fonte des ponts du canal de Nordzée, en Hollande (page 198), et des grands caissons en charpente du pont de Poughkeepsie sur l'Hudson, aux États-Unis (page 199). Ces caissons, en effet, à mesure qu'ils s'enfonçaient par suite du dragage du fond vaseux sur lequel ils étaient descendus, constituaient de véritables puits blindés, destinés à atteindre le sol résistant sur lequel on voulait s'établir; mais l'eau pénétrait librement, au même niveau qu'à l'extérieur, et on les remplissait ensuite de béton immergé pour constituer le massif de fondation.

Avec l'emploi des puits blindés proprement dits, au contraire, on se propose d'atteindre, à travers de profondes couches de vases imperméables, le niveau auquel on veut asseoir les fondations, pour exécuter ensuite celles-ci à sec et à l'air libre sur toute leur hauteur.

D'ordinaire, au lieu de massifs occupant toute la superficie de la fondation, on se propose d'obtenir, après le remplissage des puits, un certain nombre de massifs de dimensions plus restreintes, voisins les uns des autres, formant comme des piliers, à section rectangulaire en général, dont la base repose sur le fond solide, et qu'on réunit, à leur sommet, par des voûtes, au-dessus desquelles est disposée une aire générale destinée à servir de base à la culée ou à la pile à construire.

De tous les procédés de fondation usités, il n'en est pas qui exige autant de sagacité, d'ingéniosité en quelque sorte, pour appliquer, dans chaque cas particulier, non pas tels ou tels moyens bien connus à l'avance et toujours les mêmes, mais bien des dispositions spéciales, susceptibles de varier à l'infini dans leurs détails, pour parvenir à surmonter les difficultés de toute nature contre lesquelles on a le plus souvent à lutter en pareille circonstance.

Nous citerons quelques exemples pour montrer comment, dans telle ou telle situation déterminée, des fondations importantes ont pu être exécutées de cette façon, avec un plein succès.

L'un des principaux ouvrages à mentionner est certainement le pont de Redon, construit sur la Vilaine, en 1860, par M. Croizette-Desnoyers, alors ingénieur en chef, chargé des travaux du chemin de fer de Nantes à Lorient. C'est là, d'ailleurs, que le procédé paraît avoir été appliqué pour la première fois dans des conditions aussi difficiles.

Sur le point où la culée de rive gauche devait être établie, le banc de rocher schisteux sur lequel il fallait asseoir les fondations était recouvert d'une couche de vase de 15 à 16 mètres d'épaisseur, dans laquelle des pilotis n'auraient pas pu se maintenir, lors de l'exécution du remblai sur la rive, en arrière de la culée.

Cette vase ayant paru suffisamment étanche, on prit le parti d'y creuser des puits blindés jusqu'à la rencontre du rocher, pour les remplir ensuite de maçonnerie et les réunir, dans le haut, par des voûtes transversales.

La culée devant avoir 15 mètres de longueur sur 10 de largeur, le nombre des puits fût fixé à 6, en leur donnant en plan une section carrée d'environ $4^m,60$ de côté.

Après divers essais, le procédé définitivement adopté pour l'établissement de ces puits a été le suivant. [1]

Une fouille générale a d'abord été ouverte jusqu'à 3 mètres en contrebas de la surface du sol, sur l'emplacement de la culée, pour diminuer d'autant la profondeur des puits à creuser, et atténuer dans une certaine mesure les pressions auxquelles les blindages allaient avoir à résister. Cela fait, autour de l'emplacement de chaque puits, on a battu, pour diriger la fouille, des pieux espacés de 1^m20 d'axe en axe, formant ensemble une enceinte carrée d'environ 5 mètres à l'extérieur. De suite après le battage, un premier cadre en charpente de 4 mètres de côté, solidement étrésillonné, était disposé en dedans des pieux et fortement coincé contre eux, puis la fouille était commencée, en glissant des madriers en arrière du cadre, dans l'intervalle des pieux, pour maintenir les parois de l'excavation à mesure de l'avancement du déblai. A $1^m,20$ de profondeur, un nouveau cadre, de mêmes dimensions que le premier, était fixé comme lui entre les pieux, et ainsi de suite jusqu'à une profondeur de 8 mètres qu'on pût atteindre sans de trop grandes difficultés.

A partir de ce point, on s'aperçut que la vase, sous l'action des pressions extérieures, remontait dans la fouille à mesure qu'on la déblayait, et il fallut aviser aux moyens de l'en empêcher. M. Malibran, ingénieur ordinaire, eut recours pour cela à des palplanches jointives battues sur tout le pourtour de la fouille, en dedans du septième cadre, puis on continua le déblai entre ces palplanches, en donnant aux cadres suivants

1. *Annales des ponts et chaussées*, 1864, 1er semestre (no 80). Mémoire sur l'établissement des travaux dans les terrains vaseux de la Bretagne, par M. Croizette-Desnoyers, ingénieur en chef des ponts et chaussées.

des dimensions nécessairement un peu moindres, et l'on pût descendre ainsi jusqu'au fond sans rencontrer d'autre obstacle.

Le fond de la fouille fût d'abord rempli, pour chaque puits, avec une première couche de béton hydraulique fortement pressé contre le fond et contre toutes les parois, puis on éleva par dessus les massifs de maçonnerie.

La durée du travail a été de 20 jours pour la battage des pieux, la fouille et le blindage d'un puits et de 13 jours ensuite pour le remplisage : soit un peu plus d'un mois pour l'exécution d'un massif.

Les figures suivantes, empruntées au mémoire de M. Croizette-Desnoyers, feront exactement comprendre les dispositions de l'un de ces puits blindés, dont elles représentent une coupe verticale et des coupes horizontales à diverses hauteurs.

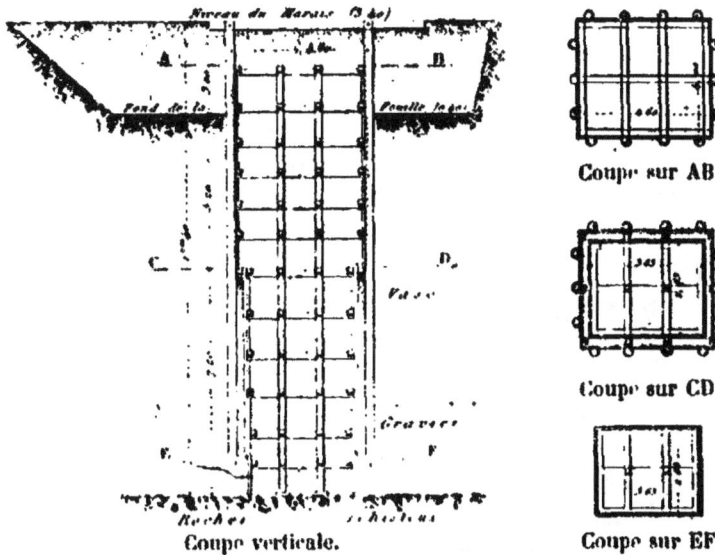

Coupe verticale.

Coupe sur AB

Coupe sur CD

Coupe sur EF

Les voûtes réunissant les piliers de maçonnerie, à la partie supérieure, ont 2^m,50 de diamètre et leur ensemble a permis l'établissement d'une aire suffisante pour donner aux murs en retour de la culée la longueur de 15 mètres qu'on avait prévue. Il y avait lieu de présumer que les meilleures conditions de stabilité se trouveraient ainsi assurées, et cependant, après l'exécution du remblai en arrière de la culée, celle-ci s'est légèrement inclinée vers la rivière, perdant le fruit suivant lequel le parement en avait été élevé. Le mouvement s'est heureusement arrêté là, et la solidité de la construction n'a pas été compromise ; mais cet exemple est bon à citer pour montrer à quel point il est nécessaire, lorsqu'on a affaire à des terrains du genre de celui dont il s'agit, d'exagérer, en quelque sorte, les précautions prises et les dimensions données aux fondations, afin d'éviter tout mécompte ultérieur.

Dans le cas particulier dont nous venons de parler, la vase avait une assez grande consistance, et n'était traversée en aucun point, pas même au contact du rocher comme cela se présente souvent, par des couches sableuses ou caillouteuses à travers lesquelles l'eau peut arriver en abondance. C'est pour cela, et grâce aux dispositions adoptées, que les fondations se sont trouvées, en définitive, établies dans des conditions satisfaisantes.

Mais il n'en est pas toujours de même et parfois, par suite de la fluidité du sol ou de l'abondance des eaux, les difficultés s'accroissent à tel point que le creusement des puits à sec devint impraticable, même en y employant de puissantes pompes à épuisement, et qu'il faut recourir à d'autres moyens, comme nous en avons cité des exemples, pour continuer le travail.

Lorsque les circonstances ne sont pas trop défavorables, une disposition particulièrement ingénieuse à adopter est la suivante, appliquée dans la traversée des Pyrénées par M. E. Gouin, concessionnaire de la construction des chemins de fer du Nord de l'Espagne.

La difficulté provenait là, non du manque de consistance du terrain ou de trop grandes difficultés d'épuisement, mais de ce qu'on se trouvait à flanc de montagne, sur un point où le rocher à atteindre pour les fondations était recouvert d'une couche de terrain argileux et glaiseux, de 19 mètres d'épaisseur, dans lequel on aurait certainement déterminé des glissement de nature dangereuse en y pratiquant des fouilles de trop grande étendue.

On prit, en conséquence, le parti de creuser, au milieu de

l'emplacement de la pile à construire dans ces conditions, un puits rectangulaire dont le plus grand côté, perpendiculaire à la longueur de la pile, était égal à la largeur de celle-ci. Ce puits fût descendu de la façon ordinaire, en y employant un solide blindage, jusqu'à la rencontre du rocher, puis des galeries de 2ᵐ30 de hauteur, dirigées de part et d'autre dans le sens de la longueur de la pile, furent creusées jusqu'aux limites de l'emplacement à dégager, en procédant de la même manière que pour un tunnel. Une première galerie, ainsi ouverte sur toute la longueur et la largeur de la fondation, fût immédiatement remplie en maçonnerie soigneusement assise sur le rocher et bien pressée contre les parois de la fouille, puis on entreprit par dessus une seconde galerie de 2ᵐ30 également de hauteur, et ainsi de suite jusqu'à ce que la maçonnerie vint affleurer le sol.

Le succès a été complet, mais cette façon de procéder, cela va sans dire, n'est applicable que dans des cas très particuliers et notamment lorsque la consistance du terrain vaseux et glaiseux est suffisante pour qu'on y puisse creuser des galeries souterraines, sans avoir des difficultés par trop grandes à surmonter ou des dépenses exagérées à faire.

Nous avons supposé dans tout ce qui précède qu'à l'aide de blindages, et d'épuisements au besoin, on ouvrait les fouilles jusqu'au sol de fondation pour exécuter ensuite la maçonnerie à sec et à l'air libre.

Lorsqu'il n'a pas été possible de tenter l'application de ce procédé, on a souvent eu recours, également dans les terrains vaseux, à la construction de puits maçonnés ou massifs évidés au centre, commencés à la surface du sol, et dont on a déterminé ensuite l'enfoncement en déblayant le terrain en dessous. C'est ainsi, du reste, qu'on procède fréquemment pour l'établissement de puits ordinaires dans les terrains vaseux ou sableux ; la seule différence, lorsqu'il s'agit de fondations, c'est que le puits, après descente jusqu'au sol sur lequel on a projeté de s'établir, est entièrement rempli pour le transformer en massif de maçonnerie ayant toute la hauteur de la fouille.

C'est ce qu'on appelle fonder sur *massifs isolés*, ceux-ci

étant toujours plus ou moins nombreux pour une même fondation et entièrement séparés les uns des autres, sauf dans la partie supérieure où des voûtes transversales les réunissent, comme dans le cas des puits blindés, pour en former un massif unique.

D'habitude, la première assise de maçonnerie de ces sortes de puits ou massifs est établie sur un cadre ou *rouet*, en charpente ou en métal. Le bord extérieur de ce dernier est disposé en biseau ou tranchant comme pour les chambres de travail des appareils à air comprimé, et l'enfoncement se trouve ainsi facilité à mesure qu'on déblaie en dessous.

Si le terrain à traverser était de nature à produire, contre les parois extérieures de la maçonnerie, des frottements susceptibles d'en déterminer la dislocation, on pourrait recourir à un revêtement en bois et en tôle, comme nous l'avons vu pour les fondations à l'air comprimé, ou mieux encore adopter une disposition analogue à la suivante appliquée aux fondations d'une forme de radoub à Rochefort.

Il s'agissait là de faire descendre des massifs isolés à travers une couche de sable vert très étanche, mais en même temps d'une extrême résistance et donnant lieu à des frottements très énergiques.

On a donné aux rouets une forme circulaire avec diamètre de $2^m,90$, et on les a composés d'une première armature en fonte en forme de cylindre à axe vertical ouvert par le bas, dont le bord inférieur était disposé en tranchant ; par dessus était posé le rouet proprement dit, en charpente, de dimensions un peu inférieures à celles de l'armature métallique ; le pourtour annulaire de la fonte dépassant légèrement le diamètre extérieur du rouet servait à fixer le bout inférieur de longs boulons ou tirants verticaux également espacés, disposés pour être utilisés de la façon suivante.

Le rouet étant en place, on posait par dessus un premier anneau de maçonnerie d'un mètre de hauteur, qu'on recouvrait d'un second rouet en bois semblable à celui du bas, et au moyen des boulons ou tirants verticaux on les reliait fortement l'un à l'autre. On commençait alors le déblai dans le vide intérieur du massif et le système descendait à mesure de l'avancement de la fouille. Lorsque le rouet supérieur venait

affleurer le sol, on l'enlevait pour exécuter une autre assise de maçonnerie de 1 mètre de hauteur, on plaçait de
nouveau le rouet provisoire par dessus, et après l'avoir relié
comme précédemment au rouet du bas au moyen des tirants
verticaux, on reprenait le déblai et ainsi de suite jusqu'à la
profondeur qu'on avait à atteindre.

De la sorte, toute déformation de la maçonnerie a été effec-
tivement évitée, et le travail a progressé très régulièrement
sans donner lieu à beaucoup de dépense.

Des dispositions analogues ont été appliquées vers la même
époque, avec un égal succès, par M. Guillemain, alors ingénieur ordinaire à Rochefort, pour la fondation de l'écluse du
bassin à flot.

Au lieu d'un rouet semblable à celui employé dans le cas
précédent, M. Guillemain a fait usage de caisses circulaires
en tôle, destinées à remplir le même office tout en offrant de
meilleures garanties de résistance ; pour éviter la dislocation
des maçonneries, les tirants verticaux étaient reliés entre eux
de distance en distance, dans le sens de la hauteur, au moyen
de boulons transversaux.

Le travail s'effectuait dans des vases très molles, où les
déversements étaient fort à craindre ; pour les prévenir on
avait d'abord battu, autour de l'emplacement de chaque massif, des pieux destinés à en diriger la descente. On a été en
outre obligé de recourir plusieurs fois à des surcharges artifi-
cielles pour déterminer l'enfoncement des massifs. Malheureusement la surface du rocher s'est trouvée très inclinée, en
sorte que l'un des bords du rouet était encore à une assez grande
hauteur lorsque l'autre touchait le solide. Pour surmonter
cette cause très grave de déviation des massifs, on a eu
recours à de solides étais en bois posés au-dessous de la partie du pourtour du rouet portant à faux, et l'on a exécuté
ensuite en sous-œuvre un remplissage en maçonnerie.

C'est là une difficulté assez habituellement rencontrée dans
ce genre de travail, et qui a été résolue suivant les circonstances de diverses manières.

L'une des solutions les plus intéressantes à citer à ce sujet
est celle appliquée aux fondations du bassin de Penhouet, au
port de Saint-Nazaire.

Les dimensions adoptées pour les massifs étaient de 11 mètres sur 5, avec vide intérieur de 5 mètres sur 2. Bien qu'on eût à traverser une épaisseur de vase de 15 à 18 mètres, comme celle-ci était assez homogène et de consistance suffisante, le travail n'offrait aucune difficulté particulière tant qu'on n'atteignait pas le rocher ; mais, parvenu à ce point, il est plusieurs fois arrivé que tandis que l'un des côtés du bloc de maçonnerie commençait à porter sur le rocher il y avait encore, sous le bord opposé, une hauteur de 5 à 6 mètres à déblayer.

Avec des masses d'un volume de 350 à 400 mètres cubes à diriger, la difficulté devenait vraiment sérieuse, et le succès avec lequel elle a été surmontée fait le plus grand honneur aux ingénieurs chargés des travaux, MM. de Carcaradec et Pocard-Kerviler.

Au lieu de soutenir le massif du côté où il ne portait pas sur le fond solide et d'exécuter de la maçonnerie en sous-œuvre, comme dans le cas précédent, on a préféré attaquer le rocher et le déblayer du côté où il était le plus élevé, afin d'arriver à dresser une surface horizontale de dimensions suffisantes pour recevoir la base entière du massif.

À cet effet, un peu avant d'atteindre les parties les plus hautes du rocher, on arrêtait le déblai intérieur et on battait contre la paroi de la maçonnerie des pieux de 0^m,40 à 0^m,50 d'équarrissage dont on récépait les têtes à 1^m,50 ou 2 mètres en contrehaut de la plateforme inférieure ; au moyen de forts vérins hydrauliques, ces pieux, dont le bout inférieur portait sur le rocher, étaient amenés à s'arc-bouter, par le haut, contre de forts palâtres engagés dans la maçonnerie. On pouvait reprendre alors le déblai et procéder à l'enlèvement du rocher en étayant solidement sur tout le pourtour à mesure qu'on s'enfonçait, et l'on descendait ainsi la fouille d'une hauteur égale à celle des pieux. Cela fait on logeait une certaine quantité de cartouches de dynamite dans les intervalles des étais et des pieux, et l'on en déterminait l'explosion. Par l'effet de celle-ci les bois étaient brisés, mais les éclats en restaient en place, et le massif de maçonnerie ayant à les écraser en s'enfonçant, le mouvement de descente était ralenti et est toujours resté assez régulier.

Pour un bloc de 12 mètres de longueur sur 9 de largeur, notamment, le nombre des étais s'est trouvé parfois de 25 avec équarrissage moyen de $0^m,45$, et cependant toutes les pièces de bois ont toujours été brisées à chaque explosion de dynamite, exactement comme on l'avait prévu, et l'on a pu descendre ainsi de 4 mètres de hauteur sans aucun incident particulier.

La marche du travail a d'ailleurs été relativement plus facile et plus sûre avec ces grands massifs qu'avec d'autres, de moindres dimensions, dont on a également essayé, et ce qu'il y a de particulièrement remarquable c'est que la dépense moyenne n'a pas dépassé 57 francs par mètre cube.

Ces exemples suffisent, sans qu'il soit nécessaire de s'y arrêter plus longuement, pour montrer comment des fondations peuvent être établies dans d'excellentes conditions de solidité à travers des terrains vaseux, même à de très grandes profondeurs, au moyen de puits blindés ou de massifs isolés, sans qu'on ait à surmonter des difficultés excessives ni à s'imposer des dépenses exagérées.

Il arrivera sans doute rarement qu'on trouve à appliquer exactement les mêmes dispositions que celles déjà appliquées ailleurs, et il y aura toujours quelque perfectionnement de détail ou quelque disposition nouvelle à imaginer ; mais cela ne peut qu'ajouter à l'intérêt des travaux, et, en s'aidant de l'expérience acquise, on parviendra certainement par ce procédé, aussi bien que par tout autre, à fonder de grands ouvrages offrant les meilleures garanties de durée.

§ 6

OUVRAGES DE PROTECTION DES FONDATIONS. RÉSUMÉ GÉNÉRAL ET CONCLUSIONS.

Nécessité d'ouvrages de protection pour compléter les fondations. — Enrochements : mode ordinaire d'emploi ; inconvénients ; précautions à prendre ; dragage du sol ; densité des matériaux employés. — Ouvrages en charpenle; crèches hautes; crèches basses; Pont de Rouen; Pont de Tarascon. — Enrochements employés pour compléter des fondations tubulaires à l'air comprimé; Pont de Szegedin. — Résilles métalliques; résille Chaubard. — Causes de l'instabilité des enrochements; dispositions pouvant permettre d'en supprimer l'emploi. — Terrains exigeant d'autres moyens que les enrochements pour protéger les fondations; radiers généraux; fascinages pratiqués en Hollande. — Résumé comparatif des divers procédés de fondation sous le rapport des dépenses et de la durée des travaux. — Tableau final indiquant, pour un certain nombre de ponts, les données principales relatives à l'exécution de leurs fondations.

Lorsque des fondations sont terminées, il reste encore, le plus souvent, à exécuter divers travaux accessoires pour les mettre à l'abri de toute avarie ultérieure.

Le moyen le plus usité lorsqu'il s'agit, comme nous le supposons, de fondations en rivière, consiste à immerger, autour des culées et des piles, des enrochements en quantité suffisante pour en former des massifs s'élevant jusqu'au niveau supérieur de la fondation et terminés par des talus à peu près réguliers dans toutes les directions.

C'est surtout pour les fondations sur pilotis que ces travaux accessoires ont une importance particulière. Il s'agit, en effet, d'empêcher que des affouillements dans l'intervalle des pieux n'exposent ceux-ci à des déversements dangereux, peut-être même à des ruptures.

Au moyen des enrochements, à mesure que le sol est affouillé autour d'une fondation dans les moments de grandes crues, les blocs retombent dans les vides et les comblent, empêchant ainsi le courant d'étendre son action jusqu'au terrain compris dans l'intervalle des pieux.

De nombreuses précautions sont toutefois nécessaires pour obtenir des enrochements l'effet qu'on a en vue.

Un premier point très important, et trop souvent négligé, est d'éviter que les enrochements reposent sur un terrain certainement affouillable.

Il ne faut pas perdre de vue, en effet, que par leur seule présence en saillie sur le lit de la rivière, et par l'augmentation qui en résulte dans le volume d'une fondation, l'obstacle opposé au libre écoulement des eaux se trouve accru par les enrochements, qui ont ainsi pour première conséquence de

favoriser autour d'eux les affouillements qu'ils sont destinés
à combattre.

On peut donc être certain d'avance, si les enrochements
sont immergés par exemple sur un fond de vase, de gravier
ou de sable, qu'ils disparaîtront rapidement pendant les grandes crues, dans les excavations survenant au fond de la rivière, ou qu'ils seront entraînés par le courant.

Il faudra en conséquence, après chaque crue, recommencer
à amener de nouveaux enrochements, fort heureux si l'on
parvient ainsi à empêcher les affouillements de s'étendre jusqu'au dessous des maçonneries.

Pour prévenir autant que possible les avaries de cette nature, le mieux est de draguer tout d'abord le terrain, tout autour de la fondation, jusqu'à la profondeur qu'on suppose ne
pas devoir être dépassée par les affouillements et sur une
étendue suffisante, en plan, pour que les massifs d'enrochements avec leurs talus y trouvent la place nécessaire.

Ce dragage effectué, on immerge les blocs avec soin, pour
qu'ils soient bien enchevêtrés les uns dans les autres et que
les massifs soient dressés suivant des formes à peu près régulières, pyramides tronquées ou cônes, avec talus dont l'inclinaison doit autant que posible rester inférieure à 45°.

De cette façon, il pourra bien arriver encore que quelques
moellons soient entraînés par les courants pendant des crues
exceptionnelles, mais le dommage sera généralement de peu
d'étendue et pourra toujours être réparé à peu de frais si l'on
y procède à temps.

La nature des matériaux employés et surtout leur densité
ont naturellement une extrême influence sur la façon dont les
enrochements se comportent. Certains moellons calcaires, par
exemple, sont de si faible poids qu'ils flottent presque lorsqu'on les immerge et qu'il suffit de courants très ordinaires
pour les déplacer et les entraîner.

En cas de manque absolu de moellons plus lourds, mieux
vaudrait encore, au lieu d'en faire usage, recourir à des blocs
artificiels de béton dont le poids pourrait atteindre environ
2000 kilogrammes par mètre cube.

Lorsque les travaux s'exécutent dans une eau très profonde, les talus des enrochements prennent un tel développement que des brèches s'y produiraient rapidement, si des dispositions spéciales n'étaient adoptées pour les maintenir.

Le moyen le plus anciennement usité pour cela consiste à battre, tout autour des fondations, soit des pieux plus ou moins espacés, soit des palplanches jointives qu'on relie ensemble, d'une part au moyen de moises longitudinales, et d'autre part à la fondation même à l'aide de pièces de charpente transversales. Le plus souvent des files de pieux et de palplanches normales aux parements extérieurs de la fondation complètent le système, en formant ainsi des compartiments boisés que l'on remplit d'enrochements.

L'ensemble constitue ce qu'on appelle des *crèches* et, sous réserve de ce que nous avons dit de l'encombrement qui en résulte dans le lit des rivières, l'effet en est généralement satisfaisant, pourvu qu'on ait soin de récéper les pieux et palplanches à une bonne profondeur au-dessous de l'étiage.

Anciennement on avait le tort d'établir des *crèches hautes*, que les bateaux et les corps flottants entraînés pendant les crues atteignaient et ébranlaient au passage, et le système ainsi appliqué avait les plus sérieux inconvénients ; mais telles qu'on les a disposées à des dates plus récentes, c'est assurément de cette façon qu'on peut le mieux protéger des fondations établies, par exemple, sur des pieux récépés à de grandes hauteurs au dessus du fond de la rivière.

La figure de la page 175 concernant le pont de Rouen en offre un exemple intéressant.

Dans cette circonstance, du reste, les crèches ont été remplies dans le voisinage immédiat des fondations en béton et non pas en moellons, et ce n'est qu'en dehors des enceintes de pieux et palplanches qu'on a immergé des enrochements, comme le montre à la même page le dessin d'une pile terminée.

Il y a lieu de citer également les dispositions adoptées pour les fondations du pont de Tarascon, dont nous avons précédemment parlé. On avait à prévenir des affouillements pouvant atteindre 14 mètres de profondeur, en se défendant contre des courants d'une telle vitesse que des enrochements or-

dinaires n'auraient eu aucune durée. C'est pour cela, en même temps que pour faciliter l'immersion du béton du masif
de fondation, qu'on a commencé par battre deux enceintes de
pieux jointifs, laissant un intervalle de 3^m 50 entre leurs parois
parallèles, et qu'après un dragage effectué sur tout le pourtour entre ces enceintes, on y a immergé de gros blocs de
pierre cubant environ 2^mc 50 chacun, et dégrossis sur leurs faces principales pour pouvoir former des assises à peu près régulières, à joints croisés autant que possible. Quatre assises
semblables ont été disposées sur le fond de la fouille, puis tout
le surplus a été comblé en gros moellons ; enfin des enrochements en matériaux de fort volume ont été immergés tout autour de l'enceinte extérieure en charpente.

Ce n'est pas seulement, du reste, pour compléter les fondations sur pilotis, avec emploi ou sans emploi de caissons foncés ou non foncés, qu'on a recours à des enrochements ; mais
encore pour les fondations de toute nature, même celles exécutées au moyen de l'air comprimé, dans certaines circonstances
particulières dont la figure suivante montre un exemple.

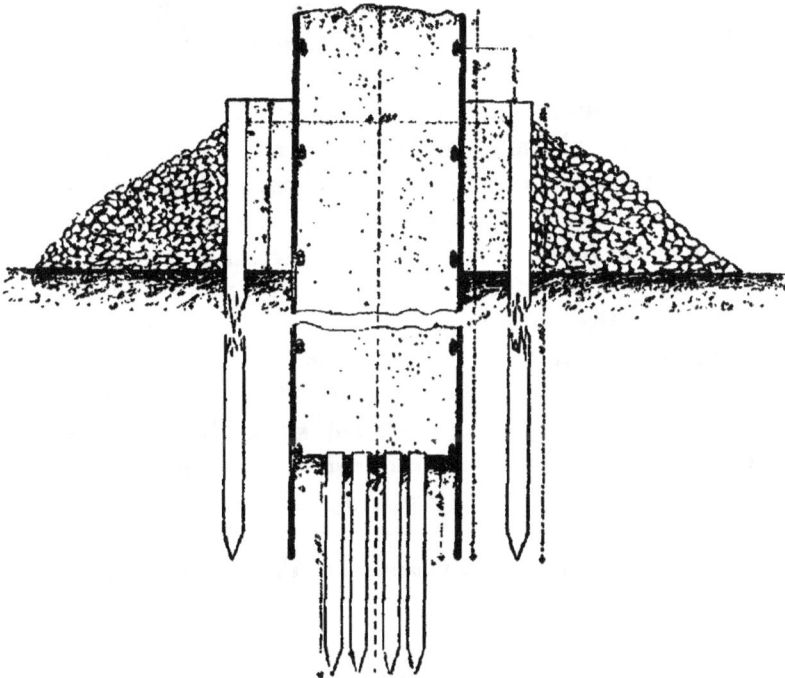

Ces fondations sont celles du por. de Szegedin, que nous avons décrites avec quelque détail au § 4me de ce chapitre. Elles procèdent du système tubulaire et présentent cette particularité que, le sol parfaitement solide étant à une trop grande profondeur pour qu'on pût l'atteindre, on a pris le parti, après avoir descendu les colonnes à 12 mètres environ au-dessous de l'étiage, de battre, dans l'intérieur de chacune d'elles, 12 pieux avec fiche de 8^m ou à peu près, sur la tête desquels a été commencé ensuite le remplissage en béton. La consistance insuffisante de la couche d'argile mélangée de sable fin, dans laquelle les colonnes sont engagées d'environ 9 mètres, donnant lieu de craindre des déversements ultérieurs, surtout en cas d'affouillements profonds autour de leur base, celle-ci a été entourée à une distance de 0^m 85 environ d'une enceinte continue de pieux, à l'intérieur de laquelle on a coulé du béton sur une hauteur de 3^m ; puis le pourtour, à l'extérieur des pieux, a été entouré d'enrochements employés en grande quantité.

Dans les exemples précédents, c'est à l'aide d'une sorte d'ossature en charpente engagée dans les enrochements qu'on est parvenu à assurer plus de stabilité et de durée à ces derniers.

Une disposition entièrement différente, quelquefois essayée, paraît-il, dans le midi de la France[1], a consisté à envelopper les enrochements dans une sorte de résille élastique, appelée *résille Chaubard*, du nom de son inventeur, composée de bouts de fer rond, articulés à leurs extrémités pour en former un véritable filet destiné à s'appliquer, en tous sens, sur les talus des enrochements préalablement bien dressés. On espérait prévenir ainsi toute déformation de ces talus.

Pour maintenir exactement la résille au contact des moellons, des poids de fonte étaient suspendus aux dernières mailles, dans le bas, tout autour de la fondation.

Le résultat ne semble pas avoir répondu à ce qu'on atten-

---

1. *Cours de construction des ponts* de M. Croizette-Desnoyers ; Tome I, p. 285.

dait. Au début, les fers employés avaient de 6 à 16 millimètres au plus de diamètre, et la résille était assez flexible pour se prêter aux formes irrégulières de la surface des enrochements, mais les mailles en étaient promptement usées et se rompaient pendant les fortes crues, cessant ainsi de protéger les fondations justement au moment le plus nécessaire.

Avec de plus gros fers on peut compter sans doute sur plus de résistance, mais le système devient dispendieux et la résille peu maniable, à cause de sa rigidité et de sa lourdeur.

Il ne faut pas perdre de vue, en outre, que si des affouillements viennent à se produire sous la base des enrochements, ce n'est pas la résille qui pourra empêcher ces derniers de s'effondrer et de disparaître.

Ce qu'il importe de retenir, en somme, en matière d'enrochements, c'est que ceux-ci sont en général d'un maintien difficile et qu'une surveillance incessante est indispensable pour en vérifier la situation, surtout après chaque crue, et se tenir toujours prêt à y faire en temps opportun et sans retard les réparations nécessaires.

Cette espèce d'instabilité des enrochements provient pour la plus grande partie, nous le répétons, de l'encombrement qu'ils produisent dans le lit de la rivière en venant accroître, dans une trop forte mesure, les dimensions de l'obstacle que les fondations opposent déjà par elles-mêmes au libre passage des eaux.

On a considéré comme un très grand progrès de substituer aux lourdes piles des ponts de l'antiquité ou du moyen-âge des piles de bien moindre largeur, avec formes étudiées de façon à atténuer le plus possible les remous et les réductions du débouché dus à leur présence dans le lit d'une rivière ; mais on semble avoir oublié qu'une amélioration analogue était tout aussi nécessaire pour les parties des ouvrages situées en contre-bas de l'étiage. C'est là cependant, c'est-à-dire dans le voisinage du fond, qu'une multitude de causes tendent à donner lieu à des pertes de vitesse et que des obstacles tels que ceux formés par des massifs d'enrochements, à surfaces

en général mal réglées et couvertes d'aspérités, sont doublement dangereux.

Ainsi, par exemple, c'est aux enrochements qu'on doit le
plus souvent, pour une très forte part, attribuer la formation
d'affouillements profonds vers la partie amont des fondations,
parce que c'est là que se fait tout d'abord sentir l'action des
chocs et des remous violents résultant nécessairement, dans
un courant animé d'une certaine vitesse, de la présence d'obstacles comme ceux dont il s'agit.

Sans insister à cet égard, on ne saurait contester qu'il y
aurait un extrême intérêt à protéger les fondations sans en
encombrer les abords, comme trop souvent on ne craint pas
de le faire.

S'il s'agit de fondations sur pilotis, pourquoi n'aurait-on
pas recours, par exemple, à une enceinte continue de pieux
descendant aussi bas que ceux de la fondation elle-même, entourant complètement celle-ci et fortement reliés ensemble à
l'aide soit de moises placées à diverses hauteurs, soit d'une
armature extérieure métallique, pour en former autour de
chaque culée ou de chaque pile une sorte de douelle pleine,
de force suffisante pour résister à tous les chocs extérieurs,
rendant à peu près impossible tout affouillement en dedans
des pieux, dont les mouvements pendant une crue ne com-
promettraient pas l'ouvrage lui-même? Cela suffirait comme
moyen de défense, sans avoir rien à y ajouter, si ce n'est toutefois des estacades sur les rivières navigables, pour éviter
les chocs de bateaux.

Si c'est au moyen d'un caisson sans fond avec béton
immergé que la fondation a été établie, au lieu de donner à la charpente de ce caisson des dimensions un peu faibles, nécessitant la présence d'enrochements pendant le coulage du béton pour éviter la déformation ou la rupture des
parois, ne pourrait-on pas augmenter la solidité du caisson,
de façon à le mettre en état non seulement de supporter la
charge du béton pâteux, mais encore de servir d'ouvrage de
protection pour le massif immergé, sans addition d'enrochements ?

Il serait bon, dans ce but, de compléter le caisson par une

douelle continue à l'extérieur, et cela joint au plus fort équarrissage des bois occasionnerait sans doute une assez forte augmentation de dépense ; mais il y aurait encore économie à procéder ainsi, au lieu d'employer des enrochements qu'il faut ensuite presque chaque année renouveler en plus ou moins grande partie.

Dans les deux cas précédents, la partie toujours immergée d'une pile n'aurait pas, de cette façon, une section transversale beaucoup plus forte que la partie située au-dessus et le résultat, au point de vue du libre écoulement des eaux, serait à coup sûr infiniment plus satisfaisant.

Lorsqu'on fonde au moyen de batardeaux, les premières assises de maçonnerie étant directement établies sur le terrain solide et inaffouillable, il ne doit y avoir aucun motif d'entourer une pile d'enrochements lorsqu'elle est terminée, et toute éventualité d'avarie ultérieure serait certainement écartée en employant en parement, pour toute la partie immergée, de la pierre de taille ou de très forts matériaux hourdés en mortier de ciment : il suffirait, pour tout ouvrage de défense, de disposer à l'amont et à l'aval des estacades, nécessaires seulement sur les rivières navigables et sur celles qui sont sujettes à de fortes débâcles de glaces.

L'emploi du *Caisson-batardeau divisible et mobile* devrait, dans la plupart des circonstances, permettre, de même, pour les fondations de peu de profondeur, de prolonger les culées et les piles jusqu'au sol résistant et inaffouillable, sans autre augmentation de section que celle résultant du fruit donné aux parements. Lorsque c'est à de grandes profondeurs que l'on a affaire, l'usage des appareils tubulaires ou autres, fonctionnant à l'air comprimé, comporte également l'établissement des fondations dans des conditions telles, à fort peu d'exceptions près, que l'addition d'enrochements sur leur pourtour extérieur devient inutile.

Dans tous les cas, si des enrochements, pour quelque cause que ce soit, étaient jugés indispensables, au lieu de les former de blocs irréguliers formant des massifs sans cohésion, il y aurait un incontestable avantage à y employer soit de fortes pierres de taille brutes, simplement dégrossies sur leurs faces

principales, comme nous l'avons vu pour le pont de Tarascon, soit des blocs artificiels de béton, et d'en former, en y
employant des scaphandriers, une sorte de socle inattaquable,
composé de quelques assises seulement, qui sans tenir beaucoup de place résisterait bien mieux et protégerait plus efficacement les fondations que des enrochements ordinaires.

Mais il est des circonstances où aucune de ces dispositions ne
serait applicable et où il devient nécessaire d'aviser à d'autres
moyens, comme, par exemple, lorsque le lit de la rivière étant
affouillable jusqu'à des profondeurs presque illimitées, les
fondations ont été établies sur des pilotis dont la pointe ne
porte pas sur un fond solide, et qui n'offrent d'autre résistance
que celle provenant du frottement de leur surface contre le terrain ambiant.

Il faut, à tout prix, dans ces conditions, sinon supprimer
entièrement les affouillements, ce qui est impossible, du moins
les reporter à une distance telle des fondations, qu'ils cessent
d'être dangereux.

Les *radiers généraux* dont il a été question comme procédé
de fondation peuvent être considérés aussi comme ouvrages
de défense, et l'effet en a été parfois très satisfaisant, notamment dans le lit sableux de l'Allier, aux abords du pont de
Moulins.

L'important, lorsqu'on y a recours, est de leur donner une
largeur suffisante pour que les affouillements, dont ils n'empêchent par la formation et qu'ils ne font que déplacer, soient
éloignés des culées et des piles, à une distance telle que celles-
ci se trouvent parfaitement protégées.

En Hollande, on a obtenu d'excellents résultats d'une disposition toute spéciale, susceptible d'être imitée ailleurs dans
les terrains vaseux. C'est la suivante :

Au moyen de fascines de 0.125 environ de diamètre, composées de branches flexibles de saule, de peuplier, d'aulne,
de coudrier ou autres bois analogues, reliées en long, bout à
bout, on a formé une première série de saucissons espacés de
$0^m,90$ à 1^m les uns des autres et en nombre suffisant pour préparer ainsi une sorte de radeau d'une étendue égale à la surface vaseuse à défendre.

Sur cette première couche de saucissons on en a disposé une seconde, coupant ceux de la première à angle droit, et on les a reliés ensemble, à tous les points d'intersection, au moyen de cordes goudronnées dont les bouts étaient, après cela, relevés provisoirement sur des piquets. Par dessus le cadre ainsi formé on a étendu deux ou trois couches de fascines jointives, puis on a terminé par un second cadre semblable à celui de dessous et qu'on a fortement rattaché à ce dernier au moyen des cordes goudronnées dont il a été question.

Enfin, sur cette espèce de plateforme en branchages, ou de radeau, on a fixé, à tous les points de croisement, de forts piquets saillants qu'on a réunis les uns aux autres par des clayonnages verticaux, de façon à obtenir ainsi des compartiments de la dimension jugée nécessaire.

Cela fait, on a amené la plateforme au-dessus de l'emplacement où on voulait l'employer, et au moyen d'enrochements logés dans les compartiments en clayonnages, on a fait descendre le tout jusqu'au contact du fond de la rivière.

Ce fond se trouve ainsi recouvert d'une couche d'enrochements retenus en tous sens par des clayonnages, et l'on comprend qu'en cas d'affouillements venant à se produire en dessous, l'élasticité extrême du système puisse permettre à ces enrochements et aux fascines inférieures de conserver le contact avec le sol, et de recouvrir celui-ci sans qu'il y ait aucune solution de continuité et sans que les moëllons soient entraînés.

La flexibilité est telle que dans certains cas, même avec des profondeurs constatées de 20 mètres pour les affouillements, le clayonnage est resté exactement appliqué sur les talus des excavations, continuant ainsi à protéger efficacement les ouvrages.

La seule objection que comporte ce procédé est la durée sans doute assez courte des fascines immergées, composées de bois tendres de très faibles dimensions ; mais sans contester qu'il puisse y avoir à cela quelque inconvénient, on admettra que dans les circonstances indiquées aucun autre moyen de protection n'aurait comporté des garanties égales, et que, même en supposant la nécessité d'un renouvellement périodique de toute la plateforme, il sera plus économique encore, dans les terrains vaseux, de défendre un ouvrage de cette façon que par tout autre moyen.

Pour compléter l'exposé qui précède des divers procédés de fondation auxquels il peut y avoir lieu de recourir et des ouvrages accessoires qu'ils comportent, il nous resterait encore à présenter, comme il est d'usage de le faire dans tout traité de construction des ponts, un résumé comparatif destiné à servir de guide pour le choix de celui de ces procédés qu'il convient d'appliquer de préférence dans telle ou telle circonstance déterminée.

Une étude de cette nature offre assurément de l'intérêt, mais on ne tarde pas à reconnaître l'impossibilité à peu près absolue de formuler des conclusions précises.

C'est qu'en effet, rien n'est réellement comparable en matière de fondations; même lorsque les circonstances sont en apparence tout à fait identiques, les résultats peuvent varier du tout au tout, d'un chantier à un autre, suivant le plus ou le moins d'intelligence et de soin avec lesquels les travaux ont été dirigés et surveillés.

En ce qui touche, par exemple, les prix réels de revient, tel entrepreneur chargé d'exécuter un ouvrage s'en acquittera de façon à donner satisfaction complète aux ingénieurs, tout en réalisant pour lui un bénéfice suffisant, tandis qu'un autre entrepreneur se serait ruiné en faisant de détestable besogne.

L'identité des travaux d'ailleurs n'existe à peu près jamais. Chaque rivière a son régime particulier, et pour une même rivière des fondations d'égale importance, à exécuter sur des terrains exactement semblables, peuvent tantôt être terminées sans qu'aucune crue exceptionnelle ou autre incident quelconque soit venu troubler les travaux, tantôt au contraire avoir à subir de longues interruptions et des charges imprévues de toute nature.

De même pour les matériaux, pour le prix de la main d'œuvre, les difficultés plus ou moins grandes d'accès, l'éloignement des ateliers de construction et une multitude d'autres circonstances. Tous les éléments du prix de revient sont modifiés et la comparaison faite à l'avantage de tel ou tel procédé, sur un point, peut très bien aboutir ailleurs à une conclusion tout opposée.

En outre, l'usage a prévalu de prendre, comme terme principal de comparaison, le prix du mètre cube de fondation, alors que rien n'est moins précis qu'un terme de cette nature, quantité relative et non absolue, dépendant, pour chaque cas particulier, d'une foule de circonstances locales qu'on ne retrouvera pas ailleurs, et essentiellement variables pour un même procédé comme le montre ce fait que pour les fondations à l'air comprimé, par exemple, ce prix a passé à quelques années d'intervalle de 271 francs pour le pont de Bordeaux à 72 francs pour le pont de Marmande, bien qu'il s'agisse dans les deux cas de la même rivière et de la même contrée.

Nous nous bornerons donc, pour tout résumé, à quelques indications très succinctes données à titre de simples approximations, et dont on ne devra tenir compte que sous toutes réserves.

Le point principal, celui qui doit dominer tous les autres, c'est que, dans quelque situation qu'on se trouve, le procédé de fondation à adopter de préférence est celui qui assurera aux travaux les meilleures garanties de bonne exécution et de parfaite solidité.

C'est ainsi que jusqu'à des profondeurs n'excédant pas 7 ou 8 mètres, au plus, si le terrain solide peut être mis à découvert à l'aide de batardeaux et d'épuisements, on ne doit pas hésiter à appliquer ce procédé, bien qu'il ne soit pas toujours le plus économique et qu'il entraîne souvent à de plus longs délais pour l'exécution des travaux.

Dans des conditions normales, c'est-à-dire en supposant que pendant le cours de l'entreprise il ne survienne aucune crue exceptionnelle enlevant en tout ou en partie les batardeaux, causant des avaries graves et obligeant à recommencer une partie des ouvrages, on peut admettre, que le prix du mètre cube de fondation, pour l'exécution par exemple d'une pile en eau courante, variera :

Jusqu'à 5 mètres de profondeur : de 20 à 30 francs ;

Au-delà de 5 mètres jusqu'à 7 à 8 mètres, limite qu'on ne peut dépasser par ce procédé : de 30 à 100 francs.

L'écart entre ces deux derniers chiffres s'explique surtout par l'influence exercée sur le prix de revient par les difficultés plus ou moins grandes du dragage, le plus ou moins d'imperméabilité du sol, et les charges très variables qui en résultent pour les épuisements.

Si l'on voulait, au lieu des batardeaux ordinaires, faire usage du caisson-batardeau de M. Montagnier, la dépense, tout en restant comparable à celles indiquées ci-dessus, pourrait quelquefois être plus élevée ; mais, par contre, dans certains cas, avec un sous-sol de sable ou de gravier par exemple, ou autre très perméable, ce dernier procédé devrait être préféré, malgré le petit excédant de dépense à prévoir, à l'emploi des pilotis ou des massifs de béton immergé, à cause des garanties bien plus certaines qu'il comporte pour la bonne exécution des travaux.

Toutefois il est à présumer que, même au-delà de cette limite de 7 ou 8 mètres, malgré les progrès des appareils à air comprimé, on persistera longtemps encore, dans quelques situations spéciales, à fonder sur pilotis ou sur massifs de béton immergé. Les dépenses seront approximativement dans ce cas :

1° Pour les fondations sur pilotis :

En dehors des eaux courantes :

Jusqu'à 10 mètres de profondeur. . . . .   de 20 à 30 francs.

Au-delà de 10 mètres. . . . .   de 30 à 40   id.

En rivière :

Jusqu'à 10 mètres de profondeur . . . . .   de 40 à 50   id.

De 10 à 15 mètres de profondeur. . . . .   de 50 à 60   id.

De 15 à 20 mètres de profondeur. . . . .   de 60 à 80   id.

2° Pour les fondations sur massifs de béton immergés :

Jusqu'à 5 mètres de profondeur. . . . . .   de 20 à 30   id.

De 5 à 8 mètres de profondeur . . . . . .   de 30 à 50   id.

De 8 à 10 mètres de profondeur. . . . . .   de 50 à 75   id.

Les fondations sur massifs isolés, auxquelles il y aura lieu de recourir dans quelques circonstances particulières, comme par exemple dans les terrains vaseux, s'exécutent comme nous

l'avons vu au moyen soit de puits blindés, soit de puits maçonnés commencés à la surface du sol et descendus graduellement jusqu'à la profondeur nécessaire. Les dépenses à prévoir
en ce qui concerne ces diverses dispositions sont évaluées d'ordinaire :

1° Avec puits blindés :

Jusqu'à 20 mètres de profondeur . . . . . de 50 à 60 francs.

2° Avec puits maçonnés :

Jusqu'à 10 mètres de profondeur.. . . . . de 30 à 40   id.

De 10 à 20 mètres de profondeur . . . . . de 40 à 60   id.

A l'égard des fondations à l'air comprimé, la diminution
continue du prix du mètre cube, depuis que ce procédé relativement nouveau a commencé à être appliqué, ne permet guère
de préciser des chiffres ; cependant, d'après les exemples que
nous avons cités, on peut admettre suivant qu'on aura à exécuter sur un même point des fondations d'une grande superficie dans des terrains favorables, avec emploi successif des mêmes appareils pour plusieurs piles ou culées, ou bien des
fondations restreintes dans des terrains particulièrement défavorables, que les dépenses varieront probablement :

Dans le premier cas : de 60 à 100 francs.

Dans le second cas : de 100 à 150 francs.

Quant à la durée à prévoir pour les travaux suivant le procédé adopté, et en continuant à considérer la construction
d'une pile en rivière, tout ce qu'on en peut dire c'est qu'elle est
très variable pour les fondations avec emploi de batardeaux et
épuisements.

Que pour les fondations sur pilotis, elle dépendra nécessairement du nombre de pieux à battre, de la fiche à leur donner,
des facilités plus ou moins grandes d'accès et d'une foule d'autres circonstances locales ; qu'elle sera par conséquent toujours
assez incertaine et que, dans tous les cas, même dans de bonnes
conditions moyennes, on doit prévoir 2 ou 3 mois environ ;

Que l'emploi des caissons sans fond ou des enceintes avec
massifs de béton immergé comporte moins d'éventualités de
retards, et qu'une durée moitié moindre, c'est-à-dire de 1 mois
à 1 mois 1/2, doit suffire pour l'exécution du même travail ;

Que pour les fondations sur massifs isolés la durée des travaux varie beaucoup suivant la nature des terrains à traverser.

qu'il ne faut compter en moyenne que sur un avancement de
$0^m,50$ environ par jour, et qu'en conséquence, en y comprenant le temps exigé par les travaux accessoires, on doit prévoir une durée de 40 jours environ pour une profondeur de
10 mètres, et de 2 mois s'il faut descendre jusqu'à 15 mètres;

Enfin qu'avec l'emploi de l'air comprimé, tout en pouvant
compter sur des délais plus certains et une célérité relativement plus grande dès que les installations préparatoires sont
complètes, il y a lieu de prévoir cependant, pour des profondeurs de 15 à 20 mètres (celles qui se rencontrent le plus habituellement) une durée de 3 à 5 mois par pile, et qu'en cas de
profondeurs plus grandes et de dimensions exceptionnelles,
comme pour les ponts de St-Louis et de Brooklin, cette durée
peut être de beaucoup augmentée.

Nous n'insisterons pas plus longuement sur ce sujet et pour
terminer nous reproduirons le tableau suivant, emprunté à MM.
Morandière, Croizette-Desnoyers et Séjourné, dans lequel on
retrouvera la mention des principaux ouvrages dont il a été
question au cours de ce chapitre, avec indication de la profondeur, de la superficie et du cube total de leurs fondations, et du
prix de revient pour chacune de celles-ci du mètre cube de
maçonnerie.

Numéros d'ordre	MODE DE FONDATION et indication des ouvrages	Profondeur des fondations [1]	Superficie des massifs de fondation	Cube des massifs supposés pleins	Dépense totale	Dépense par mètre cube
	I. Fondations sur massifs de béton immergé.	m.	m.s.	m.c.	fr.	fr.
1	Pont de Montlouis, sur la Loire........	5.00	84.00	420	32.000	76
2	Pont de Plessis-les-Tours, sur la Loire [2]	5.00	76.00	380	31.000	82
3	Pont de Chateau-sur-Loir, sur le Loir.	3.65	70.00	255	21.000	82
4	Pont du Mans, sur l'Huisne............	4.85	70.00	340	25.000	74
5	Pont de Châtellerault, sur la Vienne...	3.66	84.00	307	10.000	33
6	Étude pour pile portant des arches de 30 mètres....................	6.00	100.00	600	30.000	50
	II Fondations avec batardeau et épuisement.					
	1° En eau douce					
7	Pont de la Creuse, 1re pile............	4.00	180.00	720	40.000	56
	— 2me pile............	4.00	170.00	680	43.000	63
	2° En eau de mer.					
8	Viaduc de Quimperlé........	5.50	83.00	457	18.700	41
9	Viaduc d'Auray	8.86	84.00	744	31.000	42
10	Pont de Redon, culée gauche..........	14.20	91.00	1290	87.700	68
11	Pont du Scorf, pile culée....	8.25	153.00	1262	89.000	71
12	Viaduc d'Hennebont, p.le de rive	8.90	94.00	837	60.000	72
	— pile centrale.....	9.60	78.00	749	100.00	134
13	Viaduc de Port-Launay, pile en rivière.	7.60	102.00	775	77.800	100
	III Fondations sur pilotis.					
14	Pont sur le Brivet, 2 culées..........	7.00	171.00	1197	24.000	20
15	Pont de la prairie de St-Nicolas, 2 culées	11.50	114.00	1311	40.500	34
16	Pont de l'Isac, 2 culées..........	11.00	124.00	1364	53.000	39
17	Pont de l'Oust, 2 culées et 2 piles	11.50	300.00	3450	207.000	60
	IV. Fondations à l'air comprimé.					
18	Pont d'Argenteuil, une pile.......	17.30	20.40	354	81.000	229
19	Pont de Bordeaux, une pile...........	21.00	20.40	428	116.000	271
20	Pont de Kehl, pile culée [3]...........	20.00	165.00	3300	775.000	235
	— pile ordinaire...........	20.00	130.50	2610	500.000	192
21	Pont de la Voulte, sur le Rhône	10.00	54.60	546	80.000	147
22	Pont du Scorf..............	21.00	39.70	834	120.000	144
23	Pont de Nantes, pile moyenne..........	18.80	51.30	964	90.000	93
24	Pont de Vichy, sur l'Allier...........	7.00	37.00	259	31.500	122
25	Pont de Marmande, pile moyenne [4].....	9.60	71.03	666	45.300	68
	V. Fondations à l'air comprimé descendues sur roue.					
26	Pont de Marmande. — Viaduc de Canabéra, pile n° 13..................	7.00	45.99	318	19.700	62
	Culée Casteljaloux..................	5.35	68.63	367	30.800	84

1. Les profondeurs sont comptées en contrebas de l'étiage, des hautes mers ou du sol de la vallée.

2. Non compris 6.600 fr. de dépenses occasionnées par une crue extraordinaire.

3. Non compris les ponts de service et les frais généraux.

4. Mémoire de M. Séjourné, *Annales* de 1883, n° 10.

CHAPITRE III

PARTIES DIVERSES ET DISPOSITIONS D'ENSEMBLE

DES PONTS ET VIADUCS

§ 1

CULÉES ET PILES

Observations préliminaires, objet et divisions du chapitre. — Culées et piles. — Dispositions diverses des culées ; pont à culées perdues, exemples d'ouvrages de ce genre ; type le plus général des culées apparentes ; culées des ponts de Neuilly, d'Iéna, du pont-canal sur l'Orb près de Béziers, du pont sur le Kelvin près de Glascow. — Autres dispositions de culées: pont de Port-de-Piles : culées avec murs en ailes. — Ornementation propre aux culées : caractères particuliers ; chaînes d'angles ; refends et bossages : archets, bandeaux, parapets ; culées du pont du Val-Benoît sur la Meuse. — Diversité plus grande des dispositions des piles. — Formes générales obligées ; exceptions : ponts de l'antiquité et du moyen-âge. — Différences provenant de l'épaisseur et de la forme des avant et arrière-becs. — Épaisseur exagérée des piles des anciens ponts. — Circonstances qui la justifiaient. — Piles-culées. — Dispositions des avant-becs et arrière-becs. — Profils angulaires et profils arrondis ; influence sur les remous ; expériences de Gauthey ; conclusion à en déduire. — Avantages, au point de vue de l'art, des formes angulaires. — Différentes dispositions adoptées pour les piles en élévation. — Prolongement, en hauteur, jusqu'au niveau des parapets : refuges pour piétons ; motifs de décoration à en tirer. — Pont St-Ange, à Rome et pont de la Trinité à Florence. — Différentes manières de disposer le couronnement des piles ; types les plus usités ; absence de toute disposition obligatoire : exemples divers: piles du pont Louis-Philippe, du pont St-Michel, du pont au Change, à Paris ; du pont de Tours. — Résumé. — Piles de viaducs. — Dispositions diverses. — Grands aqueducs de l'époque romaine ; ouvrages analogues de construction récente. — Aqueducs de Metz et de Ségovie ; viaducs de Dolhain, de Lobau, de Gorlitz. — Piles avec retraites successives et piles avec fruit continu. — Ornementation. — Piles du viaduc de Laval et du viaduc de Mouse-Water. — Observations générales. — Conclusion.

Les fondations proprement dites d'un pont ou d'un viaduc en maçonnerie se terminent, dans le sens de la hauteur, au plan horizontal situé, suivant les circonstances, au niveau du sol naturel si l'ouvrage est établi sur un terrain accessible à sec, ou bien au niveau, soit de l'étiage si les travaux sont exécutés en rivière, soit de la basse mer ou de la cote la plus faible si l'on a affaire à des eaux subissant l'influence des marées ou sujettes à des variations déterminées de hauteur pour quelque cause que ce soit.

Au-dessus de ce plan commencent les maçonneries en élévation ; pour en arrêter les dispositions de détail et d'ensemble, il devient nécessaire de faire œuvre d'architecte, en même temps que d'ingénieur.

La pensée, en effet, ne saurait venir à personne de contester la part importante à réserver aux questions d'art en pareille matière.

Sans doute le point le plus essentiel, celui qui doit primer tous les autres, nous l'avons déjà dit, c'est de calculer toutes les dimensions des diverses parties d'un pont de façon que les conditions de stabilité n'en laissent rien à désirer, que la solidité et la longue durée en soient parfaitement assurées ; mais, ceci fait, il pourra très bien arriver que de deux ouvrages offrant, sous tous ces rapports, des garanties exactement équivalentes, l'un soit un monument remarquable par l'harmonie et l'élégance de ses proportions, le second au contraire une œuvre d'aspect médiocre et choquant.

Il faut donc admettre que pour les ponts et les viaducs, comme pour toute autre catégorie d'édifices, il y a une architecture spéciale à appliquer. L'important est d'en bien saisir les caractères et les règles fondamentales, et de s'astreindre ensuite à les observer malgré les difficultés parfois assez grandes qu'on y pourra rencontrer dans la pratique, selon les conditions particulières d'établissement et la situation de chaque ouvrage.

Léonce Reynaud, dont l'autorité est d'autant plus grande, à cet égard, qu'il a eu la rare fortune d'être aussi éminent ingénieur qu'éminent architecte, s'exprime ainsi au sujet des ponts [1] :

---

1. *Traité d'architecture*, par Léonce Reynaud ; 2ᵉ partie, page 486.

« La solidité que réclament ces ouvrages, les conditions
« auxquelles ils sont assujettis, les circonstances tout excep-
« tionnelles qui président à leur établissement, rendent leur
« composition beaucoup plus difficile qu'on ne serait tenté de
« le croire, au premier abord, et tendent à introduire dans
« leurs formes plus de diversité qu'elles n'en paraissent sus-
« ceptibles. »

« La décoration, ajoute plus loin le même auteur, doit en
« être éminemment monumentale et distribuée de manière à
« accentuer les diverses parties de l'œuvre et à rendre leur ca-
« ractère saisissant. Ainsi, elle devra détacher les voûtes des
« tympans, meubler les surfaces trop nues, marquer par un
« bandeau plus ou moins riche la hauteur du sol, diviser le
« parapet en y indiquant une ossature et rattacher à la cons-
« truction les candélabres ou les statues dont elle peut dis-
« poser. »

La dernière partie de ce programme se rapporte, on l'a compris, aux ponts construits à l'intérieur ou dans le voisinage des
villes ; mais, sauf la recherche spéciale que l'ornementation
réclame dans ce dernier cas, les conditions générales à observer restent partout les mêmes, avec les mêmes diversités de caractère à accuser, les mêmes exigences à satisfaire, les mêmes
difficultés à résoudre.

Ici d'ailleurs, comme pour toute autre partie de l'architecture, deux éléments distincts sont à considérer, la théorie et
la pratique ; c'est-à-dire d'une part, suivant une définition de
Viollet-le-Duc, « la théorie qui comprend l'art proprement dit,
« les règles inspirées par le goût, issues des traditions, et la
« science qui se démontre par des formules invariables, abso-
« lues ; d'autre part, la pratique qui comprend l'application
« de la théorie aux données particulières de telle ou telle si-
« tuation déterminée, et qui fait plier l'art et la science à la
« nature des matériaux, au climat, aux mœurs d'une époque,
« aux nécessités du moment. »

Mais d'abord pour être à même d'arrêter, d'après ces idées
générales, les dispositions d'ensemble d'un édifice, il est indispensable, de quelque partie de l'architecture qu'il s'agisse,
d'avoir successivement étudié les divers éléments susceptibles

d'entrer dans sa composition. Il en est nécessairement ainsi pour les ponts, et avant de montrer, à l'aide d'un certain nombre d'exemples choisis parmi les solutions les plus heureuses, comment il convient de traiter les ouvrages dont nous avons en particulier à nous occuper, pour leur assurer le genre de beauté qui leur est propre, nous devons procéder à une étude sommaire des diverses parties dont ils se composent.

Ces parties sont les culées et les piles, les voûtes ou arches, les tympans et les bandeaux qui les couronnent, les parapets et garde-corps, enfin divers ouvrages accessoires dont quelques-uns, sans être apparents en élévation, tiennent cependant une place importante dans les projets, comme les chaussées et trottoirs, les agencements spéciaux pour raccorder le pont avec la voie qu'il dessert et les voies adjacentes, avec les berges de la rivière, les chemins de halage, etc.

Cette énumération indique tout naturellement quelles seront les divisions de ce chapitre. Nous nous occuperons en premier lieu des culées et des piles.

Le point essentiel en ce qui touche les formes extérieures d'une culée est de leur donner toutes les apparences de la solidité et de la force. L'art n'intervient que pour en éviter la lourdeur. En même temps qu'elles comptent parmi les points d'appui principaux et les plus importants de l'ouvrage, les culées ont de plus à supporter d'ordinaire la poussée de remblais plus ou moins élevés, et il faut que la masse apparente et le poids en soient considérables. Théoriquement, une culée consiste en un bloc de maçonnerie de dimensions telles qu'il puisse supporter l'action de toutes les forces qui le sollicitent, sans que la limite qu'on s'est imposée pour le travail des matériaux se trouve en aucun point dépassée. C'est à ce bloc qu'il s'agit ensuite de donner des apparences extérieures en harmonie avec les autres parties de l'édifice, et dont le goût puisse s'accomoder.

On a vu, dans la première partie de ce traité (chap. IV, § 2) l'exposé des calculs applicables à la détermination des dimensions des culées et de leurs conditions de stabilité; nous supposons effectué par avance ce travail préliminaire, dont la nécessité est d'ailleurs évidente par elle-même.

M. J. Résal a examiné les diverses formes adoptées dans la pratique pour les culées, soit qu'on les exécute pleines, soit qu'elles comprennent un corps principal accompagné de murs en ailes ou de murs en retour, ceux-ci plus ou moins prolongés avec ou sans évidements longitudinaux ou transversaux, voûtes en plein cintre ou en ogive, puits verticaux à section circulaire ou rectangulaire, etc. [1]

Quelles que soient les dispositions projetées, les calculs contenus dans le premier volume et les formules qui en découlent permettront d'arrêter les cotes d'exécution de l'ouvrage, tant en plan que suivant ses coupes principales. C'est après en avoir ainsi bien établi toutes les dimensions essentielles qu'il s'agit de revêtir les culées de formes architecturales, en rapport avec les autres parties de l'édifice.

En maintes circonstances, la difficulté que le problème peut présenter se trouve naturellement écartée ; c'est lorsqu'on est amené à noyer ces culées dans le sol.

Si la configuration du terrain, par exemple, est telle que les fondations des culées doivent être établies à un niveau plus élevé que les fondations des piles, ainsi que cela se présente souvent à la traversée d'une gorge ou d'une tranchée profonde, ou d'une vallée dont le pont ou le viaduc occupe toute la largeur, cette solution est en quelque sorte forcée et très satisfaisante d'ailleurs, à certains égards.

Elle consiste à faire pénétrer les arches extrêmes dans les talus de la tranchée ou les flancs de la gorge, et à en recevoir la retombée soit sur le terrain naturel, s'il remplit les conditions voulues pour cela, soit sur un massif de maçonnerie de dimensions déterminées. La hauteur de la culée est alors nulle, ou tout au moins très faible, et comme cette hauteur, à mesure qu'elle augmente, exerce une action de plus en plus défavorable sur les conditions de stabilité, c'est agir de façon très rationnelle que de s'attacher à la réduire le plus possible. Le seul inconvénient, et il n'est en définitive que d'importance secondaire, c'est qu'il est rare qu'un ouvrage ainsi disposé

---

1. Premier volume, chap. IV, § II, pages 239 et suivantes ; fig. 185 à 187, 195, 200, 203 à 208, etc.

PASSAGE SUPÉRIEUR DE LA LIGNE DE MONTAUBAN A BRIVE

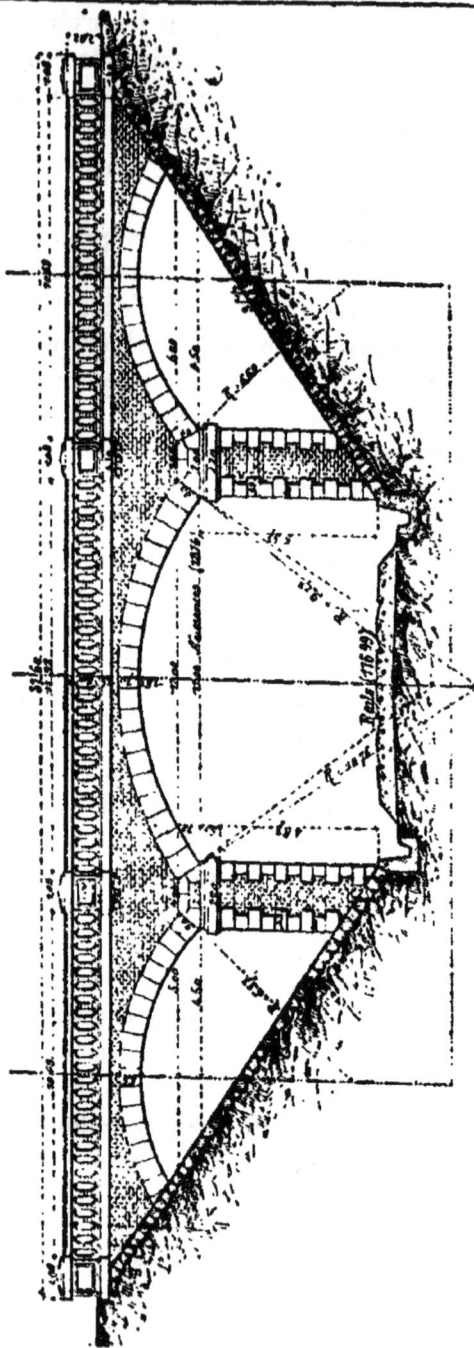

Élévation.

offre, lorsqu'on en examine l'ensemble, un aspect complètement satisfaisant.

Les arches extrêmes, en effet, appuyées d'un côté sur une
pile à profil nécessairement régulier et plus ou moins élégant,
tandis qu'elles vont se perdre à l'autre extrémité dans des talus
fortement inclinés ou dans un terrain à surface irrégulière,
présentent forcément quelque chose de gauche ou d'incomplet
que l'œil a quelque peine à accepter.

Le dessin ci-contre en montre un exemple, c'est celui d'un
passage supérieur de la ligne de Montauban à Brive, ouvrage
dont l'élévation a été étudiée du reste avec le plus grand soin,
dont l'exécution ne laisse rien à désirer et que nous ne pour
rions que proposer comme modèle plutôt que de songer à le
critiquer.

Lorsqu'il s'agit d'un pont composé d'une seule arche, la
solution devient plus satisfaisante, parce que les deux retombées de la voûte sont dans ce cas symétriques ; elle mérite
même d'être recommandée pour des ouvrages d'importance
moyenne, dont la construction demande à être traitée avec
économie.

C'est ainsi, par exemple, que sont disposés et à très juste
titre, les ponts dits à *culées perdues* que l'établissement des
chemins de fer a donné lieu de construire en très grand nombre, pour des passages supérieurs en travers des grandes
tranchées. L'effet en est toujours excellent, lorsque les proportions de l'arche unique dont ils se composent sont en
parfaite harmonie avec la largeur de l'ouverture et la hauteur à laquelle la voie supérieure passe au-dessus de la voie
ferrée.

Le dessin suivant représente en élévation et en coupe un
de ces ouvrages, dont le mérite provient surtout de sa simplicité et de l'absence de toute ornementation inutile.

Nous n'avons pas besoin de dire que ces sortes d'arches à
culées perdues sont parfois susceptibles de produire un très
grand effet, lorsqu'elles sont jetées par exemple à des hauteurs plus ou moins grandes, en pays de montagnes, en travers de torrents ou de gorges étroites. En pareil cas, ce sont
les flancs même de ces gorges qui forment culées et la solidité

de semblables points d'appui étant manifeste, aucun ouvrage apparent en maçonnerie n'est nécessaire pour en donner la sensation.

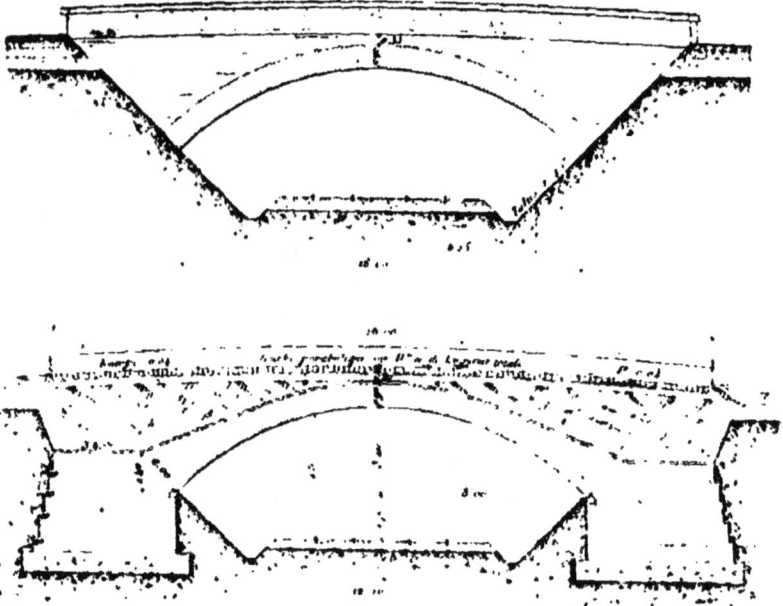

Dans une situation absolument différente de la précédente, puisque c'est surtout à l'intérieur des grandes villes qu'elle se rencontre le plus souvent, on peut également se trouver conduit à ne rien laisser paraître des culées d'un pont : c'est lorsque celui-ci est compris entre des murs de quai, avec obligation de donner passage sous ses arches extrêmes à de larges chemins de halage longeant la rivière. La nécessité, dans ces conditions, de noyer les culées dans les terre-pleins est évidente ; on ne peut, tout au plus, qu'en accuser l'emplacement et la largeur par de légères saillies.

Il est assurément inutile d'expliquer que dans ce cas, de même que dans tous ceux où pour quelque cause que ce soit les culées ne peuvent être entièrement apparentes, rien ne saurait justifier aucune réduction de leurs dimensions essentielles, telles qu'on les suppose calculées par avance pour assurer leur stabilité.

Lorsque les culées doivent être apparentes, ce qui est en définitive le cas le plus ordinaire, la façon dont les arches extrêmes viendront s'y rattacher est l'un des premiers points à étudier.

Pour les édifices autres que des ponts, lorsqu'il entre dans leur composition des arcades plus ou moins nombreuses, celles-ci étant portées soit par des piliers, soit par des colonnes, on constate que, presque sans exception, l'architecte a disposé, en saillie sur le parement du massif de maçonnerie formant culée, à chaque bout, un demi-pilastre ou une demi-colonne, de même profil que les supports servant à recevoir la retombée des arcades extrèmes.

Il semble, par analogie, que pour un pont composé de plusieurs arches, les culées devraient, de même, avoir pour type un massif plein sur le parement duquel, du côté des arches adjacentes, ferait saillie une demi-pile engagée, de même profil que les piles intermédiaires.

Et, de fait, cette disposition est celle qu'on a le plus souvent adoptée ; ainsi pour n'en citer que quelques exemples choisis parmi les ouvrages les plus importants, on la retrouve à Paris aux ponts d'Iéna, d'Austerlitz, de l'Alma, au pont Napoléon III, au pont du Point du Jour, au pont de Neuilly ; à Lyon, au pont de Tilsitt, sur la Saône ; à Bordeaux ; au pont-canal de Béziers ; aux ponts de Stains, sur la Tamise, de Glascow sur la Clyde, de Carlisle sur l'Eden, et à une quantité d'autres ponts de construction récente tant en France qu'en Angleterre ; aux ponts de Valentino et de Vanchiglia, sur le Pô ; à Turin, au pont de Solférino sur l'Arno ; à Pise, etc.

Perronet, en particulier, a presque toujours dessiné de cette sorte les culées des nombreux ouvrages qu'il a fait construire, et son exemple a été suivi par la plupart de ses successeurs.

Les dessins suivants représentent, en élévation, les culées de quelques-uns des ponts que nous venons de citer.

S'il pouvait être question de formes obligées pour des culées, c'est assurément de ce type que toutes les solutions devraient procéder.

PONT DE NEUILLY

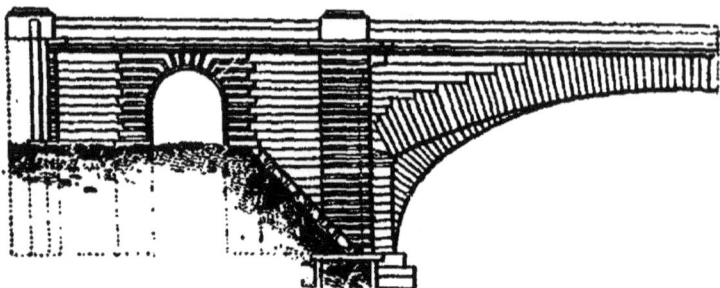

PONT D'IÉNA

PONT-CANAL SUR L'ORB PRÈS DE BÉZIERS

PONT SUR LE KELVIN PRÈS DE GLASCOW

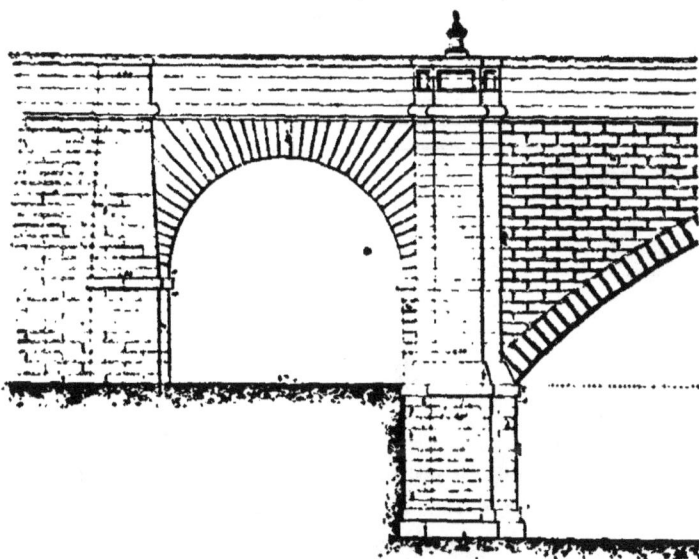

Mais les circonstances locales imposent fréquemment, on l'a déjà fait observer, des sujétions particulières auxquelles il faut satisfaire et de là une certaine diversité, assez restreinte d'ailleurs, dans les dispositions adoptées.

PONT DE PORT-DE-PILES

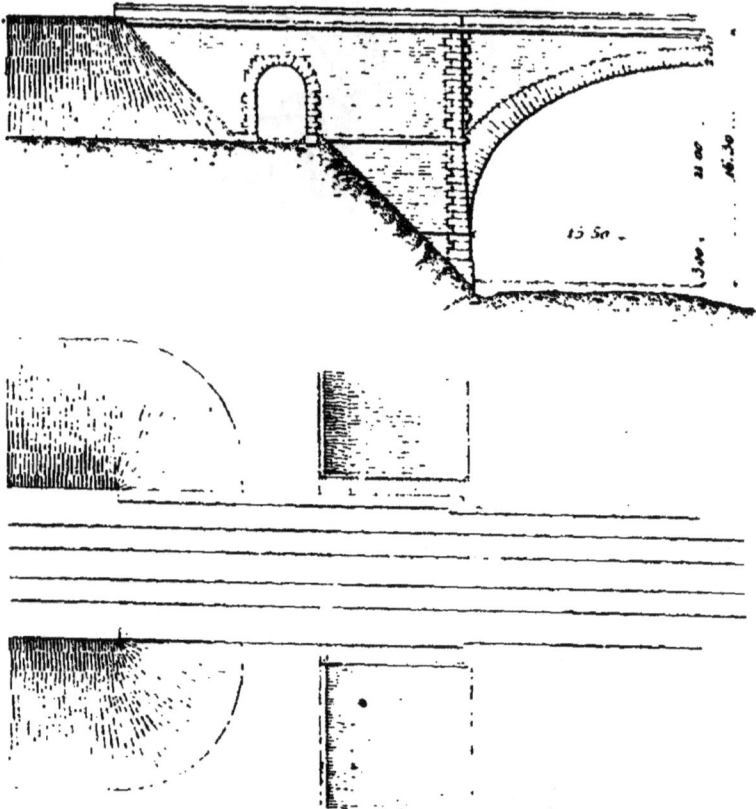

Pour les ponts avec passages obligés sous les arches extrêmes, la douelle de celles-ci vient fréquemment se raccorder, aux naissances, tangentiellement au parement de la culée, comme le dessin ci-dessus en montre un exemple ; cette disposition trouve aussi son application, dans bien des cas, lorsque la rivière est bordée de murs de quai. Elle se combine également avec les systèmes de culées avec murs en ailes, comme on le voit sur l'étude suivante, empruntée à Gauthey et au cours de M. Morandière.

On ne saurait assurément prévoir toutes les circonstances particulières, susceptibles de se rencontrer dans la pratique ; mais en définitive, sauf de rares exceptions, c'est à l'une ou à l'autre des solutions représentées sur les précédents dessins que les dispositions à adopter devront se rapporter.

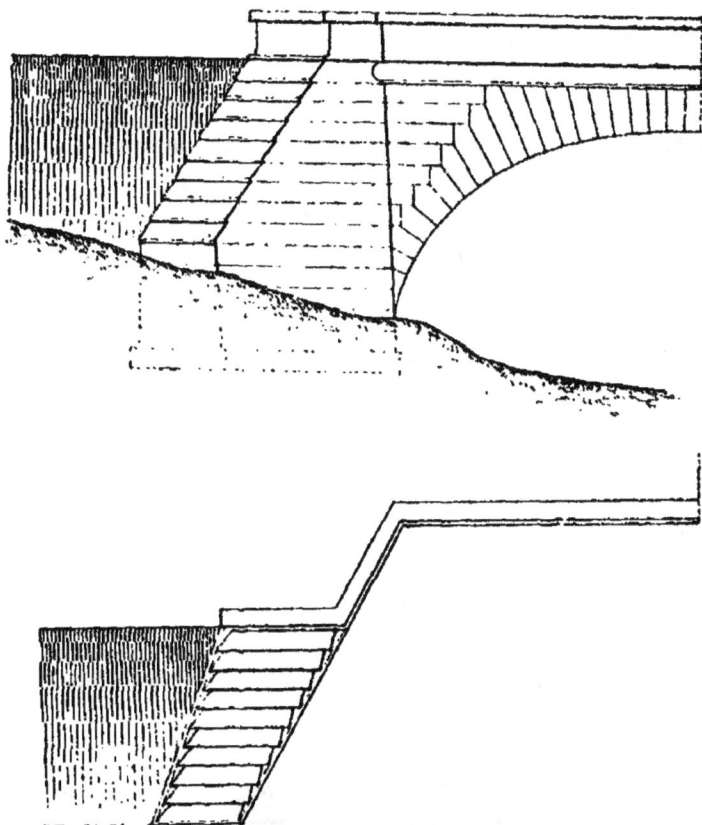

Étude de culée avec mur en aile.

Quant à l'ornementation applicable en particulier aux culées, elle dépend à tel point de celle des autres parties du pont que ce n'est qu'à l'occasion des études d'ensemble que cette question pourra être reprise.

Pour le moment, les dessins qu'on vient de reproduire en donnent une idée suffisante. Ce dont il faut surtout se préoccuper, pour des ouvrages de cette sorte, c'est d'en accentuer le caractère de force, et l'emploi des chaînes d'angles avec appareil en refends et bossages est tout naturellement indiqué ; aussi l'usage en est-il à peu près constant. Le bandeau ou l'entablement du pont se poursuit, cela va sans dire, sur le parement des culées ; il en est de même des parapets, coupés d'ailleurs, pour en accuser les contours, par des dés situés au droit des angles saillants et rentrants, et aux extrémités.

La largeur des chaînes d'angle, la hauteur d'assise pour l'appareil en refends et bossages, le dessin des chapiteaux s'il y a lieu d'en employer, tout cela est du domaine de l'architecture ordinaire et surtout du domaine du goût, seul apte à bien discerner, suivant l'importance de l'ouvrage et sa situation, suivant la nature des matériaux employés et les autres circonstances locales, comment on peut assurer le caractère de force dont nous avons parlé, tout en évitant la lourdeur, et arriver à l'élégance sans tomber dans les formes trop grêles ou trop recherchées.

Le plus souvent les murs en retour des culées viennent couper une voie située sur la berge de la rivière, chemin de halage ou autre, pour laquelle un passage doit être ménagé, ou bien il y a nécessité d'augmenter le débouché du pont pour les moments de grandes crues au moyen d'arches supplémentaires ou *archets*, ouverts dans ces mêmes murs, et de là une disposition très usitée qui conduit à l'ornementation de surfaces qui sans cela seraient trop nues.

Les dessins ci-dessus montrent plusieurs exemples de culées avec archet, disposition dont l'origine est du reste fort ancienne puisqu'elle avait été déjà appliquée à Rome au pont Cœstius, construit 20 ans avant J.-C. et au pont Œlius (pont St-Ange) datant de l'an 138 de notre ère.

L'exemple suivant nous semble encore utile à citer. Il représente une culée du pont du Val-Benoît, construit à la traversée de la Meuse pour le passage d'une route ordinaire et d'un chemin de fer ; nous en donnons le plan en même temps que l'élévation, pour mieux faire comprendre tous les détails de celle-ci.

CULÉES DU PONT DU VAL-BENOIT SUR LA MEUSE

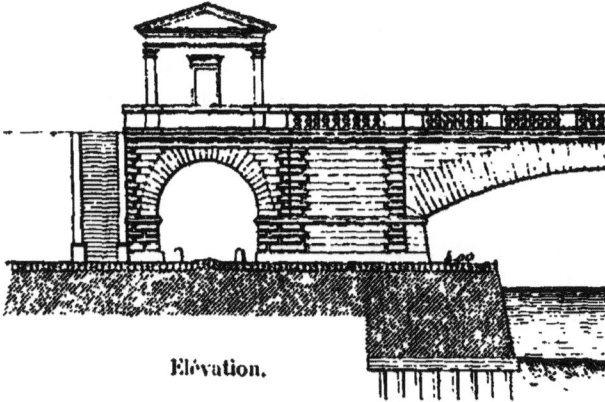

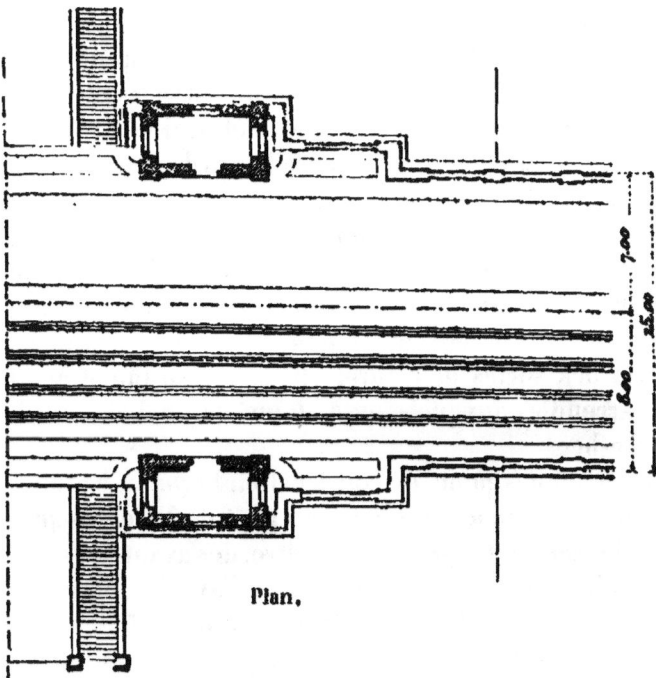

Élévation.

Plan.

Les archets employés dans ces circonstances doivent être traités comme les portes ou grandes baies en arcades des édifices ordinaires. Sauf un peu plus de simplicité, ils comportent la même composition et une ornementation analogue, avec archivolte, impostes et pilastres, le tout en proportion avec les dimensions dont on peut disposer.

Les dessins qui précèdent doivent suffire pour bien montrer tout le parti qu'on en peut tirer au point de vue de la décoration des ponts, même en y appliquant la composition et les formes les plus ordinaires.

Les piles présentent, dans leurs dispositions, une diversité relativement plus grande que les culées.

Leur construction intéresse à la fois le pont dont elles supportent les arches et la rivière dans le lit de laquelle elles sont établies.

Sous le premier rapport, il faut que les dimensions en soient calculées de façon à garantir à l'ouvrage des conditions de stabilité entièrement satisfaisantes ; au second point de vue les dispositions doivent en être telles que l'obstacle qu'elles constituent, pour l'écoulement des eaux, se trouve atténué le plus possible dans ses effets, et qu'en outre elles soient suffisamment protégées contre les chocs à provenir soit des bateaux, si la rivière est navigable, soit des arbres et autres corps flottants entraînés pendant les crues, soit des bancs de glace au moment des débâcles, etc.

Il est résulté de ces conditions qu'une pile de pont, sauf de très rares exceptions, consiste en un massif de maçonnerie comprenant une partie centrale de section rectangulaire, en plan, en avant et en arrière de laquelle, dans le sens du courant, s'élèvent des sortes de contreforts à section tantôt angulaire tantôt arrondie, auxquels on a donné le nom d'avant-bec et d'arrière-bec.

Pour quelques ponts de construction barbare, les piles n'avaient ni avant, ni arrière-bec : au pont de Valentré que nous avons cité dans notre premier chapitre, des avant-becs à section triangulaire existent à l'amont, mais à l'aval les piles se terminent par des faces planes. Enfin on a quelquefois adopté des formes polygonales et, pour l'un des ponts Persans dont nous

avons donné le dessin, le pont de la Jeune Fille (page 78), on
trouve réunies sur les mêmes piles des faces planes, des faces
avec angle aigu saillant et des faces polygonales. Mais il n'y a
là que des exceptions, et la forme en quelque sorte obligée des
piles est celle indiquée plus haut.

Les différences qu'elles présentent, d'un pont à un autre, se
rapportent soit à leur épaisseur relative, soit au contour adopté
pour les avant et arrières-becs, soit enfin aux formes qu'on leur
donne en élévation.

A l'époque romaine, au moyen-âge et même jusqu'au siècle
dernier, l'usage avait prévalu de donner aux piles une épaisseur tout à fait exagérée, atteignant le quart, quelquefois même
le tiers et plus, de l'ouverture des arches adjacentes. Le motif
en était qu'on voulait assurer ainsi à chaque arche en particulier des conditions de stabilité, indépendantes de celles des arches voisines, de telle sorte qu'en cas d'avaries partielles sur
un point de sa longueur, le pont ne fut pas emporté tout entier ;
les piles devaient donc pouvoir au besoin faire office de culées
et de là leurs énormes dimensions.

Cette disposition, du reste, quelque défectueuse qu'elle soit,
se comprend très bien pour les temps où elle était pratiquée.
Bien souvent, en effet, surtout au moyen-âge, les ressources
dont on disposait n'étaient nullement en rapport avec la dépense à faire ; on commençait cependant les travaux, et ceux-
ci se poursuivaient ensuite pendant une longue série d'années,
dont il était impossible de , évoir à l'avance la durée. On ne
pouvait pas songer dans ces conditions à attaquer le pont sur
toute la longueur à la fois, et s'exposer à encombrer la rivière
d'échafaudages et de cintres pendant un temps illimité. Il fallait donc procéder par parties et exécuter les arches les unes
après les autres, ce qui conduisait forcément à les faire porter
sur des piles-culées. On pouvait d'ailleurs, de cette façon, n'a-
voir à employer qu'un ou deux cintres et réaliser une assez
grande économie.

Tout cela n'est resté praticable qu'autant que le plein-cintre
était la forme admise à peu près exclusivement pour les voûtes ; avec des arches en anse de panier, ou en arc de cercle
surbaissé, on aurait été obligé de donner de telles épaisseurs

à des piles-culées que la construction n'en eût plus été admissible.

A l'époque actuelle, on ne donne plus aux piles que l'épaisseur nécessaire pour qu'en aucun point de leur base le travail des matériaux à la compression ne dépasse la limite qu'on s'est imposée.

Les piles-culées entrent cependant encore quelquefois, et à très juste raison, dans la composition de certains ouvrages ; c'est lorsque ceux-ci, et plus particulièrement des viaducs, devant avoir une longueur exceptionnelle, on juge prudent d'y ménager, de distance en distance, des piles plus épaisses que les autres, offrant les conditions de stabilité voulues pour faire office de culées au besoin et préserver ainsi l'édifice d'une destruction complète, en cas d'avaries accidentelles survenant sur telle ou telle partie de leur développement.

Cette disposition ainsi pratiquée fournit d'ailleurs, le plus souvent, d'excellents motifs de décoration ; elle contribue pour beaucoup à la beauté de l'ouvrage, en venant rompre la monotonie difficile à éviter sans cela d'une longue série d'arcades exactement semblables. On en voit de très bons exemples à l'aqueduc de Cazerte, aux viaducs de Ranciditi, de Cozillo, en Italie, au viaduc de Chaumont en France, à celui de Gorlitz en Allemagne, etc.

Les Romains avaient déjà appliqué la forme circulaire aux avant-becs, notamment au pont du Palatin, construit 127 ans avant J.-C. ; mais les exemples en sont rares et, en fait, jusqu'à la fin du XVIIIe siècle, c'est le profil rectiligne à angle plus ou moins aigu qui était presque exclusivement adopté.

Suivant les pays et les climats, suivant les matériaux employés, suivant le régime de la rivière et autres circonstances locales, on a fait varier l'angle saillant ; mais aucune règle fixe ne s'est établie à cet égard. Les Romains cependant avaient une préférence marquée pour l'angle droit, mais ce n'était pour eux sans doute qu'une question de solidité, car du reste, au point de vue des remous, l'angle droit est assez médiocre en ce sens qu'il tend à réfléchir les filets liquides qui viennent s'y heurter dans une direction perpendiculaire au courant. Sous ce dernier rapport, les angles très aigus sont préférables ; on a remédié d'ailleurs au danger de rupture ou d'usure rapide auquel ils sont exposés en arrondissant l'arête saillante, c'est-à-dire en substituant au profil rectiligne un profil mixte, composé de lignes droites raccordées par un arc de cercle.

Au commencement de ce siècle, des expériences ont été faites par Gauthey, en vue de déterminer l'effet produit par telle ou telle forme d'avant-bec sur le courant dans lequel une pile est placée. Elles n'ont été ni d'une bien grande précision, ni bien concluantes, mais il y a intérêt toutefois à les mentionner.

L'appareil employé consistait en un canal rectangulaire en planches, à fond exactement plat par conséquent, ce qui s'éloigne assez de la réalité des faits, et au milieu duquel était fixé le modèle en bois de la forme de pile qu'on voulait soumettre à l'expérience. Le canal avait 0^m,50 de largeur et le modèle de pile 15 centimètres d'épaisseur ; la pente et l'écoulement de l'eau étaient réglés de façon à avoir un courant de quatre centimètres de hauteur, animé d'une vitesse de 3^m,90 par seconde. On était loin, comme on voit, d'une rivière à lit irrégulier et de profondeur variable avec piles reposant sur des fondations entourées d'enrochements, de sorte qu'il ne faut accepter qu'avec réserve les résultats constatés.

Les dessins ci-après, que nous reproduisons d'après Gauthey [1], représentent assez bien ces résultats. Ils donnent, en plan, la figure des remous produits autour des divers modèles soumis aux essais et indiqués sur le tableau qui suit :

Numéros d'ordre.	Forme de la base de l'avant-bec.	Hauteur de l'eau		Largeur du courant dévié	
		à l'avant-bec	au milieu de la pile	vis-à-vis l'angle d'épaulement	vis-à-vis le milieu de la pile
1	Rectangle......................	0.041	0.018	0.099	0.203
2	Triangle rectangle.............	0.036	0.014	0.081	0.126
3	Demi-cercle....................	0.038	0.023	0.023	0.095
4	Triangle équilatéral...........	0.034	0.016	0.030	0.078
5	Ellipse........................	0.033	0.014	0.018	0.091
6	Triangle mixtiligne............	0.036	0.016	0.027	0.077
7	Triangle mixtiligne concave....	0.030	0.009	0.030	0.104

1. Gauthey. Traité de la construction des ponts. Paris 1832, pages 305 et suivantes.

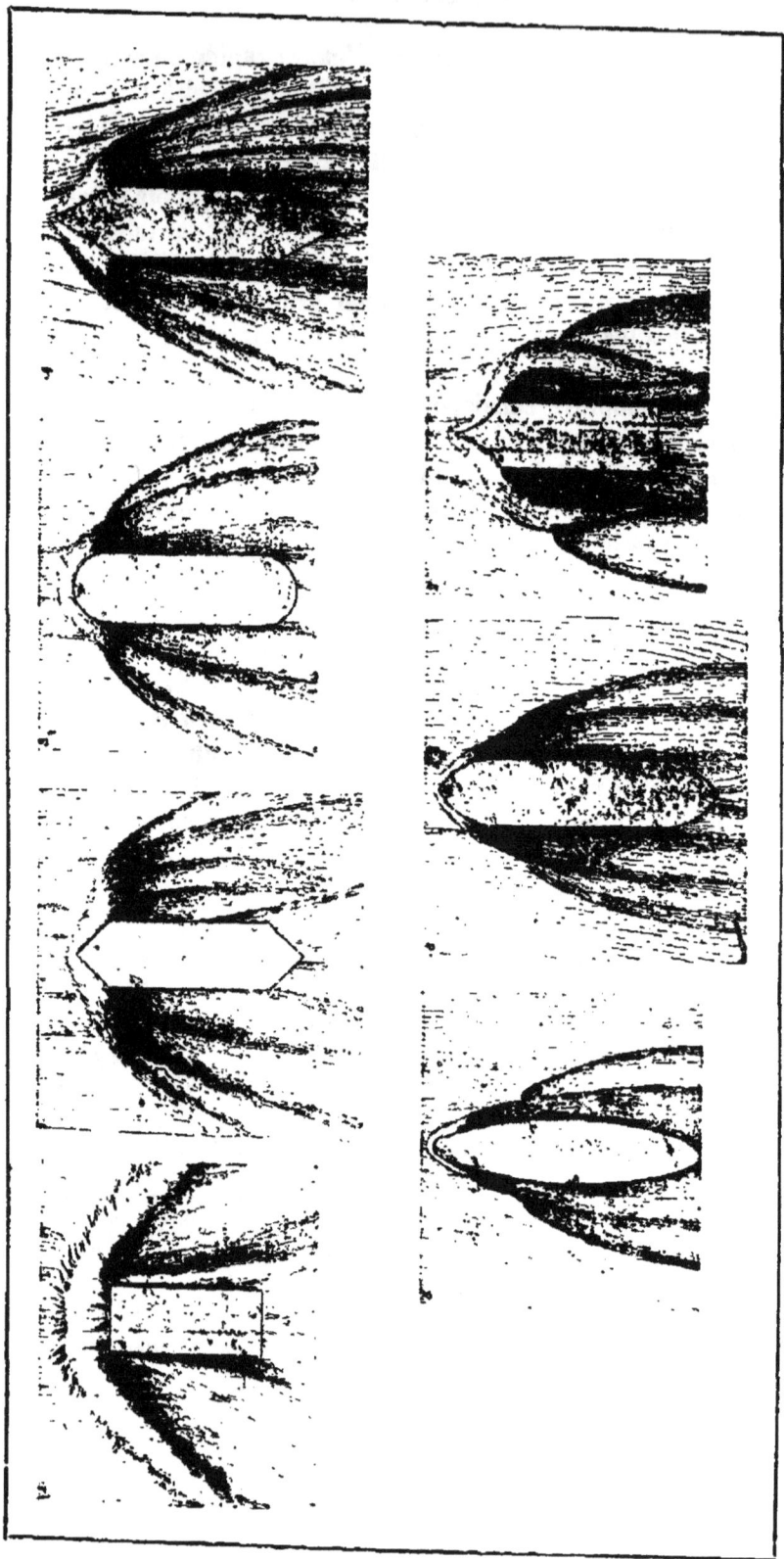

L'examen des dessins fait voir quelles ont été les formes de piles expérimentées. En ce qui touche les effets observés, le tableau précédent en contient les principaux éléments, c'est-à-dire les différences de hauteur d'eau mesurées au droit de l'avant-bec et vers le milieu de la longueur de la pile, et les distances auxquelles le courant s'est trouvé dévié.

En comparant attentivement ces divers chiffres, il semble qu'on en puisse déduire une probabilité d'avantage en faveur de la forme elliptique, qui devrait être placée en première ligne, puis des formes en triangle équilatéral, en demi-cercle et en triangle mixtiligne concave qui sont à peu près équivalentes.

On n'en saurait dans tous les cas tirer aucun motif de condamner la forme demi-circulaire, presque exclusivement appliquée aujourd'hui.

L'abandon du profil triangulaire constitue-t-il un progrès bien marqué ? C'est fort contestable. En examinant la question au point de vue de l'art, ce dont nous avons à tenir grand compte dans ce chapitre, on est porté à éprouver quelque regret de la suppression de ces grandes surfaces planes diversement inclinées par rapport aux rayons lumineux, d'où résultaient parfois de larges ombres mettant bien en saillie les parties éclairées. Les formes en étaient ainsi bien mieux accusées à distance que celles des parois cylindriques, et sous ce rapport l'effet d'ensemble des élévations n'a certainement pas gagné. Mais cette considération doit rester secondaire et elle ne saurait faire renoncer à l'avantage d'avoir des avant-becs d'une plus grande résistance, moins sujets aux avaries et à l'usure, et remplissant d'ailleurs très bien sous tous les rapports le rôle auquel ils sont destinés.

Les avant et arrière-becs formant saillie sur les têtes des ponts, il n'est pas nécessaire qu'ils paraissent contribuer à supporter les arches et soient disposés pour en recevoir les retombées.

On leur donne pourtant quelquefois cette apparence, en particulier pour les ponts composés d'arches en arc de cercle très surbaissé et à naissances placées très haut C'est ainsi par exemple que sont disposées les piles des ponts de Ste-Maxence,

22

de Nemours, d'Iéna, de Tilsitt, ainsi que celles de divers ponts dont les arches, de forme elliptique, sont terminées par des cornes de vache vers les têtes, comme aux ponts de Neuilly, de l'Alma, de Bordeaux, etc.

Généralement les avant et arrière-becs doivent surtout avoir l'apparence de contreforts ; leur destination principale étant d'écarter les corps flottants et de rompre les glaces, il faut tout naturellement qu'ils s'élèvent au-dessus du niveau des plus hautes crues. Souvent on a fait plus encore, on les a prolongés, en hauteur, jusqu'au niveau des parapets.

Cette disposition fréquemment appliquée au moyen-âge était mise à profit pour créer, de distance en distance, de chaque côté du pont, des refuges pour piétons, d'autant plus utiles que souvent la largeur de la chaussée entre parapets, sans trottoirs, ne dépassait que de bien peu celle des voitures. Quelquefois, au lieu de refuges, ces élargissements au-dessus des avant et arrière-becs servaient d'emplacement à des boutiques et même à des maisons, et l'usage en a persisté très tard puisque c'est ainsi, par exemple, qu'étaient disposés le Pont-Neuf à Paris et divers autres ponts de la même époque.

Sans les faire servir à ces diverses destinations, on a pour bien des ouvrages prolongé les avant et arrière-becs jusqu'au niveau des parapets à titre de simple décoration, et l'effet obtenu a presque toujours été des plus satisfaisants. C'est ainsi par exemple que sont disposés le pont St-Ange à Rome et le pont de la Trinité à Florence, ouvrages méritant assurément de compter parmi les plus élégants qui aient jamais été exécutés, et ceux dont la composition sous le rapport artistique a été étudiée avec le plus de soin et de recherche, par des architectes d'une valeur incontestée.

Au pont St-Ange, du reste, comme au pont de la Concorde à Paris, les dés surmontant les piles étaient destinés à servir de socles pour des statues.

Lorsqu'ils ne s'élèvent pas jusqu'aux parapets, les avant et arrière-becs ont été terminés, dans le haut, de façons très diverses, suivant leur forme, la nature des matériaux employés, l'époque de leur construction et les circonstances locales.

Nous ne pouvons, à cet égard, que montrer des exemples

PILES D'ANCIENS PONTS

Amont

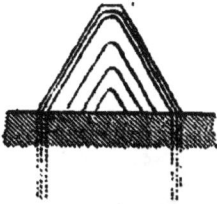

Amont   *Aval*

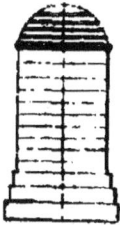
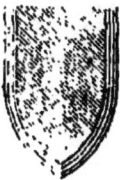
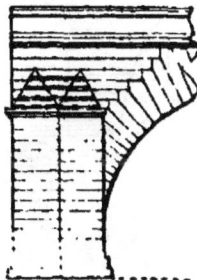
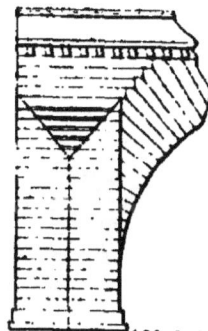

PILES DE PONTS MODERNES

Pont d'Iéna.

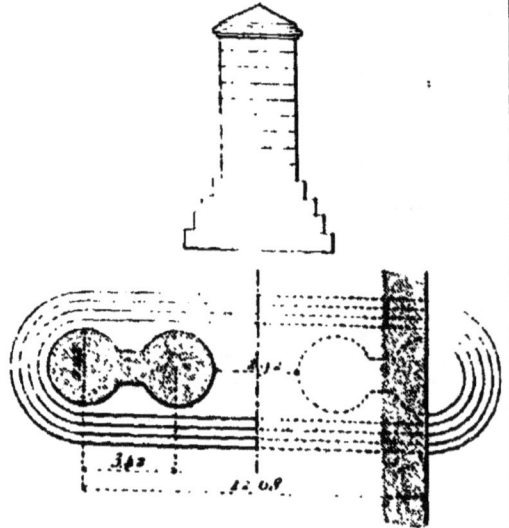

Pont de Ste-Maxence.

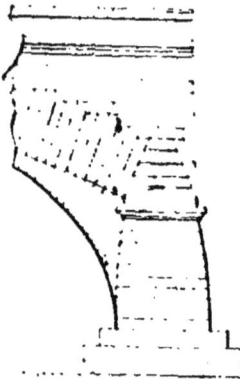

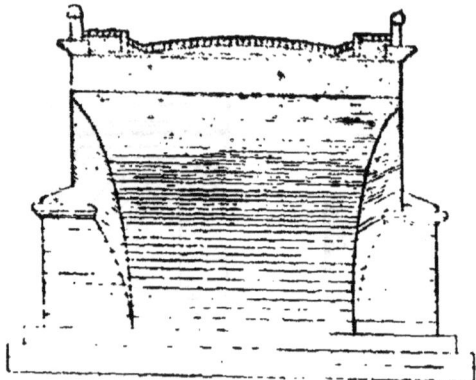

Pont de Neuilly.

offrant les types les plus caractérisés, desquels procèdent toutes les autres dispositions qu'on pourrait citer.

De l'examen de ces dessins ne ressort rien de bien précis à l'égard des meilleurs profils à adopter pour les piles, et l'on est ainsi conduit à conclure qu'en pareille matière, une fois les dimensions essentielles arrêtées, le goût, débarrassé de toute entrave scientifique ou technique, reste le seul guide à consulter.

Étant admis, suivant le caractère général du pont projeté, que les avant et arrière-becs seront ou prismatiques ou cylindriques, il reste à examiner aussi quelle hauteur et quelle importance on leur donnera et quelle en sera l'ornementation.

Si les tympans doivent être pleins et nus au-dessus des piles, le doute n'est en quelque sorte pas permis sur le parti à prendre ; les avant et arrière-becs devront s'élever jusqu'à la hauteur des parapets, sinon avec leur saillie, au moins sous forme de pilastres de même largeur, à saillie très ferme, venant meubler le tympan et motiver, sur le bandeau et le parapet, des divisions qui en rompront la monotonie.

Les piles des ponts sont généralement destinées à n'être vues que de loin ; avec l'épaisseur réduite qu'on leur donne maintenant, il est difficile d'éviter qu'elles paraissent grêles et mesquines ; les contours de leur ornementation sont difficilement saisis s'ils sont trop délicats, et ce n'est que par les ombres résultant de saillies bien accusées qu'on peut obtenir quelque effet.

Quoique les avant et arrière-becs tiennent beaucoup plus des contreforts que des colonnes, il est d'usage cependant de les composer, comme ces dernières, d'une base, d'un fût et d'un chapiteau. La base est de peu d'importance, étant généralement immergée, de sorte qu'elle consiste d'habitude en un simple socle dépassant de quelques centimètres le périmètre de la partie située au-dessus ; celle-ci a été profilée quelquefois suivant une courbe bombée à la façon des colonnes, comme au pont de Neuilly par exemple, ou bien suivant une courbe évasée vers le bas, comme au pont Louis-Philippe, mais cette complication est malaisée à saisir à distance, et le mieux en général est de lui donner une surface à génératrice rectiligne avec un léger fruit régulier sur toute la hauteur. Le chapiteau se compose d'un bandeau assez saillant, dont les moulures peuvent être fort simples, par dessus lequel est disposée une sorte de couverture conique formée de pierres de fortes dimensions, pour que les joints y soient aussi peu nombreux que possible.

L'appareil à refends et bossages produit en général un bon effet, pour le corps principal des avant et arrière-becs, et l'emploi en est tout naturellement indiqué lorsque les têtes des voûtes sont appareillées elles-mêmes de cette façon.

Les piles du pont de Chalonnes, que le dessin suivant représente, sont ainsi disposées par assises à joints refouillés et offrent de plus, dans le bas, une série de retraites d'un aspect très satisfaisant.

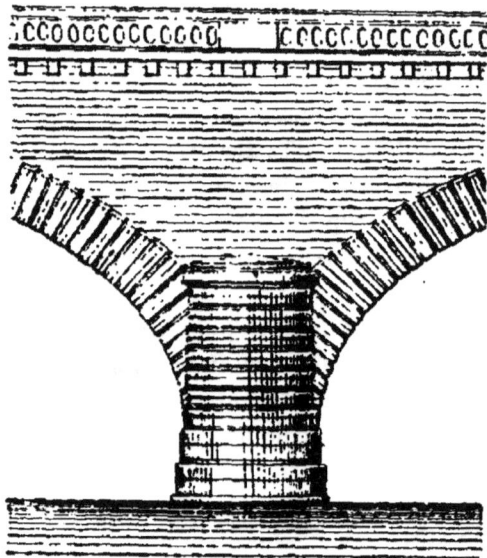

Dans les grandes villes, comme à Paris par exemple, un peu plus de recherche est nécessaire et les moulures peuvent avoir plus d'importance, d'autant plus que des quais, du pont des nombreux bateaux fréquentant la rivière, des chemins de halage, tous les détails de la construction sont aisés à distinguer. Sous ce rapport les piles du pont Louis-Philippe offrent assurément un excellent modèle ; l'élégance en est remarquable et le profil du fût, les moulures du chapiteau, sont en parfaite harmonie avec les autres parties de l'ouvrage ; l'exécution, il est vrai, a dû en être assez dispendieuse.

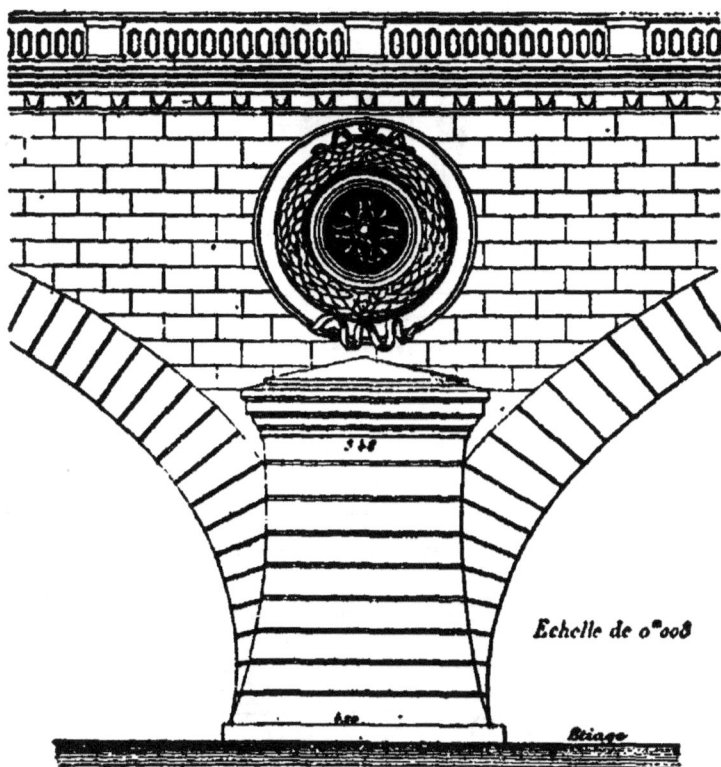

Pile du pont Louis-Philippe, à Paris.

Les piles que les dessins suivants représentent sont celles du pont Saint-Michel et du pont au Change, qui avec plus de simplicité sont parfaitement suffisantes. Ces piles sont d'ailleurs semblables, mais elles diffèrent par leurs proportions en largeur et hauteur.

Nous donnons encore le dessin des piles du pont de Montlouis, dont les dispositions offrent le même caractère de simplicité.

PILE DU PONT SAINT-MICHEL, A PARIS

PILE DU PONT AU CHANGE, A PARIS

PILE DU PONT DE MONTLOUIS, SUR LA LOIRE

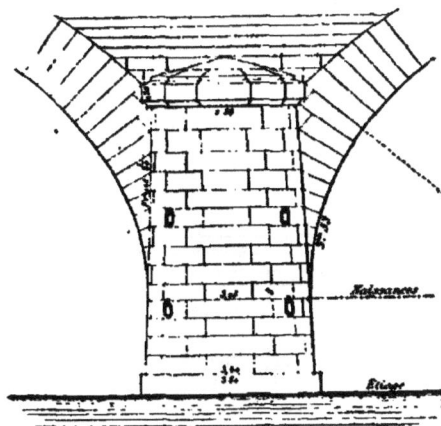

Quant aux piles de la page suivante, si nous en ajoutons les dessins à ceux qui précèdent, ce n'est assurément pas pour les proposer comme modèles, mais plutôt pour montrer le danger auquel on s'expose en voulant, à tout prix, imaginer des formes nouvelles. Ces piles sont celles du pont de Tours ; il est à présumer que ce n'est pas sans un certain travail que l'auteur du projet est parvenu à en arrêter les profils, mais, sans chercher à comprendre pourquoi le couronnement des arrière-becs n'est pas le même que celui des avant-becs, on ne peut s'empêcher de regretter qu'on ne leur ait pas appliqué des dispositions plus ordinaires.

La section des piles en plan est d'ailleurs excellente, comme le montre le dessin.

La partie conique recouvrant d'habitude les avant et arrière-becs cylindriques a souvent été disposée suivant un appareil assez compliqué, soit à titre d'ornementation, soit pour mieux préserver les joints des infiltrations. Nous en donnons ci-après quelques exemples.

La disposition la plus usuelle est celle que représente le profil coté concernant les piles du pont au Change.

Sans être complète, notre série de dessins de piles doit suffire pour se bien rendre compte des dispositions

PILES DU PONT DE TOURS

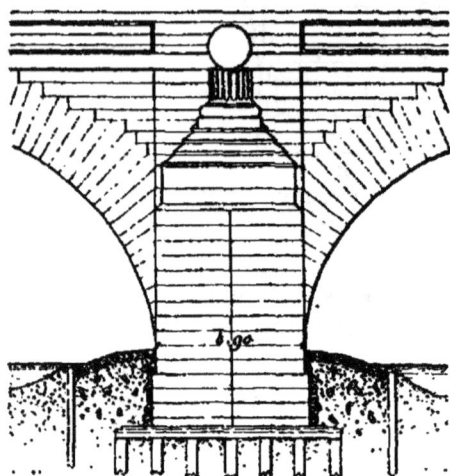

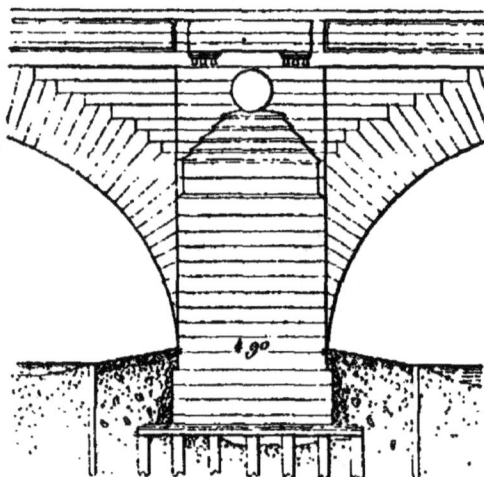

COUPES ET PROFILS DU COURONNEMENT DES PILES
DE DIVERS PONTS

Pont des Tuileries.

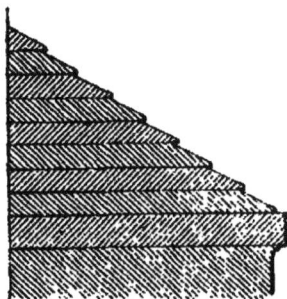

Pont Marie à Paris.

Pont Fouchard, près de Saumur.

Pont au Change à Paris.

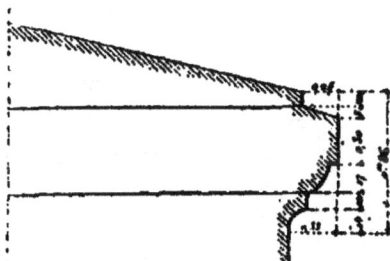

à adopter pour ces ouvrages. L'auteur d'un projet de pont reste toujours libre de chercher des dispositions nouvelles ; mais le résultat de semblables recherches peut parfois n'être pas très heureux, comme nous l'avons vu, et le mieux est encore, pensons-nous, de s'en tenir à l'une ou à l'autre des combinaisons déjà appliquées ailleurs, en se bornant à en mettre la composition et les proportions en rapport avec les autres parties de l'édifice.

Pour les grands viaducs, les aqueducs et autres ouvrages très élevés et de grande longueur, les piles sont rarement pourvues d'avant et d'arrière becs : lorsque ceux-ci sont nécessaires, ils n'occupent à la base qu'une faible partie de la hauteur totale, et les dispositions de l'ensemble ne peuvent être exactement les mêmes qu'aux ponts ordinaires. On les a généralement traitées avec beaucoup de simplicité, s'en tenant à bien accentuer tout ce qui tend à leur assurer une parfaite stabilité ; comme il s'agit de supports dont la hauteur est très grande par rapport à la section en plan de leur base, on a été amené à élargir celle-ci et à disposer ensuite une succession de retraites de distance en distance depuis les fondations jusqu'aux naissances des arches, ou bien à donner aux parements un fruit plus ou moins prononcé.

L'un des exemples les plus anciens de retraites réparties sur toute la hauteur se voit à l'aqueduc de Metz, dont la construction est antérieure au commencement de notre ère. Les piles de l'aqueduc de Ségovie construit également par les Romains, un siècle environ plus tard, sont disposées de même ;

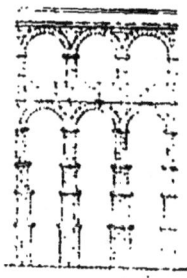

pour celles-ci, comme le montre le croquis ci-contre, les retraites sont accusées par un recouvrement formant saillie et servant ainsi à préserver les maçonneries de l'infiltration des eaux pluviales.

Quelques viaducs modernes ont des piles construites de cette même façon, notamment celui de Dolhain en Belgique, ceux de Lobau et de Gorlitz en Allemagne, etc. ; mais le plus souvent, en France surtout, on a préféré munir les piles de contreforts saillants dont les grandes lignes, se profilant sans interruption de la base au sommet, accusent mieux l'importance et la hardiesse de l'édifice et permettent de s'en tenir à une ornementation extrèmement simple de toutes les autres parties.

Nous donnons toutefois, d'après Morandière, la coupe transversale d'une pile du viaduc de Dolhain, pour bien montrer comment en sont disposées les retraites superposées. Son épaisseur est de 2ᵐ 40 à la base et de 2 mètres sous l'imposte recevant la retombée des arches.

Viaduc de Dolhain

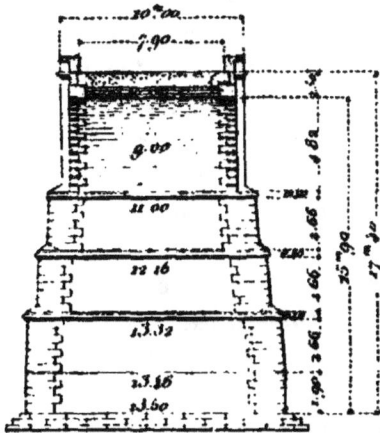

Coupe transversale

En décrivant le pont-aqueduc du Gard, dont le dessin se trouve à la page 46, nous avons eu l'occasion de dire que sa beauté vient surtout de ses grandes proportions et de l'harmonie de l'ensemble ; c'est dans le même ordre d'idées qu'il est bon de se maintenir pour l'étude des grands viaducs en général. L'important est de bien mettre en évidence, au lieu de les dissimuler, les caractères principaux de la construction ; si la hauteur des piles doit être très grande, le mieux est de le faire ressortir en maintenant intactes les lignes les plus propres à en donner la mesure.

Même lorsque, l'ouvrage étant composé de plusieurs rangées d'arcades superposées, on a jugé devoir couper les piles dans leur hauteur par des moulures saillantes formant imposte au droit des naissances des voûtes, on peut parfaitement encore ménager de grandes lignes dont la continuation reste bien saisissable pour l'œil depuis le sol jusqu'aux parapets.

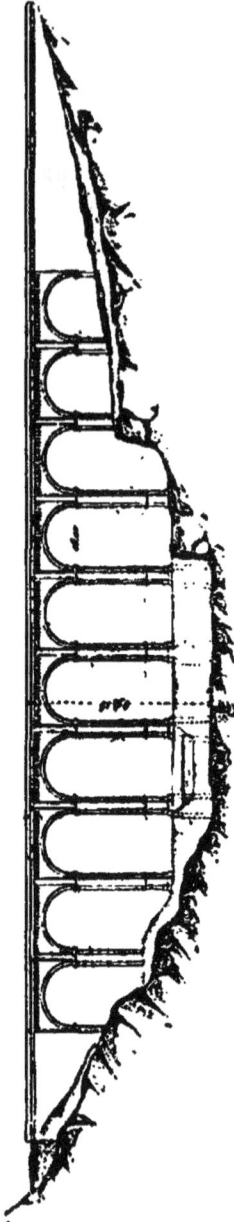

C'est ainsi notamment que sont disposées les piles des viaducs de Chaumont et de Morlaix, celles de l'aqueduc de Roquefavour dont le dessin se trouve à la page 236 du premier volume, etc.

Lorsqu'il n'y a qu'une seule rangée d'arcades, on a souvent coupé de même les piles par une moulure saillante au droit des naissances des voûtes, mais les grandes lignes se poursuivent jusqu'au sommet, comme on le voit par exemple sur le dessin ci-contre du viaduc de Dinan.

Au viaduc de Laval, au contraire (tome I, page 267), les piles exactement disposées en pilastres, socle et chapiteau, s'arrêtent au niveau des naissances des arches ; l'aspect en est cependant excellent, ce qui montre encore une fois qu'il ne saurait y avoir de règle bien précise en pareille matière, et que pour les viaducs surtout, dont les conditions d'établissement sont tout à fait spéciales à chaque édifice, c'est au goût qu'il appartient de décider quelles sont dans chaque cas particulier les dispositions dont on doit attendre le meilleur effet.

Dans tous les cas, malgré les grandes surfaces qu'ils présentent, il suffit pour toute ornementation de mettre en évidence l'appareil de la pierre de taille, et de ne chercher d'autre beauté que celle à provenir d'une exécution parfaite.

Le viaduc de Laval offre un exemple de piles de ce genre, ornées seulement de chaînes d'angles appareillées en carreaux et boutisses et de moulures d'une extrême simplicité, tant au socle qu'à l'imposte.

En Angleterre, au pont de Mouse-Water, la surface des piles dans le plan des têtes est occupée par un encadrement rectangulaire (dessin, p. 114), qu'on retrouve dans la hauteur des tympans, et même dans les dés du parapet situés au-dessus; mais les moulures de ce genre tendant toujours à élégir les maçonneries auxquelles on les applique, l'opportunité en est contestable pour des édifices de hauteur exceptionnelle, dont les parties élevées demandent à reposer sur des appuis d'une grande fermeté d'aspect.

En résumé, accentuer nettement la hauteur des piles, mettre bien en évidence les dispositions prises pour en assurer la stabilité, et s'en rapporter ensuite plutôt à la perfection de l'exécution qu'à une ornementation compliquée pour produire l'effet que l'édifice comporte, tel nous paraît être le meilleur programme applicable à la composition d'une pile de grand viaduc ou autre ouvrage semblable : sans être bien nombreux, les exemples que nous venons de citer et les dessins que nous donnons dans ce volume suffiront, sans doute, pour mettre sur la voie de la solution la plus satisfaisante à adopter dans quelque situation que ce soit.

§ II

VOUTES

Définitions. — Diverses sortes de voûtes : plein-cintre, arc de cercle, anse de panier, ellipse, ogive. — Voûtes en plein-cintre : généralement adoptées dans l'antiquité et au moyen-âge ; inconvénients : premiers ponts de montée inférieure à la moitié de l'ouverture. — Voûtes en arc de cercle : surbaissement, limite pratique, circonstances pouvant contraindre à la dépasser ; étude du pont de la Monnaie, à Paris ; arche d'essai des carrières de Souppes. — Voûtes en anse de panier : procédés pour le tracé des courbes à plusieurs centres ; ovale antique ; procédés de Huygens et de Bossut; procédés et tables de Michal et de Lerouge ; courbe du pont de Neuilly : procédé de Perronet; courbe du pont de la Trinité, à Florence. — Résumé concernant le tracé des courbes en anse de panier. — Voûtes ogivales ; définition de l'ogive : diffé-

Nous examinerons, dans l'un des paragraphes suivants, les questions de nature à influer sur le choix de la forme et des dimensions des voûtes d'un pont en projet ; pour le moment, nous nous en tiendrons à l'étude des divers types d'après lesquels ces voûtes peuvent être établies et des dispositions qui leur sont particulieres.

Les voûtes ou *arches* d'un pont peuvent être, suivant les expressions consacrées, en *plein-cintre*, ou en *arc de cercle*, en *anse de panier*, en *ellipse*, en *ogive*, ou bien encore, mais plus rarement, en parabole ou autre courbe exceptionnelle.

Quelle que soit celle de ces formes qu'elle présente, la courbe intérieure d'une voûte prend le nom de courbe d'*intrados*. Si celle-ci est une demi-circonférence complète, la voûte est en *plein-cintre* ; dans le cas contraire, c'est-à-dire si la flèche est moindre que le rayon, la voûte est en *arc de cercle* ; elle est en *anse de panier* lorsque la courbe d'intrados se compose d'une série d'arcs de cercle de rayons différents, formant ensemble une courbe continue de même configuration qu'une ellipse. Souvent au lieu de l'ellipse approximative que donne l'anse de panier, on préfère maintenant adopter l'ellipse elle-même avec son profil géométrique exact. Il en est de même pour les voûtes paraboliques. Enfin une voûte est en *ogive*, lorsque la courbe d'intrados se compose d'arcs de cercle égaux et symétriques décrits avec des rayons plus grands que la moitié de l'ouverture.

A Rome le plein cintre avait été adopté de façon à peu près exclusive pour la construction des ponts en maçonnerie, et il en a été de même tant que les traditions de l'art romain se sont maintenues. En fait, cette forme de voûte est assurément la plus parfaite et on ne doit pas hésiter à l'employer toutes les fois qu'on le peut ; mais elle a l'inconvénient d'offrir une très grande hauteur relativement à son ouverture, de sorte qu'il faut ou bien en placer les naissances très bas, en se créant ainsi le plus souvent de très sérieuses difficultés d'exécution, ou bien ménager vers les rives de fortes pentes pour faire passer par dessus leur sommet les voies pour lesquelles on les établit. Cette dernière disposition est celle qui se rencontrait le plus souvent dans les ponts de l'époque romaine et surtout du moyen-âge, et les déclivités étaient parfois de telle nature que les routes en devenaient presque impraticables à leurs abords.

Il était donc naturel de chercher à réduire la hauteur des voûtes par rapport à leur largeur et c'est à cela que tendent, l'ogive exceptée, toutes les courbes qu'on a successivement employées. Le moyen le plus simple consiste à prendre pour courbe d'intrados un arc de cercle moindre qu'une demi circonférence, et l'on en voit déjà une première application à Rome au pont Fabricius (pont actuel *dei Quatro-Capi*) datant de l'an 63 avant J.-C. L'ouverture, en effet, en est de $24^m,50$ et la montée ou flèche de 10^m seulement, soit un surbaissement de $2^m,25$.

Ce n'est toutefois qu'aux ponts d'Avignon (1177) et du Saint-Esprit (1265) qu'on rencontre cette même disposition franchement appliquée ; pour le dernier de ces ouvrages, l'ouverture étant de $30^m,50$, la montée n'est que de 9 mètres, soit un surbaissement de plus de 6 mètres. Au siècle suivant les arches du pont de l'Arno, à Florence, étaient construites avec flèche de 6 mètres pour une ouverture de près de 30 mètres, ce qui en portait le surbaissement à 9 mètres. Pour définir, du reste, la proportion dans laquelle la hauteur d'une voûte est réduite, on est convenu de la représenter par le rapport numérique de la flèche à la corde de l'arc employé. Ainsi pour le pont de l'Arno, par exemple, le surbaissement est de $\frac{6}{29,00}$, soit $\frac{1}{5}$ à peu près.

A partir du XV° siècle, et surtout au siècle dernier, l'usage s'est de plus en plus répandu de construire des ponts avec voûtes en arc de cercle. Perronet, en particulier, a disposé de cette façon la plupart des beaux ouvrages qu'on lui doit et en a poussé très loin la hardiesse, puisque, pour plusieurs d'entr'eux le surbaissement atteint $\frac{1}{10}$. Pour le pont de Nemours, dont il avait prépapré le projet et que Boistard a exécuté après lui, le surbaissement a même été porté jusqu'à $\frac{1}{15}$; mais il y a quelque exagération à aller jusqu'à de telles proportions, les voûtes ainsi disposées devenant presque des plates-bandes et donnant lieu, pour leur construction, à des difficultés hors de proportion avec les avantages qu'elles peuvent comporter.

Dans la pratique ordinaire, il convient de considérer, pour les arcs surbaissés, le rapport du dixième entre la flèche et la corde comme une limite extrême, en deça de laquelle il sera toujours bon de se maintenir, à moins de circonstances exceptionnelles obligeant à faire le contraire.

De semblables circonstances peuvent du reste parfois se rencontrer.

Ainsi la ville de Paris se propose ou du moins se proposait, il y a une vingtaine d'années, de construire un pont à la traversée de la Seine pour la continuation de la rue de Rennes, lorsque celle-ci aura été prolongée jusqu'au quai Conti. A cause du voisinage du Pont-Neuf et des nombreux monuments existant vers ce point, sur l'une ou l'autre rive, l'idée d'un pont métallique a été écartée et l'on avait arrêté, en principe, que le pont à construire serait en maçonnerie. Aucune difficulté n'existe pour le grand bras de la rivière ; mais à la traversée du petit bras il faut passer par dessus la tête aval de l'écluse de la Monnaie, et, eu égard aux cotes résultant des exigences de la navigation et du niveau du quai de la rive gauche, on a été forcément conduit à projeter une arche de 37ᵐ 88 d'ouverture et de 2ᵐ 18 seulement de flèche.

Rien de semblable n'a encore jamais été tenté et, avant de dresser le projet définitif du pont, on a jugé nécessaire de vérifier, par une expérience directe, la possibilité de l'entreprendre. A cet effet, une arche d'essai des dimensions que nous venons d'indiquer a été exécutée en 1864, dans les carrières de Souppes, sous la direction de M. l'ingénieur en chef

Romany, et a servi à des expériences multipliées dont le compte-rendu, publié par les *Annales des Ponts et Chaussées*, offre le plus grand intérêt. [1]

Il en a été question, du reste, dans le tome premier, à diverses reprises (pages 48, 223, 249)[2], et nous rappelons que c'est des résultats constatés pendant ces expériences que M. Résal a pu déduire le coefficient d'élasticité de la maçonnerie, telle qu'elle avait été exécutée pour cette arche d'essai avec pierre de taille de Souppes et mortier de ciment de Portland. Nous n'avons pas à y revenir et, pour le sujet qui nous occupe en ce moment, il nous suffit de retenir qu'il a été démontré, de la façon la plus certaine, qu'en cas de nécessité le surbaissement des voûtes en arc de cercle peut être poussé jusqu'aux limites résultant des données indiquées ci-dessus, c'est-à-dire jusqu'au dix-huitième.

En même temps qu'on employait l'arc de cercle pour construire des voûtes de hauteur moindre que la moitié de leur ouverture, on adoptait également une autre sorte de courbe à laquelle sa configuration particulière faisait donner le nom d'*anse de panier*.

Les applications les plus anciennes qui paraissent en avoir été faites sont celles du pont de Toulouse au XVIe siècle (dessin, page 92) et du pont des Tuileries au siècle suivant. Puis l'usage s'en est de plus en plus répandu et est devenu très fréquent à l'époque actuelle, soit qu'on la trace avec plusieurs centres par les procédés qui lui sont particuliers et que nous allons exposer, soit qu'on lui donne la forme elliptique dont l'aspect général est exactement le même.

Quant à l'ogive qui, au lieu d'atténuer, accentue au contraire l'excès de hauteur des voûtes, puisque la montée en est plus grande que la moitié de l'ouverture, ce n'est qu'au moyen-âge qu'elle a été franchement appliquée à la construction des ponts, notamment au pont de Valentré dont nous avons donné le dessin page 58, et à de nombreux autres ouvrages cités éga-

---

1. *Annales des Ponts et Chaussées* : année 1866, n° 120, notice par M. Féline Romany ; année 1868, n° 191, notice par M. de Lagrené.
2. Dessin de l'arche de Souppes, premier volume, page 248.

lement dans notre revue rétrospective. Elle est complètement abandonnée maintenant ou du moins, si on l'emploie quelquefois par exception, c'est seulement dans les ouvrages intérieurs des ponts ou lorsqu'on établit des voûtes destinées à porter de très fortes charges à leur sommet, circonstance dans laquelle la forme ogivale est en effet préférable à toute autre.

L'une des applications les plus importantes qu'on en puisse citer est celle faite au viaduc du Point du Jour, à Auteuil. Sur l'une et l'autre rive de la Seine, le viaduc comprend une longue suite d'arcades en plein cintre de 4ᵐ80 de diamètre, et comme en divers points les fondations devaient être descendues très bas, on a pris le parti pour en diminuer le nombre d'établir, en contre-bas du sol, une première rangée d'arcades en ogive de 9ᵐ482 d'ouverture supportant la rangée supérieure d'arcades en plein cintre, de telle façon que les piliers de celles-ci reposent de deux en deux sur la clef des voûtes ogivales. Cette disposition a eu un succès complet et a procuré une importante réduction des dépenses.

Nous n'avons pas à dire comment on trace une demi-circonférence ou un arc de cercle, ni même une ellipse ou une parabole, et c'est seulement pour l'anse de panier et l'ogive que nous entrerons à cet égard dans quelques détails.

L'anse de panier, nous venons de le voir, n'est autre chose qu'une sorte d'ellipse approximative, tracée au moyen d'un nombre limité de rayons au lieu de présenter, suivant sa forme géométrique exacte, une courbure variant d'une façon continue depuis la naissance jusqu'au sommet, c'est-à-dire depuis les extrémités du grand axe jusqu'au sommet du petit axe.

Les anciens constructeurs attachaient une certaine importance aux procédés à l'aide desquels on arrêtait le contour d'une anse de panier ; il est aisé de comprendre que ces procédés peuvent varier à l'infini, mais c'est justement à cause de cette sorte d'élasticité que les architectes sont parfois portés à préférer la courbe ainsi tracée à l'ellipse dont le contour se détermine géométriquement.

Pour celle-ci, en effet, étant données l'ouverture d'une voûte et la hauteur en son milieu, c'est-à-dire le grand axe et le petit axe, tous les points de la courbe d'intrados se trouvent fixés sans que le constructeur y puisse rien changer à son gré.

La courbe à plusieurs centres, au contraire, suivant la façon dont on dispose ces derniers, peut être plus ou moins arrondie aux naissances, plus ou moins aplatie au sommet, et une certaine part est ainsi réservée au goût de l'architecte qui l'emploie.

Si l'anse de panier n'a pas été appliquée dès l'antiquité pour les arches des ponts, on l'employait parfois pour la construction d'autres voûtes et Héron d'Alexandrie, qui écrivait ses traités de mathématiques plus d'un siècle avant notre ère, avait déjà indiqué le moyen de la tracer de la façon suivante :

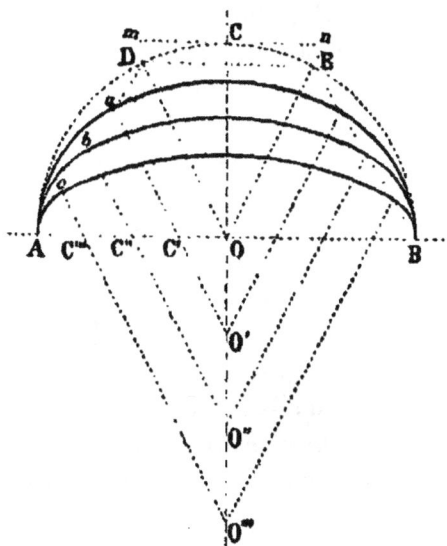

Soit AB la largeur de la voûte à construire, sa hauteur ou montée étant d'ailleurs indéterminée ; l'on décrit sur AB une demi-circonférence, et par le point C de celle-ci, pris sur la verticale OC, on mène la tangente mn, sur laquelle on prend les longueurs Cm et Cn égales à la moitié du rayon. En joignant mO et nO, on détermine les points D et E à l'aide desquels on trace le triangle isocèle DOE dont la base est égale à la hauteur. Cela fait, on mène la corde DA, on la divise en 4 parties égales et par les points de division a, b, c, on trace des parallèles à DO. Les points où ces parallèles coupent l'axe horizontal AB et l'axe vertical CO prolongé, donnent les centres cherchés pour tracer sur AB diverses courbes à 3 centres, comme le montre la figure. Ces courbes sont celles qu'on nomme d'ordinaire l'*ovale antique*. La plus élevée a été appliquée notamment à des voûtes du palais de Tibère.

Depuis que l'anse de panier a été couramment adoptée pour la construction des ponts, les procédés proposés pour la tracer se sont multipliés et l'on a augmenté de plus en plus le nombre des centres. Nous allons exposer brièvement en quoi consistent ceux de ces procédés qui sont le plus en usage.

Ce qu'on s'est proposé surtout, c'est d'arriver à tracer des courbes parfaitement continues, sans jarrets et d'un contour élégant ; comme le problème est indéterminé, on s'est imposé arbitrairement telles ou telles conditions, qu'on a supposées devoir conduire d'une façon plus sûre au résultat cherché. Ainsi, tantôt on a admis que les diverses parties d'arcs de cercle dont la courbe se compose devront correspondre à des angles au centre égaux entr'eux. D'autres fois, ces arcs de cercle partiels ont été pris de même longueur, ou bien encore on a fait varier, suivant des proportions déterminées, soit l'amplitude des angles soit la longueur des rayons successifs.

On a toujours admis, d'ailleurs, qu'un certain rapport serait maintenu entre le *surbaissement* de la voûte et le nombre des centres servant à tracer la courbe d'intrados, ce surbaissement étant mesuré, pour l'anse de panier comme pour l'arc de cercle, par le rapport de la montée à l'ouverture, c'est-à-dire par le rapport $\frac{b}{2a}$, b étant la montée et $2a$ la largeur de la voûte.

Ce rapport peut être du tiers, du quart, du cinquième, ou moindre ; mais cependant dès qu'il devient inférieur au cinquième l'arc de cercle doit, en général, être préféré à l'anse de panier ou à l'ellipse ; s'il n'est pas inférieur au tiers, la courbe peut être tracée avec trois centres seulement ; avec un plus grand surbaissement il est bon de se donner au moins 5 centres et l'on en a admis parfois jusqu'à 11, comme pour la courbe du pont de Neuilly par exemple. L'un des centres devant toujours se trouver placé sur l'axe vertical, et les autres disposés symétriquement en nombre égal à droite et à gauche, le nombre total en est toujours impair.

Pour les courbes à 3 centres, le procédé suivant, dû à Huyghens, consiste à les tracer en faisant correspondre les arcs de rayons différents à des angles égaux, c'est-à-dire à des angles de 60°.

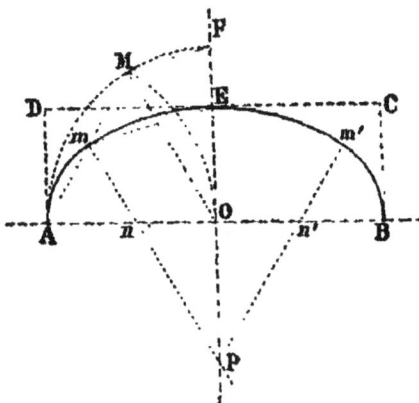

Soient AB l'ouverture, et OE la montée de la voûte ; du centre O l'on décrit avec OA pour rayon, l'arc AMF sur lequel on prend l'arc AM égal au sixième de la circonférence et dont la corde est par conséquent égale au rayon OA ; on trace cette corde AM et la corde MF, puis, par le point E, extrémité du petit axe, on mène Em parallèle à MF ; l'intersection de AM et Em détermine la limite m du premier arc ; en menant par ce point m la ligne mP parallèle à MO, les points n et P sont les deux centres cherchés ; le troisième centre n' est situé à une distance n'O de l'axe OE égale à nO. L'inspection de la figure suffit pour faire voir que les trois arcs de cercle Am, mEm', m'B dont la courbe se compose, correspondent en effet à des angles au centre Anm, mPm' et m'n'B égaux entr'eux et tous les trois de 60°.

La méthode suivante due à Bossut, pour le tracé de cette même courbe à 3 centres, est plus expéditive.

Soient encore[1] AB et OE l'ouverture et la montée de la voûte, c'est-à-dire le grand axe et le petit axe de la courbe à tracer. On joint AE et à partir du point E on prend EF' égal à OA —

1. Figure de la page suivante.

OE, puis on élève une perpendiculaire par le milieu *m* de AF′ et les points *n* et P, où cette perpendiculaire rencontre le grand axe et le prolongement du petit axe, sont les deux centres cherchés.

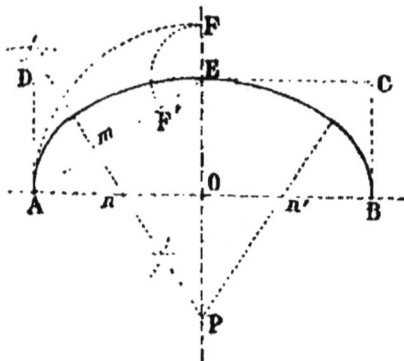

À égalité d'ouverture et de montée, la courbe ainsi tracée diffère fort peu de la précédente.

Pour les courbes à plus de trois centres, les méthodes indiquées soit par les auteurs que nous venons de citer, soit par Bérard, Perronet, Gauthey et autres, consistaient, comme nous le dirons tout-à-l'heure pour la courbe du pont de Neuilly, à procéder par tâtonnements et à tracer d'abord d'après des données arbitraires une première courbe approximative dont on rectifiait ensuite les éléments, à l'aide de formules plus ou moins certaines, pour les faire passer exactement par les extrémités du grand axe et du petit axe.

M. Michal, dans une notice publiée en 1831 ¹, a traité la question d'une façon plus scientifique et dressé des tables contenant les données nécessaires pour tracer du premier coup, sans tâtonnements et avec une certitude parfaite, des courbes à 5, 7 et 9 centres.

Sa méthode de calcul s'appliquerait d'ailleurs au tracé de courbes d'un nombre de centres quelconque.

Les conditions qu'on s'impose pour que le problème cesse d'être indéterminé étant en partie arbitraires, M. Michal s'est

1. *Annales des Ponts-et-Chaussées*; Année 1831, nᵒ XII.

proposé de composer les courbes tantôt d'arcs de cercle sou-
tendant des angles égaux, tantôt d'arcs égaux en longueur;
comme cela ne suffisait pas pour la détermination de tous les
rayons, il a admis en outre que ceux-ci seraient, pour chaque
arc en particulier, égaux aux rayons de courbure, vers le milieu de ces arcs, de l'ellipse décrite avec l'ouverture pour
grand axe et la montée pour petit axe.

A mesure que le nombre de centres augmente, la courbe
se rapproche ainsi de plus en plus de l'ellipse de même ouverture et de même montée.

La table suivante est relative au tracé de l'anse de panier
avec égalité des angles soutendus par les parties d'arcs de
cercle dont elle se compose. Les valeurs proportionnelles
qu'elle donne pour les premiers rayons sont calculées en prenant la *demi-ouverture* pour unité. Le surbaissement est le
rapport de la montée à l'ouverture entière.

| ANSES DE PANIER | | | | | | | | |
| à 5 centres | | à 7 centres | | | à 9 centres | | | |
Surbais-sement	1er rayon	Surbais-sement	1er rayon	2me rayon	Surbais-sement	1er rayon	2me rayon	3me rayon
0.36	0.556	0.33	0.455	0.630	0.25	0.259	0.341	0.597
0.35	0.530	0.32	0.431	0.604	0.24	0.240	0.318	0.556
0.34	0.504	0.31	0.406	0.578	0.23	0.222	0.296	0.535
0.33	0.477	0.30	0.383	0.551	0.22	0.203	0.276	0.504
0.32	0.450	0.29	0.359	0.525	0.21	0.185	0.251	0.474
0.31	0.423	0.28	0.346	0.498	0.20	0.166	0.228	0.443
0.30	0.396	0.27	0.312	0.472				
		0.26	0.289	0.445				
		0.25	0.265	0.419				

Il est aisé de voir comment, à l'aide de cette table, on peut
tracer sans avoir aucune recherche à faire une anse de panier d'une ouverture quelconque à 5, 7 ou 9 centres, pourvu
que le surbaissement corresponde exactement à l'un de ceux
prévus par M. Michal.

Supposons, par exemple, qu'il s'agisse de tracer une courbe
à 7 centres, de 12 mètres d'ouverture et de 3 mètres de montée, ce qui correspond à un surbaissement du quart, ou des

vingt-cinq centièmes. Le premier et le second rayon seront égaux à $6 \times 0,265$ et $6 \times 0,419$, c'est-à-dire à 1.590 et 2.514.

Soit ABCD le rectangle dans lequel la courbe doit être inscrite; on décrit sur AB comme diamètre, une demi-circonférence qu'on divise en 7 parties égales et l'on trace les cordes Aa, ab, bc, cd, cette dernière correspondant à une demi-division. Sur l'axe AB on prend, à partir du point A, une longueur égale à $1^m 590$ et on a le premier centre m_1. On mène par ce dernier point une parallèle au rayon Oa et le point n où elle vient rencontrer la corde An est la limite du premier arc. On prend sur cette même parallèle, à partir du point n, une longueur nm_2 égale à 2.514 et le point m_2 est le second centre. On trace de ce point m_2 une parallèle au rayon Ob, du point n une parallèle à la corde ab et le point d'intersection n' de ces deux parallèles est la limite du second arc. Cela fait, par le point n' on mène une parallèle à la corde bc et par le point E une parallèle à la corde *cd* ; enfin par le point d'intersection *n″* de ces deux parallèles on mène une parallèle au rayon O*c* et les points *m₃*, *m₄* où elle vient couper le prolongement du rayon *n′m₂* et le prolongement de l'axe vertical donnent le troisième et le quatrième centre. On a ainsi tous les éléments de la courbe, les trois derniers centres *m₅*, *m₆*, *m₇* étant symétriques par rapport au trois premiers *m₁*, *m₂* et *m₃*.

Comme le montre la figure, les arcs A*n*, *nn′*, *n′n″*, etc., correspondent à des angles au centre égaux entr'eux et de 51°, 34′, 17″, 14 ; de plus, si l'on construisait une demi-ellipse sur AB et OE comme grand axe et petit axe, les arcs de celle-ci compris dans les mêmes angles que les arcs de cercle auraient, en leur milieu, un rayon de courbure égal au rayon de ces derniers.

On construit avec la même facilité, par cette méthode, les courbes à 5 et à 9 centres.

Après M. Michal, la question a encore été reprise par M. Lerouge, ingénieur en chef des Ponts et Chaussées [1], qui a dressé également des tables destinées au tracé des courbes à 3, 5, 7... et jusqu'à 15 centres ; mais en prenant comme conditions, pour effectuer ses calculs, qu'indépendamment de l'égalité des angles qu'ils font entr'eux, les rayons successifs croîtraient suivant une progression arithmétique.

Ces mêmes tables donnent le rapport du développement de l'intrados à l'ouverture et la hauteur réduite du débouché.

Comme on pourrait, à l'occasion, avoir intérêt à les consulter, nous en donnons les extraits suivants.

---

1. *Annales des Ponts et Chaussées ;* 1839, page 335. *Mémoire sur les voûtes en anse de panier,* par M. Lerouge, ingénieur en chef.

ANSES DE PANIER

à 5 centres

Surbaissement	1er rayon	Différence des rayons successifs	Développement de l'intrados	Hauteur réduite de l'intrados
0.35	0.2447	0.2284	1.3426	0.2738
0.36	0.2617	0.2131	1.3579	0.2820
0.37	0.2787	0.1979	1.3734	0.2902
0.38	0.2958	0.1827	1.3883	0.2983
0.39	0.3128	0.1675	1.4035	0.3064
0.40	0.3298	0.1522	1.4187	0.3145
0.41	0.3468	0.1370	1.4339	0.3225
0.42	0.3638	0.1218	1.4491	0.3305
0.43	0.3809	0.1066	1.4643	0.3384
0.44	0.3979	0.0913	1.4795	0.3463
0.45	0.4149	0.0769	1.4947	0.3541
0.46	0.4319	0.0609	1.5100	0.3619
0.47	0.4489	0.0457	1.5252	0.3697
0.48	0.4660	0.0304	1.5404	0.3774
0.49	0.4830	0.0152	1.5556	0.3851
0.50	0.5000	0.0000	1.5708	0.3927

à 9 centres

Surbaissement	1er rayon	Différence des rayons successifs	Développement de l'intrados	Hauteur réduite de l'intrados
0.32	0.1475	0.1481	1.2908	0.2464
0.33	0.1671	0.1399	1.3064	0.2549
0.34	0.1867	0.1317	1.3219	0.2633
0.35	0.2063	0.1235	1.3375	0.2717
0.36	0.2258	0.1152	1.3530	0.2800
0.37	0.2454	0.1070	1.3686	0.2883
0.38	0.2650	0.0988	1.3841	0.2966
0.39	0.2846	0.0905	1.3997	0.3048
0.40	0.3042	0.0823	1.4152	0.3130
0.41	0.3238	0.0741	1.4308	0.3214
0.42	0.3433	0.0658	1.4464	0.3292
0.43	0.3629	0.0576	1.4619	0.3373
0.44	0.3825	0.0494	1.4775	0.3453
0.45	0.4021	0.0412	1.4930	0.3533
0.46	0.4217	0.0329	1.5086	0.3613
0.47	0.4413	0.0247	1.5241	0.3692
0.48	0.4608	0.0165	1.5397	0.3771
0.49	0.4804	0.0082	1.5552	0.3849
0.50	0.5000	0.0000	1.5708	0.3927

à 7 centres

Surbaissement	1er rayon	Différence des rayons successifs	Développement de l'intrados	Hauteur réduite de l'intrados
0.33	0.1833	0.1813	1.3081	0.2556
0.34	0.2019	0.1706	1.3235	0.2640
0.35	0.2205	0.1600	1.3390	0.2723
0.36	0.2392	0.1493	1.3545	0.2807
0.37	0.2578	0.1386	1.3699	0.2889
0.38	0.2764	0.1280	1.3853	0.2971
0.39	0.2950	0.1173	1.4008	0.3053
0.40	0.3137	0.1067	1.4162	0.3135
0.41	0.3323	0.0960	1.4317	0.3216
0.42	0.3509	0.0853	1.4472	0.3296
0.43	0.3696	0.0747	1.4626	0.3377
0.44	0.3882	0.0634	1.4781	0.3456
0.45	0.4068	0.0533	1.4935	0.3536
0.46	0.4255	0.0427	1.5090	0.3615
0.47	0.4441	0.0320	1.5244	0.3693
0.48	0.4627	0.0213	1.5399	0.3771
0.49	0.4814	0.0107	1.5553	0.3850
0.50	0.5000	0.0000	1.5708	0.3927

à 11 centres

Surbaissement	1er rayon	Différence des rayons successifs	Développement de l'intrados	Hauteur réduite de l'intrados
0.32	0.1362	0.1207	1.2900	0.2461
0.33	0.1564	0.1140	1.3054	0.2545
0.34	0.1766	0.1073	1.3211	0.2630
0.35	0.1968	0.1006	1.3367	0.2714
0.36	0.2170	0.0939	1.3523	0.2797
0.37	0.2373	0.0872	1.3679	0.2880
0.38	0.2575	0.0805	1.3835	0.2963
0.39	0.2777	0.0738	1.3991	0.3046
0.40	0.2979	0.0671	1.4147	0.3128
0.41	0.3181	0.0604	1.4303	0.3209
0.42	0.3383	0.0537	1.4460	0.3291
0.43	0.3585	0.0470	1.4616	0.3374
0.44	0.3787	0.0402	1.4772	0.3452
0.45	0.3989	0.0335	1.4928	0.3533
0.46	0.4192	0.0268	1.5084	0.3602
0.47	0.4394	0.0201	1.5240	0.3690
0.48	0.4596	0.0134	1.5396	0.3770
0.49	0.4798	0.0067	1.5552	0.3849
0.50	0.5000	0.0000	1.5708	0.3927

Pour le pont de Neuilly, Perronet en a tracé la courbe à 11 centres, en y appliquant l'une de ces méthodes par tâtonnement dont nous parlions tout à l'heure.

Les arches ont 39 mètres d'ouverture et 9m 75 de montée, soit un surbaissement au quart. Ces dimensions étant repré-

sentées sur la figure ci-dessous par AB et OE ; un premier
rayon, BC, a été pris arbitrairement de façon à obtenir aux
naissances à peu près la courbure qu'on désirait, puis CO a
été divisé en 5 parties Ce, ef, fg, etc., dont les longueurs sont
entr'elles comme les nombres 1, 2, 3, 4 et 5, et sur le prolongement de EO on a porté de O en D cinq fois le rayon CB. En
joignant comme le montre la figure les divisions ainsi obtenues sur OC et OD par des lignes droites, les points d'intersection de celles-ci donnent les centres m, n, p, q, D de la
courbe approximative BE', montant un peu plus haut que le
point E.

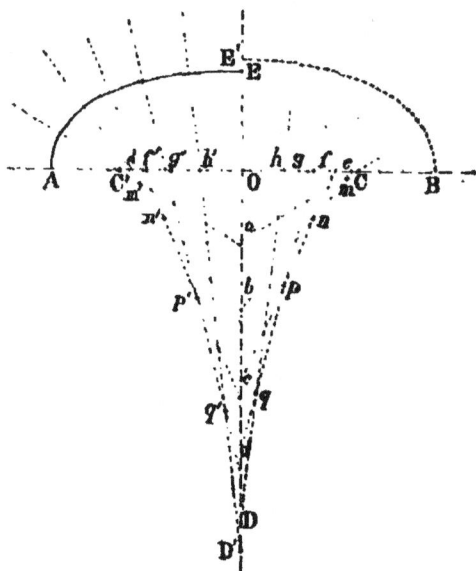

Pour obtenir la courbe rectifiée passant exactement par ce
dernier point, on détermine la longueur vraie du premier
rayon par le calcul suivant.

Soit AB = 2a, OE = b, OD = m, OC = n, et S la longueur
de la ligne brisée CmnpqD. Appelons x, y, z les valeurs
exactes cherchées de m, n et S, et admettons que ces trois
quantités seront entr'elles dans le même rapport que les lon-

gueurs m, n et S qu'on s'est données arbitrairement. On a ainsi les trois équations :

$$z + a - x = y + b$$

$$y = \frac{mx}{n}$$

$$z = \frac{Sx}{n}$$

d'où l'on déduit :

$$x = \frac{n(a-b)}{m+n-S}$$

Avec les données du pont de Neuilly, cette équation donne $x = 6^m,50$. On porte cette longueur de A en C', on divise C'O en 5 parties de longueurs proportionnelles aux nombres 1, 2, 3, 4 et 5 ; on porte cinq fois la longueur AC' de O en D', et, en menant des lignes droites par les divisions ainsi obtenues, leurs intersections donnent les centres définitifs cherchés C', m', n', p', q', D'.

Malgré l'aspect tout particulier que présente la courbe d'intrados des arches du pont de la Trinité, à Florence, on l'a considérée également comme une courbe à plusieurs centres tracée à la façon des anses de panier, et le procédé suivant a été indiqué pour la reproduire.

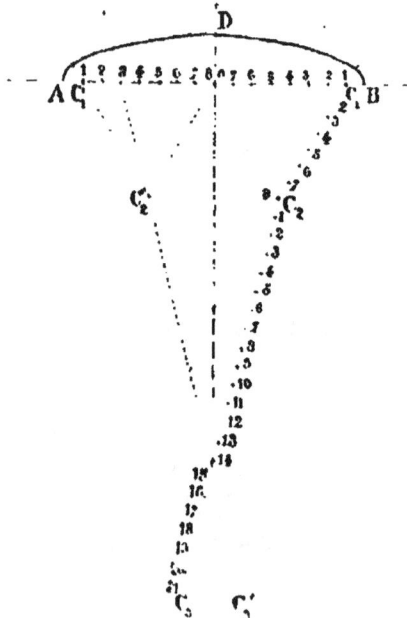

Le triangle équilatéral, dont les architectes de la Renaissance, comme ceux de l'antiquité, tenaient grand compte pour mettre leurs édifices en proportion, y joue le principal rôle.

L'arche centrale du pont de la Trinité a 29^m,1893 d'ouverture et 4^m,5681 de montée, ce qui correspond à un surbaissement de 0,156 (du sixième au septième). Soit AB cette ouverture et OD la montée.

On divise l'axe AB en 16 parties égales et la première division, à chaque extrémité, donne le premier rayon et les premiers centres C_1 et C_1'. On construit ensuite les deux triangles équilatéraux OC_1C_2 et $OC_1'C_2'$ ayant pour côté 7 divisions ou $\frac{7}{16}$ du grand axe ; les sommets C_2 et C_2' de ces triangles sont les seconds centres. Cela fait, on joint ces derniers avec les divisions 3 du grand axe, on porte sur le prolongement 21 divisions ou $\frac{21}{16}$ de AB et on obtient ainsi les derniers centres C_3 et C_3'. La courbe, qui est une ogive elliptique, se trouve tracée de cette façon au moyen de 6 centres.

Tout cela est absolument empirique et, sans contester qu'on puisse décrire ainsi une courbe semblable à celle du pont de Florence, nous croyons plus volontiers, nous l'avons déjà dit, que ce n'est qu'après avoir d'abord tracé à la main, sur son dessin, la courbe répondant le mieux, pour l'ensemble du monument, à l'effet désiré, que l'architecte a cherché le moyen de la reproduire en grand, sur l'épure d'exécution, en la composant d'un certain nombre d'arcs de cercle.

Quoi qu'il en soit, les méthodes abondent, comme on le voit, pour venir en aide à l'ingénieur ayant à tracer une anse de panier ; mais leur nombre même et la diversité des procédés proposés montre bien qu'il n'y a là, en quelque sorte, que des problèmes de *géométrie amusante*, auxquels il ne faut pas attribuer plus d'importance qu'ils n'en méritent.

Selon nous, appliquer des procédés absolument déterminés pour le tracé des anses de panier, c'est altérer le caractère particulier de cette courbe à laquelle on n'a pas voulu donner le contour exact de l'ellipse afin de réserver, dans ses proportions, une certaine part au goût de l'architecte. Les dimen-

sions générales d'un pont, et celles de chaque arche en particulier, étant à peu près arrêtées et la détermination étant
prise de construire des voûtes en anse de panier, c'est à la
main qu'il faut d'abord chercher la courbe la meilleure, pour
ne recourir ensuite aux arcs de cercle à centres plus ou moins
nombreux que pour la reproduire en grand, sur l'aire du chantier d'exécution des travaux.

Toutefois, il pourra souvent arriver, surtout pour des ouvrages de moyenne importance, qu'il y ait avantage à utiliser
les procédés et les calculs dus à divers ingénieurs, et c'est à ce
point de vue qu'il nous a paru utile d'en donner l'exposé sommaire qui précède.

L'ogive est, comme l'anse du panier, une courbe assez indéterminée, malgré l'espèce de vénération qu'avaient les
architectes du moyen-âge pour les procédés servant à la tracer ; elle a été appliquée, d'ailleurs, à la construction d'ouvrages d'assez grande importance pour qu'il y ait intérêt à
s'y arrêter un instant, ne serait-ce qu'en vue des travaux
de restauration que ces ouvrages pourraient réclamer.

Les détails suivants sont, en grande partie, empruntés au
dictionnaire de l'architecture du moyen-âge de Viollet-le-Duc,
que nous avons déjà eu l'occasion de citer.

Dans le principe, la qualification d'*arcs augifs* ou *augives* ne
s'appliquait pas à la voûte habituellement désignée sous ce
nom, mais bien aux nervures saillantes du croisement des
voûtes d'arêtes gothiques, même lorsque ces nervures formaient en réalité des demi-circonférences et étaient par conséquent en plein cintre.

Ce n'est qu'à la longue et par corruption que le mot *ogive* a
pris la signification qui lui est définitivement restée.

« Les anciens, dit Viollet-le-Duc, se sont servis du trian-
« gle pour mettre leurs édifices en proportion. Ils en avaient
« trois : 1° le triangle équilatéral ; 2° le triangle pris verticale-
« ment sur la *diagonale* d'une pyramide droite à base carrée
« dont la section verticale, faite par le sommet, parallèlement
« à l'un des côtés de la base, est un triangle équilatéral ; 3° le
« triangle isocèle dont la base est égale à 4 et la hauteur à 2 et
« demi. »

Le dernier de ces triangles est celui qui a servi à déterminer
le profil de la pyramide de Chéops et qu'on a le plus souvent
appliqué au tracé de l'ogive.

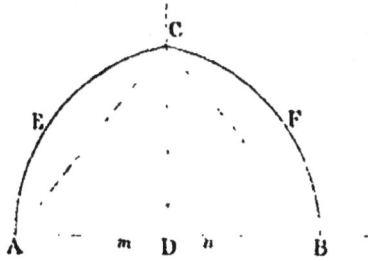

Soit ABC un triangle isocèle répondant à la définition qui
précède, c'est-à-dire tel que la hauteur $CD = 2.5 \times \frac{AB}{4}$. Si du
milieu de AC et de CB on élève des perpendiculaires, les
points m et n où celles-ci rencontrent la base sont les centres
des deux arcs AEC, BFC composant l'ogive que les architectes d'Alexandrie, et notamment ceux de l'Ecole des Nesto-
riens, considéraient comme l'ogive par excellence, dès le VIIe
siècle de notre ère.

Il était naturel, du reste, que dans les pays où le triangle
composé comme nous venons de le dire passait pour offrir
d'excellentes proportions, au point de vue de l'harmonie des
constructions, on en fit l'application à la largeur et à la montée
des voûtes.

D'autres triangles, toutefois, ont été souvent employés.

La figure ci-après fera aisément comprendre comment ces
diverses ogives étaient tracées.

Soit ABCD la base carrée d'une pyramide régulière, dont la
section verticale suivant EF est un triangle équilatéral. Le
triangle AGB est le rabattement de cette section autour de
l'un des côtés de la base et le triangle AHC le rabattement
de la section également verticale faite suivant la diagonale
AC.

En décrivant des arcs de cercle, des points A et B comme
centres avec AB pour rayon, on obtient l'ogive AmGnB qui

24

est celle dite du triangle équilatéral. Quant à l'ogive du triangle AHC, pour la décrire, on élève des perpendiculaires par
le milieu des côtés AH et HC et les points O et O' où ces perpendiculaires coupent la base AC sont les centres des deux
arcs ApH, HqC. Mais souvent ces arcs au lieu de s'arrêter aux
points A et C sont prolongés pour former ce qu'on appelle
l'*ogive outrepassée*. Pour en déterminer les naissances, on

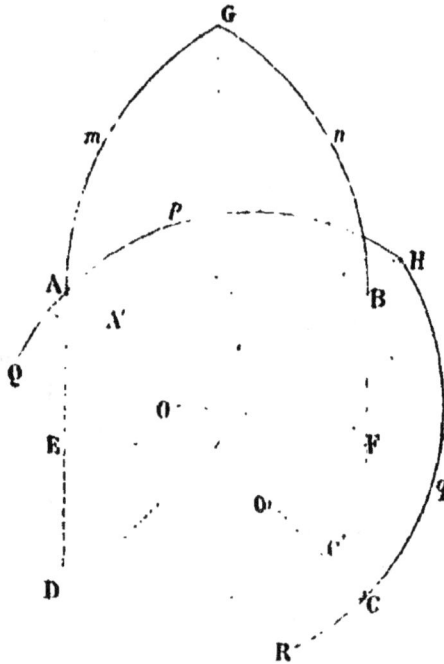

mène du sommet les lignes HA', HC' formant, de chaque côté
de HD un angle de 30 degrés, de façon que le triangle A'HC'
soit un triangle équilatéral ; puis on prolonge les côtés HA' et
HC', et les points d'intersection Q et R avec le prolongement
des arcs de l'ogive sont les points cherchés. Les constructeurs
du moyen-âge attribuaient, d'ailleurs, le bon effet produit par
cette courbe à ce que sa plus grande ouverture procède des
proportions de la section diagonale de la pyramide considérée

par eux comme parfaite, et la largeur aux naissances des proportions du triangle équilatéral. *L'ogive outrepassée* figure
très souvent dans les monuments de la Perse[1] et en particulier
dans plusieurs des ponts que nous avons mentionnés au premier chapitre, mais sans y présenter peut-être toujours bien
exactement la forme que nous venons de définir, telle que les
architectes de l'École d'Alexandrie l'avaient adoptée en vue de
satisfaire à un sentiment délicat des proportions.

Souvent, du reste, on a employé dans le style ogival des
courbes composées, comme les anses de panier, de plusieurs
arcs de cercle, mais sans jamais supprimer l'angle au sommet
qui est le point caractéristique du système.

Nous ne voudrions pas nous arrêter outre mesure à cette
sorte de digression sur l'ogive, mais nous devons cependant
mentionner encore ce qu'on entendait par *l'ogive en tiers
point*, dont il est si souvent question à propos des monuments
du moyen-âge, parce qu'elle a été fréquemment appliquée à la
construction des ponts.

Il ne paraît pas qu'on fût parfaitement d'accord sur la façon
dont cette ogive était tracée.

Si nous considérons un triangle équilatéral ABC et si, après avoir décrit avec AB pour rayon les arcs AmC, BnC pour former l'ogive AmCnB, nous prolongeons l'arc BnC jusqu'à la rencontre de la perpendiculaire élevée sur la base AB par le point A, l'arc DC sera égal à la moitié de l'arc BC, de sorte qu'en divisant ce dernier en deux parties égales et marquant les divisions au moyen des chiffres 1, 2, 3, 4, comme le montre la figure de la page précédente, le sommet de l'ogive tombera sur le troisième point, c'est-à-dire sur le *tiers point*.

L'ogive en tiers point ne serait autre, d'après cela, que l'ogive du triangle équilatéral.

D'après une autre définition, que nous trouvons comme la précédente dans Viollet-le-Duc, le *tiers point* serait l'ogive tracée en prenant pour rayon les deux tiers de l'ouverture ; son nom viendrait de ce qu'en divisant cette ouverture en 3 parties égales, et numérotant les divisions comme le montre la figure suivante, le centre tomberait sur le troisième point ou *tiers point*.

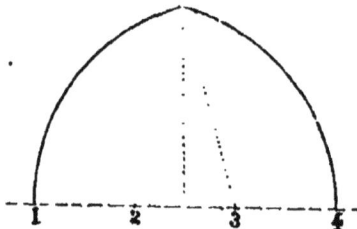

Un calcul aisé à faire montre, du reste, que le triangle inscrit dans cette dernière ogive diffère très peu de celui mentionné plus haut ayant pour base 4 et 2 1/2 pour hauteur, de sorte que ce dernier procédé n'est qu'un moyen plus expéditif de tracer la même ogive.

Il ne saurait y avoir, dans tout cela, qu'un simple intérêt archéologique ; en fait, du moment où l'ogive a été introduite dans l'architecture des peuples d'Occident, on en a tracé, surtout pour les ponts, dans toute sorte de proportion. Mais il est bon de retenir toutefois que celles dont l'effet est le plus satisfaisant procèdent des divers triangles mentionnés plus haut, surtout du triangle équilatéral. Il conviendra donc, lorsqu'on sera amené à adopter la forme ogivale, de se rapprocher le plus possible de ces divers types, sauf à examiner, dans chaque cas particulier, en y appliquant les procédés de calcul indiqués par M. Résal, comment on doit les modifier pour obtenir les conditions de stabilité les plus satisfaisantes, eu égard aux charges que les voûtes projetées auront à supporter.

Quelle que soit la courbe d'intrados définitivement admise, la voûte se compose d'une certaine épaisseur de maçonnerie dont le parement intérieur auquel on donne le nom de *douelle* est dressé, sauf de rares exceptions, suivant une surface cylindrique ayant cette courbe pour directrice. Toutes les surfaces de joints sont normales à la douelle et les joints eux-mêmes sont disposés de deux sortes : les uns continus dirigés suivant les génératrices du cylindre, les autres discontinus et coupant les précédents à angle droit.

Quelquefois cependant, comme lorsqu'une voûte est construite en maçonnerie ordinaire, les joints ne présentent pas cette régularité ; mais les moellons, dans ce cas, doivent toujours être employés de façon que leurs surfaces de pose soient, le mieux possible, normales à la douelle.

L'épaisseur de la maçonnerie composant la voûte peut être égale partout, et l'on dit alors que la voûte est *extradossée parallèlement ;* ou bien elle est inégale, plus grande aux naissances qu'à la clef, et la courbe *d'extrados* dans ce cas diffère de la *courbe d'intrados.*

On a traité de la façon la plus complète, dans le premier volume, tout ce qui a trait à la détermination de l'épaisseur des voûtes, tant à la clef qu'aux divers points de leur développement, de façon à permettre le tracé de la courbe d'extrados répondant aux meilleures conditions de stabilité [1] ; nous n'avons pas à y revenir dans ce chapitre et nous continuerons à nous occuper seulement de l'agencement des diverses parties des ponts et de l'ornementation qui leur est propre.

1. Premier volume, Chap. II, § III.

Sous ce dernier rapport, la voûte est assurément la partie la plus saillante de l'ouvrage, celle d'où dépend, pour la plus grande partie, l'effet qu'un pont est susceptible de produire au point de vue architectonique.

Les Romains ont toujours nettement accusé la forme et l'épaisseur de leurs voûtes de ponts et employé presque sans exception pour cela des *archivoltes*, tantôt unies, tantôt plus ou moins chargées de moulures, suivant le caractère particulier de simplicité ou de richesse qu'ils entendaient donner à l'ornementation de l'édifice. Pour les grands aqueducs, les longues séries d'arcades, les archivoltes restaient souvent unies, mais la saillie en était toujours calculée de façon à bien mettre en évidence toutes les dispositions essentielles des voûtes ; lorsque celles-ci étaient exécutées en petits matériaux, soit en moëllons de faible échantillon soit surtout en briques, on ne manquait jamais de disposer les archivoltes en rouleaux, comme les voûtes elles-mêmes, et l'on en profitait pour les diviser en plusieurs platebandes, avec saillies successives, d'un excellent effet.

Ces dispositions sont assurément les meilleures qu'on puisse pratiquer ; on ne saurait trop en conseiller l'application constante et elles se retrouvent, du reste, à toutes les époques, dans les ponts ou viaducs dont la beauté a été plus particulièrement remarquée.

Il existe, cependant, un grand nombre d'ouvrages importants où la voûte n'est indiquée que par l'appareil de ses voussoirs, dont les joints sont raccordés avec ceux des assises horizontales des murs de têtes ou tympans.

L'effet ainsi obtenu peut être très satisfaisant sur un dessin ou sur le pont lui-même vu à faible distance ; mais pour peu qu'on s'éloigne, les joints cessent d'être aperçus et les arches ne sont plus que des ouvertures de forme particulière pratiquées dans un mur plan sans que rien en puisse faire comprendre la structure, et sous ce rapport l'infériorité de cette disposition est manifeste.

Les archivoltes ont, du reste, toujours présenté une assez grande diversité de composition.

Le profil donné à la page 37 à propos du pont Ælius, à

Rome, est celui des archivoltes d'ordre ionique et peut être considéré comme le meilleur type à appliquer aux ponts dont l'ornementation doit être traitée avec quelque recherche, sauf à en faire varier les différentes parties suivant la hauteur totale dont on dispose.

Lorsqu'elle reste unie l'archivolte devient une simple plate-bande courbe, mettant en évidence la forme et l'épaisseur de la voûte. Les ouvrages sur lesquels cette disposition existe sont en quelque sorte innombrables. Parmi les plus importants on peut citer, dès l'ancienne Rome, le pont Milvius, le pont du Palatin et plusieurs autres ; puis le pont du Gard, l'ancien pont d'Avignon, le pont du St-Esprit, le pont de Toulouse, le pont de Bordeaux, la plupart des anciens ponts de Paris et de ceux construits sur la Seine jusqu'à l'époque actuelle, de nombreux grands viaducs, comme ceux de l'Aulne, de la Manse, de St-Germain et une infinité d'autres, soit en France, soit à l'étranger. [1]

Souvent les archivoltes de ce genre, lorsque les autres dispositions de la construction le comportent, sont composées de voussoirs taillés avec refends et bossages dont l'effet peut être assez satisfaisant. Cette disposition se voit notamment aux grandes arches du viaduc du Point du Jour ; au pont Louis-Philippe, à Paris ; pont de Chalonnes, sur la Loire ; au pont de Tilsitt, sur la Saône, à Lyon ; au pont-canal d'Agen ; aux viaducs d'Edimbourg et de Limeric en Angleterre, à celui de Dolhain en Allemagne, etc.

On ne saurait contester le mérite de cette façon de donner de la valeur aux archivoltes, mais lorsque les refends sont profondément refouillés suivant un profil mixtiligne et les bossages arrondis en quarts de rond sur les quatre côtés, comme au pont de Chalonnes et ailleurs, il y a tout lieu de croire qu'avec de bien moindres frais de taille et de moulures, on eût été à même de faire exécuter des archivoltes avec profil de style romain ou autre, susceptibles de produire un bien meilleur effet.

1. Plusieurs de ces ponts et de ceux cités à la suite sont représentés sur les dessins du premier et du troisième chapitre de ce volume.

Quelquefois encore l'archivolte unie est ornée d'une clef saillante, comme par exemple au pont de l'Alma, à Paris, à l'aqueduc de Roquefavour, à divers viaducs, etc.

A Dresde il existe un pont où les voussoirs sont appareillés en carreaux et boutisses, disposition critiquable, en ce sens qu'eu égard à la façon dont travaille la maçonnerie d'une voûte il n'y a aucun motif de la composer ainsi de voussoirs offrant des variations brusques d'épaisseur. On voit très bien qu'on a voulu assurer de cette façon une liaison plus complète entre la maçonnerie des voûtes et celle des murs de tête, ce qui n'est pas nécessaire et peut même avoir des inconvénients à cause de la différence des tassements ; mais toutefois l'idée est moins irrationnelle que celle appliquée au pont-canal de Lancaster, en Angleterre, où la voûte est composée de voussoirs appareillés également en carreaux et boutisses, ces dernières formant saillie sur la douelle, tandis qu'à l'entrados existe une courbe continue avec léger filet saillant. L'effet ainsi obtenu, malgré la modération des saillies, est le même que celui que produirait, pour un mur vertical, une chaîne d'angle en pierre de taille avec boutisses tournées du côté du vide, à la façon de harpes ou de pierres d'attente.

En fait, les archivoltes avec moulures, les *archivoltes de style*, s'il est permis de les désigner ainsi pour les distinguer, n'ont été que rarement pratiquées bien qu'elles soient assurément celles dont l'effet est le plus heureux. Peut-être faut-il l'attribuer à la crainte éprouvée par les constructeurs de voir les archivoltes de ce genre mettre trop en évidence les moindres déformations des voûtes après le décintrement, et exiger pour l'achèvement des moulures des travaux de ragréement trop dispendieux ou trop difficiles ; mais eu égard aux progrès réalisés, depuis le commencement du siècle, pour la construction des ponts, il semble que cette objection doive être de peu de valeur maintenant.

Après les ponts de Rome, les applications les plus remarquables qui aient été faites des archivoltes avec moulures sont celles des ponts du P°alto, à Venise, et de la Trinité, à Florence. Au moyen-âge plusieurs ponts avec arches ogivales, notamment le vieux pont de Londres, offraient une disposition de ce genre. En France, à la fin du siècle dernier, elle a été appliquée également au vieux pont de Lavaur, l'un des plus remarquables assurément parmi les ouvrages dus, à cette époque, aux ingénieurs du Languedoc, malgré le caractère de lourdeur que l'on peut reprocher à quelques-unes de ses dispositions (page 107).

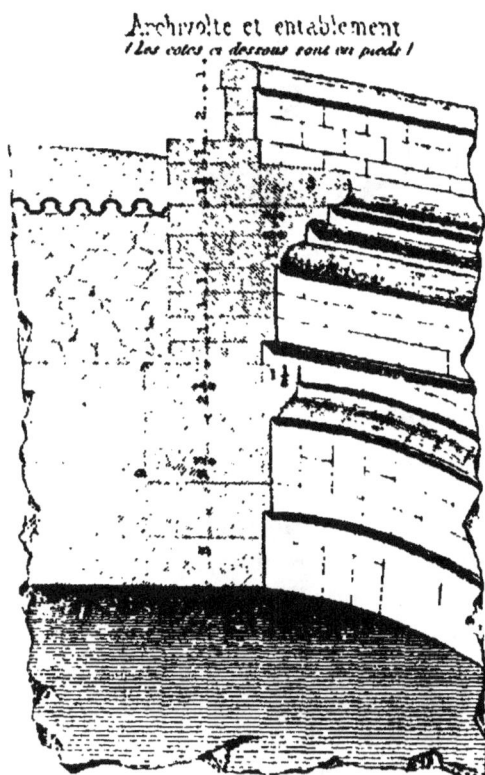

Archivolte et entablement
(Les cotes ci-dessous sont en pieds)

Nous donnons la coupe de cette dernière archivolte d'après l'une des planches d'un excellent mémoire de M. Séjourné, récemment publié par les *Annales des ponts et chaussées*.[1]

La forme de *coupe perspective ombrée*, donnée à cette figure, est particulièrement favorable pour bien mettre en évidence la

---

[1] Année 1886, 2ᵉ semestre, nº 61 : construction des ponts du Castelet et de Lavaur et du pont Antoinette, par M. Séjourné, ingénieur des ponts et chaussées.

composition de l'archivolte et de la corniche, et montrer l'effet décoratif ainsi obtenu.

Ce même pont offre un exemple bon à citer du parti qu'on peut tirer de l'emploi des clefs de voûtes pour l'ornementation des ponts.

Le dessin ci-dessus qui représente les armes de la province de Languedoc est celui de la clef du pont de Lavaur, telle que les auteurs du projet comptaient la faire exécuter [1], et on ne saurait contester qu'elle aurait très heureusement complété l'archivolte.

Au pont de la Trinité, à Florence, les clefs des voûtes avec cartouches, dont le dessin est donné page 89, tiennent également une place importante dans la décoration de l'ouvrage.

Par une innovation hardie et d'ailleurs très heureuse, M. l'ingénieur en chef Robaglia et M. l'ingénieur Séjourné, en faisant construire, à Lavaur, un nouveau pont dont l'arche principale, en arc de cercle de 61^{m}50 d'ouverture, ne le cède assurément en rien à celle du pont du siècle dernier, ont eu l'idée d'appliquer à l'archivolte un profil avec tore emprunté à l'architecture romane, et de plus, comme l'épaisseur de la voûte, mise complètement à nu par les grands évidements des tympans, varie de 1^{m}65 vers la clef à 2^{m}81 au joint incliné à 30° sur l'horizon, la hauteur des moulures varie elle-même de 0^{m}60 à 0^{m}85 comme le montrent les croquis ci-après.

1. Les pierres destinées à l'exécution de cette clef ont été mises en place ; mais, par suite de circonstances spéciales, la sculpture n'en a pas été faite (mémoire de M. Séjourné, page 187).

Nous donnons du reste plus loin le dessin de ce pont, destiné, ainsi que le pont Antoinette, construit par les mêmes ingénieurs, à prendre rang parmi les plus remarquables exécutés en France pendant ces dernières années.

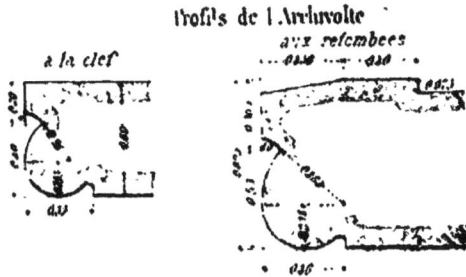

Profils de l'Archivolte

Au pont Antoinette, l'archivolte est unie et entourée d'un simple filet saillant d'épaisseur variable.

Le dessin ci-dessous représente, comme pour le pont de Lavaur, une coupe perspective[1] ombrée où figurent également le

Detail de la coupe en travers à la clef

couronnement et le parapet. L'ensemble du profil est excellent et témoigne du soin avec lequel tous les détails en ont été étu-

1. Ce dessin est emprunté à la planche 38 du mémoire déjà cité de M. Séjourné.

diés par des ingénieurs particulièrement compétents en matière d'architecture.

Lorsque l'appareil des voussoirs est étudié en vue d'en raccorder les joints avec ceux des assises des tympans, les dispositions varient nécessairement suivant la nature des matériaux employés.

Les dessins précédemment donnés à propos des culées et des piles et sur lesquels figurent les amorces des arches adjacentes, notamment ceux des ponts de Neuilly, page 334, du pont du Val-Benoît, page 339, l'étude de culée avec mur en aile, page 337, etc., montrent plusieurs exemples d'appareils de ce genre. La difficulté qu'on y rencontre, et c'est d'ailleurs la seule, vient de ce qu'à partir d'une certaine distance de la clef les joints des voussoirs vont couper les assises horizontales des tympans sous des angles de plus en plus aigus, qu'il faut abattre par des coupes verticales, tout en maintenant un dessin régulier pour la ligne brisée qui remplace dans ce cas la courbe d'extrados.

Comme on le voit sur le dessin de la page 337, on peut être ainsi amené à réduire beaucoup vers les naissances les joints convergents des voussoirs, ce qui donne à l'extérieur une idée tout à fait inexacte de l'épaisseur vraie de la voûte. Avec les voussoirs appareillés en archivolte ou limités par une courbe d'extrados continue, celle-ci ne correspond pas toujours à l'épaisseur entière de la voûte, mais elle l'indique du moins approximativement. Lorsque les têtes sont extradossées parallèlement, les dispositions en élévation de l'ouvrage sont infiniment plus satisfaisantes pour l'œil que celles de l'appareil avec ligne brisée, bien qu'elles n'accusent pas l'augmentation d'épaisseur qui existe vers les naissances.

Souvent, il est vrai, l'appareil à ligne brisée, auquel on donne le nom d'*appareil à redans*, comporte des joints convergents présentant par places, une longueur tout à fait exagérée. C'est toujours au fond le même vice : accuser à l'extérieur autre chose que le système réel de construction.

Lorsque les arches sont en arc de cercle et très surbaissés, on prolonge d'habitude les joints des voussoirs jusqu'à une ligne horizontale tangente à l'extrados de la voûte. C'est

ainsi notamment que Perronet a disposé les têtes du pont de
la Concorde et du pont de Sainte-Maxence, dont il a été souvent question, composé d'arches de 23ᵐ 40 d'ouverture et de
2ᵐ 02 de montée, et de plusieurs autres ponts analogues. Cette
solution est du reste assez pratique pour les arches de très
faible montée avec bandeaux tangents à l'extrados, et elle
simplifie la taille des voussoirs, en supprimant complètement
les assises horizontales des tympans. [1]

Elle est appliquée quelquefois à des arches en anse de panier, mais seulement lorsque celles-ci sont accompagnées de
cornes de vaches et se terminent, en fait, par des têtes en arc
de cercle très surbaissé.

Au pont de Kelwin dont le dessin de la page 335 représente
une culée, l'archet ménagé dans celle-ci, bien qu'il soit en
plein cintre, est composé de voussoirs prolongés, comme
ceux dont nous venons de parler, jusqu'aux limites des tympans ; mais c'est là une disposition très irrationnelle pour une
voûte semblable, et elle n'est que fort rarement appliquée.

Pour quelques ponts les voussoirs des têtes ont été taillés
de façon à former archivolte, en présentant une platebande
unie et saillante de largeur uniforme, mais, en même temps,
les joints sont prolongés au-delà de la courbe d'extrados pour
se raccorder suivant un appareil à redans avec les assises horizontales des tympans.

L'utilité de cette combinaison, qu'on trouve déjà appliquée
au pont Œlius (page 35), datant de l'an 138 de notre ère, ne se
comprend pas très bien. Elle a pour effet sans doute de
mieux asseoir sur les voussoirs la maçonnerie des tympans,
mais cela ne saurait compenser la sujétion onéreuse de donner
à une partie des pierres des têtes une longueur exagérée.

En résumé, la disposition la plus rationnelle consiste à indiquer à l'extérieur la forme et l'épaisseur des voûtes au
moyen d'archivoltes, avec appareil indépendant de celui des
assises des tympans.

Dans la plupart des cas, les archivoltes ne sont que de sim-

---

1. Ce même appareil était prévu par Perronet pour un grand pont mo
numental dont il avait été appelé à dresser le projet pour St-Pétersbourg
et dont Morandière a donné le dessin (pl. 57).

ples platebandes unies, soit de largeur uniforme soit de largeur plus grande aux naissances qu'à la clef, comme les
voûtes elles-mêmes.

S'il s'agit d'un ouvrage comportant, par sa situation et son
importance, une certaine ornementation, à la platebande unie
on substitue un profil d'archivolte soit avec filet seulement,
soit avec filet et doucine et plusieurs platebandes successives,
soit même avec moulures plus recherchées ; pourvu qu'on ne
se départisse pas d'une sobriété toujours nécessaire pour de
semblables ouvrages, l'effet obtenu ne manquera jamais d'être
satisfaisant.

A défaut de moulures concentriques, on peut composer les
têtes de voûtes de voussoirs taillés en refends et bossages ;
mais, sans contester la bonne apparence donnée de cette
façon à certains ouvrages, nous croyons qu'à dépense égale
de taille des archivoltes ordinaires, même avec profil très simple, auraient été préférables.

Enfin, pour certaines voûtes, l'appareil à redans est naturellement indiqué. Mais il faut, dans ce cas, accuser nettement les formes et les limites des voussoirs en leur donnant
quelques centimètres de saillie sur le nu des tympans ; sinon,
quelque habileté qu'on y mette et quelque aspect satisfaisant
qu'on obtienne sur le papier, on ne parviendra jamais au
point de vue ornemental à faire œuvre d'art.

Les dessins de culées et de piles que nous avons donnés
représentant, en général, des amorces des arches adjacentes,
suffiront pour montrer comment s'agence, suivant les différents cas, le raccordement des voûtes vers les naissances
avec les maçonneries sur lesquelles elles viennent s'appuyer.
Le point essentiel, c'est que la liaison soit parfaite entre la
maçonnerie de la voûte et celle des massifs qui la portent, et
l'on a soin de la rendre apparente à l'extérieur par la façon
dont les joints se correspondent et se raccordent. Lorsque la
douelle, comme cela se présente fréquemment pour les voûtes
en plein cintre et les voûtes elliptiques, est tangente vers les
naissances au parement des culées et des piles, quelque difficulté se rencontre pour relier la maçonnerie de la voûte à

celle des avant et arrière-becs, mais il faut toujours la résoudre de façon que les pierres employées présentent, au moyen des évidements et de la taille nécessaire, les formes voulues pour établir une liaison complète au point de rencontre. En d'autres termes, il ne doit jamais y avoir de joints continus dans les angles rentrants formés par les plans des têtes des voûtes avec les parements latéraux des avant et arrière-becs ; il faut que les pierres s'enchevêtrent d'assise en assise, pour assurer une solidarité complète entre les deux sortes de maçonnerie.

Cette sujétion n'existe pas pour les ponts où les naissances des voûtes peuvent être placées au sommet des piles, comme cela a lieu avec les arches en arc de cercle surbaissées, et les arches, quelle que soit leur forme, des viaducs de grande hauteur ; dans ce cas il suffit de terminer les piles par une assise de pierre de taille dont la face destinée à recevoir la retombée de la voûte est taillée suivant un plan passant par le centre de courbure ou l'axe de celle-ci, et disposé pour coïncider exactement avec le plan de joint du premier cours de voussoirs.

Plusieurs exemples de cette disposition figurent sur les dessins donnés au cours du présent chapitre.

Il est sans doute inutile de faire observer que tout ce qui précède concernant seulement *les têtes de voûtes*, telles qu'elles figurent dans l'élévation d'un pont, les observations qu'on vient de présenter s'appliquent aussi bien aux ponts biais qu'aux ponts droits.

§ 3.

TYMPANS ; COURONNEMENTS ET PARAPETS ; ÉLARGISSEMENT DES PONTS

Formes diverses et étendue variable des tympans ; ornementation à leur appliquer. — Ponts romains ; ponts du Moyen-Âge ; ponts modernes ; absence de règles déterminées ; évidements ou élargissements des tympans ; exemples de tympans avec cartouches et attributs ; ornementations diverses ; ponts de l'Alma à Paris, et autres. — Couronnements et parapets. — Convenance d'indiquer extérieurement le niveau de la chaussée; bandeaux unis ou plinthes; couronnements ornementés ou corniches des ponts à l'intérieur des villes; pont de la Concorde à Paris: exemples de divers ponts; coupes verticales et profils d'ensemble: détails de parapets; pont Louis-Philippe, à Paris. — Principes généraux pour le tracé des profils; pont de Rimini, Pont-Neuf. — Parapets à balustres; pont Saint-Michel, à Paris: divers types de balustres. — Parapets en pierres et briques: exemples divers de parapets de ce genre. — Garde-corps métalliques; balustres en fonte; pont Riquet à Toulouse; ponts d'Austerlitz et de la Tournelle à Paris; types divers de garde-corps métalliques. — Elargissement des ponts; conditions ordinaires; conditions exceptionnelles; pont du Jurançon à Pau: ponts de Cazères, de Saint-Ambroix, de Clerval. — Parapets en briques et garde-corps métalliques posés en encorbellement; exemples divers. — Résumé et Conclusions.

Les arches d'un pont étant terminées il faut, pour établir par dessus une voie ou passage quelconque, combler les vides existant entre leurs reins, c'est-à-dire exécuter un remplissage ou remblai maintenu à l'amont et à l'aval par des murs de soutènement, reposant sur les piles et sur les têtes des voûtes.

On donne à ces murs le nom de *tympans*. Ils sont l'une des parties les moins importantes par elles-mêmes de l'ouvrage, et ne prennent d'autre valeur que celle que l'on parvient à leur donner à l'aide de dispositions plus ou moins heureuses.

L'étendue en est très variable suivant la forme des arches et la hauteur à laquelle le couronnement passe au-dessus de la clef des voûtes; en général elle est très grande avec les arches en plein cintre ou en anse de panier, dont les naissances sont établies très bas, et elle devient au contraire très faible avec des voûtes en arc de cercle très surbaissées dont l'extrados est tangent à la ligne inférieure du couronnement.

Anciennement les tympans étaient presque toujours pleins, offrant à l'extérieur un parement uni, dressé soit verticalement, soit suivant un fruit déterminé, et le remblai intérieur occupait tout l'espace compris entre ces murs et les reins des voûtes, jusqu'à la hauteur de la chaussée.

Beaucoup de ponts à notre époque sont encore exécutés de cette manière, surtout lorsque les arches sont de faibles dimensions ou bien construites en arc de cercle et très surbaissées. Nous dirons ailleurs quelles sont les précautions à prendre pour l'exécution de ce remblai et des murs destinés à le contenir, et nous nous occuperons seulement à cette place des dispositions particulières applicables à l'ornementation extérieure des tympans.

Lorsque ceux-ci ont une certaine superficie il est difficile, en les dressant avec un parement plein et uni, d'éviter que l'aspect en offre un caractère de nudité et de lourdeur s'étendant parfois à l'ensemble de l'ouvrage, malgré le soin avec lequel les autres parties en sont traitées.

Ainsi le pont de Chalonnes, par exemple, dont la place est marquée cependant parmi les plus importants et les plus beaux ponts en maçonnerie construits sur la Loire à l'occasion de l'établissement des chemins de fer, offre à l'œil une longue série de tympans nus d'aspect nécessairement monotone et froid, qui nuit à l'effet général.

Bien peu de ponts de l'ancienne Rome avaient leurs tympans disposés de cette façon. Au pont du Palatin, au pont Œlius, au pont de Rimini, comme nous l'avons vu dans un précédent chapitre, c'était tantôt des niches et des statues que l'on plaçait au-dessus des piles dans l'intervalle des archivoltes, tantôt des pilastres saillants montant jusqu'à la hauteur des parapets pour y former des socles également ornés de statues. Ailleurs des arcades supplémentaires étaient ouvertes dans les tympans et diminuaient d'autant la surface nue.

Cependant plusieurs ouvrages importants, comme le *Ponte Felice* sur le *Borghetto*, le pont du Janicule, le grand pont aqueduc du Gard, etc., avaient leurs tympans dépourvus de toute ornementation, de sorte qu'à cette époque comme actuellement il n'y avait aucune règle précise pour disposer cette partie des ponts.

Au Moyen-Age où les piles, de même qu'à l'époque romaine, ont toujours eu une épaisseur exagérée, l'usage était presque général de prolonger, en hauteur, les avants et arrière-becs jusqu'au niveau des parapets, pour y former des refuges pour les piétons, comme on le voit sur le dessin des ponts de Carcassonne et de Cahors (pages 58 et 60). La forme angulaire de ces sortes de contreforts coupait heureusement la grande surface des tympans, et rendait toute autre ornementation inutile. Aux ponts d'Avignon et du Saint-Esprit, sur le Rhône, où cette disposition n'existe pas, des archets destinés à augmenter le

25

débouché pendant les grandes crues atténuaient également la nudité des tympans, mais sans produire un aussi bon effet.

A partir de la Renaissance, on en est revenu le plus souvent aux dispositions des tympans des ponts romains, et l'on y a même appliqué une ornementation plus recherchée, comme on le voit aux ponts du Rialto à Venise, et de la Trinité à Florence, au pont de Toulouse, etc. Ce n'est qu'au siècle dernier, surtout depuis l'adoption des arcs de cercle très surbaissés, que l'usage est devenu plus général de laisser aux tympans une simplicité exagérée.

On comprend d'ailleurs qu'il ne saurait exister en pareille matière, nous le répétons, aucune règle fixe. Le tympan est une sorte de tableau sur lequel chacun peut tracer à son gré tel ou tel dessin, qu'il juge devoir produire un effet satisfaisant ; pourvu qu'on se borne à couper ces grandes surfaces et à les meubler au moyen de quelques lignes largement tracées, en harmonie avec les autres lignes essentielles de la construction, on atteint presque à coup sûr le but qu'on se propose.

Les pilastres saillants à section rectangulaire, s'élevant au-dessus des piles jusqu'aux parapets, et les divisions en caissons encadrés dans des platebandes saillantes ou refouillées, sont les motifs de décoration les plus aisés à appliquer; mais les solutions peuvent varier à l'infini et nous devons nous borner aux exemples représentés sur les dessins que nous avons déjà donnés.

Depuis un certain nombre d'années l'usage s'est assez étendu de rendre apparents les évidements, qu'on disposait depuis fort longtemps à l'intérieur des ponts sans en rien indiquer extérieurement ; il en est résulté un moyen tout naturel non seulement d'éviter la nudité des trop grandes surfaces des tympans pleins, mais encore d'obtenir une ornementation dont l'effet est souvent très heureux.

La question des élégissements des tympans a été étudiée dans le plus grand détail par M. Résal, en ce qui touche leur influence sur les conditions de la stabilité des voûtes, et il résulte des considérations exposées à ce sujet qu'il faut se garder de les pratiquer de façon tout à fait arbitraire, sans autre préoccupation que de contribuer ainsi à l'ornementation du pont. Ils pourraient dans certains cas devenir, en effet, très nuisibles ; il y aurait lieu notamment d'y renoncer s'ils devaient, par exemple, avoir pour conséquence une répartition des charges permanentes telle que la courbe correspondant à la *charge effective* s'éloignât de la ligne correspondant à la *charge normale* au lieu de s'en rapprocher.

Les fig. 127 à 137 (pages 178 à 184) du tome premier montrent de nombreux exemples de ces élégissements ou évidements. La disposition la plus élémentaire est celle appliquée au pont de Plessis-lès-Tours, dont le dessin suivant représente une pile et une partie du tympan situé au-dessus.

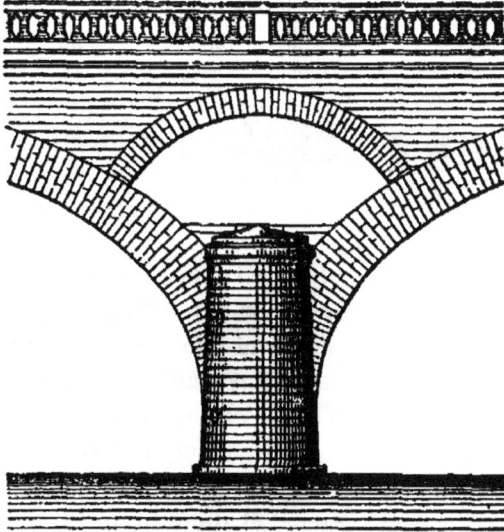

Pont de Plessis-lès-Tours. Elégissement des tympans.

Mais souvent, lorsque les tympans ont une assez grande étendue, les évidements qu'on parvient à y loger peuvent prendre l'aspect d'une série d'arcades susceptibles de produire un excellent effet si les proportions en ont été soigneusement étudiées.

Cette disposition se retrouve appliquée à un certain nombre de ponts, er particulier au pont des Andelys construit en 1872 et 1873 sur la Seine, et dont M. Résal a donné l'élévation (tome

1er, page 182). Pour permettre de se bien rendre compte de la composition de l'ensemble d'un tympan, nous en reproduisons le dessin à une plus grande échelle et nous consacrons ensuite une page entière aux détails de l'une des arches d'évidement.

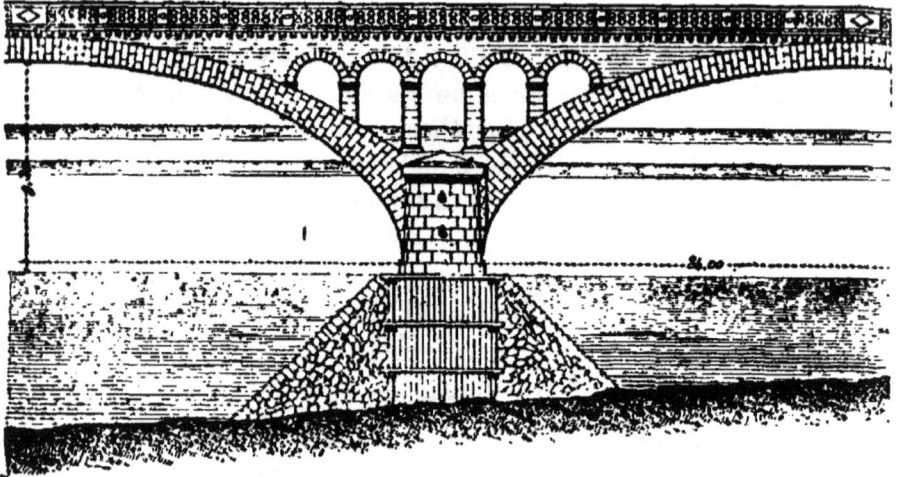

Dans un autre ordre d'idées, un genre d'ornementation assez souvent appliqué aux tympans de peu d'étendue est celui consistant à y disposer en relief une couronne de feuillages, au centre de laquelle sont figurés des emblèmes spéciaux, armoiries, chiffre du chef de l'État, chiffre national, initiales ou dates motivées par quelque fait particulier, etc.

On en voit des exemples sur les dessins, donnés plus haut, des piles du pont Saint-Michel et du pont au Change, du pont Louis-Philippe, du pont d'Iéna et autres.

Le dessin ci-après (page 398) donne un nouvel exemple d'initiales inscrites dans les cartouches des tympans ; ce sont celles de la personne aux libéralités de laquelle on a dû la construction du pont de Saint-Jean de Sahusse, sur l'Adour. 'C'est assurément là un témoignage de gratitude grandement justi-

_____

1. Annales des Ponts-et-Chaussées: 1885, 2e semestre, page 645.

PONT DES ANDELYS SUR LA SEINE

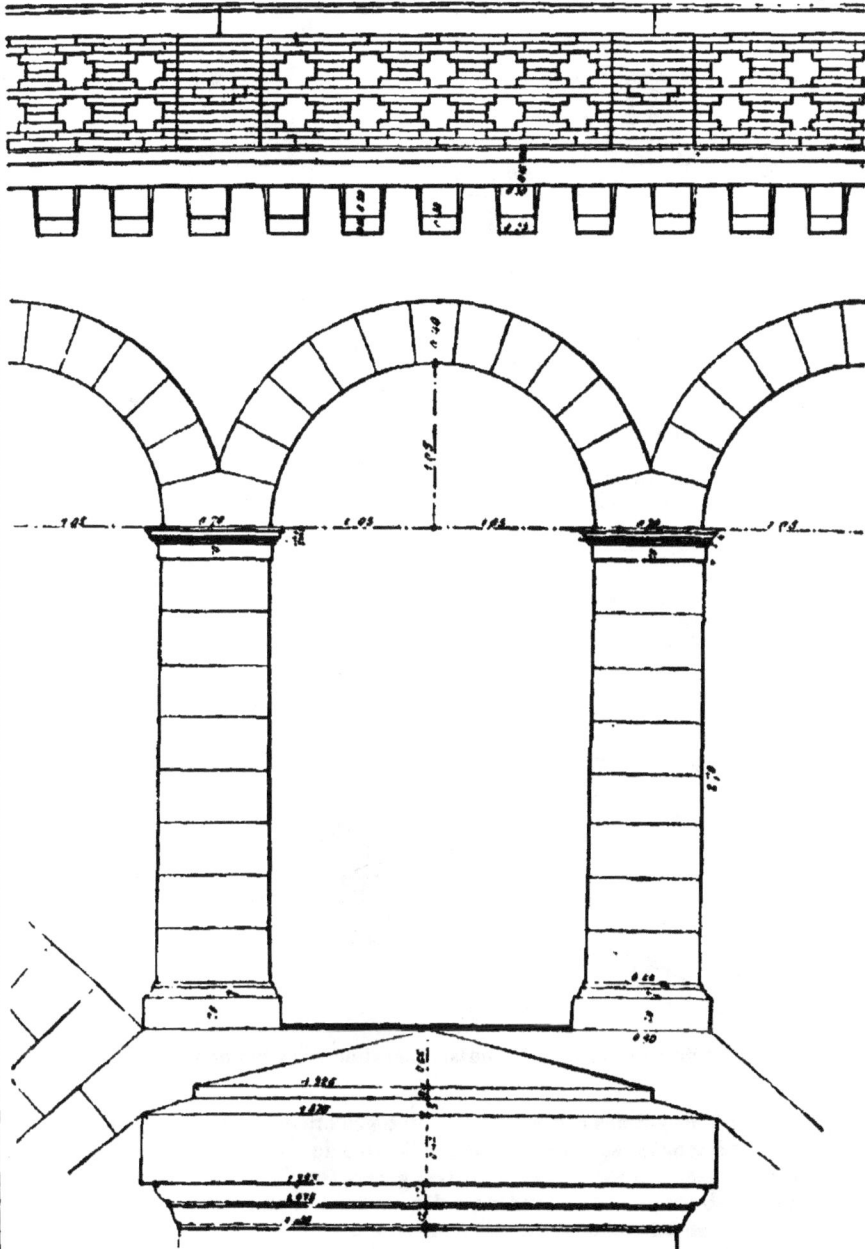

Arche d'évidement. Détails.

fié ; mais dont l'expression aurait peut-être exigé, dans l'espèce, des cartouches plus largement traités [1].

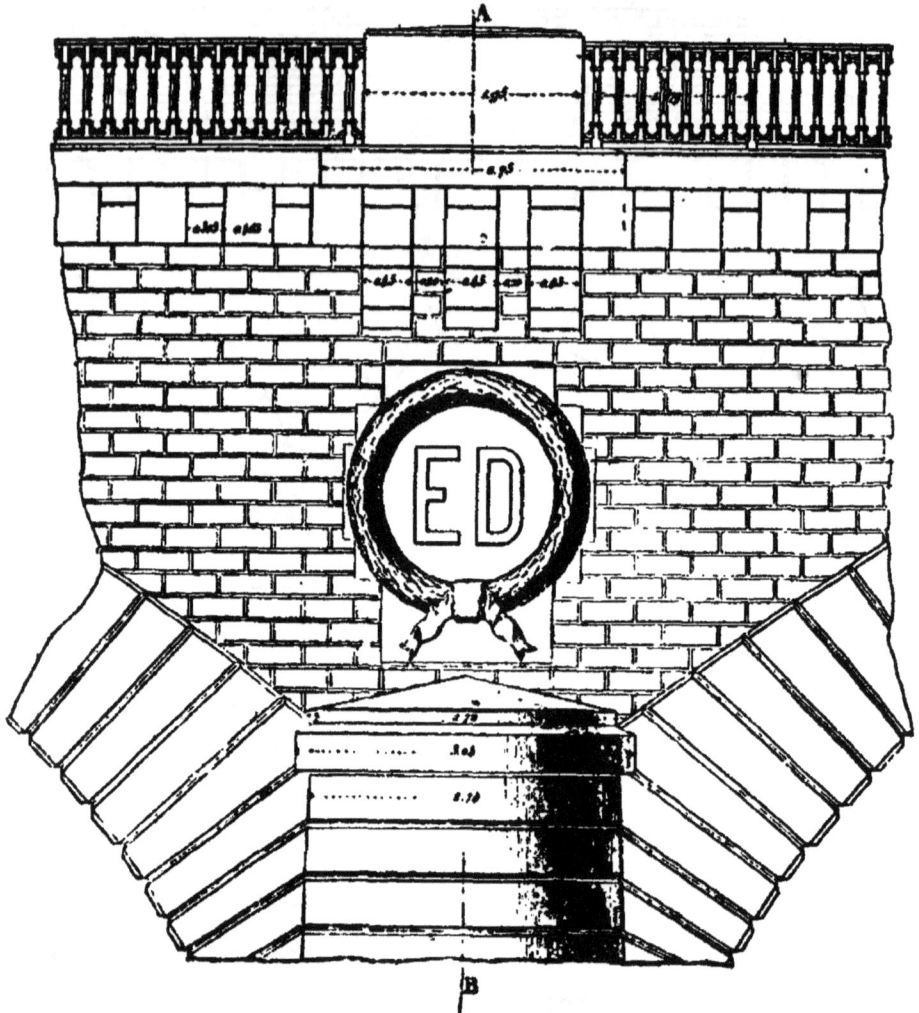

Pont de Saint-Jean de Saubusse. Élévation d'un tympan.

1. Indépendamment des cartouches avec initiales ornant les tympans, une plaque commémorative en marbre, placée à l'entrée du pont, du côté du village de Saubusse, rappelle le nom de la très généreuse bienfaitrice, Madame Eugénie Desjobertz, qui, au moyen d'un don de 400.000 au département des Landes, a pris en totalité à sa charge les dépenses de construction de l'ouvrage, dont le montant ne s'est du reste élevé qu'à 380.000 francs.

Au pont de l'Alma, à Paris, des statues représentant divers types de soldats de l'armée française reposent sur la partie saillante des avant et arrière-becs, et occupent toute la hauteur des tympans, comme le montre le dessin donné dans le tome 1er (page 324), constituant ainsi une fort belle ornementation. Mais ce n'est là qu'une solution exceptionnelle ; elle est très admissible pour le pont de l'Alma, considéré comme une sorte de monument commémoratif ; mais en principe elle semble critiquable, en ce sens que cet emplacement des avant et arrière-becs des piles, malgré les précédents de l'époque romaine qu'on pourrait invoquer, n'est peut-être pas très bien choisi pour y ériger les statues de personnages quelconques, à moins qu'il ne s'agisse de groupes allégoriques dont la présence en semblable place pourrait se comprendre.

Nous n'insistons pas sur ces observations relatives aux tympans ; comme nous l'avons dit, aucune règle ne peut être énoncée en ce qui touche leur composition, si ce n'est de s'attacher à en éviter la nudité et la lourdeur, sans tomber dans une trop grande recherche d'ornementation que le sujet ne comporte pas.

Les tympans ne sauraient, à ce point de vue, être séparés des couronnements et parapets qu'ils supportent, et qui en complètent l'encadrement.

Quelques ponts du moyen-âge, même parmi les plus importants, offrent des murs de tympans élevés verticalement jusqu'à la hauteur nécessaire pour former parapets de chaque côté de la chaussée, sans que rien indique à l'extérieur le niveau de celle-ci. Une semblable disposition ne serait pas admissible aujourd'hui, et l'on peut poser en règle générale qu'un cordon saillant quelconque, à défaut de motif d'architecture plus développé, doit limiter les tympans vers le haut et servir de base aux parapets.

Ici encore la carrière est largement ouverte pour composer comme on l'entendra cet ensemble du couronnement d'un pont. Une simple assise de pierre de taille de hauteur convenablement réglée, régnant sur toute la longueur de l'ouvrage et portant un parapet plein, sans aucune division ni moulure, constitue la solution en quelque sorte rudimentaire, applicable aux ouvrages les plus rustiques pour lesquels toute ornementation serait hors de propos. Mais quand le pont à construire prend de l'importance et que sa situation à l'intérieur ou dans le voisinage d'une ville impose l'obligation d'en étudier les formes avec plus de soin, c'est surtout au moyen d'une heureuse composition du couronnement qu'on pourra obtenir les meilleurs effets. Dans ce cas, à la plinthe unie viendra se substituer tout naturellement une véritable corniche comprenant, suivant qu'il y aura lieu, des modillons, un larmier avec quart de rond ou doucine et filets, le tout disposé conformément aux règles des différents ordres d'architecture, mais en restant cependant bien plus simple que pour les édifices ordinaires.

Au pont de la Concorde, par exemple, à Paris, dont les piles s'élèvent jusqu'à la hauteur du couronnement sous forme de colonnes surmontées de chapiteaux d'ordre toscan, une corniche d'environ 1ᵐ 40 de hauteur, très étudiée dans tous ses détails, sert de base à un parapet à balustres, coupé de distance en distance par des dés de grandes dimensions sur lesquels devaient être placées des statues.

Au pont d'Iéna les parapets sont pleins, mais le couronnement est également d'un style très correct comme composition.

Cette correction se retrouve de même, mais poussée à un plus haut degré encore et unie à une extrême élégance, aux ponts du Rialto, à Venise, de la Trinité à Florence, de Solférino à Pise et à un certain nombre d'autres dus à des architectes éminents.

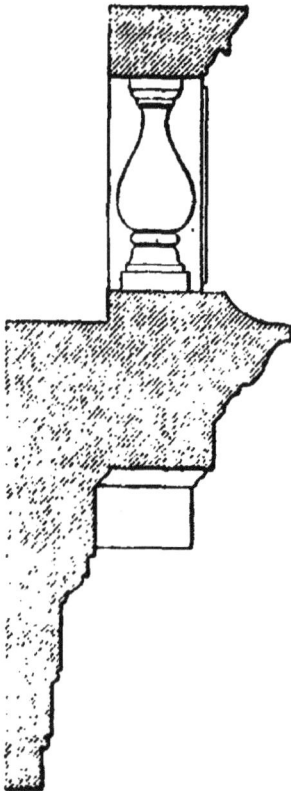

Le croquis ci-contre représente le profil d'ensemble du couronnement du pont du Rialto (voir page 87), l'un des plus beaux monuments de Venise.

Sans songer à atteindre une égale pureté de lignes et une aussi grande richesse d'ornementation, on peut avoir souvent à composer des couronnements de ponts avec quelque recherche et il est utile d'en montrer des exemples.

Le pont Louis-Philippe, à Paris, offre assurément sous ce rapport un réel intérèt.

Le dessin de la page suivante représente une coupe faite suivant l'axe d'une pile et le milieu d'un tympan, et montre assez bien le profil d'ensemble des moulures superposées des différentes parties du pont. Nous y joignons les dessins de détail nécessaires pour bien montrer comment est disposé le parapet à jour régnant au-dessus de l'entablement.

Le pont de St-Jean de Saubusse, sur l'Adour, dont les tympans et le couronnement rappellent en partie ceux des ponts précédents, a été traité avec beaucoup plus de simplicité comme le montre le profil en marge ; mais au point de vue architectonique on ne peut pas dire que ce soit préférable. Cette coupe est faite suivant la ligne AB de l'élévation donnée page 398.

Les feuilles du cours de ponts distribuées aux élèves

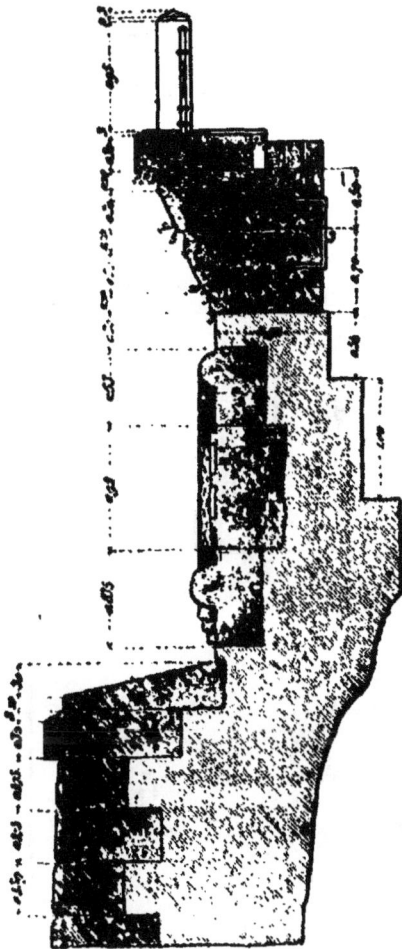

PONT LOUIS-PHILIPPE A PARIS
COURONNEMENT

Elévation.

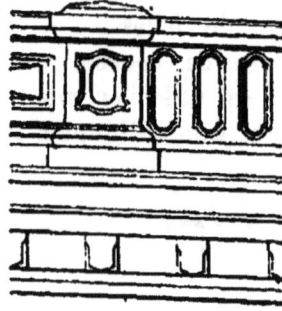

Coupe verticale suivant l'axe
d'une pile et le milieu d'un
tympan.

Détail des évidements

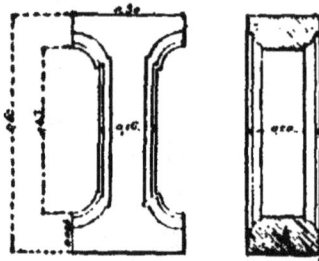

Détail de la moulure

PROFILS DE PLINTHES

PREMIÈRE SÉRIE

Pont Napoléon à Saumur

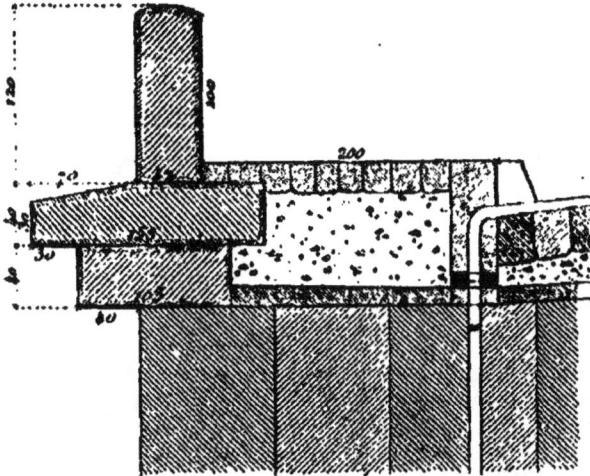

Pont de Roanne

Pont de Chalonnes

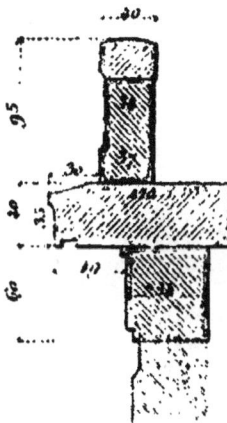

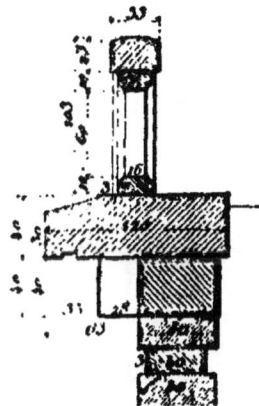

PROFILS DE PLINTHES

DEUXIÈME SÉRIE

Pont de Montlouis

Pont de la Creuse.

Viaduc de la Manse

Parapets en briques.

des Ponts et Chaussées contiennent une série de profils de plinthes de divers ponts modernes qu'il est utile de connaître, et
que nous reproduisons en nous abstenant soit de les critiquer,
soit d'en conseiller l'imitation exacte. Ce sont là des solutions
pratiques admises par d'excellents ingénieurs, appliquées par
eux à des ouvrages importants dont plusieurs produisent un
fort bon effet et s'il en est, dans le nombre, que des architectes un peu puristes trouveraient incorrectes, on doit admettre
que chacune d'elles répondait aux exigences particulières des
ponts ou viaducs où elles ont été employées.

En comparant ces divers profils, on est frappé de la diversité que présentent les plinthes, sous le rapport de leur saillie,
de leur épaisseur, des dispositions des larmiers et des autres
parties dont elles se composent. C'est qu'en effet en pareil
matière, c'est-à-dire dans l'art de profiler, « de principes ab-
« solus, il ne saurait y en avoir, et les principes généraux y
« sont d'un faible secours ; la beauté d'un profil dépend d'une
« foule de nuances que le sentiment apprécie mais que le lan-
« gage parlé est inhabile à formuler. Cependant on peut dire,
« moyennant toutes réserves pour les circonstances excep-
« tionnelles, qu'il convient d'avoir égard, dans le tracé d'un
« profil, aux prescriptions suivantes :

« 1° Observer dans la disposition générale un mouvement
« assez prononcé pour qu'elle ne présente rien de confus, et
« entrer d'autant plus dans cette voie que l'édifice est plus
« accentué et que le profil est destiné à produire son effet à
« une plus grande distance ;

« 2° Combiner les parties droites avec les parties sinueuses
« et les moulures lisses, afin qu'elles se fassent valoir réci-
« proquement ;

« 3° Opposer à de grandes moulures de petites faces planes
« ou des saillies fines et nettes. »

Nous empruntons ces excellents conseils au traité d'architecture de Léonce Reynaud, qui après les avoir formulés
ajoute que l'étude des formes appartenant aux belles époques
de l'art peut seule développer le goût et qu'aucun précepte ne
saurait y suppléer.

Cette dernière observation est tout particulièrement appli-

cable à l'architecture propre à la construction des ponts ; on
peut bien se faire, à son sujet, quelques idées générales, mais
c'est toujours à l'étude des meilleurs ouvrages de ce genre,
exécutés aux diverses époques, qu'il en faudra revenir pour
être à même d'arrêter, avec quelque sûreté, des détails de
construction comme ceux dont nous nous occupons en ce
moment. Ceux-ci ne sont nullement secondaires ; en les négligeant ou les disposant avec gaucherie, tout le caractère d'un
ouvrage peut s'en trouver atteint et rester très inférieur à ce
qu'il devait être, sans que l'on ait réalisé pour cela aucune
économie ni écarté aucune difficulté d'exécution.

Nous reviendrons, à cause de son importance, sur cette
question des profils à propos des dispositions de l'élévation des
ponts ; nous complétons seulement ce que nous avons à en
dire ici en ajoutant aux exemples déjà cités ceux que les dessins suivants représentent, empruntés à des ouvrages d'époques et de styles très différents : le pont de Rimini en Italie,
le Pont-Neuf à Paris, et le viaduc de Dinan. Le rapprochement en offre en particulier cet intérêt, qu'il montre à quel
point peuvent varier les formes des modillons ou consoles entrant dans la composition de ces sortes de corniches.

CORNICHE DU PONT DE RIMINI

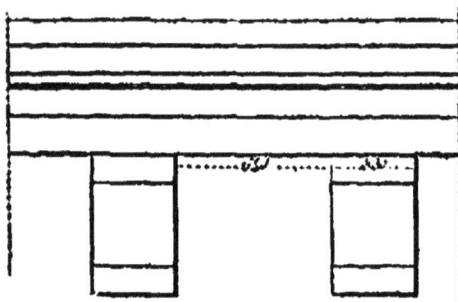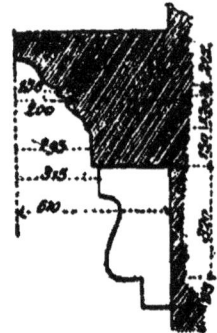

Élévation.   Coupe.

On ne peut indiquer aucune règle précise à observer à l'é-
gard des dimensions relatives des modillons ou consoles et
de leur espacement. Pour deux des corniches dont les dessins

COURONNEMENTS ET PARAPETS

PONT NEUF A PARIS

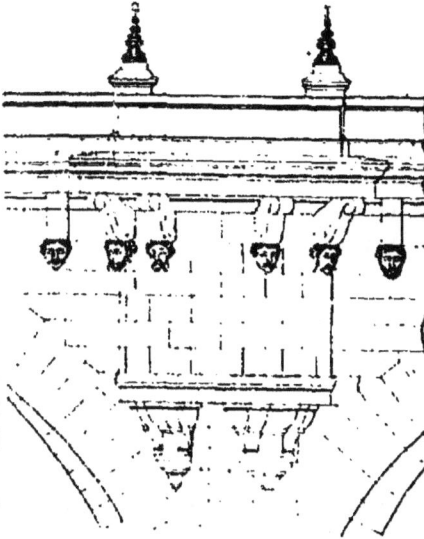

Elévation

Coupe

VIADUC DE DINAN [1]

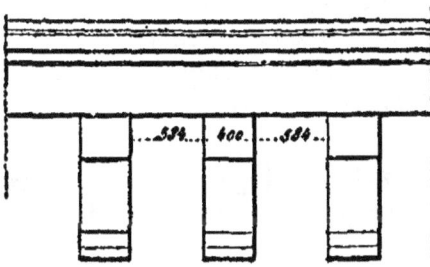

Elévation.

Coupe.

1. Les dessins du pont de Rimini (page précédente) et du Viaduc de Dinan sont empruntés au *Traité d'Architecture* de Léonce Reynaud, 1re partie, planche 40.

précèdent et pour celle du pont Saint-Michel à Paris, offrant des dispositions analogues [1], ces proportions cotées en millimètres sont les suivantes :

	Hauteur	Epaisseur	Espacement
Pont de Rimini	550	330	620
Viaduc de Dinan............	1100	400	584
Pont Saint-Michel..........	350	280	450

Les parapets disposés de chaque côté de la chaussée des ponts sont exécutés tantôt entièrement en pierre de taille, tantôt en briques et pierre, tantôt en fonte ou en fer.

Ceux en pierre de taille peuvent être pleins ou à jour, unis ou coupés de distance en distance par des dés saillants et ornés de moulures diversement disposées.

Lorsqu'un pont est construit avec un parti pris de simplicité dans la décoration, et sans préoccupation d'économie dans le cube de la pierre de taille employée, les parapets pleins auxquels on a donné jusqu'à $0^m,40$ et $0^m,50$ d'épaisseur, en les composant de blocs ou *bahuts* des plus grandes longueurs possibles d'une seule pièce, remplissent assurément fort bien le rôle auquel ils sont destinés, celui de protéger les piétons circulant sur les trottoirs ; mais ils prennent une part notable de la largeur du pont entre les têtes, et correspondent par suite à une assez forte dépense.

Sous ce dernier rapport les parapets à balustres ou ajourés de toute autre façon offrent le même inconvénient et sont plus coûteux encore, parce qu'à moins d'adopter des formes par trop grêles et mesquines il faut leur conserver une forte épaisseur.

C'est ainsi que l'on a été conduit à adopter pour de nombreux ponts soit des parapets en briques et pierres, soit des garde-corps métalliques.

Nous n'avons pas à donner des coupes de parapets pleins, chacun étant libre, suivant la place dont il dispose et la pierre qu'il emploie, de leur donner telles dimensions qu'il juge con-

1. Dessin à la page 409.

venables. En ce qui touche la hauteur, il est bon qu'elle soit d'au moins 0ᵐ 90 sans aller au-delà de 1ᵐ 05 à 1ᵐ 10 au plus.

PONT SAINT MICHEL A PARIS

Elévation

Coupe.

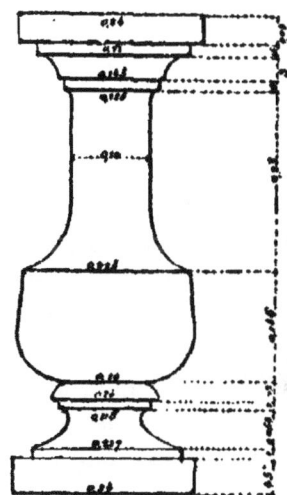

Détail du profil d'un balustre.

En divisant, du reste, les parapets pleins au moyen de dés à saillie plus ou moins prononcée disposés à l'aplomb des piles et des clefs des voûtes, et en ajoutant des encadrements avec moulures soit sur ces dés seulement, soit en outre sur les parties de parapets qui les séparent, on peut obtenir un excellent effet ornemental, comme en témoignent quelques-uns des plus beaux ponts de l'époque romaine.

On a vu précédemment comment sont disposés les parapets à jour du pont Louis-Philippe, à Paris. Les dessins ci-contre sont ceux du parapet à balustres du pont Saint-Michel, également à Paris ; ils donnent le profil de la corniche en même temps qu'ils montrent les dispositions de la balustrade.

Les proportions de ces balustres peuvent varier à l'infini, suivant qu'on veut leur donner plus ou moins de vigueur, plus ou moins d'élégance. Les dessins ci-après montrent quelques exemples des formes les plus usuelles, depuis les plus simples jusqu'aux plus ornementées que l'on puisse avoir à appliquer à des parapets de ponts.[1]

L'emploi des briques *repressées*,

1. Voir aussi les excellents dessins de balustres donnés par Léonce Reynaud dans son *Traité d'architecture*; première partie, Pl. 41.

de dimensions bien régulières, avec surfaces et arêtes exactement dressées, permet de disposer avec ces matériaux, en particulier avec des briques blanches, des parapets extrêmement économiques, occupant très peu de place sur la largeur du pont, en même temps qu'ils produisent un fort bon effet. C'est une solution à recommander à ces divers titres.

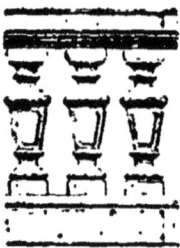

L'un des dessins de la page 404 représente un parapet plein de ce genre. Pour notre part, nous avons eu l'occasion de faire exécuter, à diverses reprises, le parapet à jour dont les dessins suivants montrent les dispositions et qui nous a paru très bien répondre à l'objet que nous avions en vue. Aux Andelys et à Courcelles, en particulier, la largeur très faible donnée aux ponts entre les têtes, par suite de considérations impérieuses d'économie, rendait nécessaire de placer les parapets en encorbellement ; la légèreté relative de ceux qu'on a exécutés a rendu cette disposition facile à réaliser, sans que leur solidité laisse à désirer en aucune façon.

La coupe perspective du pont Antoinette (page 387) montre une autre disposition de parapet également à jour, en briques, dont l'effet est des plus satisfaisants.

Tous les ouvriers habitués au travail de la maçonnerie de briques connaissent les diverses combinaisons à l'aide desquelles on obtient des balustrades à jour d'un dessin régulier ; on peut d'ailleurs en imaginer de nouvelles, pourvu qu'elles comportent, pour les parapets ainsi exécutés, une fermeté d'aspect suffisante et toute la solidité nécessaire. Aux exemples déjà cités nous ajoutons celui de la page 412, emprunté au pont de Saint-Sulpice sur l'Agoût, particulièrement intéressant par

la façon dont les consoles supportant la plinthe ont été exécutées en briques comme le parapet.

PARAPET DU PONT DES ANDELYS

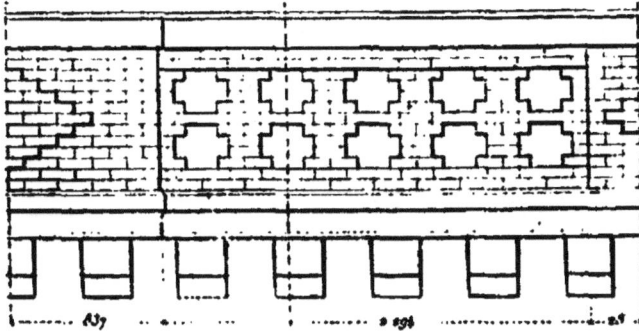

Élévation.

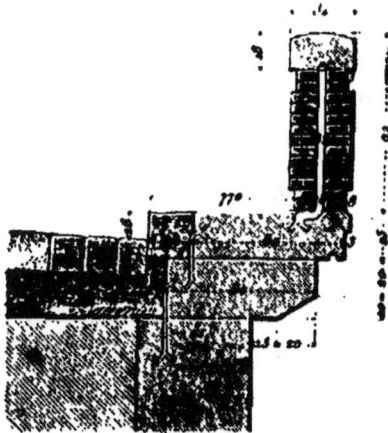

Coupe.

Le principal avantage de ces sortes de parapets, indépendamment de leur prix de revient très peu élevé, est de ne prendre, comme nous l'avons dit, qu'une très faible partie de la
largeur du pont entre les têtes ; mais, dans certaines circonstances, cette part réduite est encore trop grande, et les parapets
maçonnés doivent être abandonnés pour les remplacer par des
garde-corps métalliques.

PARAPET DU PONT DE SAINT-SULPICE SUR L'AGOUT

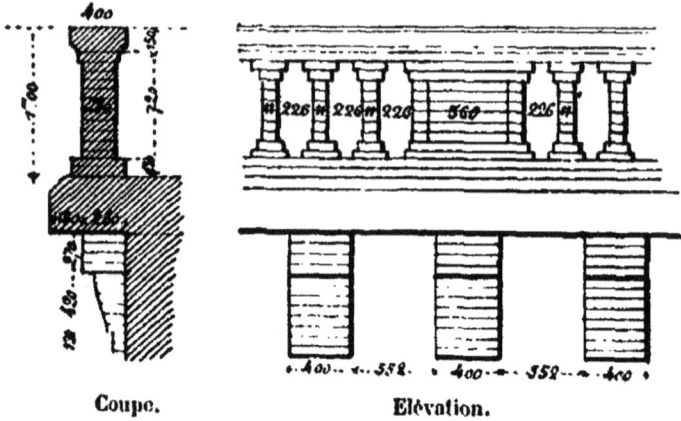

Coupe.   Elévation.

Avec ces derniers, en effet, la largeur entière du pont, y compris la saillie des plinthes ou corniches, peut être utilisée par la circulation, sans en rien retrancher, en fixant les garde-corps soit à l'aplomb, soit même en dehors des limites extrêmes de cette largeur.

Par contre, à moins d'employer une très grande quantité de matière et d'avoir alors des garde-corps très coûteux, ceux-ci

PASSAGE INFÉRIEUR DES ABORDS DE LA GARE MONTPARNASSE

A PARIS

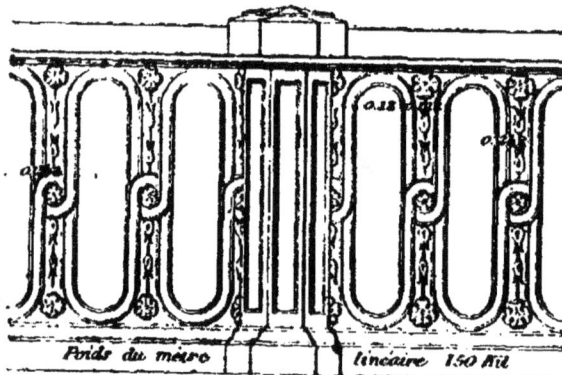

ont toujours le grave défaut de paraître extrêmement grêles, et par suite disgracieux, en couronnant un édifice en maçonnerie d'aspect nécessairement robuste.

Ce n'est donc que la nécessité qui peut justifier une semblable disposition.

Les modèles de garde-corps métalliques varient à l'infini. Chaque fonderie, chaque atelier de construction a ses types courants à mettre à la disposition des ingénieurs ; mais le mieux encore est de chercher soi-même le dessin pouvant convenir pour l'ouvrage que l'on exécute, en se maintenant dans des limites convenables de dépense.

A poids égal de fonte et de fer, le dessin le meilleur sera toujours celui qui offrira, relativement, les plus grandes surfaces pleines, les moindres vides, sans réduire toutefois l'épaisseur du métal au point de compromettre la solidité des pièces employées. Il va sans dire qu'on aura toujours à se rendre compte des conditions de solidité et de résistance du garde-corps adopté.

C'est assurément pour éviter l'aspect grêle habituel des garde-corps métalliques qu'au pont Riquet, à Toulouse, on a donné aux pièces de fonte la forme de balustres comme le montre le dessin en marge.

Le poids du mètre linéaire en est de 200 kilogrammes et par conséquent le prix très élevé.

Un excellent dessin est celui des garde-corps des ponts de la Tournelle et d'Austerlitz, à Paris. Les figures suivantes se rapportent au premier de ces ponts et donnent, indépendamment de l'élévation et d'une coupe, des détails à plus grande échelle de la main-courante et de la base. Le poids est d'environ 150 kilogrammes par mètre courant.

Le plus souvent il faut, par économie, employer des garde-corps beaucoup plus légers et l'on peut alors recourir aux modèles courants du commerce.

Les dessins de la page 415 représentent ceux des usines du Creusot.

Le poids de ces garde-corps, comme on le voit par les indi-

GARDE-CORPS EN FONTE

PONT DE LA TOURNELLE A PARIS

Coupe transversale.

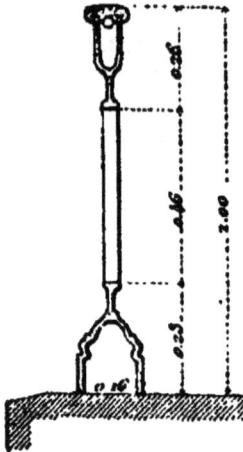

Élévation

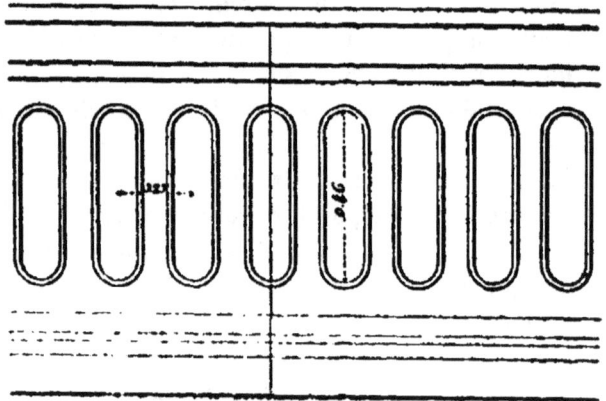

Détails *(Echelle = 0.^m20)*

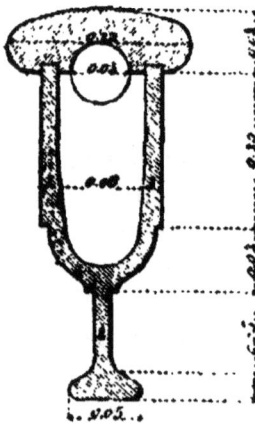

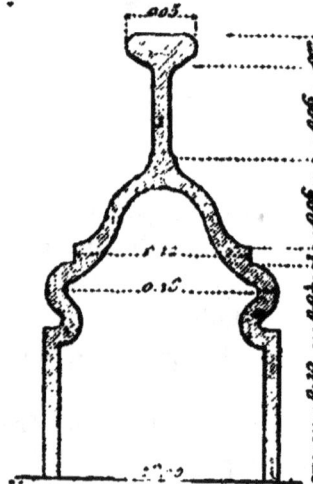

PILASTRES EN FONTE

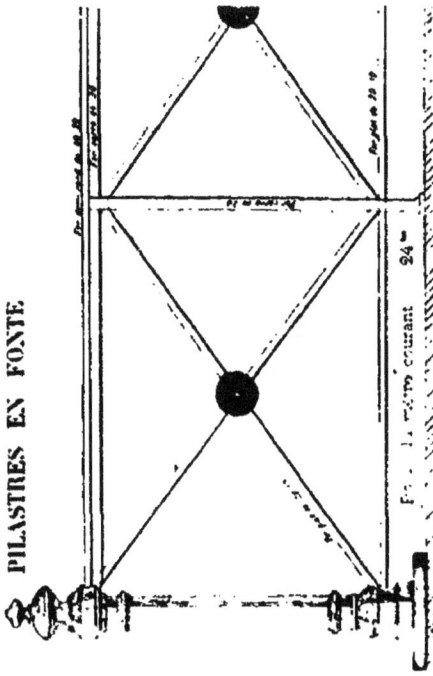

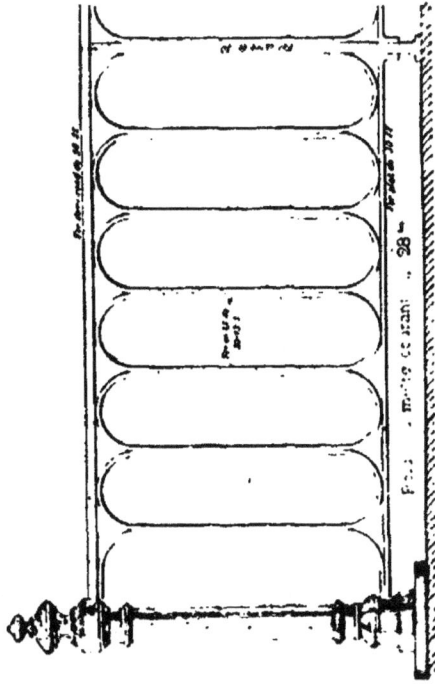

GARDE-CORPS EN FER AVEC

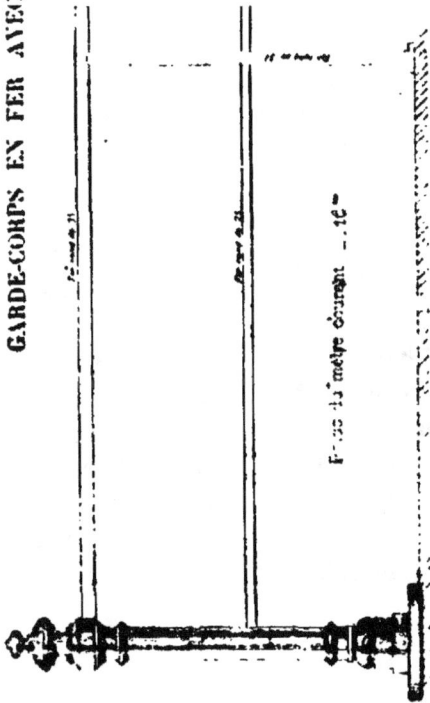

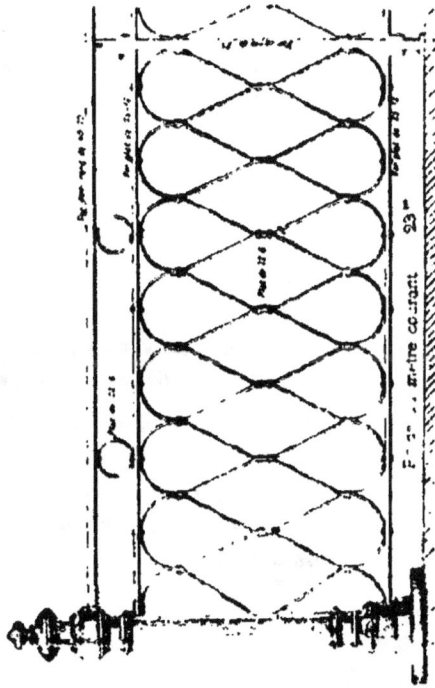

cations inscrites sur les dessins mêmes, peut descendre à 16 kilogrammes par mètre courant pour le plus léger et n'est que de 28 kilogrammes pour le plus lourd ; mais ces poids ne comprennent pas celui du pilastre en fonte, qui est de 35 kilos. Inutile de dire que de semblables garde-corps, placés sur un pont en maçonnerie, produisent toujours le plus médiocre effet et qu'il faut des nécessités d'économie tout à fait impérieuses pour en justifier l'emploi. Il convient toutefois de dire que cet emploi ne donne lieu à aucune critique pour ces nombreux ouvrages d'importance secondaire, construits pour l'établissement des chemins de fer, dont les trottoirs ne doivent donner passage qu'à quelques ouvriers du service de la voie, et pour lesquels de simples lisses en fer, ou des garde-corps très légers comme les précédents, peuvent très bien suffire.

La question de l'élargissement des ponts se rattache tout naturellement au présent paragraphe, puisque c'est presque toujours au moyen de modifications apportées aux couronnements et aux parapets qu'on obtient les augmentations de largeur réclamées.

Des travaux de ce genre, devenus moins fréquents aujourd'hui, ont été exécutés en assez grand nombre à une certaine époque, pour utiliser d'anciens ponts et mettre la largeur de leurs chaussées en rapport avec les exigences de la circulation. Le cas le plus ordinaire était celui de ponts construits avec de lourds parapets en pierre de taille, de 0ᵐ,45 à 0ᵐ,50 d'épaisseur, posés même quelquefois en arrière des murs de têtes et que l'on enlevait pour les remplacer par des garde-corps métalliques, fixés sur une plinthe disposée avec encorbellement par rapport à l'ancienne corniche.

Il ne saurait y avoir de solution générale en pareille matière ; il appartient à l'ingénieur, dans chaque cas particulier, d'après la largeur actuelle de la chaussée et des trottoirs et les largeurs nouvelles que l'on veut obtenir, de rechercher les moyens d'y parvenir aux moindres frais possibles, sans compromettre en rien la solidité de la partie supérieure du pont et sans le trop défigurer s'il a quelque valeur architecturale.

D'ordinaire, en effet, ces ouvrages additionnels sont fort disgracieux et peu faits pour procurer aux ingénieurs une satisfaction en rapport avec les dificultés résolues. Le pont de Pau offre cependant un exemple du contraire ; les ingénieurs chargés des travaux, MM. Conte-Granchamp et Muller, ayant réussi à donner un réel cachet artistique aux dispositions à l'aide desquelles la largeur a été portée à 11^m,60 entre parapets, tandis qu'elle n'était anciennement que de 6 mètres à peine.

Les piles des anciens ponts étant généralement accompagnées d'avant-becs et d'arrière-becs très saillants, on a pu, dans la plupart des cas, prendre ces saillies pour points d'appui de voûtes ou de poutres métalliques et obtenir ainsi de très notables augmentations de largeur.

C'est le moyen qu'on a employé pour le pont du Jurançon à Pau, dont nous venons de parler. Les anciennes piles prolongées à l'amont par des avant-becs triangulaires, à l'aval par des arrière-becs à pans-coupés, avaient une longueur totale de 12 mètres environ, tandis que la largeur du pont n'était que de 7 mètres entre les têtes. La solidité de ces anciennes maçonneries étant suffisante, on a pris le parti d'allonger les voûtes en les disposant en cornes de vache pour racheter la différence de largeur [1]. En outre, un couronnement avec machicoulis, de style en rapport avec le vieux château de Pau, a permis de gagner encore 0^m 50 de chaque bout ; pour réserver à la circulation presque tout l'espace ainsi obtenu, sans recourir à un garde-corps métallique dont l'effet eût été des

1. Au vieux Pont-de-Saône, à Lyon, des maisons établies sur les arches de rives « reposaient sur un des arceaux supplémentaires lancés des culées « sur les avant-becs. En aval les arrière-becs, trop peu saillants, durent « être élargis par des contreforts surmontés d'encorbellements ou de trom- « pes hardies ; sur la première pile de la rive gauche, une trompe refaite par « Desargues vers 1650 présentait même un appareil remarquable et souvent « cité. » (A. Léger, ingénieur civil. Académie de Lyon, classe des Sciences, année 1886). — Le Pont-de-Saône remontait au XIIe siècle ; il comprenait neuf arches en plein cintre de 11^m,20 à 20^m,80, mais les élargissements dont il vient d'être parlé n'ont été commencés qu'au XIVe siècle. Au XVIIe siècle, le nom de ce vénérable ouvrage a été changé en celui de Pont-au-Change ; on l'a démoli en 1846, pour lui substituer un pont présentant plus de débouché.

ELARGISSEMENT DU PONT DE SAINT-AMBROIX (Gard)

Élévation générale

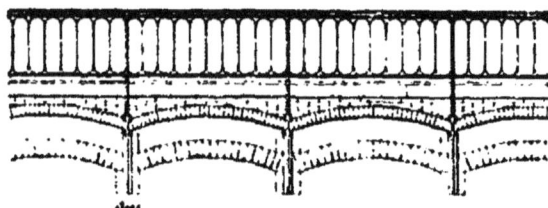

Coupe transversale   *Coupe transversale*
suivant l'axe de l'une des routes   *suivant AB*

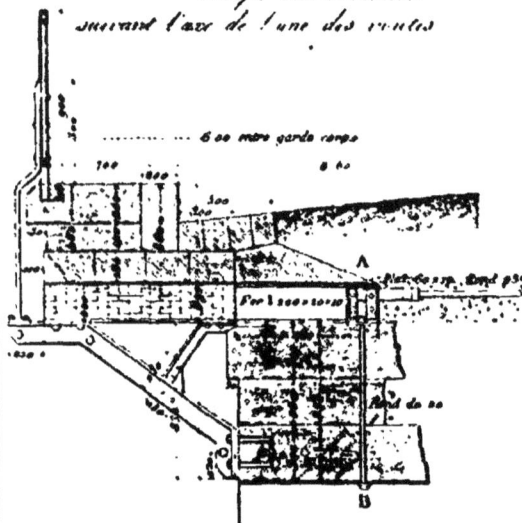

Attache des tirants

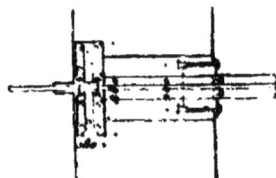

Plan

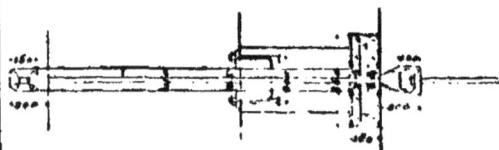

Echelles : 0,01 par mètre pour
l'élévation et 0.025 pour les
détails.

plus médiocres, on a adopté pour parapets des dalles de pierre posées de champ, de 16 centimètres seulement d'épaisseur.

Le résultat obtenu a été entièrement satisfaisant ; mais c'est là un cas tout à fait exceptionnel et le plus souvent il faut se borner à des ouvrages beaucoup plus modestes.

L'un des moyens le plus souvent employés consiste à placer, de distance en distance, à la partie supérieure des tympans, des consoles saillantes sur lesquelles on fait reposer soit des voûtes transversales en maçonnerie, si la hauteur disponible le permet, soit de simples dalles de pierre ou des plaques de métal.

Les consoles, au lieu d'être en pierre, peuvent être en métal comme le montre l'exemple de l'élargissement du pont de St-Ambroix (Gard) [1].

L'auteur de ce travail, M. Charles Bernard, alors ingénieur ordinaire, en a rendu compte dans une note à laquelle nous empruntons les passages suivants [2] :

Le pont de St-Ambroix est situé sur la route nationale n° 104 ; la voie charretière n'ayant que 3m,40 de largeur entre parapets, il fût décidé qu'on lui donnerait 4m,60 et qu'en outre l'on établirait, de chaque côté, des trottoirs de 0,70. Il eût été imprudent d'adopter des dimensions plus grandes à cause de l'état médiocre des anciennes maçonneries et de la saillie déjà forte de la voie charretière par rapport aux tympans qui devait être de 20 centimètres, en moyenne, et atteindre par places 30 centimètres à cause de l'irrégularité des parements des murs de tête.

L'élargissement a été obtenu en juxtaposant à ces anciens murs des voûtes en briques soutenues pas des poutres saillantes ou consoles métalliques, distantes de 1m 17 d'axe en axe, au-dessus de l'une des arches, et de 1m 12 au-dessus des deux autres, l'état des maçonneries ne comportant pas un plus grand espacement. Les consoles consistent en pièces de fer à double T encastrées de 0m 75 dans la maçonnerie et soutenues en dessous par des jambes de force formées de deux cornières rivées l'une à l'autre. Chaque console ou poutre repose sur

1. *Annales des Ponts et Chaussées* de 1877 ; 2° semestre, planche 20.

2. Même volume, page 453.

une pierre de taille pénétrant d'au moins 1ᵐ dans les murs de
tête avec saillie d'environ 0ᵐ05 seulement sur le parement
de ces derniers. Les bahuts de l'ancien pont ont été utilisés
pour cet objet. L'extrémité inférieure de chaque jambe de
force est fixée au moyen de 4 boulons sur une plaque de
fonte scellée elle-même sur une pierre de taille traversant,
de part en part, les murs de tête et reliée à celle qui supporte la poutre supérieure au moyen d'un étrier à boulons,
permettant de les rendre parfaitement solidaires l'une de l'autre et d'en empêcher tout déversement ; des tirants en fer longitudinaux noyés dans une couche de béton complètent la stabilité en rendant tout mouvement de rotation des jambes de
force impossible autour de leurs lignes d'appui.

Les voûtes inférieures en briques figurées sur l'élévation
correspondent à des reprises faites dans la vieille maçonnerie
et que l'on a disposées de cette sorte pour faire porter tout le
poids de l'encorbellement sur les pierres de scellement des
jambes de force.

La dépense s'est élevée à 246 francs par mètre linéaire ou à
136 francs par mètre superficiel d'élargissement réalisé.

Ces explications et les dessins ci-dessus feront exactement
comprendre, dans tous ses détails, le travail exécuté et nous
dispenseront de nous arrêter à d'autres opérations analogues.
Plusieurs ponts, en effet, ont été élargis de cette même façon,
toujours avec succès, mais assurément sans que l'on ait rien
ajouté au mérite des anciens ouvrages et peut-être ne gagne-
rait-on pas beaucoup, sous ce rapport, en substituant aux formes tout à fait rudimentaires des consoles et jambes de force
du pont de Saint-Ambroix des profils étudiés avec plus de recherche.

Au pont de Clerval, sur le Doubs, un élargissement d'importance à peu près égale à celui des ponts précédents a été
obtenu au moyen d'une corniche en pierre de taille, disposée
comme le montrent les dessins suivants comportant comme
résultat un effet moins défectueux. La largeur du pont n'était
que de 4ᵐ36 en tout, tandis qu'après l'élargissement on a pu
donner 4ᵐ70 à la chaussée seule, et avoir en outre des trottoirs de 0ᵐ90 avec garages au-dessus des piles d'amont, comme
on le voit sur la coupe.

La dépense, pour une superficie d'élargissement de 146ᵐᵍ60, a été de 23,800 fr., soit en moyenne 163 fr. par mètre carré.

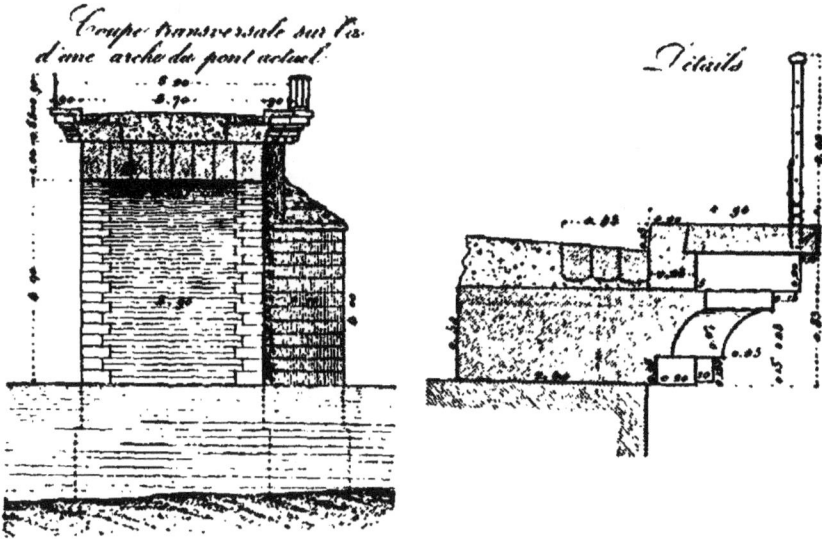

Pont de Clerval, sur le Doubs.

Pour des élargissements un peu moindres, une disposition analogue à celle que nous avons appliquée à la construction du pont des Andelys, dont il a été précédemment question, pourrait très bien suffire. Elle comporte en effet, en remplaçant le parapet en briques par un garde-corps métallique, une saillie de 0ᵐ50 par rapport au parement extérieur des murs de tympans, et pour d'anciens ponts comme ceux de Clerval et de Saint-Ambroix, ayant des parapets en pierre de taille de 0ᵐ40 à 0ᵐ50 d'épaisseur, on obtiendrait en tout par la suppression de ces derniers bien près d'un mètre de largeur supplémentaire de chaque côté.

La coupe suivante montre comment la stabilité de semblables parapets est obtenue lorsqu'ils sont exécutés en briques. Elle est due à la disposition des crampons reliant entr'elles et à la maçonnerie des têtes, non seulement les pierres formant modillons, mais encore celles disposées dans l'intervalle de ces derniers et les dalles supérieures de recouvrement. En outre de

ces crampons, de grandes tiges de scellement verticales sont
logées dans la partie pleine de l'appareil de briques et reliées
longitudinalement, suivant l'axe du parapet, par des lisses continues allant de bout en bout jusqu'aux extrémités du pont où
elles sont solidement scellées dans les dés de pierre de taille des
culées. De cette façon l'on a obtenu, à l'intérieur du parapet de
briques, un véritable garde-corps métallique dont toutes les
parties se trouvent noyées dans la maçonnerie et acquièrent
par cela même, malgré leur grand espacement, une extrême
rigidité.

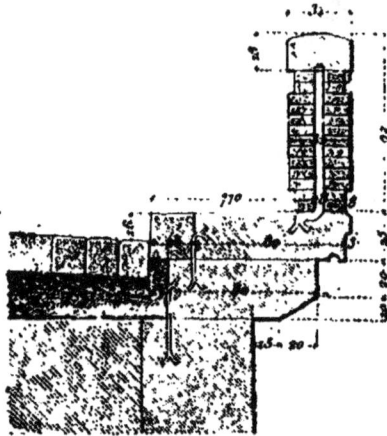

Aux ponts des Andelys et de Courcelles, sur la Seine, des
parapets ainsi disposés, et exécutés depuis une quinzaine d'années, se sont maintenus jusqu'à ce jour sans éprouver la moindre déformation.

Dans quelques circonstances, surtout à l'intérieur des grandes villes, de véritables ponts métalliques, comme cela a eu
lieu pour le pont de la Tournelle à Paris, ont été accolés à l'a-
mont et à l'aval à l'ancien pont en maçonnerie, soit en prenant
des points d'appui sur les anciennes culées et les anciennes
piles, lorsque c'était possible, soit en exécutant pour cela de
nouvelles maçonneries sur fondations spéciales. C'est là un
moyen extrême que des nécessités impérieuses peuvent seules
justifier, elles travaux à faire sont d'ailleurs du domaine de la

construction des ponts métalliques plutôt que des ponts en maçonnerie.

En résumé, lorsque les anciennes maçonneries des tympans sont en parfait état de conservation et capables de porter un encorbellement à forte saillie, une simple modification du couronnement du pont, avec addition de consoles en pierre de taille ou en métal et de voûtes en briques ou dalles par dessus, doit presque toujours suffire pour réaliser l'élargissement nécessaire. Sous ce rapport les dispositions adoptées pour beaucoup de ponts de construction récente, où des considérations d'économie ont obligé à donner la moindre largeur possible entre les têtes tout en ayant pour la chaussée et les trottoirs des dimensions suffisantes, peuvent fournir les plus utiles indications, comme le montre le dessin suivant représentant un type excellent de cette disposition.

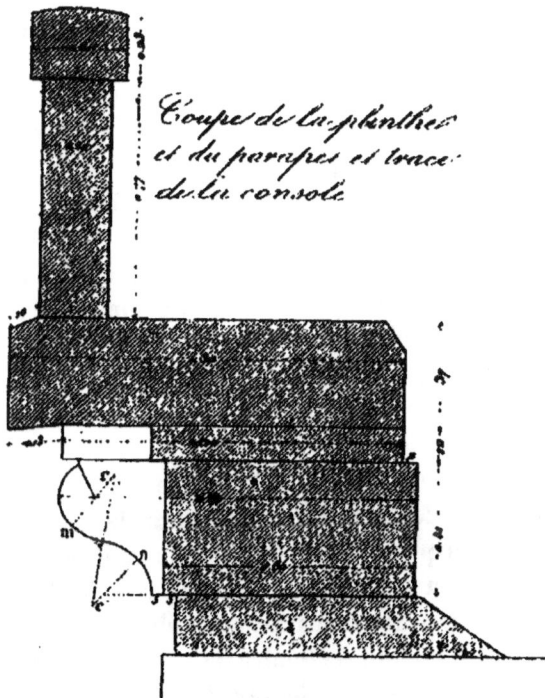

Coupe de la plinthe et du parapet et trace de la console

Il en est de même de beaucoup de passages inférieurs et de viaducs exécutés pour l'établissement des chemins de fer et sur lesquels on a ménagé, de distance en distance, des garages pour le personnel de la voie ; ces garages formant saillie sur les têtes des ouvrages, et supportés soit par de grandes consoles soit par des sortes de culs-de-lampe, offrent d'excellents modèles d'élargissement.

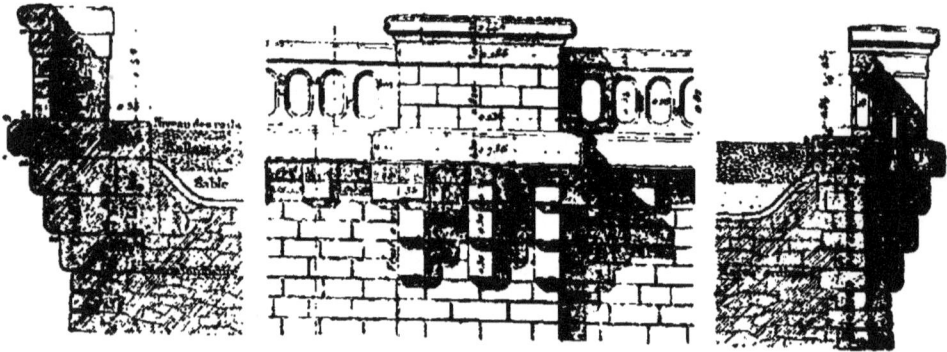

Si ces moyens ne suffisent pas, il faut recourir soit aux consoles métalliques employées comme au pont de Saint-Ambroix, soit à des arcs ou à des poutres longitudinales posées sur la saillie des avants et arrière-becs et sur les culées, et soutenant à la façon des ponts métalliques un tablier dont la largeur vient augmenter d'autant, de chaque côté, celle de l'ancien pont.

Nous ajoutons qu'en raison de la faible largeur des anciens ponts pour lesquels des travaux de ce genre sont reconnus indispensables, mieux vaudrait peut-être le plus souvent, au lieu de consoles scellées séparément sur chaque tête, employer de grandes poutres transversales noyées au-dessous de la chaussée et traversant le pont de part en part, pour faire sur chaque tête la saillie jugée nécessaire. Si cette saillie était très grande, rien n'empêcherait de soutenir en-dessous les poutres au moyen de consoles de pierre ou de métal à la manière ordinaire; mais de cette façon on aurait dans tous les cas de bien plus puissants moyens d'assurer la parfaite solidité de l'élargissement. S'il s'agissait surtout d'étendre la voie charretière jusqu'à une certaine distance en dehors du parement des tympans, cette disposition mériterait une plus grande confiance que toute autre.

§ 4

DÉBOUCHÉ ET ÉLÉVATION

Questions préalables a traiter : emplacement et débouché des ponts et via-
dues ; état de la question : éléments dont il faut tenir compte ; *nécessité
d'observations directes* ; moyens empiriques et formules ; indications approximatives à en déduire ; anomalies. — Remous ; nécessité de le réduire le
plus possible : *vitesses donnant lieu à des affouillements* ; calcul du remous ;
formule de Navier ; formule de Bresse. — Inégalité du débouché, nécessaire
suivant le point choisi pour traverser une vallée : *exemples de la vallée de la
Loire, aux environs de Blois ; de la vallée de la Garonne, aux environs de
Montauban.* — Choix du genre de pont à exécuter ; ponts en maçonnerie ;
*classement des arches d'après leurs dimensions ; comparaison des dépenses
suivant l'ouverture ; choix de la forme des arches.* — Composition de l'ensemble de l'ouvrage projeté ; considérations générales ; dimensions, proportions, symétrie, module, aucune règle précise ; simples indications théoriques ; règles géométriques et règles arithmétiques des anciens ; liberté absolue en ce qui touche les questions d'art, mais tempérée par les considérations d'économie. — Choix des matériaux. — Composition de l'ensemble de
l'élévation ; ordre et simplicité ; indication nette de la destination de chaque
partie ; détermination des formes les meilleures ; inconvénient des imitations non raisonnées. — Exemple de procédés anciens pour le tracé de profils de moulures. — Vérification de l'application des règles géométriques
et des règles arithmétiques de l'architecture antique à un certain nombre
d'ouvrages : *pont St-Ange, ponts du Rialto et de la Trinité, pont de Solférino à Pise ; ouvrages modernes, viaduc du Point du Jour, aqueduc de
Roquefavour.* — Nouveau pont de Lavaur. — Conclusions.

Après avoir successivement étudié les différentes parties
dont les ponts se composent, il est nécessaire, avant de s'occuper de leurs dispositions d'ensemble, de s'arrêter à diverses questions préalables desquelles ces dispositions dépendent
en grande partie, et de les traiter avec quelque développement.
Nous voulons parler de ce qui se rapporte au choix de l'emplacement des ponts et à la détermination de leur débouché.

Ces questions ont déjà fait, en grande partie, l'objet de l'introduction placée par M. Lechalas en tête du tome premier,
de sorte qu'il nous sera difficile d'en parler, à notre tour, sans
nous exposer à quelques répétitions ; mais il y a nécessité de
résumer à cette place les considérations exposées précédemment à un point de vue plus général, pour en faire l'application au cas particulier qui nous occupe.

27

Après une lecture attentive de tout ce qui a été écrit sur la formation et la propagation des crues, sur les moyens d'évaluer le débit des rivières pendant qu'elles sont débordées, sur les relations à observer entre la superficie du bassin d'une rivière et le débouché des ponts établis sur son parcours, sur les conditions de l'écoulement des eaux sous les ponts, etc., on demeure convaincu qu'on ne possède et qu'on ne possédera probablement jamais, à cet égard, aucune connaissance bien précise.

Les éléments, en effet, dont il faudrait tenir compte sont si nombreux que la simple énonciation en est presque impossible, et la plupart, en outre, sont d'essence à tel point variable qu'ils échappent à toute appréciation même approximative.

On peut citer notamment, pour s'en tenir aux principaux :

1° La nature et la composition des terrains formant la superficie du bassin d'une rivière, terrains offrant nécessairement, au point de vue de l'écoulement des eaux, une diversité infinie, malgré l'uniformité qui peut se rencontrer du caractère géologique général de la contrée à laquelle ils appartiennent ;

2° Les déclivités également très variables et très irrégulières de la surface de ces terrains, l'état particulier de culture qui leur est habituel, la proportion de ceux qui sont perméables et de ceux qui ne se laissent pénétrer par les eaux que plus ou moins difficilement ;

3° La composition du lit de la rivière, sa consistance, les conditions dans lesquelles peuvent s'y produire des atterrissements pendant les basses eaux et des affouillements pendant les crues ;

4° La configuration générale de ce lit, son plus ou moins de fixité, ses inflexions, sa pente longitudinale, les variations qu'elle présente ;

5° La situation des affluents, le volume et la nature des eaux qu'ils déversent dans le courant principal, leur action sur la direction de ce dernier, les probabilités plus ou moins grandes de la coïncidence des crues, les quantités de matières d'alluvion transportées ;

6° La configuration de la vallée ou des vallées dans lesquelles les eaux d'inondation peuvent se répandre, les élargissements ou étranglements plus ou moins brusques qui s'y rencontrent, la nature des cultures en usage, les conséquences plus ou moins fâcheuses qu'aurait pour ces cultures l'exhaussement du niveau des crues par suite du *remous* toujours produit par un pont et surtout par ses levées ;

7° Le voisinage ou l'éloignement des villes ou autres agglomérations d'habitations, dont on ne peut songer en aucun cas à aggraver la situation pendant la durée des inondations ;

8° La nature et l'importance de la voie pour laquelle le pont est construit, les conséquences plus ou moins graves qu'entraînerait, en cas d'avaries, l'interruption temporaire du passage ;

9° Les difficultés ou les facilités relatives qu'on rencontre, sur tel ou tel point, pour l'exécution des travaux de fondation sur les rives et dans la traversée du cours d'eau ;

10° Les conditions dans lesquelles, suivant l'emplacement choisi, on pourra amener à pied d'œuvre les matériaux nécessaires à la construction ;

11° Les conditions d'emplacement obligé auxquelles on peut se trouver astreint, comme par exemple, à l'intérieur d'une ville, lorsqu'il s'agit de raccorder des rues existantes ou de remplacer un ancien pont ; ou bien, en rase campagne, lorsque des circonstances spéciales ne permettent de faire varier qu'entre des limites très restreintes le point où une vallée sera franchie ;

12° Les exigences du service de la navigation, si la rivière est navigable, portant à la fois sur la hauteur libre à réserver sous les voûtes au-dessus de la limite de la navigation et sur l'emplacement même du pont à cause de la configuration du lit, de la situation et de la direction du chenal ;

13° L'influence qu'auraient, sur le volume et les conditions d'écoulement des crues, les transformations éventuelles de l'aménagement général d'une vallée sous le rapport hydraulique ; les travaux projetés ou pouvant être projetés dans les vallées affluentes, etc. ; enfin, même, l'action que des vents violents et surtout les vents régnants de la contrée peuvent avoir pour hâter ou retarder l'écoulement des crues, etc.

Cette énumération n'est assurément pas complète; mais, telle quelle, si l'on veut bien considérer que plusieurs des éléments énoncés ne comportent aucune évaluation exacte et qu'ils peuvent se rencontrer combinés en un nombre presque illimité de façons différentes, on demeurera convaincu que peu de problèmes exigent de la part des ingénieurs appelés à les résoudre plus d'investigations patientes, d'études minutieuses et prolongées, et surtout plus de sagacité pour parvenir à la solution la plus srtisfaisante.

Le premier point à décider est celui de l'emplacement du pont projeté, et nous venons de dire, après M. Lechalas, qu'aucune règle précise ne peut être formulée à ce sujet.

On est à même, dans chaque cas particulier, de dresser une sorte d'état, comme celui qui précède, des principales données à considérer ; après s'être efforcé de déterminer la part d'influence relative à attribuer à chacune d'elles, on s'arrête, en définitive, à la combinaison paraissant de nature à concilier, le mieux possible, tous les intérêts en présence et à en satisfaire le plus grand nombre.

Cela fait, la question du débouché à donner au pont, pour éviter que sa construction devienne une cause de dommage quelconque pour les propriétés riveraines, demande à son tour à être étudiée avec grand soin.

Des moyens empiriques et des formules sont en usage pour cela et peuvent assurément être de quelque secours, mais à la condition de ne les employer qu'avec une extrême prudence. On trouve la justification de cette réserve dans les faits cités par M. Lechalas, notamment à propos des bases proposées par Duleau pour calculer le débouché d'un pont d'après la superficie du bassin de la rivière, puisque des ponts dont le débouché a été reconnu suffisant après une longue expérience sont très loin d'avoir celui qu'aurait donné le calcul fait d'après ces bases.

Il n'est pas rare, par exemple, de rencontrer sur un même cours d'eau des ponts offrant cette particularité que, même à une assez grande distance l'un de l'autre, celui d'aval a un débouché bien moindre que ceux d'amont, tout en étant largement suffisant. C'est qu'en effet pour l'écoulement d'une crue le débouché n'est que l'un des éléments du débit, que la vitesse en est un second tout aussi important que le premier et qu'il suffit que, pour une cause quelconque, la vitesse se trouve augmentée aux abords du pont d'aval pour que celui-ci, même avec une ouverture moindre, donne passage à la même quantité d'eau par seconde.

Nous rappellerons sommairement les formules le plus ordinairement appliquées pour le calcul de ce débit théorique.

Sauf le cas où la rivière, n'ayant qu'une largeur assez restreinte et se trouvant contenue entre des rives élevées, peut être franchie au moyen d'une seule arche ou d'une seule travée sans aucune pile intermédiaire, la construction d'un pont donne toujours lieu à une certaine réduction de la section d'écoulement des eaux, surtout pendant les grandes crues : ce n'est donc que par une augmentation de vitesse que la compensation peut s'établir pour obtenir l'égalité de débit, et cette augmentation de vitesse elle-même ne peut se produire que par un certain relèvement de l'eau à l'amont du pont.

Ce relèvement, c'est-à-dire cet accroissement de la hauteur de l'eau à l'amont d'un pont par rapport à ce qu'elle serait à l'état naturel, si le pont n'existait pas, est ce qu'on appelle le *remous*.

Deux motifs obligent à réduire le plus possible ce remous ; d'une part la nécessité de ne pas aggraver la situation des propriétés riveraines d'amont, pendant les inondations ; d'autre part la crainte de voir, par l'effet d'une trop grande vitesse, des affouillements considérables se produire sous le pont même ou à ses abords et en compromettre l'existence.

On a essayé, à la suite d'un certain nombre d'observations, d'indiquer, suivant la nature du fond, quelles sont les vitesses qu'il ne faudrait pas dépasser pour éviter ces affouillements, mais les chiffres proposés ne semblent pas répondre bien exactement à la réalité des faits.

D'après un tableau donné par Morandière, qui l'avait lui-même emprunté à Gauthey, le lit d'un cours d'eau commencerait à être attaqué lorsque la vitesse atteint :

Avec un fond de sable . . . . 0^m30

Avec un fond de gravier. . . . . 0^m60

Avec un fond de cailloux agglomérés 1m 50
Avec un fond de roche lamelleuse 1m 80
Avec un fond de roche dure 3m

On devrait donc théoriquement, suivant les cas, s'efforcer de maintenir le remous au-dessous de la hauteur dont l'effet serait d'accroître la vitesse au-delà des limites qui précèdent ; mais, dans la pratique, ces limites sont trop faibles et il ne faut pas perdre de vue d'ailleurs que souvent des affouillements temporaires se produisent au moment des crues et sont en quelque sorte indispensables pour que les eaux trouvent une section d'écoulement suffisante. L'essentiel est que ce résultat soit assuré sans que les affouillements aient à prendre des proportions de nature à compromettre la conservation de l'ouvrage.

Pour les fonds de roche, en particulier, la vitesse de 3 mètres par seconde, indiquée ci-dessus comme susceptible de produire des érosions, est certainement beaucoup trop faible, au moins pour certaines roches, puisque d'observations faites avec soin aux ponts de Foix et de Tarascon sur l'Ariège, pendant la crue exceptionnelle de 1875, il est résulté que la vitesse d'écoulement a de beaucoup dépassé cette limite. Cependant aucun accident ne s'est produit, et il ne paraît même pas que le lit ait été affouillé.

Il ne faut donc voir dans les limites indiquées par Gauthey et Morandière, comme dans celles à peu près semblables proposées par d'autres auteurs, que de simples renseignements bons à noter, sans qu'il en résulte rien d'obligatoire pour de nouveaux ouvrages projetés, et surtout sans qu'on puisse s'en autoriser pour se dispenser d'observations locales toujours absolument nécessaires.

Le débouché dont on aura à tenir compte, pour le calcul approximatif du remous, résulte tout d'abord de la façon dont sera composé le pont en projet, de la distance ménagée entre ses culées, du nombre et de l'épaisseur des piles en rivière, enfin s'il y a lieu du nombre et de l'ouverture des arches de décharge disposées dans les levées d'accès. Il faut donc, avant d'être à même d'arrêter les dispositions définitives, faire à leur égard une première hypothèse, en déduire le débouché qui s'y rapporte et faire entrer ce dernier dans le calcul auquel on se propose de procéder.

Navier, dont les formules sont encore employées, a considéré la section d'écoulement d'une rivière, aux abords d'un pont, comme composée de deux parties, l'une d'une hauteur égale à celle que l'eau aurait naturellement à quelque distance à l'aval, la seconde superposée à la première et ayant pour hauteur celle du remous. Il a supposé ensuite que le débit était pour la partie inférieure celui dû à la pente naturelle de la rivière, et pour la partie supérieure le volume d'eau qui s'écoulerait par dessus un déversoir avec une hauteur égale à celle du remous.

Il y a là, comme on le voit, des hypothèses fort éloignées de la réalité des faits, de sorte que le calcul auquel elles servent de base ne peut avoir qu'une valeur relative.

La formule obtenue est la suivante :

$$Q = m\omega \sqrt{2g(H + z)} + 0,57 \, mlz \sqrt{2g(H + z)}$$

dans laquelle :

Q est le débit total de la rivière ;

l la largeur moyenne du débouché sous le pont ;

h la profondeur moyenne sous le pont, au-dessous de la surface de l'eau en aval ;

z le remous ;

$\omega = lh$, la section d'écoulement sous le pont ;

m le coefficient moyen de contraction dû à la présence des culées et des piles ;

u la vitesse moyenne du courant ;

$H = \dfrac{u^2}{2g}$ la hauteur correspondant à cette vitesse u.

La formule ci-dessus peut s'écrire de la façon suivante :

$$\frac{Q}{m\omega + 0,57 \, mlz} = \sqrt{2g(H + z)}$$

ou bien :

$$\frac{Q}{ml(h + 0,57 z)} = \sqrt{2g(H + z)}$$

mais ce n'est que pendant les fortes crues qu'il y a intérêt à s'occuper de l'effet du remous et, à ce moment, à moins de circonstances exceptionnelles, z a nécessairement une valeur assez faible par rapport à h, de sorte qu'on peut, sans grande erreur, négliger dans le dénominateur du premier membre le terme $0.57 z$. Il reste alors :

$$\frac{Q}{m\omega} = \sqrt{2g(H + z)}$$

Cette formule, qu'on désigne d'habitude sous le nom de *formule approximative*, est employée pour déterminer z en supposant connus Q, m et ω.

Le coefficient de contraction m dépend de nombreuses circonstances fort variables, qui en rendent la valeur assez incertaine. On le fait généralement dépendre de la largeur des arches parce qu'en effet la contraction que les piles peuvent déterminer, dans un courant, doit avoir quelque rapport avec l'espacement de ces dernières ; mais on comprend sans peine que suivant que les piles présenteront, sous l'eau, un parement maçonné descendant jusqu'aux fondations établies sur rocher, ou bien qu'elles reposeront sur des pilotis élevés, protégés par des masses d'enrochements opposant au courant toute sorte d'aspérités, les pertes de vitesse seront absolument différentes.

Gauthey [1] supposait que suivant l'épaisseur et la forme des piles, c'est-à-dire suivant qu'elles opposent au courant une surface plane, ou bien un avant-bec arrondi, ou triangulaire, ou en ogive, et selon que les naissances sont immergées ou non pendant les crues, le coefficient m pouvait varier de 0,70 pour les arches de petites dimensions et les circonstances les plus défavorables à 0.95 pour de grandes arches avec piles offrant les meilleurs profils.

Eytelwein fait à peu près de même varier m de 0,85 pour des piles coupées carrément à 0,95 pour les piles dont les avant-becs sont angulaires ou arrondis.

Avec les arches de très grandes dimensions, dépassant par exemple 60 mètres, comme il en existe un certain nombre,

[1]. Gauthey : *Traité de la construction des ponts;* Firmin Didot, 1832, page 168.

cette dernière valeur de 0,95 est parfaitement admissible et l'on pourrait même très bien prendre *m* égal à l'unité.

Dans les conditions les plus usitées, il y a lieu de faire :

$$m = 0,90$$

Ce qu'il importe de déterminer, au moyen de la formule approximative ci-dessus, c'est la valeur de *z*, c'est-à-dire la hauteur du remous à provenir du débouché superficiel ω provisoirement admis pour le pont.

En remplaçant ω par *lh* et dégageant la valeur de *z* on a :

$$\frac{Q^2}{l^2 h^2} = 2g(H + z), \qquad \text{d'où} \qquad z = \frac{Q^2}{2 g l^2 h^2} - H$$

Le calcul est aisé à faire. On voit ainsi quelles seraient *approximativement* les conséquences, à l'amont du pont, sous le rapport des inondations, de l'admission définitive du débouché ω, et, s'il y a lieu, on fait une nouvelle hypothèse sur cette dernière valeur.

Nous pensons devoir reproduire ici la formule de Bresse déjà donnée par M. Lechalas, dans son Introduction (p. 137), relative au *gonflement produit par le passage d'une rivière sous un pont*.

Cette formule est la suivante :

$$y = \frac{Q^2}{2g} \left[\frac{1}{\mu^2 l^2 h^2} - \frac{1}{L^2 (h + y)^2} \right]$$

dans laquelle :

y est le remous, c'est-à-dire, comme précédemment, la chute superficielle ou différence entre la hauteur de l'eau en amont du pont et celle mesurée sous le pont même, à l'endroit de la plus forte contraction des filets ;

μ le coefficient de cette contraction ;

L la largeur du lit avant le rétrécissement ;

l la portion de cette largeur laissée libre par les obstacles qui causent le rétrécissement ;

h la hauteur de l'eau au point où le passage est rétréci.

La formule est du troisième degré, à une seule inconnue, et se résout par tâtonnements, en faisant successivement diverses hypothèses sur la valeur de y dans le second membre, effectuant les calculs et voyant si la valeur calculée se rapproche suffisamment de la valeur supposée.

Pour des vitesses faibles et des remous peu élevés, les formules donnent sensiblement le même résultat ; mais les différences peuvent s'accentuer à mesure que les vitesses augmentent, et le mieux est de faire usage de la formule de Navier à titre de première approximation. pour hâter les études préparatoires, puis d'appliquer la formule de Bresse comme vérification, avant d'arrêter les dispositions du pont. Il faut d'ailleurs remarquer que les auteurs cités supposent, implicitement, qu'on passe de la section naturelle à la section réduite sans une grande diminution brusque ; il en résulte que leurs formules ne peuvent inspirer de confiance quand les ponts sont accompagnés de longues levées transversales, comme on peut s'en convaincre en lisant le mémoire de Vicat sur la crue de la Dordogne à Souillac en 1833 (Annales de 1836) ; les écoulements par dessus la plaine inondée se trouvant localement supprimés, le volume débité par le lit ordinaire s'est trouvé considérablement accru, ce qui s'écarte absolument des données de Navier et de Bresse ; en outre de vifs courants se sont prononcés le long de la levée, à l'amont, et sont venus bouleverser les conditions de l'écoulement sous le pont. Quant aux digues longitudinales, telles que celles de la Loire, on sait quels exhaussements des crues elles ont amenés sur ce fleuve comme sur le Pô et sur la Theiss, ce qui achève de montrer quelle est la complication du problème général de l'exécution des travaux dans les vallées.

Pour ce qui concerne spécialement les ponts, les dispositions peuvent varier entre des limites très étendues pour certaines rivières, suivant l'emplacement choisi ; il est intéressant de citer à cet égard quelques exemples. que nous empruntons à M. Croizette-Desnoyers. Ils montrent bien l'influence que ce choix doit avoir sur l'importance des ouvrages, et par suite sur les dépenses à faire pour leur construction.

Dans les moments de grandes crues, la Loire couvre souvent sur de plus ou moins grandes hauteurs toute l'étendue de sa large vallée, parce qu'il a été ménagé sur plusieurs points dans ses digues des déversoirs de superficie ; indépendamment du débouché à donner aux ponts construits à la traversée de la largeur endiguée, il faut alors construire un certain nombre d'arches de décharge dans les levées d'accès, tenues à un niveau supérieur à celui des plus hautes eaux et formant ainsi barrage. A l'occasion de la construction du chemin de fer de Romorantin à Blois, on s'est proposé d'éviter que la vitesse des courants, aux abords des arches de décharge, dépassât 1^m,20 par seconde, limite reconnue nécessaire pour ne causer aucun dommage aux propriétés riveraines, ce qui a conduit pour les ouvrages projetés en travers de la vallée à donner un débouché linéaire de 576 mètres au pont du lit principal, de 480 mètres aux viaducs du val de la rive gauche et de 480 mètres à ceux de la rive droite, soit pour l'ensemble des ouvrages un débouché linéaire de 1236 mètres.

A Montlouis, au contraire, situé à 50 kilomètres à l'aval de Blois, un débouché linéaire total de 297 mètres a été jugé suffisant pour écouler les 7.000 mètres cubes à la seconde des crues exceptionnelles, et les ouvrages se sont toujours parfaitement comportés sans occasionner de dommages [1].

Il est certain que, pour livrer passage à des volumes d'eau équivalents, il peut se faire que les travaux à exécuter soient d'importance bien différente, suivant le point qu'on choisit pour franchir la vallée: on ne saurait donc apporter trop de soin dans ce choix, trop multiplier les observations directes et les études comparatives, pour suppléer à l'absence de toute règle précise dont on puisse faire l'application.

Dans l'exemple qui précède, celui du chemin de fer de Romorantin à Blois, le déplacement du tracé de quelques kilo-

---

1. Nous suivons ici M. Croizette-Desnoyers ; mais la différence de niveau entre l'amont et l'aval a cependant été de 0^m,17 au moment du maximum de la crue de 1856, ce qui aurait pu amener des ruptures dans les digues longitudinales supérieures. Si l'on considère l'influence sur les crues de l'ensemble des ouvrages, il faut encore tenir compte de l'exhaussement amené des deux côtés du pont par la concentration dans ses 297 mètres de débouché linéaire du débit qui se faisait, autrefois, sur une largeur à peu près double ; une longue levée transversale règne, en effet, entre le pont et la digue longitudinale de la rive gauche.

mètres, pour le reporter de l'amont à l'aval de Blois, aurait permis de réaliser une économie de très grande importance.

La solution parfaite, en pareil cas, serait celle qui ne donnant lieu, en quelque sorte, à aucun remous, enlèverait tout prétexte à quelque réclamation que ce soit de la part des riverains; mais pour de grandes vallées, comme celle de la Loire, les sacrifices à s'imposer deviendraient à tel point onéreux qu'on n'y saurait songer. Ainsi, à l'occasion de la construction du chemin de fer de Bourges à Gien, on a calculé que pour établir, aux abords de cette dernière localité, une traversée satisfaisant à la condition que nous venons d'énoncer, il faudrait, indépendamment d'un débouché linéaire de 380 m sur le lit principal, donner une ouverture de 1250 aux ouvrages de la rive gauche et de 250 mètres à ceux de la rive droite, soit un débouché total de 1880 mètres, devant nécessairement entraîner à des dépenses énormes.

Lorsqu'il s'agit d'une route ordinaire, au lieu d'un chemin de fer, c'est-à-dire d'une voie sur laquelle une interruption momentanée de la circulation peut n'avoir pas de conséquences bien graves, on s'est demandé s'il ne serait pas préférable de s'exposer à cet inconvénient plutôt que de s'imposer des dépenses hors de toute proportion avec les intérêts en jeu, d'autant plus qu'après avoir fait ces dépenses les chances d'accidents graves peuvent subsister encore, avec éventualité d'interruptions plus prolongées du passage.

C'est ainsi qu'on avait d'abord construit pour le passage d'une route nationale en travers de la vallée de la Garonne, dans les environs de Montauban, une levée d'assez grande hauteur pour n'être submergée, à de très longs intervalles, que par des crues tout à fait exceptionnelles ; mais à plusieurs reprises, même par des crues ordinaires, la levée a été emportée et de longs arrêts de la circulation en sont résultés. On a pris alors le parti de réduire la hauteur de la levée, pour permettre aux eaux de la franchir sans causer de grands dommages; depuis cette modification, on n'a eu à souffrir que d'interruptions assez courtes du passage, et il semble qu'on ait ainsi définitivement évité les ruptures de la route, c'est-à-dire les longues perturbations et les dépenses toujours fort onéreuses qu'exigeaient autrefois les réparations.

Il va sans dire qu'une semblable solution, sans être absolument inadmissible, ne pourrait être que bien rarement proposée pour des chemins de fer, si ce n'est pour ceux, comme on en construit maintenant, dont l'importance sous le rapport de la circulation atteint à peine celle d'une route ordinaire.

L'emplacement d'un pont et son débouché étant arrêtés, il reste à examiner comment on disposera l'ensemble de l'ouvrage, quelle largeur totale on réservera entre ses culées, de combien d'arches on le composera, quelle sera la forme de celles-ci, quelles dimensions on donnera aux piles, etc.

Mais d'abord une première question s'impose à l'examen des ingénieurs, c'est celle de savoir quelle sorte de pont on exécutera, pont fixe ou pont suspendu, pont en maçonnerie, pont en bois ou pont métallique.

En pareille matière, les considérations qui doivent primer toutes les autres sont celles relatives aux intérêts de la vallée traversée et à la sécurité du passage à établir.

Si la largeur à franchir ne dépasse pas les limites jusques auxquelles on peut, sans exagération excessive de dépense, n'avoir qu'une seule arche maçonnée ou bien une seule travée métallique, reposant sur des culées entre lesquelles, même par les plus grandes crues, les eaux trouveront leur débouché naturel sans rétrécissement appréciable, on ne doit pas hésiter à préférer cette solution à toute autre.

Si des supports intermédiaires sont reconnus nécessaires, il peut y avoir intérêt, suivant les circonstances, à en restreindre le nombre et, là encore, la question se présente de savoir si ce n'est pas à un ouvrage métallique que l'on doit donner la préférence.

Ce n'est d'ailleurs que pour des motifs de ce genre que le métal peut être préféré à la maçonnerie, celle-ci étant généralement plus économique et comportant dans tous les cas l'exécution d'ouvrages d'une stabilité et d'une durée beaucoup plus grandes.

Mais ce serait nous éloigner de notre sujet que d'entamer une étude comparative entre les diverses sortes de ponts ;

nous devons supposer ce point concerté par avance et admettre que c'est exclusivement d'un pont en maçonnerie qu'il faut déterminer les dispositions générales.

Lorsqu'il ne s'agit que de l'écoulement des eaux, il est évident qu'il y a tout intérêt à leur opposer le moins d'obstacles possible, et par conséquent à réduire le nombre des piles en donnant aux arches toute la largeur que comporte la hauteur dont on peut disposer.

Mais bien souvent, surtout pour la construction des chemins de fer, des canaux, des aqueducs, de grands ouvrages deviennent nécessaires pour la traversée des vallées, même en dehors des limites que les eaux peuvent atteindre, et des considérations autres que celles relatives au débouché interviennent, pour le règlement des dimensions à donner aux voûtes et à leurs supports.

D'après les désignations habituellement admises, on considère comme des arches de petites dimensions celles qui ont moins de 10 mètres d'ouverture ; celles de 10 à 25 mètres sont de dimensions moyennes ; celles de 25 à 40 mètres, de grandes dimensions ; enfin les arches de plus de 40 mètres sont dites de dimensions exceptionnelles et le nombre en est très restreint, comme le montre le tableau que nous donnons plus loin, d'après le mémoire déjà mentionné de M. Séjourné.

Les comparaisons seraient aisées à faire, en ce qui touche les dépenses et les difficultés d'exécution, si les ponts avaient toujours la même hauteur et la même largeur entre les têtes, tandis que ces éléments ne se rencontrent jamais identiques ; on ne peut donc pas préciser des chiffres permettant de vérifier par avance, si dans telle situation il est avantageux d'exécuter des arches de dimensions petites ou moyennes, ou bien un nombre moindre d'arches de grandes dimensions ou même de dimensions exceptionnelles.

En général, le prix de revient d'une voûte, par mètre linéaire, augmente plus rapidement que l'ouverture, de sorte qu'une arche de grande dimension sera plus coûteuse à établir que deux arches de dimensions moitié moindres ; mais comme celles-ci exigeront une pile de plus, il suffira que cette pile donne lieu à quelque difficulté particulière d'exécution pour que la compensation des dépenses en résulte, et même que la comparaison tourne à l'avantage de l'arche la plus grande.

Que l'on considère, par exemple, un débouché linéaire total de 100 mètres qu'on pourrait répartir entre 10 arches de 10 mètres ou bien 5 arches de 20 mètres ; si la dépense de construction des voûtes devait être de 250.000 francs dans le premier cas et de 300.000 francs dans le second, il suffirait que l'économie à provenir de l'exécution en moins de cinq piles en rivière atteignît 50.000 francs pour que la seconde solution fût préférable à la première, puisqu'elle ne comporterait pas autant d'obstacles au libre écoulement des eaux.

Pour donner des résultats d'une certitude complète, de semblables comparaisons exigeraient la rédaction de deux projets complets et prendraient un temps qu'on n'est pas toujours libre de leur consacrer ; il faut donc se contenter d'études approximatives, et l'on peut d'ailleurs y procéder comme le montrent les exemples suivants que nous empruntons à M. Croizette-Desnoyers [1].

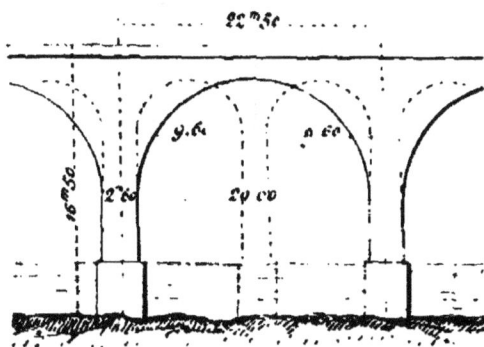

Le croquis ci-dessus représente un pont de 16ᵐ 50 de hauteur avec indication, en traits pleins, d'une arche de 20 mètres d'ouverture, et en traits pointillés de deux arches de 9ᵐ 60 occupant la même longueur entre les plans diamétraux des piles de la première. En ne considérant, comme éléments d'une es-

1. Cours ; Tome Iᵉʳ, pages 228 et suivantes.

timation comparative à faire, que le prix moyen du mètre cube
de maçonnerie et celui du mètre superficiel de taille de parement vu, et les appliquant seulement aux parties des ouvrages
situées au-dessus des fondations, la largeur entre les têtes
étant d'ailleurs supposée de 8 mètres, le calcul donne pour résultat une augmentation de 2.156 francs pour l'exécution de
la grande arche ; mais les deux arches de 9ᵐ 60 exigeraient
une pile de plus et il resterait à examiner si les fondations de
celle-ci, comme il y a tout lieu de le présumer, ne coûteraient
pas plus de 2.156 francs, auquel cas l'avantage resterait à la
grande arche.

Au lieu d'appliquer des prix aux cubes des maçonneries et
aux superficies des parements vus, on se borne quelquefois à
comparer les surfaces des ouvrages en élévation.

Par exemple, pour un viaduc de 33 mètres de hauteur, à
composer soit d'arches de 15 mètres d'ouverture, soit d'ar-

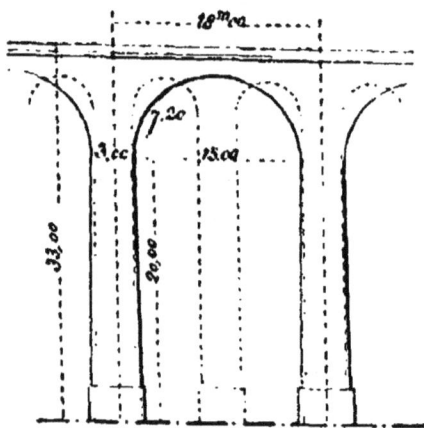

ches de 7ᵐ 20 occupant la même longueur, piles comprises,
comme le montre le croquis, les surfaces des élévations seraient de 147ᵐ⁴ 23 dans le premier cas et de 170ᵐ⁴ 35 dans le
second, d'où une différence de 23ᵐ⁴ 12 en faveur des grandes
arches qui seraient ainsi les plus économiques.

Le même calcul fait en comparant des arches de 20 mètres
et des arches de 9ᵐ 60, pour le même viaduc, montre que l'a-

vantage reste encore aux grandes arches, mais avec une différence de surface en moins réduite à 10^q 46.

A mesure que la hauteur augmente, l'économie en faveur des grandes arches s'accentue de plus en plus, et sous ce rapport la plupart des viaducs les plus anciens présentent des dispositions qu'on n'adopterait plus aujourd'hui.

Les exemples qui précèdent n'ont d'autre objet que d'indiquer comment peut être faite une étude préalable du genre de celle dont il s'agit ; mais chaque ingénieur reste libre d'y procéder comme il le juge préférable, suivant que les considérations dont il doit tenir le plus de compte se rapportent soit à des questions d'économie, soit à des difficultés pratiques d'exécution, soit à des questions d'art, etc.

M. l'ingénieur en chef des Orgeries a cherché, à propos de la construction projetée d'un viaduc aux abords de Gien, à calculer mathématiquement le débouché le plus satisfaisant à donner aux arches, et sa méthode, un peu compliquée peut-être mais en somme exacte, présente un réel intérêt pourvu que l'on n'y cherche, comme il convient toujours en pareille matière, que de simples indications utiles et non des résultats d'une précision rigoureuse.

La forme prévue pour les arches était celle d'arcs de cercle avec corde égale au rayon, et M. des Orgeries a exprimé le volume total du viaduc, par mètre linéaire, au moyen d'une équation dans laquelle le rayon est la seule inconnue. La largeur du viaduc entre les têtes, la hauteur de la surcharge au-dessus de la clef, le fruit des piles par mètre de hauteur, ont été considérés comme des constantes et l'on comprend très bien que l'on ait pu arriver ainsi à une expression du volume en fonction du rayon, seule quantité variable. Cette expression obtenue, on en a calculé le minimum pour en déduire la valeur correspondante du rayon.

Pour le viaduc dont il s'agit, d'une hauteur de 10^m 30 au-dessus du niveau moyen de la vallée, le calcul fait comme on vient de le dire a donné, pour le rayon et par suite pour l'ouverture des arches, une dimension de 14^m 29 ; mais le service de la navigation ayant exigé, pour le niveau de la naissance des voûtes surbaissées, une cote dont on n'avait pas pu tenir compte

28

dans le calcul ci-dessus, les arches ont été exécutées en définitive avec une ouverture de 11 mètres, qui sans correspondre précisément au minimum de dépense doit sans doute s'en éloigner assez peu.

Cette question du minimum de dépense n'est d'ailleurs ou du moins ne devrait être le plus souvent, on ne saurait trop le répéter, que l'un des nombreux éléments d'après lesquels les ingénieurs se déterminent pour telles ou telles dimensions des arches ; quelle que soit son importance, elle ne devrait jamais, à moins de circonstances tout à fait exceptionnelles, empêcher de tenir compte des conditions relatives à l'harmonie des proportions, à l'aspect monumental, en un mot à la beauté de l'édifice qu'on se propose d'élever.

Sous ce rapport, ces dernières conditions ne sont pas tout à fait les mêmes suivant qu'il s'agit d'un viaduc ou d'un pont, et il convient de préciser quels sont les ouvrages auxquels ces désignations se rapportent.

Les définitions en ont un peu varié avec les auteurs ; les plus simples et les plus naturelles semblent être les suivantes :

Un pont est un ouvrage construit à la traversée d'une rivière et dont l'objet, en ce qui touche le nombre et les dimensions de ses arches, est d'offrir un débouché suffisant pour donner passage, sans remous trop accentué, à toutes les eaux que cette rivière peut débiter par les plus grandes crues.

Un viaduc, au contraire, est un ouvrage établi dans toute la largeur d'une vallée pour franchir celle-ci à un niveau obligé, et dont les dimensions se déterminent non pas seulement en vue de l'écoulement des eaux, pour lequel ces dimensions sont presque toujours beaucoup plus que suffisantes, mais en vue de la hauteur à laquelle doit être établie la voie qui en exige la construction.

Cependant, même dans ces dernières conditions, lorsqu'il s'agit de canaux ou de conduites d'eau, l'usage a prévalu d'employer le terme de pont, et les ouvrages sont désignés sous les noms de *pont-aqueduc* ou de *pont-canal*, quelle qu'en soit d'ailleurs l'importance et l'élévation.

Presque toujours les viaducs, comparés aux ponts, présentent un grand excédant de hauteur et c'est d'après cette dernière dimension qu'on en distingue l'importance. Jusqu'à 15 mètres les viaducs sont dits de faible hauteur ; de 16 à 30 mètres, de hauteur moyenne ; de 31 à 49 mètres, de grande hauteur ; enfin à partir de 50 mètres, de hauteur exceptionnelle. Il n'en a été construit jusqu'à présent qu'un petit nombre de cette catégorie, comme le montre l'un des tableaux de notre cinquième chapitre.

La hauteur, généralement faible, des ponts par rapport à leur longueur, est l'élément de nature à influer le plus sur le choix de la forme des arches. Si cette hauteur est suffisante pour comporter l'adoption de voûtes en plein cintre ou en arc de cercle très peu surbaissé, sans que les naissances soient placées trop au-dessous du niveau des grandes crues, c'est à ces formes qu'on doit sans hésitation donner la préférence. Dans le cas contraire, et suivant que la distance verticale devient de plus en plus faible, entre le niveau des grandes eaux et celui de la voie franchissant le pont, les anses de panier ou ellipses et enfin les arcs de cercle très surbaissés deviennent en quelque sorte obligatoires. L'étude dont nous avons parlé tout à l'heure, relative à la comparaison des dépenses suivant l'ouverture des voûtes, donnera les derniers éléments de la détermination des courbes.

Pour les viaducs, au contraire, le plein cintre semble s'imposer à moins de circonstances exceptionnelles venant justifier l'adoption de l'ogive, ou autre forme surhaussée. Malgré la réduction du cube de maçonnerie qu'on obtiendrait, à égalité d'ouverture, en substituant à des demi-circonférences des arcs de cercle surbaissés, nous n'admettons pas que cette dernière forme soit acceptable pour des voûtes reposant sur des piliers de hauteur très grande par rapport à leur ouverture.

Sans insister outre mesure sur ces détails, on entrevoit comment il est possible, après avoir arrêté l'emplacement d'un pont ou d'un viaduc et en avoir calculé le débouché, de parvenir par degrés à en déterminer les dispositions générales sous le rapport de la forme et de l'ouverture des voûtes, du nombre et de la hauteur des piles, des lignes suivant lesquelles le couronnement sera établi, etc.

Il ne reste plus alors qu'à décider quel caractère on donnera à l'édifice, caractère de simplicité ou de recherche, de légèreté ou de force, de rusticité ou d'élégance suivant la situation qu'il doit occuper.

Si nous avons suffisamment fait connaître les diverses façons dont peuvent être disposées les culées et les piles, les têtes de voûtes, les tympans, les couronnements et parapets, ainsi que l'ornementation spéciale que comportent ces diverses parties des ponts, il devra être aisé d'en faire l'application aux dispositions d'ensemble, pourvu qu'on s'attache à maintenir la plus parfaite harmonie entre ces divers éléments pour en composer un tout où chaque chose soit bien à sa place, avec la valeur relative qui lui est propre, en accusant nettement les dispositions essentielles de la construction, sans rien d'inutile, rien qui puisse choquer l'œil ou la raison, rien surtout qui s'éloigne de cette sobriété sévère qui doit toujours rester la note dominante d'un semblable édifice.

Les procédés généraux et les règles de l'architecture ordinaire trouvent ici tout naturellement leur application, et nous voudrions très brièvement rappeler, en leurs lignes principales, ceux qu'on doit particulièrement appliquer aux ponts.

Mais d'abord y a-t-il, en matière d'architecture, des procédés et des règles fixes ressemblant en quelque sorte à des formules, dont le premier venu, aidé d'une instruction première suffisante, puisse faire usage pour peu qu'il y apporte d'intelligence et de volonté de bien faire? Ce serait, assurément, une grande erreur de le croire, mais la question n'a pas cessé d'être controversée, et comme nous ne saurions prétendre à une autorité suffisante en ces matières spéciales, nous empruntons pour la plus grande partie les observations qui suivent à deux auteurs que nous avons déjà eu l'occasion de citer, Léonce Reynaud et Viollet-le-Duc, dont la science ne le cédait en rien aux connaissances pratiques pour tout ce qui a trait aux questions d'art proprement dit.

Le point le plus important, lorsqu'il s'agit de la composition d'un édifice en projet, est de déterminer, pour ses différentes parties, des dimensions ou proportions destinées à produire dans leur ensemble une sorte d'effet harmonieux, qu'il serait

assez malaisé de définir mais que l'œil et le goût saisissent
très nettement. Il y a là, bien que l'assimilation complète en
soit impossible, quelque chose d'analogue à l'effet des sons
qui produits simultanément donnent lieu tantôt à des accords
agréables, tantôt à des dissonances choquantes pour l'oreille.

En pareille matière, la symétrie ne suffit pas et s'il s'agissait
d'un ouvrage de grande importance, d'un grand pont ou d'un
viaduc par exemple, on aurait beau adopter des formes régulières procédant de types connus et les disposer avec une symétrie parfaite, de part et d'autre d'un axe vertical, on ne saurait être assuré d'élever ainsi un édifice remarquable, comme
en pourraient donner la preuve bon nombre de monuments qui,
tout en étant parfaitement symétriques dans leurs dispositions,
sont, en même temps, d'une médiocrité manifeste.

Il faut donc se garder d'attribuer à la symétrie plus d'importance qu'elle n'en comporte ; elle est nécessaire, mais au point
de vue de la beauté d'une construction ce n'est là qu'une condition secondaire. Si l'on a prétendu quelquefois que les Grecs
l'avaient placée au premier rang des règles auxquelles il fallait
satisfaire, c'est simplement parce qu'on s'est mépris sur le
sens du mot par lequel ils la désignaient (συμμετρία), mot qui
se rapportait pour eux à l'idée de dimensions procédant d'une
mesure commune, ou bien aux proportions de ces dimensions
entr'elles, et non pas à l'idée de dimensions semblables symétriquement disposées comme nous l'entendons aujourd'hui.

Une distinction est d'ailleurs nécessaire, entre les *dimensions* et les *proportions* d'un édifice.

Les premières sont la hauteur, la largeur, l'épaisseur, la
surface des diverses parties dont l'édifice se compose, tandis
que les *proportions* sont les rapports à établir entre ces quantités suivant une loi qu'on pourrait intituler la loi du beau, si
l'on parvenait jamais à l'énoncer d'une façon précise.

Dans son *Dictionnaire d'architecture*, Quatremère de Quincy
dit : « L'idée de proportions renferme celle de rapports fixes,
« nécessaires et constamment les mêmes entre des parties qui
« ont une fin déterminée. » On sent à quel point une semblable définition est inexacte. Les proportions, en architecture,
n'impliquent en effet que l'idée de rapports variables, au sujet

desquels on peut bien énoncer quelques règles approximatives généralement assez vagues, que tout architecte doit connaître, mais que chacun n'applique ensuite à ses œuvres que dans la pleine liberté de ses aptitudes personnelles.

C'est à tort qu'on a voulu faire intervenir en architecture le corps humain comme exemple, en alléguant que, malgré la diversité infinie des types individuels, la beauté n'en peut être parfaite qu'à la condition de présenter entre ses diverses parties des rapports fixes exactement définis. L'idée en a été d'abord émise par Vitruve, puis reprise et développée par Alberti, Palladio, Vignole et beaucoup d'autres, enfin par Quatremère de Quincy en dernier lieu ; mais elle est inacceptable, d'abord parce qu'il n'est nullement démontré que la beauté, pour le corps de l'homme, soit une sorte de résultante de rapports déterminés et invariables, et en second lieu parce qu'on ne saisit pas très bien pourquoi la beauté d'un monument maçonné et absolument fixe devrait procéder des mêmes règles que celle d'un corps animé, fait surtout pour le mouvement et l'action.

Vitruve, d'ailleurs, n'avait jamais attaché à cette comparaison le sens et l'importance qu'on a voulu lui attribuer.

En remontant aux plus belles époques de l'architecture grecque, on reconnaît bien que jamais une plus large place n'a été faite dans l'art au *module*, c'est-à-dire à la mesure commune d'après laquelle toutes les dimensions d'un édifice devaient être déterminées ; mais en même temps, lorsqu'on examine de près les plus admirables chefs-d'œuvre appartenant à cette période, on ne tarde pas à constater que leurs différentes parties n'ont jamais entr'elles des rapports fixes, toujours les mêmes, et que ces rapports, tout en étant contenus entre des limites assez restreintes, comportaient des variations suffisantes pour n'entraver en rien le génie particulier de l'architecte, même lorsque celui-ci entendait les observer.

C'est qu'en effet, en architecture, les *proportions* dérivent de lois plus étendues, plus délicates, moins saisissables que des lois mathématiques et s'exercent sur un champ bien autrement libre. Pour donner une forme à l'idée qui s'y rapporte, on peut dire qu'elles sont comme une échelle harmonique, une sorte d'instrument qui, placé entre les mains de l'architecte, lui facilite l'expression matérielle de sa pensée, sans porter atteinte à son indépendance absolue et en lui laissant toute liberté pour donner au corps, grossièrement ébauché à l'aide des règles communes, le cachet particulier où se reconnaîtra le goût, la distinction ou le génie.

En d'autres termes, l'architecture n'est pas l'esclave d'une sorte de système hiératique de proportions, procédant d'une méthode aveugle, de formules inexpliquées et inexplicables, qu'il faudrait toujours appliquer invariablement de la même manière ; elle comporte au contraire, comme toutes les autres branches de l'art, auprès et bien au-dessus des procédés matériels, le souffle qui anime et sait donner aux œuvres créées la beauté en même temps que la vie.

Selon Viollet-le-Duc, les proportions doivent avoir pour base les lois de la stabilité, celles-ci dérivant elles-mêmes des lois de la géométrie.

Les Égyptiens et les Grecs ont considéré le triangle, surtout certains triangles dont nous avons déjà parlé à propos du tracé de l'ogive, comme donnant l'idée la plus exacte de la stabilité[1] ; leurs monuments, dans bien des circonstances, ont donc été inscrits, en ce qui touche l'élévation, entre des lignes présentant l'inclinaison des côtés de ces triangles, c'est-à-dire 45°, 60°, 30°. Mais ils n'ont pas tardé à reconnaître la nécessité de tenir compte des lois de la perspective et ils les ont appliquées, d'ailleurs, non pour rejeter les propositions primitivement admises, mais au contraire pour en rétablir l'apparence.

On retrouve ce précepte dans Vitruve, exprimé de la façon suivante :

« Le premier soin de l'architecte doit être de prendre une « mesure déterminée pour établir les proportions de l'édifice. « Quand il aura trouvé ces proportions d'après les règles et « les aura exprimées en chiffres, il appartiendra à son intelli- « gence de les modifier en plus ou en moins, suivant ce que « comporteront les circonstances locales, la destination ou la

---

1. On trouve la preuve de l'antiquité de ce procédé, consistant à régler d'après les triangles les proportions des édifices, dans ce fait que pour la construction cyclopéenne dite *Trésor des Atrides*, dont nous avons donné la coupe page 21, le triangle inscrit dans cette coupe est un triangle équilatéral.

« beauté de l'œuvre, de telle sorte que *les proportions ne pa-
« raissent pas altérées par ces changements*, mais se montrent
« justement établies et que la forme ne laisse rien à désirer. »

La mesure à déterminer dont parle Vitruve est le *module* ;
et les *règles*, celles consistant à établir des rapports arithmétiques simples entre ce module et les dimensions des différentes
parties de l'édifice. Lorsque des mesures directes relevées sur
les monuments de l'antiquité font reconnaître l'altération de
ces rapports, on peut toujours être assuré que c'est en procédant comme le conseille Vitruve que les dimensions définitives
ont été déterminées.

Sur ces questions, on doit à M. Aurès, ingénieur en chef
des ponts et chaussées[1], des travaux très remarquables ; il
n'entre pas dans notre plan d'en donner l'analyse, mais on
aura tout avantage à les consulter pour se faire une idée
exacte des proportions en architecture, telles que les entendaient les architectes de l'antiquité.

Au moyen-âge, c'est le triangle surtout qui sert de guide
pour la mise en proportion des édifices ; l'étude des spécimens
les plus remarquables de l'architecture de cette époque permet
d'en reconnaître l'application, non seulement dans les grandes
cathédrales, où l'œil, malgré l'enchevêtrement des voûtes et la
complication apparente des formes, est toujours attiré par des
lignes principales inclinées comme nous venons de le dire
et servant à faire saisir l'harmonie de l'ensemble, mais encore
dans la plupart des constructions civiles et même dans les ouvrages de défense des villes fortifiées.

Une observation trouve ici tout naturellement sa place ;
c'est que, s'il est aisé, lorsqu'on élève une maison, un palais,
une église d'observer certains rapports soit entre la largeur et
la hauteur de ces édifices, soit entre les dimensions de leurs
diverses parties, il doit en être rarement de même pour un
pont, un viaduc, un pont-canal, dont les dimensions principales ne sont pas laissées à la disposition de l'architecte, et se rè-

---

1. *Théorie du module déduite du texte de Vitruve*, Nîmes, 1862. — *Etude
des dimensions de la maison carrée de Nîmes*, 1864. — *Etude des dimensions de la colonne Trajane*, 1863, etc., par M. Aurès, ingénieur en chef des
ponts et chaussées.

glent presque toujours d'après des considérations absolument étrangères aux questions d'art.

Si les règles arithmétiques ou géométriques dont nous parlions tout à l'heure n'ont rien d'absolu pour les constructions ordinaires, à plus forte raison ne doivent-elles être prises que pour de simples approximations en ce qui touche les ponts et les ouvrages analogues, et ce n'est en effet qu'à ce titre que nous les mentionnons.

Les règles arithmétiques sont celles consistant à établir autant que possible des rapports simples entre les dimensions dont l'œil est naturellement frappé et qu'il est porté à comparer entr'elles. Les piles d'un pont, par exemple, les arches qu'elles supportent, produiront généralement un effet plus satisfaisant si l'épaisseur des premières est une fraction simple de l'ouverture des secondes, au lieu d'être avec celles-ci dans un rapport incommensurable. De même pour l'ouverture et la montée des arches, pour la forme générale et les proportions des tympans, la hauteur des couronnements et des parapets comparée à la hauteur totale de l'ouvrage, etc.

Les viaducs devraient comporter, mieux encore que les ponts, l'application, trop souvent négligée, de ces règles un peu vagues peut-être, mais saisissables cependant et susceptibles de rendre de réels services en ne laissant pas absolument livrés à l'indécision et à l'arbitraire le tracé des parties de ces grands édifices dont les dimensions ne résultent pas, nécessairement, des calculs de stabilité. Après avoir fait à ceux-ci la part toujours prédominante qui leur est due, l'art a le droit d'intervenir à son tour ; s'il lui est expressément interdit de jamais rien retrancher, sous quelque prétexte que ce soit, des dimensions reconnues nécessaires, il peut du moins y ajouter s'il le juge utile, en se guidant d'après les procédés qui lui sont propres, pour obtenir soit des proportions plus fermes ou plus harmonieuses, soit des profils plus satisfaisants, sans autre condition que de n'apporter ainsi aucun trouble dans les résultats des calculs et d'éviter d'ailleurs toute dépense exagérée.

En ce qui touche cette question des conditions de solidité qu'on peut être amené à exagérer, comme nous venons de le dire, et les dépenses qui en seraient éventuellement la conséquence, nous ne saurions moins faire que de reproduire textuellement les judicieuses observations qui suivent de Léonce Reynaud.[1]

« Il faut donc donner à tout édifice, non seulement le degré
« de solidité, qui est une économie bien entendue parce qu'il
« évite un dispendieux entretien, mais encore celui qui est né-
« cessaire pour lui assurer une durée en harmonie avec sa
« destination. Il appartient à l'architecte de se rendre compte
« de ces exigences et d'éviter, avec le même scrupule, l'insuf-
« fisance et l'exagération. Qu'il ait à disposer des deniers de
« l'État ou de ceux d'un particulier, il est tenu d'examiner
« consciencieusement ce que comporte la construction qui lui
« est confiée, et de se conformer à toutes les prescriptions
« d'une sévère économie ; non pas de cette étroite et fausse
« économie qui se borne à envisager le chiffre de la dépense,
« mais de cette économie intelligente qui voit le but et y pro-
« portionne les moyens, qui veut tout ce qui est utile et ne
« repousse que le superflu.

« Sans doute il n'y a pas lieu à des règles formelles en une
« matière qui n'est pas susceptible de définition précise. Il
« nous serait impossible de dire en quoi consistent ces divers
« degrés de solidité dont nous venons de parler, mais cette
« difficulté est plutôt théorique que pratique. Elle existe bien
« plus pour l'auteur qui voudrait donner de la netteté à ses
« paroles et formuler clairement ses conclusions que pour le
« constructeur auquel de nombreux édifices présentent des
« exemples et des types plus féconds en enseignements que
« les préceptes les plus étendus. »

Souvent, du reste, l'aspect particulier de solidité à donner à telle ou telle partie d'un édifice, après en avoir calculé théori-quement les dimensions, résulte moins de l'augmentation de celles-ci que de la façon de disposer les matériaux qu'on y em-ploie.

Le choix des matériaux tient donc une assez grande place dans l'étude d'un projet de pont, non seulement au point de

---

1. Traité d'architecture. 1858. Seconde partie, page 15.

vue de la solidité matérielle, mais encore en ce qui touche les questions d'art dont nous nous occupons en ce moment.

Ce choix dépend des ressources locales, mais avec les moyens de transport dont les ingénieurs disposent aujourd'hui, il est bien rare qu'ils ne puissent pas amener à pied d'œuvre et employer à leur gré telle sorte de matériaux qui leur convient.

Anciennement on considérait l'emploi de la pierre de taille comme obligatoire en quelque sorte, pour la construction d'un grand pont, et l'on s'efforçait de tirer des carrières des blocs des plus grandes dimensions possibles. C'est ainsi qu'on peut voir, sur certains ponts datant des siècles derniers et même du commencement du nôtre, des pierres qui feraient assurément fort bonne figure même dans des constructions cyclopéennes. Aujourd'hui l'excellente qualité des chaux hydrauliques et surtout des ciments dont tout ingénieur peut disposer a fait donner une plus large place aux petits matériaux, et l'emploi de la pierre de taille peut très bien être limité à l'exécution des socles des piles, aux avants et arrière-becs et à leurs chapiteaux, aux archivoltes ou têtes de voûtes, aux chaînes d'angle des culées, aux plinthes, couronnements ou corniches et aux parapets.

Toutes les autres maçonneries, c'est-à-dire les massifs principaux des culées et des piles, les voûtes entre les têtes, les murs des tympans et toutes les constructions intérieures peuvent être très bien exécutées en matériaux de petites dimensions, sauf à employer des moellons *smillés*, *piqués* ou *têtués* pour les parements vus et à n'admettre le moellon brut que dans la masse même de la maçonnerie.

Quand la pierre de taille et le moellon smillé ou piqué font défaut, la brique peut les remplacer et parfois même avec avantage ; mais on ne devra toutefois l'employer que très rarement pour les avant et arrière-becs et pour les parements habituellement immergés. La maçonnerie de briques est, du reste, relativement assez coûteuse ; il convient donc d'en limiter l'emploi aux parements vus, si ce n'est pour les voûtes dont elles facilitent tout particulièrement l'exécution par rouleaux, en permettant en outre de disposer presque sans frais les têtes en archivoltes d'un excellent effet.

Après avoir réglé ces divers détails, sur lesquels il nous paraît inutile de nous appesantir, on devra passer à l'étude du dessin d'ensemble, en élévation, de l'ouvrage projeté ; les cas susceptibles de se présenter sont si nombreux, les solutions qu'ils comportent offrent une telle diversité, qu'aucune règle même vaguement approximative ne peut être énoncée à ce sujet. Le mieux à en dire, c'est qu'il sera toujours bon de se guider d'après des ouvrages déjà exécutés dans des conditions analogues ; après avoir ébauché d'après ces précédents le dessin dont on s'occupe, on y apportera par degrés les modifications, les améliorations ou innovations que l'on jugera utiles, pour créer autant que possible une œuvre réellement originale, exactement appropriée à l'emplacement qu'elle doit occuper.

S'il s'agit d'un pont il convient tout d'abord d'en projeter les arches en nombre impair, non pas que ce soit absolument nécessaire, mais parce que c'est plus rationnel et que l'effet en est toujours préférable à celui de la disposition contraire.

Pour les grands viaducs dont l'œil ne peut pas, du premier coup, compter le nombre d'ouvertures, il importe peu que ce nombre soit pair ou impair, pourvu qu'en cas de traversée d'un cours d'eau, les arches qui y correspondent en embrassent bien le lit dans des conditions régulières.

On parvient du reste aisément, pour cette première esquisse, à fixer le nombre et l'ouverture des arches, ainsi que l'épaisseur des culées et des piles, toutes choses où les conditions techniques auxquelles il faut satisfaire et le calcul interviennent pour fournir de nombreuses indications ; la difficulté commence ensuite, lorsqu'il s'agit de préciser les formes extérieures de chacune des parties de l'ouvrage et d'en dessiner les profils.

Tout ce que nous avons dit dans le précédent chapitre a tendu surtout à montrer quelles sont les voies où l'on doit chercher les inspirations nécessaires pour donner quelque valeur artistique à l'œuvre projetée. L'ordre, la simplicité, l'utilité manifeste de chacune de ses parties, doivent toujours en être les qualités dominantes, de façon que le spectateur, sans trop grand effort d'intelligence et sans fatigue, en puisse comprendre et juger l'ensemble.

« Si une œuvre d'art, dit Léonce Reynaud[1], exige du temps
« et un certain travail de l'intelligence pour être complètement
« appréciée, elle doit cependant produire sur nous une impres-
« sion instantanée, il lui faut quelque chose de saisissant dans
« ses dispositions principales ; l'art veut offrir à l'esprit l'image
« de ce qui est, mais il la veut plus claire, plus frappante que
« la réalité. De là résulte la nécessité de sortir plus ou moins
« de la vérité matérielle, en accusant les parties caractéristi-
« ques de l'œuvre plus vigoureusement qu'il ne conviendrait
« pour des esprits dont le développement intellectuel l'empor-
« terait sur le nôtre. »

L'objet d'un pont, son utilité, ses dispositions d'ensemble
sont toujours aisées à saisir, mais cela ne suffit pas pour que
l'effet produit soit satisfaisant ; il faut en outre que l'ordon-
nance générale en soit bien en rapport avec le but qu'on s'est
proposé d'atteindre, que chaque partie de l'œuvre soit nettement justifiée et que le premier coup d'œil suffise pour faire
éprouver l'impression que ces conditions ont été exactement
observées. En un mot, ce qu'on doit poursuivre c'est *le beau
simplement ordonné*, mais en ne perdant pas de vue que l'ordre et la simplicité n'ont en réalité rien d'absolu et qu'on doit,
pour s'y conformer, savoir tenir compte dans une juste mesure
des exigences particulières que comporte la situation de l'œuvre projetée.

Un point des plus importants est de se bien pénétrer de la
destination des diverses parties de l'édifice, de la forme qui
doit le mieux leur convenir et de l'effet que cette forme doit
produire. Ainsi, les culées ayant à contrebutter la poussée
des voûtes adjacentes, en même temps qu'elles en portent le
poids, il faut que leurs formes extérieures en accusent nettement la solidité un peu massive et la force de résistance. De
même les piles, bien qu'on puisse en partie les traiter à la
façon de colonnes isolées, doivent laisser voir des dimensions
en rapport avec la masse toujours considérable des voûtes
dont elles reçoivent les retombées ; pour les voûtes, le système de construction doit être mis bien en évidence au moyen

1. Traité d'architecture, 1858. Seconde partie, page 21.

des archivoltes, en donnant à celles-ci une largeur en rapport avec le diamètre des courbes d'intrados ; enfin les couronnements ou corniches dont l'objet, en principe, est de rejeter les eaux pluviales en dehors des murs de tympans, doivent être profilés de façon à rappeler le besoin auquel ils répondent, tout en révélant une certaine distinction de contour qui en écarte la banalité ou l'insignifiance. Pour y réussir, il faut, tout en se maintenant dans une extrême sobriété de moyens, savoir comprendre l'importance de telle ou telle combinaison de saillies préférée à telle autre, et se bien rendre compte par avance des effets d'ombres ou de lumière qu'on en pourrait obtenir.

Rien n'est indifférent en pareille matière et ne peut être livré au hasard. On est trop souvent porté à copier simplement ce qui a été fait ailleurs, sans s'assurer que cette imitation était admissible ; de là, bien souvent, de médiocres résultats.

« Substituer à des conceptions raisonnées une sorte d'em-
« pirisme consistant à imiter, sans les comprendre, des for-
« mes antérieures, soit à les mélanger sans ordre ni raison,
« c'est s'exposer à produire de véritables monstruosités qui,
« le premier étonnement passé, n'inspirent que le dégoût
« et l'ennui. L'avenir fera justice de ces conceptions et ne
« verra dans ces produits bâtards, amoncelés à l'aide de
« puissants moyens et de dépenses énormes, que confusion
« et ignorance. »

Ce n'est pas à propos de ponts ou de grands viaducs que Viollet le-Duc a formulé ce jugement en ces termes sévères ; mais on peut, à beaucoup d'égards, leur en faire l'application et il y aura toujours profit à le méditer.

Nous nous sommes déjà occupé, dans un précédent paragraphe, de la question de *l'art de profiler* : sans vouloir y revenir à cette place, il nous paraît instructif de montrer par un dernier emprunt fait à l'architecte que nous venons de citer comment, même à l'époque où l'art semble avoir été le plus livré au caprice personnel de chaque constructeur, au moyen âge, on procédait au contraire de la façon la plus rationnelle et d'après des règles déterminées, pour ébaucher les dispositions principales d'un profil.

Soit ABCD une assise de pierre dans laquelle une corniche
doit être taillée ; pour assurer le rapide écoulement des eaux
pluviales et éviter, en même temps, que la saillie de la moulure empêchât de voir la galerie ou autre partie de l'édifice
située au-dessus, on commençait par abattre l'arrête AB suivant l'angle de 60° qui est celui des côtés du triangle équilatéral, et l'on obtenait ainsi la face supérieure AB'. Le carré
de la mouchette B'*d* se retournant à angle droit sur AB' donnait l'angle de 30 degrés avec l'horizontale. La longueur B'*d*
dépendait de la nature de la pierre employée, plus grande
avec de la pierre tendre, plus faible et plus fine avec de la
pierre dure, et réglée d'ailleurs dans tous les cas d'après l'effet
qu'on voulait obtenir. Cette dimension fixée, on en prenait les

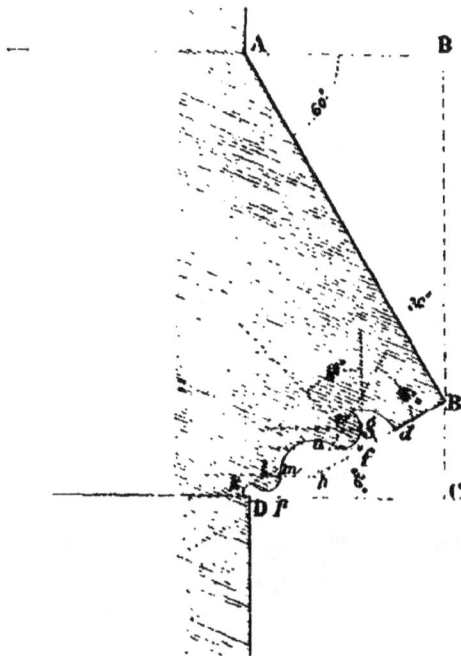

deux tiers, que l'on portait de *d* en *f* ce qui donnait le centre
servant à décrire la *mouchette* avec le rayon *df*; du point *f* on
traçait la verticale *fy* et du point *d* l'horizontale *de*, puis en-

core du point *f* la ligne *fe*, inclinée à 45°, et l'on obtenait le centre *e* de l'arc de cercle décrit avec *eg* pour rayon ; par le point *e* on menait une ligne inclinée à 60° sur l'horizon pour avoir le centre *h* de l'arc décrit avec le rayon *hn* et terminé à l'horizontale *hml* ; enfin du point *k*, limite inférieure, une ligne menée à 30° donnait le centre *l* de l'arc à décrire avec le rayon *lm* pour compléter le profil. Celui-ci se trouve ainsi compris en entier dans l'épannelage AB'*p*D.

C'est assurément de cette façon qu'a dû procéder M. Robaglia pour tracer les profils à la fois si simples et si élégants du couronnement et de l'archivolte du nouveau pont de Lavaur, que nous avons déjà cité, mais sans que l'observation de ces règles l'ait empêché de donner aux lignes définitivement adoptées le galbe particulier jugé le plus apte à produire l'effet qu'il avait en vue.

Nous n'avons rapporté, du reste, cet exemple de tracé d'un profil de corniche gothique que pour montrer comment intervenait, dans ce cas particulier, l'application de ces procédés géométriques ou autres règles dont il a été plusieurs fois question. Bien d'autres citations seraient nécessaires pour mieux faire comprendre encore la part à réserver à ces moyens spéciaux dans une esquisse d'œuvre d'art, mais quelqu'en fût le nombre nous ne parviendrions pas à formuler des conclusions plus précises que celles à déduire de ce que nous en avons déjà dit.

On ne manquera certainement pas de relever ce défaut de précision pour une bonne part des considérations exposées dans le présent paragraphe ; nous avons prévu cette critique et nous l'acceptons. Actuellement, on n'a pas à prévoir le manque de science chez l'ingénieur appelé à construire un grand ouvrage d'art ; les longues études qui lui ont été imposées, les épreuves multiples qu'il lui a fallu subir avant d'obtenir son titre, sont un sûr garant de sa capacité, et l'on peut être assuré que toutes les règles scientifiques, avec le degré de certitude qu'elles comportent, lui seront familières ; mais ce que l'on doit craindre, c'est justement que l'habitude de précision qu'il contracte dans l'emploi des formules mathématiques ne lui inspire quelque dédain pour les règles toujours un peu vagues et indécises particulières aux questions d'art et qu'il néglige d'en tenir compte. Il n'est donc pas inutile d'insister sur ce point : que ces règles, malgré l'impossibilité de les énoncer avec la même netteté que des formules algébriques, n'en existent pas moins, que leur importance ne le cède en rien à celle de ces dernières et qu'elles demandent tout aussi impérieusement à être observées, sous peine de ne créer que des œuvres vulgaires et médiocres.

Nous compléterons ce que nous en avons dit par quelques observations très sommaires concernant la composition d'ensemble de quelques ponts choisis parmi les plus remarquables, depuis l'antiquité jusqu'à nos jours.

En examinant, par exemple, l'élévation du pont Œlius ou pont St-Ange, à Rome, page 35, on constate que l'épaisseur des piles au-dessus des socles est le quart du diamètre extérieur des archivoltes entre lesquelles elles sont comprises ; que la largeur de ces archivoltes est le huitième de leur rayon extérieur ; que la hauteur totale du pont, à partir des socles, parapets compris, est la moitié de la distance mesurée entre le milieu de deux piles consécutives, que la hauteur du couronnement et du parapet ensemble est le sixième de la hauteur totale de l'ouvrage, etc. Ce n'est certainement pas le hasard qui a donné lieu à la simplicité de tous ces rapports ; elle a été voulue par l'architecte, qui a fait ainsi l'application des règles arithmétiques en usage à l'époque romaine. La largeur de la pile étant prise pour module ou unité, l'espacement des centres des arches est de 5, la hauteur du pont est de 2 et demi, les archivoltes de un quart, etc. Les dimensions de l'ensemble n'étant pas suffisantes pour donner lieu à des effets de perspective pouvant dénaturer ces rapports, on les a appliqués à peu près sans altération.

Palladio, qui possédait à fond toutes les traditions de l'antiquité, en matière d'architecture, ne pouvait manquer de faire usage des mêmes procédés pour la mise en proportions de ses édifices, et si nous examinons l'élévation du pont qu'il avait projeté pour le Rialto, à Venise (dessin, page 84) nous voyons tout d'abord que le triangle ayant pour base l'ouverture totale et pour sommet l'angle supérieur du fronton du

PONT DE SOLFÉRINO, A PISE

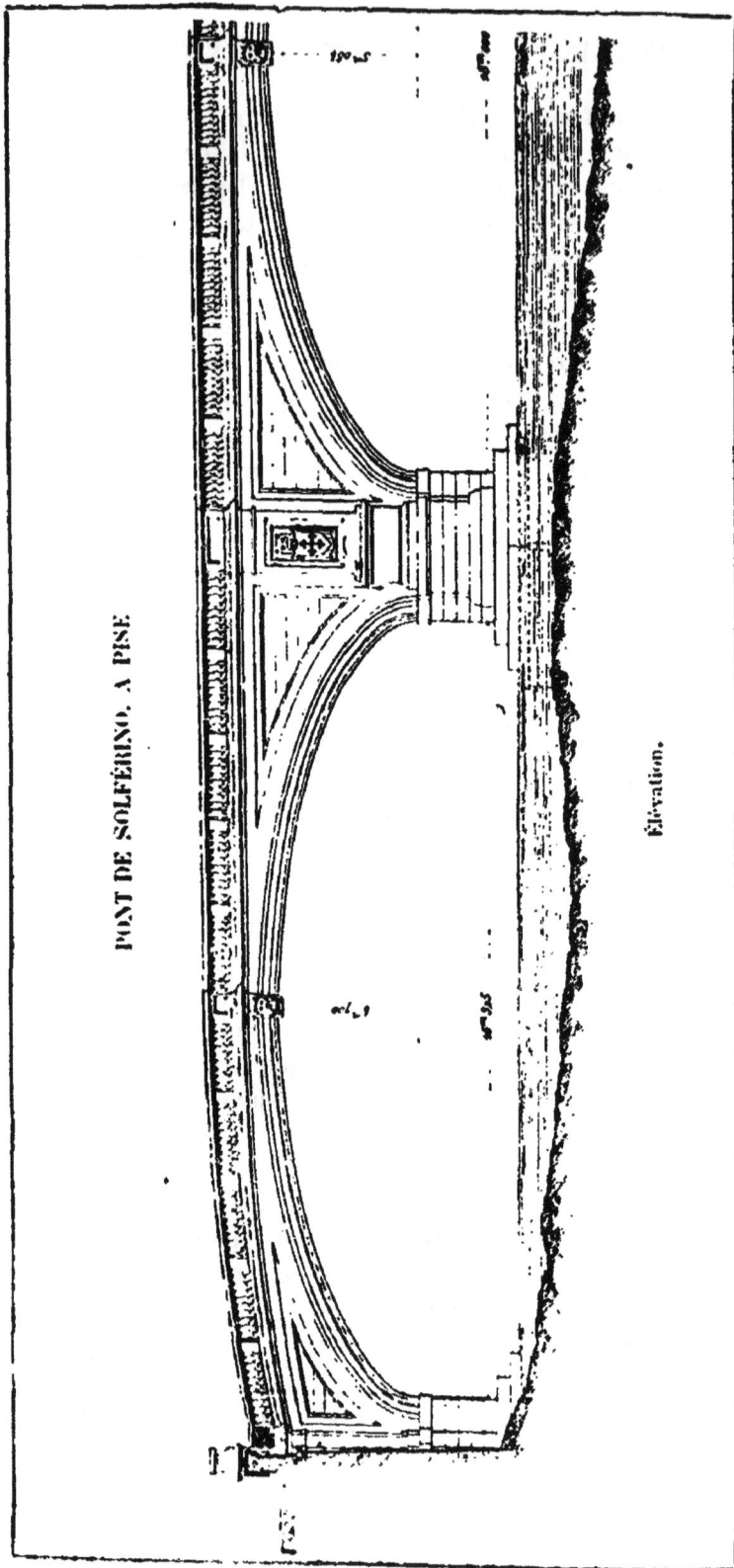

Élévation.

bâtiment central a ses côtes inclinés à 45°, la hauteur étant exactement égale à la moitié de la base : la direction de ces mêmes côtés passe par le sommet des arches latérales : l'angle de 45° se retrouve également pour les lignes qui partant du milieu de l'arche centrale passent par le sommet des statues des bâtiments latéraux : la hauteur du bâtiment central est double de celle du pont mesurée depuis la ligne d'étiage jusqu'à la corniche ; les colonnades latérales ont la même hauteur que le pont ; la largeur des piles est d'ailleurs, comme pour le pont précédent, égale au quart de l'ouverture des arches : la largeur des archivoltes égale au quart du rayon, etc.

Là encore, l'application des règles géométriques et des règles arithmétiques de l'architecture antique est manifeste, sans que cela ait empêché en rien Palladio de créer une œuvre portant bien la marque de son génie particulier.

Le pont de la Trinité, à Florence (tome premier, page 199), offre, à d'autres points de vue, un exemple intéressant de ce que peut un architecte habile pour introduire dans toutes les parties une ornementation susceptible de produire un grand effet, malgré la simplicité des moyens employés. A l'exception des clefs où l'on a fait intervenir la sculpture, c'est partout à des moulures qu'on s'en est tenu, et cependant c'est surtout par son caractère d'élégance et de richesse que l'ensemble de l'œuvre se fait remarquer.

Les mêmes observations peuvent être faites à propos du pont de Solférino, à Pise, dont nos dessins donnent la moitié de l'élévation, puis la coupe d'une demi-arche et d'une demi-pile.

De même que pour le pont de la Trinité, l'emploi de la sculpture est très restreint, puisqu'on n'en trouve qu'aux écussons occupant le centre des tympans et aux clefs des voûtes ; partout ailleurs on ne voit que de simples moulures, avec des balustres pour les parapets, et cependant il eût été difficile d'obtenir un meilleur et plus grand effet d'ornementation pour un pont construit, comme celui qui nous occupe, à l'intérieur d'une ville importante où les grandes œuvres d'art abondent. Sans doute, les occasions sont rares, pour les ingénieurs, de projeter des ouvrages semblables ; mais il est bon d'étudier ceux déjà exécutés pour se bien rendre compte de tout ce que l'on peut ajouter à la valeur d'une œuvre quelconque, en usant des ressources que la connaissance de l'architecture met à la disposition de tout constructeur.

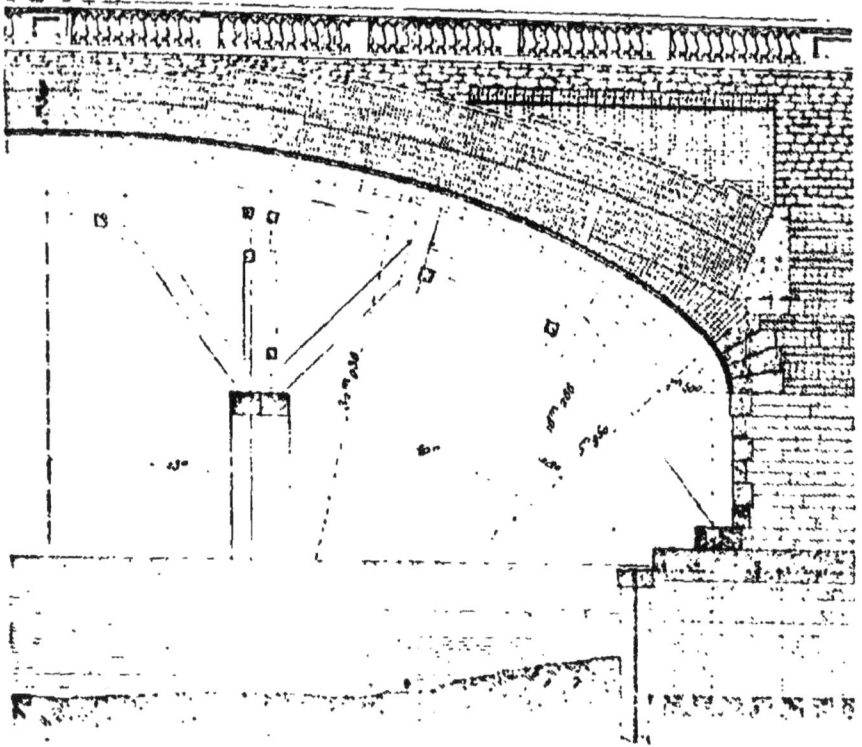

Si nous passons maintenant à des ouvrages de dates plus récentes comme l'aqueduc de Roquefavour, le viaduc du Point du Jour, celui de Dinan et beaucoup d'autres qui sont assurément de grandes et belles œuvres d'art des plus remarquables, en même temps que des constructions irréprochables sous le rapport technique, nous aurons plus de peine à y retrouver la trace des procédés spéciaux dont nous parlions tout à l'heure ; mais cela peut tenir à ce que le profil en travers des vallées traversées donnant lieu à de très grandes variations de hauteur d'une extrémité à l'autre des ouvrages, il eût été sans doute impossible d'établir, sur toute la longueur, des rapports simples entre les dimensions principales, puisque celles-ci ne sont pas les mêmes partout. Cependant pour l'aqueduc de Roquefavour, par exemple (page 236 du tome Ier), en considérant la 2e rangée d'arcades qui est celle sur laquelle le regard se porte tout d'abord, on constate que l'épaisseur des piliers est le tiers des vides adjacents, que la hauteur de ces piliers jusqu'aux imposes est de 5 fois leur épaisseur à la base; que les arcades depuis le seuil jusqu'aux imposes ont 3 de largeur sur 5 de hauteur ; que les archivoltes ont pour largeur le huitième du rayon, en un mot que des rapports simples existent entre les dimensions des parties de l'édifice qu'on est le plus porté à comparer : l'harmonie de l'ensemble peut très bien tenir, pour une bonne partie, à cette simplicité des proportions.

Il y a là, dans tous les cas, comme pour la plupart des ponts et des viaducs dont les dessins ou des croquis se trouvent dans ce volume ou dans le Tome premier, d'excellents modèles à étudier toutes les fois que l'on aura à composer l'élévation de grands ouvrages analogues. Il faudrait assurément augmenter de beaucoup le nombre de ces dessins pour en former une série complète, comprenant à peu près tous les cas susceptibles de se présenter dans la pratique. Les atlas des ouvrages de Dupuit, de Morandière, de M. Croizette Desnoyers renferment des collections de ce genre qu'on aura toujours intérêt à consulter. Nous ne saurions songer à les reproduire, mais peut-être les idées générales que nous nous sommes efforcé d'exposer avec toute la clarté possible pourront-elles suppléer en partie à cette lacune, et servir de guide pour donner à chaque ouvrage projeté le caractère d'œuvre d'art qui doit le mieux lui convenir.

Nous tenons d'ailleurs à ajouter encore un dessin d'ensemble à ceux qui précèdent, c'est celui du nouveau pont de Lavaur emprunté à l'une des planches du mémoire déjà mentionné de M. l'ingénieur Séjourné. Ce qui caractérise surtout cet ouvrage, c'est, s'il nous est permis de nous exprimer ainsi, la hardiesse de son originalité. Les ingénieurs qui l'ont projeté et construit sont sortis sans hésitation des voies battues

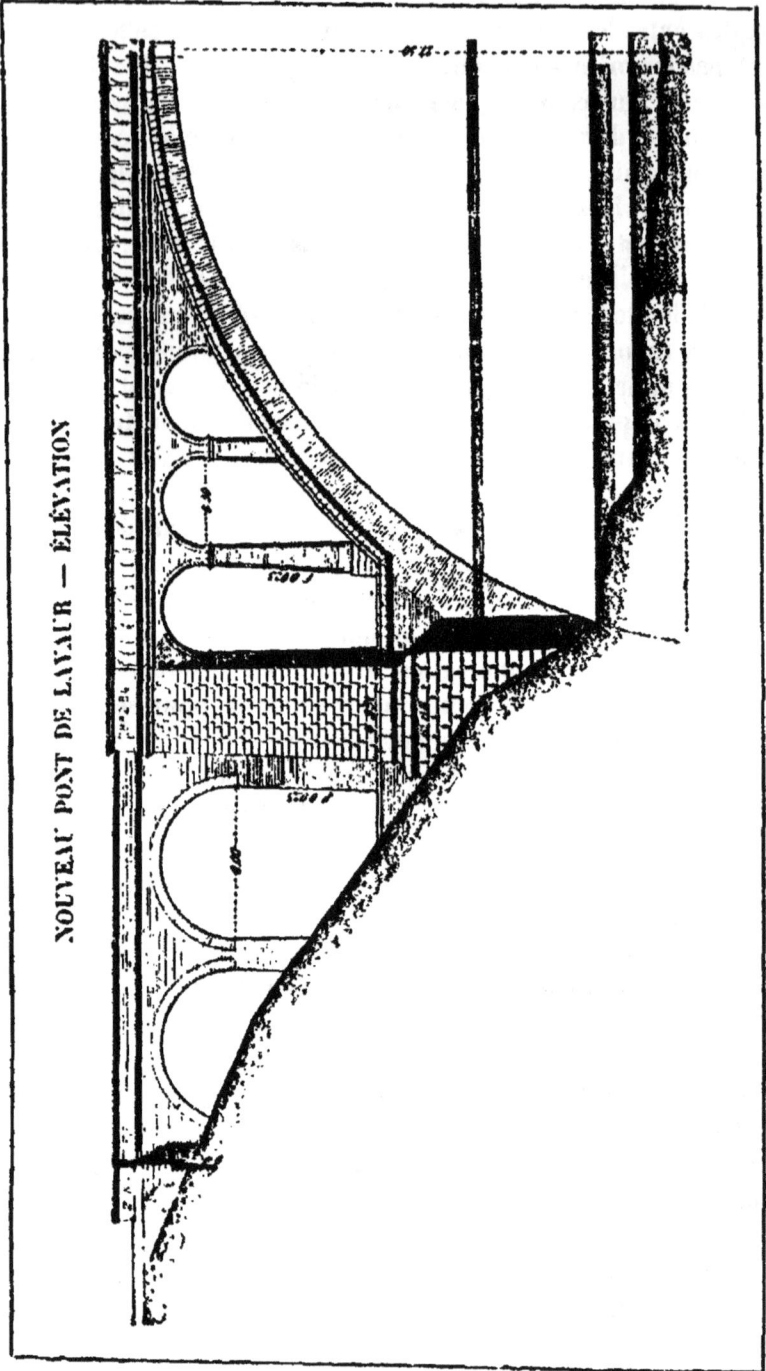

NOUVEAU PONT DE LAVAUR — ÉLÉVATION

NOUVEAU PONT DE LAVAUR — DÉTAILS

Coupe en travers à la clef

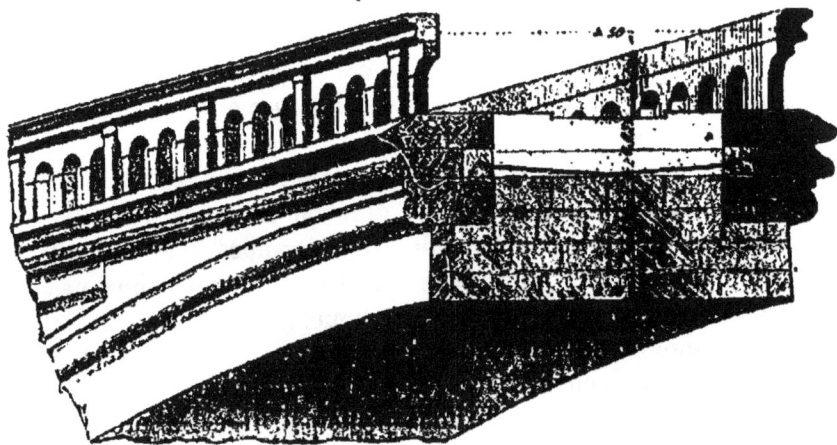

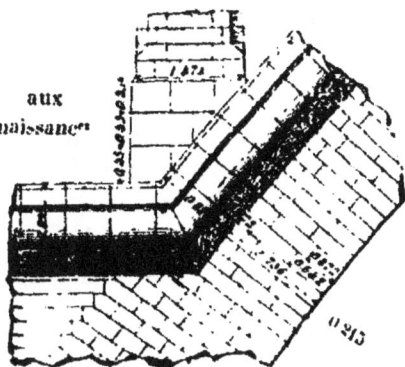

aux
naissances

au cerveau de la voûte

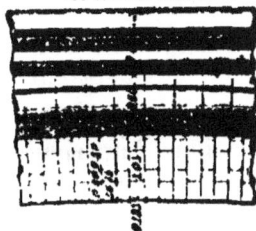

APPAREIL
DU BANDEAU

Architrave et base du Pilastre

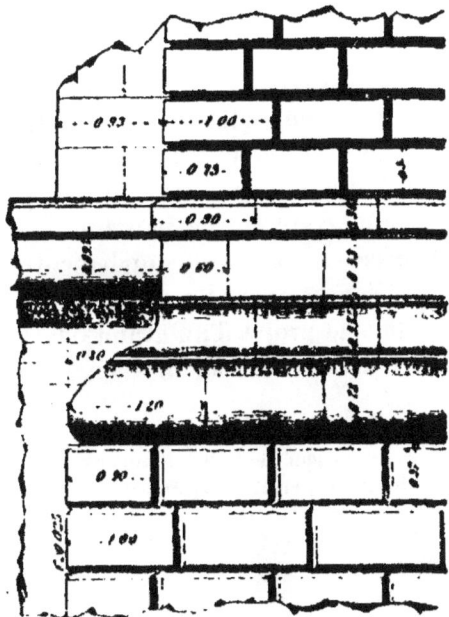

Bandeaux et tailloirs des voûtes de 4m50

Élevation

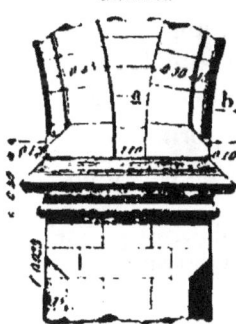

Coupe sur a b

pour chercher des dispositions nouvelles, particulièrement
sous le rapport de l'ornementation ; ils y ont réussi et prouvé
ainsi que ce n'est pas en se renfermant dans la stricte imitation de ce qui a été déjà fait qu'on peut trouver les solutions
les meilleures, et qu'il y a toujours à innover et à perfectionner dans le champ illimité de l'art.

Indépendamment de sa valeur artistique, le nouveau pont de
Lavaur se fait remarquer par les dimensions exceptionnelles
de son arche principale, l'une des plus grandes que l'on ait
exécutées jusqu'à ce jour ¹ ; aussi ne lui mesurons-nous pas
les éloges, ne trouvant matière à critiquer, dans l'ensemble de
l'œuvre, que les arches accessoires faisant suite sur l'une et
l'autre rive aux culées du pont principal. Il est à présumer
qu'on aurait pu, sans une bien grande augmentation de dépense, disposer ces arches comme celles des tympans avec les
mêmes proportions et les mêmes moulures, continuer de
même sans changement le couronnement et les parapets jusqu'aux extrémités, et que l'ensemble de l'œuvre y aurait beaucoup gagné. Et pour dire toute notre pensée, si des considérations impérieuses d'économie ont motivé cette plus grande
simplicité relative des parties accessoires, peut-être y aurait-
on tout aussi bien satisfait en supprimant les évidements des
parapets, dont l'exécution a dû être coûteuse sans que l'effet
produit semble répondre à ce qu'on en avait sans doute
attendu.

Nous répétons en terminant que la pensée ne nous est pas
venue, en rédigeant le présent paragraphe, d'écrire même
sous la forme la plus sommaire un traité spécial d'architecture
à l'usage des constructeurs de ponts. Ce que nous avons voulu,
ne pouvant entrer dans tous les développements qui seraient
nécessaires, c'est simplement signaler la nécessité d'études
sérieuses ayant l'*art* pour objet, pour être à même de savoir
dans le projet d'un grand ouvrage réserver aux formes extérieures, à leur agencement, à leurs proportions, la part d'im-

---

1. L'ouverture de cette arche est de 61ᵐ,50 ; elle n'a été dépassée que par
celle du pont de Cabin John, aux États-Unis 67,10 et celle de l'ancien pont
de Trezzo, en Italie (72ᵐ,25).

portance qui leur revient, et faire bien comprendre que sans la connaissance approfondie de ce qui en constitue la valeur et la beauté on pourra bien élever des constructions admirablement maçonnées, irréprochables au point de vue technique et pratique, mais que l'on ne parviendra jamais à édifier une œuvre d'art vraiment digne de ce nom.

§ 5

DISPOSITIONS EN PLAN: LARGEUR: OUVRAGES DIVERS; ABORDS DES PONTS.

Largeur des ponts : ponts des routes départementales, des routes nationales; ponts pour chemins de fer, ponts-canaux; ponts-aqueducs. Motifs de donner aux ponts des largeurs plus grandes que celles strictement nécessaires. — Remplissage des tympans des ponts : remblai plein; évidements; voûtes longitudinales et voûtes transversales; dispositions diverses; ponts de Nantes, étude comparative; ponts anglais avec voûtes intérieures remplacées par des dalles. — Écoulement des eaux pluviales : gargouilles en saillie sur les tympans ou sur la douelle des voûtes; écoulement par le sommet des voûtes ou par le centre des piles. — Parties complémentaires des culées : murs en aile et murs en retour; dispositions diverses; choix entre les murs en aile et les murs en retour. Murs en retour avec voûtes longitudinales; évidements au moyen de puits verticaux; puits à section circulaire, à section elliptique, à section rectangulaire. Culées perdues avec remblai empiétant sur l'ouverture des premières voûtes. — Abords des ponts : circonstances diverses pouvant se présenter; types principaux; exemples divers.

Il n'a été question, dans le paragraphe précédent, que des dispositions d'ensemble des ponts, en élévation; il nous reste à parler de leurs dispositions en plan, c'est-à-dire de leur largeur et des ouvrages à exécuter à leurs abords pour les raccorder soit avec les rives, soit avec les voies adjacentes.

La largeur d'un pont, entre ses têtes, varie nécessairement avec la nature et l'importance de la voie à laquelle il s'agit de donner passage : on peut, dans chaque cas particulier, leur assigner un minimum nécessaire, mais toutes les fois que les ressources disponibles le permettront il y aura avantage à admettre une largeur plus grande, afin de tenir compte des exigences éventuelles de l'avenir.

S'il s'agit d'une route, la moindre largeur possible est celle de quatre mètres, comprenant :

Une voie charretière unique. . . . . 2^m50
2 trottoirs de 0^m75 chacun. . . . . . 1^m50

Total. . . . . 4^m00

Beaucoup d'anciens ponts n'avaient guère que cette largeur, et les trottoirs n'y existaient même pas ; la voie charretière occupait tout l'espace compris entre les parapets, et de fortes bornes de pierre, placées contre ceux-ci, servaient à les protéger contre les chocs des roues, en même temps qu'elles donnaient aux piétons un moyen de se garer des voitures.

De semblables dispositions ne seraient plus acceptées maintenant ; il faut que la voie charretière comporte le croisement de deux voitures [1] et que la circulation des piétons soit assurée au moyen de trottoirs ; le minimum pour une double voie étant de 4^m40, la largeur totale avec trottoirs de 0^m80 est ainsi d'au moins 6 mètres ; mais, à moins de circonstances exceptionnelles, il est d'usage d'adopter les dimensions suivantes :

Pour une route départementale :

Chaussée . . . . 5^m00
2 trottoirs de 1 mètre. . . . . 2^m00

Largeur totale. . . . . 7^m00

Pour une route nationale :

Chaussée . . . . 5^m50 à 6^m00
2 trottoirs occupant ensemble de. . . . . 2^m50 à 2^m00

Largeur totale. . . 8^m00

Pour un chemin de fer à double voie :

Largeur réglementaire . . . . 8^m00

Pour un chemin de fer à simple voie :

Largeur réglementaire . . . . 4^m50

Quant aux ponts-canaux et aux ponts-aqueducs, la largeur en varie nécessairement avec la section de la voie navigable ou de la conduite d'eau à laquelle il s'agit de donner passage.

1. Il y a cependant des exceptions à faire, car on construit encore des ponts étroits pour les chemins vicinaux. La prévision ne prévoit pas un notable développement de la circulation locale.

Pour le pont-canal de l'Orb, près de Béziers (canal du Midi), la largeur entre les têtes est de 15 mètres, comprenant, indépendamment du canal dont la largeur est de 7ᵐ80 à la hauteur du plan d'eau, deux trottoirs de 2ᵐ80 chacun pour le halage, plus l'épaisseur des parapets.

Au pont-canal d'Agen (canal latéral à la Garonne), on a réduit les trottoirs à 2ᵐ10 et les parapets sont disposés en encorbellement, de façon à n'avoir qu'une largeur totale de 12 mètres entre les têtes, bien que la voie navigable ait 8ᵐ28 au lieu de 7ᵐ80.

La largeur de la partie supérieure du pont-aqueduc du Gard est d'environ 3 mètres, celle du pont-aqueduc de Roquefavour de 4ᵐ50.

A l'égard des routes, les largeurs adoptées sont généralement supérieures à celles indiquées ci-dessus ; lorsqu'il s'agit en particulier de ponts situés à l'intérieur de très grandes villes, les exigences auxquelles il faut satisfaire pour la circulation des voitures et des piétons peuvent justifier des dimensions très grandes.

C'est ainsi que le nouveau pont au Change, à Paris, a été construit avec une largeur, entre parapets, de 30 mètres, comprenant une chaussée de 18 mètres et deux trottoirs de 6 mètres chacun ; le pont de l'Alma a 20 mètres de largeur, dont 12 mètres pour la chaussée et 8 mètres pour les deux trottoirs ; le pont Napoléon III, bien qu'il donne passage à un chemin de fer à double voie et à une route ordinaire, n'a que 15ᵐ46 dont 5ᵐ35 pour une voie charretière, comprise entre un trottoir unique de 1ᵐ92 le long du parapet et une simple bordure de trottoir du côté opposé, et le surplus occupé par la voie ferrée. Les grandes arches inférieures du viaduc du Point du Jour, qui portent deux voies charretières longeant les deux côtés du viaduc central par dessus lequel passe la double voie du chemin de fer de ceinture de Paris, ont une largeur totale de 31 mètres, dont 9 mètres pour le viaduc et 22 mètres pour les deux chaussées et leurs trottoirs.

Ce qui doit porter les ingénieurs, lorsque les ressources dont ils disposent le leur permettent, à donner de grandes largeurs aux ponts, c'est que les dépenses de construction sont loin de croître en proportion de cette dimension. Les parties coûteuses de l'ouvrage sont les deux têtes avec les avant et arrière-becs, les grands parements vus des tympans, les couronnements à moulures et les parapets, et ces parties restent exactement les mêmes quelle que soit la largeur transversale ; les frais généraux et une bonne partie des frais accessoires varient de même fort peu quelle que soit cette largeur, de sorte que si après avoir évalué séparément la dépense afférente aux deux têtes, on calcule le prix de revient par mètre courant, dans le sens de la largeur, on constate que ce prix est relativement assez faible ; il y a donc là un très sérieux motif de donner à un pont en construction une largeur suffisante pour satisfaire, non pas seulement aux exigences actuelles de la circulation, mais encore à celles que l'on doit prévoir dans l'avenir. Lorsqu'il s'agit notamment de l'intérieur ou des abords des grandes villes, alors que les voies ferrées pour tramways tendent à se développer de plus en plus, il convient de donner aux chaussées des largeurs comportant l'établissement de voies de ce genre, sans que la circulation des voitures ordinaires puisse s'en trouver entravée.

De quelque voie qu'il s'agisse, il faut, pour l'établir sur un pont, commencer par combler les vides existant entre les reins des voûtes et les parements intérieurs des murs de tympans. Ce remplissage peut être effectué au moyen d'un simple remblai, mais il faut alors procéder à son exécution avec quelques précautions spéciales. L'emploi des terres ordinaires, en particulier des terres argileuses et surtout de la terre glaise, doit être absolument proscrit à cause des variations de volume que ces matières peuvent éprouver par l'effet de l'humidité ou d'une extrême sécheresse, variations de nature à donner lieu parfois à d'énormes pressions contre les parois intérieures des tympans et les reins des voûtes et à causer de graves accidents. Lorsque le moellon ordinaire revient à un prix modéré sur le chantier, le mieux est de l'employer pour le remplissage des tympans : on le pose à la main, pour en faire une sorte de maçonnerie à pierres sèches, qui tout en étant peu dispendieuse donne toujours d'excellents résultats ; à défaut de

moellons on peut employer encore la pierre cassée, très
bonne également pour cet objet, et enfin le sable; mais celui-
ci, par l'effet des infiltrations, est susceptible à certains moments d'agir à la façon d'un liquide très lourd et de devenir
dangereux.

Plusieurs ingénieurs, depuis une trentaine d'années, ont
préféré effectuer les remplissages du genre de ceux dont il s'a-
git au moyen de *béton maigre* soigneusement pilonné. Lorsque le sable et la chaux hydraulique ne reviennent pas à un
prix excessif sur le chantier, ce béton maigre composé de 0ᵐ15
de chaux pour 1 mètre cube de sable, ou même de 9 ou 10 parties de sable pour une partie de chaux, prend au bout de
quelque temps une consistance presque égale à celle de la maçonnerie ordinaire et forme ainsi une excellente base soit pour
une chaussée pavée ou empierrée, soit pour le ballast d'un chemin de fer.

Quel que soit le moyen adopté, ce remblai plein a l'inconvénient, outre la dépense qu'il occasionne, de donner lieu à
une forte augmentation de la charge permanente, sans utilité
pour la stabilité des voûtes lorsqu'elle ne lui nuit pas, et toujours fâcheuse au point de vue des pressions exercées sur le
sol de fondation. C'est ainsi que l'on a été amené à pratiquer,
à l'intérieur des ponts, des évidements ou élégissements plus
ou moins étendus. M. Résal s'est occupé de cette question
dans le Tome premier, et l'a traitée au point de vue des conditions à observer pour ne pas compromettre de cette façon la
stabilité des voûtes adjacentes; nous-même nous en avons
parlé, dans le précédent paragraphe, à propos du parti qu'on
peut tirer des élégissements pour la décoration des ponts en
les rendant apparents à l'extérieur; de sorte qu'il ne nous reste
que peu de choses à en dire ici.

La première idée des évidements des tympans remonte à
une date fort ancienne, puisqu'on la voit déjà appliquée à
Rome au pont Fabricius et au pont Emilius, sous forme d'archets disposés au-dessus des piles, puis au moyen-âge aux
pont d'Avignon et du Saint-Esprit sur le Rhône, et au pont de
Céret. Plus tard, le pont de Tours et le pont de Bordeaux ont
été également construits avec évidements intérieurs de gran-

des dimensions ; mais, sauf lorsqu'on en profitait pour obtenir de cette façon une légère augmentation du débouché pendant les grandes crues, on n'en laissait rien paraître à l'extérieur. Ce n'est que dans ces dernières années que l'usage s'est
de plus en plus répandu d'utiliser les élégissements comme
moyen, à la fois, de ménager un débouché complémentaire
aux plus hautes eaux et de contribuer à l'ornementation des
tympans.

Les voûtes servant à pratiquer les élégissements sont disposées tantôt parallèlement, tantôt normalement aux murs des
têtes et c'est ce dernier mode qui tend maintenant à se
généraliser. Elles sont dites longitudinales dans le premier
cas et transversales dans le second. Lorsque l'importance de
l'ouvrage le comporte, les murs sur lesquels ces voûtes reposent pouvant avoir une grande hauteur, on les étaie, à différents niveaux, par des voûtes intermédiaires, ou mieux
encore on a recours à plusieurs étages de voûtes superposées.
C'est ainsi par exemple qu'ont été disposés les élégissements
des grandes arches du viaduc de Nogent-sur-Marne, comme
le montre le dessin qu'on en trouve dans le Tome premier
(page 179) ; au droit des piles, les rangées des voûtes sont au
nombre de quatre, l'axe en est longitudinal et rien d'ailleurs
n'en est apparent à l'extérieur. Dans ce même volume, la fig.
131 (page 181) se rapporte au pont de Tours, la fig. 137
(page 184) au viaduc de Saint-Chamas, d'un dessin tout à
fait particulier, la fig. 206 (page 207) au viaduc de Malau-
nay, etc.

Nous y ajoutons le dessin suivant, montrant les dispositions des évidements intérieurs des ponts construits à Nantes
par Morandière, sur la Loire, pour le chemin de fer de Nantes
à La Roche-sur-Yon. On y voit figurés des tirants en fer
destinés à contrebalancer la poussée exercée par les voûtes
extrêmes sur les murs de tympans et tendant à les renverser.

La coupe principale en travers montre comment le remplissage supérieur est effectué pour empêcher les eaux pluviales
d'atteindre les maçonneries des voûtes, et sous ce rapport la
disposition indiquée est aussi bien applicable à une route

ordinaire qu'à un chemin de fer. Le seule différence, c'est que pour une route un trottoir avec bordure et caniveau serait ménagé le long du parapet, de chaque côté de la chaussée.

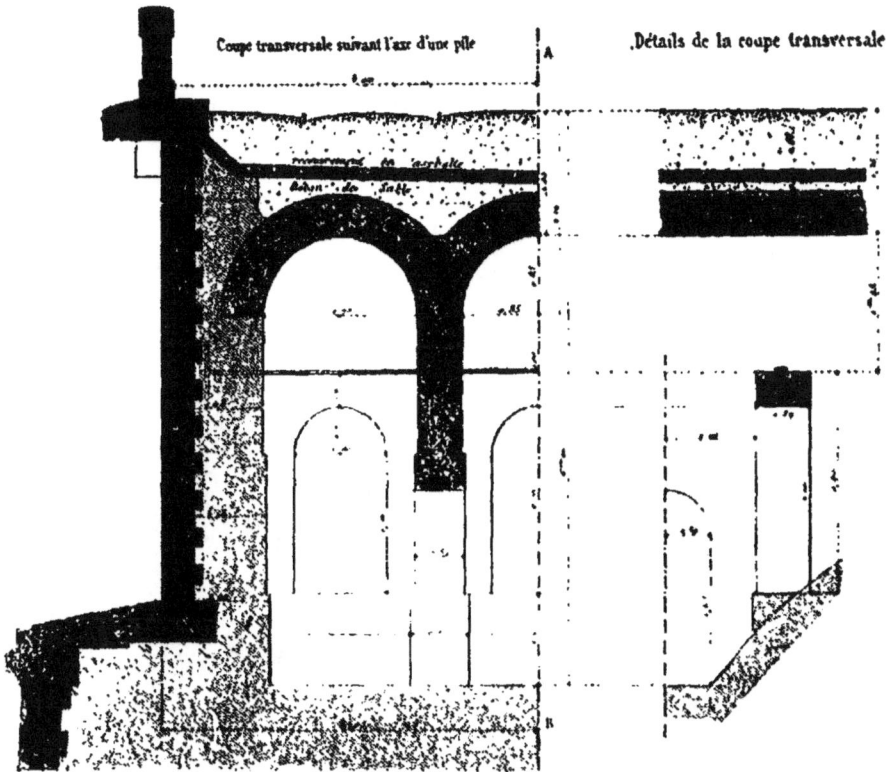

Coupe transversale suivant l'axe d'une pile

Détails de la coupe transversale

Les dispositions des voûtes intérieures ayant une grande influence sur le volume du vide et par suite sur l'importance de l'élégissement, une étude comparative a été faite, à l'occasion des ponts dont il vient d'être question, pour déterminer la solution la meilleure ; elle a démontré que suivant, par exemple, que les voûtes étaient au nombre de deux seulement, de $2^m.20$ d'ouverture, ou bien de cinq avec diamètre de 1^m, le cube du vide pouvait varier par tympan de 64 mètres cubes, dans le premier cas, à 198 mètres cubes dans le second.

Les croquis suivants concernant cette étude offrent donc, à ce titre, quelque intérêt.

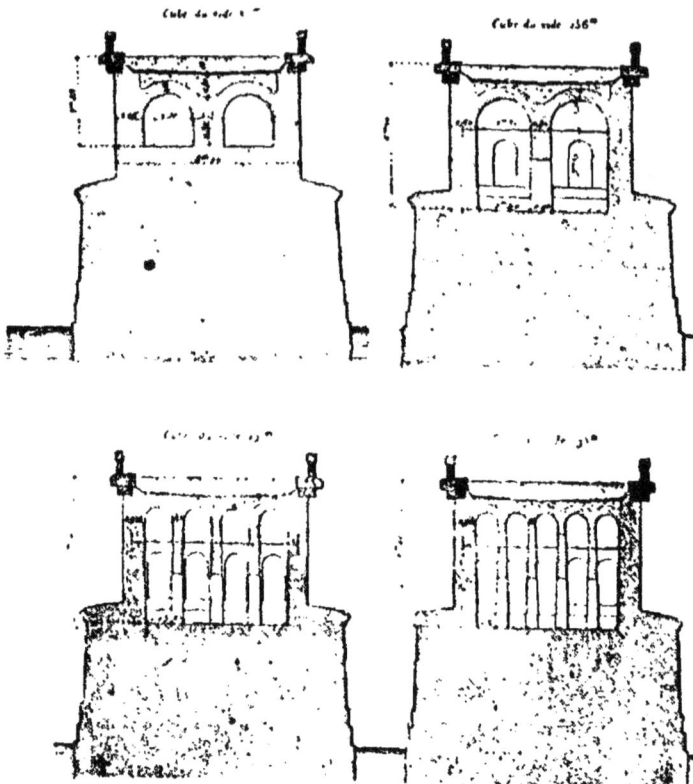

Le tableau qui suit indique le cube du vide correspondant à chacune des dispositions figurées sur ces croquis.

Désignation des diverses dispositions	Section mesurée dans l'axe de la pile	Section moyenne	Longueur à compter	Cube du vide
	m. c	m. c.	m	m. c.
Section n° 1	9.10	7.00	9. »	63. »
Section n° 2	23.20	12.75	14.50	185. »
Section n° 3	22.30	13. »	12. »	156. »
Section n° 4	22.60	11.50	16.50	191. »
Section n° 5	22. »	11. »	18. »	198. »

Détail du trou d'homme

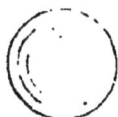

On accède aux chambres intérieures constituant les élégissements au moyen de cheminées ou *trous d'homme*, dont la figure ci-jointe représente la coupe.

Les dispositions des élégissements peuvent varier du reste de bien des manières au gré des ingénieurs, surtout lorsqu'ils ne sont pas apparents à l'extérieur ; le seul point essentiel, en dehors de ce qui touche aux questions de stabilité, est de les établir de façon que la voie supérieure repose sur une base d'une parfaite solidité.

En Angleterre, on a quelquefois, notamment pour le pont du Kelwin à Glascow, que nous avons eu occasion de citer,

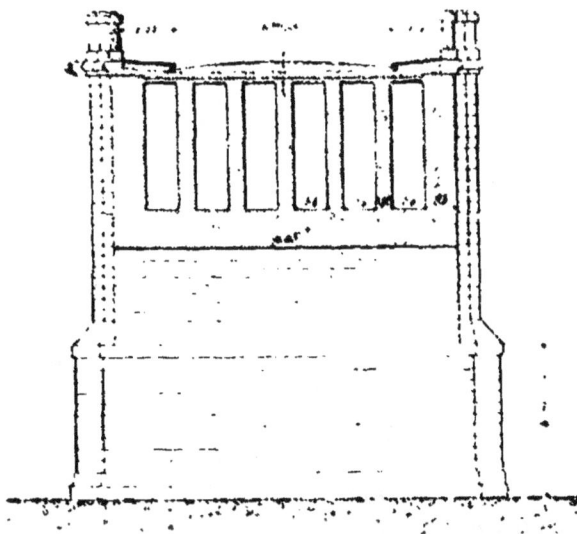

remplacé les voûtes par des dalles reposant sur des murs soit transversaux, soit longitudinaux ; on supprime ainsi la poussée produite par les voûtes extrêmes nécessitant l'emploi, comme on l'a vu pour les ponts de Nantes, de tirants transversaux ancrés dans les murs de tympans, sur l'une et l'autre tête.

La coupe (p. 473) et le plan suivant représentent cette disposition du pont du Kelwin ; elle semble susceptible de donner d'excellents résultats lorsque les murs portant les dalles sont de faible hauteur ; mais, dans le cas contraire, les tirants transversaux pourraient encore être nécessaires. Le même système a été appliqué aux Ponts-de-Cé, sur la Loire, par Dupuit.

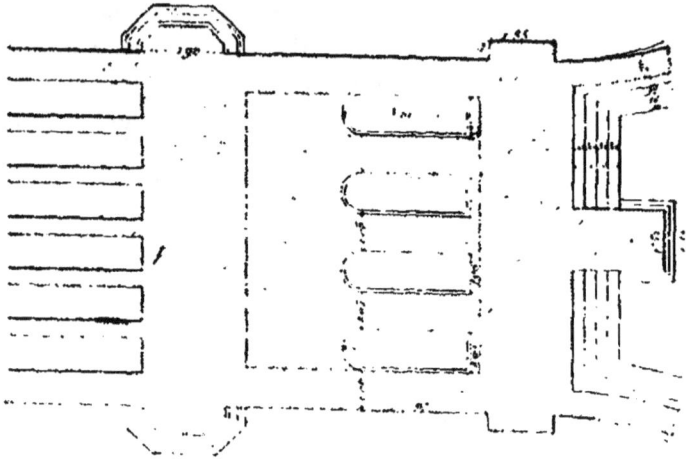

Les élégissements, en résumé, ont un double objet : d'une part, réduire les charges portées par les voûtes et par suite leur poussée ; d'autre part, atténuer les pressions sur le sol de fondation ; s'ils sont limités, dans le sens longitudinal et à partir de la clef, à un plan vertical passant vers le joint de rupture, ils concourent à augmenter le coefficient de stabilité des voûtes et sont toujours favorables ; poussés au-delà de cette limite ils sont encore utiles au point de vue de la réduction des pressions sur un sol de fondation dont la solidité comporterait quelque doute ; mais comme ils pourraient, dans certaines circonstances, compromettre les conditions de stabilité, ce n'est qu'après s'être rendu compte avec le plus grand soin de ce dernier effet qu'il faut en arrêter les dispositions définitives. Il semble y avoir lieu, dans tous les cas, de ne jamais descendre les évidements jusqu'à un niveau inférieur à celui du joint de rupture.

Le remplissage des tympans étant effectué soit avec un remblai plein, soit avec voûtes d'évidement et remblai par dessus, il convient d'étudier très attentivement les moyens d'assurer aux eaux pluviales un écoulement rapide et complet.

Si le pont se compose d'une seule arche, la solution est des plus simples ; elle consiste à diriger les eaux sur les deux versants de la chape vers les limites extrêmes des massifs des culées, où l'on dispose des contre-murs en maçonnerie à pierres sèches ou une partie de remblai en pierre cassée ou autres matières très perméables.

Lorsqu'il y a plusieurs arches, il peut arriver que le pont ait une pente longitudinale, ou bien que le couronnement en soit horizontal. Dans le premier cas on utilise la pente pour l'écoulement des eaux vers le côté le plus bas, en disposant, comme dans le cas précédent, en arrière de la culée où les eaux doivent aboutir, une partie de remblai apte à en assurer le drainage. Avec un couronnement horizontal le problème est plus difficile et divers moyens ont été essayés pour le résoudre.

Ainsi, l'on a quelquefois ménagé une série de points bas au droit des piles, puis évacué les eaux réunies en ces points au moyen de tuyaux ou gargouilles formant saillie à l'extérieur, soit sur le parement des tympans, soit sur la douelle des voûtes. Avec la première disposition, on avait l'ennui de voir les eaux chargées de limon ou autres matières tacher les tympans contre lesquels le vent les projetait et ce moyen n'est plus employé. Les gargouilles avec écoulement sous la douelle sont au contraire d'un usage assez fréquent, bien qu'elles aient à peu près les mêmes inconvénients que dans le cas précédent, si ce n'est qu'elles tachent es parements à des places moins apparentes.

Lorsqu'il existe une certaine hauteur entre le niveau de la voie supérieure et l'extrados des voûtes à la clef, on peut disposer la chape générale avec une suite de cuvettes, ayant leur fond situé au milieu de la longueur des voûtes au-dessus de la clef et pratiquer en ce point un orifice pour recevoir un tuyau débouchant sous la douelle. L'écoulement s'effectue très bien dans ces conditions ; mais, le plus souvent, l'insuffisance de la pente des parois des cuvettes, dans le sens longi-

ÉCOULEMENT DES EAUX

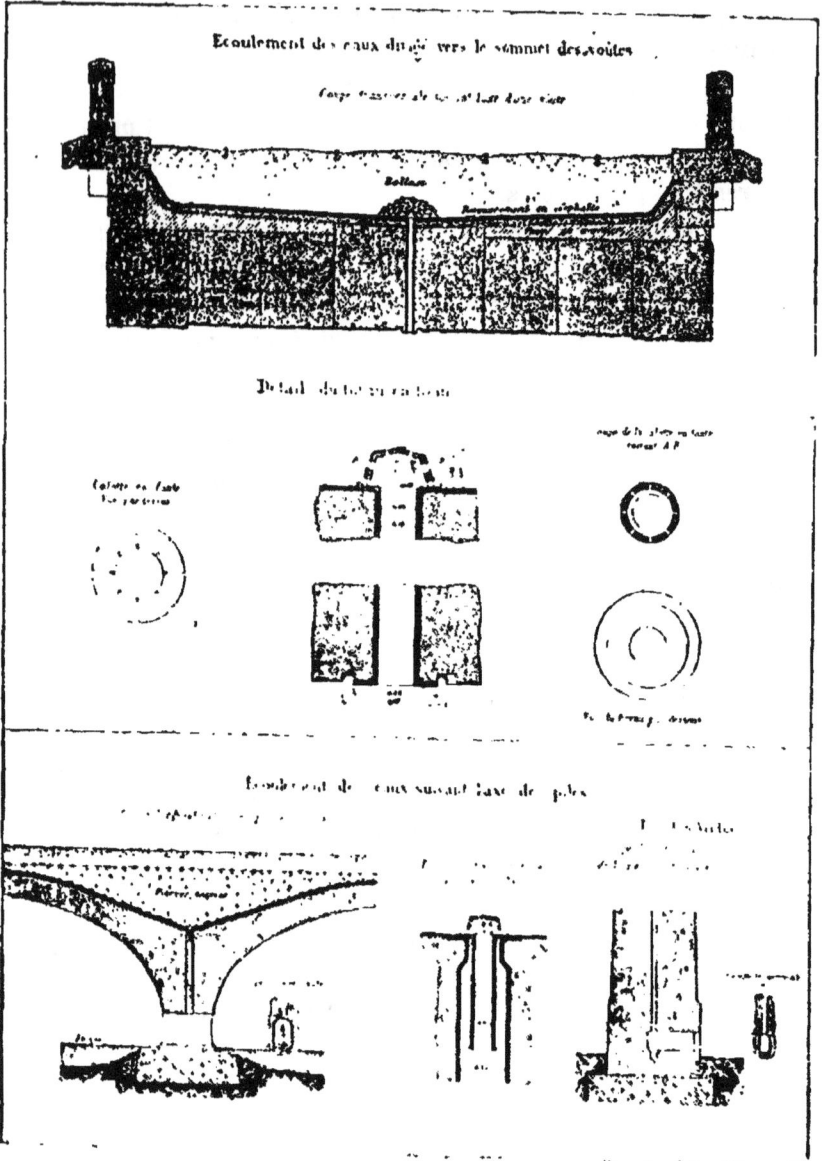

Écoulement des eaux dirigé vers le sommet des voûtes

Coupe transversale de la culée haut d'une voûte

Détail du fer en croix

Écoulement des eaux suivant l'axe des piles

tudinal, donne lieu, dès que la moindre fissure se produit, à des infiltrations dans les maçonneries.

Depuis un certain nombre d'années, on a songé à diriger les eaux vers des points bas situés au droit des piles, parce que c'est le moyen de disposer de plus fortes pentes dans tous les sens, puis elles sont évacuées à l'aide de tuyaux verticaux logés dans une cheminée verticale ménagée au milieu de l'épaisseur de la pile. On donne d'habitude 0m 25 de diamètre à ces cheminées et on les fait déboucher, vers le bas, dans un égoût transversal de 1m 60 de hauteur sur 0m 60 d'ouverture suffisant pour en permettre le nettoyage.

Les dessins suivants représentent ces diverses dispositions relatives à l'écoulement des eaux, soit par le sommet des voûtes, soit par le centre des piles; quelque secondaires que ces détails puissent paraître, on ne saurait y apporter trop d'attention dans l'étude d'un projet, la moindre négligence à leur égard pouvant devenir la cause de sérieux ennuis et même de véritables difficultés pour y remédier après coup.

La coupe relative à l'écoulement par le sommet des voûtes offre un intérêt particulier; elle montre une excellente disposition de chape générale en mortier avec recouvrement en asphalte continué jusque dans le lit de pose de la plinthe. C'est l'une des solutions les meilleures que l'on puisse appliquer, sinon pour supprimer d'une façon complète, au moins pour atténuer le plus possible les infiltrations dans les maçonneries inférieures.

Nous reviendrons du reste sur cette question des chapes à propos de l'exécution des travaux et, sans nous y arrêter plus longuement, nous passons à ce qui nous reste à dire des culées, de leurs formes les plus usuelles en plan et de la façon dont les abords en sont ordinairement disposés.

Les dimensions des culées varient nécessairement, d'une part avec l'ouverture et la forme des voûtes qu'elles soutiennent, d'autre part avec leur hauteur au-dessus du sol de fondation.

Pour un pont très peu élevé avec voûtes soit en plein cintre soit en anse de panier ou elliptiques, dont les naissances descendent presque jusqu'à la base de la culée, celle-ci se réduit à un massif de maçonnerie de peu d'épaisseur, de chaque côté duquel sont à disposer des appendices ou murs accessoires également en maçonnerie, destinés à raccorder le pont avec le remblai adjacent et à contre-buter la poussée de ce dernier. Ces appendices sont tantôt des *murs en aile*, tantôt des *murs en retour.*

Un pont est presque toujours précédé et suivi, sur chaque rive, de voies établies sur un remblai plus ou moins élevé, terminé en général au droit de chaque culée par un talus incliné à un et demi de base pour un de hauteur ou environ. La culée est logée dans ce talus, et il s'agit d'effectuer là un raccordement spécial entre les surfaces fortement inclinées du remblai et les parois presque verticales de la maçonnerie.

Deux solutions peuvent être adoptées comme le montrent les croquis suivants: ou bien ajouter à la culée des murs de soutènement pour contenir de part et d'autre le remblai jusqu'à une certaine distance, et dégager ainsi les abords de la première arche ; ou bien accompagner le massif principal de murs retournés à angle droit, à chaque bout, et pénétrant dans le talus sur une longueur égale à la base de ce dernier ; de là les désignations parfaitement appropriées de *murs en ailes* et de *murs en retour*, appliquées à ces parties complémentaires des culées.

Le remblai dans lequel est logée la culée peut appartenir à une voie dont l'axe forme le prolongement de l'axe du pont, ou bien à une voie perpendiculaire à cette direction. Les croquis suivants se rapportent à la première de ces dispositions.

Soit *abcd*, *mnpq* l'extrémité du remblai d'une voie dont l'axe est en prolongement de celui du pont, et *efgh* le massif de la culée ; pour supprimer la partie de talus située en avant de ce massif et contenir les terres, le plus simple sera d'ajouter à la culée les murs de soutènement ou murs en aile indiqués par des hachures sur le croquis. Mais, le plus souvent, au lieu de la forme droite en plan indiquée sur le croquis A, on incline plus ou moins les murs en aile par rapport au corps principal de la culée ; on leur donne même à l'occasion des formes courbes, et

l'on obtient les diverses dispositions représentées sur les croquis A', A″, A‴.

Pour appliquer des murs en retour à une culée dans les circonstances dont il vient d'être question, il faudrait donner au
massif principal toute la largeur du remblai en couronne, puis
établir en retour des murs de soutènement comme le montre la
figure B, et le remblai se terminerait de chaque côté suivant

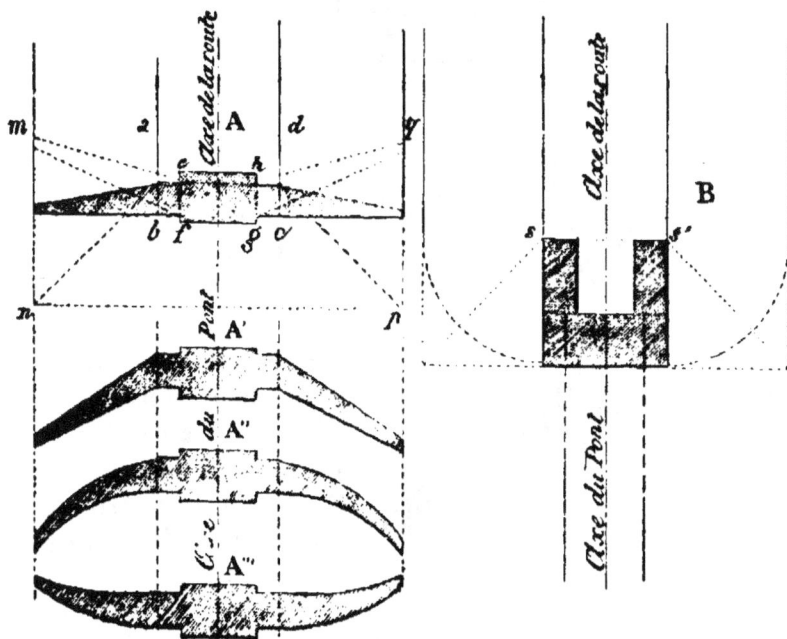

des quarts de cône, ayant leurs sommets en *s* et *s'*. On pourrait d'ailleurs adopter des formes arrondies, s'il y avait lieu,
pour le raccordement de la culée avec ses murs en retour.

Les croquis suivants se rapportent au cas du remblai d'une
voie transversale, dont l'axe est perpendiculaire à l'axe du
pont.

Soit *ab* l'arête supérieure, *cd* la base d'un talus et *mnpq*
le massif principal d'une culée dont le parement vu se trouve
dans l'alignement de *cd*; on comprend que des murs en retour
disposés comme le montre le croquis C suffiront pour conte-

nir le remblai, et permettre le raccordement de la voie passant par dessus le pont avec celle établie transversalement suivant *ab*.

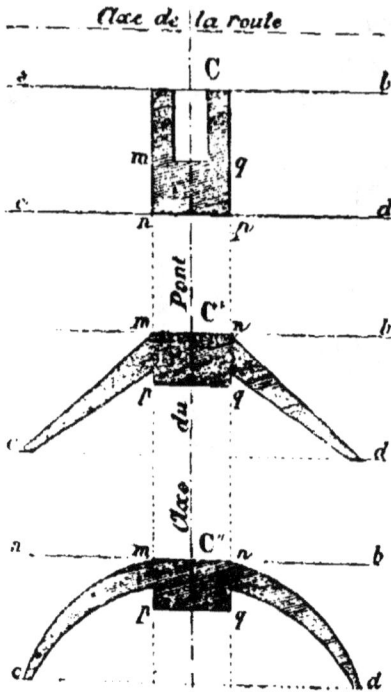

Mais il peut arriver que la culée, au lieu d'être située comme le montre le croquis C, doive avancer sur le talus et atteindre, par exemple, l'arête supérieure *ab*, comme on le voit sur le croquis C'. On **pourrait dans ce cas noyer la culée dans le talus**, mais comme celui-ci empiéterait sur l'ouverture de la première arche, on a recours à des murs de soutènement disposés en sens inverse de ceux du croquis C ; pour dégager l'accès de la voûte, au lieu de les établir normalement au massif de la culée on leur fait faire avec celle-ci un angle plus ou moins ouvert, ou bien on leur donne en plan des formes comme celles indiquées sur les croquis C' et C''. Mais du reste ces dernières solutions sont peu usitées.

Il n'y a d'ailleurs aucune règle déterminée à observer pour cela ; une seule condition est importante, c'est de disposer les murs en aile de façon à les faire concourir au bon effet de l'ensemble de l'ouvrage au lieu de lui nuire, et l'ingénieur a toute latitude à cet égard. Sous le rapport de l'exécution, les parements plans avec fruit déterminé entraînent beaucoup moins de difficultés et de sujétions que les parements à la fois courbes et inclinés, de sorte qu'on ne doit admettre ces derniers que lorsque de sérieuses considérations les justifient.

De quelque façon que les murs en aile soient disposés en

plan, on les termine d'habitude, à la partie supérieure, par un couronnement en dalles ou rampant, posé suivant la pente du remblai soutenu par les murs ; des crossettes ménagées de distance en distance empêchent le glissement des dalles, et celles-ci sont posées avec une légère saillie par rapport au parement des murs. Pour certains ponts très ornementés, les murs en aile au lieu d'une dalle avec simple saillie peuvent être surmontés d'une plinthe, avec moulures en rapport avec le couronnement des culées. Ils se terminent toujours par un dé rectangulaire à la partie inférieure.

Dans les diverses combinaisons que les précédents croquis **représentent**, il peut arriver que le corps principal de la culée soit tantôt plus, tantôt moins épais que les murs en ailes ou les murs en retour dont il est accompagé ; ces derniers, en effet, n'ont à se comporter qu'à la façon de murs de soutènement, et leur épaisseur se détermine d'après la poussée à laquelle ils doivent résister. La culée, au contraire, supporte, d'une part, la poussée de la voûte, d'autre part la poussée des terres du remblai, agissant en sens opposé l'une de l'autre. Dans certains cas, par conséquent, comme par exemple lorsque la voûte supportée par la culée est en plein cintre ou en anse de p   r et a ses naissances très près du sol, la culée pourra avoir beaucoup moins d'épaisseur que ses murs en retour ou ses murs en ailes. Avec des voûtes surbaissées à naissances hautes, au contraire, l'épaisseur de la culée dépassera celle des murs adjacents. Tout ce qui se rapporte au calcul de ces épaisseurs a d'ailleurs été traité dans le Tome premier (pages **252** et suivantes).

Lorsqu'on peut indifféremment adopter des murs en retour ou des murs en aile, c'est à ces derniers, pour un ouvrage auquel on veut assurer un certain caractère d'élégance, qu'il convient de donner la préférence à cause de l'aspect beaucoup plus satisfaisant qu'ils comportent, en comparaison des talus gazonnés ou des perrés par lesquels il faut terminer le remblai quand on adopte des murs en retour. Des chaînes de pierre rappelant les chaînes d'angle des culées, un couronnement raccordé avec celui du pont et quelques divisions combinées pour couper les surfaces trop nues, permettent en effet de leur donner parfois une excellente apparence.

On peut combiner, à l'occasion, les deux systèmes, c'est-à-dire avoir des parties de murs en aile jusqu'à la largeur de la voie qui aboutit au pont, puis des murs en retour à la suite. Le pont de Neuilly sur la Seine, le pont de Turin sur la Dora, offrent d'importants exemples de cette disposition.

Le choix à faire entre les murs en aile et les murs en retour peut dépendre aussi de la hauteur des culées. Lorsque cette hauteur atteint 8 ou 10 mètres, les murs en aile ont l'inconvénient de présenter d'énormes surfaces, difficiles à meubler et d'aspect lourd et froid ; en outre, il est difficile d'éviter, dans ces grands parements, des déformations toujours fort disgracieuses et de nature à déparer l'ensemble de l'ouvrage.

Les difficultés de fondations doivent également être prises en très sérieuse considération : les pressions agissant sur les culées et celles que supportent les fondations des murs en aile sont très différentes ; et pour peu que le sol inférieur soit compressible il en résulte des inégalités de tassement, donnant lieu presque toujours à des disjonctions plus ou moins apparentes aux points de raccordement ; les murs en retour n'offrent pas le même inconvénient, d'autant plus que leurs fondations peuvent être établies en même temps et dans les mêmes conditions que celles du massif principal de la culée.

Toutefois les murs en retour, s'ils sont moins sujets aux disjonctions, peuvent eux-mêmes, pour les ouvrages de très grande hauteur, éprouver des mouvements plus ou moins accentués contre lesquels on doit se tenir en garde ; c'est surtout lorsque la voie supérieure est un chemin de fer que ces mouvements sont le plus à craindre, et nécessitent des dispositions spéciales pour les éviter ou les réduire. Dans ce cas les vibrations produites par le passage des trains ont une influence très fâcheuse, en séparant les parois des murs en retour des terres qu'ils sont destinés à supporter ; cette séparation se produit surtout à l'extérieur, quelquefois même par le seul effet du tassement du remblai, et il en peut résulter de très grandes inégalités de poussée entre l'extérieur et l'intérieur des murs ; en outre, par les très fortes pluies, l'état d'humidité pouvant différer beaucoup d'une paroi à l'autre, il y a encore là une **cause de poussées très inégales.**

Le moyen le plus usité, pour remédier à ces inconvénients, est de relier les murs en retour, à leur partie supérieure, par une voûte en berceau occupant toute leur longueur, et d'employer en outre des tirants transversaux en fer, posés à la hauteur des naissances de la voûte. Celle-ci est d'ailleurs, suivant les cas, disposée soit en ogive, soit en plein cintre.

Pour des ouvrages très élevés on pourrait recourir à plusieurs étages de voûtes superposées, avec tirants transversaux ancrés à diverses hauteurs, et obtenir ainsi des résultats satisfaisants ; toutefois, de semblables conditions de stabilité laissent toujours à désirer et l'on a souvent préféré prendre le parti de former la culée d'un massif unique, murs en retour compris, et d'y pratiquer des évidements au moyen de puits verticaux. Cette disposition a été appliquée pour la première fois par Morandière, à l'occasion de la construction du viaduc de l'Indre (T. 1, page 252). Les massifs des culées ont 20 mètres de longueur sur 9^{m}60 de largeur, et l'on y a ménagé deux puits cylindriques à axe vertical de 4^{m}80 de diamètre, ayant leurs centres placés sur l'axe du massif et distants entr'eux de 7^{m}20. Dans ces conditions, la section pleine de la culée étant de 180 mètres carrés, la section du vide n'est que de 36 mètres carrés ou du cinquième seulement. Afin de l'augmenter, on a, pour les culées d'un autre ouvrage, le viaduc de la Bèbre, donné aux puits une section elliptique. Les massifs ayant 20^{m}40 de longueur sur 8^{m}60 de largeur, la section des puits à 6^{m}50 sur le grand axe et 5^{m}80 sur le petit axe, avec centres placés à 8^{m}30 de distance l'un de l'autre. La culée se trouve ainsi bien plus fortement évidée.

Pour faciliter l'exécution des puits, on leur a parfois donné une section rectangulaire ; mais, dans ces conditions, la résistance aux poussées s'exerçant de l'extérieur vers l'intérieur est beaucoup moindre, et cette disposition n'est pas toujours applicable.

D'ordinaire on recouvre les puits au moyen de voûtes pour empêcher les eaux d'infiltration de pénétrer à l'intérieur des massifs, et l'on a soin de ménager dans le bas une porte d'accès pour permettre de visiter les parois des évidements, et y faire au besoin les réparations nécessaires. Quelquefois, cependant, afin d'augmenter le poids des culées et ajouter à leurs conditions de résistance, on comble tous les vides au moyen de terre graveleuse ou de pierre cassée.

Avec la disposition figurée sur le croquis B ci-dessus, la longueur des murs en retour, à partir du parement vu de la culée, est égale à la base du talus de remblai, c'est-à-dire à une fois et demie, en général, la hauteur de ce dernier. Pour des ouvrages de très grande élévation, comme certains viaducs, on se trouverait ainsi amené à donner aux murs en retour des longueurs excessives [1] ; pour l'éviter on a souvent pris le parti de laisser le talus du remblai empiéter sur la première et parfois même sur plusieurs arches, lorsque celles-ci sont de faible ouverture relativement à leur hauteur. La culée **se trouve alors enfouie dans le remblai et devient une** *culée perdue*, avec laquelle on peut à la rigueur supprimer complètement les murs en retour. La figure 195 du tome premier (page 258) montre un exemple de cette disposition, de même que les figures 198, 199 et 200 (pages 260 et 261) concernant les culées du viaduc d'Epinay.

On comprend qu'il y ait nécessité d'étudier tous ces points de détail avant d'arrêter le dessin définitif d'une culée ; mais les quelques observations qui précèdent, ajoutées à celles que l'on a déjà trouvées dans le tome premier, semblent suffisantes pour rendre inutile d'y insister plus longuement.

La question des *abords des ponts* est nécessairement reliée à la précédente, et doit entrer pour beaucoup dans le choix à faire entre les murs en aile et les murs en retour. L'objet des travaux qu'elle donne lieu de projeter est d'établir les plus grandes facilités de communication possibles, entre les voies aboutissant au pont et celle établie sur le pont lui-même.

Pour un chemin de fer dont les voies se poursuivent par dessus les ouvrages d'art comme en avant et au-delà, l'on n'a en quelque sorte aucun détail de raccordement à étudier, si ce n'est pour racheter des différences de largeur de peu d'importance, auxquelles la circulation n'est nullement intéressée.

---

1. Afin de réduire cette longueur dans une certaine mesure, on adopte souvent une courbe elliptique pour base des quarts de cône accompagnant les murs en retour, avec grand axe normal à ces derniers.

Mais pour les routes ordinaires ces différences de largeur sont parfois très grandes, la voie en prolongement de l'axe du pont peut être coupée, à l'entrée et à la sortie de celui-ci, par des routes transversales, souvent même plusieurs voies convergent vers le pont sur l'une et l'autre rive, et il faut que dans toutes les directions les communications entre la chaussée du pont et celle des voies adjacentes offrent le moins d'incommodité possible.

Lorsque des quais ou des chemins de halage existent en outre sur les berges, à des niveaux différents de celui des voies précédentes, il faut encore que les dispositions des culées se prêtent aux exigences spéciales de la circulation à ces diverses hauteurs.

Enfin la voie inférieure, au lieu d'une rivière ou d'un canal, peut être un chemin de fer en tranchée avec talus plus ou moins élevés des deux côtés.

De là une infinité de cas différents comportant des solutions très variées, mais procédant toutes d'un petit nombre de types principaux qu'on ne saurait mieux faire connaître qu'en citant quelques exemples.

On trouve à la page 326 du Tome premier le plan des abords du pont de Tours dont les dispositions ont donné lieu, comme le montre le dessin de la page 327, à l'exécution dans les angles des culées de voûtes en encorbellement d'un fort bel effet, raccordant la largeur du pont avec celle d'un avant-corps en saillie sur l'alignement du quai. Des voûtes analogues existent dans les pans-coupés du pont des Tuileries, à Paris, dont le dessin est également donné par M. Résal (page 320). Il s'agissait dans ces deux circonstances, comme dans la plupart des cas à l'intérieur des villes, de raccorder les chaussées des quais avec celles des ponts suivant des courbes de grand rayon ; il y a été largement satisfait.

Au pont de Neuilly, où tout a été attentivement étudié et traité avec ampleur, Perronet a disposé, en arrière de chaque culée, une sorte de terre-plein rectangulaire d'une largeur à peu près triple de celle du pont et de 25 mètres de longueur, sur lequel les bordures des trottoirs limitant la chaussée se développent à l'aise, suivant les quarts de rond de 15 mètres

de rayon, comme le montre le plan suivant; le dessin d'une
de ces culées précédemment donné (page 334) permet de se
rendre compte de l'effet résultant en élévation de ces dispositions.

Pont de Neuilly

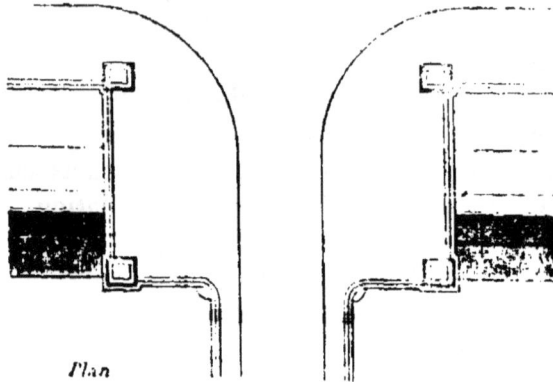

Plan

Au pont de Turin sur la Dora, indépendamment d'un terre-
plein analogue à celui du pont de Neuilly, de 38ᵐ50 de largeur sur 15 mètres de longueur, des quarts de cylindre de 7
mètres de rayon ont été disposés dans les angles des culées
avec parements extérieurs convexes; l'utilité de semblables
annexes est peut-être discutable, mais il en est résulté une
assez belle composition d'ensemble de la culée, dont le plan
suivant suffit pour se rendre compte.

Pont de Turin sur la Dora

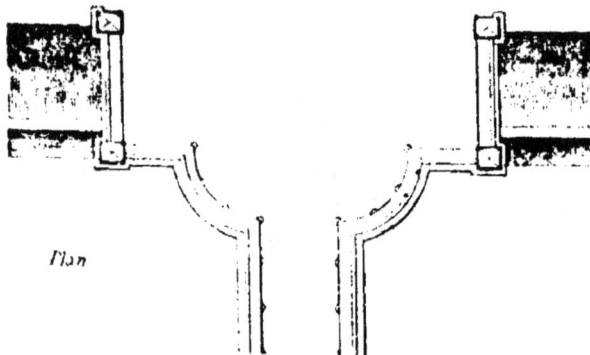

Plan

Le désir de faire servir ces travaux accessoires des abords des ponts à l'embellissement de l'ensemble de l'ouvrage a conduit les ingénieurs italiens à adopter, pour le pont de Valentino construit également à Turin, pendant ces dernières années, des dispositions plus largement traitées encore que les précédentes, et consistant à faire succéder au pont dont la largeur est d'environ 15 mètres, un premier élargissement rectangulaire de 26 mètres sur 5, puis un second de 37ᵐ 50 sur 9 mètres. On comprend tout le parti qu'on peut tirer, pour l'élévation, de cette succession d'angles saillants et d'angles rentrants, accusés par des chaînes de pierre et permettant de donner un grand développement aux murs transversaux tout en évitant les surfaces trop étendues ou trop nues.

L'élévation et le plan d'une culée du viaduc du Val Benoît, donné précédemment (page 339), offre à certains égards un autre exemple de ce genre de dispositions.

Les ponts de Neuilly, de Tours, des Tuileries, de Turin, que l'on vient de citer sont, du reste, des ouvrages d'une importance exceptionnelle justifiant les dispendieuses dispositions qui leur ont été appliquées; le plus souvent, il n'y a lieu qu'à l'exécution de travaux beaucoup plus restreints, répondant strictement aux nécessités que la situation comporte. La seule condition obligatoire, en résumé, est celle déjà mentionnée d'assurer les plus grandes commodités de communication possibles pour les piétons comme pour les voitures, entre la voie du pont et celles existant à ses extrémités ; en dehors de cela, c'est d'après l'ensemble de l'ouvrage que les dispositions définitives de ses abords doivent être arrêtées, de façon à augmenter sans l'exagérer l'importance des culées, à raccorder sans transition trop brusque les parements plus ou moins ornementés du pont avec les surfaces nues des murs de quais, murs de soutènement ou simples talus adjacents ; enfin, à tirer le meilleur parti possible de ces ouvrages accessoires, pour concourir au bon effet de l'ensemble, sans y consacrer aucune dépense exagérée.

CHAPITRE IV

CINTRES

§ 1er

DES DIVERS TYPES DE CINTRES

Généralités : objet et divisions du chapitre. — Définitions : fermes, principales pièces constitutives des cintres. — Types élémentaires pour voûtes de moins de 10 mètres d'ouverture. — Principes fondamentaux à observer pour la composition d'un cintre, dimensions des pièces, mode d'emploi des bois ; compression dans le sens des fibres ou normalement à cette direction ; conséquences. — Retrait des bois et coefficient d'élasticité : séchage et tassement. — Tableaux numériques. — Divers types de cintres. — *Cintres à contrefiches isolées* : Cintres des ponts de Grosvenor et de Glocester en Angleterre ; du pont Annibal, en Italie ; des viaducs de Nogent-sur-Marne et du Gorschtal ; du pont de Cabin-John, aux États-Unis. — *Cintres à contrefiches arc-boutées* : Cintres des ponts de Chalonnes et de Montlouis, sur la Loire ; de Figeac, sur la Pique ; de Claix sur le Drac. — *Cintres à contrefiches radiales* : Cintres des ponts de St-Waast, du nouveau pont de Lavaur, du pont Antoinette, du pont du Castelet, du viaduc de Nice. — *Cintres retroussés* : Conditions générales à observer ; types théoriques pour voûtes surbaissées et voûtes en plein cintre ; cintres des ponts de Neuilly, de Cravant, de la Dora, de St-Sauveur, de Saumur et de divers autres ouvrages. Cintres avec passage central pour la navigation ; cintre du nouveau pont au change, à Paris ; cintres divers. — *Cintres suspendus* : Cintre de l'aqueduc de Roquefavour ; circonstances pouvant motiver des applications plus importantes de ce type de cintre ; projet de traversée de la Seine entre Quillebœuf et Port-Jérôme. — *Cintres pour voûtes biaises* : conditions principales à observer. — Déformations des cintres et tassements en résultant pour les voûtes ; formule empirique pour l'évaluation de ces tassements avec l'emploi de cintres retroussés.

Les cintres ont à remplir un rôle assez important dans la construction des voûtes, et par suite des ponts en maçonnerie, pour qu'il y ait lieu de traiter avec quelque développement

31

tout ce qui s'y rapporte. Nous leur consacrerons donc ce chapitre, pour en étudier les dispositions d'ensemble suivant les divers types auxquels ils appartiennent, exposer les méthodes de calcul servant à déterminer les dimensions des diverses pièces dont ils sont composés, et décrire enfin sommairement les principaux appareils en usage pour préparer et effectuer le *décintrement* des voûtes.

Tout le monde connaît l'objet et la composition générale d'un cintre. C'est un ouvrage en charpente comprenant un certain nombre de fermes parallèles, analogues sous certains rapports à celles en usages pour supporter la couverture de bâtiments ordinaires. Les fermes sont reliées transversalement par des moises qui en maintiennent l'écartement ; elles supportent des pièces spéciales, posées également dans le sens transversal, qu'on désigne sous le nom de *couchis*, à l'aide desquelles on **compose une sorte de plancher courbe**, offrant extérieurement, en relief, la forme exacte de la douelle de la voûte à construire.

On y ajoute, pour les cintres de quelque importance, des *pièces de contreventement* destinées à compléter la rigidité de l'ensemble ; mais qui n'ont à résister, le plus souvent, qu'à des efforts insignifiants et n'ont qu'une importance secondaire.

On peut dire aussi d'un cintre qu'il doit, comme un pont en bois ou en métal, être exclusivement composé d'éléments distribués suivant un plan rationnel, ayant chacun un rôle bien déterminé à remplir : à l'exception des pièces de contreventement, tous ces éléments peuvent être calculés avec exactitude, en raison des efforts qu'ils sont destinés à supporter.

On ne saurait trop recommander, à cet égard, de se tenir en garde contre les systèmes empiriques, soi-disant justifiés par l'expérience, offrant un entre-croisement de pièces dans lequel on a peine à se reconnaître et dont la distribution semble être l'effet du hasard plutôt que le résultat d'une étude sérieuse. Il est rare de ne pas constater, en y regardant d'un peu près, qu'il manque à ces sortes de cintres des éléments indispensables pour compléter la *triangulation* des fermes et en assurer les bonnes conditions de résistance, tandis qu'on y a introduit une quantité de pièces surabondantes qui, loin d'ajouter à la solidité de l'ouvrage, ne servent le plus souvent qu'à en dissimuler la faiblesse.

La forme rudimentaire d'une ferme de cintre est à peu près celle que représentent les dessins suivants, relatifs à une voûte de 6 à 10 mètres d'ouverture.

CINTRE POUR VOÛTE DE 6 A 10 MÈTRES D'OUVERTURE

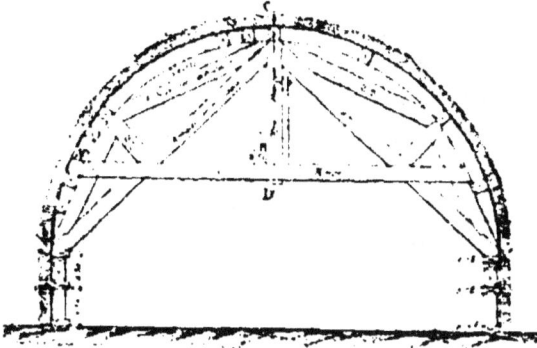

Élévation d'une ferme.

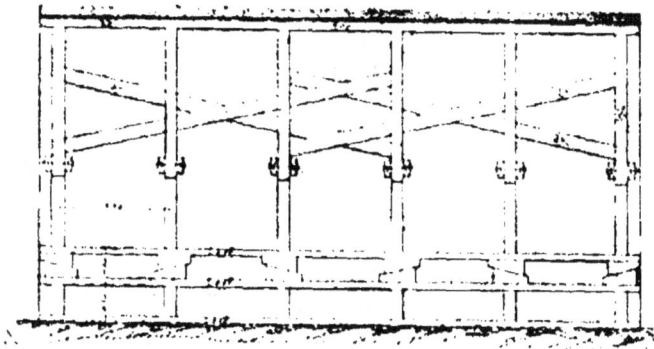

Coupe transversale CD.

Chacune des fermes, au nombre de six, dont ce cintre se compose, est formée, comme pièces principales, de deux *arbalétriers* maintenus par des *moises* horizontales, qui remplacent l'*entrait* des fermes ordinaires, et d'un *poinçon* vertical. La voûte à construire étant en plein-cintre, il existe entre l'intrados et le dessus des arbalétriers de grands vides qu'il faut combler pour préparer la pose des *couchis* dont nous avons

déjà parlé. A cet effet, par dessus les *arbalétriers principaux*,
sont disposés des *arbalétriers secondaires*, soutenus à leur
point de jonction par de petits poinçons ou des *contrefiches*
portant, à leur partie inférieure, sur les grands arbalétriers,
près du point d'attache des *moises*. Il ne reste qu'à fixer sur
les arbalétriers secondaires les pièces de bois désignées sous
le nom de *vaux*, dont la face inférieure plane s'applique exactement sur les arbalétriers, tandis que la face supérieure courbe
est dressée suivant un arc de cercle de rayon un peu moindre
que celui de l'intrados ; l'ensemble de ces *vaux* donne au contour extérieur de chaque ferme un profil circulaire continu.
Lorsque toutes les fermes sont en place, on n'a plus qu'à fixer
par dessus les *couchis* destinés à compléter le cintre.

La coupe transversale montre la disposition des *pièces de
contreventement*, dont l'emploi a pour objet de concourir, avec
les couchis, au maintien de l'écartement exact des fermes et de
prévenir tout déversement de celles-ci. On voit aussi sur la
même figure les *semelles* longitudinales, servant de points d'appui aux fermes ; deux semelles semblables sont disposées le
long de l'une et de l'autre culée, séparées en hauteur, au droit
de chaque ferme, par de doubles coins dont nous indiquerons
la destination en parlant des *appareils de décintrement* ; ces semelles enfin sont fixées sur des *potelets* verticaux, en nombre
égal à celui des fermes.

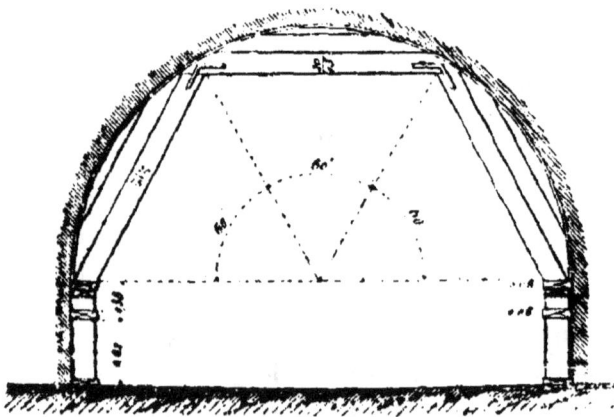

Ferme pour plein-cintre de 5 mètres d'ouverture.

Pour les voûtes dont l'ouverture est inférieure à 6 mètres, le cintre peut être composé de fermes plus simples encore, comme le montre la figure ci-dessus. Ces fermes ne consistent plus qu'en trois arbalétriers secondaires, appuyés directement sur les supports des naissances ; des vaux sont disposés par dessus les arbalétriers, et des planches jointives forment la douelle extérieure du cintre.

Mais c'est là une disposition d'un usage fort restreint, tandis que le type précédent reste applicable, avec de très légères modifications et additions, jusqu'à des ouvertures d'assez grande importance.

Les dessins suivants montrent deux exemples de cintres semblables pour des voûtes non plus en plein-cintre, mais de forme elliptique, de 10^m et $10^m,80$ d'ouverture. Ils diffèrent fort peu, l'un et l'autre, de celui des voûtes en plein-cintre de 6 à 10 mètres d'ouverture ; ils présentent, comme ce dernier, la disposition la plus essentielle de l'emploi des bois pour les cintres,

PONT DU HAUT BRIVET
Voûte elliptique
de 10 mètres d'ouverture

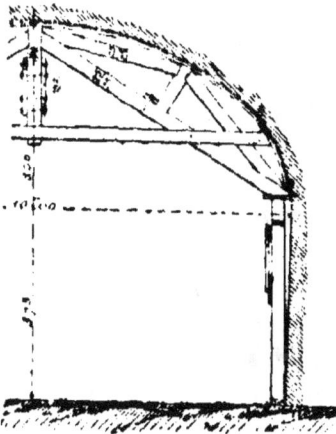

Forme de cintre
pour voûte elliptique
de 10 mètres 80 d'ouverture.

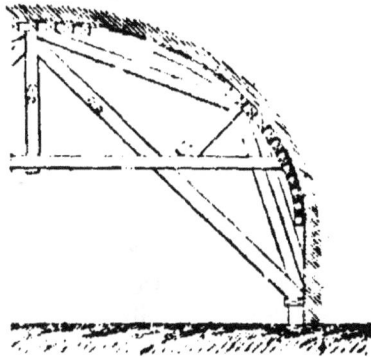

celle consistant à en composer des triangles à l'aide desquels chaque pièce se trouve placée dans les conditions de résistance les plus favorables.

A mesure que l'ouverture augmente, la diversité de composition des cintres ne provient pas seulement de cette augmentation et des différences entre les courbes d'intrados des voûtes, mais encore du nombre et de la situation des points d'appui dont on peut disposer, et des sujétions spéciales auxquelles il faut satisfaire.

Mais avant de poursuivre l'énumération des types de cintres les plus usités, il y a lieu d'exposer certains principes généraux dont l'observation est obligatoire dans toutes les circonstances, et qu'il est nécessaire de connaître pour l'intelligence de la plupart des dispositions caractéristiques de ces sortes d'ouvrages.

En premier lieu, il faut tenir grand compte, dans l'étude d'un cintre, de l'équarrissage normal, l'*équarrissage marchand,* en quelque sorte, des bois dont on disposera pour son exécution. Il faut donc maintenir, autant que possible, les dimensions en coupe de chaque pièce entre 0^{m}20 et 0^{m}30. On peut bien, si cela est nécessaire, descendre jusqu'à 0^{m}15 ou s'élever jusqu'à 0^{m}40 ; mais ce n'est pas sans de sérieux inconvénients.

Avec des bois de trop faible épaisseur, les assemblages à tenons, à mortaises, à mi-bois, n'ont plus une solidité suffisante ; le moindre défaut local, nœud vicieux, fente, section des fibres par le sciage, réduit à tel point la résistance de la pièce qu'elle peut ne plus être en état de porter même une charge très modérée.

Quant aux bois de très fort équarrissage, il est difficile de se les procurer dans le commerce et le prix en est toujours très élevé.

Nous exposerons dans les paragraphes qui suivent les méthodes de calcul applicables à la détermination des dimensions de chacune des pièces d'un cintre ; mais cette étude n'est pas nécessaire pour prévoir que telle ou telle disposition comportera l'emploi de bois soit de très faible, soit de très fort échantillon, et il conviendra d'éviter ce qui conduirait à une exagération dans un sens ou dans l'autre.

Il n'y a d'exception à cette règle que pour les couchis : simplement cloués sur les vaux et ne devant être affaiblis par aucun assemblage, ils se suppléent en outre les uns les autres ; si l'un faiblit, la charge se reporte sur ceux qui l'avoisinent, sans dommage appréciable pour le cintre. Au contraire, l'insuffisance d'une contrefiche et sa rupture éventuelle pourraient être la cause des accidents les plus fâcheux, même de la dislocation complète d'une ferme.

Les pièces de contreventement peuvent, comme les couchis, être de faible échantillon sans grand inconvénient ; on y emploie d'ordinaire des madriers de 0ᵐ20 sur 0ᵐ10 d'épaisseur ; mais cette dernière dimension est réduite parfois à 0ᵐ07 et même 0ᵐ05. Ces pièces étant toujours reliées à l'ossature du cintre au moyen de boulons, on n'a pas à craindre la cause d'affaiblissement provenant des assemblages.

En ce qui concerne la longueur des pièces, il est bon qu'elle reste comprise autant que possible entre trois et dix mètres. Pour les bois trop courts, les frais relatifs à l'exécution des assemblages (journées d'ouvriers charpentiers, déchets, fers de consolidation) atteignent, par mètre cube, un total élevé et grèvent lourdement la dépense d'établissement des cintres. Les bois trop longs coûtent cher et il est difficile de se les procurer ; en outre, le travail à la compression qu'on peut en attendre sans danger diminue rapidement à mesure que la longueur augmente et ils deviennent impropres au travail à la flexion, la hauteur d'une pièce fléchie, supposée soumise à une charge constante par mètre courant, augmentant en proportion du carré de sa longueur.

Ce qui précède ne doit pas toutefois être pris dans un sens absolu. Il est souvent avantageux, par exemple, de prévoir l'emploi d'un certain nombre de pièces très courtes permettant d'utiliser les rognures et les déchets des pièces principales. Parfois encore on est conduit à composer certaines pièces maîtresses de bois très longs et de très fort équarrissage, sans que leur emploi puisse être critiqué, si l'on peut se les procurer sans trop de difficultés ni de dépenses.

Un point d'une extrême importance est de ne se servir, pour les cintres, que de bois parfaitement secs. Les constructeurs, il est vrai, ne sont pas toujours maîtres de choisir leurs matériaux à leur gré et les circonstances peuvent les mettre dans la nécessité d'utiliser des bois imparfaitement desséchés, exposés à subir un certain retrait après l'emploi ; il faut dans ce cas se tenir soigneusement en garde contre les effets à en provenir.

Deux années de séchage, à l'abri de la pluie et du soleil, sont nécessaires pour rendre les bois propres aux travaux de charpente ; si cette condition n'a pas été observée, il est bon de prévoir un certain *travail* ultérieur et d'en prévenir les conséquences. Celles-ci peuvent consister en relâchement des assemblages, affaissement des fermes, déformation de la surface des couchis. Or le retrait, dans ces circonstances, est presque nul dans le sens des fibres, très accentué au contraire dans le sens du rayon, normal aux fibres, qui passe par le centre de la section transversale de la pièce, et plus considérable encore dans la direction normale aux fibres et à ce rayon. Ces trois directions sont indiquées par des flèches et les nombres 1, 2, 3 sur le croquis en marge. Les inconvénients très sérieux qui pourraient en être la suite seront évités en ayant soin de ne faire travailler les bois que dans le sens des fibres, c'est-à-dire dans le sens de leur longueur.

D'autre part, lorsqu'on charge un cintre avec la maçonnerie de la voûte, les bois se déforment en raison de leur élasticité et les dimensions en sont modifiées. Il importe de réduire au minimum les changements de longueur dans la direction des efforts supportés et de réaliser pour toutes les pièces, autant que possible, une certaine proportionnalité entre le travail qu'on attend de chacune d'elles et la contraction élastique qui en sera la conséquence, de telle sorte que les mouvements éprouvés par le cintre, dans son ensemble, n'en altèrent ni la forme, ni les conditions de stabilité. Le coefficient d'élasticité des bois ayant des valeurs notablement plus faibles dans la direction radiale et normale aux fibres et dans la direction perpendiculaire à la précédente, les déformations, rapportées à l'unité de travail, sont plus considérables dans ces deux derniers sens que dans le sens de la longueur ; d'où un nouvel argument en faveur de l'exclusion, pour la composition d'un cintre, de pièces de bois dont le travail serait dirigé normalement à la direction des fibres.

C'est pour ce motif que les méthodes exposées plus loin, pour le calcul des pièces des cintres, ne prévoient presque exclusivement que l'emploi de pièces travaillant dans le sens de leur longueur.

C'est pour cela également qu'il faut s'efforcer d'écarter les semelles, chapeaux, potelets, qu'on est porté à intercaler entre les pieux ou autres points d'appui inférieurs et les supports verticaux des fermes. Presque toujours ces derniers marquent leur empreinte en pénétrant plus ou moins dans les bois qu'ils pressent normalement à leurs fibres, d'où a dû résulter un léger affaissement général du cintre, qu'on aurait évité en n'employant, pour les pièces accessoires dont il s'agit, même pour de simples cales, que des bois placés debout et non à plat.

Pour se mettre à l'abri de cette cause de déformation, M. Séjourné, dans la construction des cintres très remarquables qu'il a employés, a eu recours à des plaques de tôle destinées à empêcher la pièce pressée d'être pénétrée par celles agissant sur elle normalement au sens de ses fibres. Les vaux sont toujours des pièces qu'il faut, par exception, employer à plat et qui ont à supporter, d'une part, la charge des couchis, d'autre part la réaction de la contrefiche sur laquelle ils s'appuient. Des plaques de tôles verticales, réunissant invariablement les abouts des vaux et l'extrémité des contrefiches, empêchent toute contraction en ces points et l'on peut, en outre, au moyen de fourrures également en tôle, logées entre l'extrémité des contrefiches et la face inférieure des vaux, répartir plus uniformément la charge sur ces derniers.

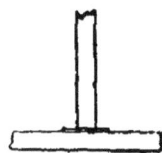

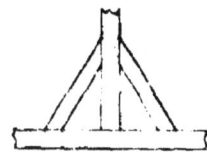

Un moyen analogue donnerait d'excellents résultats, lorsqu'on est conduit à employer des semelles posées à plat, pour empêcher les poteaux d'y pénétrer, comme on le disait tout-à-l'heure. A défaut de plaques de métal, une autre disposition susceptible encore de bons résultats consiste à soutenir la partie inférieure de chaque poteau au moyen de *jambettes* inclinées, ou *essailliers* renversés, répartissant la charge de la ferme sur une plus grande longueur de la semelle horizontale (croquis en marge). Inutile d'ajouter que c'est dès le montage des cintres qu'il faut adopter l'un ou l'autre de ces moyens de consolidation, au lieu d'attendre, comme on le fait trop souvent, que la nécessité en ait été démontrée par un commencement d'écrasement des semelles au droit des poteaux.

On a réuni dans le tableau numérique ci-après, un certain nombre de renseignements sur le retrait des bois et leur coefficient d'élasticité ; les chiffres inscrits dans ses différentes colonnes sont des moyennes résultant d'expériences plus ou moins nombreuses et plus ou moins probantes ; sans mériter une confiance absolue, ils peuvent toutefois être considérés comme suffisamment exacts pour les besoins de la pratique.

Dans tous les cas, les indications à en déduire achèveront de confirmer l'importance de la règle fondamentale énoncée plus haut, à savoir *qu'un cintre bien conçu ne doit être composé que de bois travaillant debout, à l'exclusion de bois travaillant à plat.*

Comme application des données fournies par ce tableau et pour bien montrer, encore une fois, la nécessité d'éviter dans la composition des cintres les bois employés à plat, nous comparerons deux supports en charpente ayant l'un et l'autre une hauteur égale de 6 mètres et une même section utile, et formés, l'un de quatre pièces verticales, le second de pièces horizontales posées à plat, comme le montrent les croquis suivants.

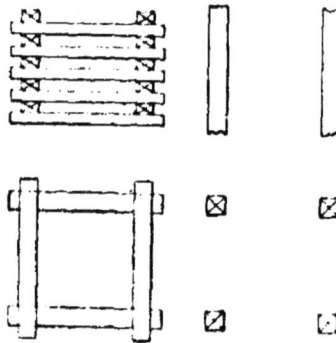

La seconde hypothèse n'a aucune invraisemblance, les travaux de réparations exécutés sur les chemins de fer en exploitation donnant souvent lieu de disposer rapidement et économiquement des supports de ce genre au moyen de traverses empilées [1].

1. On peut également être conduit à employer des pièces de bois superposées à plat pour les vaux des cintres des voûtes en plein-cintre de faible

DÉSIGNATION DES BOIS	POIDS du mètre cube	LIMITE PRATIQUE de résistance exprimée en kilogrammes				COEFFICIENT d'élasticité dans le sens			RETRAIT ou contraction [1] (en centièmes) résultant du desséchement dans le sens		
		à la compression par centimètre carré		à l'extension par centimètre carré							
		dans le sens des fibres	normalement aux fibres	dans le sens des fibres	normalement aux fibres	des fibres	du rayon du tronc	de la normale aux fibres et au rayon	des fibres	du rayon du tronc	de la normale aux fibres et au rayon
Chêne { maximum	1010"										
moyen	770	50	12	70	12	$10^7 \times$ 100	$10^7 \times$ 19	$10^7 \times$ 13	0.00	2.65	4.13
minimum	630										
Sapin jaune ou blanc { maximum	620										
moyen	520	10	10	40	10	120	10	4	»	»	»
minimum	450										
Sapin rouge	700	50	12	60	12	110	10	4	0.00	2.08	2.52
Hêtre	130	60	15	60	15	120	27	16	0.20	0.60	7.65
Frêne	700	60	10	70	12	130	11	10	0.26	5.35	6.90
Orme	600	70	8	70	10	110	12	6	»	»	»
Peuplier	400	20	5	20	6	70	7	4	»	»	»
Pin Sylvestre	550	40	8	40	6	70	10	4	0.00	2.49	2.17

1. Les chiffres des trois dernières colonnes sont extraits de l'Aide-mémoire de l'ingénieur, traduit de l'allemand par M. Philippe Huguenin. On n'en saurait garantir l'exactitude complète, la source originale en étant inconnue.

En supposant que les bois employés soient complètement verts et chargés de 40 kilogrammes par centimètre carré de leur section utile, les affaissements verticaux à prévoir par l'effet cumulé du séchage et de la contraction élastique due à la charge seront ceux qui suivent :

Désignation des bois.	Tassement vertical (en mètres)					
	Traverses superposées			Potaux verticaux		
	Séchage	Charge	Total	Séchage	Charge	Total
Chêne..................	0.248	0.018	0.266	0.000	0.002	0.002
Sapin rouge	0.157	0.060	0.217	0.000	0.002	0.002
Hêtre..................	0.459	0.015	0.474	0.012	0.002	0.014
Frêne..................	0.414	0.024	0.438	0.016	0.002	0.018
Pin sylvestre..........	0.172	0.060	0.232	0.000	0.002	0.002

On voit donc que pour le chêne, par exemple, le tassement total qui est de deux millimètres seulement pour les poteaux verticaux peut atteindre 266 millimètres; c'est-à-dire une importance plus de cent fois plus grande avec les supports composés de traverses empilées.

Les observations générales qui précèdent vont nous permettre de reprendre la description des principaux types de cintres en usage pour la construction des ponts, sans avoir à répéter pour chacun d'eux les motifs de leurs dispositions essentielles.

Ainsi que nous l'avons dit, la diversité de ces types provient, d'une part, des différentes formes des courbes d'intra-ouverture. Considérons, par exemple, une voûte dont le rayon ρ est de 5 mètres et soit $l = 1^m$ la longueur d'un vau, $h = 0,15$ sa hauteur à chaque extrémité et x la hauteur en son milieu. On aura $r = h + \dfrac{l^2}{8\rho} = 0,15 + 0,40 = 0,55$. Au lieu de tailler le vau dans une seule pièce de bois de 0,55 de hauteur, ce qui entraînerait, relativement, un énorme déchet, on préfère le composer de deux ou plusieurs pièces superposées de faibles échantillons de façon à perdre ainsi beaucoup moins de bois.

dos et de l'ouverture des voûtes, d'autre part du nombre et de la situation des points d'appui dont on peut disposer.

En outre, pour les rivières navigables, par exemple, il faut, sinon pour la totalité des arches, au moins pour une ou plusieurs d'entr'elles, établir les cintres de telle façon que les pièces transversales des fermes posées le plus bas, ne mettent aucun obstacle au passage des bateaux.

Les cintres satisfaisant à cette dernière condition ne prennent souvent leurs points d'appui que le long du parement des culées ou piles, ou sur des pieux rapprochés de celle-ci, sans aucun support intermédiaire : ils sont désignés dans ce dernier cas sous le nom de *cintres retroussés*, et nous verrons qu'ils ont été parfois employés même pour de très **grandes largeurs**.

Au-delà des ouvertures de 10 mètres environ que concernaient les cintres dont nous avons donné plus haut les dessins, on est amené, tout en conservant le même type, à **augmenter le nombre des contrefiches** comme le montrent les dessins suivants pour plein-cintre de 15 mètres.

CINTRE POUR VOUTE EN PLEIN CINTRE DE 15ᵐ D'OUVERTURE

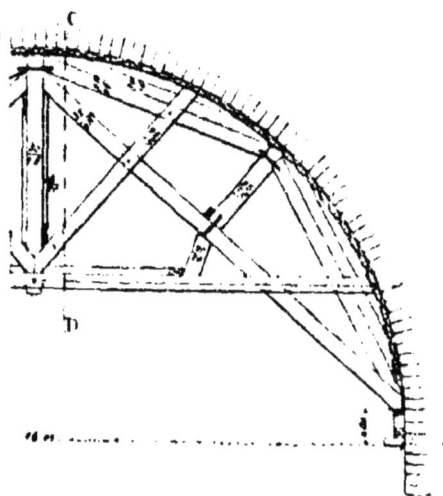

Élévation d'une demi ferme.

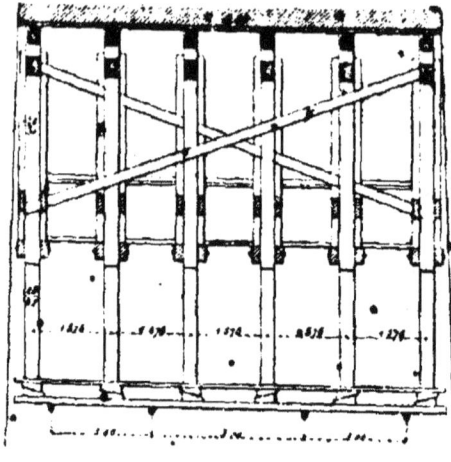

Coupe transversale suivant CD (de la figure précédente).

Les contrefiches ajoutées sont celles qui, partant de la base du poinçon, vont soutenir, en leur milieu, les arbalétriers secondaires supérieurs qui sont les plus chargés. En outre, des

VIADUC

DE LA SCARPE

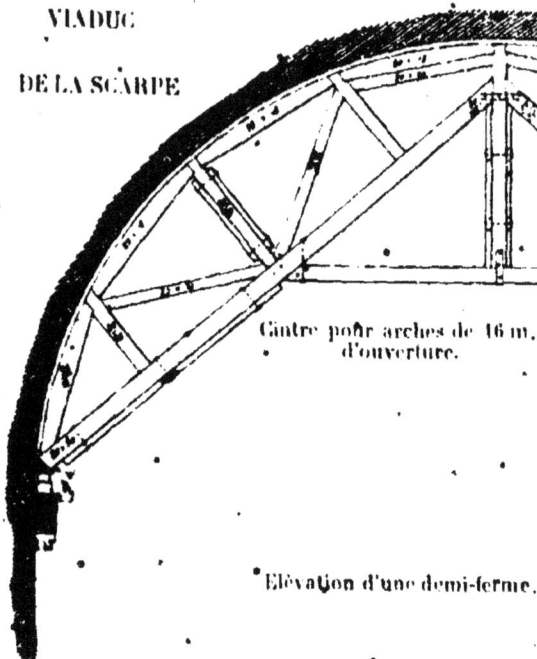

Cintre pour arches de 16 m. d'ouverture.

Élévation d'une demi-ferme.

jambettes, placées entre les contrefiches les plus courtes et l'entrait, consolident les arbalétriers principaux.

Au viaduc de la Scarpe, pour une ouverture à peu près égale, la disposition adoptée, telle que le dessin précédent la représente, offre cette différence que chaque moitié de ferme, composée à la façon d'une poutre Fink renversée, comprend quatre arbalétriers secondaires et trois contrefiches. L'entrait est assemblé sur les arbalétriers principaux au droit de la principale contrefiche.

Avec des ouvertures plus grandes, il serait difficile d'avoir des arbalétriers principaux de la longueur comprise entre les naissances et la clef, et l'on a été amené à adopter une dispo-

VIADUC D'HENNEBONT

Cintre pour arche en plein cintre de 32 mètres d'ouverture.

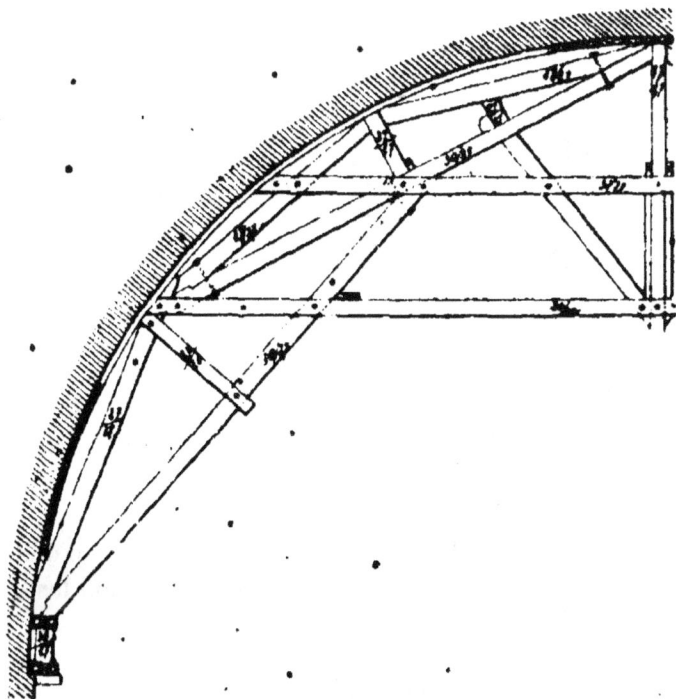

Élévation d'une demi-ferme.

sition un peu plus compliquée que pour les cintres précédents.

Le dessin ci-dessus en montre un exemple.

La ferme comprend quatre arbalétriers principaux au lieu de deux ; les arbalétriers des naissances vont s'assembler sur les arbalétriers de clef, en leur milieu, et l'ensemble de la combinaison comporte une excellente triangulation de toutes les pièces.

Après le type dont nous venons de montrer les développements successifs, on peut placer le suivant dont le signe caractéristique est l'emploi d'un point d'appui central pour soutenir la ferme, indépendamment de ceux pris le long des culées.

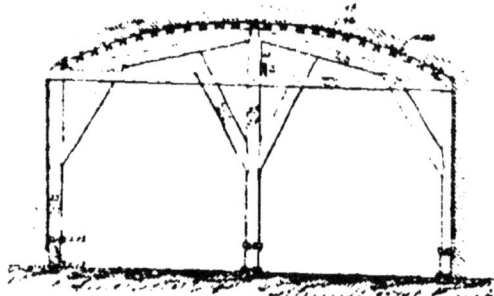

Ferme pour voûte en arc de cercle surbaissée, de 8 m. d'ouverture.

Le support central est placé exactement au-dessous du poinçon et accom... é de deux contrefiches qui, avec les contrefiches latérales, soutiennent les arbalétriers divisés ainsi en trois parties à peu près égales.

Le même type, étendu à des voûtes de 15 mètres d'ouverture, a donné lieu aux deux solutions suivantes, dont les dispositions se comprennent sans qu'il soit nécessaire de les expliquer.

Dans le second cas, indépendamment du support central, on s'est donné deux supports intermédiaires PP ; les contrefiches centrales sont doublées par les contrefiches secondaires J.J et les arbalétriers se trouvent soutenus à leurs extrémités et en trois points intermédiaires à peu près également espacés sur leur longueur.

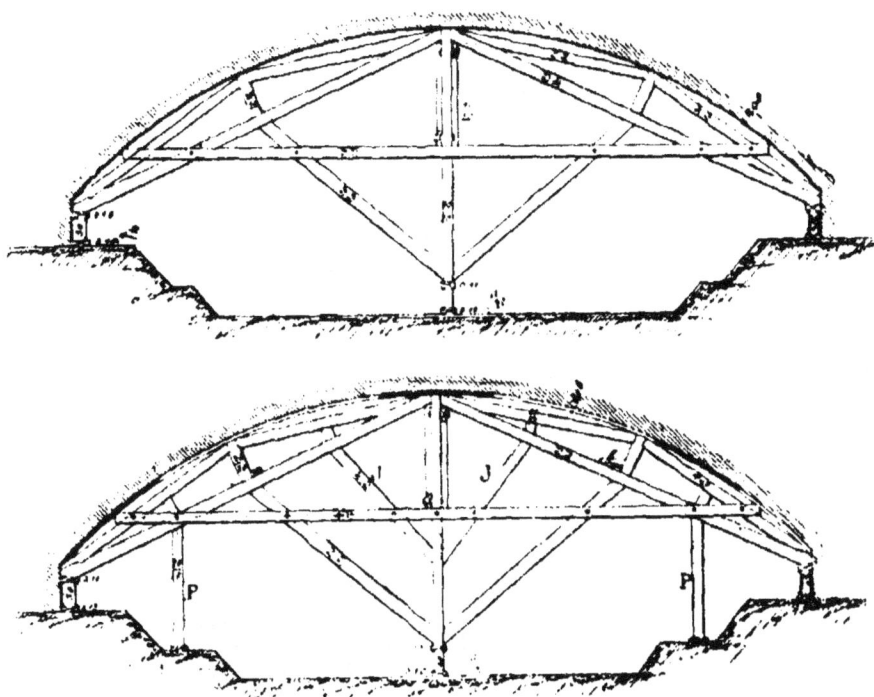

Fermes pour cintres de voûtes surbaissées de 15 m. d'ouverture.

Avec cette disposition, les arbalétriers principaux ne sont soumis qu'à un travail à la flexion très faible et leurs dimensions transversales peuvent, sans inconvénient, être très réduites ; il serait même possible, à la rigueur, de les supprimer, en prolongeant les contrefiches et les supports jusqu'à la rencontre des arbalétriers secondaires.

C'est, en partie, ce qui a été fait pour le cintre du pont d'Auzon, sur la Vienne, représenté en élévation et en coupe sur les dessins suivants.

Le support central sert de poinçon et soutient l'entrait pour l'empêcher de fléchir ; la disposition des grandes contrefiches centrales, qui s'arcboutent à leurs extrémités sur les arbalétriers de rive, est particulièrement à noter. C'est le commen-

32

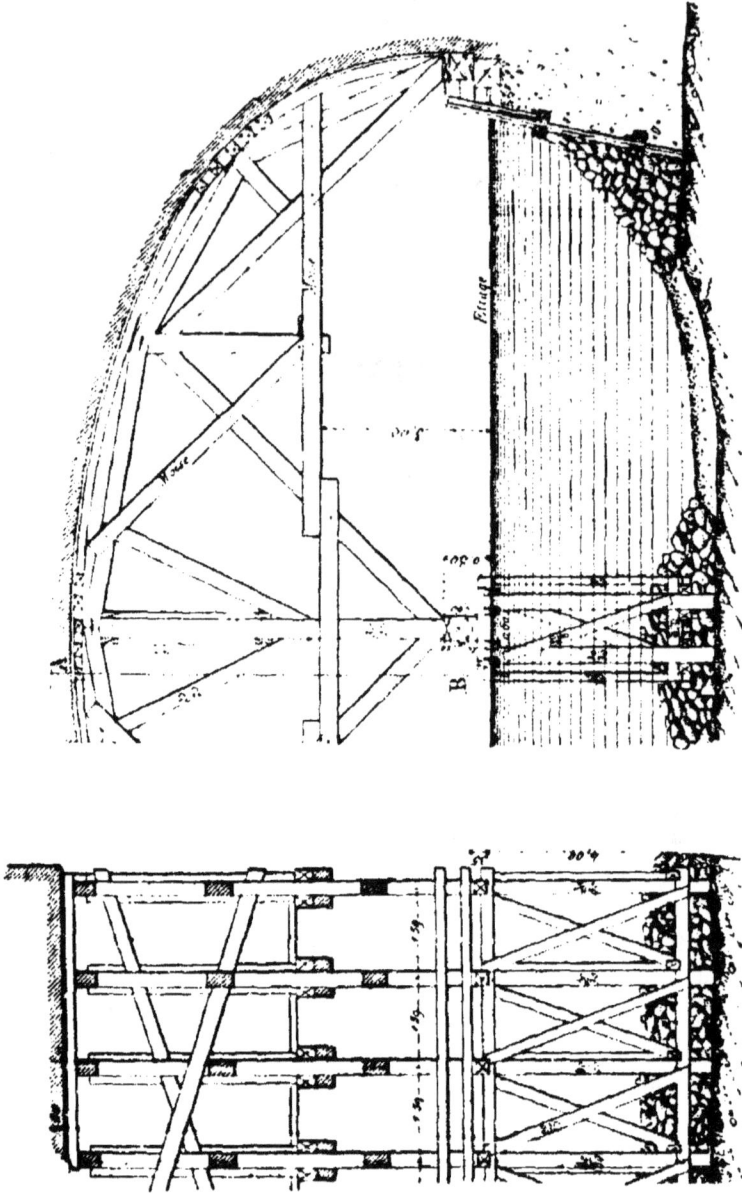

CINTRE DU PONT D'AUZON SUR LA VIENNE (20 mètres d'ouverture)

Élévation.

Coupe transversale suivant AB.

cement des cintres à contrefiches arcboutées dont il sera question tout à l'heure.

Tous les éléments principaux des cintres nous sont dès maintenant connus, et nous pouvons comprendre les désignations de cintres à *contrefiches isolées*, à *contrefiches arcboutées*, à *contrefiches radiales* et de *cintres retroussés*, appliquées aux types le plus en usage. Nous allons nous occuper successivement de ceux-ci et en montrer des exemples, puis nous terminerons par quelques observations sur les cintres pour voûtes biaises et sur la déformation des cintres.

1° *Cintres à contrefiches isolées.* — Ce qui les caractérise, c'est la disposition consistant à faire reposer les fermes sur un certain nombre de points d'appui répartis entre les naissances et, en général, équidistants. Ces points d'appui consistent d'ordinaire en files de pieux soit simples, soit doubles, soit même triples, suivant que la charge à leur faire porter est plus ou moins considérable. Il est rare qu'on puisse se contenter de poteaux reposant directement sur le sol, par l'intermédiaire de semelles horizontales dirigées perpendiculairement aux plans des têtes de la voûte. Quelques constructeurs ont eu parfois recours à des massifs de maçonnerie élevés, de distance en distance, parallèlement aux culées, et constituant une véritable série de piles équidistantes sur lesquelles sont montées les fermes du cintre.

Le dessin suivant représente une disposition de ce genre adoptée pour le cintre du pont de Grosvenor, construit en 1834 sur la Dee près de Chester (Angleterre), pont comprenant une arche principale en arc de cercle de 61 mètres d'ouverture.

La construction de ces sortes de piles provisoires étant nécessairement dispendieuse, c'est le plus souvent au moyen de pieux que les points d'appui sont obtenus comme on le voit sur les deux dessins qui viennent ensuite.

Ce système offre un assez sérieux inconvénient, c'est qu'il n'y a pas une solidarité suffisante entre les deux groupes ou éventails consécutifs de contrefiches, de sorte que si l'un des supports venait à s'affaisser sous la charge, les supports voi-

CINTRE DU PONT DE GROSVENOR SUR LA DEE (1824)

Élévation d'une ferme.

CINTRE DU PONT DE GLOCESTER SUR LA SEVERN (1827)

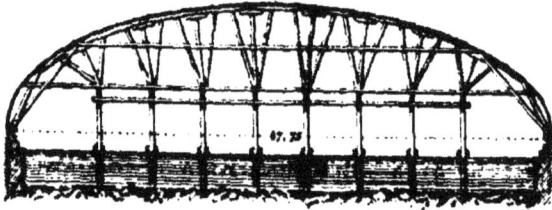

Élévation d'une ferme.

CINTRE DU PONT ANNIBAL SUR LE VOLTURNE (1869)

Élévation d'une ferme.

sins ne pourraient pas le suppléer et le cintre se disloquerait. En outre, il est rare que la résultante des efforts transmis par les contrefiches à leur point d'appui soit exactement verticale et les pieux ont alors une tendance au déversement; on y remédie au moyen d'un plus ou moins grand nombre de pièces transversales comme on le voit sur les dessins, mais ce moyen n'est pas toujours suffisant.

Il ne faut donc recourir à ce type de cintre que lorsque l'on n'a à craindre aucun tassement dans les supports, soit parce qu'ils sont exécutés en maçonnerie comme pour le pont de Grosvenor, soit parce qu'ils reposent sur un sol absolument incompressible.

Si le moindre doute subsiste à cet égard, il convient de multiplier les supports, comme on l'a fait pour le cintre du pont Annibal, en limitant leur écartement à 5 mètres environ et en n'employant que des contrefiches très peu inclinées par rapport à la verticale.

Dans tous les cas, l'emploi des cintres de ce type rend nécessaires des précautions spéciales, pendant la construction de la voûte; la charge portée par chaque groupe de contrefiches doit toujours rester symétrique par rapport à son axe, et le travail des maçons doit être conduit en conséquence. Pour les voûtes en plein cintre cette condition serait extrêmement difficile à remplir vers les joints de rupture, où la forte inclinaison de l'intrados aurait pour conséquence des pressions obliques considérables reportées sur les points d'appui des contrefiches; aussi évite-t-on, dans ce cas, les contrefiches isolées. Les exemples ci-dessus ne montrent, du reste, que des applications à des voûtes surbaissées.

On a adopté, toutefois, ce type pour les grandes arches en plein cintre du viaduc de Nogent-sur-Marne, mais il suffit d'un coup d'œil jeté sur le dessin suivant pour reconnaître qu'on a été ainsi conduit à multiplier les pièces transversales et à construire finalement un cintre fort lourd, dont beaucoup de dispositions sont malaisées à comprendre.

CINTRE DU VIADUC DE NOGENT-SUR-MARNE (1857)

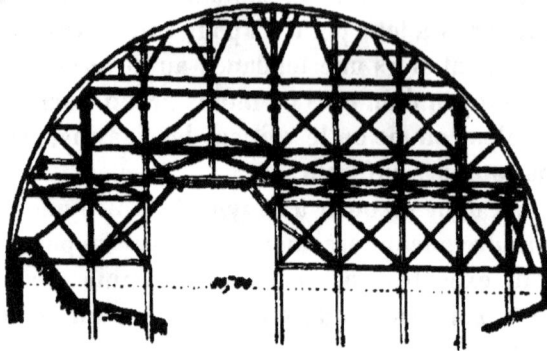

Élévation d'une ferme.

On peut en dire autant du cintre des grands arches du viaduc de Gœschtal, représenté sur le dessin suivant.

CINTRE DU VIADUC DE GŒSCHTAL (1851)

Élévation d'une ferme.

Peut-être a-t-on réussi à donner ici un peu plus d'élégance
à l'ensemble de la charpente, mais il est impossible ne ne pas
être frappé dès le premier coup d'œil de la quantité extraordinaire de pièces inutiles qu'on y a employées.

Pour en revenir aux cintres des voûtes surbaissées, il est de
règle de donner aux contrefiches une inclinaison de moins de

35 degrés sur la verticale ; si l'on se trouve contraint de dépasser cette limite, il faut sans hésiter arcbouter les contrefiches et composer un cintre mixte, comme nous en avons déjà cité un exemple (pont d'Auzon).

Bien que ce soit étranger à notre sujet, nous observons en passant que les cintres à contrefiches isolées, ou du moins les échafaudages disposés de la même manière, sont les plus usités pour les ponts métalliques ; on n'a pas à craindre en pareil cas le tassement des supports, à cause du peu d'importance relative de la charge qu'ils doivent porter ; si le fait se produisait accidentellement, l'inconvénient ne serait jamais bien sérieux, puisqu'on n'aurait pas une rupture à craindre comme avec les voûtes, et qu'il suffirait au besoin de quelques cales pour corriger la dénivellation des couchis et les ramener au contact de la ferme métallique en cours de pose. D'autre part, la solidarité des éléments de la charpente métallique suffit pour empêcher le déversement des supports du cintre.

Avant de quitter ce qui se rapporte aux cintres à contrefiches isolées, il est bon de montrer comment l'application en

CINTRE DU PONT DE CABIN-JOHN AUX ETATS-UNIS

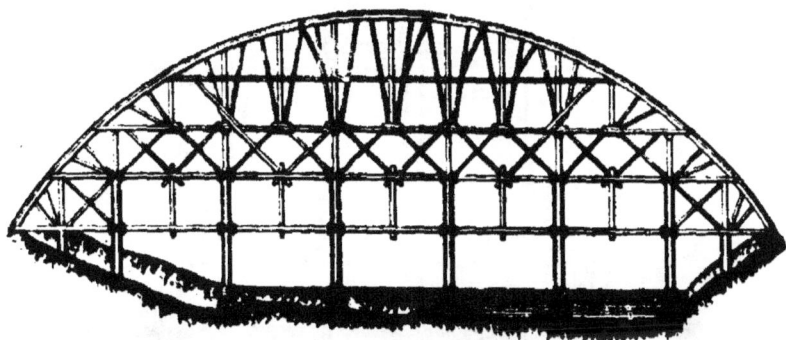

Élévation d'une ferme.

a été faite à la construction de la grande arche de 67^m d'ouverture du pont de Cabin John, aux États-Unis.

Les groupes de contrefiches formant éventail au-dessus de chaque support ne sont pas disposées tout à fait symétriquement, et, avec une voûte d'aussi grande ouverture, d'assez

fortes pressions obliques ont dû en résulter ; mais la façon
dont les deux cours intermédiaires de moises sont utilisés,
pour composer une poutre à double triangulation, a sans doute
suffi pour obtenir toute la rigidité nécessaire et prévenir les
effets des efforts transversaux.

2° *Cintre à contrefiches arcboutées.* — Les fermes, comme
dans le cas précédent, reposent sur un certain nombre de supports répartis entre les naissances et généralement équidistants. Leur caractère distinctif est que chaque point d'appui
des vaux est formé par deux contrefiches arcboutées, partant
de deux supports consécutifs sur lesquels elles sont assemblées. Les dessins suivants (pages 512, 513. 514) représentent
deux cintres de ce genre à peu près semblables, appliqués
l'un et l'autre par Morandière.

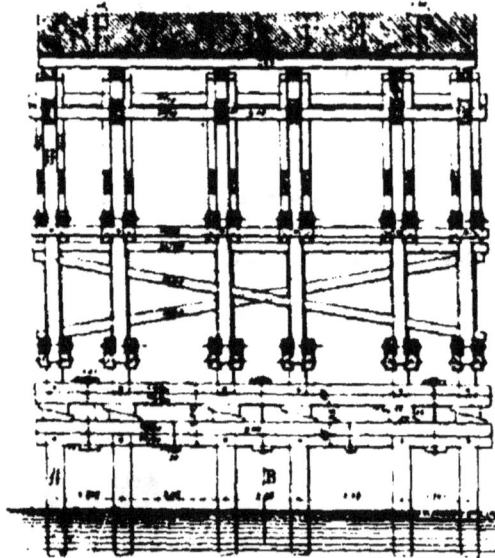

Coupe en travers suivant CD (voir page 513).

Il résulte de cette disposition qu'en cas de tassement d'un
support, la charge peut être transmise, en partie, aux supports
voisins, appelés ainsi à suppléer le précédent, et qu'un affaissement local est peu à craindre. Tout ce qui pourrait se pro-

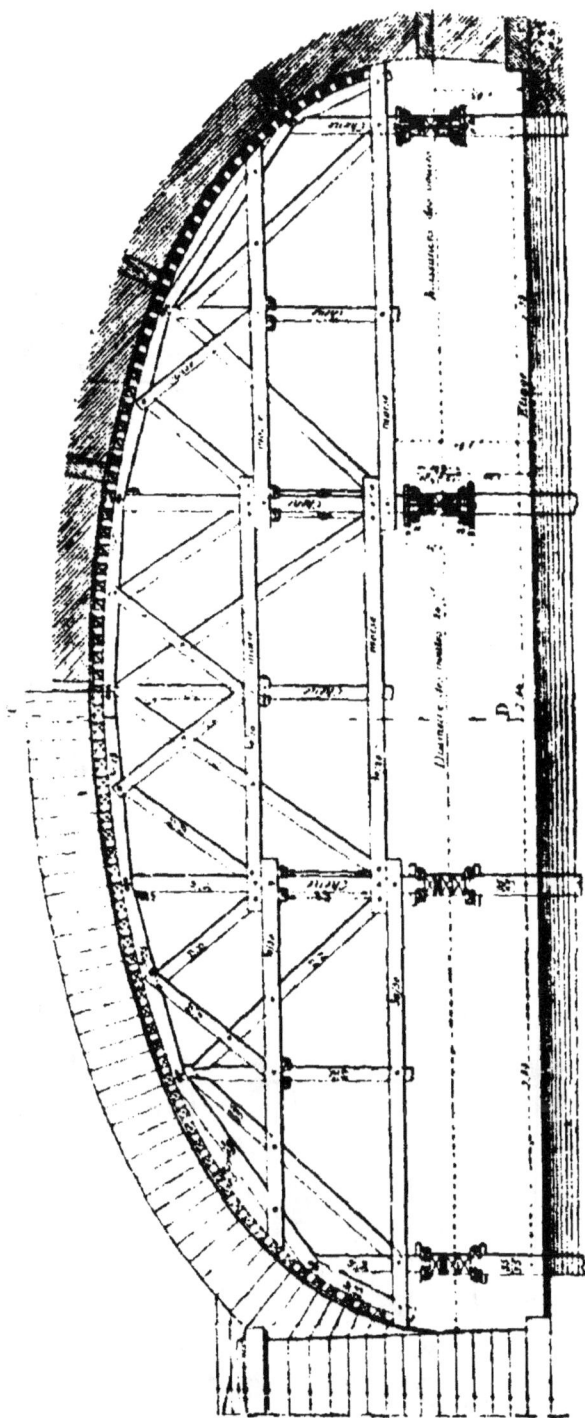

CINTRE DU PONT DE MONTLOUIS SUR LA LOIRE (1845)

Élévation d'une ferme.

CINTRE DU PONT DE CHALONNES SUR LA LOIRE (1865)

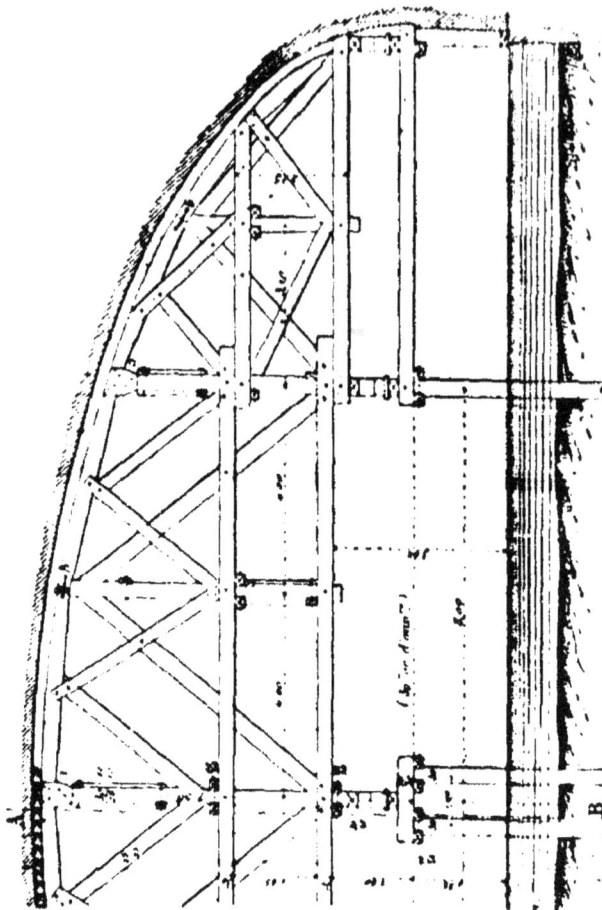

Élevation d'une demi-ferme.

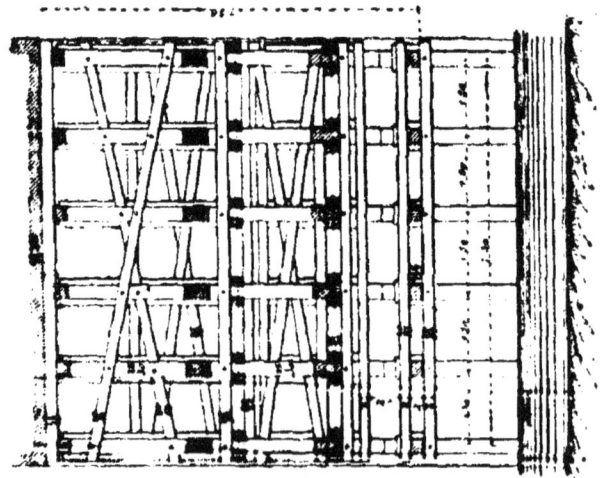

Coupe en travers suivant AB.

duire, ce serait un léger abaissement général du cintre, sans
déformation sensible de la surface des couchis et, par suite,
sans inconvénient bien sérieux. Ce type doit donc être préféré
au précédent toutes les fois que l'incompressibilité et l'homogénéité du sol ne comportent pas une confiance absolue. De
plus, il présente cet avantage que, par suite de la solidarité
établie entre les éventails correspondant à chaque support en
particulier, il supprime les éventualités de déversements;
aussi est-il fréquemment employé, même pour des arches de
grande ouverture, soit en anse de panier, soit en arc de cercle
surbaissé, comme les dessins suivants en montrent deux
exemples.

CINTRE DU PONT DE SIGNAC SUR LA PIQUE (1872)

Élévation d'une ferme.

CINTRE DU PONT DE CLAIX SUR LE DRAC (1874)

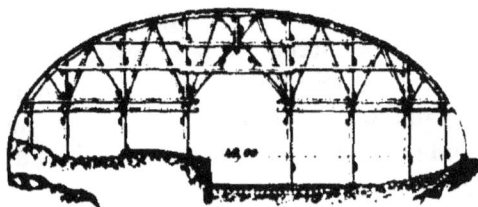

Élévation d'une ferme.

Les prolongements en hauteur, jusqu'à la rencontre des
vaux, des pieux verticaux formant support, font de leur partie
supérieure des contrefiches isolées ; mais il n'en saurait résulter rien de fâcheux.

Pour éviter que certaines contrefiches soient trop fortement
inclinées, on s'attache à donner la même obliquité à celles qui
s'arcboutent l'une sur l'autre, en évitant autant que possible

les angles de plus de 45° avec la verticale. On parvient ainsi à réduire le nombre des supports, sans avoir à allonger outre mesure les contrefiches. C'est à tort que l'on a porté quelquefois l'inclinaison à 50 ou 60 degrés, sans nécessité bien démontrée ; le cintre ainsi composé est particulièrement déformable, et la dépense qu'il occasionne beaucoup plus élevée que les circonstances ne l'auraient exigé.

Lorsqu'on veut éviter les croisements de contrefiches, entre les supports et les vaux, il faudrait n'avoir que deux contrefiches dans chaque intervalle ; mais cela n'est pas suffisant lorsque les points d'appui sont très éloignés les uns des autres. On résout cette difficulté en attachant les couples de contrefiches à des hauteurs différentes sur les supports verticaux, comme le montrent les dessins ci-dessus des cintres des ponts de Chalonnes et de Signac.

En outre, pour le second de ces cintres, des contrefiches secondaires prennent leur point d'appui sur les moises inférieures, à moitié distance entre les supports, et s'assemblent à leur sommet sur des poinçons secondaires disposés pour transmettre la charge aux contrefiches principales.

Avec cette disposition, lorsqu'on en vient, comme nous le dirons plus loin, à calculer les dimensions des supports et des contrefiches principales, il faut que ces dimensions soient les mêmes que si les contrefiches secondaires n'existaient pas, puisque celles-ci n'ont d'autre effet que de soulager les vaux en leur milieu sans rien changer à la répartition de la charge.

On peut avec ces sortes de cintres, lorsque le sol inspire toute confiance, élever jusqu'à 50 ou 60 kilogrammes, par centimètre carré, le poids à porter par les pieux servant de supports. Si au contraire le sol est médiocre, il faut naturellement réduire la charge pour ne pas dépasser la limite de résistance sur laquelle il est permis de compter. On procède alors comme s'il s'agissait de fondations sur pilotis.

3° *Cintres à contrefiches radiales.* — M. Séjourné, pour les grands ponts qu'il a été chargé de construire, a employé des cintres présentant cette disposition particulière, que les contrefiches en sont dirigées suivant les rayons de la courbe d'intrados, d'où le nom de cintres à contrefiches radiales qu'on leur a donné. Il en avait d'abord fait usage pour une voûte en plein cintre de 20 mètres d'ouverture ; après avoir constaté la rigidité exceptionnelle et l'économie relative que comportent de semblables cintres, il en a étendu l'application à des voûtes de très grand diamètre.

Le dessin suivant représente le cintre à contre-fiches radiales employé pour les voûtes de 20 mètres d'ouverture du pont de Saint-Waast.

CINTRE DU PONT DE SAINT-WAAST

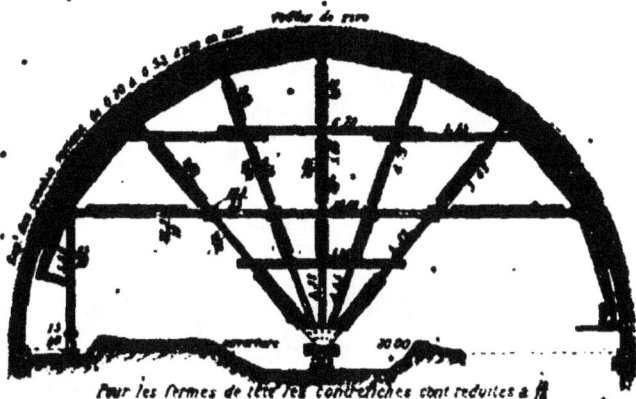

Pour les fermes de tête les contrefiches sont réduites à ∤

Élévation d'une ferme.

Les avantages principaux particuliers à cette disposition sont les suivants :

D'une part, les contrefiches rencontrent tous les vaux à angle droit ; les assemblages de ces pièces sont simples, peu coûteux et d'une solidité exceptionnelle qu'on n'obtiendrait pas avec les pièces obliques. Tous les assemblages, symétriques et identiques, peuvent être exécutés avec précision d'après un modèle unique ; il est facile de vérifier à l'aide d'une simple équerre si le charpentier a effectué le travail avec le soin voulu. La liaison entre les contrefiches et les vaux étant ainsi obtenue dans les meilleures conditions, l'ensemble de ces derniers forme comme une pièce courbe unique, susceptible de travailler à la compression concurremment avec les contrefiches elles-mêmes.

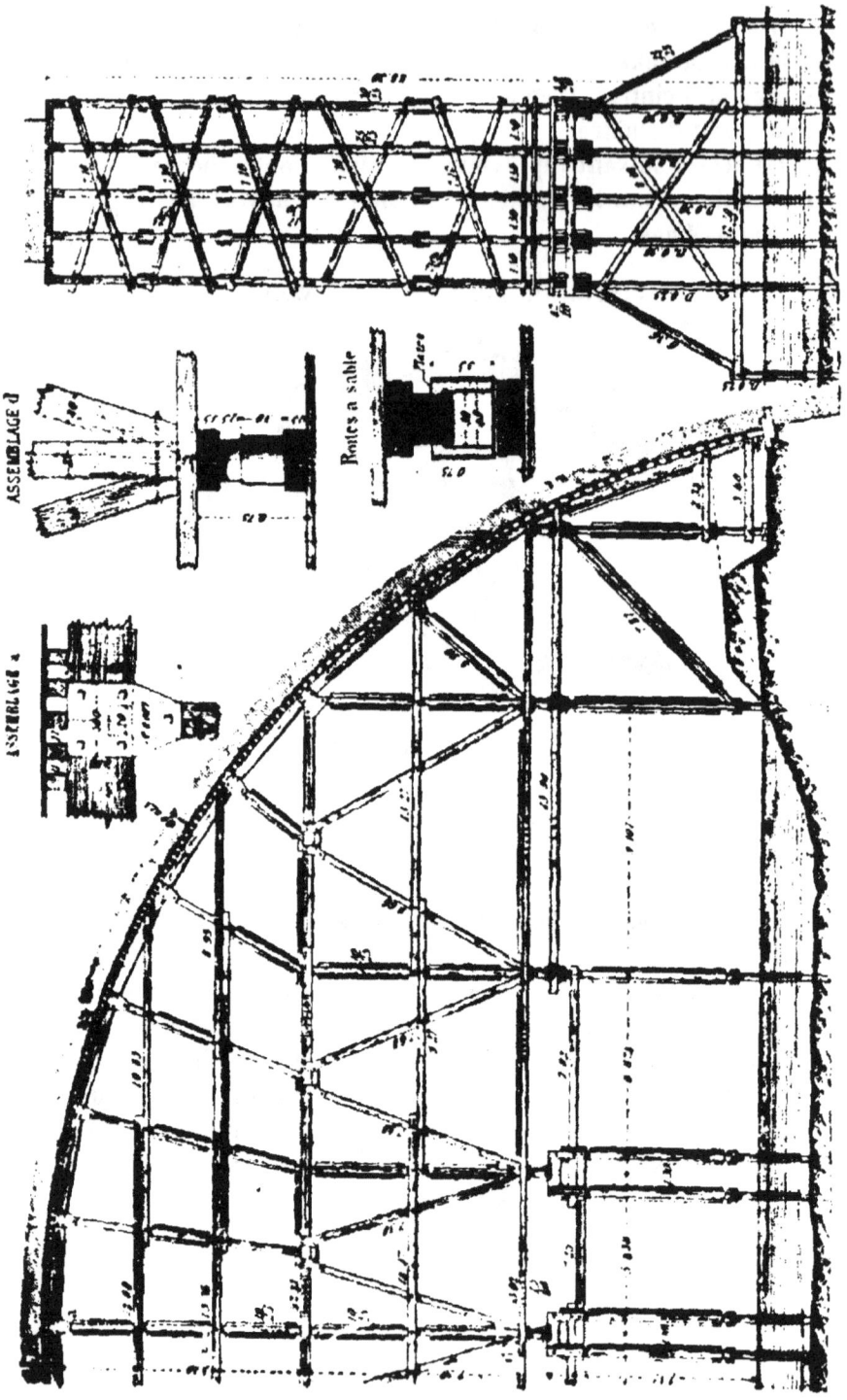

CINTRE DU NOUVEAU PONT DE LAVAUR

En second lieu, le cintre, tout en étant extrêmement rigide, réalise le maximum de légèreté, tout le bois employé travaillant dans les conditions les plus favorables et les efforts de compression étant aussi réduits que possible.

Pour composer, d'après le même principe, un cintre applicable à la grande voûte de 61ᵐ 50 du nouveau pont de Lavaur, on a adopté les dispositions représentées sur les dessins de la page ci-contre. Indépendamment de l'élévation et de la coupe d'une ferme, ces dessins (empruntés au mémoire de M. Séjourné ; Annales de 1886, pl. 41) montrent comment les contrefiches sont assemblées à leur base et à leur partie supérieure, et comment sont disposées les boîtes à sable.

Les résultats obtenus ont été des plus satisfaisants. Pourtant un cintre ainsi disposé pourrait motiver cette critique : que les contrefiches correspondant à un même support étant toutes inclinées dans le même sens sur la verticale, la résultante des efforts qu'elles transmettent doit être également oblique par rapport au support, et donner lieu à un effort transversal tendant à renverser celui-ci ; eu égard à la grande hauteur des supports, un moisage énergique est donc indispensable pour en maintenir la verticalité et l'écartement ; de là, une certaine dépense de bois pour pièces accessoires, un peu plus élevée peut-être qu'il n'eût été nécessaire.

Le dessin montre les sept cours de moises réparties sur la hauteur pour maintenir à la fois les pieux formant support et les contrefiches elles-mêmes.

Pour le pont de Saint-Waast, dont le dessin est donné plus haut, la disposition des contrefiches radiales, formant un éventail au-dessus du point d'appui unique placé au centre de la voûte, est la même que celle des contrefiches isolées.

Au pont de Lavaur, au contraire, entre le second et le quatrième cours de moises, à partir du bas, la charpente présente une suite de contrefiches arcboutées, destinées à assurer aux supports verticaux la rigidité qui leur est nécessaire pour résister aux efforts de renversement à provenir des contrefiches radiales obliques.

Cette charpente intermédiaire était, en outre, indispensable pour éviter les pièces de bois trop longues qu'il aurait fallu sans cela employer pour les contrefiches.

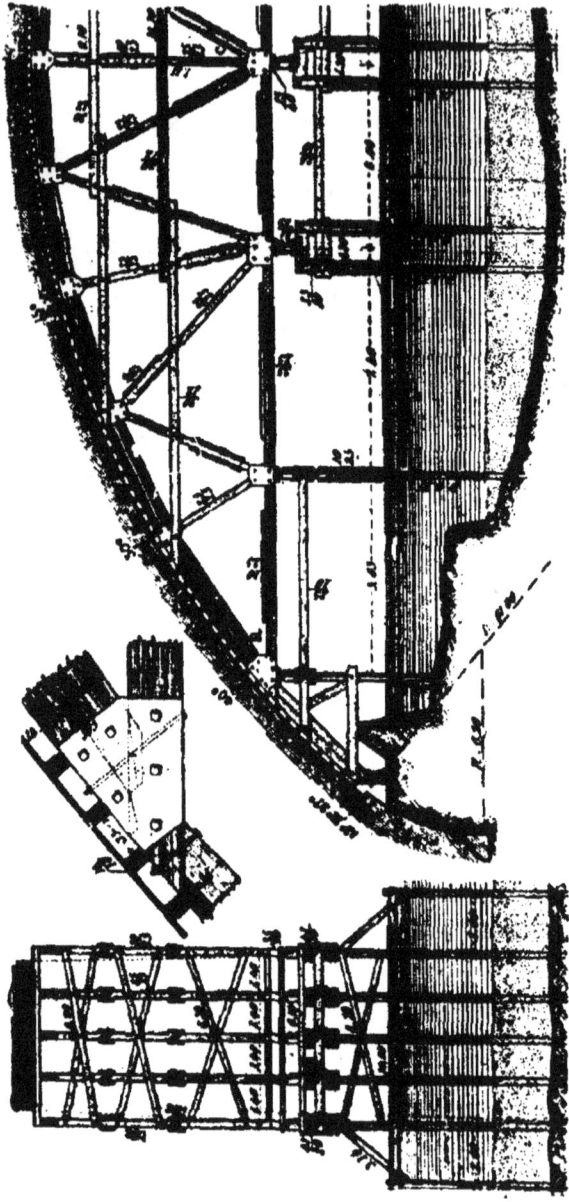

CINTRE DU PONT ANTOINETTE (1882)

Élévation d'une demi-ferme.

Coupe en travers.

Le cintre ainsi composé devait, en définitive, donner les meilleurs résultats, comme l'expérience l'a confirmé. C'est assurément un modèle que l'on ne saurait trop imiter toutes les fois que les circonstances le comporteront, la supériorité en étant manifeste au quadruple point de vue de la simplicité, de la force de résistance, de la rigidité et de l'économie.

Il est évident toutefois que le bénéfice à retirer de l'emploi des contrefiches radiales décroît assez rapidement avec la hauteur de la voûte à la clef ; il faut que cette hauteur ne descende pas, autant que possible, au-dessous du rayon de la courbe d'intrados. Avec des hauteurs moindres, comme cela s'est présenté pour le pont Antoinette, construit également par M. Séjourné, le cintre a été disposé comme le montre le dessin ci-contre. La courbe d'intrados est un axe de cercle de 61ᵐ de rayon ; la voûte a 50ᵐ d'ouverture et 11ᵐ50 de hauteur à la clef, au-dessus de l'étiage.

Une seule des contrefiches assemblées sur chaque support est radiale et isolée ; les autres sont arcboutées et le cintre dérive, à proprement parler, du type dit à contrefiches arcboutées précédemment décrit.

Toutefois, au lieu de supports équidistants, il présente cette particularité que l'espacement de ces derniers est calculé de façon à en placer les assemblages avec les contrefiches radiales sur une même ligne horizontale. Les trois contrefiches en éventail fixées sur chaque support n'ont pas ainsi des positions exactement symétriques par rapport à la verticale et des efforts transversaux doivent se produire, mais on y a paré au moyen d'un moisage soigneusement disposé et le résultat n'a rien laissé à désirer.

La combinaison adoptée pour le pont du Castelet, de 41ᵐ203 d'ouverture et 19ᵐ66 de hauteur au-dessus de l'étiage, ne semble pas tout-à-fait aussi heureuse.

Ce cintre est représenté sur le dessin de la page suivante. On ne disposait que de deux points d'appui à prendre sur les rives et distants de 26ᵐ40 l'un de l'autre. Pour soutenir les contrefiches radiales qu'il voulait employer, M. Séjourné a eu recours à une poutre armée dans la composition de laquelle, comme on le voit sur l'élévation, entrent deux contrefiches

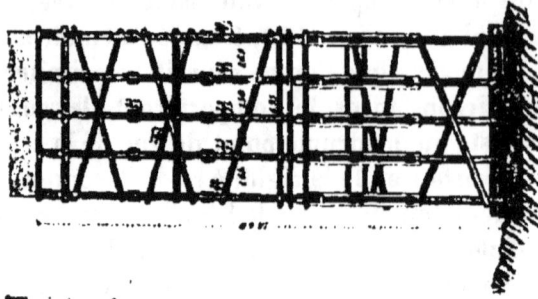

Coupe en travers.

CINTRE DU PONT DU CASTELET

ASSEMBLAGE a

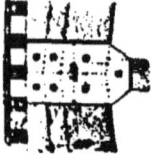

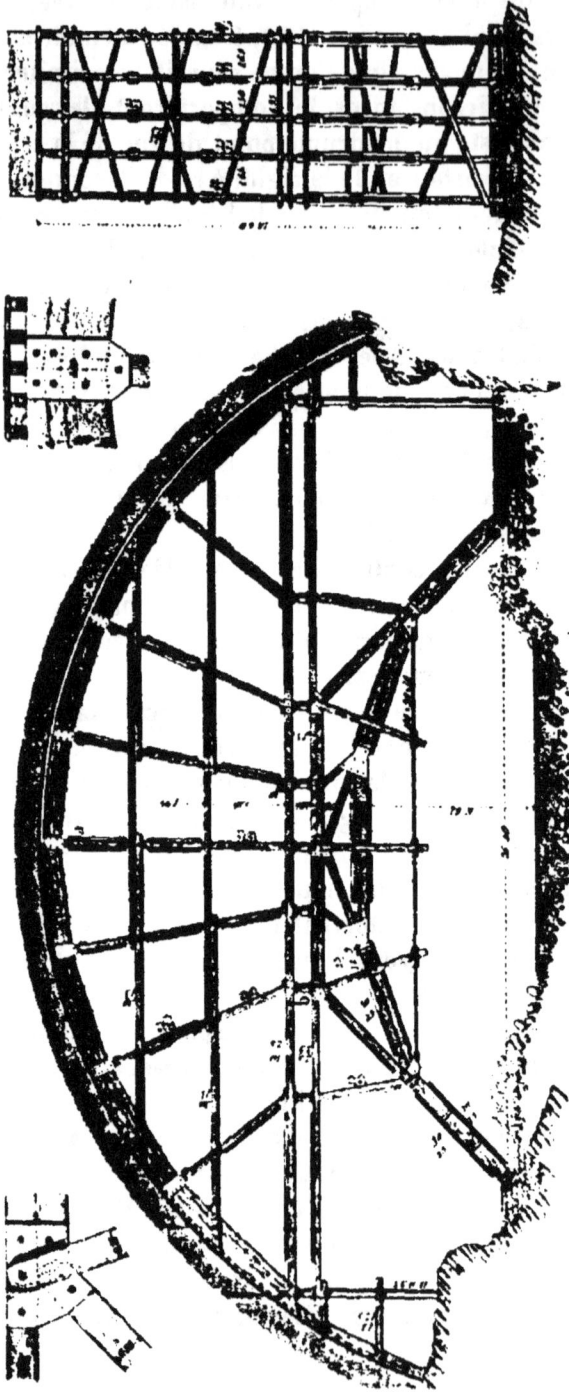

Élévation d'une ferme.

Assemblage b

principales arcboutées faisant avec la verticale des angles d'environ 70°, disposition critiquable comme nous l'avons vu précédemment, dont la conséquence a été à coup sûr de donner lieu à une forte dépense de bois et à des assemblages défectueux en même temps qu'à des conditions de rigidité laissant à désirer.

Puisque l'on ne disposait pas ici de la hauteur nécessaire pour redresser les contrefiches arcboutées, peut-être eût-il mieux valu renoncer aux contrefiches radiales, et recourir à l'emploi d'un cintre mixte tel ou à peu près que celui représenté sur le croquis suivant :

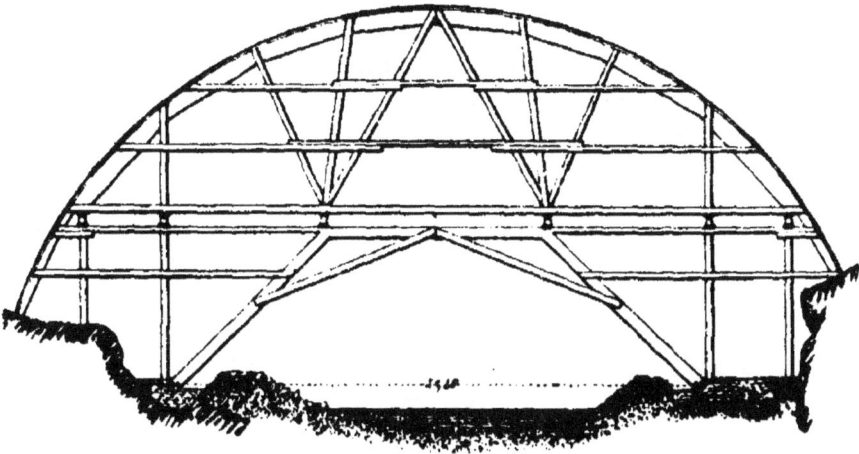

La dépense eût été sans doute moindre et la solidité plus grande.

CINTRE DU VIADUC DE NICE

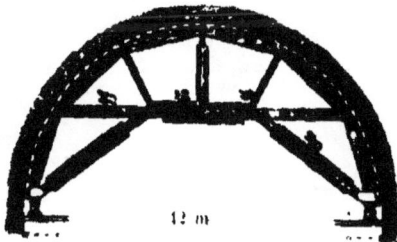

12 m

Élévation d'une ferme.

La disposition adoptée pour les cintres du viaduc de Nice, dont les arches n'ont, il est vrai, que 12 mètres d'ouverture, semble préférable à celle du Castelet.

Malgré les nombreux emprunts déjà faits et ceux que nous ferons encore au mémoire de M. Séjourné, nous ne saurions nous dispenser, en terminant cette description des cintres à contrefiches radiales, de renvoyer le lecteur au mémoire lui-même (Annales de 1886, n° 61); il y a tout intérêt à le connaître en entier.

4° *Cintres retroussés.* — Il arrive souvent qu'on ne dispose, pour soutenir un cintre, que de points d'appui situés de chaque côté près des naissances de la voûte, soit que celle-ci franchisse un ravin escarpé ou une rivière n'offrant qu'à une profondeur excessive un terrain suffisamment résistant, soit que les exigences de la navigation ou tout autre motif oblige à n'établir aucun support intermédiaire.

CINTRE DU PONT DE COLLONGES

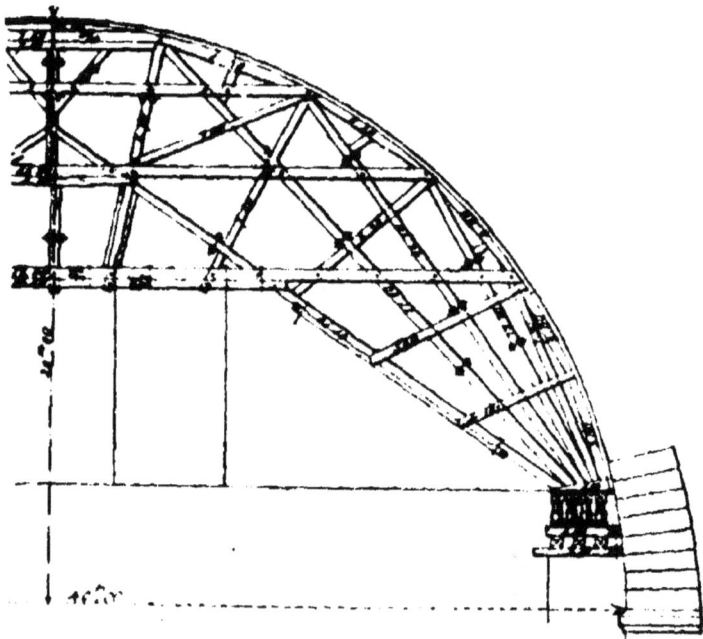

Élévation d'une demi-ferme,

Dans ces conditions le cintre devient un pont en bois composé d'une seule travée, d'ouverture généralement assez grande, destinée à porter une charge considérable. Les règles concernant la construction des ponts en bois ou en métal lui sont applicables ; on est d'ailleurs libre d'adopter tel ou tel type, sans autre préoccupation que celle relative aux assemblages plus ou moins commodes ou difficiles qu'il comporte.

Quel que soit ce type, un cintre retroussé bien conçu doit satisfaire aux conditions fondamentales qui suivent :

En premier lieu, il faut le composer de deux semelles, à la façon d'une poutre, la semelle supérieure courbe étant formée de l'ensemble des vaux solidement et invariablement reliés les uns aux autres au moyen d'assemblages avec plaques métalliques, du genre de ceux appliqués par M. Séjourné à ses cintres, et la semelle inférieure constituée en général au moyen de moises embrassant la triangulation dont nous allons parler.

La semelle supérieure travaille toujours à la compression ; la semelle inférieure peut travailler soit à l'extension seulement, si elle est droite, soit en même temps à la compression et à l'extension si elle est courbe ; elle comporte du reste une division en plusieurs étages, s'il y a utilité.

En second lieu, il est indispensable que l'intervalle entre les deux semelles soit occupé par une triangulation continue, composée de pièces de bois travaillant à la compression telles que contrefiches ou bras et de pièces tendues, poinçons ou tirants, en bois ou en fer, solidement assemblés sur les semelles. En outre, eu égard à la distance comprise entre celles-ci, on doit s'attacher à donner aux pièces de bois comprimées la moindre longueur possible, pour en éviter le flambement.

On connaît les graves inconvénients de l'emploi du bois pour les pièces tendues ; il faut donc, à moins de circonstances particulières imposant cet emploi, ne pas hésiter à recourir au fer qui, sans être en définitive plus coûteux, est beaucoup plus commode à assembler et comporte une bien plus grande sécurité si l'on a soin de se servir de tiges rondes filetées à leurs extrémités, pour recevoir des écrous disposés

comme nous avons déjà eu l'occasion de le dire. Au moyen
de ces écrous, on a la faculté de régler exactement la longueur des tirants au moment du montage du cintre, pour ne
leur faire supporter qu'une tension initiale très faible, au début de la construction de la voûte, condition à peu près impossible à réaliser avec des tirants en bois[1].

Le dessin suivant représente un cintre retroussé pour voûte
circulaire surbaissée. Il procède du type bien connu des *bow-
strings*, à triangulation simple et bras verticaux.

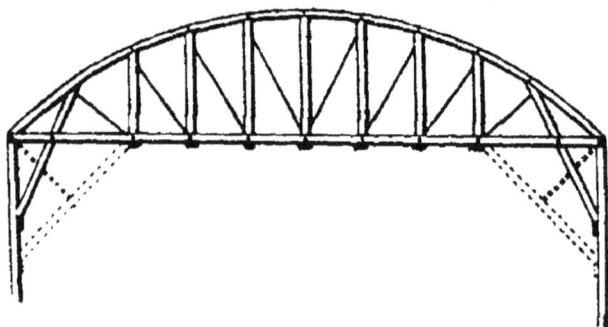

Pour réduire le tassement il convient de relier les semelles
à chaque poteau de rive par une contrefiche oblique, au moins.
Ces contrefiches sont figurées en traits pleins sur le dessin, tandis que nous *indiquons en traits pointillés deux autres contrefiches* qui pourraient être utiles, sans être indispensables,
mais qui exigeraient l'emploi de bois de grande longueur et
qu'il faudrait soutenir en leur milieu au moyen de moises
partant du sommet des supports.

Le dessin suivant est celui d'un cintre du même type pour
voûte en plein cintre.

Pour ne pas exagérer la longueur des contrefiches centrales, la semelle inférieure est placée au quart de la montée à
partir de la clef ; plus bas se trouve disposé un second étage
de moises formant semelle auxiliaire, pour reporter la charge

1. Les cintres ainsi composés se calculent exactement comme des ponts
en bois ou en métal. Voir à ce sujet les volumes de l'Encyclopédie traitant
de la construction des ponts métalliques et de la statique graphique.

sur les contrefiches de rive et les poteaux. L'étude d'un cintre semblable ne saurait présenter aucune difficulté ; on calculerait d'abord la poutre supérieure comme un *bow-string* ordinaire, puis la poutre inférieure réduite à deux mailles puisqu'elle ne reçoit à chaque extrémité que la charge transmise par deux bras verticaux, dont l'un est soutenu par une contrefiche oblique reliée au poteau de support. Les deux tirants verticaux figurant dans la partie centrale de la semelle auxiliaire n'ont d'autre objet que de la soutenir, pour l'empêcher de fléchir sous son propre poids, et n'ont pas à intervenir dans les calculs.

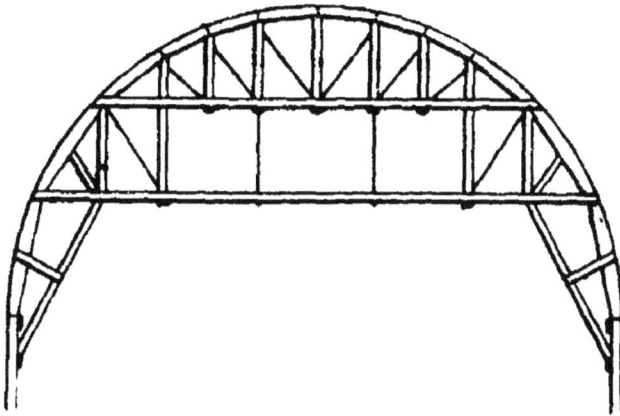

Les longues contrefiches obliques des naissances sont moisées, en leur milieu, avec les premiers vaux.

On pourrait remplacer le cintre précédent par un cintre ayant la forme d'un croissant, en composant la semelle inférieure d'une série de moises successives constituant dans leur ensemble un contour curviligne ou tout au moins polygonal continu.

Les contrefiches sont radiales, ce qui en faciliterait l'assemblage avec les vaux et les moises inférieures. Le calcul d'un cintre ainsi disposé s'effectuerait à l'aide des formules indiquées dans le traité des *ponts métalliques* pour les arcs articulés aux naissances ; il ne présenterait ni plus de difficulté, ni plus de complication.

On ne doit voir, du reste, dans les trois dessins qui précèdent, que de simples croquis destinés à faire comprendre les dispositions proposées pour l'exécution des cintres retroussés ; mais on n'a entendu indiquer ni l'écartement, ni les dimensions des bois ; nous n'avons même pas figuré les pièces de contreventement, et en cas de projet à dresser, l'étude devrait être complétée dans tous ses détails.

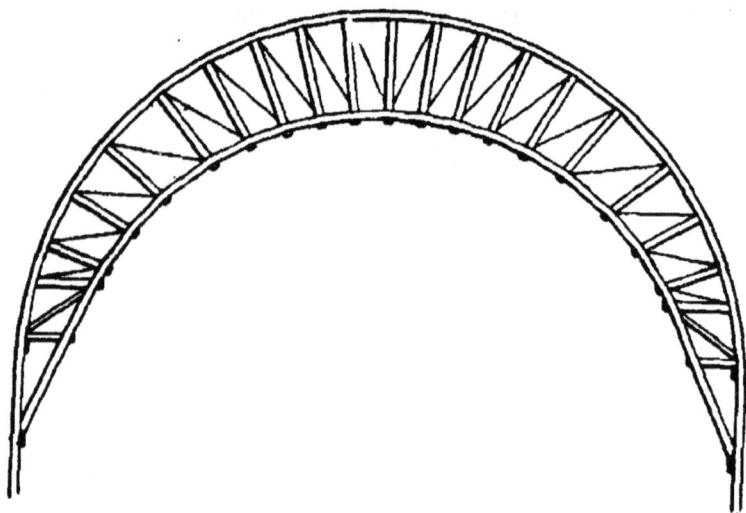

Au siècle dernier, on a fait grand usage des cintres retroussés ; mais soit qu'on ne se fût pas rendu compte de l'utilité des pièces tendues, soit qu'on ne sût pas les assembler solidement avec les autres parties de la charpente, on les avait radicalement supprimées. Le résultat a été que les cintres ainsi construits, à grand renfort de bois, étaient extrêmement lourds, sans qu'on pût parvenir à leur donner la solidité et la rigidité nécessaires. Aussi n'était-il pas rare de les voir se rompre sous la charge pendant la construction des voûtes ; s'ils résistaient, les affaissements auxquels ils donnaient lieu atteignaient, dans tous les cas, d'énormes proportions ; les courbes d'intrados s'en trouvaient complètement modifiées et s'il n'y avait pas dislocation de la maçonnerie c'est simplement parce que celle-ci était exécutée avec un mortier de chaux grasse à prise très lente, qui conservait jusqu'à la fin des travaux une grande plasticité.

Le dessin suivant est celui du cintre du pont de Neuilly construit par Perronet (arche de 39ᵐ d'ouverture).

CINTRE DU PONT DE NEUILLY (1774)

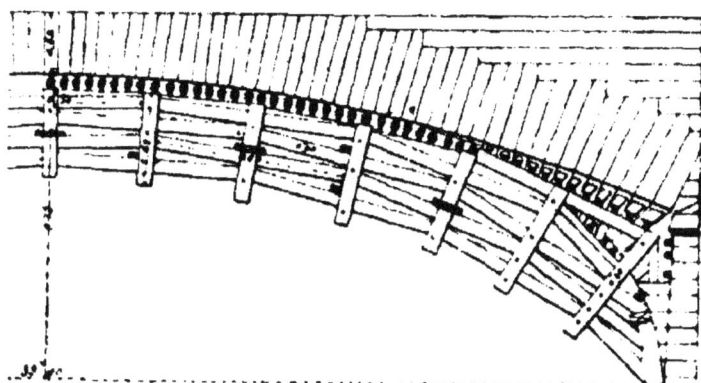

Élévation d'une demi-ferme.

En examinant la composition d'une ferme on voit qu'elle comprend quatre arcs polygonaux formés, chacun, d'un seul cours de pièces de bois et reliés ensemble par des moises pendantes faisant office de contrefiches radiales. Il est aisé de comprendre qu'en supprimant les arcs intermédiaires et disposant entre les deux arcs extrèmes une triangulation continue, avec tirants en fer assemblés avec les abouts opposés des moises pendantes, on eût diminué de moitié le cube des bois employés tout en obtenant des conditions de rigidité et de solidité bien autrement satisfaisantes.

Les tassements constatés au pont de Neuilly furent de 0ᵐ51 pendant la construction et de 0ᵐ26 au décintrement, soit en tout de 77 centimètres; c'était toujours à des résultats analogues qu'on aboutissait avec des cintres disposés d'après le même type, aussi ne tardèrent-ils pas à être abandonnés et ce n'est pas sans quelque surprise qu'on les voit employés en-

1. Voir dans le Tome premier le tableau de la page 374, indiquant les tassements d'un certain nombre de ponts.

core quelquefois dans le courant du siècle présent, près de cent ans après que les inconvénients en ont été bien reconnus.

Le dessin suivant représente un de ces cintres, offrant les mêmes dispositions et par suite les mêmes défauts que le cintre du pont de Neuilly ; c'est celui du pont de Cravant, de 19ᵐ50 d'ouverture et 6ᵐ50 de flèche.

CINTRE DU PONT DE CRAVANT

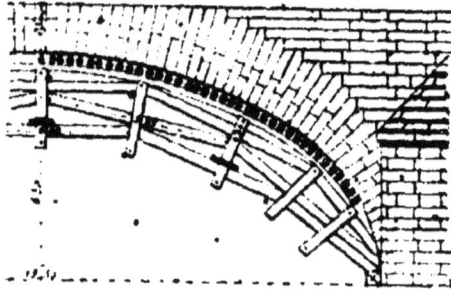

Elévation d'une demi-ferme.

Pour le pont construit à Turin sur la Dora, en 1834, on a voulu, tout en adoptant le type du cintre du pont de Neuilly, remédier au manque de rigidité en disposant dans la rivière quatre palées sur lesquelles s'élève une charpente avec contre-fiches soutenant la partie centrale du cintre, comme le montre le dessin suivant :

CINTRE DU PONT SUR LA DORA A TURIN (1834)

Elévation d'une ferme.

Dans ces conditions, on ne voit pas à quoi peut servir la partie des quatre cours de pièces polygonales située au-dessus du support central. Il y a manifestement là une dépense de bois tout à fait inutile.

Les cintres employés à la construction du pont d'Iéna comportaient exactement les mêmes critiques.

De même pour le cintre du pont de St-Sauveur, dont la partie centrale est soutenue par un pylône en charpente de 61ᵐ de hauteur.

CINTRE DU PONT DE SAINT-SAUVEUR (1861)

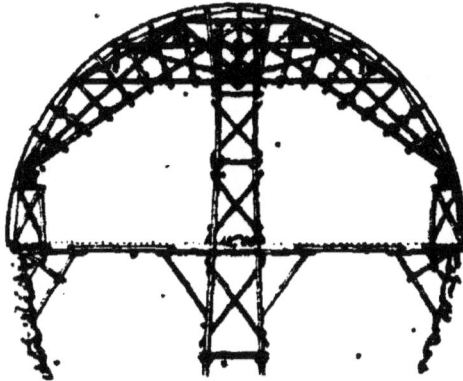

Élévation d'une ferme.

Ou bien ce pylône ne sert à rien et il fallait alors le supprimer, ou bien il était nécessaire et dans ce cas c'est à tort que la partie centrale du cintre, vers la clef, a été disposée exactement comme si le pylône n'existait pas. Il est à présumer qu'on a simplement voulu se réserver ainsi une sorte de moyen de salut, si le cintre venait à fléchir outre mesure pendant la construction ; mais quelques tirants auraient suffi pour obtenir le même résultat, et réaliser même des garanties de sécurité beaucoup plus grandes, tout en permettant de supprimer les pièces inutiles de la charpente et de réduire la dépense dans une assez forte proportion.

Les cintres du pont de Saumur sur la Loire, construit en 1764, dont le dessin suivant représente une demi-ferme, procèdent d'idées plus judicieuses, mais dont l'application n'a pas été bien faite :

Il y a là une véritable *poutre Bollmann* renversée ; les vaux sont soutenus par une série de contrefiches arcboutées prenant toutes leur point d'appui vers les naissances. On voit de suite que l'inconvénient capital de cette disposition est d'exiger l'emploi de pièces faisant des angles beaucoup trop grands avec la verticale, ce qui augmente dans une énorme proportion les efforts auxquels elles doivent résister et ôte toute rigidité à l'ensemble de la charpente.

CINTRE DU PONT DE SAUMUR (1764)

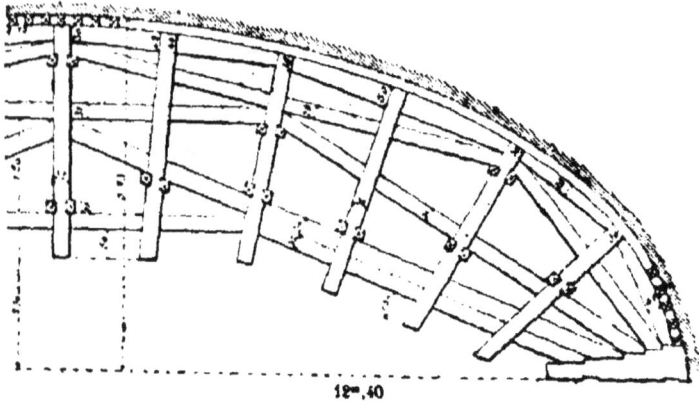

12ᵐ,40

Élévation d'une demi-ferme.

Les mêmes observations s'appliquent en partie au cintre adopté pour la construction du pont de Collonges (arche de 40 mètres, page 524).

C'est d'après ce même type qu'avaient été disposés les cintres du pont de Waterloo, construit en 1817 sur la Tamise, à Londres.

CINTRE DU PONT DE WATERLOO A LONDRES (1817)

46,00

Élévation d'une ferme.

Quant aux cintres suivants, si nous en donnons encore les dessins, c'est qu'en pareille matière il est d'un grand intérêt de connaître les types qu'il faut se bien garder d'imiter, en même temps que ceux qu'on peut prendre pour modèles.

CINTRE DU PONT D'ORLÉANS (1760)

Elévation d'une ferme.

CINTRE DU PONT DE TILSITT SUR LA SAONE A LYON (1804)

Elévation d'une ferme.

CINTRE DU PONT SUR LA FEGANA (Italie)

Elévation d'une ferme.

La plupart de ces cintres ont pu remplir convenablement l'objet qu'on avait en vue, mais il serait difficile de justifier l'élévation des dépenses qu'ils ont sans doute occasionnées.

Il n'est pas toujours nécessaire, lorsque les circonstances exigent la construction d'un cintre retroussé, de ne prendre des points d'appui que dans le voisinage immédial des culées et de ne réserver qu'une hauteur très réduite entre la clef et les pièces horizontales les plus basses de la charpente ; fort souvent il suffit de laisser libre, au centre de l'arche à construire, un passage d'une largeur et d'une hauteur déterminées, suivant que les besoins de la navigation ou d'autres circonstances spéciales l'exigent.

Les dispositions des cintres peuvent alors s'en trouver beaucoup moins difficiles, et comporter de bien meilleures solutions sous le rapport de la solidité et de la rigidité.

Les divers types que nous avons examinés sont susceptibles d'ailleurs, dans ces circonstances, de se prêter à la composition de cintres retroussés comme le montrent les exemples suivants.

CINTRE DU PONT DE SAINT-CLAIR A LYON

Élévation d'une ferme.

On peut citer en premier lieu celui du pont Saint-Clair, à Lyon, pour arche de 30 mètres d'ouverture ; il présente à certains égards quelque analogie avec ceux que nous venons de mentionner, mais avec cette différence que les dispositions en sont rationnelles et très acceptables.

La partie supérieure de la ferme est composée d'un *bow-string* à treillis de 20 mètres de portée, offrant de bonnes conditions de résistance. Pour assembler solidement avec les semelles les bois de faible équarrissage qu'on y a employés, on a dû éprouver cependant de sérieuses difficultés ; selon toute apparence, on eût obtenu plus de sécurité avec une triangulation ordinaire, simple ou double, en employant des bois de plus fortes dimensions.

Le cintre suivant, employé pour la construction du nouveau Pont-au-Change, à Paris, appartient au type des cintres à contrefiches isolées ; la hauteur de la charpente au-dessous de la clef est réduite à 1^m,82, mais on avait pu disposer de chaque côté trois rangées de supports équidistants, et soutenir ainsi dans de bonnes conditions les éventails de contrefiches, en évitant pour celles-ci de trop fortes inclinaisons.

On pourrait contester à un semblable cintre la qualification de cintre retroussé ; il va sans dire que ce n'est qu'en cas de

nécessité absolue qu'on s'impose la difficulté toujours sérieuse
résultant de la suppression des supports intermédiaires, et
qu'il convient de réduire au minimum la largeur libre sur laquelle le cintre doit être *retroussé*.

CINTRE DU PONT-AU-CHANGE A PARIS (1860)

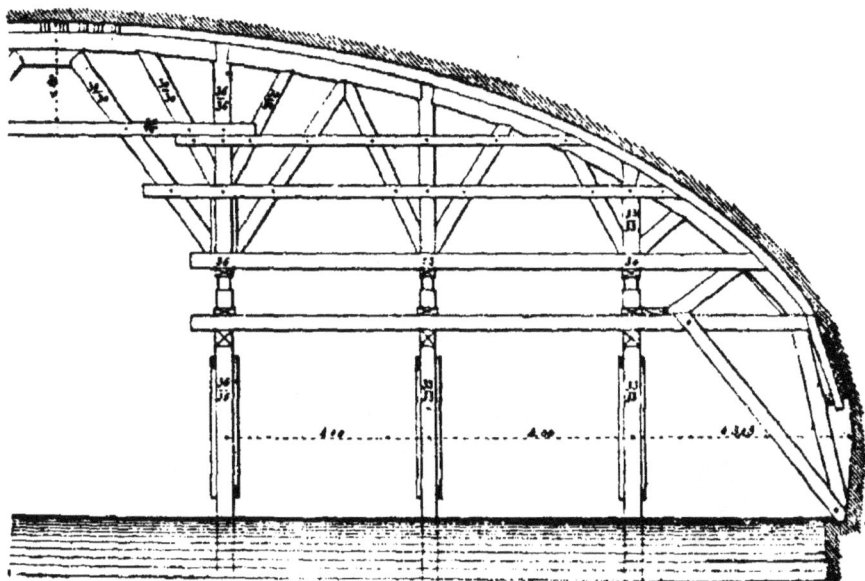

Elévation d'une demi-ferme.

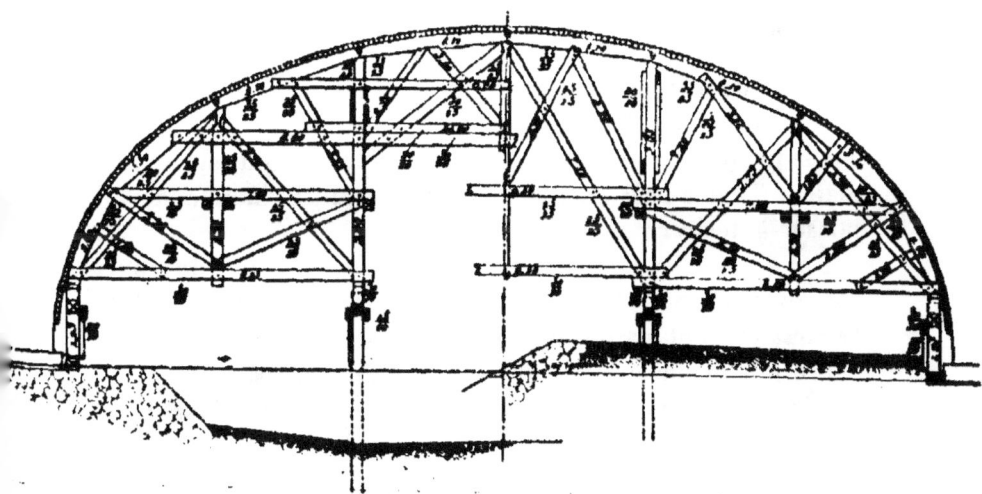

Le second des dessins de la page précédente permet de comparer, pour des arches de même ouverture, des fermes avec ou sans passage central, quand les cintres sont du type à *contrefiches archoulées*.

Le type à *contrefiches radiales* se prête également à l'exécution de cintres retroussés, pourvu qu'on dispose d'une hauteur suffisante en contrebas de la clef. Le cintre du viaduc de Nice (page 523) montre un exemple de cintre de ce genre. Une application plus importante en a été faite pour la construction des arches en rivière du pont de Saint-Waast, dont il a été déjà question (page 517).

CINTRE DU PONT DE SAINT-WAAST

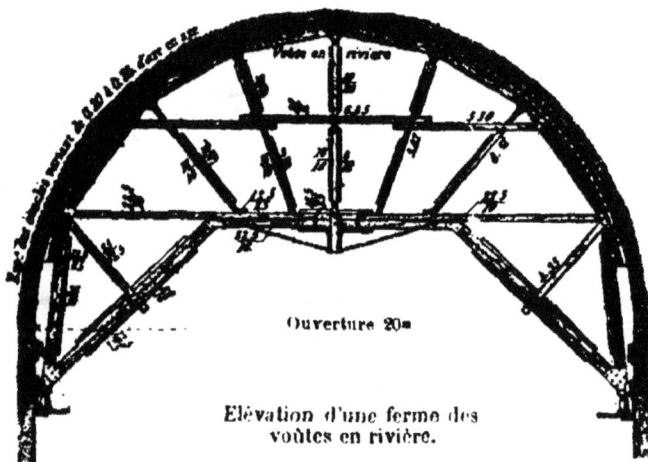

Ouverture 20ᵐ

Elévation d'une ferme des
voûtes en rivière.

On pourrait reprocher à un cintre ainsi disposé l'obliquité excessive des tirants en fer, composant l'armature de la poutre sur laquelle sont assemblées les principales contrefiches radiales. Il est à présumer que la rigidité ainsi obtenue devait laisser à désirer.

Les cintres des voûtes ogivales du viaduc du Point du Jour, d'environ 12 mètres d'ouverture, sont également des cintres retroussés dont les dispositions paraissent satisfaisantes, eu égard à la forme spéciale des voûtes qu'il s'agissait de construire. La triangulation ne semble pas toutefois suffisante et l'on eût sans doute gagné à adopter plus franchement pour les

deux arbalétriers le système ordinaire des poutres Finck renversées.

CINTRE DES ARCHES EN OGIVE DU VIADUC DU POINT DU JOUR

Elévation d'une ferme.

ur les arches latérales en arc de
cercle de ce même viaduc, construites
par dessus des voies publiques, ayant
20 mètres d'ouverture avec 2^m,63 de
flèche, on a fait également usage de
cintres retroussés disposés comme le montre le croquis en
marge. On pourrait leur appliquer, et peut-être avec plus de
raison encore, les observations précédemment présentées,
surtout en ce qui concerne l'insuffisance de la triangulation.

5° *Cintres suspendus.* — Les cintres retroussés étant assi-
milables à des ponts ordinaires, on ne voit pas de motif théorique de ne pas imiter dans certains cas, au moins en partie,

les dispositions des ponts suspendus, en appliquant à la partie essentielle du cintre l'emploi de câbles et de haubans de suspension.

Pratiquement, on ne saurait songer à l'adoption de câbles paraboliques, allant d'une culée à l'autre ; il faudrait pour cela élever, sur chaque rive, des pylônes en charpente destinés à remplacer les piliers ou portiques en maçonnerie des ponts suspendus, et la construction en serait fort onéreuse ; en second lieu, les câbles comportant des déformations considérables sous l'action de charges inégalement réparties, il serait nécessaire de les doubler d'une charpente très rigide, destinée à assurer l'invariabilité de la surface des couchis pendant l'exécution de la maçonnerie.

Il en résulte que l'emploi des câbles de suspension ne saurait être admis qu'à titre auxiliaire pour faciliter le montage, par exemple, de cintres retroussés destinés eux-mêmes à porter la voûte pendant sa construction. Une application de ce genre a été faite au cintre, en forme d'arc en charpente, au moyen duquel a été effectué l'établissement de l'arche en fonte du pont d'El-Kantara, à Constantine, par dessus un ravin d'une très grande profondeur.

L'emploi de simples haubans ne soulève pas les mêmes objections : ils doivent naturellement être rectilignes pour éviter les causes de déformations du genre de celles tenant à la ligne courbe des câbles, et peuvent être exécutés soit en bois, soit en fer. Ainsi qu'on l'a fait observer d'une manière générale à propos des pièces tendues, on aura tout avantage, au point de vue de l'économie comme de la facilité et de l'exactitude du montage, à n'y employer que des tiges de fer ou d'acier.

Du reste, l'emploi de cette disposition dans les cintres n'est pas nouvelle, elle a été plusieurs fois pratiquée par d'anciens constructeurs. Parmi les ouvrages modernes, les applications en ont été jusqu'à présent fort rares ; nous ne trouvons à citer que l'exemple des cintres de l'aqueduc de Roquefavour (Tome I, p. 236, auxquels se rapporte le dessin suivant :

Le cintre est retroussé et du genre, par exemple, de celui employé pour les voûtes accessoires du Point du Jour, dont le

dessin se trouve plus haut ; mais les assemblages principaux
en ont été consolidés au moyen de fortes plaques métalliques
et, moyennant les haubans disposés comme le montre le dessin, on comprend qu'on ait pu obtenir ainsi un cintre très rigide et très solide malgré l'extrême obliquité des arbalétriers
et des contrefiches.

CINTRE DE L'AQUEDUC DE ROQUEFAVOUR (1847)

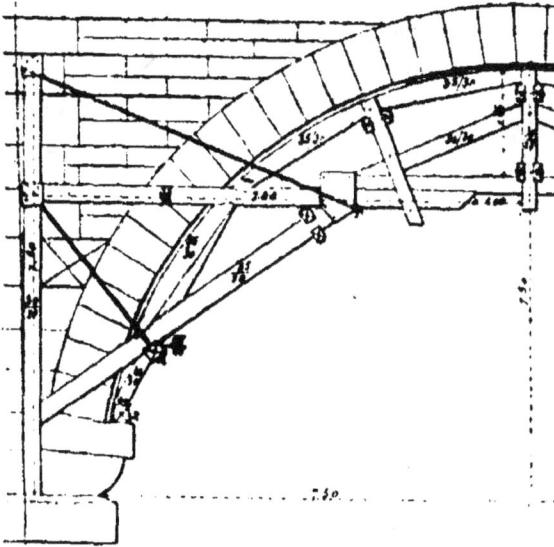

Élévation d'une demi-ferme.

Afin d'éviter de ménager des puits dans la maçonnerie pour
donner passage à des haubans intermédiaires, ce n'est que sur
les têtes que la ferme a été soutenue de cette façon, ce qui était
en effet très admissible pour un aqueduc dont la largeur est nécessairement assez faible. Pour un grand pont, le cas ne serait
plus le même ; mais on ne voit pas qu'il pût y avoir de sérieux
inconvénients à ménager de distance en distance, dans les reins
de la voûte, au moment de sa construction, le passage de tiges
métalliques exigeant en somme très peu de place : de simples
tuyaux de fonte, du genre de ceux en usage pour les gargouilles destinées à l'égouttement des eaux d'infiltration, pourraient
très bien suffire et ne gêneraient en rien l'exécution de la ma-

çonnerie, de sorte qu'il n'y aurait là matière à aucune objection grave.

Dans notre pensée cette application des haubans métalliques, et même des câbles de suspension, à la construction des cintres est appelée à prendre une plus grande extension, et à devenir même, dans certaines circonstances exceptionnelles, une nécessité absolue. Nous demandons la permission de faire à ce sujet une courte digression.

Aux dernières années de nos fonctions d'ingénieur en chef, les études du chemin de fer classé de Pont-Audemer à Port-Jérôme nous avaient conduit à projeter un pont qui aurait dû franchir la Seine, aux abords de Quillebeuf, en un point où la rivière, limitée par des digues longitudinales, a une largeur d'environ 400 mètres.

La chambre de commerce de Rouen extrêmement soucieuse de ne voir entreprendre quoi que ce soit, entre son port et la mer, qui puisse apporter la moindre entrave à la navigation, donnait à entendre qu'en fait de pont elle n'admettrait jamais que l'on en construisit un de moins de 400 mètres d'ouverture et de 75 mètres de hauteur, alléguant qu'il arrive presque chaque semaine à Rouen des navires dont la mâture s'élève jusqu'à une hauteur égale ou à peu près.

On serait probablement parvenu à faire modifier ce programme : mais pour prévenir de trop énergiques protestations, nous avions supposé qu'on pourrait tenter la construction d'une arche de 300 mètres dont la clef aurait été placée à la hauteur reconnue définitivement nécessaire et que l'on aurait exécutée à la façon d'une voûte ordinaire en maçonnerie, par rouleaux successifs, mais en y employant des voussoirs en acier, sorte de briques creuses métalliques, de dimensions à calculer pour éviter que le maniement et la pose en fussent par trop incommodes. [1]

1. On admet qu'avec les pierres les plus dures, comme les basaltes d'Auvergne, par exemple, dont le poids par mètre cube atteint près de 3000 kil. (2950) et la résistance pratique à la compression 30 kilogrammes par centimètre carré, on pourrait porter l'ouverture des voûtes maçonnées au delà de 100 mètres. L'acier pèse 7,800 kilogrammes le mètre cube, et peut très bien supporter pratiquement à la compression un effort de 12 à 15 kilogrammes

Les seules grosses difficultés à prévoir seraient celles relatives à l'établissement des cintres. M. Croizette-Desnoyers, dans son traité de la construction des ponts (Tome II, p. 223) donne le dessin d'un cintre pour voûte de 80 mètres ; si l'on avait la faculté de prendre ainsi des points d'appui intermédiaires, en tel nombre qu'on le jugerait utile, il est clair, question de dépense à part, qu'on parviendrait à composer un cintre d'une parfaite solidité pour une ouverture de 300 mètres, aussi bien que pour celle de 80 mètres.

Mais dans les conditions que nous indiquions tout à l'heure pour la traversée de la Seine, la situation serait entièrement différente, non pas seulement à cause des objections de la navigation, mais surtout parce que la nature du lit de la rivière, formé d'une couche de profondeur presque illimitée de terrains vaseux ou tourbeux, ne permettrait de prendre aucun point d'appui en rivière entre les culées ; un cintre retroussé serait donc indispensable. Pour le supporter solidement on ne disposerait que d'un moyen unique, celui d'un véritable pont suspendu dont les couchis du cintre formeraient le tablier à profil courbe. Plusieurs ponts de ce genre (à tablier rectiligne, bien entendu) ont été construits aux États-Unis, avec des portées atteignant près de 500 mètres. On comprend donc qu'il serait possible d'établir un ouvrage provisoire analogue pour porter un grand cintre en charpente, rigide, reposant à ses deux extrémités sur des points fixes ; il s'agirait seulement de l'alléger de place en place au moyen de haubans verticaux, en assez grand nombre, fixés à leur partie supérieure sur de très forts câbles de suspension.

En observant que la construction par rouleaux du grand arc métallique permettrait, en ne l'exécutant pas du premier coup sur toute la largeur entre les têtes, de ne pas charger le cintre

par millimètre carré. Il résulte de ces données que le rapport de la charge par centimètre carré de section au poids du mètre cube de matériaux employés est de 0,01 dans le premier cas et d'environ 0,15 dans le second. Il y a donc là un motif de présumer qu'on pourrait, à la façon des voûtes maçonnées, exécuter des voûtes métalliques de bien plus grande ouverture, tout en étant relativement beaucoup plus légères et plus résistantes. Resteraient à examiner les déformations à prévoir par l'effet de l'élasticité et de la dilatation.

CINTRE POUR VOUTE BIAISE DE 10 MÈTRES D'OUVERTURE

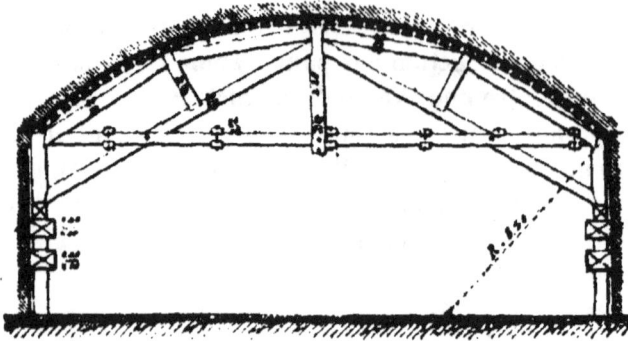

Élévation d'une ferme.

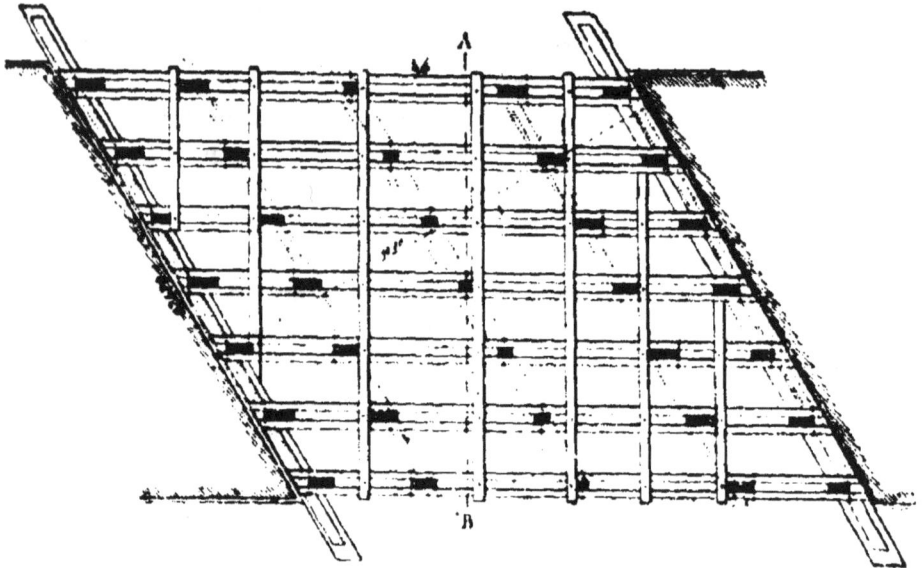

Plan.

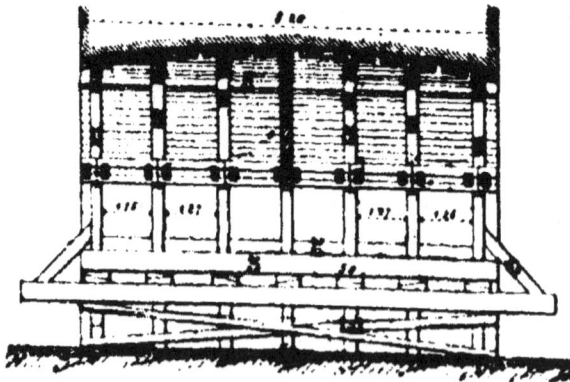

Coupe en travers suivant AB.

d'un poids par trop élevé, il semble qu'il n'y ait rien, dans tout cela, de nature à rendre la conception chimérique.

Des calculs très minutieux seraient à faire, cela va sans dire, pour démontrer la possibilité de l'entreprise ; mais ils sont du domaine de la construction des ponts métalliques plutôt que des ponts en maçonnerie, et ce n'est qu'à titre de simple digression, nous le répétons, que nous mentionnons en passant cette question.

6° *Cintres des voûtes biaises*. — Les cintres des voûtes biaises s'établissent absolument comme ceux des voûtes droites. Toutefois, un tassement un peu notable devant avoir dans ce cas des conséquences beaucoup plus fâcheuses que pour une voûte ordinaire (Tome I, pages 293 et 303), il convient d'exagérer la solidité et la rigidité des fermes, afin d'en rendre toute déformation à peu près impossible. Il faut donc éviter, à moins d'obligation absolue, l'emploi de l'arc retroussé qui comporte des déversements quand la charge n'est pas uniformément répartie ; le bois ne doit pas être ménagé et l'obliquité des contrefiches doit être réduite au minimum, sous peine de s'exposer à des dislocations se manifestant à l'extérieur par des joints ouverts et des voussoirs épauffrés. En outre, il est nécessaire de relier les fermes entr'elles avec le plus grand soin, et de les rendre parfaitement solidaires au moyen d'un contreventement énergique formé de pièces massives dirigées normalement aux plans de tête de la voûte.

Nous donnons ci-contre les dessins d'un cintre de ce genre:

Les couchis sont disposés suivant les génératrices horizontales du cylindre oblique d'intrados, et l'on a soin qu'ils soient jointifs pour former une surface continue sur laquelle on puisse tracer les lignes de joints de l'appareil de la voûte, seul moyen d'assurer la pose parfaitement correcte des voussoirs.

Dans les voûtes biaises convergentes et les voûtes de grande longueur (T. I, pages 306 et suivantes), il convient d'attribuer aux plans des fermes successives la même convergence que celle de la voûte, de façon qu'ils coïncident avec les plans des sections transversales considérées dans l'appareil de la douelle. Lorsqu'une tête biaise est suivie d'un appareil droit, il faut pour la partie de la voûte qui correspond à ce dernier, disposer les fermes normalement au berceau et ne recourir aux fermes obliques que pour les têtes seulement.

Il ne paraît pas nécessaire de répéter ici ce qui a été dit dans le premier volume relativement aux diverses sortes de voûtes biaises ; les cintres à employer dérivent toujours, en définitive, de ceux des voûtes droites de même ouverture, et les divers types en usage y sont également applicables. Il est de principe, en outre, que les fermes doivent toujours être posées verticalement, même pour les voûtes en pente ou à têtes inclinées.

Nous terminerons cette étude générale des cintres par quelques observations sommaires concernant les déformations toujours à craindre pour ces sortes d'ouvrages.

Le tassement d'une voûte sur cintre, qu'il est d'usage de mesurer d'après la quantité dont la clef s'est abaissée, résulte de la déformation de la charpente qui la supporte et dépend de circonstances multiples et assez complexes. Cet abaissement est en proportion du travail à la compression que les bois ont à subir et en raison inverse du coefficient d'élasticité de ceux-ci ; il varie avec la portée, la hauteur et les dispositions d'ensemble de l'ossature du cintre, avec la perfection théorique et pratique plus ou moins grande des assemblages, le choix des matériaux et le soin avec lequel ils sont mis en œuvre, la hauteur des supports verticaux, la compressibilité du sol, enfin avec le mode d'exécution de la voûte.

Ce simple énoncé doit suffire pour faire comprendre à quel point il serait difficile d'établir une formule pour calculer à l'avance le tassement à la clef qu'éprouvera une voûte en construction.

On peut toutefois évaluer le minimum de ce tassement pour un cintre déterminé, en supposant l'exécution de ce dernier en quelque sorte parfaite sous tous les rapports. Les méthodes de calcul exposées dans les paragraphes qui vont suivre donneront à cet égard toutes les indications nécessaires, lorsqu'il s'agira de cintres fixes où la clef de la voûte est généralement supportée par des contrefiches obliques appuyées sur des supports verticaux. On peut dans ce cas évaluer, avec une exactitude probable assez grande, la flèche d'abaissement de la charpente et cette recherche n'offre en réalité aucune difficulté sérieuse.

Avec les cintres retroussés il en est tout autrement ; le problème se complique à tel point que, même en s'imposant des calculs fort longs et des plus ardus, on ne parviendrait pas à un résultat méritant quelque confiance, même à titre de simple approximation.

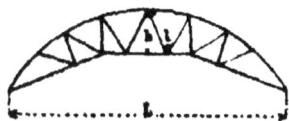

Nous voudrions cependant, avec M. Résal, pouvoir mettre en avant une formule susceptible, bien que tout-à-fait empirique, de fournir des indications de quelque utilité, et peut-être même aussi rapprochée de la vérité que celles à attendre d'études beaucoup plus laborieuses.

Soient :

L   la portée du cintre retroussé, mesurée entre ses deux appuis ;

l   la longueur de la contrefiche considérée, aboutissant à la clef ;

h   la distance verticale entre les deux membrures ou semelles du cintre ;

R   le travail à la compression, exprimé en kilogrammes par centimètre carré, qu'on fait subir au bois ;

f   la flèche d'abaissement exprimée en mètres, à prévoir à la clef et devant provenir du cintre.

D'après M. Résal on pourrait admettre, entre ces diverses quantités, la relation suivante :

$$f = \frac{1}{35.000} R \times \frac{L^2 l}{h^3}.$$

Cette formule ne peut convenir, bien entendu, que pour des cintres d'un type parfaitement rationnel ; ses indications seraient à coup sûr bien au-dessous de la réalité si l'on voulait en faire l'application à ces cintres défectueux beaucoup trop en usage dont nous avons parlé, dans la composition desquels on a omis l'un des éléments les plus nécessaires, les tirants.

En admettant pour R une valeur de 75 kilogrammes par centimètre carré, la formule devient :

$$f = \frac{L^2 l}{5.000\, h^2}.$$

Lorsque la contrefiche de clef est verticale, on a $l = h$ et par suite :

$$f = \frac{1}{35.000}\, R \times \frac{L^2}{h}$$

$$f = \frac{5.000\, h}{L^2}.$$

Cette formule, nous le répétons, ne saurait avoir théoriquement qu'une valeur très restreinte ; mais les indications à en retirer ne présenteront d'inconvénients dans aucun cas, et pourront au contraire avoir quelque utilité.

§ 2

CHARGES PORTÉES PAR LES CINTRES

Calculs à faire pour déterminer les dimensions des diverses pièces d'un cintre ; nécessité de déterminer d'abord la partie de son poids qu'une voûte en construction lui transmet. — Charge par unité de longueur, mesurée soit suivant la courbe d'intrados, soit suivant la projection de cette courbe sur l'horizontale ; distinction entre les diverses parties de la voûte suivant les angles faits par les joints avec la verticale ; limites à considérer. — Formules proposées pour le calcul de la charge en un point quelconque de l'intrados. — Procédé pratique pour mesurer cette charge graphiquement. — Pression normale exercée par une voûte sur son cintre ; formule de M. Séjourné. — Démonstration des formules précédemment proposées. — Tableau comparatif des valeurs numériques résultant de l'application de ces diverses formules. — Calcul de la charge minimum portée par un cintre ; formules à appliquer. — Limite jusqu'à laquelle une voûte peut être construite sans cintre ; détermination graphique de cette limite ; procédés des constructeurs byzantins. — Voûtes entièrement construites sans cintrage. — Charges portées par chacune des fermes d'un cintre, sur les divers points du pourtour ; courbe figurative de ces charges.

Il sera toujours aisé, en prenant pour modèles des ouvrages déjà exécutés, d'esquisser les dispositions générales d'un cintre suivant l'ouverture et la courbe d'intrados de la voûte à construire ; mais, cela fait, il faudra se rendre exactement compte de la charge que ce cintre doit supporter et des dimensions à donner à chacune des pièces qui le composent, pour en mettre les conditions de résistance en rapport avec les efforts auxquels ces pièces auront à résister.

Une semblable étude rentre dans la partie mathématique du présent traité de construction des ponts, et aurait peut-être dû prendre place dans son premier volume ; la rédaction en revenait de droit, dans tous les cas, à notre collaborateur, M. Résal, qui a bien voulu en effet nous en fournir tous les éléments, afin qu'il y ait sous ce rapport uniformité complète entre le premier et le second volume [1].

Nous chercherons d'abord quelle est la portion de son poids qu'une voûte en construction transmet à son cintre.

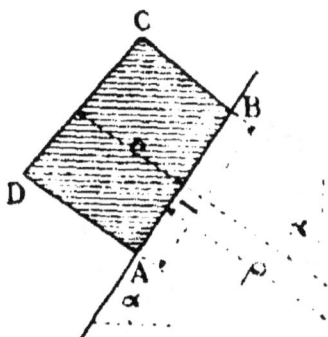

Soit ABCD une partie de voûte comprise entre deux plans de joints AD et BC, normaux à l'intrados AB, dont la largeur mesurée suivant une génératrice de la douelle normalement aux plans de tête est de 1m.

Nous supposons les arcs AB et BC d'assez faible longueur pour pouvoir être considérés comme des lignes droites.

Désignons par π le poids du mètre cube de maçonnerie, par

1. Ce paragraphe et celui qui suit sont extraits presque textuellement d'un travail très complet sur cette question des cintres, que M. Résal a eu l'obligeance de mettre à notre entière disposition, et auquel nous avons déjà fait de très larges emprunts pour la rédaction du précédent paragraphe.

l la longueur AB du massif mesurée suivant la courbe d'intrados, par *c* l'épaisseur moyenne de ce même massif mesurée suivant la direction du rayon de courbure de l'intrados au milieu de AB, par ρ la longueur de ce rayon de courbure, par α l'angle que ce dernier rayon fait avec la verticale, lequel est égal à celui du côté AB avec le plan horizontal.

La longueur moyenne du massif ABCD entre les deux faces AD et BC sera représentée par $l\left(1+\dfrac{c}{2\rho}\right)$ et son poids par l'expression $\pi l c\left(1+\dfrac{c}{2\rho}\right)$.

Il s'agit de calculer quelle est la fraction de ce poids que supportera la zone du cintre située au droit de AB et ayant, comme la portion de voûte considérée, une longueur d'un mètre mesurée normalement au plan ABCD.

Supposons le massif ABCD entièrement séparé du reste de la voûte, les joints AD et BC étant vides ; dans ces conditions, le cintre portera évidemment le poids total du massif de maçonnerie, c'est-à-dire $\pi l c\left(1+\dfrac{c}{2\rho}\right)$.

Mais il faut, pour que le massif ainsi isolé reste en équilibre, que son plan de contact avec le cintre fasse avec l'horizon un angle α inférieur à l'angle de glissement φ de la maçonnerie sur le bois, sans quoi le frottement serait impuissant à le maintenir et il se déplacerait en glissant dans le sens de B vers A.

M. Séjourné, dans le mémoire déjà cité [1], rend compte d'essais qu'il a faits en vue de déterminer pour différentes sortes de matériaux, bois et pierres, l'angle de glissement φ ; il en déduit que cet angle, toujours inférieur à 45°, peut varier de 25° à 44° avec une valeur moyenne de 36°30'.

On doit admettre que toute la portion d'une voûte comprise entre la clef, où l'on a $\alpha = o$, et le joint dont l'inclinaison par rapport à la verticale est égale à l'angle de glissement φ, peut être construite soit par tronçons isolés, soit en posant les voussoirs à sec, réglant leur espacement à l'aide de cales en

---

1. *Annales des ponts et chaussées* de 1886 ; 2ᵉ semestre, page 507.

bois et remplissant les joints après coup. Dans de semblables conditions, il est bien évident qu'entre les limites indiquées une zône quelconque du cintre porte la totalité du poids de la portion de voûte qui lui correspond.

En d'autres termes, le poids porté par les couchis est représenté par l'expression $\pi l c \left(1 + \dfrac{c}{2\rho}\right)$ depuis la clef jusqu'au joint dont l'inclinaison par rapport à la verticale varie, suivant les cas, de 25° à 44°, sans jamais dépasser 45°. Cette expression est donc celle du maximum de la charge, dans les conditions les plus défavorables, entre les limites $\alpha = o$ et $\alpha = 45°$.

En dehors de ces limites, pour les joints où l'on $\alpha > \rho$, le massif ABCD se déplacerait sur le cintre s'il n'était pas main-tenu en place par la maçonnerie infé-rieure de la voûte, préalablement exé-cutée depuis la naissance jusqu'au joint AD. Par conséquent, à partir des nais-sances, il y a nécessité de ne poser chaque voussoir qu'après avoir d'abord exécuté le massif inférieur qui doit lui servir d'appui. Dans ces conditions, le poids P de la portion de voûte ABCD se divise en deux composantes : l'une, F, appliquée sur la face AB et portant sur les couchis, la seconde, S, appliquée sur la face AD et agissant sur le massif inférieur.

On peut admettre, sans trop s'écarter de la vérité, que les forces F et S sont verticales ; quant à leur valeur, le rapport $\dfrac{F}{P}$ sera d'autant plus faible que l'angle α sera plus grand. En effet, la pression normale, c'est-à-dire la composante de S sui-vant une perpendiculaire au plan AD, peut développer sur le joint une force tangentielle dont le maximum dépend du coef-ficient de frottement de la pierre et du mortier ; en désignant par φ' l'angle de glissement des deux matières l'une sur l'au-tre, ce maximum sera tang. φ' ; en cas de suppression com-plète du cintre, cette force tangentielle pourrait suffire, dans certaines limites, pour maintenir le voussoir en place et l'em-

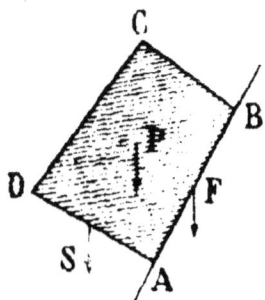

pêcher de glisser de D vers A pour tomber à l'intérieur de la voûte ; il faudrait pour cela que l'angle d'inclinaison de AD par rapport à l'horizontale, c'est-à-dire $90°—\alpha$ fut égal ou inférieur à φ'.

Il serait possible de construire la voûte sans cintre depuis les naissances jusqu'aux joints dont l'inclinaison par rapport à la verticale est égale à $90°—\varphi'$, chaque voussoir étant jusqu'à cette limite maintenu en équilibre par son frottement sur le mortier du joint inférieur.

M. Séjourné, d'après les expériences auxquelles il a procédé, estime que l'angle φ' peut varier de 25° à 90° avec une valeur moyenne de 37° sans jamais descendre au-dessous de 22°30´. Il convient de remarquer que φ' ne saurait dépasser 40° avec un mortier mou ; dans toutes les expériences où l'on a trouvé une valeur plus forte, cela provenait sans nul doute de ce que le mortier ayant déjà, en partie, fait prise, la résistance au glissement se trouvait augmentée de l'adhérence du mortier sur la pierre ou de sa cohésion propre, le glissement de la surface rugueuse du voussoir ne pouvant s'effectuer sans donner lieu à la désagrégation, sur une certaine profondeur, de la couche de mortier dans laquelle les aspérités de la pierre tracent des sillons.

En résumé, au-dessous du joint pour lequel on a $\alpha = \varphi$, le cintre ne porte plus la totalité du poids de la maçonnerie et la fraction qui lui en est transmise va en diminuant à mesure que α augmente, φ étant toujours plus petit que 45°.

Théoriquement, cette fraction devrait être nulle à partir du point où α devient égal à $90°—\varphi$, c'est-à-dire, dans les circonstances les plus défavorables, à partir du joint qui fait avec la verticale un angle de 67°30´, puisque, d'après les expériences de M. Séjourné, la valeur de φ' ne descend jamais au-dessous de 22°30´.

Toutefois, dans la pratique, il y a lieu de prévoir que chaque voussoir, au moment de la pose, sera pressé à la façon d'un coin par le maillet du maçon, entre le joint inférieur et les couchis, pour épouser la forme exacte de la surface extérieure du cintre et que celui-ci, bien que son rôle pour cette partie de la voûte se réduise à peu près à celui d'un gabarit, devra avoir la solidité nécessaire pour résister à cet effort.

Nous admettrons donc que, bien qu'elle soit extrèmement faible dès qu'on a $\alpha > 67°30'$, la pression exercée par une voûte contre son cintre ne devient réellement nulle que pour le joint horizontal correspondant à $\alpha = 90°$; et nous proposerons de la représenter entre les limites $90 > \alpha < 45°$ par l'expression $\pi l c \left(1 + \dfrac{c}{2\rho}\right)$ cotg. α, suffisamment exacte dans la pratique, et dont nous donnerons plus loin la justification, en nous occupant de déterminer la pression normale exercée sur le cintre.

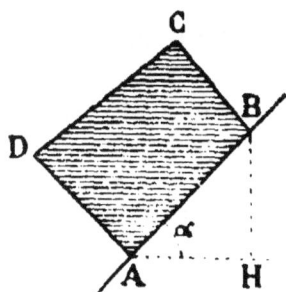

Pour effectuer les calculs de stabilité d'un cintre, il faut d'abord rechercher, pour un certain nombre de points choisis sur l'intrados, quelle est la valeur de la charge verticale provenant de la voûte, par mètre de longueur, mesurée soit sur l'intrados suivant AB, soit horizontalement suivant AH.

En supposant AH $= 1$, et représentant, comme plus haut, la longueur AB par l, on aura $l = \dfrac{1}{\cos \alpha}$ et il faudra alors, suivant le sens dans lequel on considérera l'unité de longueur, remplacer l, dans l'expression ci-dessus de la charge, soit par 1, soit par $\dfrac{1}{\cos \alpha}$.

En désignant par :

F la charge verticale, par unité de longueur mesurée sur le cintre, entre les limites $0 < \alpha < 45°$;

F′ la même charge, entre les limites $45° < \alpha < 90°$;

G la charge verticale, par unité de longueur mesurée horizontalement, entre les limites $0 < \alpha < 45°$;

G′ la même charge, entre les limites $45° < \alpha < 90°$.

on obtient, par la substitution de $l = 1$ et de $l = \dfrac{1}{\cos \alpha}$, les quatre expressions suivantes :

$$F = \pi c \left(1 + \frac{c}{2\rho} \right), \qquad F' = \pi c \left(1 + \frac{c}{2\rho} \right) \cotg. \alpha$$

$$G = \pi c \left(1 + \frac{c}{2\rho} \right) \frac{1}{\cos \alpha}, \qquad G' = \pi c \left(1 + \frac{c}{2\rho} \right) \frac{1}{\sin \alpha}.$$

Ces deux dernières expressions comportent une interprétation géométrique présentant quelque utilité pratique, parce qu'elles permettent d'obtenir de suite, sans calcul, les valeurs de G et G' au moyen de mesures prises sur la coupe transversale de la voûte.

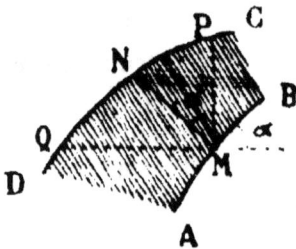

Soient AB et CD des portions de l'intrados et de l'extrados de la voûte que le cintre doit porter, et MN l'épaisseur normale représentée par c dans les expressions ci-dessus de G et G'. Menons par le point M une ligne horizontale et une ligne verticale rencontrant, la première en Q, la seconde en P, l'extrados de la voûte que l'on peut, sans erreur appréciable, considérer comme rectiligne entre les points P et Q.

En substituant à QP une parallèle à AB, ce qui ne modifiera pas sensiblement les longueurs QM et PM, on aura :

$$QM = \frac{c}{\sin \alpha}, \qquad PM = \frac{c}{\cos \alpha}$$

d'où : pour $\alpha < 45°$ .... $G = \pi \left(1 + \frac{c}{2\rho} \right) \times PM$

et pour $\alpha > 45°$ .... $G' = \pi \left(1 + \frac{c}{2\rho} \right) \times QM.$

Le rapport $\frac{c}{2\rho}$, sauf pour les voûtes de très faible ouverture, s'écarte peu de la valeur $\frac{1}{20}$ et peut être négligé devant l'unité (voir Tome I, page 359 et suivantes). L'importance de l'erreur ainsi commise ne dépasse pas celle résultant de l'incertitude, dans laquelle on est toujours, relativement au poids exact du mètre cube de maçonnerie, de sorte qu'elle ne saurait présenter d'inconvénient sérieux.

Cette simplification étant admise, les formules précédentes deviennent :

$$G = \pi \times PM \qquad \text{et} \qquad G' = \pi \times QM,$$

ou bien

$$\frac{G}{\pi} = PM, \qquad \frac{G'}{\pi} = QM.$$

D'où la règle pratique suivante :

En prenant pour unité le poids du mètre cube de maçonnerie, comme il convient toujours de le faire pour simplifier les opérations numériques, la charge par unité de longueur horizontale transmise aux couchis est représentée, pour un point quelconque du cintre situé au-dessus du joint incliné à 45°, par la distance verticale de ce point à la courbe d'extrados de la voûte, et pour un point situé au-dessous de ce même joint, par la distance horizontale de ce point également à la courbe d'extrados.

Il suffira donc, après avoir marqué sur la courbe d'intrados les points pour lesquels on désire connaître G ou G', d'effectuer un simple mesurage sur la coupe de la voûte pour avoir la valeur cherchée.

Si l'on jugeait devoir effectuer le calcul, au lieu de recourir à ce procédé expéditif, les valeurs de F, F', G et G' seraient aisément obtenues, pour les différentes valeurs de l'angle z, au moyen du tableau qu'on trouvera plus loin (page 557).

Nous venons de nous occuper des *charges verticales* transmises par les voûtes à leurs cintres : il importe de déterminer également la *pression normale* qu'un cintre supporte en un point quelconque de son périmètre extérieur.

Cette question a été traitée avec un certain développement par M. Séjourné, dans le remarquable mémoire que nous citions encore tout à l'heure. [1] Pour le *cintre à contrefiches radiales*, dont il s'est plus particulièrement occupé, M. Séjourné avait besoin de connaître, non pas la fraction du poids de la

---

1. *Annales des ponts et chaussées*, 1886 ; 2e semestre, page 543 et suivantes.

voûte portée par le cintre, mais la composante de cette charge dirigée suivant le rayon de courbure de l'intrados en un point déterminé, c'est-à-dire suivant l'axe de la *contrefiche radiale* aboutissant à ce même point. C'est à cette composante qu'il donne le nom de *pression normale* ; il en obtient la valeur, entre les limites $\alpha = o$ et $\alpha = 90°$, au moyen de la formule unique :

$$N = \pi c \left(1 + \frac{c}{2\rho}\right) \sqrt{\cos\frac{4}{3}\alpha}$$

Cette pression normale N est celle qui correspond à la charge transmise par la voûte par unité de longueur mesurée sur le cintre.

En négligeant, comme l'a proposé également M. Résal, le rapport $\frac{c}{2\rho}$, la formule devient :

$$N = \pi c \sqrt{\cos\frac{4}{3}\alpha}$$

et c'est ainsi simplifiée que M. Séjourné en a fait usage pour les diverses voûtes dont il avait à calculer les cintres.

Pour des valeurs de α comprises entre 0 et 45°, les résultats ainsi obtenus diffèrent fort peu de ceux que l'on déduit des formules de M. Résal ; à partir de 45° et jusqu'à $\alpha = 67°30'$ l'écart devient plus grand ; le rapport entre les valeurs correspondantes s'élève jusqu'à 1,4, les chiffres les plus forts étant toujours ceux calculés par la formule de M. Séjourné.

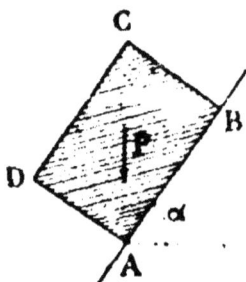

Il semble que sous ce rapport les pressions évaluées d'après les formules de M. Résal sont celles qui se rapprochent le plus de la réalité.

Elles ont été établies de la façon suivante :

Soit P le poids du tronçon de voûte ABCD : la composante normale au cintre est $P \cos\alpha$. La force tangentielle qui correspondrait, sur le cintre, à cette composante normale, serait $P \cos\alpha \tan\varphi$ et représenterait la projection sur AB d'une force verticale dont l'expression serait $P \frac{\cos \alpha \, \tan g \, \varphi}{\sin \alpha}$. La composante de cette dernière force, normalement à AB, serait $P \, \tan g \, \varphi \frac{\cos^2 \alpha}{\sin \alpha} = P \, \tan g \, \varphi \cot g \, \alpha \cos \alpha$. En attribuant à φ sa valeur limite de 45°, pour laquelle $\tan g \, \varphi = 1$, on trouve finalement $N = \cot g \, \alpha \cos \alpha$.

Sans être absolument rigoureux, le raisonnement se rapproche assez de l'exactitude pour que la formule ainsi obtenue soit acceptable ; et elle donne forcément, du reste, une limite supérieure de la charge du cintre.

En appliquant, en effet, le même mode de calcul à la détermination de la fraction du poids P transmise au joint AD, on trouve qu'elle doit être représentée par $P \, \tan g \, \varphi' \frac{\sin \alpha}{\cos \alpha}$; d'autre part, elle est égale à la différence entre la force P et la composante $P \, \tan g \, \varphi \cot g \, \alpha \cos \alpha$, condition qu'on peut écrire de la façon suivante :

$$P = P \left(\tan g \, \varphi \frac{\cos \alpha}{\sin \alpha} + \tan g \, \varphi' \frac{\sin \alpha}{\cos \alpha} \right)$$

Comme il s'agit de trouver, à défaut de valeurs rigoureusement exactes, des *valeurs limites* suffisamment rapprochées de la réalité, on peut, comme on l'a expliqué plus haut, se donner $\tan g \, \varphi = 1$ et prendre de même $\tan g \, \varphi' = 0.50$, qui est la valeur correspondant à l'angle $\varphi' = 27°$.

Le second membre de l'équation précédente devient ainsi :

$$P \left(\frac{\cos \alpha}{\sin \alpha} + \frac{\sin \alpha}{2 \cos \alpha} \right) = P \times \frac{2 \cos^2 \alpha + \sin^2 \alpha}{2 \sin \alpha \cos \alpha} = P \times \frac{1 + \cos^2 \alpha}{\sin 2\alpha}.$$

Le facteur qui multiplie P étant plus grand que l'unité, il en résulte que les expressions $P \, \tan g \, \varphi \frac{\cos \alpha}{\sin \alpha}$ et $P \, \tan g \, \varphi \frac{\sin \alpha}{\cos \alpha}$, établies d'après le même principe, donnent l'une et l'autre des valeurs trop élevées, puisque leur somme est supérieure à la résultante P des deux forces.

Pour les rectifier et obtenir une concordance plus satisfaisante avec la formule de M. Séjourné, il suffirait d'introduire, entre certaines limites, un coefficient numérique dans la valeur de N ci-dessus et d'admettre les deux expressions :

$$N = \pi l c \left(1 + \frac{c}{2\rho}\right) \cos \alpha \qquad \text{pour} \qquad 0 < \alpha < 52°30'$$

$$N' = 1,3\, \pi l c \left(1 + \frac{c}{2\rho}\right) \cotg \alpha \cos \alpha \qquad \text{pour} \qquad 52°30' < \alpha < 90°$$

Dans ces conditions, les valeurs obtenues s'écarteraient assez peu les unes des autres pour que le rapport n'en dépassât pas 1,1, et les différences pourraient parfaitement être négligées.

Le tableau suivant donne, pour les différentes valeurs de l'angle α, la valeur numérique des pressions exercées par une voûte sur son cintre par unité de longueur mesurée soit sur le cintre (F et F'), soit suivant une ligne horizontale (G et G'). Nous y plaçons également en regard les valeurs numériques de la pression normale calculée soit d'après les formules de M. Résal (N et N'), soit d'après celle de M. Séjourné (N₁).

Les différentes colonnes de ce tableau se rapportent donc aux expressions suivantes :

$$G = \pi c \left(1 + \frac{c}{2\rho}\right) \frac{1}{\cos \alpha} \,; \qquad F = \pi c \left(1 + \frac{c}{2\rho}\right) \,;$$

$$G' = \pi c \left(1 + \frac{c}{2\rho}\right) \frac{1}{\sin \alpha} \,; \qquad F' = \pi c \left(1 + \frac{c}{2\rho}\right) \cotg \alpha \,;$$

Formules Résal :

$$N = \pi c \left(1 + \frac{c}{2\rho}\right) \cos \alpha \,; \qquad N' = \pi c \left(1 + \frac{c}{2\rho}\right) \cotg \alpha \cos \alpha \,;$$

Formule unique Séjourné :

$$N_1 = \pi c \left(1 + \frac{c}{2\rho}\right) \sqrt{\cos \frac{1}{3}\alpha}$$

Le tableau est divisé en deux parties correspondant aux valeurs de α comprises, d'une part, entre 0° et 45°, d'autre part entre 45° et 90°.

Entre $\alpha = 67°$ et $\alpha = 90°$, M. Séjourné suppose la pression normale réduite à 0, tandis que nous avons admis qu'elle conserve encore une certaine valeur au moment de la pose, pour ne devenir réellement nulle que lorsque α atteint 90°.

Tableau numérique pour le calcul des pressions exercées par une voûte sur son cintre.

Angle α	Charges verticales		Pressions normales		Angle α	Charges verticales		Pressions normales	
	G	F	N	N_1		G'	F'	N'	N_1
0°	1.000	1.000	1.000	1.000	45°	1.414	1.000	0.707	0.707
1.30'	1.000	1.000	1.000	1.000	46.30	1.379	0.949	0.653	0.662
3	1.001	1.000	0.999	0.999	48	1.345	0.900	0.602	0.662
4.30	1.003	1.000	0.997	0.997	49.30	1.312	0.856	0.557	0.638
6	1.005	1.000	0.995	0.995	51	1.287	0.810	0.510	0.612
7.30	1.009	1.000	0.991	0.992	52.30	1.261	0.767	0.467	0.585
9	1.012	1.000	0.988	0.989	54	1.236	0.727	0.427	0.558
10.30	1.017	1.000	0.983	0.985	55.30	1.213	0.687	0.389	0.514
12	1.023	1.000	0.978	0.980	57	1.192	0.649	0.354	0.498
13.30	1.029	1.000	0.972	0.975	58.30	1.172	0.613	0.320	0.456
15	1.035	1.000	0.966	0.969	60	1.154	0.577	0.289	0.417
16.30	1.043	1.000	0.959	0.963	61.30	1.137	0.543	0.259	0.373
18	1.052	1.000	0.951	0.956	63	1.122	0.510	0.212	0.323
19.30	1.060	1.000	0.943	0.948	64.30	1.107	0.477	0.205	0.264
21	1.071	1.000	0.934	0.940	66	1.094	0.445	0.180	0.187
22.30	1.082	1.000	0.924	0.931	67.30	1.082	0.414	0.159	0.
24	1.094	1.000	0.914	0.921	69	1.071	0.384	0.139	0.
25.30	1.107	1.000	0.903	0.913	70.30	1.060	0.353	0.118	0.
27	1.122	1.000	0.891	0.899	72	1.052	0.325	0.100	0.
28.30	1.137	1.000	0.879	0.888	73.30	1.043	0.297	0.084	0.
30	1.154	1.000	0.866	0.875	75	1.035	0.268	0.069	0.
31.30	1.172	1.000	0.853	0.862	76.30	1.029	0.240	0.056	0.
33	1.192	1.000	0.839	0.848	78	1.023	0.213	0.044	0.
34.30	1.213	1.000	0.824	0.833	79.30	1.017	0.186	0.034	0.
36	1.236	1.000	0.809	0.818	81	1.012	0.158	0.025	0.
37.30	1.261	1.000	0.793	0.802	82.30	1.009	0.132	0.017	0.
39	1.287	1.000	0.777	0.785	84	1.005	0.105	0.011	0.
40.30	1.312	1.000	0.762	0.767	85.30	1.003	0.079	0.006	0.
42	1.345	1.000	0.743	0.748	87	1.001	0.052	0.003	0.
43.30	1.379	1.000	0.725	0.728	88.30	1.000	0.026	0.001	0.
45	1.414	1.000	0.707	0.707	90	1.000	0.000	0.000	0.

Dans tout ce qui précède, on s'est proposé de calculer une limite supérieure de la charge d'un cintre en se plaçant dans les conditions les plus défavorables ; il y a intérêt à faire le calcul inverse, c'est-à-dire à rechercher la limite au dessous de laquelle, dans les conditions également les plus défavorables, la charge du cintre ne peut pas descendre. Ce n'est que de cette façon, en effet, qu'en cas de nécessité d'employer des cintres aussi économiques que possible, on en pourrait réduire les dimensions à leur minimum sans courir trop de danger.

En supposant, comme on l'a fait plus haut, que la fraction de la charge transmise à la maçonnerie inférieure soit exprimée par P tang. φ' tang. α, on a donné à cette fraction une valeur exagérée, de sorte que la charge portée par le cintre est certainement plus grande que P $(1 - \text{tang. } \varphi' \text{ tang. } \alpha)$. En se reportant aux notations précédentes et désignant par G_1 la charge verticale par unité de longueur horizontale, par F_1 la charge verticale par unité de longueur mesurée sur la courbe d'intrados et par N_1 la pression normale, on obtient les nouvelles formules qui suivent pour les limites inférieures cherchées, se rapportant à des valeurs de α comprises entre 0 et $90° - \varphi'$:

$$G_1 = \pi r \left(1 + \frac{c}{2\rho}\right) \left(\frac{1}{\cos \alpha} - \frac{\text{tang } \varphi' \text{ tang } \alpha}{\cos \alpha}\right)$$

$$F_1 = \pi r \left(1 + \frac{c}{2\rho}\right) \left(1 - \text{tang } \varphi' \text{ tang } \alpha\right)$$

$$N_1 = \pi r \left(1 + \frac{c}{2\rho}\right) \left(\cos \alpha - \text{tang } \varphi' \sin \alpha\right)$$

Quant à l'évaluation de ces mêmes pressions pour des valeurs de α comprises entre $90° - \varphi'$ et $90°$, on peut très bien admettre que ces pressions sont égales à 0.

Avec du mortier de ciment et des pierres susceptibles d'une grande adhérence, c'est-à-dire à surfaces rugueuses et d'une certaine porosité, M. Séjourné a constaté que l'angle φ' peut s'élever jusqu'à 90°, de sorte que dans ces conditions les valeurs de G_1, F_1 et N_1 seraient nulles jusqu'à la clef et qu'on serait à même de construire la voûte sans cintre, en se bornant à maintenir quelque temps chaque voussoir en place, au moment de la pose, pour l'empêcher de glisser sur la couche de mortier encore mou qui le sépare du voussoir inférieur.

En réalité, il faudrait en outre que l'adhérence du mortier et de la pierre, après prise complète, fût suffisante pour équilibrer le moment de flexion P × d, dû au porte à faux de la portion de voûte ABCD par rapport à un joint quelconque AD,

condition qui ne saurait se réaliser dans la pratique dès que
le porte à faux prend une certaine importance.

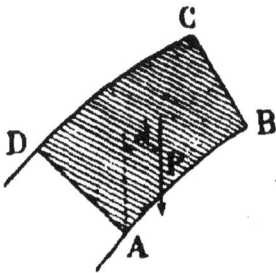

Dans tous les cas, même lorsque
le coefficient de frottement du
mortier sur la pierre est considérable, la pose des voussoirs sans
cintre est limitée au joint dont
l'inclinaison sur l'horizontale est
suffisante pour que le travail maximum à l'extension, développé
par le porte à faux sur les joints
inférieurs, soit égal à la cohésion propre du mortier ou à son
adhérence sur la pierre.

La valeur de cette adhérence est peu connue et elle est surtout très variable, de sorte qu'il serait imprudent de trop
compter sur elle. Le mieux, dans tous les cas, si l'on tient à
construire sans cintre une partie de la voûte, est de limiter
celle-ci à un joint tel que la verticale passant par le centre de
gravité d'un nombre quelconque de voussoirs considérés, à
partir et au-dessus de ce joint, comme formant un massif so-
lidaire, reste à l'intérieur de la maçonnerie comme le montre
la figure ci-dessous et ne vienne pas rencontrer la surface de
l'intrados.

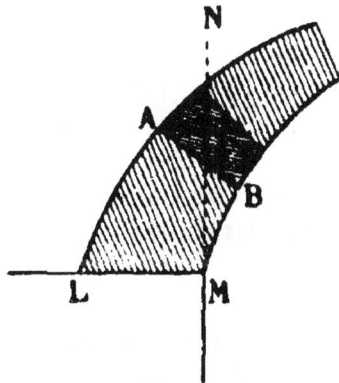

La limite est donc atteinte lorsque cette verticale coïncide
avec celle élevée par le point M, origine de la courbe d'intrados, à la naissance de la voûte.

Pratiquement, cela revient à dire que la construction sans cintre doit être arrêtée au joint AB que la verticale MN rencontre en son milieu. Au-delà de cette limite, pour continuer le même travail sans imprudence, il faudrait recourir à l'artifice suivant.

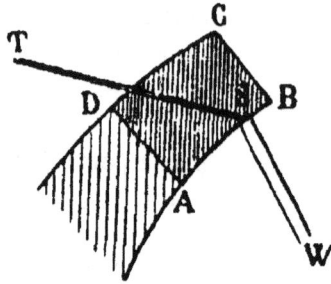

Soit ABCD un tronçon de voûte en porte à faux ; il est évident qu'en ménageant dans le massif le passage d'un tirant ST de force suffisante et solidement ancré, vers le point T, on pourra équilibrer le moment du poids de ABCD par rapport à l'arête A ; on sera donc à même de continuer ainsi la voûte sans danger et de se passer de cintre jusqu'au point dont l'inclinaison sur la verticale est égale à $90° - \varphi'$. Le même but serait atteint au moyen d'une contrefiche SW pressant contre l'intrados vers le point B et prenant son point d'appui soit sur la moitié opposée de la voûte, soit sur la culée qui lui fait suite. Selon toute probabilité, comme l'a fait observer M. Résal (Tome I, page 197), c'est de cette façon qu'ont dû être construites les grandes voûtes ogivales du pont d'Alcantara, près de Lisbonne ; il semble que de semblables dispositions pourraient très bien être admises sans danger, toutes les fois que l'établissement des cintres exigerait des dépenses excessives.

Lorsqu'au lieu de construire une voûte avec toute son épaisseur en une seule fois, on la divise en rouleaux que l'on exécute successivement, il en résulte pour le cintre un allègement à peu près proportionné au nombre de rouleaux s'ils sont d'épaisseur égale, puisqu'après le premier rouleau clavé, celui-ci sert de support aux suivants (*Stabilité des voûtes*, Tome I, page 209). En exécutant par exemple 3 rouleaux, on peut admettre que la charge du cintre est réduite des $\frac{2}{3}$. Pour les voûtes de très grande ouverture, dont l'épaisseur doit être considérable et le poids très élevé, ce procédé de l'exécution par rouleaux est en quelque sorte obligé, pour éviter l'emploi des cintres exceptionnellement robustes et coûteux qu'exigerait la construction en une seule fois de la voûte avec son épaisseur entière.

Les conséquences de cette disposition, au point de vue des conditions de stabilité, ont été étudiées dans la première partie de ce traité.

Les mortiers anciennement employés étant très peu hydrauliques, quelques constructeurs, pour étendre la limite jusqu'à laquelle les voussoirs pouvaient être posés, sans cintre, ont appliqué le moyen suivant.

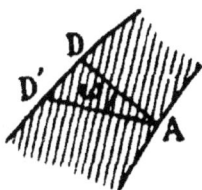

Au lieu de faire tailler les joints suivant des plans normaux à l'intrados, ils les disposaient comme le montre la figure ci-contre, où AD représente le joint normal et AD' le joint tel qu'on l'exécutait, faisant avec AD un angle ω qu'on poussait parfois jusqu'à 20°.

Ce n'était plus seulement jusqu'au point où l'on avait $x = 90° — \varphi'$, mais bien jusqu'à la limite $x = 90° — \varphi' — \omega$ que l'on pouvait continuer la pose sans craindre de voir glisser le dernier voussoir mis en place, dans le sens du joint intérieur.

Pour le Pont-Rouge, par exemple, en Perse (Tome I, fig. 150 et 163), c'est de cette façon que l'on a dû procéder ; la valeur maxima de l'angle ω y est de 16° et la voûte a pu être montée sans cintre jusqu'à la limite $x = 50°$. Afin d'éviter le danger du porte à faux, les constructeurs ont donné à la voûte, vers ses naissances, une épaisseur excessive, de telle sorte que l'intrados forme comme un parement courbe de la culée et que la maçonnerie en encorbellement n'est plus qu'une fraction insignifiante de celle de la culée elle-même. Au-delà de la limite correspondant à $\alpha = 50°$, on a dû nécessairement recourir à l'emploi d'un cintre, mais afin d'en réduire le plus possible les dimensions, on a commencé par disposer un premier rouleau n'ayant que l'épaisseur d'une brique posée à plat, comme nous l'avons déjà expliqué (page 77), puis la voûte a été continuée par rouleaux successifs jusqu'à son épaisseur complète.

Tout en ayant sa valeur propre, surtout pour les pays comme la Perse où l'absence à peu près complète de bois de charpente en rendrait l'adoption presque nécessaire, ce procédé n'est pas à recommander. Les rouleaux de très faible épaisseur, notamment, peuvent compromettre la solidarité des diverses parties de la voûte, si le mortier employé n'est pas de qualité assez parfaite pour transformer la masse entière en une sorte de monolithe ; enfin cette façon de faire n'est praticable qu'avec l'emploi exclusif de la brique.

En outre, l'obliquité des joints par rapport à l'intrados choque le regard et donne presque toujours aux ouvrages un aspect défectueux.

Les constructeurs Byzantins semblent avoir poussé plus loin encore que les constructeurs Persans l'art de construire les voûtes sans cintrage ; mais seulement, il est vrai, pour les voûtes d'assez faible ouverture.

Les renseignements qui suivent sont empruntés à une très intéressante note publiée par M. l'ingénieur en chef Choisy, à la suite d'une mission en Orient. [1]

Le procédé semble avoir été d'abord appliqué à la construction de voûtes en berceau, appuyées à leurs extrémités contre des murs plans. Pour commencer la voûte on appliquait à plat, sur le mur de tête, un premier rang de briques que l'adhérence du mortier suffisait pour maintenir en place : on composait ainsi une tranche verticale complète de la voûte, ayant pour épaisseur celle des briques, dans laquelle celles-ci figuraient posées de champ à la façon de voussoirs.

---

1. Note sur la construction des voûtes sans cintrage pendant la période Byzantine, par M. Choisy, ingénieur des Ponts et Chaussées. *Annales de* ...

On comprend qu'après prise du mortier ce premier anneau vertical, constituant une voûte complète, eût la solidité nécessaire pour servir à son tour de support à un second anneau exécuté de la même manière, et ainsi de suite. Cette disposition est représentée sur le croquis ci-contre, étant entendu que DC et CF correspondent à l'épaisseur des briques et CB à leur plus grand côté. En fait, les briques employées étaient d'ordinaire assez minces et relativement fort grandes ; les plus petites, telles qu'on les voit encore dans les ruines de nombreux monuments, avaient rarement moins de 0ᵐ 30 de côté, tandis que leur épaisseur ne dépassait guère 0ᵐ 04. Avec ces dimensions et l'emploi du mortier de chaux et ciment de tuileaux dont on faisait usage, on devait aisément, en les plaquant contre une surface plane, faire tenir en place de semblables briques, déjà soutenue en dessous par les briques précédemment posées. On voit donc très bien comment les tranches successives et par suite la voûte entière, pouvaient être exécutées sans qu'aucun cintre fût nécessaire. Ce n'est qu'à défaut d'un mur plan pour y appuyer le premier anneau, qu'il fallait recourir à une charpente quelconque pour y suppléer, mais elle pouvait être extrêmement légère et n'occasionner qu'une dépense insignifiante.

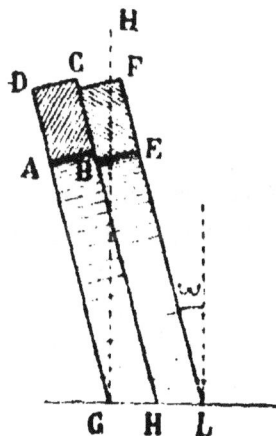

Théoriquement, pour être assuré du succès de ce mode de construction, il faut, d'après ce qui a été dit plus haut, que l'on ait φ = 90°, condition qui suppose l'emploi de ciment à prise rapide et de qualité parfaite. C'est sans doute pour tourner cette difficulté que les mêmes constructeurs ont parfois disposé leurs anneaux, non plus suivant des plans verticaux, mais suivant des plans inclinés. La figure ci-dessus représente cette disposition avec laquelle il suffit, pour en assurer le succès, de donner à l'angle ω une valeur au moins égale à 90° — φ', étant bien entendu que la construction de la première tranche exigera toujours, pour son exécution, l'emploi d'un cintre ou d'une charpente équivalente, ou bien la présence d'un mur de tête avec parement incliné suivant AG, le tout de force suffisante pour résister à la pression devant résulter du porte à faux de la maçonnerie de la voûte par rapport à la verticale élevée par le point G.

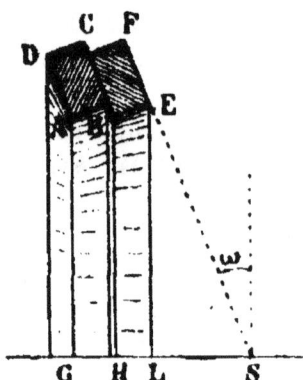

Certains monuments montrent qu'on avait eu recours encore à une autre disposition, consistant à substituer au parement incliné FEL, de la figure précédente, une surface ayant pour axe (figure ci-contre) l'axe horizontal GHLS de la voûte en berceau, et dont l'arête d'intersection avec le plan de clef fait un certain angle avec la verticale. En donnant à cet angle ω la valeur 90° — φ', le premier anneau peut se maintenir sans l'aide d'un mur de tête et servir de support aux anneaux suivants, qu'il suffira de commencer par le bas pour qu'ils aient également la stabilité nécessaire jusqu'au clavage.

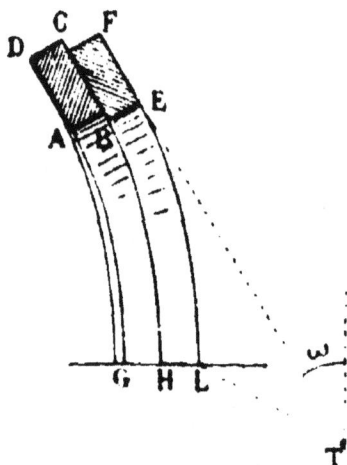

On pourrait enfin, au lieu d'un cône droit, adopter un cône oblique dont l'axe serait par exemple dirigé suivant LT; ce serait un procédé intermédiaire entre celui du parement incliné plan et du parement en cône droit, et les conditions de sécurité seraient plus satisfaisantes que dans le cas précédent.

Il va sans dire qu'il faudrait, en cas d'adoption de l'un de ces procédés d'exécution des voûtes sans cintrage, supprimer au moment du ragréement définitif les redans provenant du chevauchement des briques les unes sur les autres. On pourrait cependant éviter cette sujétion en faisant usage de briques spéciales, dont la forme serait celle d'un parallélogramme au lieu d'un rectangle.

Malgré tout l'intérêt qu'offre l'étude de ces divers systèmes, on comprend qu'il ne saurait être question de l'appliquer à la construction des grands ponts en maçonnerie, non pas seulement à cause des difficultés pratiques auxquelles ils donneraient lieu, mais parce que la division d'une voûte de grande ouverture en tranches d'aussi faible épaisseur et l'imperfection de la pose des voussoirs constitueraient des conditions très défavorables au point de vue de la stabilité.

Après avoir recherché quelles sont les pressions transmises par une voûte à son cintre, il est nécessaire de calculer quelle est la charge que supporte en particulier chaque ferme de ce cintre par unité de longueur horizontale.

Soient Δ l'écartement de deux fermes consécutives et p la limite supérieure de la charge par unité de longueur horizontale, portée par une ferme en un point défini par l'angle z que fait avec la verticale le rayon de l'intrados aboutissant à ce point.

En conservant les mêmes notations que précédemment on a pour le calcul de p les formules suivantes :

1° Pour les valeurs de z comprises entre 0 et 45°

$$p = G\Delta = \pi\Delta c\left(1 + \frac{c}{2\rho}\right)\frac{1}{\cos z}$$

ou approximativement :

$$p = \pi\Delta \frac{c}{\cos z}$$

2° Pour les valeurs de z comprises entre 45° et 90°

$$p = G'\Delta = \pi\Delta c\left(1 + \frac{c}{2\rho}\right)\frac{1}{\sin z}$$

ou approximativement :

$$p = \pi\Delta \frac{c}{\sin z}$$

La coupe transversale de la voûte fait connaître l'épaisseur c et au besoin $\dfrac{c}{\cos \alpha}$ et $\dfrac{c}{\sin \alpha}$. Quant au poids π du mètre cube de maçonnerie, on peut le déduire d'expériences directes ou recourir au besoin aux renseignements pratiques contenus dans le Tome I (page 335 et suivantes).

On sera donc toujours à même de calculer les valeurs de p pour un certain nombre de points choisis sur la circonférence de la ferme, puis, si on le juge utile, de construire la courbe figurative de cette limite de charge en prenant pour abscisses les valeurs de α, depuis 0 jusqu'à 90°, et pour ordonnées les valeurs de p correspondantes.

Dans tout ce qui va suivre, concernant le calcul des diverses pièces des cintres, on supposera toujours que cette courbe représentative des pressions a été préalablement construite, et qu'elle fournit de suite la valeur de p pour un point quelconque de l'intrados. De cette charge p on déduira naturellement la charge verticale p' et la charge normale p'', *par unité de longueur mesurée*, pour l'une et pour l'autre, *sur l'intrados*. Ces charges seront données par les relations :

$$p' = p \cos \alpha$$
$$p'' = p' \cos \alpha = p \cos^2 \alpha.$$

§ 3

CALCUL DES PIÈCES CONSTITUTIVES

Nomenclature des pièces constitutives d'un cintre. — Courbes et Arcs, contre-fiches courbes, poteaux et pieux, poinçons et tirants, moises et pièces de contreventement. — Exposé successif des méthodes de calcul et démonstration des formules applicables à la détermination des dimensions de ces diverses pièces. — Tableau des valeurs numériques de la flèche d'abaissement et du cube d'une contrefiche pour une même charge, suivant l'angle que celle-ci peut faire avec la verticale. — Substitution du fer au bois pour les pièces fléchies. — Croix de St-André. — Poteaux et pieux de grande hauteur, consolidés par des croix de St-André, hauteur à considérer dans ce cas pour le calcul des dimensions des poteaux et pieux.

Nous avons vu dans les paragraphes précédents que les pièces constitutives des cintres sont celles dont l'énumération suit, avec indication, en regard de chacune d'elles, de la nature des efforts qu'elles ont à supporter.

1° Les *couchis* et les *vaux*, qui travaillent à la flexion simple;

2° Les *contrefiches* ou *bras*, travaillant à la compression simple;

3° Les *arbalétriers*, travaillant simultanément à la flexion et à la compression;

4° Les *poteaux* et *pieux*, travaillant à la compression;

5° Les *poinçons* et les *tirants*, travaillant à l'extension;

6° Les **moises** et les **pièces de contreventement** qui ne travaillent qu'accidentellement, soit à la traction soit à la compression, et dont l'objet est de maintenir l'invariabilité de forme du cintre en s'opposant aux effets pouvant résulter de causes peu connues et mal définies, ou de circonstances difficiles à prévoir à l'avance, telles que : mauvaise qualité du bois ou imperfection de la taille ou de la pose de quelques pièces, insuffisance des assemblages, flambement des pièces trop longues travaillant à la compression, chocs accidentels, pression du vent, affaissement d'un point d'appui, conduite défectueuse de l'avancement des maçonneries donnant lieu à des inégalités de répartition de la charge, etc.

Nous allons successivement exposer les moyens de calculer les dimensions de ces diverses pièces, dans l'ordre indiqué ci-dessus.

1° *Couchis et vaux.* Soient :

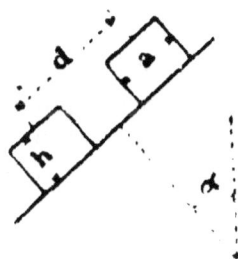

h l'épaisseur des couchis, mesurée normalement à l'intrados;

a la largeur des couchis;

d la distance, de milieu en milieu, de deux couchis consécutifs;

Δ l'écartement de deux fermes consécutives, c'est-à-dire la longueur ou portée des couchis;

p la charge, par mètre de longueur horizontale portée par chaque ferme, au point correspondant au milieu de la distance d;

α l'angle que fait avec la verticale le rayon de courbure passant par ce même point, milieu de la distance *d*.

La charge portée par un couchis, par unité de longueur, est $\frac{p.d.\cos\alpha}{\Delta}$ et le travail maximum R à la flexion, développé par cette charge, est donné par la formule :

$$R = \frac{3}{4} \times \frac{\Delta pd \cos\alpha}{ah^2} \qquad (1)$$

En désignant par E le coefficient d'élasticité du bois, on a pour la flèche *f*, ou abaissement au milieu de la portée, qui résulte de la déformation élastique du couchis :

$$f = \frac{\Delta^3 pd \cos\alpha}{6,4\, E ah^3} \qquad (2)$$

cette formule combinée avec la précédente donne :

$$f = \frac{1}{4,8} \times \frac{R\Delta^2}{Eh} \qquad (3)$$

Les inconnues à calculer sont *a*, *h* et *d* ; en les faisant passer dans le premier membre, on obtient les deux équations

$$\frac{d}{ah^2} = \frac{4R}{3\Delta p \cos\alpha} \qquad (4)$$

$$h = \frac{1}{4,8} \times \frac{R\Delta^2}{Ef} \qquad (5)$$

Pour arriver à déterminer les dimensions *a* et *h* des couchis et leur écartement *d*, on admet la double condition que le travail maximum du bois ne dépassera pas une valeur déterminée R, et la flèche une limite également fixée à l'avance. Cette dernière limite doit être telle que la flexion des couchis ne puisse occasionner ni fissures dans la maçonnerie, ni irrégularités ou gondolement quelconque dans la surface de la douelle de la voûte.

Les valeurs de R et de *f* étant fixées *a priori* et le coefficient d'élasticité du bois supposé connu, on voit immédiatement que la dimension *h* est donnée par la formule 5 ; quant à la largeur *a* et à la distance *d*, l'une d'elles peut être prise arbitrairement pourvu que l'autre satisfasse à l'équation (4) ; comme la hauteur *h*, d'après la formule (5), est indépendante de l'angle z, on profite de l'indétermination du problème pour attribuer à tous les couchis une largeur *a* uniforme. De cette façon, les pièces de bois employées pour la couverture des cintres ont toutes le même équarrissage et la même longueur Δ (ou un multiple de Δ si chaque couchis s'étend sur plusieurs fermes) et la fourniture, la taille et l'emploi de ces pièces se trouvent extrêmement simplifiés. L'écartement *d* des couchis varie seul avec l'angle z, ce qui ne complique nullement le travail des charpentiers.

Il faut veiller toutefois à ce que le vide *d — a*, entre deux couchis consécutifs, ne soit nulle part assez grand pour que le platelage soit exposé à fléchir sensiblement dans l'intervalle, ce qui pourrait nuire à la pose des voussoirs et entraîner des irrégularités du parement de la douelle.

La formule (4) montre que l'espacement *d — a* atteint son minimum vers la clef, puisque c'est le point où, l'angle z étant égal à o, *p* cos z a la valeur la plus élevée ; on admet qu'on peut, suivant les cas, faire varier cet espacement de 0ᵐ.10 à 0ᵐ.20. En lui attribuant une valeur arbitraire comprise entre ces limites, on calcule à l'aide de la formule (4, appliquée au couchis de clef (z = o) l'épaisseur uniforme qu'on donnera à tous les couchis, sauf à faire une nouvelle hypothèse sur *d*, si la valeur donnée pour *h* par ce premier calcul est exagérée.

Après avoir déterminé l'épaisseur, la même formule 4 donnera l'espacement *d* pour un point quelconque du périmètre du cintre, suivant les différentes valeurs de l'angle z.

On voit donc qu'après avoir fixé arbitrairement l'espacement des couchis à la clef, toutes les autres parties du problème sont résolues en ce qui touche les dimensions de ces pièces.

Quant aux quantités numériques R et E entrant dans les équations ci-dessus, les expériences d'après lesquelles on a cherché à les déterminer n'ont peut-être jamais comporté des renseignements absolument certains, mais on ne s'écartera pas beaucoup de la réalité en admettant, pour le sapin d'excellente qualité par exemple, que la valeur de R peut être fixée à

800.000 (80^k par centimètre carré) et que le coefficient d'élasticité E, pour le sapin ou pour tout autre bois, s'écarte peu de la valeur moyenne 10^9.

En substituant ces valeurs numériques de R et de E dans les équations (4) et (5), celles-ci deviennent :

$$\frac{d}{ah^2} = \frac{1.070.000}{\Delta\,p\cos\alpha} \qquad (6)$$

$$h = 0,000168\,\frac{\Delta^2}{f} \qquad (7)$$

Enfin, h étant remplacé dans la relation (6) par sa valeur déduite de l'équation (7), on obtient :

$$\frac{d}{a} = 0,03\,\frac{\Delta^3}{f^2\,p\cos\alpha} \qquad (8)$$

C'est au moyen de ces formules (7) et (8) que l'on pourra calculer tous les éléments des couchis.

Il restera à déterminer encore la limite au-dessous de laquelle on entendra maintenir la flèche d'abaissement f ; mais c'est là une question d'espèce dépendant du soin qu'on se propose d'apporter dans la construction de la voûte et du degré de perfection, en quelque sorte, qu'on désire obtenir pour le parement d'intrados. Pour ses grands ponts, M. Séjourné dont l'expérience et l'autorité, en pareille matière, méritent d'être prises en grande considération, a admis une flèche de 0,0027 ou environ.

En adoptant cette dernière valeur et la substituant à f dans les équations (7) et (8, celles-ci deviennent :

$$h = 0,06\,\Delta^2 \qquad (9)$$

$$\frac{d}{a} = 4.000\,\frac{\Delta^3}{p\cos\alpha} \qquad (10)$$

L'écartement Δ étant supposé fixé à l'avance en raison du nombre de fermes que l'on se propose d'employer, la formule (9) donne la valeur de h ; on arrête a priori la valeur de d à la clef, pour $\alpha = o$, entre les limites 0^m,10 $+ a$ et 0^m,20 $+ a$, et l'on déduit de la formule (10) la largeur uniforme que l'on appliquera à tous les couchis ; puis cette même formule, en y faisant varier x, donne la valeur de l'écartement d pour les différents points du pourtour du cintre.

Au pont de Lavaur, le vide laissé entre deux couchis voisins a varié de $0^m,11$ à la clef à $0^m,35$ pour $x = 60°$. Si les espacements calculés comme on vient de le dire semblaient trop grands vers les naissances, rien n'empêcherait de les réduire arbitrairement, sauf à dépenser ainsi un peu plus de bois qu'il ne serait rigoureusement nécessaire.

La hauteur h des bois ordinairement employés pour couchis varie de $0^m,10$ à $0^m,22$. Pour les grandes voûtes des ponts de Lavaur et du Castelet, du pont Antoinette, où l'espacement des fermes était de $1^m,50$ aux deux premiers et de $1^m,40$ au troisième, les couchis avaient $0^m,11$ d'épaisseur sur $0^m,10$ de largeur.

La largeur a est d'habitude inférieure à h ; le contraire ne pourrait arriver que si l'on attribuait au vide $d - a$ une valeur excessive ; il est bon, d'ailleurs, qu'elle ne tombe pas au-dessous de $0^m,08$.

Il est très important de ne pas admettre pour les couchis des bois trop grêles, qu'un défaut quelconque pourrait affaiblir outre mesure, susceptibles de flamber et qu'il serait malaisé de relier solidement, au moyen de clous, aux fermes et au platelage.

La hauteur, d'autre part, n'en doit pas être exagérée : il faut éviter que cette partie du cintre ne comporte l'emploi d'un cube trop important de bois et ne donne lieu à une trop forte dépense. C'est là un de ces cas où les résultats du calcul ne doivent pas être acceptés aveuglément, et dans lequel il ne faut pas perdre de vue qu'au moyen des valeurs R. f. Δ dont on dispose à volonté, jusqu'à un certain point, on a la faculté de ramener a et h à des proportions normales.

L'espacement Δ des fermes, par exemple, est entièrement arbitraire ; nous venons de voir qu'il était de $1^m,40$ et $1^m,50$ pour les grandes voûtes construites par M. Séjourné ; on le porte parfois jusqu'à 3^m pour des voûtes de moindre importance et c'est entre ces limites, du simple au double, qu'on pourra se mouvoir, dans chaque cas particulier, pour composer des cintres ayant des couchis de dimensions satisfaisantes ;

en général, le mieux est de réduire le nombre des fermes au
minimum compatible avec de bonnes dimensions des couchis. Le cintre y gagne, sous le double rapport de la stabilité
et de l'économie.

Les couchis régnant généralement sans interruption sur
toutes les fermes du cintre, on pourrait les considérer comme
des poutres à travées solidaires et réduire en conséquence
leurs dimensions ; mais il vaut mieux se placer dans l'hypothèse la moins favorable et considérer ces pièces comme coupées au droit de chaque ferme. De cette façon, le travail maximum effectif reste inférieur à la limite supposée de R et la
flèche réelle, applicable au cas de l'appui simple et non à celui
de l'encastrement, n'atteint pas la valeur calculée. On est sûr
ainsi que l'erreur commise est en faveur de la stabilité.

On supprime parfois le platelage supérieur du cintre, qui
est alors recouvert de couchis jointifs. Cette disposition présente un double inconvénient : d'abord la surface sur laquelle
on pose les voussoirs est moins bien dressée et moins régulière, ce dont se ressent toujours le parement de la voûte ; puis
les équations (4) et (5) ci-dessus montrent qu'il faut, pour
$a = d$: 1° attribuer à h une valeur très faible, ce qui conduit
à employer des madriers très peu épais, posés à plat et sujets
à fléchir ; 2° ou bien réduire beaucoup la valeur donnée à R,
ce qui revient à soumettre le bois à un travail bien inférieur à
celui qu'il pourrait développer. Le cube des couchis dépasse
ainsi de beaucoup ce qu'il devrait être et la dépense se trouve
augmentée sans aucune utilité. En d'autres termes, on ne saurait recourir aux couchis jointifs qu'aux dépens de la rigidité
et de l'économie. Ces inconvénients seraient atténués pour
des voûtes construites soit en pierre de taille, soit en forts
moellons smillés ou piqués, appareillés avec soin, parce qu'on
pourrait alors laisser un certain intervalle entre les couchis ;
mais cet espacement restreint devant être le même sur tout le
pourtour, au lieu de varier avec l'angle z, on n'éviterait pas
complétement l'emploi d'un cube de bois dépassant le nécessaire.

Les *vaux*, nous l'avons dit, sont les pièces qui couronnent la ferme et en complètent le contour profilé parallèlement à la courbe d'intrados. Chaque vau transmet la charge qu'il porte à des pièces de l'ossature assemblées à ses extrémités, telles que contrefiches, arbalétriers, poteaux, et se comporte en conséquence comme une poutre droite reposant sur des appuis. Soient pour un vau ABCD :

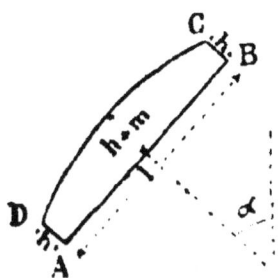

l sa longueur mesurée suivant la corde de l'arc de l'intrados qui lui correspond ;

e son épaisseur dans le sens normal au plan de la ferme ;

h la hauteur aux extrémités AD et BC ;

m la flèche de l'arc DC ;

ρ le rayon de courbure moyen de ce dernier arc ;

α l'angle que ce rayon fait avec la verticale ;

R le travail maximum à la flexion pour la section médiane du vau ;

f la flèche due à ce travail ;

E le coefficient d'élasticité du bois.

La flèche m de l'arc DC étant égale à $\dfrac{l^2}{8\rho}$, l'épaisseur du vau en son milieu, $m + h$, est représenté par $h + \dfrac{l^2}{8\rho}$, et l'on a entre les quantités ci-dessus les relations suivantes :

$$R = \frac{3}{4} \times \frac{p l^2}{e\,(m + h)^2} \qquad (1)$$

$$f = \frac{1}{4} \times \frac{R l^2}{E\,(m + h)} \qquad (2)$$

On en déduit :

$$h = \frac{R l^2}{4 E f} \qquad m = \frac{l^2}{4}\left(\frac{R}{E f} - \frac{1}{2\rho}\right) \qquad (3)$$

$$\frac{3 p l^2}{4 R\,(m + h)} \qquad \frac{12 p E f}{R^2} \qquad (4)$$

Il importe de réduire le plus possible la flexion des vaux et de limiter la flèche *f* à un maximum de 0,05 par exemple. En admettant cette valeur et la substituant dans les formules ci-dessus, en même temps que les valeurs numériques précédemment données de R et de E, on obtient les nouvelles équations suivantes :

$$h = \frac{l^2}{4}\left(0,16 - \frac{1}{2_0}\right) \qquad (5)$$

$$e = \frac{0.0006\,p}{l^2} \qquad (6)$$

La portée des vaux, *l*, dépend de la disposition générale d'un cintre ; les formules s'appliquent surtout à de grandes voûtes qu'on suppose devoir être construites par parties, comme nous le dirons plus loin ; dans ces conditions la longueur *l* peut varier entre 3 et 4 mètres à la clef et atteindre 5 mètres vers les naissances. On dispose les tronçons de la voûte de façon que les joints laissés vides correspondent aux extrémités AD et et BC des vaux ; de cette façon la flexion de ces derniers ne peut donner lieu à aucune fissure, puisqu'on ne remplit en mortier ces joints qu'après effet complètement produit par la charge.

Pour des voûtes à construire tout d'une pièce, les formules ci-dessus ne seraient peut-être plus très satisfaisantes, en ce sens qu'il faut dans ce cas une rigidité bien plus grande et par suite une flèche *f* beaucoup moindre pour éviter la rupture de certains joints.

Il sera bon de ne voir dans les résultats donnés par les formules qu'un moyen de vérifier, *a posteriori*, pour les vaux comme pour les couchis, que les dispositions qu'on se propose d'adopter pour un cintre correspondent à un travail maximum R et à une flèche *f* qui soient admissibles.

S'il en était autrement, il faudrait modifier les dispositions projetées, de façon à donner aux vaux une moindre longueur.

Lorsque le rayon de la courbe d'intrados est très grand, on peut être conduit à former deux ou plusieurs vaux successifs d'une même pièce de bois, au lieu de s'astreindre à couper celles-ci au droit de chaque contrefiche ; on évite ainsi des assemblages, qui sont toujours des points faibles du cintre, sans augmenter sensiblement la dépense de bois. Les vaux ainsi réunis devraient alors être considérés, pour les calculs, comme des poutres à plusieurs travées solidaires ; mais il est plus simple, et suffisant, de les considérer comme agissant à la façon de travées indépendantes.

2° *Contrefiches* ou *bras*. — La limite pratique du travail à la compression, à admettre pour une pièce comprimée dans le sens de ses fibres, dépend de sa longueur. Telle charge, en effet, qu'une contrefiche très courte porterait dans d'excellentes conditions, pourrait suffire pour faire *flamber* une pièce plus longue de même équarrissage et déterminer la dislocation d'une charpente.

En appelant L la longueur d'une pièce de bois à section rectangulaire, h le plus petit côté de cette section, R la limite pratique du travail à la compression pour une pièce très courte et R′ la même limite pour la pièce dont la longueur est L. M. Séjourné a proposé, et on peut admettre avec lui, la formule suivante pour déterminer R′ en fonction de R :

$$R' = \frac{R}{1 + \left(\dfrac{L}{24\,h}\right)^2} \tag{1}$$

En attribuant à R sa valeur habituelle de 800.000 kil., on obtient la formule numérique qui suit :

$$R' = \frac{800.000}{1 + \left(\dfrac{L}{24\,h}\right)^2} \tag{2}$$

Le grand côté de la section de la pièce de longueur L étant désigné par a et la charge totale portée par cette pièce par B, on déduit de la formule précédente :

$$\frac{B}{a\,h} = \frac{800.000}{1 + \left(\dfrac{L}{24\,h}\right)^2} \tag{3}$$

d'où :

$$a = \frac{B\left[1 + \left(\dfrac{L}{24\,h}\right)^2\right]}{800.000} \tag{4}$$

Pour une pièce de section carrée on aurait :

$$a = \sqrt{\dfrac{B\left[1 + \left(\dfrac{L}{24a}\right)^2\right]}{800.000}} \qquad (5)$$

Pour première valeur approchée de a, on peut prendre $\sqrt{\dfrac{B}{800.000}}$; en la substituant sous le radical de l'équation (5), il vient :

$$a = \sqrt{\dfrac{B}{800.000} + \left(\dfrac{L}{24}\right)^2} \qquad (6)$$

La diminution de longueur de la pièce, par l'effet de la compression, se calculera par la relation :

$$\delta L = \frac{B}{abE} = \frac{R'}{E} = \frac{800.000}{1 + \left(\dfrac{L}{24b}\right)^2} \qquad (7)$$

Nous avons vu que les contrefiches sont souvent *arc-boutées* ; c'est ce qui se présente lorsque deux contrefiches B et C (fig. ci-dessous) aboutissent en un même point A, où elles soutiennent les extrémités de deux vaux successifs AA′ et AA″.

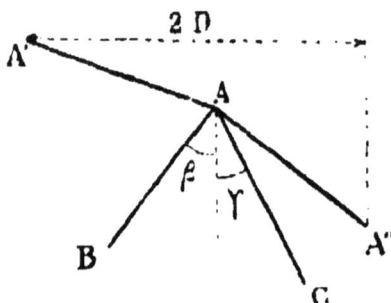

Il peut arriver, en outre, qu'une pièce tendue ou poinçon vienne s'assembler en A (figure de la page 577) au même point que les contrefiches, et transmettre à celles-ci une charge additionnelle provenant d'autres contrefiches telles que ED, FD, prenant leur point d'appui sur ce poinçon ; il faudrait dans ce cas calculer la composante verticale de l'effort reporté sur le

poinçon et l'ajouter à la charge transmise directement aux contrefiches arcboutées, par les vaux qui aboutissent au point A.

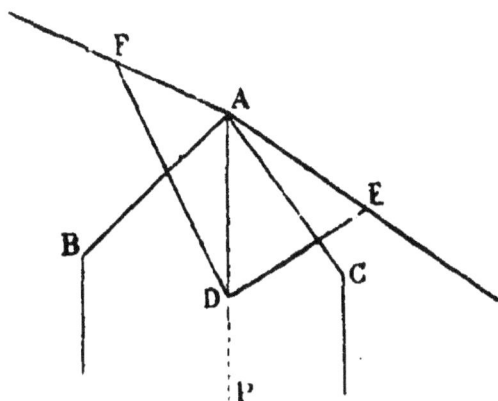

Soit D la demi somme des distances horizontales, du point
A aux extrémités A′ et A″ (page 576) des deux vaux portant en
ce point sur les deux contrefiches arcboutées, et p la charge, par
unité de longueur horizontale, transmise aux vaux ; le poids
porté par les deux contrefiches sera représenté par pD, en supposant les vaux appuyés en A′ et A″ sur d'autres contrefiches.

Supposons d'abord que la verticale menée par le point A
tombe entre les deux contrefiches dont elle divise l'angle en
deux parties inégales. β et γ, et désignons par B l'effort total
de compression subi par la contrefiche AB, et par C l'effort
semblable pour la contrefiche AC.

Nous aurons :

$$B = \frac{p\mathrm{D} \sin \gamma}{\sin (\beta + \gamma)} \qquad (8)$$

et,

$$C = \frac{p\mathrm{D} \sin \beta}{\sin (\beta + \gamma)} \qquad (9)$$

Connaissant B et C et la longueur des contrefiches, on calculera, à l'aide des formules (5) ou (6) ci-dessus, le côté de la section carrée à attribuer à chacune de ces pièces. On pourra ensuite sans difficulté transformer cette section carrée en section
rectangulaire, en se donnant arbitrairement l'un des côtés (le
plus petit) et déduisant l'autre de la formule (4).

Si les deux contrefiches se trouvaient placées du même côté de la verticale passant par A, le plus petit des deux angles β

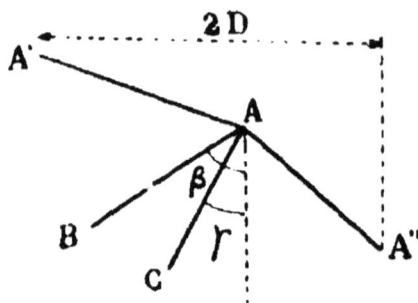

et γ, c'est-à-dire l'angle γ dans le cas représenté sur la figure ci-dessus, prendra le signe — et l'on aurait :

$$B = \frac{- p D \sin \gamma}{\sin (\beta - \gamma)} \qquad (10)$$

$$C = \frac{pD \sin \beta}{\sin (\beta - \gamma)} \qquad (11)$$

La pièce AB, la plus écartée de la verticale, est tendue et joue le rôle de tirant ; par suite la contrefiche AC se trouve soumise à un effort de compression supérieur au poids pD transmis par la voûte. Cette disposition est défectueuse et l'on doit s'attacher, pour un cintre bien conçu, à n'avoir que des contrefiches arc-boutées situées de part et d'autre de la verticale passant par leur point de jonction.

Il convient d'examiner divers cas particuliers, susceptibles de se présenter dans la pratique.

Si les angles β et γ sont égaux, les deux contrefiches également inclinées de chaque côté de la verticale subissent chacune le même effort et l'on a :

$$B = C = \frac{pD}{2 \cos \beta} \qquad (12)$$

Si β = 90°, la pièce AB est horizontale et les équations deviennent :

$$B = pD \tang \gamma \qquad (13)$$

$$C = \frac{pD}{\cos \gamma} \qquad (14)$$

Pour $\gamma = o$, la pièce AC est verticale et porte seule intégralement le poids pL ; la pièce AB, ne supportant plus aucun effort, devient inutile et doit être supprimée. On a alors :

$$B = 0, \quad C = pL \qquad (15)$$

On conclut de cette dernière hypothèse qu'une contrefiche verticale n'a pas besoin d'être arcboutée, ce qui ne veut pas dire, bien entendu, qu'il serait inutile de la relier aux autres pièces du cintre au moyen de moises et autres pièces de contreventement.

Connaissant la longueur des contrefiches AB et AC et le travail auquel elles sont soumises, on pourra, au moyen de la formule (7), calculer leur diminution de longueur due à la compression. Cela fait, le déplacement du point A résultant de cette déformation s'obtiendra par un calcul fort simple ou une construction géométrique des plus élémentaires.

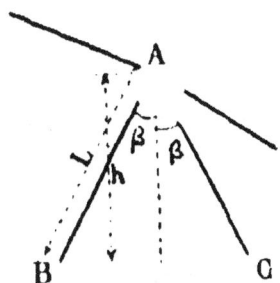

Nous considérons seulement le cas des contrefiches disposés symétriquement, de chaque côté de la verticale, et d'égale longueur, ce qui correspond à AB = AC et $\beta = \gamma$. Représentons par L les longueurs AB et AC et supposons invariable la position des points B et C, le point A s'abaissera alors verticalement, et la longueur f de cet abaissement sera donnée par la relation :

$$f = \frac{R'L'}{hE}$$

R étant, comme précédemment, le travail à la compression qu'on ne veut pas dépasser et E le coefficient d'élasticité du bois. La distance verticale h du point B au point A étant égale à L cos β, ou peut, suivant qu'on veut faire disparaître la quantité L ou la quantité h, écrire la formule de la façon suivante :

$$f = \frac{R'L}{E \cos \beta} = \frac{R'h}{E \cos^2 \beta}$$

puis, en désignant par a et b les côtés de la section rectangulaire de la contrefiche, on a :

$$R' = \frac{B}{ab} = \frac{pD}{2ab\cos\varsigma}$$

ce qui permet d'écrire encore, pour la formule précédente :

$$f = \frac{pDL}{2Eab\cos^2\varsigma} = \frac{pDh}{2Eab\cos^3\varsigma}$$

On voit que f, pour une longueur donnée de L, croît proportionnellement à $\frac{1}{\cos^2\varsigma}$ et qu'en faisant varier L suivant l'inclinaison de la pièce avec la verticale, cette flèche f croît proportionnellement à $\frac{1}{\cos^3\varsigma}$ pour des valeurs déterminées de h, c'est-à-dire de la hauteur verticale comprise entre le sommet des contrefiches et leur point d'appui inférieur.

En général, c'est cette dernière dimension qu'on se donne arbitrairement ; la longueur de la contrefiche résulte alors de son inclinaison ς.

Il est intéressant d'examiner quel sera, suivant les dispositions adoptées, le cube d'une contrefiche. Ce cube est le produit de ses trois dimensions a, b et L ; en se reportant aux formules (3) et (12), on a :

$$abL = \frac{B\left(1 + \frac{L}{24b}\right)}{800.000} \times L = \frac{pD\left[1 + \left(\frac{h}{24b\cos\varsigma}\right)^2\right]}{1.600.000\cos^2\varsigma} \times h.$$

Supposons, pour plus de simplicité, que la contrefiche soit à section carrée ; on a $a = b$ et l'expression du volume devient :

$$a^2L = \frac{pDh\left(1 + \frac{h}{24a\cos\varsigma}\right)^2}{1.600.000\cos^2\varsigma} = \frac{pDh}{1.000.000}\left(\frac{1}{\cos^2\varsigma} + \frac{h^2}{576\cos^4\varsigma}\right)$$

Ce volume augmente donc avec l'angle ς et plus rapidement que l'expression $\frac{1}{\cos^2\varsigma}$, puisque l'un des termes du 2ᵉ membre est multiplié par $\dfrac{1}{\cos^3\beta}$; on en conclut que pour une hauteur donnée h, le volume de la contrefiche croit, ainsi qu'on devait s'y attendre, à mesure qu'augmente l'inclinaison β de la pièce par rapport à la verticale.

D'un autre côté, l'abaissement f varie comme $\dfrac{1}{\cos^3\beta}$, de telle sorte que la rigidité du cintre diminue en même temps que le cube du bois augmente, à mesure que la contrefiche est plus inclinée. Il y a donc un double intérêt à éviter l'emploi de contrefiches faisant avec la verticale des angles exagérés, comme on l'a fait observer au cours du § 1er de ce chapitre.

Le tableau qui suit indique numériquement les valeurs relatives de la flèche d'abaissement et du cube d'une contrefiche suivant les variations de l'angle β, en prenant pour terme de comparaison ces mêmes quantités calculées pour une contrefiche verticale ($\beta = 0$).

Inclinaison de la contrefiche β	Volume $\dfrac{1}{\cos^2\beta}$	Flèche $\dfrac{1}{\cos^3\beta}$	Inclinaison de la contrefiche β	Volume $\dfrac{1}{\cos^2\beta}$	Flèche $\dfrac{1}{\cos^3\beta}$
0°	1.000	1.000	50°	2.421	3.765
5°	1.008	1.011	55°	3.038	5.300
10°	1.030	1.046	60°	4.000	8.000
15°	1.071	1.109	65°	5.598	13.248
20°	1.137	1.205	70°	8.550	24.994
25°	1.217	1.343	75°	14.930	57.677
30°	1.334	1.540	80°	33.242	190.984
35°	1.491	1.824	85°	131.561	1.510.469
40°	1.703	2.225	90°	∞	∞
45°	2.000	2.828			

On déduit de ce tableau la règle pratique suivante : pour qu'un cintre à contrefiches arcboutées soit aussi peu coûteux et aussi rigide que possible, il faut donner une très faible inclinaison aux contrefiches par rapport à la verticale, maintenir par exemple cette inclinaison au-dessous de 45° et sous aucun prétexte ne la porter jusqu'à 60°.

L'intérêt de l'application de cette règle augmente à mesure que la distance verticale entre les extrémités des contrefiches est plus grande, c'est-à-dire à mesure que ces pièces ont plus de longueur. Il y a donc tout particulièrement lieu d'en tenir compte pour l'étude des cintres retroussés du genre de ceux souvent employés au XVIIIᵉ siècle (page 529).

On a supposé, dans ce qui précède, que les points d'appui B et C des contrefiches arcboutées étaient invariables ; mais il pourrait arriver que ces points ne fussent pas complètement fixes et qu'il y eût nécessité de les relier par un tirant BC destiné à faire équilibre, par sa tension propre, aux composantes horizontales des pressions ou forces agissant suivant AB et AC. Les composantes verticales de ces forces seront transmises aux pièces aboutissant aux points B et C.

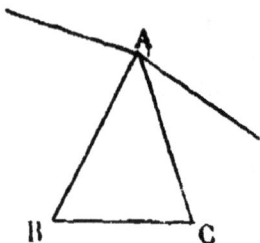

Soient R′ le travail à la compression des contrefiches et R″ le travail à l'extension du tirant. Celui-ci devant s'allonger par l'effet de la tension, les points B et C s'éloigneront l'un de l'autre et la flèche d'abaissement du point A s'en trouvera augmentée. La longueur devra en être calculée au moyen de la formule suivante :

$$ l = \frac{R'h}{E \cos^2 \beta} + \frac{R'' h \tan^2 \beta}{E} $$

Le cintre sera donc moins rigide que dans l'hypothèse précédente, d'où l'on conclut qu'il faut autant que possible disposer les points d'appui des contrefiches de façon que la position en soit invariable dans le sens horizontal, et qu'on n'ait pas à les relier par des tirants, puisque ceux-ci sont insuffisants pour prévenir l'affaiblissement du cintre sous le rapport de la rigidité.

Une règle pratique à en déduire, pour les cintres comprenant l'emploi de contrefiches en éventail, c'est qu'il faut s'attacher autant que possible à faire faire à celles-ci, deux par deux, des angles égaux par rapport à la verticale passant par

la tête du pieu qui les supporte ; les composantes horizontales
des efforts transmis par les contrefiches se trouvent ainsi,
pour chaque couple, égales et de sens contraire et le pieu n'a
plus à résister à aucun effort tendant à déplacer le point où
les contrefiches sont attachées.

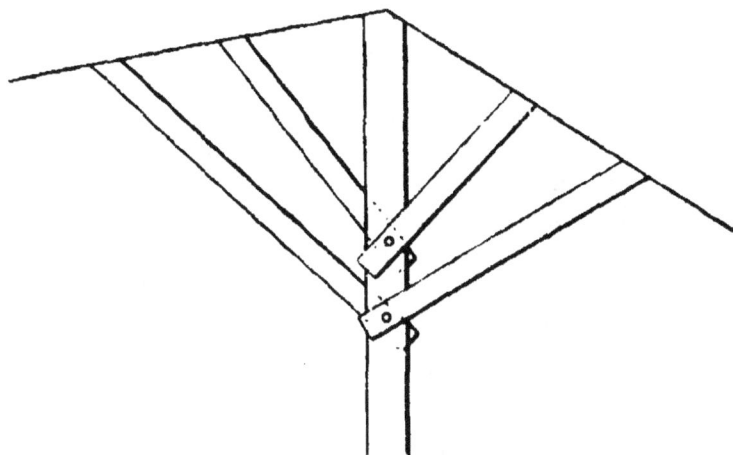

Lorsque le point d'appui des contrefiches, comme nous venons de le supposer, est un pieu susceptible d'éprouver une
certaine réduction de hauteur par l'effet de la compression
qu'il subit, l'abaissement f à provenir de cette cause doit naturellement être ajouté à l'abaissement f du sommet des contrefiches calculé comme on l'a dit précédemment. Pour des
ouvrages de très grande hauteur, comme le pont de St-Sauveur par exemple, la réduction de hauteur des supports verticaux pourrait prendre assez d'importance pour donner lieu à
de très sérieuses déformations du cintre, contre lesquelles il
faudrait se tenir en garde.

Les contrefiches, comme nous l'avons vu, sont souvent isolées au lieu d'être arcboutées ; elles rentrent alors dans la catégorie des pièces comprimées dans le sens de leur longueur
et le calcul de leurs dimensions est aisé à effectuer.

Soit **AB** une contrefiche isolée qui vient s'assembler, en **A**,
avec les extrémités de deux vaux consécutifs. Appelons, com-

me précédemment, D la demi-distance du point A aux extrémités opposées des deux vaux, p la charge portée par le
cintre par unité de longueur hori-
zontale, et désignons par α l'angle du
vau inférieur avec l'horizontale et
par ω l'angle BAV de cette même
pièce avec la contrefiche. Dans la
situation que montre la figure, le vau
AV jouera le rôle de seconde contrefiche arcboutée avec la précédente et
subira la compression due à l'une des composantes de la
charge pD agissant au point A.

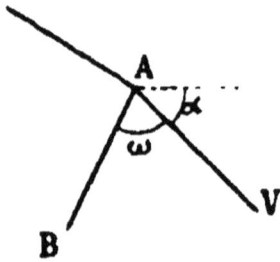

En se reportant aux formules (8) et (9) de l'étude précédente
et remplaçant β et γ par leurs valeurs actuelles, qui sont
$β = ω + α — 90°$ et $γ = 90° — α$, on a :

pour l'effort transmis à la contrefiche. . $B = \dfrac{p\,D\cos\alpha}{\sin\omega}$,

pour l'effort transmis au vau . . . . $V = \dfrac{p\,D\cos(\alpha + \omega)}{\sin\omega}$.

Les cas particuliers susceptibles de se présenter dans la pratique sont les suivants :

On peut avoir $α + ω = 90°$.

Alors V est nul ; la contrefiche étant verticale supporte intégralement le poids pD et le vau ne travaille plus à la compression.

Pour $ω = 45°$ et $α + ω = 90°$, on voit immédiatement que B
atteint sa valeur maximum ; la contrefiche supporte seule la
pression normale transmise au cintre, et le vau la pression
tangentielle.

Avec les contrefiches arcboutées, les vaux qui travaillent
exclusivement à la flexion n'ont pas besoin d'avoir leurs extrémités jointives et d'être assemblés les uns avec les autres ;
avec les contrefiches isolées, au contraire, l'ensemble des vaux
constitue une pièce courbe comprimée, formée d'un certain
nombre d'éléments travaillant à la fois à la compression et à la
flexion, et il faut que leurs différentes pièces aient les extrémités bien jointives et assemblées avec précision. Cette dernière disposition, du reste, est plus économique en ce sens

qu'elle permet de réduire le nombre des pièces de l'ossature du cintre.

Le supplément de travail subi par les vaux a, dans tous les cas, peu d'importance ; il est extrèmement faible tant que l'angle α est très petit et n'acquiert quelque valeur qu'à partir des reins, au delà du point pour lequel on a $α = 45°$. Si l'on veut en tenir compte en augmentant l'équarrissage des vaux, la rigidité du cintre ne pourra qu'y gagner et l'avantage ainsi obtenu compensera l'augmentation de la dépense.

Pour les contrefiches isolées, le maximum d'économie s'obtient en les disposant normalement aux couchis suivant les rayons de courbure de l'intrados ; en réduisant ainsi la dépense, on améliore en même temps les conditions d'assemblage de ces pièces avec les vaux qu'elles rencontrent à angle droit. L'emploi des contrefiches radiales, telles que M. Séjourné les a appliquées, comme nous l'avons vu, aux cintres de ses grands ponts se trouve ainsi doublement justifié.

3° *Arbalétriers.* Ces pièces travaillent à la fois à la flexion et à la compression ; dans un cintre à contrefiches isolées, un vau quelconque fait office d'arbalétrier et travaille de la même façon, à moins qu'il ne se trouve fixé sur un arbalétrier, auquel cas son rôle se réduit à celui d'un simple remplissage en bois destiné à masquer le vide existant entre la surface inférieure courbe des couchis et la face plane supérieure de l'arbalétrier.

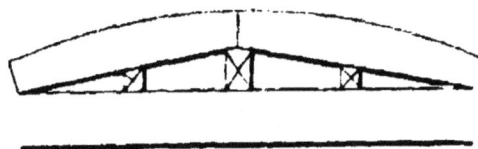

Au lieu d'un remplissage complet, on dispose parfois entre l'arbalétrier et les vaux, comme le montre la figure ci-dessus, des blocs de bois ou potelets, soutenant les vaux soit à leurs extrémités seulement, soit en outre en leur milieu. Cette disposition ne modifie en rien le travail de l'arbalétrier, dont les dimensions se calculeront par les mêmes formules que si le vau était exactement appliqué sur sa face supérieure.

Parfois on est amené à faire porter la base d'une contrefiche sur une autre contrefiche inférieure en un point compris entre les extrémités de celle-ci, et lui transmettant une certaine charge. Cette dernière contrefiche doit se comporter alors à la façon d'un arbalétrier et être calculée de la même manière, en ce qui touche cet effort additionnel.

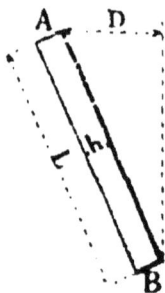

Soit AB un arbalétrier. Désignons par L sa longueur, par h et e les côtés de sa section transversale, par D la longueur de sa projection sur l'horizontale et par p, comme dans les cas précédents, la charge portée par le cintre par unité de longueur.

Le travail maximum R de l'arbalétrier, à la flexion, sera donné par la formule :

$$R = \frac{3 p D L}{2 e h^2}$$

Les charges transmises aux extrémités A et B de la pièce seront égales à $\frac{pD}{2}$ à chacun de ces points. Si l'arbalétrier s'appuie en A et en B sur des contrefiches ou sur d'autres arbalétriers, on calculera, comme dans le cas des contrefiches arc-boutées, les charges portées par chacune des deux pièces aux points de jonction et on en déduira les éléments du calcul de l'arbalétrier lui-même.

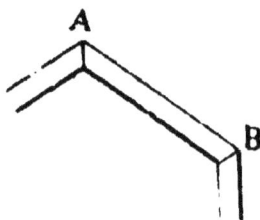

La flèche d'abaissement, pour l'arbalétrier, atteint son maximum au milieu de la pièce et est donnée par la relation :

$$f = \frac{1}{4.8} \times \frac{R L^2}{E h}$$

Quant à la réduction de longueur de l'arbalétrier par l'effet du travail à la compression, et à la déformation qui en résulte pour le cintre, on procédera pour les déterminer de la même façon que pour les contrefiches.

Lorsque la longueur de l'arbalétrier est très grande eu égard à son équarrissage, on le soutient le plus souvent, en son mi-

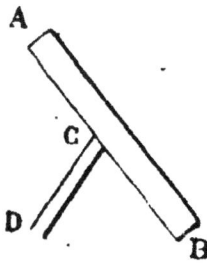

lieu, au moyen d'une contrefiche telle que CD. Le travail maximum n'est plus dans ces conditions que le tiers de ce qu'il était précédemment, c'est-à-dire :

$$R = \frac{pDL}{2ah^2}$$

Ce maximum correspond toujours au milieu de la pièce.

La pièce AB se comporte alors à la façon d'une poutre à travées solidaires et le poids total pD porté par l'arbalétrier se répartit en trois fractions dont deux égales, de trois seizièmes chacune, aux points A et B, et une de dix seizièmes ou cinq huitièmes au point C.

La direction de la contrefiche CD étant connue, de même que celle des contrefiches ou autres arbalétriers appuyés en A et en B, on déterminera aisément les efforts de compression transmis à l'arbalétrier principal AB aux points A, B et C.

On peut supposer que la contrefiche médiane s'appuie soit sur un pieu ou poteau indépendant de l'arbalétrier, soit sur deux tirants aboutissant en A et en B, ou sur un poinçon vertical assemblé également en A, comme le montrent les figures suivantes :

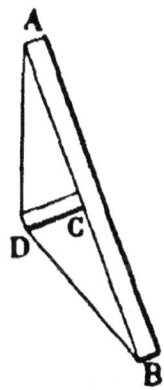

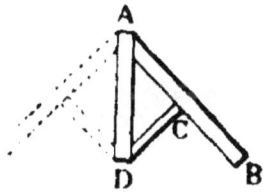

Dans le premier cas nous venons de dire comment les charges se répartissent.

Dans le second, l'arbalétrier devient une poutre armée, que l'on sait calculer, et les charges transmises aux points A et B sont égales à la moitié de la charge totale pD portée par l'arbalétrier.

Dans le troisième cas, enfin, l'arbalétrier AB se trouve d'habitude arcbouté en A avec un arbalétrier symétrique ; le poids transmis à la contrefiche CD est alors intégralement reporté en A et il faudra admettre, dans le calcul du travail à la compression, que la charge pD se répartit en trois seizièmes au point B et treize seizièmes au point A.

On pourrait multiplier ces exemples, mais sans grand intérêt, ce qui précède devant suffire pour bien faire comprendre le mécanisme des calculs, sans qu'il soit nécessaire de s'y arrêter plus longuement.

Les arbalétriers ont le défaut de faire le plus souvent double emploi avec les vaux : d'un autre côté, il est peu rationnel de faire travailler à la flexion des pièces comprimées dont la longueur est très grande par rapport à leur section transversale, puisqu'il faut alors réduire notablement la limite pratique de compression pour ne pas exposer ces pièces à flamber. Il semble donc qu'on doive exclure les arbalétriers des cintres des grands ponts, et ne les employer que pour les cintres de faible ou moyenne grandeur n'exigeant l'emploi que de bois de longueurs restreintes.

4° *Poteaux et pieux.* Les poteaux verticaux et les pieux ont pour objet de reporter sur le sol de fondation la charge du cintre.

Si les pieux sont équarris, a et b étant les côtés de la section supposée rectangulaire et H la hauteur au-dessus du sol, on a :

$$ab = \frac{pD\left(1 + \left(\frac{H}{24b}\right)^2\right)}{800.000}$$

Pour une section carrée ($a = b$) cette formule devient :

$$a = \sqrt{\frac{pD\left(1 + \left(\frac{H}{24a}\right)^2\right)}{800.000}}$$

expression à laquelle on peut, avec une exactitude suffisante, donner la forme approximative qui suit :

$$a = \sqrt{\frac{pD}{800.000} + \left(\frac{H}{24}\right)^2}$$

Si les bois étaient de qualité médiocre il faudrait, pour le coefficient d'élasticité, substituer une valeur de 600.000 à celle de 800.000.

Pour les pieux de section circulaire, il conviendra de faire usage de la formule suivante proposée par M. Séjourné :

$$\pi r^2 = \frac{pD\left(1 + \frac{1}{3}\left(\frac{H}{12r}\right)^2\right)}{600.000}$$

r étant le rayon de la section du pieu.

On en déduit :

$$r = \sqrt{\frac{pD}{1.900.000} + \frac{1}{3}\left(\frac{H}{36}\right)^2}$$

Lorsque H est très grand, les formules précédentes donnent pour a et r des valeurs excessives et le travail à la compression est extrêmement réduit. On verra plus loin comment, à l'aide de moises ou de pièces de contreventement, on peut diviser les supports très élevés en un certain nombre de parties distinctes dont on calculera la section comme si elles étaient isolées. Il suffit alors de dimensions beaucoup moindres pour que le flambement ne soit plus à craindre.

La réduction de longueur subie par le support vertical par l'effet de la charge pD sera, dans tous les cas, en désignant par S la surface de sa section transversale (ab ou πr^2), donnée par la relation :

$$\delta H = \frac{pD}{S} H$$

Cette formule reste la même quelles que soient les dispositions du contreventement.

5° *Poinçons et tirants.* — Ces pièces travaillent à l'extension et se calculent comme on l'a vu dans le cas des contrefiches. L'effort supporté est la composante, suivant la direction de la fibre moyenne de la pièce, de l'action provenant de la contrefiche ou de l'arbalétrier avec lequel elle est assemblée. La déformation se calcule également par la même formule que pour les contrefiches, avec cette différence essentielle toutefois qu'elle consiste en un allongement et non plus en une diminution de longueur.

Le bois travaille aussi bien à l'extension qu'à la compression et l'emploi des pièces tendues, dans la composition des cintres, ne soulèverait aucune objection, n'était la très grande différence que présente, dans l'un ou l'autre cas, la solidité des assemblages.

Pour les pièces comprimées assemblées soit entr'elles, soit avec des pièces fléchies, aucune difficulté ne se rencontre ; il suffit de dresser avec soin les surfaces de contact pour qu'elles s'appuient bien l'une sur l'autre et soient exactement jointives, sans baillement appréciable. L'effort est ainsi transmis par simple contact sans fatigue excessive pour l'assemblage. Au besoin, si l'on craint l'écrasement partiel du bois par suite de quelque irrégularité des faces taillées normalement ou obliquement par rapport aux fibres, on peut interposer entre les plans de contact des feuilles de tôle, de zinc ou de plomb destinées à répartir plus uniformément la pression, et les légers défauts d'exécution se trouvent ainsi corrigés. Quant aux boulons d'attache et aux couvre-joints, leur rôle, en pareil cas, se réduit soit à faciliter le montage soit à assurer les contacts, sans qu'ils aient aucun effort à transmettre. On peut donc très bien, pour les pièces comprimées, admettre un travail de 70 kilogrammes par centimètre carré, sans avoir à se préoccuper de la résistance des assemblages.

Pour les pièces tendues, au contraire, il n'en est plus ainsi. Les boulons, en particulier, ont de grands efforts à supporter, ils ont l'inconvénient d'élargir leurs trous, de *mâcher* le bois en prenant du jeu, et de diminuer par suite la rigidité du cintre. Les chevilles en bois sont trop faibles. Les assemblages pratiqués par les charpentiers, *tenons*, *embrèvements*, assemblages à *redans* ou à *crémaillère*, *trait de Jupiter*, etc., affaiblissent la pièce à ses extrémités au point d'en réduire de moitié la section utile. Il en résulte qu'une pièce tendue, même dans les circonstances les plus favorables, ne peut pas être soumise à un effort de plus de 35 kilogrammes par centimètre carré, moitié de ce qui conviendrait pour sa section normale s'il n'était pas tenu compte de l'affaiblissement local dû à l'assemblage.

C'est ce motif qui fait exclure, de la composition des cintres, du moins autant qu'on le peut, les pièces travaillant à l'extension, contrairement à ce qui a lieu pour les ponts métalliques, où l'on emploie le fer indifféremment à la compression ou à la traction.

Cette même raison serait favorable à la substitution du fer au bois, pour les pièces d'un cintre travaillant à l'extension qu'on ne peut pas éviter d'admettre. Il est aisé d'assembler une tige de fer rond avec une pièce de bois, en la terminant par une partie filetée traversant la pièce pour recevoir sur la face opposée un écrou vissé par dessus une plaque de tôle, formant *selle* ou *chapeau*, au moyen de laquelle l'effort est réparti sur une certaine surface.

Ce procédé est fréquemment employé, notamment pour les poutres armées dont les tirants sont exécutés en fer ; il est d'ailleurs aussi bien justifié au point de vue de la dépense qu'à celui de la solidité et de l'efficacité des assemblages.

Les bois soumis à l'extension ne peuvent pas travailler, en fait, à plus de 35 à 40 kilogrammes par centimètre carré, tandis que dans un cintre de construction passagère, il est très admissible de porter l'effort à 1000 kilogrammes pour le fer, et même à 2000 en employant l'acier. La densité du fer étant 8 fois plus grande que celle du bois, il en résulte qu'à résistance équivalente, comme le montre un calcul aisé à faire, une pièce de fer pèse trois fois moins qu'une pièce de bois.

Il suffit donc que le prix du fer ne dépasse pas, *à poids égal*, le triple de celui du bois, pour que l'emploi des tirants métalliques devienne avantageux sous le rapport de la dépense. Le prix du bois revenant toujours à huit centimes au moins le kilogramme, il suffit que le prix du fer ne dépasse pas 24 centimes pour que l'avantage soit en faveur de ce dernier, et l'on sait que les fers ronds n'atteignent pas ce prix. En outre, la dépense des assemblages est assez forte pour le bois et presque nulle pour le fer.

On aura donc intérêt à remplacer le bois par le fer pour l'exécution des pièces de cintres destinées à travailler à l'extension.

Pour en calculer les dimensions, on pourra admettre une résistance de 10 kilogrammes par millimètre carré pour le fer ou de 20 kilogrammes pour l'acier, et donner au coefficient d'élasticité E une valeur de 2×10^{10}.

5° *Moises et pièces de contreventement.* Nous avons dit précédemment pour quels motifs il y a nécessité de relier les fermes d'un cintre par des moises transversales et des pièces de contreventement, destinées à prévenir les mouvements et déformations quelconques pouvant provenir de causes étrangères à la construction elle-même. Par économie, on s'attache à réduire au minimum la section de ces pièces accessoires; comme il leur faut une largeur en rapport avec celles, à fort équarrissage, sur lesquelles elles sont boulonnées, c'est aux dépens de l'épaisseur qu'on en réduit la section. On est ainsi amené à employer des madriers très peu épais, parfois de simples planches impropres à résister sans flamber à des efforts de compression, même lorsque leur longueur est très faible. Il faudra donc que ces pièces n'aient à travailler qu'à l'extension, et pour déterminer les directions suivant lesquelles elles seront posées, l'on ne devra pas perdre de vue ce principe fondamental : que pour qu'aucune déformation ne puisse se produire, en aucun sens, il est nécessaire que toutes les pièces composant une charpente soient assemblées de façon à former des triangles, la seule figure géométrique qui ne comporte aucun changement de forme sans modification d'un ou de plusieurs de ses côtés.

Les moises, on le sait, sont composées de deux madriers parallèles; on les pose en général horizontalement, et elles embrassent les pièces principales de la charpente sur lesquelles elles sont fixées au moyen de boulons. Leur objet est de jouer soit éventuellement, soit d'une manière permanente

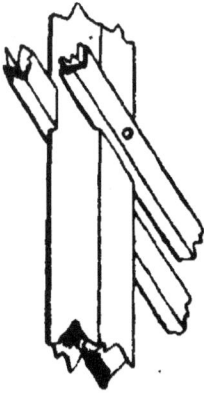

le rôle de tirants. Elles sont toujours nécessaires pour relier, longitudinalement ou
transversalement, les têtes des pieux ou
poteaux portant les fermes, immédiatement
au-dessous de leur assemblage, avec les
pièces obliques du cintre. On en place
souvent à différentes hauteurs pour relier
les arbalétriers et les contrefiches. Dans
les cintres à contrefiches isolées, elles
fonctionnent à la façon de tirants et tendent
à réduire les efforts transmis aux vaux.

Cette disposition est figurée sur le dessin
du cintre de l'arche marinière du pont des Andelys qui se
trouve à la page suivante.

Au lieu de moises, on est conduit parfois à employer des
croix de Saint-André pour établir une liaison en triangles
entre deux pièces parallèles, comme le montrent les figures
ci-dessus, soit que ces deux pièces appartiennent à la même
ferme, soit qu'elles fassent partie de deux fermes parallèles.
De quelque direction que vienne l'effort accidentel agissant
dans le plan de la croix de Saint-André, l'un des éléments de
celle-ci travaille à l'extension tandis que l'autre pièce qui ne
pourrait travailler à la compression sans flamber ne supporte
aucun effort. L'emploi des croix de Saint-André se justifie
donc par la nécessité d'éviter de faire travailler les pièces de
contreventement à la compression.

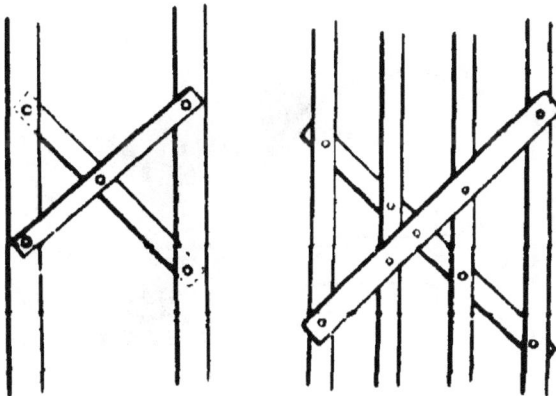

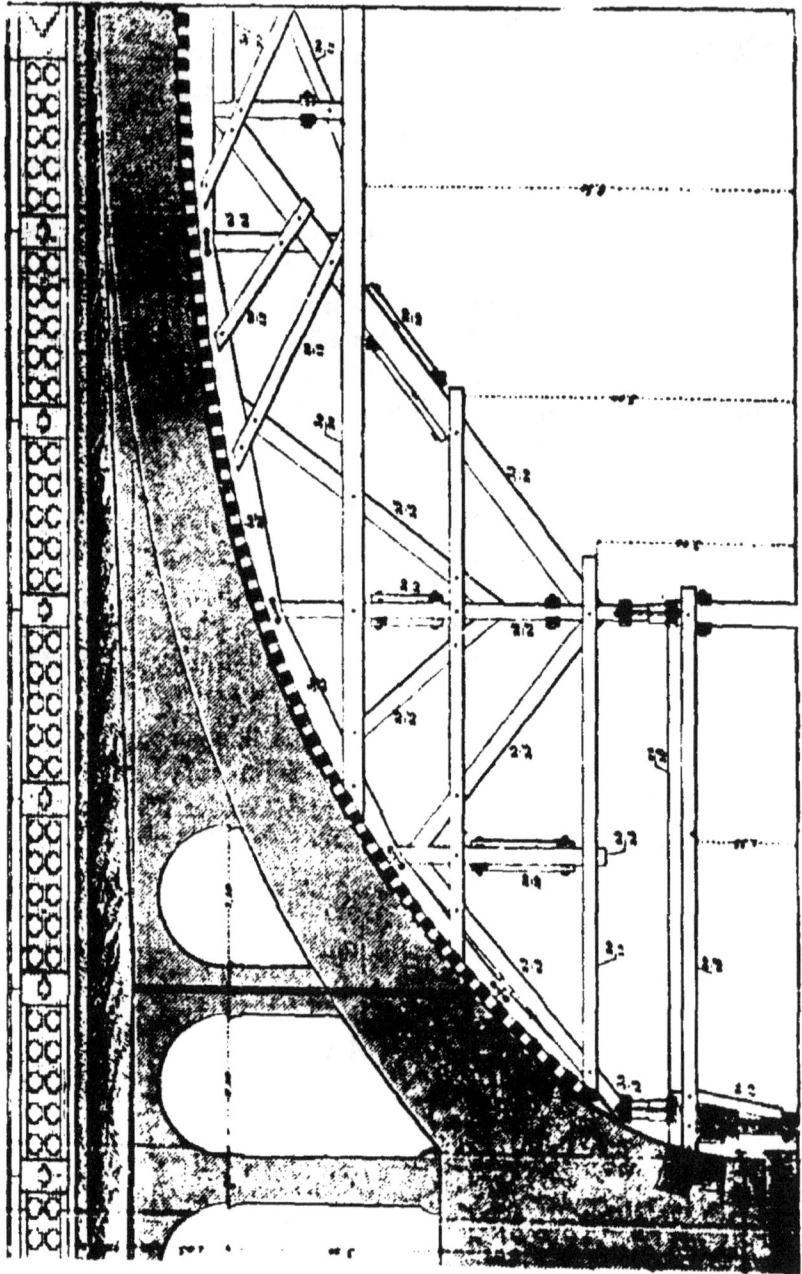

PONT DES ANDELYS SUR LA SEINE

Coupe transversale du cintre de l'arche marinière.

Il arrive parfois que le cintre est porté, au-dessous du plan des naissances de la voûte, par une série de pieux ou poteaux verticaux dont la hauteur peut être considérable. On les relie alors, sur toute cette hauteur, par des croix de Saint-André, fixées les unes dans le plan des fermes, les autres suivant un plan perpendiculaire. L'ensemble des poteaux forme ainsi une sorte de caisson à parois triangulées, à claire-voie, qui ne

pourrait fléchir que sous un effort très considérable. Les poteaux, dans ces conditions, ne sont plus susceptibles de flamber que dans l'intervalle des points d'assemblage des pièces de contreventement et c'est la longueur de cet intervalle qu'il faudra prendre pour la hauteur H dans le calcul de la section transversale des poteaux, en y appliquant les formules des pages 588 et 589.

Les branches des croix de Saint-André étant disposées le plus souvent pour se croiser à peu près à angle droit, il en résulte que la distance H entre les assemblages est d'environ les deux tiers de l'écartement horizontal des poteaux.

§ 4

APPAREILS DE DÉCINTREMENT

Objet du paragraphe ; anciens procédés de décintrement ; inconvénients. — Premier progrès réalisé ; coins placés sous les supports verticaux des cintres ; défectuosités du procédé, moyens employés sans succès pour y remédier. Coins disposés en crémaillères. Pont de Montlouis sur la Loire; coins placés sous les supports au moment du décintrement. — Application de verrins au décintrement des ponts-de-Cé sur la Loire, par MM. Dupuit et Mahyer; même application au pont de St-Pierre-de-Gaubert, sur la Garonne. — Plans inclinés hélicoïdaux employés pour le décintrement des grandes arches du viaduc de Nogent-sur-Marne. — Relèvement d'une voûte sur cintre au moyen de verrins; pont de la station de Frouard, sur le canal de la Marne au Rhin. — Première application du sable aux décintrements par M. Baudemoulin; pont de Port-de-Piles et pont sur le Vienne; sacs à sable, dispositions et mode d'emploi; avantages du procédé. Tubes en caoutchouc remplis d'eau placés à l'intérieur des sacs à sable; décintrement du pont de La Rocheservière (Vendée). — Idée première des boîtes à sable émise par M. de Sazilly, ingénieur en chef des ponts et chaussées. Dispositions et fonctionnement des boîtes à sable; précaution à prendre pour préserver le sable d'un excès d'humidité. Boîtes à sable employées par M. Séjourné pour le décintrement des grandes voûtes des ponts de Lavaur et du Castelet, du pont Antoinette. — Résumé et conclusion.

Les dispositions générales d'un cintre étant arrêtées et le calcul fait de toutes les pièces qui le composent, on ne se trouve plus qu'en présence d'un ouvrage ordinaire de charpente à exécuter. Il faudra soigner, il est vrai, tout particulièrement la mise en œuvre des pièces et leurs assemblages et s'efforcer d'obtenir, pour l'ensemble, des conditions de rigidité et de solidité aussi satisfaisantes que possible ; mais on en pourrait dire autant des ponts et de beaucoup d'autres ouvrages en bois, de sorte que le seul point spécial aux cintres, c'est la nécessité de préparer, au moment même du montage, le moyen d'en effectuer l'enlèvement, afin de *décintrer les voûtes*, lorsqu'elles seront terminées.

Les procédés et appareils en usage pour cela sont désignés sous le nom de *procédés et appareils de décintrement*.

On n'y emploie plus guère aujourd'hui que les *boîtes à sable*, dont nous parlerons tout à l'heure, et que nous aurions pu décrire seules ; mais il est intéressant de rappeler soit les procédés, soit les appareils précédemment usités. C'est l'objet de ce paragraphe, que nous abrégerons d'ailleurs le plus possible.

Anciennement le seul moyen connu de décintrer une voûte consistait à attaquer à la hache la base des poteaux verticaux portant le cintre, et à déterminer ainsi l'abaissement de ce dernier. On comprend de suite quelles difficultés et quel danger devait présenter une semblable façon de procéder ; tout se faisait par saccades plus ou moins brusques, et si l'on considère que les voûtes pour lesquelles on procédait ainsi *suivaient leur cintre*, quelquefois de plus de 30 centimètres, pendant qu'il s'abaissait (Tome Iᵉʳ, page 374), on se rendra compte des préoccupations que l'opération causait aux ingénieurs et des accidents assez fréquents qu'elle occasionnait.

La façon inégale, en effet, dont les fermes s'abaissaient les unes après les autres, et les déformations qui en résultaient dans la surface des couchis, donnaient lieu à de nombreux porte-à-faux dans la maçonnerie ; certaines parties étaient encore soutenues par leur cintre tandis que les autres se trouvaient suspendues dans des conditions absolument différentes de celles qui devaient en assurer l'équilibre et la stabilité.

Un second procédé tout aussi défectueux était encore employé, consistant à attaquer à la hache non plus les supports verticaux mais les vaux et même les arbalétriers, pour arriver à dégager les couchis et à les retirer un à un ; aucune explication n'est nécessaire pour faire comprendre le danger qu'il y avait à traiter une voûte de la sorte.

En même temps qu'on s'exposait à des accidents, on gâchait toujours une assez grande quantité de bois et une forte dépense était nécessaire, après le démontage d'un cintre, pour le remettre en état de servir pour une nouvelle voûte.

A une date qui ne paraît pas remonter plus haut que le commencement de ce siècle, un premier perfectionnement a été apporté à ces procédés vraiment barbares ; il consistait à substituer aux semelles uniques, portant les poteaux verticaux, des doubles semelles avec coins interposés par paires comme le montre la figure suivante ; l'angle de ces coins était insuffisant pour qu'on put craindre de les voir glisser l'un sur l'autre.

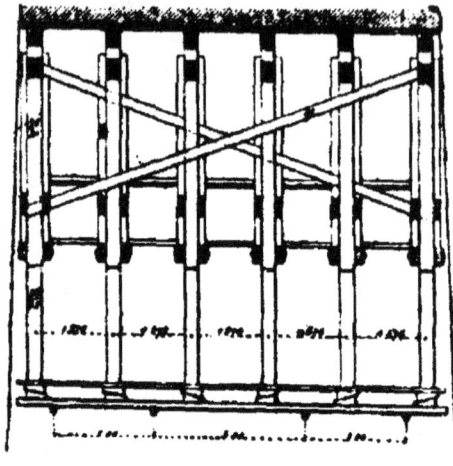

Cintre monté sur coins en bois pour le décintrement.

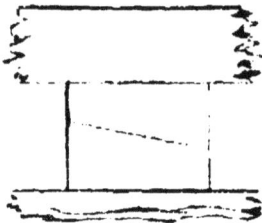

Détail des coins.

La voûte terminée, on frappait les coins en sens inverse, sur leur petit bout, au moyen de forts maillets de forgeron et l'on en déterminait le glissement, de façon à faire descendre ainsi la semelle supérieure et par suite le cintre. Dans ces conditions, c'était encore par saccades brusques et par petites chutes partielles que l'on procédait ; mais les hauteurs de chute étaient beaucoup moindres, à chaque mouvement, et l'opération offrait par suite moins de danger.

Cette disposition, toutefois, pratiquée avec quelque succès tant qu'il s'est agi de voûtes de faibles dimensions et de coins qui n'étaient restés que peu de temps appliqués l'un sur l'autre, en n'ayant en outre que des charges modérées à porter, s'est trouvée à peu près inapplicable pour les arches de grande ouverture dont le décintrement n'était entrepris parfois qu'après des délais très longs. Dans ce cas les coins soumis à de très fortes pressions se pénétraient en quelque sorte l'un l'autre et arrivaient à un tel degré d'adhérence qu'aucun effort n'était plus capable de les séparer ; il fallait les attaquer à la hache, et retomber ainsi dans tous les inconvénients des anciens procédés.

Pour y remédier, on avait essayé les bois les plus durs, on avait intercalé parfois des feuilles de zinc ou d'autres métaux entre les faces juxtaposées des coins, et ces faces dressées avec le plus grand soin étaient enduites de savon, mais le résultat a toujours été le même et en réalité l'on n'avait obtenu aucune amélioration sérieuse ; c'était toujours par saccades brusques et chutes partielles que le décintrement s'effectuait.

Un autre essai de perfectionnement a consisté à remplacer les coins, tels que la figure précédente les représente, par des crémaillères dont le dessin ci-après donnera une idée suffisante.

Détails de la crémaillère de décintrement

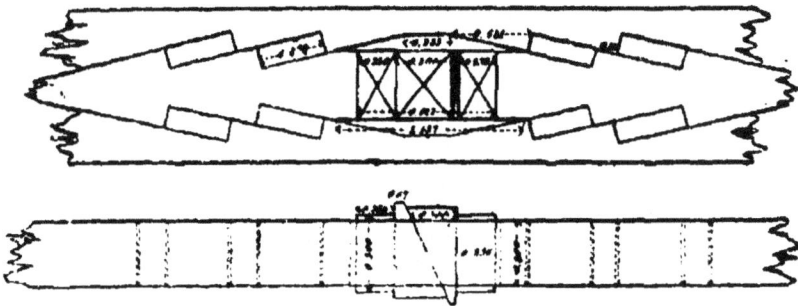

C'étaient, en quelque sorte, des *coins à échelons* auxquels on pouvait donner une longueur assez grande pour réduire, dans une très forte proportion, la charge qu'ils portaient par centimètre carré et prévenir ainsi les principaux inconvénients des coins ordinaires. Des clefs disposées comme le montre la figure retenaient ces crémaillères fixées l'une sur l'autre pendant la construction de la voûte : puis, au moment du décintrement, on enlevait ces clefs ainsi que les coins placés au centre de la crémaillère et l'on déterminait à coups de maillets le glissement des deux pièces l'une sur l'autre.

Malgré les considérations théoriques de nature à la justifier, cette disposition ne semble pas avoir donné de bien meilleurs résultats que les coins ordinaires, et les applications en ont été peu nombreuses.

Pour le décintrement du pont de Montlouis, Morandière,

après avoir constaté l'impossibilité de faire bouger les coins placés sous les supports verticaux, au moment du montage du cintre, prit le parti de placer à côté de nouveaux coins qu'on pressait fortement entre les deux semelles ; on ruinait ensuite les anciens coins à la hache et, lorsque les semelles portaient sur les nouveaux coins, on parvenait sans trop de peine à faire fonctionner ceux-ci avec quelque régularité. C'était assurément beaucoup mieux que tout ce qui avait été fait jusque là, mais les chutes partielles brusques n'étaient pas supprimées et les mêmes inconvénients subsistaient encore en grande partie.

C'est aux Ponts-de-Cé, terminés en 1848, qu'on voit appliquer pour la première fois, par MM. Dupuit, ingénieur en chef, et Mahyer, ingénieur ordinaire, une disposition entièrement nouvelle, comportant un progrès réel. Après avoir eu l'ennui d'accidents provenant de l'emploi des coins, ces ingénieurs imaginèrent de leur substituer des vérins ou verrins[1], disposés comme le montre le dessin suivant.

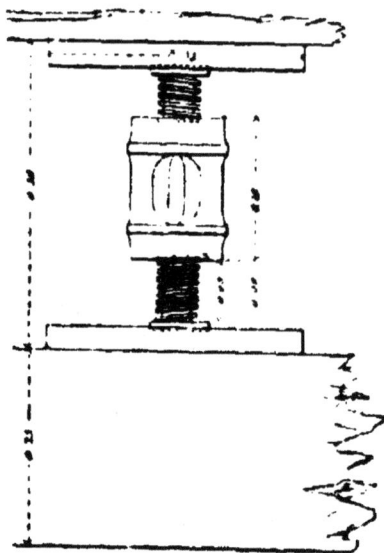

_____

1. Peut-être l'orthographe la plus correcte serait-elle celle de *vérin* ; mais tous les ingénieurs qui ont eu à employer ce mot, à propos de décintrements, Dupuit, Morandière, Croizette-Desnoyers, Regnault ont toujours écrit *verrin*. Cette dernière orthographe est du reste admise par Littré (Dictionnaire).

Les deux vis engagées dans l'écrou central sont filetées en sens inverse et le pas n'est pas le même pour les deux ; en faisant tourner l'écrou au moyen de leviers dans un sens ou dans l'autre la tête de la vis supérieure s'élève ou s'abaisse, à chaque tour, d'une quantité égale à la différence des deux pas ; on comprend donc que la puissance de l'appareil puisse être ainsi presque illimitée.

Au lieu de doubles coins on avait logé entre les semelles inférieures, à l'aplomb des supports verticaux, des billes de bois d'environ 0,40 de hauteur, puis le moment de décintrer venu, les verrins étaient placés auprès de ces billes. En tournant les écrous dans un sens on exerçait un effort suffisant **pour permettre l'enlèvement des billes sans imprimer aucune** secousse brusque à la charpente ; cela fait, on n'avait plus qu'à manœuvrer les verrins en sens inverse pour faire descendre tout le cintre d'un mouvement régulier et aussi lent qu'on le désirait.

Des 14 arches de 25 mètres d'ouverture dont se composent les Ponts-de-Cé, douze ont été décintrées de cette façon et il a suffi pour cela de douze verrins ayant coûté ensemble 903 francs. Chaque verrin pesait 14 kilogrammes et les plaques métalliques du haut et du bas, ensemble, 25 kilogrammes.

M. Dupuit a rendu compte de ce décintrement dans une note, insérée aux Annales des ponts et chaussées, d'où nous extrayons le passage suivant.[1]

« Selon nous, les avantages de ce procédé, c'est qu'on opère
« avec une précision mathématique, qu'on peut descendre le
« cintre d'une quantité déterminée si petite qu'elle soit ; c'est
« qu'on peut aller aussi vite ou aussi lentement qu'on le veut
« sans crainte de chute brusque ; c'est que l'opération com-
« mencée trop tôt peut être arrêtée, suspendue, ajournée indé-
« finiment ; c'est qu'un tassement inégal peut être conjuré, le
« cintre trop descendu en un point ou sur toute son étendue
« peut être remonté et remis en place ; c'est que les verrins ne
« craignent pas l'eau et qu'une fois placés on peut les manœu-
« vrer même submergés par une crue au moyen de leviers
« coudés. »

1. Annales de 1855 ; 2e semestre, page 560.　　　38

Cette citation offre d'autant plus d'intérêt qu'on y trouve, exactement indiqué, tout ce que doit réaliser un bon procédé de décintrement.

Après l'application ci-dessus, les verrins ont été plusieurs fois employés pour le même objet et toujours avec succès, notamment pour le décintrement des arches, au nombre de 17 de 21^m,65 d'ouverture, du pont de Saint-Pierre-de-Gaubert, sur la Garonne.

Les verrins, dans cette circonstance, étaient disposés comme le montrent les dessins suivants : [1]

Ce n'étaient pas, comme on le voit, des *verrins différentiels* du genre de ceux des Ponts-de-Cé et la puissance en était par conséquent bien moindre. Du reste, M. Dupuit avait proposé lui-même l'emploi de verrins à une seule vis en faisant tourner la base de l'écrou sur un pivot afin de réduire les frottements dans une forte proportion.

Sous ce dernier rapport, les verrins représentés ci-après devaient laisser à désirer. Comme on le voit sur l'élévation on les avait employés simultanément avec les coins, ceux-ci servant au moment du montage à bien dresser le cintre et donnant plus tard pendant le fonctionnement des verrins une garantie pour le maintien du cintre, en cas d'avarie quelconque ou d'accident survenu dans ces appareils ; il suffisait pour cela de les desserrer graduellement et d'en maintenir le dessus à un centimètre ou deux au-dessous de la semelle supérieure.

On peut rattacher à ce procédé de décintrement celui appliqué par MM. Collet-Meygret et Pluyette aux grandes arches du viaduc de Nogent-sur-Marne. Il a consisté à fixer sur la semelle inférieure un plateau métallique portant en saillie sur sa face supérieure trois galets à axe convergent, ayant leur milieu sur une même circonférence ; sur ce plateau fixe venait s'emboîter une seconde pièce cylindrique dont la face inférieure plane était entourée en dessous d'un rebord saillant, de telle sorte que posée sur les galets elle pouvait tourner en se trou-

1. Annales des ponts-et-chaussées : Détails pratiques sur la construction d'un pont sur la Garonne à Saint-Pierre-de-Gaubert, par M. Paul Regnault, ingénieur des ponts et chaussées (1876 ; 2e semestre, page 411).

DÉCINTREMENT DU PONT DE SAINT-PIERRE DE GAUBERT

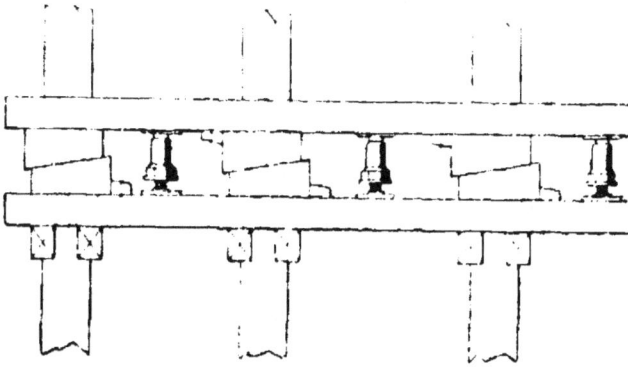

DÉTAILS DES VERRINS

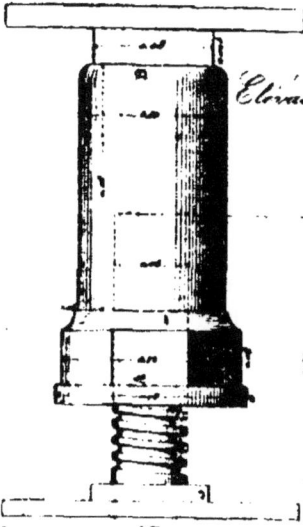

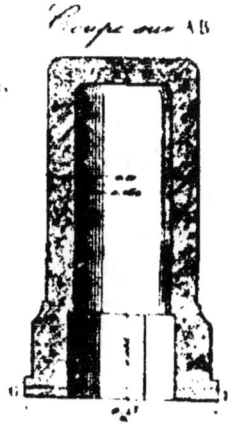

Élévation.

Coupe sur AB

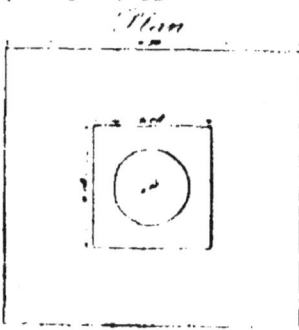

Plan

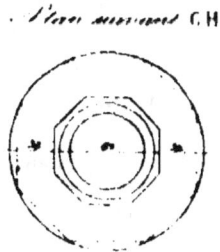

Plan suivant CH

vant toujours maintenue en place ; la partie supérieure de cette même pièce était disposée en forme de plan incliné hélicoïdal, sur lequel venaient porter des galets fixés sous la base des poteaux de support du cintre. Suivant que l'on faisait tourner la pièce hélicoïdale dans un sens ou dans l'autre, on comprend que les galets fixés sous le poteau correspondant devaient être soulevés ou bien descendre et qu'il y avait là, en agissant simultanément sur tous les appareils, un moyen d'effectuer un décintrement dans de bonnes conditions.

Les résultats obtenus ont été satisfaisants, mais la partie mobile des appareils avait 0.60 de diamètre, le plateau à galets fixé sur la semelle inférieure 0,80, et il est bien rare qu'on puisse disposer d'une aussi large place à la base d'un cintre ; en outre, de semblables engins sont fort dispendieux. C'est ce qui explique sans doute qu'il n'y en ait pas eu d'autre application, que nous sachions du moins.[1]

Avant de quitter ce sujet des verrins employés aux décintrements, il est intéressant de citer l'application suivante faite avec un plein succès, montrant bien la puissance de ces appareils et tout le parti qu'on en peut tirer.

La construction du canal de l'Est, déclarée d'utilité publique par la loi du 24 mars 1874, devait avoir pour conséquence le relèvement du plan d'eau du canal de la Marne au Rhin sur une partie de son parcours, et les bateaux n'auraient plus trouvé sous certains ponts existants la hauteur nécessaire pour leur passage.

Il fût décidé, en conséquence, que ces ponts seraient reconstruits. Au pont de la station de Frouard, cette mesure avait reçu un commencement d'exécution, lorsqu'en présence de l'homogénéité parfaite de la maçonnerie de l'ancienne voûte la pensée vint qu'il serait possible de la relever d'un seul bloc jusqu'au niveau prescrit, sans avoir à la démolir.

Le dessin suivant représente la coupe de ce pont avant et après le relèvement.[2]

---

1. Le modèle de l'appareil figure dans les galeries de l'École des ponts et chaussées.

2. Exhaussement du pont de la station de Frouard : Annales des ponts et chaussées (1868 ; 1er semestre, n° 26) : Notice par M. A. Picard, ingénieur des ponts et chaussées.

Nous empruntons les renseignements qui suivent, concernant cette opération, à une notice de l'ingénieur chargé de l'exécution des travaux.

PONT DE LA STATION DE FROUARD

1 2 Coupes transversales.

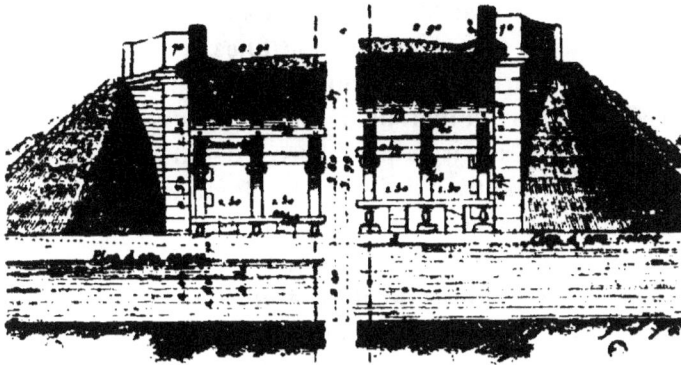

Avant le relèvement de la voûte.   Après le relèvement de la voûte.

La voûte à relever avait 10 mètres d'ouverture et $6^m,60$ de largeur entre les têtes. L'intrados en était un arc de cercle de 1.30 de flèche ; l'épaisseur à la clef était de $0^m,88$, celle aux naissances de $1^m,50$.

Après avoir remis la voûte sur cintre et coupé la maçonnerie aux naissances, pour la détacher des culées, le bloc à soulever cubait environ 75^m et pesait 180 tonnes.

Les fermes du cintre, au nombre de cinq, portaient chacune en nombre rond 40 tonnes, et les poteaux de support travaillaient à $28^k,40$ par centimètre carré.

Pour effectuer le relèvement, des verrins furent logés entre les semelles inférieures préalablement posées sur des cales et des coins. Les vis des verrins avaient seulement $0^m,021$ de diamètre (noyau) et devaient travailler à 13 kilogrammes environ par millimètre carré.

De larges plaques de tôle reportaient les pressions sur des surfaces suffisantes pour éviter l'écrasement du bois sous l'action des verrins.

Un cintre employé dans ces conditions, n'ayant pas pu être

chargé comme dans les circonstances ordinaires avant l'exécution des maçonneries, devait nécessairement éprouver quelques déformations au moment où il commençait à transmettre
à la voûte l'action des verrins; il se produisit en effet un tassement qui atteignit au total 6 centimètres; mais par contre, lors
du décintrement, l'abaissement de la clef fut de 0,0015 seulement.

La déformation du cintre et par suite la modification de la
courbe d'intrados avaient donné lieu dans la maçonnerie à
quelques fissures, mais extrêmement fines et qu'il fût très aisé
de boucher en mortier de ciment de Portland.

Le relèvement avait marché, au moyen des verrins, à raison
de 3 centimètres environ par heure; il atteignit, après une
journée et demie de travail, la hauteur totale de $0^m,43$ que l'on
avait jugée nécessaire.

Après avoir exhaussé les culées, rétabli les naissances et
réparé les fissures qui s'étaient produites au début de l'opération, la voûte fût laissée sur cintre pendant 8 jours, puis dé-
cintrée au moyen des mêmes verrins qui avaient servi à la relever. Le travail se trouvait ainsi terminé dans les meilleures
conditions, en moins de temps et à bien moins de frais que si
la voûte avait été d'abord démolie, puis refaite en entier.

A peu près à l'époque où MM. Dupuit et Mayer procédaient
comme nous l'avons dit aux Ponts-de-Cé, M. Baudemoulin,
ayant à préparer le décintrement des arches de 31 mètres d'ouverture du pont de Port-de-Piles, entreprit au moyen de la
presse hydraulique une série d'expériences tendant à élucider
les conditions du fonctionnement des coins. Il ne tarda pas à
acquérir la certitude qu'il ne pourrait pas, sans danger, appliquer ce procédé à des arches de 31 mètres, et c'est ainsi qu'il
fût amené à tenter l'application d'une idée extrêmement ingénieuse, dont l'invention lui revient en entier; celle consistant
à loger sous les supports des cintres des sacs en forte toile
remplis de sable, qu'on serrait très fortement entre les deux
semelles et qu'on pouvait ensuite laisser se vider, à la façon de
sabliers dont on réglait à volonté l'écoulement.

M. Croizette-Desnoyers, collaborateur de M. Baudemoulin

pour la construction du pont dont il s'agit, a rendu compte, dans un mémoire inséré aux annales des ponts et chaussées, des circonstances dans lesquelles le nouveau procédé a été expérimenté pour la première fois. [1]

Au moment du montage des cintres, on avait logé entre les semelles inférieures, au droit de chaque point d'appui des fermes, des billes en bois de sapin du Nord de 0ᵐ,40 de hauteur. Le nombre en était de 36 par arche.

Pour le décintrement, on fit préparer de solides sacs en toile, ouverts à leurs deux bouts et disposés pour pouvoir être fermés avec des cordes, à la façon des sacs à grains ordinaires. Pour les remplir, on fermait l'un des deux bouts et l'on introduisait le sable, puis on fermait l'autre bout et le sac était prêt à mettre en place ; il formait alors à peu près un cylindre de 0,45 de longueur sur 0,35 de diamètre.

Les dessins suivants suffiront pour bien faire comprendre ces dispositions :

Elévation   Coupe suivant *AB*

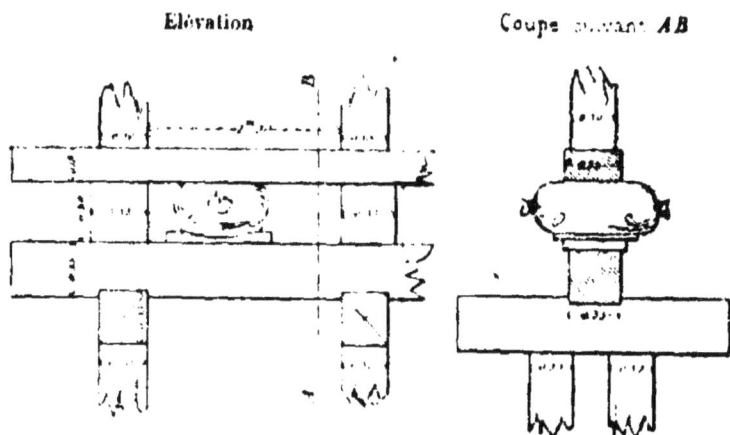

En les logeant entre les semelles, on serrait fortement les sacs au moyen de bouts de madriers ou plateaux de chêne de 0.05 d'épaisseur placés en dessous, et de coins avec lesquels on achevait de les comprimer. Cela fait on ruinait, à la hache, les billes de sapin, en les taillant en biseau aigu dans le bas,

1. Annales de 1849 ; 2ᵉ semestre, nᵒ 17 (pages 151 et suivantes).

ce qui avait pour effet soit de les faire pénétrer lentement dans la semelle inférieure, soit d'en déterminer l'écrasement jusqu'au moment où le cintre reposant partout sur les sacs de sable, cessait de descendre.

L'abaissement préalable ainsi obtenu est toujours resté compris entre un et deux centimètres, et l'on peut remarquer, en passant, que c'était là le côté faible du procédé, parce que ce premier mouvement était difficile à régler et pouvait avoir les mêmes inconvénients que ceux reprochés aux coins.

Chaque sac portait en son milieu un petit ajutage en toile serré avec une corde, destiné à servir pour l'écoulement du sable. Le cintre portant sur les sacs, cet ajutage était ouvert et le sable commençant à couler donnait lieu à un abaissement lent de toute la charpente qu'on pouvait régler à volonté et rendre parfaitement uniforme, en s'assurant, au moyen de mesures d'égale capacité, que la quantité de sable retirée des sacs était la même partout dans un temps déterminé. Si l'écoulement se faisait mal pour quelques sacs en particulier, on l'accélérait au moyen de petites tringles de bois ou de fer introduites par l'ajutage et que l'on agitait pour désagréger le sable.

Lorsque le cintre était complètement séparé de la voûte, on pouvait soit de suite, soit après un certain délai, en ouvrant les gueules des sacs, accélérer le mouvement de descente de la charpente qui ne s'arrêtait que lorsque le sable s'était écoulé en entier. On avait soin seulement, afin de pouvoir dégager les sacs, de loger entre les deux semelles des cales en bois de 0,10 à 0,12 d'épaisseur.

Le sable employé très sec offre l'avantage de couler avec une extrême facilité et très régulièrement, mais à cause de sa fluidité même il presse trop fortement sur la toile et en détermine parfois la rupture. Avec du sable ordinaire les sacs résistent beaucoup mieux, mais l'écoulement est moins commode et il a fallu quelquefois ouvrir l'une des gueules de quelques sacs, les ajutages refusant de fonctionner, ce qui pouvait donner lieu à des mouvements brusques et inégaux. Le mieux est donc de prendre du sable qui sans être torréfié et absolument sec, n'est cependant pas humide et coule bien dans la main lorsqu'on le manie.

A titre de précaution, il est bon de loger entre les semelles, dans l'intervalle des sacs, des cales un peu moins hautes que ces derniers et qu'on remplace successivement par d'autres cales de moins en moins épaisses à mesure que le vide entre les deux semelles diminue. De cette façon, en cas de rupture d'un ou de plusieurs sacs, on a la certitude que les mouvements brusques et les déformations du cintre qui en pourraient résulter seront très restreints.

Ces dispositions ainsi appliquées à trois des arches de 31 mètres du viaduc de la Creuse, et quatre arches de 20 mètres du pont sur la Vienne eurent un plein succès en ne donnant lieu, en outre, qu'à une dépense insignifiante, puisque les sacs en toile simple n'avaient coûté que 4 francs l'un, ceux en toile double 7 fr. 50, et que moyennant de très légères réparations les mêmes sacs avaient pu servir pour les sept arches décintrées.

Ce procédé éminemment ingénieux se trouvait donc, du premier coup, constitué de toutes pièces, faisant le plus grand honneur à l'ingénieur qui l'avait imaginé. [1]

M. de Lagrené, qui était à cette époque ingénieur ordinaire à Montaigu (Vendée), a eu le mérite de penser à un perfectionnement à l'occasion du décintrement de l'arche en plein cintre de 22 mètres d'ouverture du pont de la Rocheservière. Il adopta les dispositions suivantes qui ont parfaitement réussi, et dont il a rendu compte dans une note insérée aux Annales des ponts-et-chaussées (1852 ; 2ᵉ semestre, page 245).

Les sacs employés par M. de Lagrené ne diffèrent pas de ceux décrits plus haut ; mais dans leur intérieur était logé, comme le montre le dessin, un tube en caoutchouc de dix centimètres de diamètre fermé par un bout tandis qu'à l'autre extrémité était disposé un robinet en bois dur, maintenu au moyen d'une corde fortement serrée ; le caoutchouc avait quatre millimètres d'épaisseur et le robinet 0,035 de diamètre extérieur. Le conduit percé suivant l'axe de ce dernier était en ligne droite et avait un centimètre de diamètre.

1. L'invention a valu à M. Baudemoulin une médaille d'honneur à l'exposition de 1862, à Londres, et une médaille d'or à l'exposition de 1867, à Paris.

En introduisant le sable dans les sacs, on avait eu soin que le tube en caoutchouc, préalablement rempli d'eau, en occupât exactement le centre.

PONT DE LA ROCHE-SERVIÈRE (Vendée)

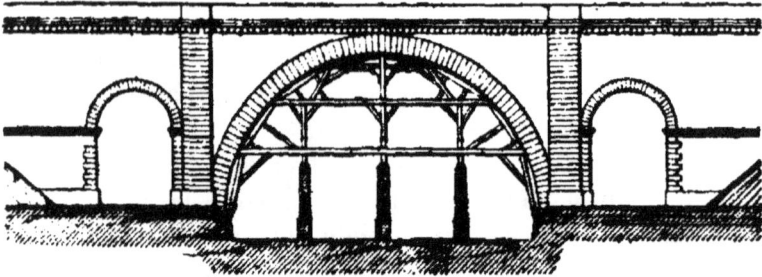

SACS A SABLE POUR LE DÉCINTREMENT

Il fut procédé au décintrement comme on l'avait fait pour les ponts de Port-de-Piles et de la Vienne. Le cintre composé de six fermes reposait sur trois murs transversaux équidistants et sur deux semelles longeant les culées ; les sacs employés étaient au nombre de 36, dont 12 pour la rangée de supports correspondant au mur central à l'aplomb de la clef, où la charge atteignait son maximum, et 6 pour chacune des autres rangées.

Dix charpentiers et 36 manœuvres furent employés au décintrement, ces derniers pour agir simultanément sur tous les robinets. Après la première partie de l'opération, consistant à enlever à la hache les billes de bois placées entre les semelles, ce qui avait été fait à la manière ordinaire et avait déterminé comme d'habitude un abaissement général d'environ 0,01, on ouvrit en même temps tous les robinets. L'eau s'étant écoulée, on constata un nouvel abaissement, de deux centimètres, qui s'était produit lentement avec une régularité parfaite.

Après cela l'opération fut continuée exactement comme l'avaient fait MM. Baudemoulin et Croizette-Desnoyers, jusqu'au complet décintrement.

Le sable avait été terréfié avant l'emploi pour qu'il fût d'une fluidité parfaite, de façon à exercer une pression uniforme sur tout le pourtour des tubes en caoutchouc.

La partie d'un décintrement la plus importante est celle qui correspond aux premiers centimètres d'abaissement, surtout avec l'emploi des mortiers à prise rapide, puisque le plus souvent le tassement de la voûte est excessivement faible. Avec des tubes un peu plus grands que ceux employés par M. de Lagrené, on comprend qu'on aurait pu effectuer de cette façon toute la partie utile de l'opération, et cela avec beaucoup plus de sûreté que ne le comporte le sable, à cause de la facilité bien plus grande de régler à volonté un écoulement d'eau au moyen de robinets. Il semble par conséquent qu'il y avait là une excellente idée, susceptible d'utiles applications.

Telle ne fut pas l'opinion de M. Baudemoulin qui dans une notice insérée aux *Annales des ponts et chaussées* (1854 ; 2ᵉ semestre, page 208) a expliqué en termes assez vifs les inconvénients, les dangers même que devait, selon lui, offrir l'emploi de l'eau pour les décintrements. Mais peut-être cédait-il en cela à un sentiment, dont les inventeurs ne parviennent pas en général à se défendre, les portant à considérer leur invention comme parfaite du premier coup et exposée à être amoindrie par quelque prétendu perfectionnement que ce soit.

C'est à coup sûr ce même sentiment qui dictait à M. Baudemoulin le passage suivant de la notice que nous venons de citer :

« Mon bon et si regrettable ami, de Sazilly, m'avait proposé
« à ce sujet un perfectionnement. Il aurait voulu que le sable
« au lieu d'être dans des sacs fût enfermé dans des cylindres
« en forte tôle, au bas de chacun desquels serait une petite
« porte qu'on ouvrirait, lors du décintrement, pour produire
« l'écoulement. »

Ce passage offre cet intérêt tout particulier qu'il fixe la date à laquelle a pris naissance l'idée primitive des boîtes à sable, telles qu'elles sont aujourd'hui en usage. Au lieu de l'approver, M. Baudemoulin critiquait cette idée, formulait à son sujet une quantité d'objections dont l'expérience a démontré le peu de fondement, et concluait, en fin de compte, dans les termes qui suivent :

« En résumé le procédé (des sacs en toile, est utile, *infail-* « *lible*, et ceux qui l'auront employé une fois n'en chercheront « plus d'autre. »

L'ingénieur qui dans sa carrière a donné tant de preuves de sa haute valeur se trompait, par exception, dans cette circonstance, et c'était M. de Sazilly qui avait raison, comme la suite l'a prouvé.

Les boîtes à sable sont maintenant, en effet, les seuls appareils, ou à peu près, en usage pour les décintrements, ce qui ne veut pas dire toutefois qu'il y ait lieu d'abandonner complètement les verrins, susceptibles de rendre, dans bien des circonstances, les plus utiles services.

Une boîte à sable, telle qu'elle est représentée sur le dessin ci-après, se compose essentiellement d'un cylindre en forte tôle, fermé par le bas, ouvert par le haut, et dans lequel est emboîté un tampon en bois dur d'un diamètre un peu moindre que celui de la boîte. Quatre trous de faible ouverture, qu'on peut fermer avec des bouchons de liège ordinaires, sont percés dans le bas de la boîte, également espacés sur le pourtour.

Le cylindre de tôle étant garni de sable et le tampon en bois engagé par dessus, on comprend qu'en ouvrant les orifices inférieurs, le sable s'écoulera, déterminant un mouvement de descente du tampon aussi lent qu'on le voudra.

Lorsqu'on enlève les bouchons de liège, le sable forme au-dessous de chaque orifice, en supposant la boîte posée sur un plateau qui déborde en tous sens, des cônes s'élevant peu à peu jusqu'au bord supérieur de l'ouverture ; à ce moment l'écoulement s'arrête quelle que soit la pression exercée sur le tampon et pour qu'il puisse continuer il faut que les cônes de sable soient d'abord enlevés. Si le sable vient mal, une simple tige de fer ou de bois engagée et agitée dans les orifices suffit pour qu'il coule très régulièrement.

On comprend de suite quelles facilités offrent de semblables

appareils, pour effectuer un décintrement dans des conditions
parfaites.

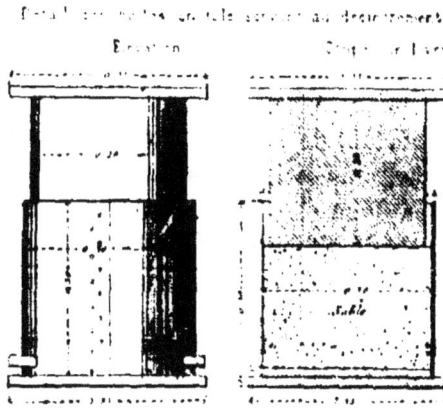

Si l'on craignait que par suite de circonstances particulières,
les boîtes à sable étant posées sous les supports des cintres
avant la construction de la voûte, le sable se trouvât imprégné
d'humidité et hors d'état de couler au moment du décintrement,
rien n'empêcherait de procéder comme avec les sacs en toile,
c'est-à-dire de monter d'abord le cintre sur des billes de bois,
qu'on enlèverait au moment voulu pour les remplacer par les
boîtes. Seulement, dans ce cas, au lieu de s'y prendre comme
on le faisait autrefois, c'est-à-dire de ruiner les billes à la hache
pour les retirer, ce qui donne lieu inévitablement à un premier
tassement irrégulier d'un ou deux centimètres, susceptible de
se produire par secousses brusques, nous conseillerions de faire
usage de forts verrins pour enlever successivement chaque
bille et introduire entre les semelles la boîte à sable qui doit la
remplacer.

Mais le plus souvent il suffit de garnir soigneusement en
plâtre le joint supérieur tout autour du tampon de bois, pour
que le sable se trouve préservé. Comme surcroît de précaution, on pourrait encore bourrer d'abord le joint, sur une certaine hauteur, avec des étoupes grasses fortement pressées,
puis disposer le garnissage en plâtre par dessus. Dans ces conditions, les boîtes à sable mises en place dès le montage du cintre se maintiennent parfaitement et l'on n'a plus, au moment

de décintrer, qu'à enlever le plâtre pour qu'elles se trouvent prêtes à fonctionner.

C'est en cela surtout que consiste la très grande supériorité des boîtes par rapport aux sacs : c'est-à-dire de permettre de régler le mouvement de descente des cintres dès les deux ou trois premiers centimètres, ce qui est, nous le répétons, le moment le plus important de l'opération, pour les voûtes exécutées avec des mortiers à prise énergique et rapide.

Sur les dessins de la page 518 se trouvent représentées les boîtes à sable dont M. Séjourné a fait usage, pour le décintrement de ses grandes voûtes exécutées sur cintres à contrefiches radiales. Ce qui les distingue des précédentes, c'est qu'au lieu d'un seul cylindre de tôle on en a employé deux. Le plus grand, comme on le voit sur le dessin, de 0^m,45 de diamètre, l'autre de 0,30 seulement; le vide annulaire d'environ 7 centimètres de largeur existant entre les deux parois (déduction faite de la double épaisseur de la tôle) est rempli de plâtre, sur toute sa hauteur. On peut être ainsi assuré que le sable restera garanti même dans le cas où les boîtes se trouveraient momentanément submergées pendant la construction.

En résumé, il ne saurait plus être question aujourd'hui de décintrer des voûtes au moyen de coins en bois, à moins qu'il ne s'agisse d'ouvrages tout à fait sans importance.

Ce procédé étant écarté, il en reste deux, susceptibles de rendre les meilleurs services, l'emploi des verrins ou des boîtes à sable. Ils comportent l'un et l'autre des garanties presque égales de sécurité, mais les boîtes à sable semblent devoir l'emporter. Leur application est devenue de plus en plus fréquente pendant ces dernières années, sans qu'on en ait jamais éprouvé aucun mécompte, et peut-être y aurait-il lieu d'en dire, avec plus de raison qu'on ne l'a fait à une autre époque pour les sacs à sable, « que le procédé est infaillible et que les ingénieurs « qui l'auront employé une fois n'en chercheront plus d'au-« tre. »

CHAPITRE V

EXÉCUTION DES TRAVAUX ET RENSEIGNEMENTS STATISTIQUES

§ *1er. Chantiers et ponts de service. — § 2. Renseignements statistiques.*

§ 1er.

CHANTIERS ET PONTS DE SERVICE

Chantiers : conditions principales d'établissement ; plan des chantiers de construction du viaduc de l'Aulne. — Epures d'exécution : tracé des joints des voûtes elliptiques ; procédé de M. Maurice d'Ocagne, ingénieur des ponts et chaussées. — Ponts de service : leur objet ; ponts de service du pont de Montlouis, sur la Loire ; du viaduc de l'Allier. Dispositions diverses des ponts de service pour les ouvrages de très grande hauteur : détails d'exécution du pont de service du viaduc de l'Aulne. Ponts de service des grands ponts de Lavaur et du Castelet et du pont Antoinette ; détails de construction et frais d'établissement. — Exécution des voûtes : causes de tassement ; tassement sur cintre et tassement au décintrement ; voûtes exécutées par Perronet. — Extraits d'un mémoire de M. Séjourné sur les divers procédés imaginés pour réduire les tassements des voûtes : application de ces procédés à la construction du nouveau pont de Lavaur ; résultats obtenus.

Nous nous proposons de réunir, dans ce dernier chapitre, un certain nombre de renseignements concernant l'exécution des travaux.[1] La place nous faisant défaut pour de longs développements, nous ne retiendrons que les faits les plus saillants.

1. Nous comptions nous occuper à cette place de la préparation des projets, des diverses pièces dont ils se composent et des meilleurs types à adop-

Chantiers. — L'exécution d'un ouvrage d'art quel qu'il soit exige l'installation, à proximité de l'emplacement qu'il doit occuper, de chantiers en rapport avec son importance. Les ponts et les viaducs en maçonnerie ne font en cela que suivre la loi commune ; mais peut-être exigent-ils qu'on y apporte, à certains égards, plus d'attention et de soin. L'espace, notamment, ne doit pas leur être ménagé, et à moins d'obstacles insurmontables, comme on en peut rencontrer à l'intérieur des villes, il faut que sans imposer aux riverains des charges inutiles ou exagérées, l'entreprise soit mise en possession de tous les terrains nécessaires pour assurer à chacun de ses services une parfaite commodité de fonctionnement. La bonne exécution des travaux ne manquera jamais d'y gagner.

Aucun programme précis ne peut être proposé pour ces sortes d'installations. La situation de l'ouvrage, la configuration de ses abords, le prix plus ou moins élevé de l'acquisition ou de l'occupation temporaire des terrains, sont autant d'éléments dont il faut tenir compte et qui peuvent varier à l'infini.

Certains aménagements toutefois sont indispensables et doivent de toute façon être assurés.

Ainsi l'administration qui dirige et surveille les travaux et l'entreprise qui les exécute doivent disposer de bureaux suffisants pour y installer leur personnel, faire tous les essais de laboratoire qu'exige la vérification de la qualité des chaux, ciments et autres matériaux à employer, préparer les dessins d'exécution des ouvrages, tenir les registres de comptabilité, journaux de chantier et autres écritures ; il faut en un mot avoir une installation qui, tout en étant en général assez exiguë, permette d'éviter toute gêne.

L'entrepreneur a, de plus, besoin de hangars et de magasins pouvant contenir les approvisionnements de matériaux que les devis l'obligent à mettre à couvert, ainsi que les outils, appareaux et objets de menu matériel qu'il ne peut laisser à la libre disposition des ouvriers ; il lui faut également l'emplacement d'une aire plane assez étendue pour que les épures des voûtes

---

et de tous les ouvrages exigeant un appareillage soigné puissent y être tracées en grandeur d'exécution ; il faut enfin que des voies ferrées établissent partout des communications entre les chantiers où les matériaux sont taillés ou préparés et les parties de l'ouvrage où l'on doit les mettre en œuvre.

Le dessin suivant, plan d'ensemble des chantiers de cons-

CHEMIN DE FER DE CHATEAULIN A LANDERNEAU

CONSTRUCTION DU VIADUC DE L'AULNE

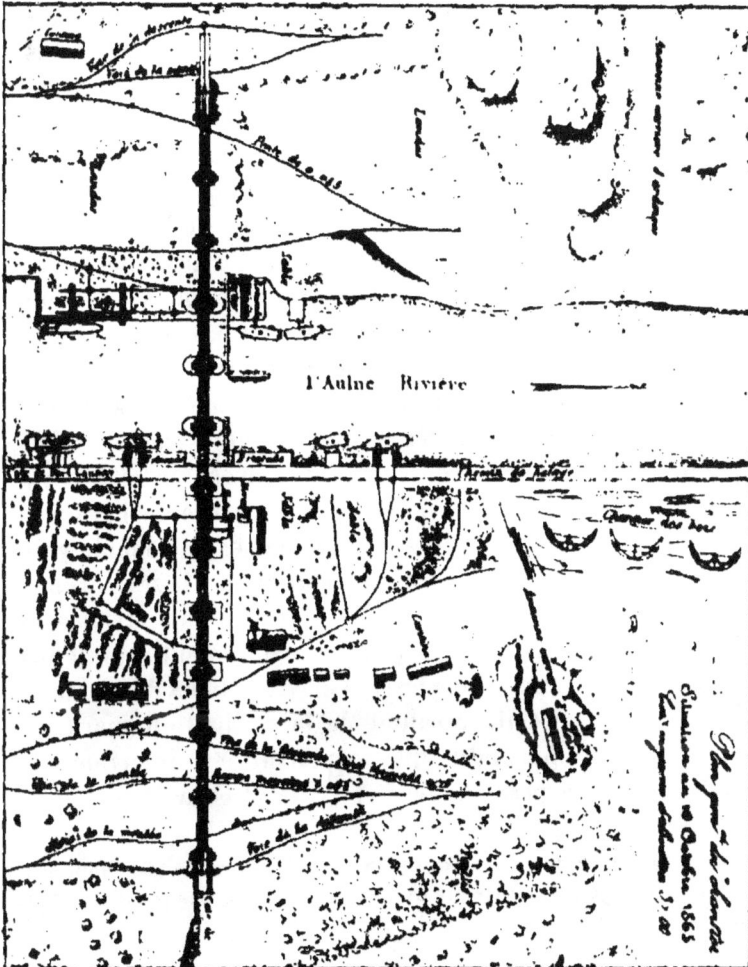

Plan général des chantiers.

truction du viaduc de l'Aulne, suffira pour donner une idée assez exacte de ce que doivent être les installations pour l'établissement des viaducs ou des grands ponts.[1]

Les chantiers occupaient les deux rives de l'Aulne, surtout la rive droite et les coteaux avoisinants jusqu'à la hauteur d'environ 50 mètres que le viaduc devait atteindre, au-dessus des prairies de la vallée ; de cette façon des voies de fer à rebroussements successifs, établies sur les deux versants comme le montre le plan, permettaient d'amener les matériaux au moyen de wagonnets jusqu'à la hauteur où ils devaient être employés.

Tous les matériaux arrivaient par la rivière et le déchargement en était effectué au moyen d'appontements et de grues fixes, avec treuils roulants pour permettre un transbordement direct entre les bateaux et les wagonnets circulant sur les voies ferrées de l'une et de l'autre rive. Ces voies mettaient les appontements en communication avec les lieux de dépôt des approvisionnements, avec les magasins et les chantiers de la taille, puis allaient se raccorder par des plaques tournantes aux voies en lacets des deux versants. De ces dernières voies les unes servaient à la montée et étaient établies avec rampe de 0,065 par mètre ; les autres à la descente, avec pente de 0,120 Sur les premières, le remorquage s'effectuait au moyen de relais de chevaux ; sur les secondes la vitesse était réglée au moyen de freins. Enfin, des passerelles de service composées de travées en charpente reposant sur les piles, et qu'on relevait à mesure de l'avancement de la maçonnerie, portaient elles-mêmes une double voie de fer que des plaques tournantes raccordaient à leurs extrémités avec les voies de rives. De la sorte, les points d'arrivage et de préparation des matériaux ont été constamment maintenus en communication par voies ferrées avec les lieux d'emploi.

Une sujétion spéciale résultait de la navigation maritime sur la rivière de Chateaulin, qui ne pouvait être interrompue. On a dû laisser le passage libre entre la 4ᵉ et la 5ᵉ pile, jus-

---

1. Annales des ponts et chaussées : 1870, 2ᵉ semestre, nᵒ 263. Notice sur le viaduc de l'Aulne par M. Arnoux (Auguste), ingénieur des ponts et chaussées.

qu'au moment où la hauteur de celle-ci a dépassé 30 mèt es.
Ce n'est qu'à partir de cette cote que les passerelles de service
des deux rives et leurs voies ferrées ont pu être reliées et les
communications complétées. Jusque-là deux installations distinctes avaient été nécessaires, une sur chaque rive, tant pour
l'arrivage que pour les transbordements, la préparation et
l'emploi des matériaux.

Nous parlerons plus loin des ponts de service en poutres à
treillis ; cette disposition est souvent appliquée pour la construction des ouvrages de grande hauteur, et paraît très satisfaisante.

On n'a que rarement sans doute à exécuter des ouvrages
aussi importants que le viaduc de l'Aulne ; mais les exigences
de la construction, toutes proportions gardées, restent toujours
les mêmes et il était intéressant de montrer comment, même
avec des terrains présentant de fortes déclivités, on pouvait
assurer dans de bonnes conditions l'établissement d'un ouvrage
exceptionnel.

Tracé des joints des voûtes elliptiques. — Au nombre des
aménagements indispensables mentionnés tout à l'heure, se
trouvent ceux relatifs à l'établissement d'une aire plane étendue, pour servir au tracé des épures en grandeur d'exécution.
Quelques matériaux qu'on y emploie, terre battue ou béton,
mortier de chaux ou de ciment, plâtre ou asphalte, planches
entières pour en composer un plancher, l'essentiel est d'en
obtenir une surface parfaitement plane, susceptible de se maintenir sans déformations marquées par l'effet des variations de
température ou des alternatives de sécheresse et d'humidité.

Le plus souvent le tracé des épures ne donne lieu qu'à des
problèmes de géométrie élémentaire ou de géométrie descrip-
tive, dont la solution est aisée ; la seule difficulté qu'on y rencontre c'est d'éviter les prolongements de tracé *au delà des limites de l'épure*, c'est-à-dire de l'aire dont on dispose ; en
outre, pour que les procédés adoptés soient réellement pratiques, il faut qu'ils n'exigent que des opérations graphiques
très simples.

Nous citerons en particulier, comme satisfaisant de tous
points à ces conditions, **la méthode proposée par M. Maurice**

d'Ocagne, ingénieur des ponts et chaussées, pour le *tracé des joints dans les voûtes elliptiques.* [1] La simplicité et l'élégance ne sauraient en être contestées.

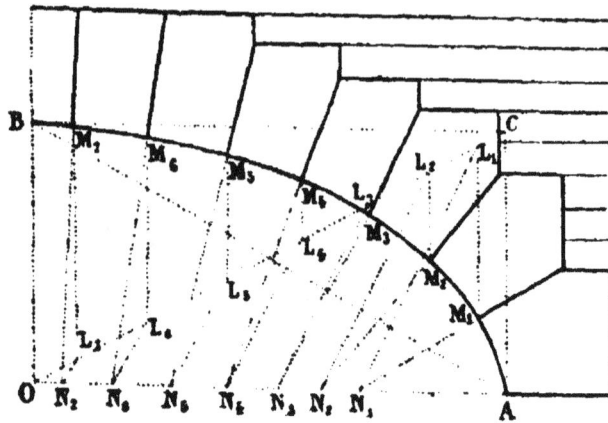

Soit AB le demi-intrados d'une voûte elliptique, et M_1, M_2, M_3...... M_7, les points par lesquels il s'agit de tracer les joints, c'est-à-dire des normales à l'ellipse. — On trace les tangentes BC et AC, qui se coupent au point C, et l'on mène les deux lignes droites OC et AB.

Des points M_1, M_2... M_7 on trace des perpendiculaires sur l'axe OA ; elles coupent la ligne OC aux points L_1, L_2...... L_7 et de ces derniers points on mène les perpendiculaires $L_1 N_1$, $L_2 N_2$, $L_3 N_3$...... $L_7 N_7$, à la ligne AB.

En joignant après cela les points M_1 et N_1, M_2 et N_2.... M_7 et N_7, les lignes ainsi obtenues sont précisément les normales cherchées. La démonstration en est facile.

Soit, sur la figure suivante, MN une normale à l'ellipse menée par le point M ; traçons, comme précédemment, les lignes AB, BC, AC, OC et menons par le point N la ligne NL perpendiculaire à AB. Le point L où cette perpendiculaire coupe la ligne OC se trouve à l'intersection de cette dernière ligne et de l'ordonnée MP abaissée du point M.

1. *Annales des ponts et chaussées*; 1886, 2° semestre (n° 50).

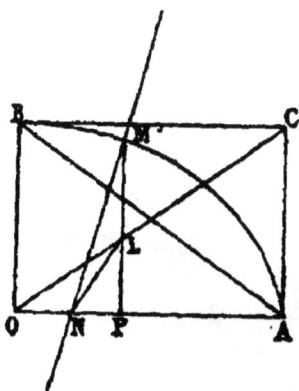

En effet, la courbe **BMA** étant une ellipse, on sait que l'on a :

$$\frac{PN}{OP} = \frac{a^2}{b^2}$$

a et b étant les deux demi-axes de l'ellipse.

Les deux triangles **PLN** et **OAB** ont leurs côtés perpendiculaires ; ils sont semblables et donnent :

$$\frac{PL}{PN} = \frac{b}{a}$$

Ces deux égalités étant multipliées membre à membre, il en résulte la relation :

$$\frac{PL}{OP} = \frac{a}{b}$$

Par conséquent le point **L** se trouve sur la ligne OC en même temps que sur l'ordonnée **MP** et n'est autre que l'intersection de ces deux lignes, ce qu'il fallait démontrer. [1]

On comprend sans qu'il soit nécessaire d'y insister à quel point le tracé des joints des voûtes elliptiques se trouve ainsi facilité.

Ponts de service. — Les échafaudages ont toujours un rôle

---

1. Cette propriété de l'ellipse n'est qu'un cas particulier d'un théorème plus général, dont la démonstration est donnée par M. Maurice d'Ocagne dans un travail intitulé : *Étude géométrique sur l'ellipse*, que la *Revue maritime et coloniale* a publié en 1886 (livraison d'octobre).

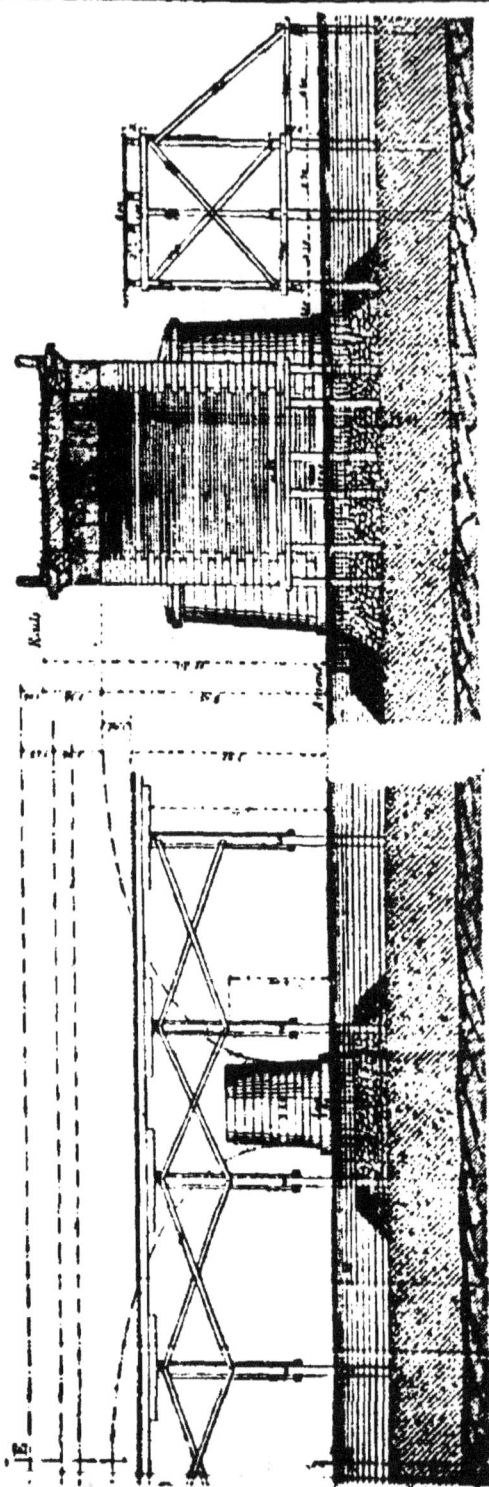

PONT DE MONTLOUIS SUR LA LOIRE

PONT DE SERVICE

Coupe transversale.

Élévation.

CHEMIN DE FER DE BRIOUDE A ALAIS

VIADUC SUR L'ALTIER

Plan du pont de service et des échafaudages.

important à remplir dans la construction des grands ponts et surtout des grands viaducs ; ils comprennent nécessairement l'établissement de ponts de service, non seulement pour communiquer d'une rive à l'autre pendant l'exécution des travaux, mais encore pour assurer le transport des matériaux et la circulation des ouvriers sur tous les points de l'ouvrage.

L'un des types les plus simples pour ces sortes de ponts est celui que le dessin de la page 622 représente en élévation et en coupe transversale. Il a été adopté pour le pont de Montlouis, sur la Loire, et peut convenir dans la plupart des circonstances, en modifiant les dimensions d'après celles de l'ouvrage à construire. Le dessin suffit pour en indiquer les éléments essentiels et montrer comment la solidité et la stabilité nécessaires sont obtenues. Inutile d'ajouter que toutes les pièces doivent être calculées d'après les efforts qu'elles auront à supporter, en procédant comme on l'a indiqué au chapitre précédent pour les pièces des cintres, ou mieux comme on le fait pour les ponts en bois ordinaires.

En plan, le pont de service doit se trouver partout juxtaposé à l'ouvrage à construire, être droit ou courbe selon les dispositions particulières de ce dernier (voir le dessin de la page 623).

En même temps qu'il montre les dispositions du pont de service, le plan nous fournit l'exemple d'un chantier concernant l'exécution d'un ouvrage de dimensions exceptionnelles. La région que traverse le chemin de fer de Brioude à Alais peut compter assurément parmi les plus accidentées ; pour un parcours, en effet, de 168 kilomètres, même en admettant des déclivités de 25 millimètres par mètre et des courbes de 250 mètres de rayon, on s'est trouvé dans la nécessité de construire 101 souterrains et 47 viaducs. Parmi ces derniers le viaduc de l'Allier, dont le dessin suivant représente quelques arches, est le plus important.

L'axe en est établi en courbe suivant un arc de 400 mètres de rayon ; les arches, disposées en deux rangées superposées, sont au nombre de 4 à la partie inférieure et de 11 à l'étage supérieur. L'ouverture de celles-ci est de 16^m tandis que les arches inférieures n'ont que 12^{m}15, à cause du fruit très accentué des piles. Au point le plus élevé, le parapet atteint une hauteur de 73ᵐ33 au-dessus du fond de la vallée ; la largeur entre les têtes est de 18 mètres à la base et de 5ᵐ50 au sommet.

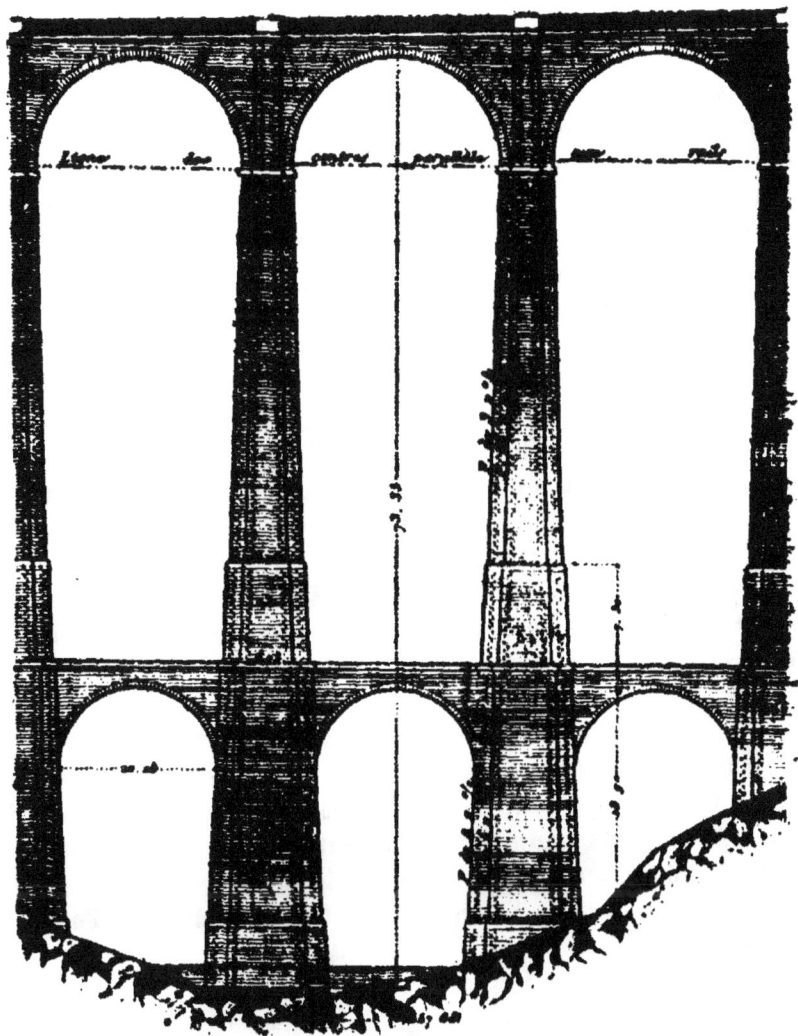

Élévation des arches centrales du viaduc de l'Altier.

Ces indications montrent bien qu'il s'agissait là de travaux sortant de l'ordinaire et exigeant des moyens spéciaux d'exécution. Sans être complet, le plan (p. 623) permet de se rendre compte des dispositions essentielles du chantier. Le pont de service, établi suivant une courbe concentrique à celle du viaduc, avait son tablier à une hauteur de 36 mètres au-dessus de l'étiage de l'Allier et réunissait à cette altitude les deux versants de la vallée ; sur les voies de fer dont il était muni circulaient deux grues à vapeur de 35 mètres de hauteur, ce qui permettait d'atteindre à peu près le sommet des arches les plus élevées de l'ouvrage et d'y faire arriver les matériaux. Les chantiers où ceux-ci étaient disposés et taillés se trouvaient en communication avec le tablier du pont du viaduc, au moyen de chemins en lacets qu'on voit figurés sur le plan [1].

Le but à atteindre au moyen des ponts de service et des échafaudages reste toujours le même, c'est d'établir des communications suffisamment commodes et sûres entre les chantiers de préparation des matériaux et toutes les parties de l'ouvrage en construction. Pour des ponts ou viaducs de dimensions ordinaires, un pont de service comme celui de Mont-louis peut très bien suffire ; mais lorsqu'il s'agit de très grandes hauteurs, il faut, de toute nécessité, recourir à des solutions spéciales et les exemples cités plus haut en indiquent deux qui s'appliqueront souvent avec avantage.

La première, adoptée au viaduc de l'Aulne, consiste à faire porter le tablier du pont de service sur les piles du pont en construction et à l'élever à mesure de l'avancement de la maçonnerie ; la seconde, au contraire, celle du viaduc de l'Allier, comporte l'emploi d'un tablier fixe juxtaposé aux piles, reposant sur des supports spéciaux et muni d'appareils de levage à l'aide desquels les matériaux peuvent être amenés et employés à toute hauteur. Des passerelles accessoires sont naturellement nécessaires, dans ce dernier cas, pour permettre aux ouvriers d'atteindre toutes les parties de l'ouvrage.

---

1. Le cube total des maçonneries exécutées a été de 26.804 m. c., et l'ensemble du pont de service et des échafaudages a exigé l'emploi de 504 mètres cubes de bois (collection des dessins distribués aux élèves des ponts et chaussées ; série 4, section C, pl. 27).

Lorsque le tablier du pont de service principal doit s'élever à mesure de l'avancement de la maçonnerie, divers moyens sont usités pour effectuer cette manœuvre. Le dessin suivant montre les dispositions appliquées au viaduc de l'Aulne.

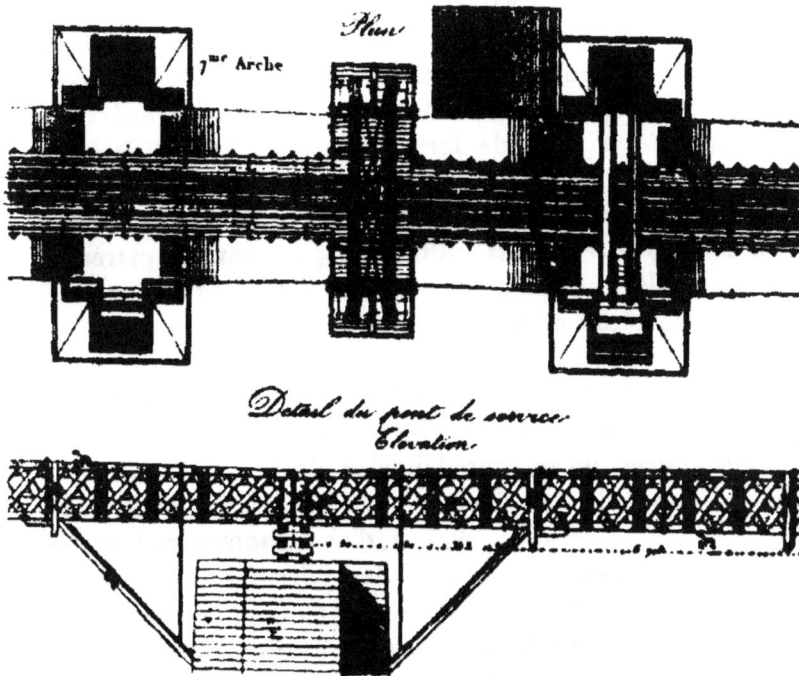

Plan

7ᵐᵉ Arche

Détail du pont de service.
Élevation.

Chaque travée était composée de deux poutres de têtes en treillis, portant un tablier fixé vers le milieu de leur hauteur, de sorte qu'elles formaient en même temps parapets. Les planches employées pour le treillis avaient 0.20 sur 0.05 ; elles étaient espacées de 0.67 sur les bords, inclinées à cinq pour quatre environ sur l'horizontale, et fixées par des boulons de 0.01 de diamètre. Les pièces principales comprenaient deux cours de doubles moises de 0.25 sur 0.130 d'équarrissage, avec couvre-joints de même section.

Les pièces de pont consistaient en madriers posés de champ dans les mailles du treillis, espacés de 1ᵐ.35 et portant un plancher de 0,06 d'épaisseur ; les deux voies de fer étaient fixées sur ce plancher ; des croix de Saint-André, les unes horizontales, les autres verticales, assuraient le contreventement. Enfin de grandes contrefiches de 5m,50 de longueur, inclinées à 45° et dont le bout inférieur portait, au moyen de crampons en fer, sur les joints de la maçonnerie, soutenaient les poutres vers le quart de leur longueur. On avait obtenu ainsi des tabliers d'une extrême solidité, qu'on pouvait relever de toutes pièces lorsque l'avancement des travaux l'exigeait, c'est-à-dire lorsque les maçonneries s'élevaient à 0m,60 environ en contrebas du bord inférieur du treillis. L'opération était effectuée à l'aide de forts verrins permettant de loger successivement sous les deux bouts de chaque travée des pièces de bois ou *chantiers* qu'on empilait comme le montre le dessin. Quatre verrins suffisaient pour chaque extrémité des passerelles ; en quelques heures ces dernières étaient ainsi relevées de 1m,60 et les maçons pouvaient reprendre leur travail [1].

Après l'achèvement des piles, lorsqu'il s'est agi de remonter le pont de service jusques au-dessus des couchis les plus élevés des cintres, on ne procédait plus de la même manière : chaque passerelle était démontée, en conservant entières les deux poutres en treillis ; celles-ci, d'abord ramenées horizontalement jusqu'au droit de l'axe des piles, étaient remontées ensuite de la quantité nécessaire pour en faire reposer les extrémités sur le sommet même des cintres préalablement mis en place. La possibilité de prendre des points d'appui sur les cintres facilitait l'opération.

Nous n'insistons pas sur ces détails dont il est aisé, d'après ce qui précède, de se rendre parfaitement compte.

Pour les grands ponts de Lavaur et du Castelet et le pont Antoinette, c'est un système analogue à celui du viaduc de l'Altier que M. Séjourné a appliqué, mais en donnant relativement beaucoup moins de hauteur aux grues roulantes. Nous insisterons spécialement sur les ponts de service de Lavaur.

---

1. Chaque passerelle a exigé l'emploi de 23mc,70 de bois et de 1.150 kilogrammes de fer : même en faisant abstraction des contrefiches, on pouvait leur faire porter une charge uniformément répartie de 10 tonnes sans soumettre les bois à un effort de plus de 60 kilogrammes par centimètre carré (*Mémoire* déjà cité de M. Arnoux).

PONT DE LAVAUR

ÉCHAFAUDAGE ET PONT DE SERVICE

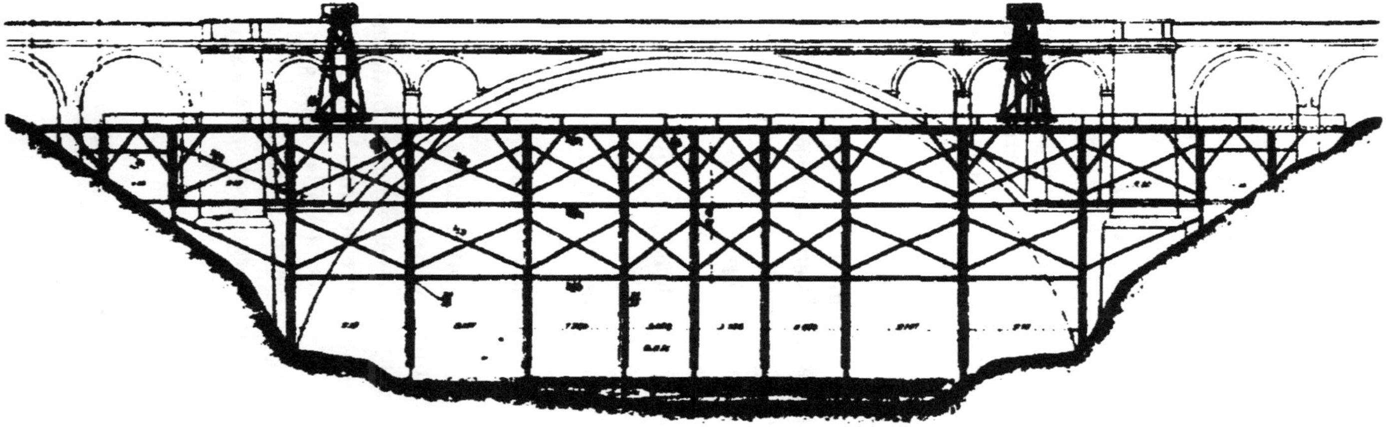

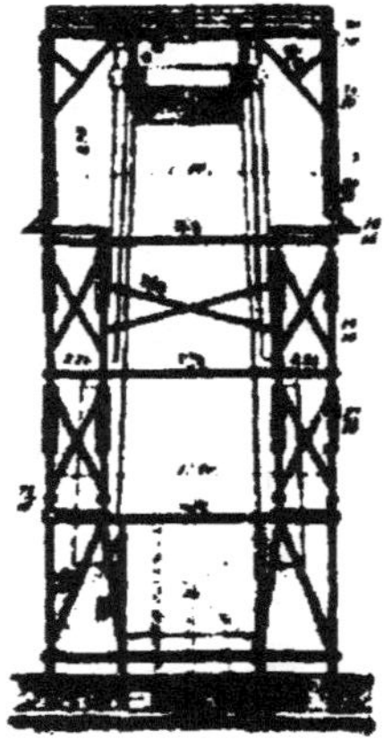

Coupe en travers.

Élévation

Les renseignements suivants, extraits du mémoire de M. Séjourné, permettront d'établir au besoin des ponts de service de ce genre et de se rendre compte par avance de la dépense à en provenir.

Deux ponts semblables ont été établis, l'un à l'amont, et l'autre à l'aval de l'ouvrage ; ils étaient composés chacun de deux fermes disposées comme le montre le dessin, contreventées ensemble et réunies en outre, à travers le cintre, par des moises horizontales et des croix de Saint-André.

Les poteaux montants étaient entés l'un sur l'autre, et un étage correspondait au niveau de chaque système d'entures. Des moises et des croix de Saint-André reliaient fortement les poteaux à la hauteur de chaque plancher.

Les bois employés étaient équarris et avaient 0,18 sur 0,18 pour les poteaux montants et les jambes de force, et 0,28 sur 0,20 pour les longrines sous rails. Les moises et les croix de Saint-André se composaient de pièces de 0,22 sur 0,10 et de 0,25 sur 0,10 de section.

Les grues au nombre de trois, et d'une force de cinq à six tonnes chacune, roulaient sur des galets espacés de 12 mètres, ce qui donnait à la voie du treuil une revanche de 8m,70 sur le plancher du pont de service.

Le cube du bois pour chaque grue était de 7mc,10.

La dépense totale de construction du pont de service s'est élevée à 13.300 fr.

L'établissement des grues et des voies a coûté en outre 15.600 fr.

Ce dernier chiffre de dépense comprend :

Grues avec leurs treuils, cables et accessoires	4.000 fr.
Voie provisoire	5.540 »
Trucs Decauville, wagonnets, plateformes, bennes pour la descente des matériaux	1.770 »
Plans inclinés (tours, treuils, câbles, bandes de feuillards, traverses, wagonnets, chariots)	3.110 »
Divers (grues de chargement sur les wagons, cordages, magasins, etc.)	1.180 »
Total pareil	15.600 fr.

Après l'achèvement des travaux, la moins-value de ces divers objets n'a pas dépassé 7.400 fr. ce qui a réduit la dépense effective totale, pont de service compris, à 20.7 0 fr.

A ces renseignements M. Séjourné ajoute ceux qui suivent:

Cube des bois employés		211^{mc},94
Poids des fers		2.823 ,70
Surface d'élévation		1.449 ,00
Cube total des maçonneries	de la grande voûte	666 ,23
	du pont terminé	6.618 ,67
Cube des bois	par mètre superficiel d'élévation	0 ,15
	par m. c. de maçonnerie — de la grande voûte	0 ,31
	du pont terminé	0 ,032
Dépense	par m. c. de bois du pont de service	62 ,46
	par mètre superficiel d'élévation	9 ,18
	par m. c. de maçonnerie — de la grande voûte	89 ,94
	du pont terminé	2 ,01
Dépenses générales d'installations		7.400 fr.
Ensemble des dépenses pour ponts de service et installations	totales	20.700
	par m. sup. d'élévation	14.28
	par m. c. de maçonnerie — de la grande voûte	31,04
	du pont terminé	2,12

Exécution des voûtes. — Lorsqu'une voûte est en cours d'exécution, on constate le plus souvent, dès que le poids des maçonneries commence à porter sur le cintre, que celui-ci éprouve des mouvements plus ou moins étendus suivant le soin avec lequel il a été construit et tenant, les uns à la présence des assemblages et aux articulations qui en résultent, les autres à l'élasticité et à la compressibilité du bois.

A partir d'une certaine hauteur au-dessus des naissances, les flancs de la douelle tendant à fléchir vers l'intérieur, tandis que la partie supérieure se relève ; plus tard, à mesure qu'on approche de la clef, l'effet inverse se produit, c'est-à-dire que le sommet de la douelle tend à s'affaisser et les flancs à s'écarter de l'axe.

Si des précautions spéciales n'ont pas été prises, si l'exécution de la maçonnerie laisse le moins du monde à désirer, ces mouvements successifs ont pour résultat inévitable de faire ouvrir un certain nombre de joints, de faire porter à quelques voussoirs des charges exagérées et d'occasionner soit des fissures, soit des épaufrures d'arêtes donnant à la voûte terminée un aspect souvent fort défectueux, même lorsque la solidité n'en est pas compromise.

L'opinion des ingénieurs a beaucoup varié, du reste, au sujet de ces mouvements, auxquels on donne d'ordinaire le nom de *tassement sur cintre*. Perronet, dont personne ne songerait assurément à contester la valeur exceptionnelle comme constructeur, ne cherchait pas à prévenir les tassements et leur a même laissé prendre, pour la plupart des ponts qu'il a construits, une amplitude vraiment exagérée.

Dans sa pensée il y avait à cela l'avantage de donner lieu à une plus grande compression du mortier à prise lente dont il faisait usage, et de mieux assurer le remplissage de tous les vides sur les points où c'était le plus nécessaire ; mais ces effets ne se produisaient que là où les tassements tendaient à serrer les joints, tandis que le contraire arrivait pour les joints tendant à s'ouvrir. Souvent, en outre, les courbes d'intrados étaient altérées, et ce n'est qu'au prix de ragréements onéreux et de rejointoiements qu'on parvenait à en rétablir le profil à peu près exact.

Perronet n'a eu, sous ce rapport, que peu d'imitateurs, et de tout temps les ingénieurs ont préféré chercher à réduire à leur minimum non seulement le *tassement sur cintre* dont il vient d'être question, mais encore le *tassement au décintrement*, qui se produit lors de l'enlèvement des cintres.

Dans ce but on s'est d'abord attaché à éviter l'emploi des cintres retroussés de grande portée comme ceux dont Perronet a souvent fait usage, à augmenter pour cela le nombre des points d'appui, à donner au bois plus de force, à en mieux étudier la triangulation, à faire exécuter les assemblages avec plus de soin, à en augmenter la rigidité au moyen de plaques de tôle embrassant les abouts des pièces assemblées et solidement boulonnées d'une face à l'autre, etc.

En outre, comme on ne peut jamais empêcher que les diverses parties de la douelle d'un cintre se comportent à la façon de pièces rigides articulées à leurs extrémités et que de faibles mouvements sont toujours à craindre au droit de ces articulations, la pensée est tout naturellement venue de poser les voussoirs, au droit de ces points, soit à sec, soit en logeant des liteaux de bois dans les joints pour ne garnir ceux-ci de mortier qu'après l'entier achèvement de la voûte.

On a fait plus encore, et ce n'est que de cette façon qu'on est parvenu à atteindre le but qu'on se proposait : on a laissé des vides dans la maçonnerie de la voûte, sur les points où des mouvements étaient à prévoir, vides qu'on garnissait provisoirement au moyen de fortes cales de bois ou d'étrésillons, pour n'y loger qu'au dernier moment les voussoirs correspondants; cela revient à considérer la voûte comme ayant plusieurs clefs disposées en divers points de son pourtour, au lieu d'une clef unique située au sommet.

Le tableau donné par M. Résal, page 374 du premier volume, montre bien l'importance des résultats que l'on peut obtenir, suivant le soin apporté à la construction des voûtes et les précautions prises pour atténuer les divers tassements auxquels ces ouvrages sont toujours exposés.

Il met également en évidence l'importance de la substitution des mortiers hydrauliques à prise rapide, et surtout des mortiers de ciment, aux mortiers à prise lente autrefois en usage.

Cette question de l'exécution des grandes voûtes et des moyens à employer pour atténuer le plus possible les effets des tassements sur cintre et au décintrement a été traitée par M. Séjourné, dans le mémoire auquel nous avons déjà fait de si nombreux emprunts, avec beaucoup plus de détail et de soin que personne ne l'avait fait avant lui : les faits précis et intéressants y abondent, et l'on nous saura certainement gré de transcrire textuellement les passages suivants de cet excellent travail.

Emploi de bandes de plomb en douelle. — Au pont de Chester, sur la Dee, de 61 mètres d'ouverture, la première assise au-dessus des naissances, fût placée sur des coins de plomb de 0ᵐ.038 en douelle, finissant en biseau. Des bandes de plomb de 20 à 23 centimètres de largeur furent aussi introduites dans les joints à partir des naissances jusqu'au point où la pression put être considérée comme passant de l'intrados à l'extrados des voussoirs, soit, dans l'espèce, sur environ les deux tiers de la douelle.

De même au pont de Turin, sur la Dora (45 mètres), l'écartement des joints fut maintenu par des bandes de fer en douelle et pour les bandeaux et par des coins en fer pour l'extrados du corps de la voûte.

Au pont de Berne, des feuilles de plomb ont été intercalées dans les joints de rupture.

Seulement, à ces ouvrages, le plomb assurait, outre le maintien des intervalles des joints, la répartition uniforme des pressions au décintrement ; avec des mortiers peu compressibles, il n'a que le premier objet.

Sectionnement en tronçons et clavages multiples en vue : 1° de prévenir toute fissure pendant la construction ; 2° de diminuer les tassements au décintrement. — Un cintre même très fixe, très raide, très fortement chargé, est toujours plus compressible qu'une maçonnerie ; de là une première fissure inévitable au point où les voussoirs cessent de porter sur les reins pour s'appuyer sur le cintre ; d'autres fissures pourront s'observer au droit des parties plus spécialement fixes du cintre (abouts des vaux longs, extrémités d'une ferme retroussée d'un cintre marinier, etc.). Aussi on a depuis longtemps admis que la fixité, la raideur, le chargement du cintre, le mode d'exécution de la voûte pouvaient seulement réduire le nombre et l'amplitude des fissures, mais non les supprimer, et on s'est préoccupé d'assurer le remplissage des joints ouverts en les laissant vides jusqu'au clavage.

Dès 1788, au pont de Maligny, en arc peu surbaissé de 26 mètres, la voûte fut fermée en trois points (Gauthey, p. 88). Plus tard, en 1847, au pont au Double (arc de cercle de 31 mètres au 1/10), le premier rouleau, exécuté en ciment prompt, fût divisé en quatre voussoirs monolithes par des intervalles de 1 mètre, maintenus pendant leur construction par des encaissements, et clavés tous les cinq à la fois.

Au Petit Pont, en arc de cercle de 31 mètres d'ouverture, au 1/10, construit en 1853, on a laissé un intervalle aux naissances, au premier et au deuxième rouleau.

Au pont de Tilsitt, sur la Saône (arc de cercle au 1/10 de 22 mètres ; 1862), M. Kleitz posa à sec sur liteaux de sapin les deux premiers rangs de voussoirs au-dessus des naissances, et après achèvement des voûtes y coula du ciment.

Même méthode à l'arche d'expérience de Souppes, à trois des six arches du pont de Pruchéric sur l'Aude, ligne de Mous à Caunes, etc.

Au pont de Claix (1871) même méthode qu'au pont aux Doubles.

Au viaduc de St Laurent (1877-1880) pleins cintres de 20 mètres, M. Strobl construisait d'abord la douelle, puis, dans le second rouleau, laissait un vide au joint de rupture qu'il bloquait après clavage à la clef.

Au pont de Waldli-Töbel (ligne de l'Arlberg ; 1883), arc de 41 mètres au 1/3, la voûte a été attaquée à la fois aux naissances et au cerveau, sur 24 degrés, de chaque côté de la clef. Les attaques supérieures étaient soutenues par des chassis en charpente appuyés sur les berges, sans porter sur le cintre, disposition compliquée et peu justifiée, les moéllons ne glissant pas sur le cintre à 24° de la clef.

A Marmande (ellipses de 36 mètres au 1/3,6 ; 1883-1885) les ingénieurs établissent un coffrage au joint de rupture.

Au pont de Céret (plein-cintre de 45 mètres : 1884-1885), l'ingénieur en chef. M. Parlier, a appliqué le mode de construction de Lavaur (neuf clavages dans le premier rouleau).

M. Rabut, à des viaducs de 18 et 27 mètres de la ligne de Vire à St-Lô (1884) a de même ménagé des ouvertures aux reins en substituant aux coffrages une maçonnerie à mortier maigre, qu'on remplace ensuite par une maçonnerie définitive ; au décintrement, ni fissure, ni tassement. [1]

A un passage supérieur en arc de cercle de 28m,34 de portée, 6m,90 de flèche, construit en 1885 dans la station de Bussière-Galand, ligne de Limoges à Périgueux, M. Sabouret a rempli de sable les joints des naissances, après les avoir divisés en compartiments au moyen de bandes de mortier maigre ; les joints avaient une épaisseur de 0,02 à 0,03, les bandes une largeur de 0,04 et étaient distantes de 0m,40.

Le deuxième rouleau achevé, on a vidé successivement chaque compartiment en faisant tomber le sable par le joint d'intrados, puis bourré de mortier de ciment introduit par le joint d'extrados.

A d'autres ouvrages, au lieu de diviser la voûte en un petit nombre de monolithes, on a, avant de ficher ou couler le mortier, posé sur cales tous les voussoirs. Exemples : pont sur la Dora (45 mètres), pont de Berdoulet (40 mètres), pont Notre-Dame, à Paris (18m,46).

Quand on opère sur des cintres à articulations nombreuses, susceptibles de déformations d'ensemble, il y a incertitude sur le nombre et la position des joints au droit desquels la voûte tendra à s'ouvrir ; le mieux serait alors de tout poser sur cales.

Ainsi pour deux arches de 36 mètres du pont de Marmande, MM. Pagens et Guibert ont dû établir un cintre marinier avec une hauteur à la clef de 2m,20 seulement, pour une passe libre de 18 mètres, conditions fort délicates qui imposaient pour la partie retroussée, un système élastique à déformations d'ensemble.

Malgré le poids considérable dont on avait chargé le cerveau du cintre, malgré les quatre coffrages ménagés aux reins, de minces fissures ont été observées à un certain nombre de joints du bandeau pendant la construction du premier rouleau ; tandis qu'elles auraient peut-être été évitées en posant tout sur cales. [2]

---

1. Nous avons nous-mêmes pratiqué les coffrages ménagés vers le joint de rupture pour l'exécution, en deux rouleaux, des voûtes du pont de Courcelles sur la Seine, terminé en 1876 (anses de panier de 36 mètres). D.

2. Ce n'est certes pas, ajoute M. Séjourné, une critique de l'ouvrage, que

On remarquera que le mode d'exécution inauguré en 1788 au pont de Maligny n'a guère été appliqué, avant 1880, qu'aux voûtes très surbaissées pour lesquelles la charge sur les coffrages est nulle ou peu importante. [1]

Le sectionnement en rouleaux n'implique pas la construction par rouleaux ; on peut fort bien établir des coffrages sur toute l'épaisseur de la voûte et la construire d'un seul coup. Mais les reprises sont moins faciles, partant on en fera moins et on perd le bénéfice des rouleaux, légèreté des cintres, prompte fermeture de la voûte.

Il s'applique facilement aux voûtes en moellons ordinaires (ponts de Claix, de Marmande ; il convient seulement, pour un bourrage exact, d'établir en moellons têtués le remplissage des coffrages et l'assise au dessus.

Enfin la maçonnerie des clavages devient, avec quelques précautions fort simples, la meilleure de toute la voûte.

Au décintrement, c'est en ces points que s'exercent les plus fortes pressions, que se produisent par conséquent les plus grands tassements. Si donc les joints ont été assez fortement bourrés pour y produire des réactions normales aux lits et un commencement de décintrement, ce décintrement s'opérera sans tassement appréciable.

Ainsi donc, en résumé, le système des clavages multiples :

Prévient toute fissure pendant la construction ;

Crée entre les voussoirs des clavages, des réactions qui soulagent le cintre et préparent le décintrement ;

Ne laisse guère subsister, au décintrement, que les déformations élastiques ; c'est-à-dire supprime les fissures résultant des tassements ordinaires.

Il s'applique, convenablement modifié, aux voûtes de toute ouverture, construites par rouleaux ou à pleine épaisseur, en moellons ordinaires ou d'appareil, avec mortier de chaux ou de ciment, sur cintres fixes ou sur cintres retroussés.

C'est surtout pour l'exécution des voûtes des grands ponts de Lavaur et du Castelet et du pont Antoinette que M. Séjourné a trouvé l'occasion d'appliquer de la façon la plus com-

nous nous permettons. Toutes ces fissures étaient inévitables avec un cintre forcément très déformable : elles ont été très habilement remplies après sciage des joints ouverts, et les résultats du décintrement n'eussent pas été plus remarquables avec tout autre système, puisque le tassement est resté compris entre 0,0015 et 0,0035.

1. Voir la note de la page précédente concernant l'exécution des arches du pont de Courcelles, en anse de panier d'environ 35 mètres d'ouverture et 9 mètres de flèche, terminé en 1876. D.

plète le système de construction exposé dans ce qui précède ;
il est intéressant d'examiner quels en ont été les résultats.

Afin d'abréger, nous nous bornerons aux détails concernant le nouveau pont de Lavaur.

Pont de Lavaur. — Après avoir effectué le montage du cintre, vérifié la douelle, on a tracé sur celle-ci les courbes des têtes et tout l'appareil des bandeaux dont les lignes ont été exactement suivies, à un ou deux centimètres près, pour l'exécution de la maçonnerie.

Aucun surhaussement n'avait été donné au cintre dont le profil extérieur reproduisait rigoureusement la courbe d'intrados de la voûte.

On a employé du mortier de ciment acquérant en peu de temps une dureté telle qu'il eût été impossible de dégrader après coup les joints sans épaufrer la pierre ; on a en conséquence disposé dans tous les joints vus des liteaux de sapin d'une épaisseur un peu inférieure à celle fixée pour ces joints, c'est-à-dire : De deux à trois millimètres pour la pierre de taille, de quatre à six millimètres pour le moëllon tétué.

A l'extrados les joints étaient tenus creux et bien lissés pour y découvrir de suite les moindres fissures venant à se produire, même celles que le retrait du mortier suffit pour expliquer.

Les joints laissés vides pendant la construction et ceux des clavages ont été bourrés avec du mortier pulvérulent à l'état de sable humide, ne contenant que la quantité d'eau nécessaire à la formation de l'hydrosilicate.

Pour 50 kilogrammes de ciment et 77 litres de sable, cette proportion d'eau était de 10 à 11 litres ou de 9 litres, suivant qu'on avait employé du sable sec ou du sable humide.

Pour le mortier ordinaire, auquel on donnait la consistance de la terre à briques prête à être moulée, le volume d'eau pour les mêmes proportions de matières était de 16 litres avec sable sec et de 12 à 13 litres avec sable humide.

Le remplissage s'effectuait en refoulant le mortier dans les joints par petites épaisseurs, d'abord au moyen de fiches en fer, puis avec de larges spatules en chêne, et en le battant ensuite à grand coups de maillet pour ne s'arrêter qu'au moment où il avait rendu un peu d'eau.

Il est non seulement de nécessité absolue de remplir rigoureusement les joints des coffrages de façon à n'y laisser subsister aucun vide, mais il faut encore que le mortier détermine entre les voussoirs des réactions normales tendant à soulager le cintre.

On a pris en outre, pour ce même pont de Lavaur, les précautions suivantes :

Au moment de la pose tous les voussoirs étaient rigoureusement assujettis à l'aide de forts maillets de bois, qui répartissent bien l'effort produit par le choc sans écraser la pierre.

Les queues des moëllons d'un rouleau formaient comme une sorte d'engrenage, dans les dents duquel les moëllons du rouleau suivant ont été encastrés.

Pour l'exécution de la maçonnerie on avait soin que les têtes ne fussent jamais en avance de plus de deux assises sur la douelle, le voussoir supérieur étant toujours de courte queue, pour n'avoir pas à introduire des moëllons entre les queues de deux boutisses du bandeau.

La voûte de Lavaur a été construite en trois rouleaux avec les épaisseurs dont le tableau suivant donne toutes les cotes.

DÉSIGNATION DES PARTIES DE LA VOUTE	LIMITES ANGULAIRES	1er ROULEAU			2e ROULEAU			3e ROULEAU		
		Nombre de moëllons en épaisseur par assise	épaisseur maxima	minima	Nombre de moëllons en épaisseur par assise	épaisseur maxima	minima	Nombre de moëllons en épaisseur par assise	épaisseur maxima	minima
			m	m						
Corps de la voûte	35° a 41°	3	1.05	0.80	2	0.70	0.70	3 et 2	0.90	0.90
	41° à 29°	3 et 2	0.95	0.80					0.81	0.63
	29° à 11°		0.85	0.70	2 et 1	0.65	0.30		0.80	0.60
	11° à la clef	2	0.55	0.60				1	0.55	0.40
Bandeaux	à 35°	2	1.18	1.11	1	0.64	0.47	1	0.85	0.80
	à la clef		0.80	0.65		0.39	0.25		0.60	0.60
					Achèvement du bandeau jusqu'à l'archivolte			Archivolte		

Les dessins ci-après sont nécessaires pour l'intelligence des dispositions particulières à l'exécution de chaque rouleau ; nous les empruntons, comme les explications qui s'y rapportent, au même mémoire de M. Séjourné.

La voûte a été articulée au droit de chaque point fixe, c'est-à-dire divisée par des joints secs en autant de tronçons que de vaux. On a donc établi, pour le premier rouleau, des coffrages à 55° et 44° et des taquets a 29° et à 14° (voir les dessins).

Les divisions du premier rouleau sont ainsi au nombre de huit :

De 55° à 44°	tronçons	I et I'
De 44° à 29°	—	II et II'
De 29° à 14°	—	III et III'
De 14° à la clef	—	IV et IV'

On cale d'abord le cintre aux reins en construisant les tronçons I et I'.

Les coffrages destinés à soutenir ces premiers tronçons et les assises à sec correspondantes sont posées comme suit :

Les quatre premiers voussoirs de tête sur cales de 0,010 d'épaisseur, la cale inférieure en plomb de 0,04 de hauteur, la supérieure en chêne de 0,03 de hauteur.

Les quatre premières files de moellons têtués de douelle correspondants, sur cales, les cales inférieures formées de bandes de plomb de 0,015 d'épaisseur et 0,04 de largeur ; les supérieures sont des coins en chêne à la demande des queues des moellons. Les cales en plomb devant rester dans la maçonnerie sont tenues à 0,01 en arrière des moellons, ce qu'on obtenait au moyen d'un liteau de sapin de 0,01 sur lequel la bande de plomb était placée.

Au-dessus des assises à sec, les maçonneries sont soutenues par un coffrage en charpente constitué par sept fermes espacées de 0,90, composées de deux bois ronds de 0,25, soutenant des madriers de 0,10 sur 0,35 portant des couchis [1] de 0,11 sur 0,10.

Les fermes sont reliées par une moise de 0,25 sur 0,10 et les intervalles bourrés de sacs à chaux bourrés de sable sec.

Le cintre étant calé aux reins par les tronçons I et I' est chargé au cerveau d'environ 50 mètres cubes de moellons têtués, répartis sur 22° de chaque côté de l'axe ; puis on attaque *simultanément* les six tronçons II, II', III, III', IV, IV'. Les tronçons II et II' reposent sur des coffrages comme I et I', avec cette différence que le diamètre des bois ronds est réduit de 0,25 à 0,20 et qu'il n'y a que 6 fermes au lieu de 7 (les coffrages sont exécutés pendant le chargement du cintre) ; les autres tronçons reposent sur des taquets placés aux lits les plus voisins de 29° et 14° (mais entre ces angles et la clef, se composant de fermes fixées aux vaux soutenant un platelage de 0,10.

[1]. Pour la facilité de la reprise, ne pas clouer les couchis sur les madriers.

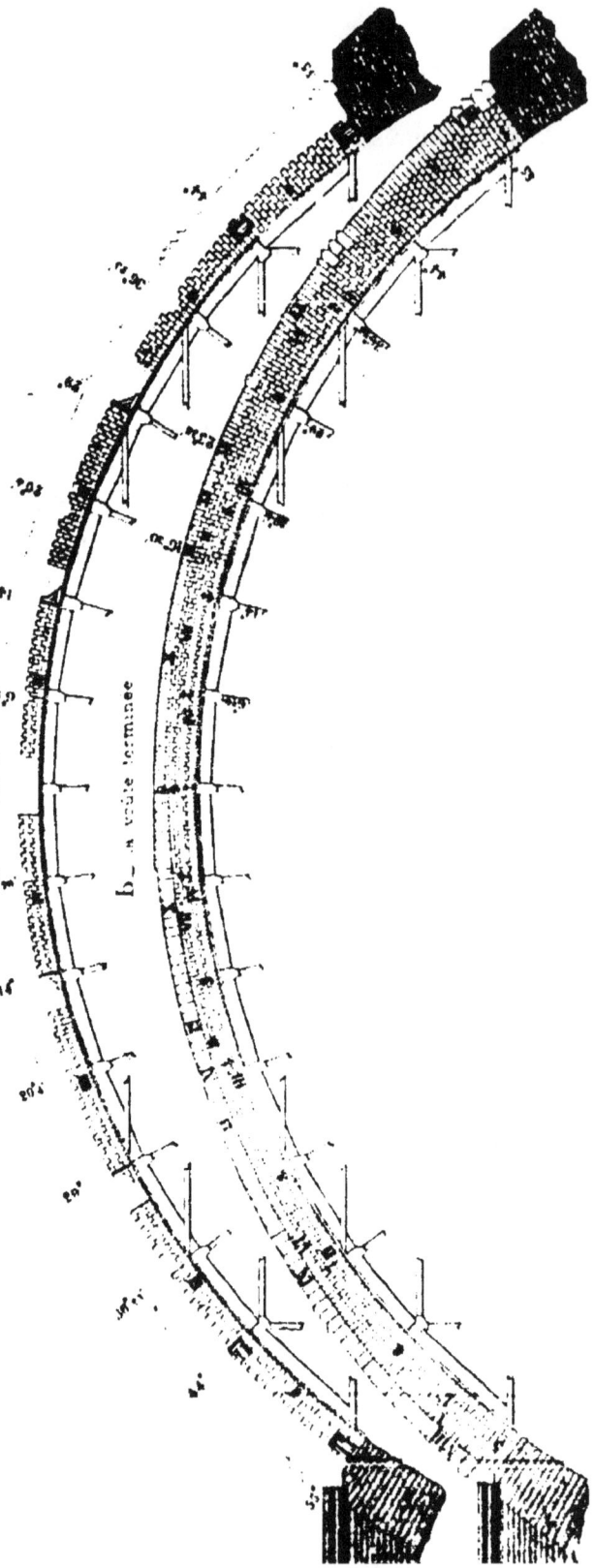

PONT DE LAVAUR

a _ avant clavage à cerf de ... rouleau

b _ à voûte terminée

PONT DE LAVAUR
DÉTAILS DES COFFRAGES ET TAQUETS

Coffrages aux joints à 44°
Vue par dessus

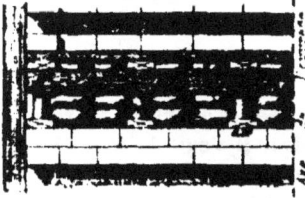

Coffrages aux naissances
Vue par dessus

Taquets à 14° et à 29°
Vue par dessus

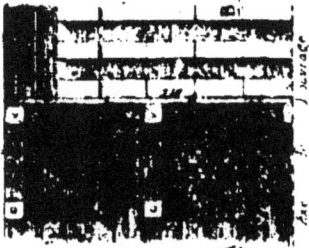

Coupe suivant CD

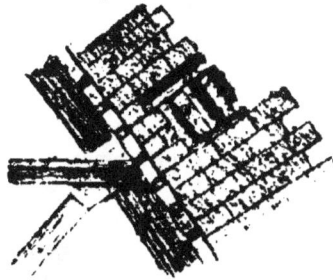

Coupe suivant AB

Élévation suivant AB

Assise à sec.

Enfin on a posé sur cales de plomb à l'intrados, de chêne à l'extrados, les assises correspondant aux abouts des vaux, c'est-à-dire celles aux angles de :

6° 20′   20° 4′   36° 23′

formées d'un seul moëllon plein sur toutes les faces et taillé en parement de douelle, comme un moëllon têtu.

Clavages. — Au momont où vont commencer les clavages, la voûte est décomposée en 14 grands voussoirs monolithes formant un polygone articulé au droit de chaque point fixe du cintre. Il s'agit de raidir ces articulations et d'y établir des réactions normales aux lits.

On clave d'abord la clef, puis successivement, en n'ayant jamais qu'un chantier à la fois de chaque côté :

Les assises à sec à 6° 20′ ;

Les taquets à 14° ;

Les assises à 20° 4′ ;

Les coffrages à 35° ;

Ceux à 44° ;

Les assises à sec à 36° 23′ ;

Et enfin les taquets à 29°.

Aux taquets on a pu enlever les bois en grand ; aux coffrages, on a procédé par chambre de 1 mètre, en commençant par celles des têtes à 35°, par celles sur l'axe à 44°.

Tous ces points [1] ont été *matés au refus absolu*, avec du mortier pulvérulent, précaution sur laquelle on ne saurait trop appuyer parce que la réussite est à ce prix.

Tous les vieux mortiers étaient repiqués et les moëllons sur cales lavés à grande eau avec une pompe de jardin. Les eaux des lavages s'écoulaient par des ouvertures ménagées dans le platelage du cintre.

2° rouleau. — Il a été divisé en six tronçons :

De 35° à 43°   tronçons V et V′

De 43° à 18° 17′   —   VI et VI′

De 18° 17′ à la clef   VII et VII′

Les tronçons supérieurs étaient simplement soutenus par des découpes du premier rouleau. Sur la pénétration de l'archivolte, le moëllon était arasé uniformément sans découpe au niveau de l'extrados du bandeau ; sur le reste de la voûte avec découpes comme dans le premier rouleau.

Le premier rouleau fonctionnant comme cintre a d'abord été chargé aux reins jusqu'à 43°, avant l'attaque simultanée des tronçons VI, VI′, VII, VII′.

3° rouleau. — On devait d'abord l'exécuter comme une voûte ordinaire en deux attaques. On le commence ainsi le 12 novembre ; la mauvaise

---

1. A l'extrados de tous les points secs, on avait bourré de l'étoupe pour les maintenir propres pendant la construction.

saison approchant, on fait à partir du 24 novembre deux nouvelles attaques (aux angles de 16° 30′).

Du 5 au 12 décembre interruption par les gelées ; le 9 le thermomètre descend à 12° ; les maçonneries sont protégées par des paillassons, des sacs, des bâches, les joints de l'archivolte bourrés d'étoupes. On construit des abris contre la neige ; on reprend le 12 décembre quand le thermomètre est au-dessus de 0°.

La clef est clavée le 12 décembre.

Les tronçons IX et IX′ étant alors seulement aux angles de 25° 53′, on fait deux nouvelles attaques aux angles de 23° 38′, tronçons XI et XI′ clavés le 20 décembre.

Le dernier clavage a lieu, à l'angle 28° 38′, le 25 décembre.

On n'a fait aucune charpente pour soutenir les maçonneries du troisième rouleau, les découpes du deuxième suffisant, sauf aux archivoltes des tronçons XI et XI′, qui n'avaient pas de liaison avec le bandeau et ont été soutenues par des taquets.

On nous reprochera peut être, non sans quelque raison, l'extrême étendue de nos emprunts au mémoire de M. Séjourné ; notre excuse c'est que jamais, selon nous, l'art de construire les grandes voûtes, la science pratique des travaux, l'ingéniosité rationnelle des moyens n'ont été poussés plus loin que ne l'ont fait les ingénieurs chargés de l'exécution des grands ouvrages dont il vient d'être question ; nous ne pouvions donc mieux faire, comme conclusion de ce traité de la construction des ponts en maçonnerie, que de laisser M. Séjourné exposer lui-même les procédés grâce auxquels cet art a atteint, ou peu s'en faut, sa plus haute perfection. Si l'on joint aux grands progrès que la *construction des ponts* a ainsi faits ceux que l'on doit à M. Résal pour *l'étude des projets*, on peut dire que les ponts en maçonnerie sont maintenant en mesure de lutter contre les ponts métalliques pour l'établissement des grands ouvrages, dans des cas bien plus nombreux qu'autrefois.

Le public ne s'en plaindra pas, surtout si l'on comprend mieux que par le passé les questions relatives à la *décoration des ponts*, question que nous nous sommes particulièrement efforcé d'élucider.

§ 2. — RENSEIGNEMENTS

Tableau I : Voûtes en maçonnerie de plus de 40ᵐ de portée (suivi de renseignements sur les voûtes quelques ponts et viaducs en maçonnerie. — Tableau III : Ouvrages à construire d'après des types

Tableau I. — Voûtes en maçonnerie de plus de 40ᵐ

Nota. *Les voûtes aujourd'hui*

Classement suivant la portée			DÉSIGNATION DES OUVRAGES.	INTRADOS DE LA PLUS GRANDE ARCHE			ÉPAISSEURS			
Voie de fer	Voie de terre	Voie d'eau		DÉFINITION	Ouverture A	Montée f	à la clef e	au joint incliné sur la verticale		Rapport E/e
								de	E	
					mét.	mét.	mét.		mét.	
		»	*Pont de Trezzo, sur l'Adda..*	Arc de cercle.	72,25	20,70	2,25	59°	2,25	1
	1		Pont-aqueduc de Cabin-John (Etats-Unis)	Arc de cercle.	67,10	17,47	2,90	55°,9′,31″	6,10	2,1
2			Pont de Lavaur, sur l'Agout.	Arc de cercle.	61,50	27,50	1,65	60°	2,81	1,7
	3		Pont de Chester, sur la Dee .	Arc de cercle.	60,96	12,80	1,22	45°,33′,53″	1,83	1,
4			Viaduc de Ballochmyle, sur l'Ayr (Ecosse)	Plein cintre.	55,17	27,585	1.37	60°	1,67	1,22
	5		Pont du Diable, près Barizzo, sur la Sale	Anse de panier à 5 centres.	55,00	13,55	2,00	36°	3,50	1,7
	6		Pont Annibal, près Capoue, sur le Volturne..........	Anse de panier à 5 centres.	55,00	14,02	2,00	près du milieu de la montée	5,00	2,
		»	*Ancien pont de Vieille-Brioude*	Arc de cercle.	54,20	21,00	2,27	»	»	»
	7		Pont de Claix, sur l'Isère...	Arc de cercle.	52,00	8,05	1,50	34°,25′,3″	3,10	2,0
8			Pont Antoinette, sur le Tarn.	Arc de cercle.	50,00	15,90	1,50	49°,56′,27″	2,283	1,
9			Viaduc de Nogent-sur-Marne.	Plein cintre.	50,00	25,80	1,00	»	»	»
10			Pont de Victoria, sur la Wear.	Plein cintre.	48,77	248,35	1,44	»	»	»

STATISTIQUES

auxquelles on a attribué à tort de grandes ouvertures). — Tableau II : Prix de revient de
généraux; prix à appliquer. — Tableau IV : Dépenses faites pour la construction de quelques viaducs.

de portée (d'après Séjourné, *Annales* de 1886).
détruites sont inscrites en italiques.

DATES de la CONSTRUCTION	OBSERVATIONS
1370-77 *détruit le* *21 déc. 1416*	Dimensions relevées par M. de Dartein, qui en a fait une restitution (voir ci-dessus pages 71 et 72). Les autres renseignements sont dus à M. Clericetti (de Milan).
1860-62	*Annales* de 1863 et légendes des dessins distribués aux élèves des ponts et chaussées, II, 27.
1862-84	L'intrados est qualifié arc de cercle, parce que le petit rayon (19m688) ne s'applique qu'au dessous du sol et n'a qu'un faible développement.
1833-34	Légende des dessins distribués aux élèves des ponts et chaussées, I, 70.
commencé le 15 sept. 1846	Renseignements pris à la compagnie Glascow-South-Western.
1871-72	Monographie de M. Sasso ; Naples, 1873.
1868-70	Monographie de M. Sasso ; Naples, 1871.
1151 *détruit en* *1822*	Alfred Léger (*Travaux publics, mines et métallurgie au temps des Romains*)
1874-75	*Annales* de 1879.
1883-84	*Annales* de 1886.
1855-56	*Annales* de 1856 *Bulletin de la Société d'encouragement*, 1857.
»	Dupuit, page 317, planche 30.

Classement suivant la portée			DÉSIGNATION DES OUVRAGES	INTRADOS DE LA PLUS GRANDE ARCHE			ÉPAISSEURS			
Voie de fer	Voie de terre	Voie d'eau		DÉFINITION	Ouverture A	Montée f	à la clef c	au joint incliné sur la verticale de	E	Rapport E/c
					a.èt.	mèt.	mèt.		mèt.	mèt.
	11		Pont de Gignac, sur l'Hérault.	Anse de panier à 3 centres.	48,726	16,20	1.95	»	»	.
	12		Vieux pont de Vérone, sur l'Adige..............	Arc de cercle.	48,726	18,44	1,60 moyenne	52°,52',50"	2,00 au plus	1,25 au plus
	13		Vieux pont de Lavaur, sur l'Agout..............	Anse de panier à 3 centres.	48,726	19,49	2,924	Épaisseur uniforme.	2,924	1
	14		Pont des bains de Lucques, sur le torrent de Fegana..	Arc de cercle.	47,835	7,128	1,80	33°,11',26"	3,00	1,67
	15		Pont de Tournon, sur le Doux	Arc de cercle.	47,78	19,82	0,85	»	»	.
	16		Nouveau pont de Londres, sur la Tamise..........	Ellipse.	46,30	11,50	1,52	»	»	»
	17		Pont de la Nydeck, à Berne, sur l'Aar..............	Arc de cercle.	46,06	18,41	1,80	»	»	»
	18		Pont de Gloucester, sur la Severn..............	Ellipse.	45,75	10,67	1,37	»	»	»
	19		Ancien pont de Claix, sur le Drac..............	Courbe à 5 centres non définie géométriquement.	45,65	15,70	1,365	»	»	»
20			Pont de Kleinwolmsdorf (Saxe), sur le Rœder........	Arc de cercle.	45,32	15,40	1,70	»	»	1,3.
	21		Pont de Turin, sur la Dora-Tiparia..............	Arc de cercle.	45,00	5,50	1,50	27°,28',23'	2,00	2,00
22			Nouveau pont de Céret, sur le Tech..............	Arc de cercle.	45,00	19,50	1,40	60°	2,80	»
	23		Vieux pont de Céret, sur le Tech............	Plein cintre.	45,00	22,50	1,50	»	»	2,0.
	24		Nouveau pont de Vieille-Brioude, sur l'Allier......	Plein cintre.	45,00	22,50	1,80	60°	3,65	»
	25		Pont d'Orense, sur le Minho.	.	44,00	»	»	»	»	2,22
	26		Nouveau pont de Putney, sur la Tamise..........	Arc de cercle.	43,89	5,884	1,372	30°	3,048	.

DATES de la STRUCTION	OBSERVATIONS
ommencé en 1777	Renseignements pris sur les dessins d'exécution.
1354	Ouvrage de G.-B. Biadego. Milan, 1880.
1773-90	Dimensions relevées sur place.
1874-75	*Giornale del genio civile*, 1878.
1845	Fontenay, p. 276.
1831	Fontenay, p. 290.
1844	Fontenay, p. 294.
1827	*Life of Telford*, p. 258-267. Pl. 82 (Londres, 1838).
1608-11	*Annales*, 1879.
1845	*Heinzerling-Brücken der Gegenwart (Steinerne Brücken*, Heft, II, 36).
1834	*Transactions of the institution of civil Engineers :* I, 183 (Londres, 1836). — Un pont de 45ᵐ sur le Liri s'est écroulé pendant la construction (1873), par insuffisance du cintre (note de M. Sasso ; Naples, 1880).
1832-85	D'après les dessins d'exécution.
1356	Dimensions relevées directement.
1824-32	Renseignements fournis par les Ingénieurs de la Haute-Loire.
IIIᵉ siècle	Alfred Leger et *Guide* de Germond de Lavigne, Renseignements non contrôlés.
1882-86	Renseignements fournis par M. Bazalgette.

Classement suivant la portée			DÉSIGNATION DES OUVRAGES	INTRADOS DE LA PLUS GRANDE ARCHE					ÉPAISSEURS		
Voie de fer	Voie de terre	Voie d'eau		DÉFINITION	Ouverture A	Montée f		à la clef e	en joint incliné sur la verticale		Rap
									de	E	
					mèt.	mèt.		mèt.		mèt.	
	27		Pont St-Étienne (Autriche), route du Brenner........	Voisin du plein cintre.	43,62	»		»	»	»	
	28		Pont de l'Alma (Paris).....	Ellipse.	43,00	8,60		1,50	»	»	
	29		Pont du Saulnier, sur le Gardon de Sainte-Cécile d'Andorge...............	Arc de cercle.	43,00	8,60		1,30	43°,36 .12°	2,08	1.
	30		Pont de Ponty-Pridd, sur la Taaff. N° 1 et 2. / N° 3......	Arc de cercle.	42,67	10,67		» / 0,91	»	»	0,
	31		Pont de marbre à Florence, sur l'Arno...............	Arc de cercle.	42,23	9,10		1,62	»	»	
32			Pont de Rovato, sur l'Oglio,	Arc de cercle.	42,00	11,90		1,40	59°,4',40	2,38	1.
	33		Pont de St-Sauveur, sur le Gave de Pau...........	Plein cintre.	42,00	21,00		1,45	60°	2,00	1.
	34		Pont de Vizille, sur la Romanche...........	Anse de panier.	41,00	11,60		1,95	»	»	
35			Pont du Castelet, sur l'Ariège	Arc de cercle.	41,20?	11,00		1,25	60°	2,25	1.
36			Pont de Wadh-Tobel (Autriche), sur le torrent de Klosterle.........	Arc de cercle.	41,00	15,23		1,70	60°	3,00	1.
	37		Pont de St-Martin, à Tolède, sur le Tage...............	Ogive.	40,27	»		»	»	»	

Au viaduc de Nogent, il y a 4 arches semblables de 50 m.; au pont Victoria, 2 pleins cintres
Il faut donc augmenter de 6 le nombre total des voûtes de plus de 40 m. indiqué au tableau

Voûtes auxquelles il a été attribué à to

Pont de Justinien, sur le fleuve Sangaris (Asie Mineure). — Procope dit : « Une arche de 200 pieds, 66 m. 97, d'ouverture en plein cintre construite par l'empereur Justinien sur le fleuve Sangaris, dans l'Asie Mineure... » Voir ces sur les moyens de construire les grandes arches de pierre de 200, 300, 400 et jusqu'à 500 pieds d'ouverture, art. 106, Paris, 1793. — M. Albert Leger dit de même : « A Sangaris subsiste encore un beau pont ... un arc gigantesque porte sur deux culées accrochées entre le rocher. — Les travaux publics, les mines et la métallurgie au temps des Romains, p. 333, Paris, 1875. »

Or, d'après les renseignements qu'a bien voulu nous donner M. Bailand ....

DATES de la CONSTRUCTION	OBSERVATIONS
1842-46	*Zeitschrift des Oster. Ing. u. Arch. Ver.*, 1884, 3ᵉ livr., p. 93.
1856	Romany, p. 73.
1882	Dessins d'exécution.
»	Les deux premières voûtes construites sont tombées après le décintrement.
1751	Gauthey, p. 2?.
1578	Gauthey, p. 23.
1877	Note de Cesare Bermani (Milan, 1878).
1860-61	Dessins d'exécution. Notice sur l'exposition de 1867.
1766	Gauthey, p. 99.
1883-84	*Annales* de 1886.
1883-84	Dessins d'exécution. *Annales des travaux publics* (1884).
1203	Croizette-Desnoyers, 1, p. 43.

de 43 m. 89 et 48 m. 77 ; au pont de Londres, 2 ellipses de 42 m. 90 et une de 46 m. 50.

des portées supérieures à 40 mètres

en chef des ponts et chaussées, Directeur au Ministère des travaux publics à Constantinople, le pont de Justinien, près Ada Bazar, est composé de huit arches de 23 mètres au plus, et il n'y a pas en Asie-Mineure d'autre arche antique de grande portée. (On trouve un croquis et une description assez complète du pont de Justinien dans l'ouvrage de M. Charles Texier sur l'Asie-Mineure).

Ce pont n'est d'ailleurs pas sur le Sakaria, mais sur le Tchark-Son, affluent du Sakaria.

D'après les renseignements fournis par l'ingénieur résidant à Ada-Bazar, et qui nous ont

été communiqués par M. Sellié, ingénieur de la Compagnie des Eaux de Constantinople.
il existe, en un point du Sakaria, en amont du confluent avec le Tchark-Son, sur chaque
rive, des vestiges d'ancienne maçonnerie. Le Sakaria, très encaissé en ce point, y a de 60
à 70 mètres de largeur ; il n'existe aucune trace de route ayant jamais pu aboutir à ces
ruines.

PONT DE TRAJAN, SUR LE DANUBE (à 21 kilomètres en aval d'Orsova). — D'après Perronet : « Le pont construit à Worhel, sur le Danube, en Hongrie, par l'empereur Trajan,
d'après les dessins d'Apollodore de Damas, était composé de vingt arches ; chacune de 170
pieds d'ouverture en plein cintre (55 m. 22) ». (*Mémoire sur les moyens de construire des
arches de 200, 300 ... 500 pieds*, art. 105, Paris, 1793). — Ces assertions, empruntées en
partie à Dion Cassius (Ep lib. LXVIII-13), sont confirmées par Gauthey (t. I, p. 20, Paris, 1809).

Mais un bas-relief de la colonne trajane et une médaille de la Bibliothèque nationale (*)
montrent que l'ouvrage a été exécuté avec des arcs en charpente (Alfred Léger, *Travaux
publics au temps des Romains*, p. 131, 265. — M. Choisy, *Art de bâtir chez les Romains*,
p. 161 162).

Les travées, composées de trois cours d'arcs, avaient près de 36 mètres d'ouverture.
(Rapport de M. Lalanne, Inspecteur général, président de la Commission technique pour
la construction d'un pont sur le bas Danube, Décembre 1875).

PONT CONSTRUIT PAR AUGUSTE PRÈS DE NARNI, SUR LA NÉRA (Ombrie). C'était un ouvrage
en voûtes rampantes comprenant quatre arches en berceau, à section elliptique de 34 m.
75, 15 m. 75, 15 m. 75, 20 m. 50 ; cette dernière seule subsiste. L'ouvrage est tombé par
insuffisance des fondations (M. Choisy, *L'Art de bâtir chez les Romains*, p. 139 140,
Pl. XXI. Les ouvertures ont été mesurées sur les dessins levés directement par M.
Choisy).

Gauthey (p. 20) parle d'un pont, aujourd'hui détruit, sur la Néra, près de Terni, de dix-
sept arches de 10 mètres ; il n'a pas existé sur la Néra d'autre pont antique que le pont
d'Auguste de l'ancienne voie Flaminienne. — M. Alfred Léger lui attribue quatre arches
de 22 m. 30, 10 m. 15, 33 m. 90, 12 m. 10. (*Travaux publics au temps des Romains*, p.
302).

PONT DU DIABLE SUR LE LLOBREGAT PRÈS DE MARTORELL (Espagne Catalogne) (**). —
La grande arche a 38 mètres de portée, 20 mètres de flèche au-dessus de l'étage, dimensions mesurées par M. Édouard Hacle, Ingénieur des ponts et chaussées.

D'après l'appareil et le mode de construction, les culées et l'arc de triomphe de la culée
gauche (***) sont romains, les voûtes actuelles du moyen-âge.

L'extrados de la grande voûte est voisin de l'ogive ; il a subi des mouvements importants
en élévation et en plan.

Cet ouvrage a fait l'objet d'une grande restauration en 1768.

L'inscription de 1768 qui existe sous la porte bâtie à la clef du pont de Martorell porte :
« L'an 535 de la fondation de Rome, cet admirable pont fut construit par le grand Annibal ... Après 1985 années de durée. La Majesté du Seigneur don Charles III ordonna,
... la présente année 1768. ... »

La forme et l'appareil de l'ouvrage ne permettent pas d'admettre cette date ; l'histoire
non plus. En effet, d'après l'inscription, ce pont aurait été construit 1985—1768=219 ans
avant J.-C. L'inscription admet que la fondation de Rome est en l'an 525+219=744 avant
J.-C., date adoptée par M. Duruy, *Histoire des Romains*, vol. I, p. 7).

Or, la première guerre punique finit en 241 : en 227, Asdrubal, gendre d'Amilcar, a
conquis l'Espagne jusqu'à l'Ebre où les Romains l'arrêtent par un traité. En 221-220, Annibal, qui a succédé à son beau-père dans le commandement des armées Carthaginoises,

guerroye contre les peuplades espagnoles et achève la soumission de l'Espagne jusqu'à l'Ebre.

En 219, pour engager la guerre avec Rome, il se jette sur Sagonte et l'emporte. Au printemps de 218, il part de Carthagène : cinq mois après, il est à Turin (M. Duruy, *Histoire des Romains*, vol. I. — Polybe, *Histoire générale*, livres II et III. — Lieutenant-colonel Hennebert, *Histoire d'Annibal*, vol. I, liv. III).

Ainsi, Annibal n'a pu traverser l'Ebre, lequel est encore à 40 lieues au sud de Martorell, avant 219, à cause du traité d'Asdrubal ; ni en 219, à cause du siège de la grande ville de Sagonte qu'il n'emporte qu'après huit mois d'une résistance furieuse, ce qui ne lui a pas permis de distraire une partie de ses forces pour aller en pays ennemi, où les Romains avaient déjà pris pied à 80 lieues de Sagonte, faire construire un pont qui a demandé beaucoup plus d'une année et dont il n'avait que faire, puisque le Llobregat est presque partout guéable ; — en 218 seulement, il franchit l'Ebre, mais pour suivre à marches forcées la route d'Italie. Le pont qu'on lui attribue, étroit et à très fortes pentes, ne permettait pas le passage de sa cavalerie et encore moins de ses éléphants.

Après 218, il ne revient plus en Espagne, que vont fermer aux armées carthaginoises les victoires des Scipions.

Le pont de Martorell est la plus grande voûte ancienne de l'Espagne, après les ponts d'Orense (n° 25 de la statistique ci-dessus), de Tolède (n° 37) et d'Almaraz sur le Tage (province de Cacérés) construit au XVIe siècle et restauré de 1842 à 1845, sur lequel passe la route de Madrid à Cacérés. Le pont d'Almaraz comporte deux arches, l'une en plein cintre de 38 mètres d'ouverture, l'autre en ogive de 32 m. 46 ; ces voûtes ont 2 mètres d'épaisseur à la clef. (Renseignements fournis par l'ingénieur de Cacérés).

Il est d'usage, lorsqu'un pont est terminé, d'établir, d'après le montant total de la dépense faite, le prix de revient de l'ouvrage soit par mètre courant de longueur, soit par mètre superficiel en élévation ou en plan. Des causes nombreuses tendent à rendre ces sortes de prix peu comparables entre eux, et l'on ne saurait en déduire des indications bien précises à l'égard de nouveaux ouvrages en projet ; mais ils offrent cependant un réel intérêt et nous en donnons un certain nombre dans les tableaux suivants, dont les chiffres sont extraits des ouvrages de MM. Morandière et Croizette-Desnoyers.

Les questions soulevées par les projets de chemins de fer nécessitent souvent une très prompte rédaction d'avant-projets avec estimations approximatives. Sous ce rapport, la connaissance des prix indiqués pour les ouvrages d'art des types usuels, par des ingénieurs ayant exécuté des travaux d'une importance exceptionnelle, peuvent être d'une grande utilité.

Tableau II. — Prix de revient de quelques ponts et Viaducs en maçonnerie.

DÉSIGNATION DES PONTS	DATE DE LA CONSTRUCTION	RIVIÈRES sur lesquelles ils sont établis	FORME des ARCHES	DIMENSIONS PRINCIPALES					MODE DE FONDATION	DÉPENSES DE CONSTRUCTION		
				Longueur totale entre les culées	Largeur entre les têtes	Superficie du plan	Ouverture des plus grandes arches	Hauteur de l'extrados au-dessus de l'étiage		Totales	Par mètre linéaire	Par mètre superficiel en plan
				mètres	mètres	mètres carrés	mètres	mètres		francs	francs	francs
I. Ponts divers construits au XVIII° siècle.												
Pont de Westminster	1738-1750	Tamise.	Plein cintre.	371,85	14,60	5,429	23,40	13,00	Caiss. foncés échoués sur le sol	5,108,100	13,717	9.
— de Neuilly	1768-1774	Seine.	Anse de panier.	216,00	14,62	3,158	39,00	9,70	Grillages sur pilotis.	2,394,900	11,088	7.
— de St-Maxence	1774-1786	Oise.	Arc de cercle.	76,04	12,67	963	23,40	8,45	Id.	1,326,500	20,068	1.5
— de la Concorde	1787-1791	Seine.	Id.	150,07	15,59	2,340	31,19	9,65	Id.	2,993,000	19,944	1.2
II. Ponts divers construits au XIX° siècle.												
Pont Napoléon III	1852-1853	Seine.	Arc de cercle.	188,50	15,40	2,903	34,50	10,65	Pilotis et béton.	2,336,905	11,867	7.
— d'Austerlitz	1854	Id.	Id.	173,00	18,00	3,125	32,29	10,00	Caissons sur pilotis.	951,204	5,498	30
— Louis-Philippe	1860-1862	Id.	Ellipse.	100,00	16,00	1,600	32,00	8,85	Caissons sans fond et béton.	576,009	5,760	30
— Saint-Michel	1857	Id.	Id.	57,60	31,40	1,809	17,20	8,25	Id.	551,758	9,579	30
— au Change	1858-1860	Id.	Id.	102,80	31,00	3,187	31,60	9,44	Id.	1,272,331	12,376	39
— de Saint Romain	1854	Vienne.	Plein cintre.	100,40	7,00	703	48,00	10,00	Béton dans des enceintes.	720,000	1,195	12
— des Andelys	1872-1873	Seine.	Anse de panier.	181,60	6,70	1,217	34,00	8,80	Caissons sans fond et béton.	200,782	1,601	25

ont-viaduc du Pont du Jour.	1865-1866	Seine.	Ellipse.	174.85	31.00	5.420	30.25	9.00	Caissons sans fond et béton.	3.460.000	19.788	638
ont- aqueduc de Roquefavour.	1841-1847	»	Plein cintre.	393.00	5.50	2.162	16.00	81.00	Sur rocher apparent.	3.700.000	9.415	1.711

III. Ponts construits sous les chemins de fer.

ont de Charney	1846-1848	Yonne.	Arc de cercle.	116.00	9.06	1.051	20.00	8.00	Massif de béton.	314.613	2.712	299
— de Châteauneuf	1853-1855	Isère.	Id.	156.00	9.00	1.404	36.00	6.80	Id.	1.301.500	8.343	927
— de Barbentane	1847-1849	Durance.	Id.	490.00	9.00	4.410	20.00	7.66	Id.	3.632.823	7.414	824
— de Gillarmes		Rhône.		222.00	8.60	1.909	6.00	—	Id.	125.000	563	61
ont-viaduc de Nours	1842-1844	Id.	Plein cintre.	150.00	8.60	12.900	8.00	7.00	Id.	1.220.000	813	95
ont de Roanne	1857-1858	Loire.	Arc de cercle.	217.00	8.20	1.779	28.00	9.30	Béton dans des enceintes.	108.103	5.106	628
— de Monthou	1844-1845	Id.	Anse de panier	332.75	8.60	2.862	24.75	8.95	Id.	1.604.000	4.820	565
— de Plessis-lès-Tours	1855-1857	Id.	Id.	402.60	8.20	3.296	24.00	8.75	Id.	1.478.000	3.677	448
— de Bonchamain	1850-1851	Maine.	Id.	132.00	8.60	1.135	24.00	10.00	Caissons sur pilotis.	788.369	5.972	696
— de Port-de-Piles	1846-1848	Creuse.	Id.	104.00	8.60	894	31.00	14.00	Caissons sans fond et béton.	680.000	6.538	760
— de Chaisones	1865-1866	Loire.	Ellipse.	566.00	8.20	4.641	30.00	11.85	Béton dans des enceintes.	2.136.000	3.774	460
— de Montauban	1855-1858	Tarn.	Id.	185.00	8.66	1.602	23.00	13.80	Batardeaux.	850.000	4.595	531
— du Mans.	1852-1854	Sarthe.	Anse de panier	163.50	11.50	1.884	17.00	7.70	Grillages sur pilotis.	331.906	2.029	176
— de Longeville	1852-1853	Moselle.	Ellipse.	187.60	7.40	1.388	20.60	8.30	Béton dans des enceintes.	300.000	1.599	216
— de Blainville	1855-1856	Meurthe.	Arc de cercle.	119.60	8.25	987	12.60	4.95	Massif de béton.	170.000	1.422	172
— de Revin	1860-1861	Meuse.	Anse de panier	111.60	8.00	893	20.00	10.00	Caissons sans fond et béton.	356.000	3.139	392
— de Toubous		Garonne.	Id.	252.00	8.00	2.096	21.00	8.55	Béton immergé.	600.000	2.290	286
— de St-Martory	»	Id.	Plein cintre.	102.00	8.00	816	18.00	10.98	Epuisements.	150.000	1.471	184
— de Jussey	1855-1857	Saône.	Arc de cercle.	89.76	8.00	748	16.00	6.81	Massif de béton.	271.371	3.023	378
— de Montereau	1846-1847	Yonne.	Id.	88.90	8.30	738	20.60	8.30	Enceinte de pieux et béton.	108.000	1.215	164
— de Bézers	1853-1855	Orb.	Id. biais.	144.72	8.00	1.210	20.00	7.50	Caissons sans fond et béton.	438.558	3.036	362

D'après ces données et d'autres, en plus grand nombre, concernant des ouvrages analogues, M. Croizette-Desnoyers a dressé les tableaux suivants, qu'il sera souvent utile de consulter, à titre de simple renseignement toutefois, pour estimer la dépense probable qu'exigera la construction d'un pont projeté.

Tableau III. — Ouvrages à construire d'après des types généraux. — Prix à appliquer.

A. — Aqueducs, ponts, ponceaux et ponts par dessous jusqu'à 8 mètres d'ouverture.

DIMENSIONS PRINCIPALES			PRIX A APPLIQUER pour une largeur L entre les têtes		OBSERVATIONS.
Ouverture de l'ouvrage.	Sous clef.	Totale.	Matériaux granitiques.	Matériaux calcaires.	
	HAUTEUR				
met.	met.	met.	francs	francs	

Types avec murs en retour (prix par ouvrage pour cours d'eau).

0,60	0,70	1,30	540 + 60 × L	540 + 50 × L	En désignant par h la hauteur du remblai au dessus de la plinthe de l'ouvrage, on aura généralement :
1,00	1,20	2,10	930 + 100 × L	810 + 85 × L	
2,00	1,60	2,60	1.580 + 220 × L	1.320 + 200 × L	Pour les chemins à une voie
4,00	3,00	4,00	3.680 + 470 × L	3.330 + 420 × L	L = 5,90 + 3h
6,00	4,00	5,15	6.000 + 1.000 × L	5.400 + 900 × L	pour les chemins à deux voies L = 9,20 + 3h.

Types avec murs en ailes (pour passages).

0,60	1,80	2,60	1.200 + 10 × L	1.010 + 100 × L	Pour des hauteurs de remblai supérieures à 6 mètres, il conviendra d'augmenter l'épaisseur des maçonneries et, pour en tenir compte dans les prix, le coefficient de L devra, par suite, être augmenté de $\frac{1}{10}$
1,00	2,00	2,90	1.860 + 140 × L	1.780 + 120 × L	
2,00	3,00	4,00	3.500 + 250 × L	3.300 + 200 × L	
4,00	5,00	6,10	7.100 + 900 × L	5.800 + 700 × L	
6,00	5,0	6,15	8.500 + 1.000 × L	8.200 + 800 × L	
8,00	6,00	7,25	14.600 + 1.400 × L	12.600 + 1.200 × L	

Les prix ci-dessus se rapportent à des ouvrages à exécuter d'après les types de la compagnie d'Orléans. On a supposé que, jusqu'à 1 mètre d'ouverture, le corps des ouvrages serait fait en maçonnerie ordinaire, avec parements simplement rejointoyés, et qu'au-dessus de cette dimension, on n'emploierait que du moellon téte pour les parements, sauf pour les passages dont le parement intérieur pourrait être fait en moellon parementé.

B. — *Ponts par dessus en maçonnerie.*

DIMENSIONS PRINCIPALES			PRIX A APPLIQUER		OBSERVATIONS
Ouverture.	Hauteur.	Largeur entre les têtes.	Matériaux granitiques.	Matériaux calcaires.	
13,00	6,50	4,00	14.000	12.600	Ces prix s'appliquent à des ponts à culées perdues. La hauteur en est celle mesurée entre le dessus des rails et le dessus de la chaussée.
Id.	Id.	8,00	18.000	16.200	L'ouverture de 13ᵐ s'applique aux chemins de fer à une voie, celle de 16ᵐ aux chemins à deux voies et celle de 20ᵐ aux tranchées profondes.
16,00	6,60	4,00	15.500	13.900	
Id.	Id.	8,00	19.800	17.800	
20,00	10,50	4,00	18.000	16.200	La largeur de 4ᵐ concerne les ponts pour chemins vicinaux, celle de 8ᵐ les ponts pour routes nationales.
Id.	Id.	8,00	23.000	20.700	

C. — *Ponts par dessous d'ouverture supérieure à 8 mètres.*

DIMENSIONS PRINCIPALES			PRIX A APPLIQUER par mètre linéaire		OBSERVATIONS
Ouverture totale.	Hauteur.	Largeur entre parapets.	Matériaux granitiques.	Matériaux calcaires.	
mètres	mètres	mètres	francs.	francs	La hauteur de l'ouvrage est comptée entre l'étiage et le dessus des rails.
de 9 à 50	6 à 9	4,50	1.200	1.100	La largeur de 4,50 s'applique aux chemins à une voie et celle de 8 mètres aux chemins à deux voies. L'ouverture totale est seule donnée, mais les prix ci-contre supposent que pour les débouchés au-dessous de 50 mètres on exécutera des arches de 10 à 12 mètres; de 50 à 150 mètres, des arches de 15 à 20 mètres, et enfin pour les débouchés plus grands, des arches de 25 à 30 mètres d'ouverture. Les prix correspondent, d'ailleurs, à des conditions moyennes de fondation; ils devraient être augmentés si les fondations étaient très difficiles.
Id.	9 à 12	Id.	1.600	1.450	
de 50 à 150	6 à 9	Id.	2.000	1.800	
Id.	9 à 12	Id.	2.400	2.200	
au-dessus de 150	9 à 12	Id.	3.200	2.900	
de 9 à 50	6 à 9	8,00	1.500	1.350	
Id.	9 à 12	Id.	2.000	1.800	
de 50 à 150	6 à 9	Id.	2.500	2.250	
Id.	9 à 12	Id.	3.000	2.700	
au-dessus de 150	9 à 12	Id.	4.000	3.600	

Tableau IV. — Dépenses faites pour la construction de quelques viaducs

Classés d'après le prix de revient du mètre superficiel en élévation.

DÉSIGNATION DES VIADUCS	RÉSEAU auquel ils appartiennent.	DATE DE LA CONSTRUCTION	DIMENSIONS PRINCIPALES					FORME des ARCHES.	MODE de FONDATION.	DÉPENSES DE CONSTRUCTION		
			Longueur totale.	Hauteur moyenne.	Superficie en élévation.	Ouverture des arches.	Hauteur maxima.			Totales.	Par mètre linéaire.	Par mètre superficiel en élévation.
			metres	metres	metres superf.	metres	metres			francs.	francs.	francs.
I. Viaducs divers												
Viaduc de Clisson	Routes nationales.	1837	124.00	16.00	1.364	6.00	16.00	Plein cintre.	Sur le rocher.	169.925	1.370	125
— de Dinan	Id.	1852	250.00	34.00	8.560	16.00	41.30	Id.	Id.	967.000	3.868	113
II. Viaducs construits sous les chemins de fer.												
Viaduc de Nîmes	Méditerranée.	1838-1840	133.00	9.50	1.264	»	10.42	Id.	Id.	51.778	389	42
— de Figeac	Orléans.	1860-1861	302.70	22.91	6.935	»	27.00	Id.	Sur le rocher.	340.577	1.125	49
— de Gramat	Id.	1861-1862	180.70	20.31	3.672	»	31.03	Id.	Id.	197.209	1.091	54
— de Gapan	Méditerranée.	1838-1840	184.00	14.10	2.594	»	14.48	Id.	Id.	153.112	832	59
— de la Villate	Orléans.	1862-1863	128.53	22.85	4.937	10.00	25.40	Id.	Id.	236.253	1.838	80
— de Crevant	Id.	1862-1863	126.45	17.28	2.185	10.00	24.40	Id.	Id.	203.384	1.608	93
— de Lusignan	Id.	1854-1856	435.00	25.00	10.880	15.00	31.50	Id.	Sur béton.	1.034.900	2.379	93
— de Rives	Lyon-Genève.	1855-1857	276.70	31.07	8.597	»	44.50	Id.	Id.	1.000.000	3.614	116
— de Port-Launay	Orléans.	1864-1866	357.00	40.00	14.310	22.00	54.70	Id.	Caissons sans fond et béton.	2.200.000	6.162	153
— de Morlaix	Ouest.	1861-1863	272.00	49.80	14.566	15.50	56.75	Id.	Sur le rocher.	2.674.540	9.460	184
— de la Gartempe	Orléans.	1853-1854	180.40	35.76	6.452	15.00	50.95	Id.	Massif de maçonnerie.	1.321.119	7.323	205
— de Nogent-sur-Marne	Est.	1855-1856	594.60	19.22	11.428	»	30.00	Id.	Sur béton.	2.347.500	4.935	205
— de Chaumont	Est.	Id.	606.00	39.45	23.673	10.00	50.00	Id.	Maçonnerie.	3.800.078	9.668	245
— de Ners	Méditerranée.	1838-1840	200.00	12.00	2.400	18.40	12.00	Id.	Radier général sur béton.	807.146	4.035	336

TABLE ALPHABÉTIQUE

Paris — Imprimerie G. LAHURE, 9, rue de Fleurus